La Matematica per il 3+2

The **UNITEXT – La Matematica per il 3+2** series is designed for undergraduate and graduate academic courses, and also includes advanced textbooks at a research level.

Originally released in Italian, the series now publishes textbooks in English addressed to students in mathematics worldwide.

Some of the most successful books in the series have evolved through several editions, adapting to the evolution of teaching curricula.

Submissions must include at least 3 sample chapters, a table of contents, and a preface outlining the aims and scope of the book, how the book fits in with the current literature, and which courses the book is suitable for.

For any further information, please contact the Editor at Springer:

francesca.bonadei@springer.com

THE SERIES IS INDEXED IN SCOPUS

***

UNITEXT is glad to announce a new series of **free webinars and interviews** handled by the Board members, who will rotate in order to interview top experts in their field.

In the first session, going live on June 9, Alfio Quarteroni will interview Luigi Ambrosio. The speakers will dive into the subject of Optimal Transport, and will discuss the most challenging open problems and the future developments in the field.

Click here to subscribe to the event!

https://cassyni.com/events/TPQ2UgkCbJvvz5QbkcWXo3

Damiano Rossello

Formulario di Probabilità Uno

Con applicazioni finanziarie

 Springer

Damiano Rossello
Dipartimento di Economia e Impresa
Università di Catania
Catania, Italy

ISSN 2038-5714 ISSN 2532-3318 (versione elettronica)
UNITEXT
ISSN 2038-5722 ISSN 2038-5757 (versione elettronica)
La Matematica per il 3+2
ISBN 978-3-032-18768-0 ISBN 978-3-032-18769-7 (eBook)
https://doi.org/10.1007/978-3-032-18769-7

A Francesca e Sara

Prefazione

Questo libro è stato scritto per studenti di economia e finanza che non hanno avuto una precedente esposizione alla teoria della probabilità, al di fuori dei corsi universitari di statistica applicata. È pensato per fornire un resoconto autosufficiente della modellizzazione probabilistica con prevalenti applicazioni finanziarie. Il concetto fondamentale di *distribuzione di una variabile aleatoria* viene introdotto in anticipo rispetto al trattamento usuale di questo argomento nei classici testi di probabilità. Tutti gli strumenti analitici sviluppati successivamente sono illustrati attraverso esempi riguardanti la distribuzione di probabilità di variabili aleatorie modellanti prezzi futuri di azioni e rendimenti. Considerando il pubblico a cui è destinato, il libro cerca di trovare un equilibrio tra definizioni matematiche precise e loro conoscenza applicata. Ad esempio, gli eventi indotti dalle variabili aleatorie sono definiti implicitamente come elementi di una sigma-algebra e il valore atteso di una variabile aleatoria è in primis trattato separatamente per distribuzioni discrete e continue, poi si fornisce un trattamento unificato tramite l'approccio di Lebesgue all'integrazione astratta illustrando la corrispondente manipolazione simbolica dell'integrale attraverso esempi. Nel complesso, l'approccio necessario basato sulla teoria della misura è presentato senza 'troppe lacrime': gli studenti apprendono l'aspetto operativo della teoria avanzata, ma alcuni dettagli tecnici sono rimandati ad apposite appendici all'interno di ciascun capitolo; altre appendici posticipate alla fine del libro riguardano materiale di revisione relativo a corsi di analisi reale e algebra. Infatti, il libro ha un doppio livello di leggibilità e risulta idealmente diviso in due parti. Nella prima si forniscono le basi del linguaggio probabilistico, pensato per la costruzione di un modello finanziario tramite variabili aleatorie con distribuzioni univariate che descrivono prezzi futuri di asset o rendimenti. Le caratteristiche più importanti di queste distribuzioni sono analizzate attraverso momenti, funzioni generatrici dei momenti e funzioni caratteristiche, famiglie di localizzazione-scala e quantili. Successivamente viene presentata la loro generalizzazione al caso multivariato: funzioni di distribuzione congiunta e corrispondenti momenti vettoriali primi e secondi. Un riassunto delle principali distribuzioni parametriche (discrete e continue) completa la trattazione dei modelli classici di probabilità. Insieme alla nozione di distribuzioni condizionate vengono definiti i fondamenti della dipendenza stocastica basati sui limiti inferiore e superiore di Fréchet. I concetti di convergenza di variabili aleatorie sono applicati al problema della valutazione di stimatori puntuali o della loro distribuzione asintotica. Particolare enfasi è posta sulla stima non parametrica di medie, varianze, coefficienti di correlazione e misure di rischio, utilizzando la funzione di distribuzione empirica. I processi stocastici sono analizzati tramite le loro distribuzioni finito-dimensionali, e sono illustrati con esempi tipici sia a tempo discreto che continuo come modelli per l'evoluzione nel tempo di prezzi e rendimenti. Brevi capitoli su funzioni copula e previsione costituiscono un importante addendum, così come un capitolo finale su misure di rischio e valutazione delle opzioni.

Le definizioni e i teoremi chiave sono enunciati senza appesantire troppo il lettore con dettagli tecnici non necessari, rappresentando la prima parte del libro che chiamo 'formulario'. Ma poiché non sacrifico un certo rigore matematico, il libro è costituito da una seconda parte consultabile anche da studenti con una maggiore preparazione matematica. Infatti, la misura e l'integrazione di Lebesgue insieme al teorema di Fubini e agli integrali iterati sono utilizzati in tutto il testo come strumenti operativi ma per i quali è possibile accedere a maggiori dettagli tecnici. Ciò è ottenuto attraverso le appendici a ciascun capitolo e quelle presenti in calce al libro, insieme agli esercizi (con soluzioni complete) che contengono anche alcune dimostrazioni di risultati che sono solo enunciati nel testo principale e mirano a rendere il libro *abbastanza* autosufficiente. Il doppio livello di lettura dovrebbe quindi risultare attrattivo anche per gli studenti di matematica. Un'altra caratteristica distintiva è l'uso di software informatici (Excel, Matlab, R) per costruire esempi numerici e simulazioni di alcuni modelli probabilistici. La codifica completa di ciascun esempio numerico è fornita all'interno del libro di testo.

Il trattamento non è enciclopedico ma si concentra su strumenti probabilistici rilevanti, sebbene il lettore trarrà beneficio da un *apprendimento più rapido* degli argomenti che facilita la transizione verso testi più avanzati. Il libro è stato sviluppato negli ultimi 17 anni a partire dalle lezioni che ho tenuto per l'insegnamento di Probability for Finance (quando era erogato in lingua inglese) adesso denominato Calcolo delle Probabilità per la Finanza, presso il Dipartimento di Economia e Impresa dell'Università di Catania. In ogni capitolo un riferimento all'Appendice riguarda quella contenuta alla fine del capitolo stesso. Altre appendici sono collocate dopo le soluzioni degli esercizi e sono etichettate con lettere maiuscole.

Competing Interests   The author has no competing interests to declare that are relevant to the content of this manuscript.

Indice

1 Probabilità, eventi e variabili aleatorie 1
   1.1 La necessità delle variabili aleatorie 1
   1.2 Eventi e loro manipolazione 3
   1.3 Funzione di probabilità 5
   1.4 Giustificazione frequentista e spazi di probabilità discreti 8
   1.5 Ulteriori proprietà di una misura di probabilità 12
   1.6 Ulteriori σ-algebra 15
   1.7 Introduzione agli alberi 18
   1.8 Esercizi 21
   Appendice 22

2 Distribuzione di variabili aleatorie 29
   2.1 Funzione di distribuzione 29
   2.2 Variabili aleatorie discrete 31
   2.3 Variabili aleatorie continue 34
   2.4 Variabili aleatorie indicatrici 38
   2.5 Operazioni sulle variabili aleatorie 40
   2.6 Confronto tra variabili aleatorie 44
   2.7 Leggi di probabilità simmetriche 47
   2.8 Funzione quantile 49
   2.9 Variabili aleatorie e distribuzioni miste 52
   2.10 Esercizi 57
   Appendice 59

3 Variabili aleatorie multidimensionali 81
   3.1 Vettori aleatori 81
   3.2 Vettori aleatori discreti 85
   3.3 Vettori aleatori continui 86
   3.4 Dipendenza/indipendenza stocastica 91
   3.5 Approfondimento su vettori aleatori discreti e continui 97
   3.6 Dipendenza a blocchi 99

3.7 Esercizi 100
Appendice 101

4 Momenti e simili 111
   4.1 Un punto di partenza per motivare 111
   4.2 Valore atteso o speranza matematica 112
   4.3 Varianza e momenti 118
   4.4 Funzioni generatrici dei momenti e caratteristiche 120
   4.5 Statistiche riassuntive 122
   4.6 Disuguaglianze 126
   4.7 Covarianza e momenti di vettori casuali 129
   4.8 Valore atteso multivariato vs univariato 134
   4.9 Ancora sulle trasformazioni di v.a. 136
   4.10 Esercizi 140
   Appendice 142

5 Distribuzioni speciali 155
   5.1 Riepilogo di alcune distribuzioni univariate 155
   5.2 Uniforme discreta 155
   5.3 Bernoulli 157
   5.4 Binomiale 159
   5.5 Poisson 164
   5.6 Uniforme continua 167
   5.7 Gaussiana 172
   5.8 Esponenziale 179
   5.9 Gamma 181
   5.10 t di Student 183
   5.11 Esercizi 185
   Appendice 186

6 Condizionamento 189
   6.1 Distribuzioni condizionate 189
   6.2 Valore atteso condizionato ad un evento 193
   6.3 Valore atteso condizionato a una v.a. 196
   6.4 Valore atteso condizionato a una sotto-σ-algebra 197
   6.5 Esercizi 202
   Appendice 204

7 Regressione, predizione e ancora dipendenza stocastica 207
   7.1 Predizione 207
   7.2 Predizione e dipendenza lineare 211
   7.3 Dipendenza non lineare 213
   7.4 Ancora sulla dipendenza stocastica 216
   7.5 Esercizi 221
   Appendice 222

8 Concetti di convergenza 227
   8.1 Tipi di convergenza 227
   8.2 La legge dei grandi numeri e il teorema del limite centrale 233
   8.3 Applicazione 1: stima puntuale e della CDF 236
   8.4 Applicazione 2: simulazione Monte Carlo 242
   8.5 Applicazione al modello lognormale del prezzo di un'azione . . . 244
   8.6 Esercizi 246
   Appendice 247

9 Introduzione ai processi stocastici 261
   9.1 Definizione e classificazione preliminare 261
   9.2 Filtrazione e distribuzione di un processo 263
   9.3 Caratteristiche della distribuzione di un processo 266
   9.4 Tipi speciali di processi 268
      9.4.1 Processi al rumore bianco 268
      9.4.2 Processi gaussiani 269
      9.4.3 Processi Random Walk 271
      9.4.4 Processo martingala 273
      9.4.5 Processi autoregressivi e GARCH 276
   9.5 Moto Browniano 278
   9.6 Esercizi 281
   Appendice 282

**10 Introduzione alle misure di rischio di mercato e alla valutazione delle
    opzioni** 285
   10.1 Value-at-Risk 285
   10.2 Misure di rischio coerenti 289
   10.3 Esempi Applicativi 295
   10.4 Option Pricing 297
   10.5 Esercizi 304
   Appendice 305

Soluzioni agli Esercizi 311

Appendice A: espansioni binarie 369

Appendice B: successioni di numeri reali 371

Appendice C: limite superiore e limite inferiore 375

Appendice D: somme infinite 379

Appendice E: sottoinsiemi aperti di numeri reali 381

Appendice F: topologia negli spazi euclidei n-dimensionali 387

Appendice G: spazi vettoriali e spazi normati 393

Appendice H: successioni e serie di funzioni 399

Appendice I: elementi di differenziazione e integrazione multivariata . . . 401

Appendice J: uno sguardo all'analisi vettoriale in $\mathbb{R}^3$ 407

Appendice K: integrale di Stieltjes 411

Appendice L: formula di Leibniz 413

Appendice M: misura di Lebesgue 415

Appendice N: integrale di Lebesgue 419

Appendice O: integrale di Lebesgue doppio 423

Riferimenti bibliografici 429

Indice analitico 431

Capitolo 1
Probabilità, eventi e variabili aleatorie

1.1 La necessità delle variabili aleatorie

Supponiamo che oggi si voglia fare una previsione sulla quotazione dello S&P500 alla fine di <u>domani</u>. Qual è la probabilità di osservare un valore pari a 35.501?[1] Oggi non sappiamo se il valore che l'indice assumerà domani è effettivamente 35.501, quindi ci troviamo di fronte a una situazione di **incertezza**. La parola 'incertezza' è sinonimo di **esperimento aleatorio**, un fenomeno empirico o una procedura il cui esito non può essere previsto con certezza. Ciò può essere interpretato come mancanza di informazione. Un esperimento aleatorio può essere osservato, ma non presenta alcuna regolarità deterministica. Non è necessario che venga effettivamente eseguito, ad esempio possiamo solo pensare al lancio di una moneta senza manipolarne di fatto alcuna. La quotazione dello S&P500 al tempo $T > 0$, denotata con S_T, si comporta come una *variabile* $X(\cdot)$ che dipende da alcuni **esiti** (o stati di natura) ω contenuti in un insieme universale. Un modello matematico per misurare numericamente X, basato sull'esperimento aleatorio sottostante, necessita almeno di (si veda la Figura 1.1):

- uno **spazio campionario** Ω, cioè l'insieme di tutti gli esiti ω concettualmente possibili;
- una funzione $X : \Omega \to \mathbb{R}$, detta **variabile aleatoria** (v.a.).

In realtà X non è una variabile, anche se in un certo senso 'varia aleatoriamente': al termine dell'esperimento aleatorio osserviamo solo una realizzazione della v.a., tra tutti i possibili valori numerici che essa può assumere.[2] I possibili valori di una v.a. di per sé non sono interessanti, piuttosto è necessario quantificare quanto è probabile che $X(\omega)$ sia, ad esempio, minore o uguale a 35.501. Raccogliendo gli esiti $\omega \in \Omega$ tali che (t.c.) la condizione $X(\omega) \leq 35.501$ sia verificata, si arriva a

---

[1] Quotazione è sinonimo di prezzo, poiché lo S&P500 non è altro che un'attività finanziaria.

[2] X è talvolta indicata con una lettera minuscola x.

© The Author(s), under exclusive license to Springer Nature Switzerland AG 2026
D. Rossello, *Formulario di Probabilità Uno*, La Matematica per il 3+2,
https://doi.org/10.1007/978-3-032-18769-7_1

Figura 1.1 Il prezzo dello
S&P500 ha un valore noto S_0
in $t = 0$, ma il suo valore S_T
in $t = T$ è sconosciuto

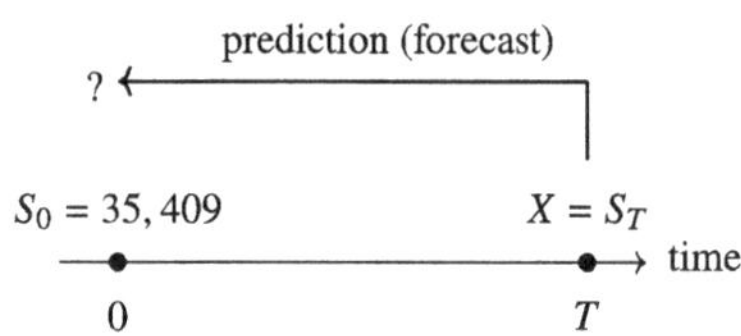

considerare sottoinsiemi dello spazio campionario chiamati **eventi**:

$$A = \{\omega \mid X(\omega) \leqslant a\}, \quad \omega \in \Omega, \qquad a \in \mathbb{R},$$

dove $a = 35.501$. Si può omettere il simbolo ω e scrivere più sinteticamente $\{X \leqslant a\}$
che è *sempre* un sottoinsieme di Ω. Si possono considerare altri eventi relativi alla
previsione circa la futura quotazione dello S&P500:

$$A = \{X \geqslant a\} \text{ oppure } = \{X = a\} \text{ oppure } = \{a \leqslant X \leqslant b\}, \text{ ecc.}, \quad a, b \in \mathbb{R}.$$

La previsione di tali eventi richiede di assegnare loro una **probabilità**, cioè un
valore numerico compreso tra 0 e 1. Ad esempio, possiamo chiederci qual è la probabilità che la futura quotazione dello S&P500 sia minore o uguale a $a = 33.615$
oppure sia maggiore di $b = 35.501$ e scrivere:[3]

$$p = \mathsf{P}(X \leqslant a), \text{ oppure } p = \mathsf{P}(X > b) \quad \text{dove} \quad p \in [0, 1].$$

In sintesi, ciò che intendiamo studiare si basa su quanto segue:

- fenomeni che percepiamo come aleatori (casuali), modellizzati come esiti di un
  esperimento;
- gli esiti dell'esperimento sono elementi di uno spazio campionario $\Omega \neq \varnothing$;
- sottoinsiemi di Ω sono chiamati eventi;
- agli eventi si assegna una probabilità che esprime quanto è facile che un evento
  si verifichi.

Utilizzeremo l'approccio alla teoria della probabilità stabilito dal matematico russo
A.N. Kolmogorov negli anni '30. Il nucleo di questo approccio è una lista di assiomi
sulla probabilità espressi in termini di insiemi e funzioni. Come vedremo, usando
la teoria degli insiemi e la logica formale saremo in grado di dedurre qualsiasi cosa
sulla probabilità. Poiché siamo interessati a sviluppare una modellizzazione probabilistica con riferimento alla finanza si farà riferimento all'econometria dei mercati
finanziari: l'origine è l'analisi empirica in economia basata su strumenti e principi
matematici, in particolare quelli della probabilità e della statistica matemtica (leggi quantitative dell'economia). L'econometria finanziaria comprende modelli che
descrivono serie storiche di prezzi, rendimenti, tassi d'interesse, indici di mercato,

---

[3] Evitiamo la notazione $\mathsf{P}(\{X \leqslant a\})$, ma si noti che sarebbe corretta poiché $\mathsf{P}(\cdot)$ è una funzione il
cui argomento è un evento $\{\cdots\} = A$.

prezzi di derivati, ecc. Quindi, nel resto del libro i modelli di probabilità trattati faranno spesso riferimento a v.a. relative a prezzi di attività finanziarie o loro rendimenti.[4] In ogni caso, la struttura probabilistica che presenteremo è piuttosto standard e adatta anche a esperimenti aleatori diversi da quelli che coinvolgono modelli finanziari. Un riferimento all'indice temporale $t = 0, 1, 2, \ldots, T$ oppure $t \in [0, \infty)$ servirà ad enfatizzare la *dipendenza* temporale delle quantità finanziarie rilevanti. Solo il prezzo iniziale S_0 è una quantità nota, mentre ciascun S_t successivo per $t > 0$ è una v.a.

1.2 Eventi e loro manipolazione

Per cominciare, introduciamo il quadro formale della teoria degli insiemi per descrivere gli eventi.

Definizione 1.1
Un **evento** è un sottoinsieme $A \subset \Omega$ dello spazio campionario. Diciamo che l'evento A **si verifica** se e solo se (sse) $\omega \in A$.

Possiamo pensare a ω come al risultato effettivo mostrato dall'esperimento.

Esempio 1.1
Nel lancio di un dado una volta lo spazio campionario è $\Omega = \{1, 2, 3, 4, 5, 6\}$. Il sottoinsieme $A = \{2, 4, 6\}$ può essere pensato come l'evento $A = \{$numero pari uscito$\}$. Se nella faccia superiore del dado si ha 3, allora A non si verifica.[5] Possiamo usare una 'regola verbale' per descrivere A.

Poiché $\Omega \subset \Omega$ e $\varnothing \subset \Omega$, lo spazio campionario stesso e l'insieme vuoto sono eventi. Dati due eventi $A, B \subset \Omega$ possiamo costruirne altri come segue: $A \cup B = \{\omega \mid \omega \in A \text{ oppure } \omega \in B\}$, $A \cap B = \{\omega \mid \omega \in A \text{ e } \omega \in B\}$, $A \setminus B = \{\omega \in A \mid \omega \notin B\}$ e $A^c = \{\omega \mid \omega \notin A\}$, si vedano la Figura 1.2 e la Tabella 1.1. Tipicamente, nella teoria della probabilità gli eventi *rilevanti* meritano una descrizione speciale. In econometria gli eventi sono indotti da v.a., cioè ricevono una descrizione numerica. Possiamo scrivere $\{X \in B\}$ per un opportuno sottoinsieme $B \subset \mathbb{R}$ di numeri reali, per indicare la collezione degli esiti $\omega \in \Omega$ tali che $X(\omega)$ assume valore in B. Pertanto, scelte differenti di B comportano eventi diversi, si veda la Tabella 1.2.

---

[4] I rendimenti hanno proprietà statistiche migliori rispetto ai prezzi. Ci riferiamo ai prezzi di chiusura giornalieri.

[5] Si osservi che tale spazio campionario non deve necessariamente essere descritto da una v.a.!

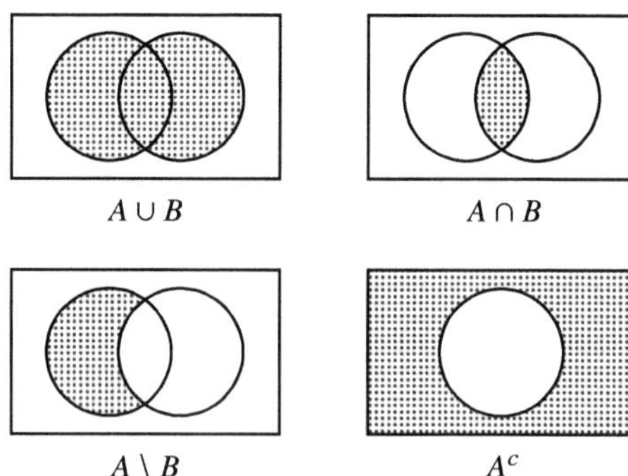

Figura 1.2 Gli eventi possono essere rappresentati tramite diagrammi di Venn. Di solito un rettangolo indica lo spazio campionario Ω, mentre i cerchi all'interno sono usati per eventi più piccoli. In particolare: cerchio sinistro $= A$, cerchio destro $= B$. L'evento risultante da unioni, intersezioni, differenze e complementi è riempito opportunamente

Tabella 1.1 Descrizione degli eventi come sottoinsiemi speciali di Ω

Descrizione: 'regola verbale'	Insiemi e sottoinsiemi
Evento certo	Ω (ogni ω è un membro)
Evento impossibile	$\varnothing$ (nessun ω è un membro)
Si verifica almeno uno degli eventi	$A \cup B$ (ω appartengono ad A oppure a B)
Si verificano entrambi gli eventi	$A \cap B$ (ω appartengono sia ad A che a B)
Eventi mutuamente disgiunti o incompatibili	$A \cap B = \varnothing$
Si verifica l'evento A ma non B	$A \setminus B = A \cap B^c$ (ω non sono mai in B)
L'evento A implica l'evento B	$A \subset B$ (ω in A sono anche in B)
Non si verifica l'evento A	A^c (ω non sono mai in A)

Tabella 1.2 Descrizione numerica degli eventi indotti da v.a.

Sottoinsieme dei numeri reali $B =$	Eventi ($a, b \in \mathbb{R}$ e $a < b$)
$\mathbb{R}$	$\{\omega \mid -\infty < X(\omega) < \infty\} = \Omega$
$\varnothing$	$\{\omega \mid X(\omega) \in \varnothing\} = \varnothing$
$(a, b]$	$\{\omega \mid a < X(\omega) \leqslant b\}$
$[a, b)$	$\{a \leqslant X < b\}$
$[a, b]$	$\{a \leqslant X \leqslant b\}$
(a, b)	$\{a < X < b\}$
$(-\infty, b]$	$\{X \leqslant b\}$
$(-\infty, b)$	$\{X < b\}$
$[a, \infty)$	$\{X \geqslant a\}$
(a, ∞)	$\{X > a\}$

1.3   Funzione di probabilità

Non è obbligatorio considerare tutti i sottoinsiemi di Ω come eventi. Possiamo affermare che A non è 'misurabile' se non riusciamo a dare una risposta affermativa o negativa alla domanda '$\omega \in A$?', poiché potremmo non avere informazioni complete su alcuni esiti ω. Indipendentemente dalla cardinalità di Ω, l'assegnazione di probabilità ad eventi come $\{X \in B\}$ può causare incoerenze.

Esempio 1.2
Consideriamo l'esperimento che coinvolge il prezzo giornaliero di un'azione con tre possibili movimenti di tick ± 0.5, partendo da un prezzo iniziale $S_0 = 3.5$, si veda anche l'Esempio 1.9. Ogni esito dello spazio campionario può essere codificato con u, corrispondente a un movimento di tick verso l'alto $+0.5$, e d, corrispondente a un movimento di tick verso il basso -0.5. Quindi, ogni ω è nella forma uuu, ddd e tutte le altre possibili combinazioni delle etichette u, d. Se non registriamo l'ultimo movimento di tick, allora l'evento

$$A = \{S_1 < 3.5\} = \{ud.., du.., dd.., dd..\}$$
$$= \{\text{almeno due movimenti verso il basso } -0.5\}$$

non può essere completamente descritto. In definitiva, A non è 'misurabile' perché non possiamo rispondere *sì o no* alla domanda '$\omega \in A$?' poiché non abbiamo informazioni complete su ω data la codifica basata su u, d.

Una collezione sensata di eventi a cui assegnare probabilità deve essere costruita sulla base del concetto di *occorrenza* coinvolgendo operazioni insiemistiche come unioni, intersezioni e complementazioni.

Definizione 1.2 (Informazione parziale)
Dato uno spazio campionario non vuoto Ω, una collezione $\mathcal{F} \subset 2^{\Omega}$ di eventi è detta σ-**algebra** se:

SA1 $\varnothing \in \mathcal{F}$,
SA2 $A \in \mathcal{F}$ implica $A^c \in \mathcal{F}$ (quindi $\Omega \in \mathcal{F}$),
SA3 assumendo che $A_1, A_2, \dots$ appartengono a $\mathcal{F}$ allora anche $A_1 \cup A_2 \cup$
$\quad \cdots = \bigcup_{i=1}^{\infty} A_i \in \mathcal{F}$.

Di solito $A = \{X \in B\}$ oppure $A_i = \{X \in B_i\}$, per una v.a. X e opportuni sottoinsiemi di numeri reali B, B_i con $i = 1, 2, \dots$

Osservazione 1.1 (Dettagli tecnici)
- Scriviamo 2^Ω per l'**insieme delle parti** di Ω, cioè la collezione di tutti i sottoinsiemi dello spazio campionario.
- Un **insieme numerabile** contiene un'enumerazione di elementi. Se esiste una corrispondenza biunivoca tra un insieme A e gli interi $\mathbb{N} = \{1, 2, \ldots\}$, allora A è numerabile e scriviamo $A = \{\omega_1, \omega_2, \ldots\}$. Se A è **finito** allora esiste una corrispondenza biunivoca tra A e $\{1, 2, \ldots, n\} \subset \mathbb{N}$. Quando A non è finito e non è numerabile, allora è **non numerabile**, o infinitamente non numerabile, e c'è una corrispondenza biunivoca con l'intervallo unitario $(0, 1)$ o con $\mathbb{R}$.
- Una lista numerabile di eventi $A_1, A_2, \ldots$ è una successione indicata come $(A_i)_{i \in \mathbb{N}}$ oppure $(A_i)_i$.
- Per uno spazio campionario finito, cioè $|\Omega| = n$ elementi,[6] scegliamo sempre $\mathcal{F} = 2^\Omega$; l'insieme delle parti è anch'esso finito con cardinalità $|2^\Omega| := 2^{|\Omega|} = 2^n$ elementi.

Ecco alcuni esempi di manipolazione più generale degli eventi.

Esempio 1.3
$\bigcup_{i=1}^{\infty} A_i$ è l'evento {almeno uno degli A_i si verifica}: infatti $\omega \in \bigcup_{i=1}^{\infty} A_i$ equivale a $\omega \in A_i$ per <u>almeno un</u> indice $i \in \mathbb{N}$. Il caso particolare è l'unione finita, cioè $A_1 \cup A_2 \cup \cdots \cup A_n$ e la descrizione verbale è la stessa di cui sopra. Possiamo anche scrivere $A_1 \cup A_2 \cup \cdots \cup A_n \cup \varnothing \cup \varnothing \cup \cdots$

Esempio 1.4
$\bigcap_{i=1}^{\infty} A_i$ è l'evento {tutti gli A_i si verificano}, infatti $\omega \in \bigcap_{i=1}^{\infty} A_i$ equivale a $\omega \in A_n$ <u>per ogni</u> $i \in \mathbb{N}$. Il caso particolare è l'intersezione finita, cioè $A_1 \cap A_2 \cap \cdots \cap A_n$

Esempio 1.5
L'evento composto $A = \{S_{t,1} \leqslant s_1\} \cap \cdots \cap \{S_{t,n} \leqslant s_n\}$, dove $S_{t,i}$ indica il prezzo azionari aleatorio, per $i = 1, \ldots, n$ giocherà un ruolo centrale nello studio della dipendenza stocastica tra più v.a. Chiaramente, per ogni esito $\omega \in \Omega$ l'evento A descrive la misurazione congiunta di n prezzi di attività a una data futura t.

In definitiva, gli eventi di una σ-algebra possono essere manipolati usando le operazioni insiemistiche, in particolare unioni e intersezioni. Ecco alcune proprietà.

- Commutatività: $A \cup B = B \cup A$, e analogamente per le intersezioni.
- Associatività: $A \cup (B \cup C) = (A \cup B) \cup C$, e analogamente per le intersezioni.
- Distributività: $A \cap (B \cup C) = (A \cap B) \cup (A \cap C)$, e $A \cup (B \cap C) = (A \cup B) \cap (A \cap C)$
- Leggi di DeMorgan: $(A \cup B)^c = A^c \cap B^c$, e $(A \cap B)^c = A^c \cup B^c$.
- $(A^c)^c = A$.

---

[6] Scriviamo $|\Omega|$ per indicare la cardinalità di un insieme. In realtà, due insiemi hanno la stessa cardinalità se e solo se esiste una biezione (cioè una corrispondenza biunivoca) tra di essi. Questo non esclude che uno possa essere un sottoinsieme proprio dell'altro.

L'assegnazione di probabilità agli eventi si basa sulla seguente:

Definizione 1.3 (Funzione di probabilità)
Data una σ-algebra di eventi, chiamiamo **misura di probabilità** la funzione
d'insieme $P : \mathcal{F} \to [0, 1]$ che soddisfa:

PA1 $P(\varnothing) = 0$ e $P(\Omega) = 1$;
PA2 $P\left(\bigcup_{i=1}^{\infty} A_i\right) = P(A_1) + P(A_2) + \cdots = \sum_{i=1}^{\infty} P(A_i)$, per ogni successione
$(A_i)_{i \in \mathbb{N}} \subset \mathcal{F}$ di eventi a due a due disgiunti, $A_i \cap A_j = \varnothing$ per qualunque
$i \neq j$ (additività numerabile o σ-additività).

La coppia $(\Omega, \mathcal{F})$ è lo spazio degli eventi (o spazio misurabile) e la terna
$(\Omega, \mathcal{F}, P)$ è lo **spazio di probabilità** che modellizza un esperimento aleatorio.

PA1 e PA2 sono *assiomi per una misura di probabilità*. Grazie alle Definizioni 1.2 e 1.3 possiamo calcolare le probabilità di tutti gli eventi nella Tabella 1.1, anche per intersezioni e differenze di eventi (si veda l'Esercizio 1.7). In sintesi, quantificare la probabilità di un evento $A \in \mathcal{F}$ richiede la valutazione di $P(\cdot)$ in A per ottenere un numero $P(A) \in [0, 1]$ che misura quanto è facile che A si verifichi. L'evento impossibile non si verifica mai mentre l'evento certo si verifica sempre, quindi è sensato assegnare loro rispettivamente probabilità zero e uno. Pensando geometricamente e usando i diagrammi di Venn per rappresentare Ω come un rettangolo di area 1, $P(A)$ misura l''area del cerchio' che rappresenta A. Cerchi disgiunti A_i all'interno di Ω devono avere un'unione la cui probabilità è data dalla somma delle aree calcolate separatamente. Tuttavia, bisogna fare attenzione nel trattare eventi particolari come $\varnothing$ e Ω. Più precisamente, se 'sommiamo' l'evento impossibile a qualsiasi evento $A \in \mathcal{F}$, allora la probabilità non viene alterata:

$$P(A) = P(A) + 0 = P(A \cup \varnothing).$$

Questo può accadere per altri eventi oltre a $\varnothing$. Diciamo che $B \in \mathcal{F}$ è **quasi impossibile** se $P(A \cup B) = P(A)$ ogni volta che A e B sono incompatibili. Questo implica $P(B) = 0$ che anche quando i due risultino compatibili può essere considerata come la definizione di quasi impossibilità per un evento. Chiamiamo $A \in \mathcal{F}$ un evento **quasi certo** se $P(A) = 1$ e A non è necessariamente uguale a Ω. Gli eventi quasi impossibili sono anche detti P-**nulli** o **trascurabili**. Ovviamente, se A è quasi certo il suo complemento A^c è P-nullo, si veda la Pr1 della Proposizione 1.1, Paragrafo 1.5. Una proprietà $S(\omega)$ che dipende dagli esiti $\omega \in \Omega$ si dice valere **quasi certamente**, abbreviato q.c o dall'inglese a.s., se

$$P(\{\omega \mid S(\omega) \text{ è falsa}\}) = 0.$$

Tale proprietà vale quasi ovunque in Ω tranne che su un sottoinsieme di probabilità zero.

Esempio 1.6

Consideriamo l'esperimento di prevedere il prezzo a 1 giorno S_1 dello S&P500, che può assumere i valori

$$\{35\,407.5,\ 35\,408,\ 35\,408.5,\ 35\,409.5,\ 35\,410,\ 35\,410.5\},$$

partendo dal valore iniziale $35,409$. L'affermazione 'viene mostrato solo un prezzo intero' è una proprietà $S(\omega)$ che dipende dagli esiti ω di questo esperimento. L'insieme $A = \{\omega \mid S(\omega)\text{ è vera}\}$ corrisponde all'evento $\{35\,408, 35\,410\}$ mentre $A^c = \{\omega \mid S(\omega)\text{ è falsa}\}$ rappresenta l'evento $\{35\,407.5, 35\,408.5, 35\,409.5, 35\,410.5\}$. Se l'assegnazione di probabilità si basa sull'esperienza e su una visione soggettiva (ad esempio di un particolare analista finanziario), allora è lecito assegnare $\mathsf{P}(A^c) = 0$ e la proprietà $S(\omega)$ vale quasi sicuramente. In altre parole: è quasi impossibile che la quotazione dello S&P500 a fine giornata sia frazionaria.

1.4   Giustificazione frequentista e spazi di probabilità discreti

Un esperimento aleatorio può essere ripetuto anche indefinitamente. Sia $n \in \mathbb{N}$ il numero di ripetizioni o prove dello stesso esperimento relativo al prezzo giornaliero S_1 di un'azione. Supponiamo di osservare i prezzi dell'azione per $n = 100$ giorni consecutivi,[7] si veda la Tabella 1.3. La frequenza relativa che $S_1 < 3.5$ è $\frac{21+17}{100} = 0.38$ e può essere considerata un'approssimazione della probabilità che la v.a. $X = S_1$ assuma valore < 3.5 cioè $\mathsf{P}(X < 3.5)$: il suo valore in una scala tra 0 e 1 indica quanto è facile che si verifichi l'evento $\{X < 3.5\}$. Morale: in un esperimento ripetuto si scrive $0 \leqslant f_n(A) \leqslant n$ per il numero di occorrenze di un evento A, ad esempio $A = \{X < 3.5\}$, in n prove e si ottiene la frequenza relativa $\frac{f_n(A)}{n}$. Intuitivamente, ci si aspetta che

$$\frac{f_n(A)}{n}\ \text{ converga a un numero reale } p \in [0, 1]\ \text{ al crescere di } n,$$

cioè $\lim\limits_{n\to\infty} \frac{f_n(A)}{n}$ dovrebbe restituire $\mathsf{P}(A)$ oppure $\boxed{\dfrac{f_n(A)}{n} \approx \mathsf{P}(A)}$ per $n < \infty$ sufficientemente grande. Abbiamo banalmente:

- $\frac{f_n(\varnothing)}{n} = 0$ e $\frac{f_n(\Omega)}{n} = 1$, le frequenze relative di osservare 'nulla' o 'tutto';
- $\frac{f_n(A \circ B)}{n} = \frac{f_n(A)}{n} + \frac{f_n(B)}{n}$ per eventi A e B che non possono essere osservati nella stessa prova, ove $f_n(A)$ è il numero di volte in cui abbiamo osservato A mentre $f_n(B)$ è il numero di volte in cui abbiamo osservato B.

Queste proprietà dovrebbero trasferirsi alle corrispondenti probabilità quando il numero di prove n diventa molto grande. In effetti, questa è la ragione per cui la Definizione 1.3 vale.

---

[7] Ci riferiamo alla stessa azione quotata ripetutamente. Non si confonda questo con l'esperimento basato su 3 movimenti consecutivi di tick nello stesso giorno.

Tabella 1.3 I prezzi giornalieri osservati possono essere pensati come un'estrazione dei valori $x_i = S_1(\omega)$ della v.a. S_1 per $i = 1, 2, 3, 4$, ciascuno corrispondente a uno esito diverso $\omega \in \Omega$. Le probabilità possono essere approssimate tramite le frequenze relative

prezzi giornalieri osservati $S_1 =$	1.5	2.5	3.5	4.5
frequenza di occorrenza	21	17	39	23

Esempio 1.7 (Legge Empirica dei Grandi Numeri)

Illustriamo il comportamento di testa e croce nel *lungo periodo*. Lanciamo una moneta non truccata $n = 10, 20, \ldots, 300$ volte, e contiamo le frequenze di osservazione di una testa. Calcoliamo $\frac{f_n(A)}{n}$, per ogni n, e interpretiamo la frequenza relativa come approssimazione della probabilità dell'evento $A = \{1\} = \{\text{esce testa}\}$. Codifichiamo l'uscita di una testa con 1 e usiamo 0 per croce, in ogni singolo lancio della moneta. Ci aspettiamo che $\frac{f_{300}(A)}{300} \approx \frac{1}{2}$, cioè la probabilità $P(A)$ di ottenere testa nell'esperimento aleatorio del lancio di una moneta equa una sola volta, si veda la Figura 1.3 e l'Esempio 1.8. Questa è un'ulteriore giustificazione della definizione e delle proprietà di $P(\cdot)$ introdotte in precedenza, chiamata 'stabilizzazione delle frequenze relative'.

Esempio 1.8

Per evitare di lanciare una moneta equa 10 volte, 20 volte, ecc. fino a 300 volte, suggeriamo il seguente esperimento controllato utilizzando il PC e Microsoft Excel $2007^{©}$. Per prima cosa, selezioniamo la scheda `Dati` e poi lo strumento `Analisi dati` dal `Menu Strumenti` chiamato anche `Barra multifunzione`. Assicuriamoci di aver installato il componente aggiuntivo `Strumenti di Analisi`. In caso contrario: clicchiamo sul `Pulsante Office` (angolo in alto a sinistra) e troviamo il comando per personalizzare `Excel`. Poi, nella `Finestra di dialogo Componenti aggiuntivi` selezioniamo la casella a sinistra di `Strumenti di Analisi` e clicchiamo su `OK`. Nella finestra di dialogo `Analisi dati` scegliamo

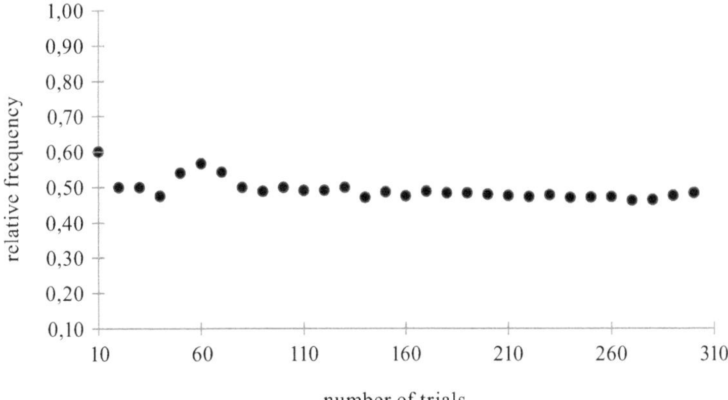

Figura 1.3 Grafico delle frequenze relative di testa e croce in funzione del numero di prove

`Campionamento`, poi clicchiamo su `OK` per ottenere la finestra corrispondente e procediamo come segue:

- numero di variabili $= 1$ (quante colonne di `Excel` riempire);
- quantità di numeri casuali $= 300$ (cfr. casuale $=$ aleatorio);
- `Distribuzione` $=$ Bernoulli;
- parametri $p = 0.5$;
- opzioni di output `A1:A300` (quale colonna riempire con i campioni casuali).

Si veda il Paragrafo 5.3 per la distribuzione di Bernoulli.

Esempio 1.9 (Probabilità discrete e prezzo di un'azione)

Consideriamo lo spazio campionario che modellizza tre movimenti consecutivi di tick ± 0.5 a partire da un prezzo iniziale $S_0 = 3$, in relazione alla v.a. $X = S_1$ per il prezzo a 1 giorno. Proviamo ad assegnare le probabilità basandoci su un *peso* per ogni esito:

$$P(\{\omega\}) \quad \text{per} \quad \omega = \text{uuu, uud, udu, duu, udd, dud, ddu, ddd.}$$

Ad esempio: $P(X = 2.5) = P(\{\text{udd, dud, ddu}\})$. Ma $\{X = 2.5\}$ è l'unione disgiunta di tre eventi ognuno costituito da un singoletto:

$$\{\text{udd, udu, ddu}\} = \{\text{udd}\} \cup \{\text{dud}\} \cup \{\text{ddu}\},$$

quindi

$$P(X = 2.5) = P(\{\text{udd}\}) + P(\{\text{udu}\}) + P(\{\text{ddu}\}) = \frac{3}{8} = 0.375.$$

Esempio 1.10

L'assegnazione di un peso di probabilità come fatto in precedenza si basa su *esiti equiprobabili*. D'altra parte, osservando i valori assunti da X vediamo che il suo insieme discreto di valori è $\{1.5, 2.5, 3.5, 4.5\}$ con assegnazione delle probabilità

$$P(X = 4.5) = P(X = 1.5) = \frac{1}{8}, \quad P(X = 3.5) = P(X = 2.5) = \frac{3}{8}.$$

Infatti, il prezzo $X(\omega) = 3.5$ può essere raggiunto in tre modi, con $\omega = \text{uud, udu, duu}$; lo stesso vale per il prezzo $X(\omega) = 2.5$.

Gli esempi sopra corrispondono alla modellizzazione di **spazi di probabilità uniformi discreti**, dove $|\Omega| = n$ e $\mathcal{F} = 2^{\Omega}$, cioè possiamo sempre scegliere l'insieme delle parti come σ-algebra (si veda l'Esempio 1.13 nel Paragrafo 1.6) che contiene i singoletti $\{\omega\}$ come elementi essenziali per il calcolo delle probabilità. Per ogni $A \in \mathcal{F}$ abbiamo

$$P(A) = \sum_{\omega \in A} P(\{\omega\}), \tag{1.1}$$

dove $|A| \leq |\Omega|$ è essenziale affinché P sia una misura di probabilità.

Esempio 1.11

Calcoliamo la probabilità che il prezzo dell'azione a 1 giorno sia uguale a 3.5, ossia quella dell'evento $A = \{X = 3.5\}$ con cardinalità $|A| = 3$:

$$P(A) = \sum_{\omega \in A} P(\{\omega\}) = \frac{1}{8} + \frac{1}{8} + \frac{1}{8} = \frac{|A|}{|\Omega|}.$$

Le probabilità uniformi discrete possono non funzionare con spazi campionari infinito numerabili e risultatno inoltre inadeguate per esiti non equiprobabili. Tuttavia, esiste un trattamento unificato per il caso discreto: dato Ω finito o infinito numerabile e impiegando il suo insieme delle parti 2^{Ω} come σ-algebra, chiamiamo $(\Omega, 2^{\Omega}, P)$ **spazio di probabilità discreto**, ove P è in corrispondenza biunivoca con una sequenza finita o infinita $(p_i)_{i \in \mathbb{N}}$ di numeri reali tali che $\sum_i p_i = 1$. Si noti che può essere $p_i \neq p_j$ per $i \neq j$ e lo spazio non ha più pesi di probabilità uniformi. In particolare, se $P : 2^{\Omega} \to [0,1]$ è una misura di probabilità allora $p_i = P(\{\omega_i\})$, per $i = 1, \ldots, n$, ogni volta che $|\Omega| = n$ e infatti

$$\sum_{i=1}^{n} p_i = \sum_{i=1}^{n} P(\{\omega_i\}) = P\left(\bigcup_{i=1}^{n} \{\omega_i\}\right) = P(\Omega) = 1.$$

Vale la pena notare che $\{\omega_i\}$ sono eventi mutuamente disgiunti per i quali la misura di probabilità è additiva. Pertanto

$$P(A) = \sum_{i \, \text{t.c.} \, \omega_i \in A} p_i \tag{1.2}$$

è la formula (1.1) ma senza pesi di probabilità necessariamente uguali. D'altra parte, assumendo $\sum_{i=1}^{n} p_i = 1$ e definendo la funzione d'insieme P su 2^{Ω} tramite la formula (1.2) possiamo facilmente verificare la proprietà PA1 della Definizione 1.3, Paragrafo 1.3, e controllare che l'additività numerabile risulti in effetti finita:[8] scriviamo

$$P(A_1 \cup \cdots A_n \cup \emptyset \cup \emptyset \cup \cdots) = P\left(\bigcup_{i=1}^{n} A_i\right) = \sum_{j \, \text{t.c.} \, \omega_j \in \bigcup_{i=1}^{n} A_i} p_j$$

$$= \sum_{i=1}^{n} \sum_{j \, \text{t.c.} \, \omega_j \in A_i} p_j = \sum_{i=1}^{\infty} P(A_i),$$

e osserviamo che $P(\{\omega_j\}) = p_j$. Possiamo estendere questa corrispondenza biunivoca a spazi campionari numerabili, mantenendo 2^{Ω} come loro σ-algebra, sotto la condizione usuale $\sum_{i=1}^{\infty} p_i = 1$ e $P(\{\omega_i\}) = p_i$, che ora è una successione infinita di numeri reali positivi, si veda l'Appendice C. Infine, per uno spazio campionario

---

[8] Per uno spazio campionario finito si ha che 2^{Ω} è anch'esso finito e quindi non può contenere sequenze infinite di eventi $A_1, A_2 \ldots$ Pertanto, la proprietà SA3 di una σ-algebra (si veda la Definizione 1.2, Paragrafo 1.3) dovrebbe essere enunciata per sequenze finite di eventi mutuamente disgiunti $A_1, \ldots, A_2$, tutti appartenenti a 2^{Ω}, tali che $\bigcup_{i=1}^{n} A_i \in 2^{\Omega}$. In questo caso la collezione $\mathcal{F} = 2^{\Omega}$ è chiamata **algebra**, si veda l'Appendice al Capitolo 2.

arbitrario in $(\Omega, \mathcal{F}, \mathsf{P})$, una probabilità si dice **discreta** se il sottoinsieme finito o numerabile $C \subset \Omega$ soddisfa $\mathsf{P}(C) = 1$. Come conseguenza, $\mathsf{P}(C^c) = 0$ e per ogni evento $A \in \mathcal{F}$ si ha

$$\mathsf{P}(A) = \mathsf{P}(A \cap C) = \sum_{\omega \in A \cap C} \mathsf{P}(\{\omega\}),$$

così che P è *concentrata* su C. Da questa impostazione più generale possiamo dedurre che per spazi campionari finiti o numerabili ogni P deve essere discreta. Se insistiamo nell'usare i pesi p_i per definire la probabilità di un qualsiasi altro evento $A \in 2^{\Omega}$ quando lo spazio campionario è non numerabile, allora si può dimostrare che $p_i = 0$ e, inoltre, non esiste alcuna probabilità che assegni un valore a ogni sottoinsieme di Ω in modo che siano soddisfatti gli assiomi PA1 e PA2, si veda l'Appendice a questo capitolo. E' possibile aggirare questo ostacolo e costruire una misura di probabilità:

- restringendo la σ-algebra 2^{Ω} a una classe più conveniente $\mathcal{F}$ di eventi ben rappresentativi che soddisfano le proprietà SA1-SA3 della Definizione 1.2;
- definendo la misura P senza usare somme numerabili.

L'ultimo punto è direttamente collegato alla questione relativa al tipo di v.a. da utilizzare per esperimenti con esiti finiti/numerabili o non numerabili, si veda il Capitolo 2.

Osservazione 1.2
Dato uno spazio di probabilità in cui $\mathcal{F}$ contiene tutti i singoletti $\{\omega\}$ per ogni $\omega \in \Omega$, diciamo che l'esito ω è un **atomo** se $\mathsf{P}(\{\omega\}) > 0$. Una misura di probabilità è **diffusiva** se non ha atomi, cioè $\mathsf{P}(\{\omega\}) = 0$ per ogni ω. Una misura di probabilità si dice **puramente atomica** se i suoi atomi formano un insieme numerabile H tale che $\mathsf{P}(H^c) = 0$. Dunque una misura di probabilità discreta (uniforme) è puramente atomica.

1.5   Ulteriori proprietà di una misura di probabilità

Ogni misura di probabilità P che agisce come funzione d'insieme obbedisce ad alcune regole aritmetiche e d'ordine.

Proposizione 1.1
Dato uno spazio di probabilità $(\Omega, \mathcal{F}, \mathsf{P})$, la misura P soddisfa:

Pr1 $\mathsf{P}(A^c) = 1 - \mathsf{P}(A)$, *per ogni* $A \in \mathcal{F}$
Pr2 Se $A \subset B$, *allora* $\mathsf{P}(A) \leqslant \mathsf{P}(B)$, *per ogni coppia* $A, B \in \mathcal{F}$ *(monotonia)*
Pr3 Se $A \subset B$, *allora* $\mathsf{P}(B \setminus A) = \mathsf{P}(B) - \mathsf{P}(A)$, *per ogni coppia* $A, B \in \mathcal{F}$
Pr4 $\mathsf{P}(A \cup B) = \mathsf{P}(A) + \mathsf{P}(B) - \mathsf{P}(A \cap B)$, *per ogni coppia* $A, B \in \mathcal{F}$.

Dimostrare la Proposizione 1.1 è un esercizio costruttivo nel calcolo delle probabilità.

Dimostrazione   Verifichiamo innanzitutto Pr1. Gli eventi $A \in \mathcal{F}$ e A^c sono incompatibili, quindi $1 = P(\Omega) = P(A \cup A^c) = P(A) + P(A^c)$. Per dimostrare Pr2, sia $B = A \cup (B \setminus A)$ decomposto nell'unione di due eventi disgiunti, dove si ricordi che $B \setminus A = B \cap A^c$, allora $P(B) = P(A) + P(B \setminus A)$ per l'additività finita, quindi sottraendo il secondo termine al membro di destra abbiamo la tesi. Pr3 segue facilmente da Pr2. La proprietà Pr4 si basa sulla decomposizione di $A \cup B = A \cup (B \setminus (A \cap B))$ e applicando Pr3 poiché $(A \cap B) \subset B$.   ∎

Esempio 1.12 (Odd ratio)

Il *rapporto di rischio* $\frac{P(A)}{P(A^c)}$ misura quanto è più probabile che un evento A si verifichi rispetto all'eventualità che esso non si verifichi. Ad esempio, se $P(A) = \frac{1}{3}$ allora $\frac{P(A)}{1-P(A)} = \frac{1}{2}$ e di conseguenza $P(A) = \frac{P(A^c)}{2}$: il rapporto in favore del verificarsi di A è la metà della probabilità che si verifichi il contrario.

Presentiamo ora una proprietà importante di P che sarà utile nel calcolo di certe probabilità limite, si veda il Capitolo 2, Paragrafo 2.1, e l'Appendice al Capitolo 2.

Teorema 1.1 (Continuità della probabilità)
Dato uno spazio di probabilità $(\Omega, \mathcal{F}, P)$ e una successione crescente di eventi $A_1 \subset A_2 \subset \cdots$ presenti in $\mathcal{F}$, si definisca $A := \lim_{i \to \infty} A_i := \bigcup_{i=1}^{\infty} A_i$. Allora si ha:

$$\lim_{i \to \infty} P(A_i) = P(A).$$

Lo stesso risultato vale per successioni decrescenti di eventi $A_1 \supset A_2 \supset \cdots$ in $\mathcal{F}$ con $A := \lim_{i \to \infty} A_i := \bigcap_{i=1}^{\infty} A_i$.

La proprietà Pr2 implica che $P(A_i) \leq P(A_{i+1})$ è una successione crescente di numeri reali non negativi, che è limitata superiormente da $P(A)$ per $A_i \subset A$ e quindi converge al *limite* $P(A)$. Questo giustifica l'intercambiabilità tra limite e misura di probabilità, cioè $\lim_{i \to \infty} P(A_i) = P(\lim_{i \to \infty} A_i) = P(A)$ come per una funzione reale continua. Lo stesso ragionamento si applica al caso di successioni decrescenti di A_i. In alcuni testi gli eventi crescenti $A_1, A_2, \ldots$ e la loro unione A sono indicati come $A_i \uparrow A$, usando una notazione simile a quella delle successioni convergenti di numeri reali. Analogamente, gli eventi decrescenti $A_1, A_2, \ldots$ e la loro intersezione A sono indicati come $A_i \downarrow A$. La continuità della misura di probabilità può essere generalizzata. In una σ-algebra $\mathcal{F}$ il simbolo σ ci ricorda che non solo unioni finite ma anche numerabili di eventi sono possibili ($\sigma = $ 'somme'). Le unioni finite non riescono sempre a rappresentare eventi *in coda* relativi ad esperimenti come il lancio di una moneta un numero infinito di volte o la previsione del prezzo futuro di un'azione con infiniti movimenti al rialzo e al ribasso. Sia $(A_i)_{i \in \mathbb{N}}$ una successione in $\mathcal{F}$ e definiamo:

$$\limsup A_n := \bigcap_{n \geq 1} \bigcup_{i \geq n} A_i$$

$$\liminf A_n := \bigcup_{n \geq 1} \bigcap_{i \geq n} A_i.$$

Si verifica che tali eventi appartengono a $\mathcal{F}$. Il primo è spesso indicato con $\{A_n \text{ i.o.}\}$ e chiamato 'A_n infinitamente spesso', poiché per un dato $n \in \mathbb{N}$ l'evento $\bigcup_{i \geq n} A_i$ si interpreta come 'almeno uno degli A_i si verifica', pertanto

$$\bigcap_{n=1}^{\infty} \bigcup_{i=n}^{\infty} A_i = \left\{ \omega \mid \forall n \ \omega \in \bigcup_{i=n}^{\infty} A_i \right\}$$

è l'evento che infiniti A_i si verificano. Il secondo evento limite è spesso scritto $\{A_n \text{ ev}\}$ e chiamato 'A_n eventualmente' o quasi sempre, infatti $\bigcap_{i \geq n} A_i$ sta per 'tutti gli A_i si verificano' e

$$\bigcup_{n=1}^{\infty} \bigcap_{i=n}^{\infty} A_i = \left\{ \omega \mid \exists n \ \omega \in \bigcap_{i=n}^{\infty} A_i \right\},$$

è l'evento che tutti tranne un numero finito di A_i si verificano.[9] Per questi eventi in coda abbiamo

$$\liminf A_n \subset \limsup A_n,$$
$$(\limsup A_n)^c = \liminf A_n^c,$$
$$\limsup A_n^c = (\liminf A_n)^c.$$

Ad esempio $\mathsf{P}(A_n \text{ i.o.}) = 1 - \mathsf{P}(A_n^c \text{ ev})$. La relazione a destra si basa sulle leggi di DeMorgan. Se $\liminf A_n = \limsup A_n = A$ scriviamo $\lim_{n \to \infty} A_n = A$ e diciamo che la successione $(A_n)_n$, non necessariamente monotona, converge all'evento A. Questo in effetti generalizza il teorema 1.1 (si veda l'Appendice). Abbiamo anche:

$$\mathsf{P}(\liminf A_n) \leq \liminf \mathsf{P}(A_n) \leq \limsup \mathsf{P}(A_n) \leq \mathsf{P}(\limsup A_n).$$

Per una successione convergente $A_n \to A$ nel senso sopra dato, allora

$$\lim_{n \to \infty} \mathsf{P}(A_n) = \mathsf{P}(A),$$

---

[9] Solo un numero finito di A_i non si verifica.

poiché[10] $\liminf P(A_n) = \limsup P(A_n)$. Con questo strumento a disposizione statuiamo il seguente:

Lemma 1.1 (Borel-Cantelli)

Sia $A_1, A_2, \ldots \in \mathcal{F}$ una qualsiasi successione di eventi sullo spazio di probabilità $(\Omega, \mathcal{F}, \mathsf{P})$.

(i) Se $\sum_{n=1}^{\infty} \mathsf{P}(A_n) < \infty$, allora $\mathsf{P}(A_n \ i.o.) = 0$.

(ii) Se $\sum_{n=1}^{\infty} \mathsf{P}(A_n) = \infty$ e gli A_n sono eventi indipendenti, allora $\mathsf{P}(A_n \ i.o.) = 1$.

Dimostrazione   Sia $A = \limsup A_n$. (i) Abbiamo $A \subset \bigcup_{i=n}^{\infty} A_i$ e quindi $\mathsf{P}(A) \leqslant \sum_{i=n}^{\infty} \mathsf{P}(A_i)$ per ogni $i \in \mathbb{N}$, per monotonia e subadditività. Poiché la somma è considerata sulla coda di una serie convergente, $\sum_{n=1}^{\infty} \mathsf{P}(A_n) < \infty$, allora abbiamo che $\lim_{n \to \infty} \mathsf{P}(A_n) = 0$ e quindi anche la somma $\sum_{i=n}^{\infty} \mathsf{P}(A_n)$ tende a zero per $n \to \infty$.
(ii) Poiché $(\limsup A_n)^c = \liminf A_n^c$ possiamo scrivere $A^c = \bigcup_{n=1}^{\infty} \bigcap_{i=n}^{\infty} A_i^c$ e dunque:

$$
\begin{aligned}
\mathsf{P}(A^c) &\leqslant \sum_{n=1}^{\infty} \mathsf{P}\left(\bigcap_{i=n}^{\infty} A_i^c \right) = \sum_{n=1}^{\infty} \lim_{m \to \infty} \mathsf{P}\left(\bigcap_{i=n}^{m} A_i^c \right) \\
&= \sum_{n=1}^{\infty} \lim_{m \to \infty} \prod_{i=n}^{m} \{1 - \mathsf{P}(A_i)\} \leqslant \sum_{n=1}^{\infty} \lim_{m \to \infty} \prod_{i=n}^{m} e^{-\mathsf{P}(A_i)} \\
&= \sum_{n=1}^{\infty} e^{- \lim_{m \to \infty} \sum_{i=n}^{m} \mathsf{P}(A_i)} = \sum_{n=1}^{\infty} e^{-\infty} = \sum_{n=1}^{\infty} 0 = 0,
\end{aligned}
$$

a patto che $\sum_{n=1}^{\infty} \mathsf{P}(A_n) = \infty$.   ∎

Nella dimostrazione sopra usiamo la continuità di P, l'indipendenza tra i complementari e il seguente fatto: per ogni $0 < x < 1$ è vero che $g(x) = 1 - x \leqslant e^{-x} = h(x)$. Basta derivare entrambe le funzioni g, h. Il Lemma di Borel-Cantelli afferma in particolare che se $(A_i)_i$ sono indipendenti allora $\mathsf{P}(A_i \ i.o.)$ è 0 o 1. Si consulti l'Appendice C per i concetti correlati di $\liminf$, $\limsup$ riguardanti successioni di numeri reali.

1.6   Ulteriori σ-algebra

Ricordiamo che per un esperimento aleatorio con spazio campionario Ω la corrispondente σ-algebra $\mathcal{F}$ può essere interpretata come 'informazione parziale'.

---

[10] Per una dimostrazione formale si veda ad es. [2, Teo 4.1].

Esempio 1.13 (Informazione più ricca)
L'insieme delle parti 2^{Ω} è in effetti una σ-algebra: l'evento impossibile e l'evento certo sono contenuti in esso (sono sottoinsiemi di Ω). Per ogni $A \in 2^{\Omega}$ abbiamo $A^c \in 2^{\Omega}$, perché ogni evento A appartiene a 2^{Ω} così come il suo contrario A^c in quanto complementare di A. Dati eventi $A_1, A_2, \ldots$ presi da 2^{Ω}, la loro unione $\bigcup_{i=1}^{\infty} A_i$ è un sottoinsieme di Ω e quindi appartiene all'insieme delle parti. Qui abbiamo informazioni su qualsiasi evento di interesse: $A \in 2^{\Omega}$ indica che l'evento A può essere verificato come anche il suo contrario A^c; se ciascuno degli $A_1, A_2, \ldots \in 2^{\Omega}$ può essere verificato, allora l'evento {almeno uno degli A_i si verifica} è concepibile.

Esempio 1.14 (σ-algebra banale)
L'insieme $\{\varnothing, \Omega\}$ è una σ-algebra: l'evento impossibile e l'evento certo ne sono membri; la loro unione è l'intero spazio campionario, che quindi vi appartiene. L'informazione fornita da $\{\varnothing, \Omega\}$ è minima (può accadere nulla o tutto).

Esempio 1.15 (σ-algebra generata da un evento)
Dato un evento $A \subset \Omega$, la collezione $\{\varnothing, A, A^c, \Omega\}$ è una σ-algebra (la verifica è piuttosto semplice). Essa fornisce informazioni ristrette ad A. Può essere denotata con $\boxed{\sigma(A)}$, detta **σ-algebra generata dall'evento A**, in realtà la più piccola σ-algebra che contiene questo evento.

Esempio 1.16
La collezione di tutti gli eventi $\{X \in B\}$, per una v.a. X e per ogni opportuno sottoinsieme B dei numeri reali, è una σ-algebra. Può essere ottenuta tramite unioni, intersezioni e complementi di eventi $\{X \leqslant a\}$, per ogni $a \in \mathbb{R}$. L'informazione che fornisce si basa sulla descrizione numerica dell'esperimento casuale sottostante, data dalla v.a. X. Viene indicata con $\boxed{\sigma(X)}$, detta **σ-algebra generata dalla v.a. X**, in realtà la più piccola σ-algebra che contiene eventi della forma $\{X \in B\}$.

Possiamo assegnare diverse σ-algebra a un esperimento fissato, a seconda delle nostre esigenze.

Esempio 1.17
Per due possibili movimenti di tick, consideriamo le seguenti collezioni di eventi:

$$\mathcal{F}_1 = \{\varnothing, \Omega, \{uu\}, \{ud,du,dd\}\} \quad \mathcal{F}_2 = \{\varnothing, \Omega, \{uu,dd\}, \{ud,du\}\}.$$

Le proprietà SA1–SA3, Definizione 1.2, sono facilmente verificate, quindi entrambe sono σ-algebra. La loro intersezione $\mathcal{F}_1 \cap \mathcal{F}_2 = \{\varnothing, \Omega\}$ è la σ-algebra banale. La loro unione

$$\mathcal{F}_1 \cup \mathcal{F}_2 = \{\varnothing, \Omega, \{uu\}, \{ud,du,dd\}, \{uu,dd\}, \{ud,du\}\}$$

non è una σ-algebra, ad esempio $\{uu\} \cup \{ud,du\}$ non vi appartiene.

Esempio 1.18

Siano $X_1, X_2, \ldots$ v.a. sullo stesso spazio di probabilità, indicizzate dai numeri naturali (cioè una successione di v.a.). Allora $\sigma(X_1, \ldots, X_2)$ è la σ-algebra generata dalla n-upla $(X_1, \ldots, X_n)$, si veda il Paragrafo 3.1, e contiene quegli eventi A per cui possiamo affermare se sono verficati, cioè $\omega \in A$, controllando solo i valori numerici della n-upla. Più in generale, se $(X_i)_{i \in I}$ è una qualsiasi famiglia indicizzata di v.a., per un insieme non vuoto I, allora $\sigma(X_i, i \in I)$ è la σ-algebra generata dall'intera famiglia, si veda il Capitolo 9: si tratta della più piccola σ-algebra che contiene eventi basati sul valore numerico di tutte le v.a. della famiglia. Infine, supponiamo che $S_1, S_2, \ldots$ sia una successione di v.a. che rappresentano il prezzo di un'azione nei giorni successivi $t = 1, 2, \ldots$ La σ-algebra $\sigma_t := \sigma(S_{t+1}, S_{t+2}, \ldots)$ contribuisce alla **σ-algebra coda** $\bigcap_{t=1}^{\infty} \sigma_t$, si veda l'Esercizio 1.14: l'intersezione di σ-algebra è ancora una σ-algebra. Si noti che un evento di tale σ-algebra dipende dai valori dei prezzi giornalieri $S_{t+1}, S_{t+2}, \ldots$ e non da $S_1, \ldots, S_t$, numero finito di prezzi. Si può mostrare che $\bigcap_{t=1}^{\infty} \sigma_t$ contiene eventi come

$$\left\{ \lim_{t \to \infty} S_t \text{ esiste} \right\}, \quad \left\{ \lim_{t \to \infty} t^{-1} \sum_{i=1}^{t} S_i \text{ esiste} \right\}, \quad \left\{ \sum_{t=1}^{\infty} S_t \text{ converge} \right\},$$

si veda [18, Def 4.10]. Conoscere i valori del prezzo dell'azione in giorni futuri consecutivi suggerisce come esso si comporterà da un certo giorno $t + 1$ in poi, e questo ci informa anche sul comportamento limite di S_t per t sufficientemente grande, sulla convergenza della media aritmetica e delle somme parziali.

Abbiamo visto come si può generare una σ-algebra. Nell'Esempio 1.15 partiamo in realtà da $G = \{A, A^c\}$, aggiungiamo $\varnothing$ che estende G a $\{\varnothing, A, A^c\}$ dove eseguendo *tutte* le unioni otteniamo $\sigma(A) \equiv \sigma(G)$. La classe G forma una partizione dello spazio campionario Ω[11] ed è chiamata **generatore**.[12] Continuiamo a chiamare $\sigma(G)$ la σ-algebra generata da G: è la più piccola σ-algebra che contiene quella classe ed è uguale all'intersezione di tutte le σ-algebra che la contengono, si vedano gli Esercizi 1.14 e 1.15.

Osservazione 1.3

Qualsiasi σ-algebra di eventi è un π-*system*, cioè una collezione chiusa rispetto all'intersezione finita: per ogni $A, B \in \mathcal{F}$ si ha $A \cap B \in \mathcal{F}$. Di più è vero, $\mathcal{F}$ è anche chiusa rispetto alle differenze proprie, ossia $A, B \in \mathcal{F}$ tali che $A \subset B$ implica $B \setminus A \in \mathcal{F}$, e chiusa rispetto all'unione di una successione crescente di eventi, cioè $A_1 \subset A_2 \subset \cdots$, tutti appartenenti a $\mathcal{F}$, implica $A = \bigcup_i A_i \in \mathcal{F}$, si veda l'Esercizio 1.16. Queste ultime due proprietà rendono $\mathcal{F}$ un d-*system* o *sistema di Dynkin*. Viceversa, si può dimostrare che qualsiasi collezione di eventi che sia contemporaneamente un π-system ed un d-system è anche una σ-algebra.

---

[11] In una partizione di Ω si trovano eventi la cui intersezione è vuota e la cui unione è lo spazio campionario.

[12] Per spazi campionari finiti, la Proprietà SA3 di una σ-algebra si esprime tramite unione finita di eventi, si veda l'Appendice al Capitolo 2.

La costruzione di una σ-algebra basata su generatori può essere ulteriormente elaborata. Possiamo considerare classi di eventi G che sono finite, $\{A_1, \ldots, A_n\}$, o numerabili, $\{A_1, A_2, \ldots\}$, e che formano una partizione dello spazio campionario. Quindi, dopo aver aggiunto $\varnothing$ otteniamo $\sigma(G) = \mathcal{F}$ e possiamo concentrarci su classi minime (cioè elementari o ammissibili) di eventi dove l'operazione sugli insiemi genera l'intera σ-algebra. Un caso particolare è $G = \{\{\omega\} \mid \omega \in \Omega\}$, cioè la collezione di tutti gli eventi elementari (cioè i singoletti) che insieme all'evento impossibile $\varnothing$ generano una σ-algebra che coincide con l'insieme delle parti di Ω, cioè $\sigma(G) = \mathcal{F} = 2^{\Omega}$: ogni evento $A \subset \Omega$ è un'unione di alcuni eventi elementari, $A = \bigcup_{\omega \in A}\{\omega\}$, quindi $A \in \sigma(G)$.

Osservazione 1.4

Un risultato tecnico della teoria della misura implica che l'unicità di una misura di probabilità su uno spazio degli eventi $(\Omega, \mathcal{F})$ può essere verificata su un generatore G di $\mathcal{F}$, purché sia un π-system, si veda anche l'Appendice al Capitolo 2.[13]

1.7 Introduzione agli alberi

Gli alberi, in particolare gli alberi binomiali, svolgono un ruolo pedagogico rilevante nella teoria della probabilità. Nel seguito li introduciamo per illustrare il modo *sbagliato* di costruire un modello per l'evoluzione del prezzo di un'azione su un insieme finito di date. Lo S&P500 è un indice di mercato il cui valore in un tempo futuro è sconosciuto a priori. In finanza altri asset negoziati nel mercato si comportano in modo simile: prezzi azionari, tassi d'interesse, tassi di cambio, prezzi dei derivati. Un semplice modello additivo per il prezzo S_t può essere costruito se siamo interessati a prevedere la quotazione di un'azione alla fine di $t = 1$ giorno di contrattazione. Nei mercati reali, partendo dal prezzo iniziale (spot) si osservano movimenti tick verso l'alto o verso il basso di ± 0.5, tante volte quante consentito dalle regole di scambio.

Esempio 1.19

Sia $S_1(\omega)$ il prezzo dell'azione dopo 1 giorno: lo spazio campionario contiene tutti i possibili movimenti di tick. Se ammettiamo 3 movimenti verso l'alto e/o verso il basso e etichettiamo ogni esito $\omega \in \Omega$ di conseguenza, allora

$$\Omega = \{\text{uuu}, \text{uud}, \text{udu}, \text{duu}, \text{udd}, \text{dud}, \text{ddu}, \text{ddd}\}.$$

Se inoltre assumiamo un prezzo spot $S_0 = 3$, allora il prezzo giornaliero è dato dalla v.a. con valori

$$S_1(\text{uuu}) = 4.5, S_1(\text{uud}) = S_1(\text{udu}) = S_1(\text{duu}) = 3.5,$$
$$S_1(\text{udd}) = S_1(\text{dud}) = S_1(\text{ddu}) = 2.5, S_1(\text{ddd}) = 1.5.$$

---

[13] Si può anche dimostrare che una classe di eventi G che è un π-system genera una σ-algebra $\sigma(G)$ uguale al più piccolo d-system che contiene la classe, denotato $d(G)$.

Dall'Esempio 1.19, possiamo costruire un *albero binomiale*, cioè un diagramma che rappresenta i diversi percorsi che il prezzo può seguire nell'arco di una giornata: ogni nodo rappresenta un movimento di prezzo verso l'alto o verso il basso, si vedano le Figure 1.4, 1.5 e 1.6. Il limite principale di un albero è che non può essere utilizzato se il numero di esiti è troppo grande. Infatti, per il modello additivo ciò può portare ad alcune incongruenze.

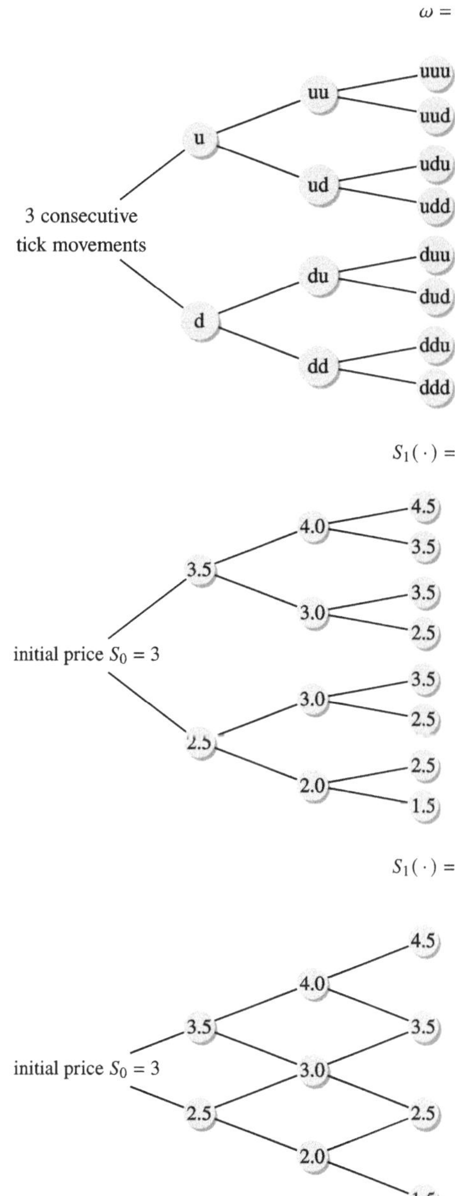

Figura 1.4 Ottenere esiti ω per l'esperimento 'tre movimenti di tick del prezzo giornaliero di un'azione' tramite un albero binomiale. Si consideri l'analogia con l'esperimento del lancio di una moneta tre volte, basato sulla corrispondente codifica (es. uuu può essere sostituito da HHH)

Figura 1.5 L'albero binomiale è utile anche per visualizzare la v.a. sottostante S_t

Figura 1.6 Grazie alla simmetria nei movimenti successivi verso l'alto e verso il basso del prezzo di un'azione, l'albero si **ricombina**; un preludio alla cosiddetta *proprietà di Markov* che studieremo in seguito

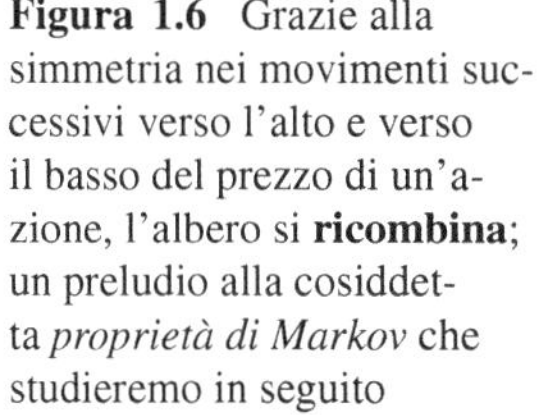

Esempio 1.20
È interessante notare che 2 movimenti verso l'alto e 1 verso il basso portano allo stesso valore 3.5, e analogamente 1 movimento verso l'alto insieme a 2 verso il basso producono lo stesso valore 2.5. Se assumiamo un prezzo spot $S_0 = 2$, allora il prezzo giornaliero è dato da un valore zero $S_1(\text{ddd}) = 0$. Un prezzo spot $S_0 = 1$ dà un prezzo giornaliero negativo $S_1(\text{ddd}) = -0.5$. Questi non sono valori realmente negoziati! Più avanti, introdurremo un modello *moltiplicativo* per il prezzo futuro che funziona qualunque sia il prezzo spot (si vedano i Paragrafi 5.4 e 8.5).

L'etichettatura degli scenari non è necessariamente rilevante.

Esempio 1.21 (Tre lanci di moneta)
L'esperimento aleatorio relativo al lancio di una moneta non truccata tre volte produce uno spazio campionario di 8 elementi,

$$\Omega = \{\text{HHH}, \text{HHT}, \text{HTH}, \text{THH}, \text{HTT}, \text{THT}, \text{TTH}, \text{TTT}\},$$

dove H sta per 'testa' e T per 'croce', che condivide la stessa struttura dello spazio campionario basato su 3 possibili movimenti di tick su/giù dell'Esempio 1.19. Infatti, potremmo usare 0 e 1 invece di H e T, rispettivamente.

Osserviamo che lo spazio campionario sottostante ai movimenti di tick che guidano i prezzi futuri delle azioni è collegato a una σ-algebra costruita su classi generatrici, si veda il Paragrafo 1.6. Più precisamente, si può 'ripetere' una singola prova basata su u o d fino a tre volte per ottenere l'intero esperimento aleatorio, potendo impiegare eventi come

$$A = \{\omega \mid \text{u appare per prima}\}, \quad \text{oppure} \quad B = \{\omega \mid \text{d appare per prima}\} = A^c.$$

Questo equivale a considerare

$$\Omega = \{\text{d}, \text{u}\} \times \{\text{d}, \text{u}\} \times \{\text{d}, \text{u}\} = \{\omega \mid \omega = (a_1, a_2, a_3),\ a_i = \text{u o d per } i = 1, 2, 3\}.$$

Possiamo passare al sistema $\mathcal{G} = \{A, B\}$ che rappresenta una decomposizione di Ω, quindi aggiungendo $\varnothing$ generiamo la classe $\mathcal{F} = \{\varnothing, A, B, \Omega\}$ su cui può essere definita una misura di probabilità se siamo interessati solo ai primi movimenti di tick. Questo schema può essere generalizzato considerando ulteriori movimenti di tick che producono esiti del tipo $\omega = (a_1, a_2, \ldots)$ ed eventi come

$$C = \{\omega = (a_i)_{i \in \mathbb{N}} \mid a_1 = a_2 = \text{d}\}, \qquad D = \{\omega = (a_i)_{i \in \mathbb{N}} \mid a_1 = a_2 = \text{u}\},$$
$$E = \{\omega = (a_i)_{i \in \mathbb{N}} \mid a_1 = \text{d}, a_2 = \text{u}\}, \qquad F = \{\omega = (a_i)_{i \in \mathbb{N}} \mid a_1 = \text{u}, a_2 = \text{d}\}.$$

Ad esempio, C è l'evento di due movimenti consecutivi verso il basso. La collezione $\mathcal{G} = \{C, D, E, F\}$ decompone Ω e funge da generatore. Nota che $C \cup E = B$ e

$D \cup F = A$. Inoltre, possiamo effettuare unioni doppie $C \cup D, C \cup F, E \cup F, D \cup E$ e unioni triple come $C \cup E \cup F = D^c$. Questo processo termina con la classe

$$\mathcal{F} = \{\varnothing, \Omega, A, B, C, D, E, F, C^c, D^c, E^c, F^c, C \cup D, C \cup F, E \cup F, D \cup E\},$$

dopo aver aggiunto l'evento impossibile. Si noti come ciò sia collegato al problema di definire una misura di probabilità su uno spazio campionario quando passiamo a movimenti di tick infinito numerabili, si veda l'Appendice.

1.8 Esercizi

1.1 Dato l'esperimento relativo alla previsione del prezzo S_1 alla fine del primo giorno, con 3 movimenti di tick, e sia $S_0 = 3$ il prezzo iniziale di un'attività scambiata nel mercato. Qual è il contenuto dell'evento $\{S_1 \leqslant a\}$ se $a = 3.5$?

1.2 Determinare gli eventi $\{S_1 \geqslant a\}, \{S_1 < a\}, \{S_1 > a\}$ e $\{S_1 = a\}$, usando ancora $a = 3.5$.

1.3 Dati due numeri reali $a < b$, scrivere $\{X \leqslant b\}$ usando $\{X \leqslant a\}$ e $\{a < X \leqslant b\}$.

1.4 Dato un numero reale $a \in \mathbb{R}$, scrivere $\{X \geqslant a\}$ come unione disgiunta di due eventi.

1.5 Supponiamo che la v.a. S_1 sia un modello per il prezzo giornaliero di un'azione, su uno spazio campionario non numerabile Ω. Considerando l'evento $A = \{1 < S_1 < 3\}$ mostrare che esso è uguale a $\bigcup_{i=1}^{\infty} \{1 < S_1 \leqslant 3 - \frac{1}{i}\}$.

1.6 Per la v.a. S_1 che modellizza il prezzo a 1 giorno, considerare l'evento $A = \{1 \leqslant S_1 \leqslant 3\}$, quindi mostrare che esso è uguale a $\bigcap_{i=1}^{\infty} \{1 - \frac{1}{i} < S_1 \leqslant 3\}$.

1.7 Data l'intersezione di eventi $A = \bigcap_{i=1}^{\infty} A_i$ tale che ogni $A_i \in \mathcal{F}$, mostrare che $A \subset \mathcal{F}$, cioè anche intersezioni numerabili $\bigcap_{i=1}^{\infty} A_i$ di eventi appartengono alla σ-algebra. Poi, mostrare che $A \setminus B \in \mathcal{F}$ ogni volta che sia A che B appartengono a $\mathcal{F}$.

1.8 Mostrare che $A \cap (B \cup C) = (A \cap B) \cup (A \cap C)$, per eventi $A, B, C \in \mathcal{F}$. Questo in particolare implica che $A \cap (B \cup C) \in \mathcal{F}$.

1.9 Dimostrare le leggi di DeMorgan $\left(\bigcup_{i=1}^{\infty} A_i\right)^c = \bigcap_{i=1}^{\infty} A_i^c$, per eventi $A_i \in \mathcal{F}$.

1.10 Per eventi $A, B, C \in \mathcal{F}$ dimostrare quanto segue tramite un metodo diverso da quello usato nell'Esercizio 1.7:

- $A \cup (A \cap B) = A$
- $(A \cup B) \cap (A \cup C) = A \cup (B \cap C)$.

1.11 Dati due eventi $A, B \in \mathcal{F}$, mostrare che $A \subset B$ è equivalente a $B^c \subset A^c$.

1.12 (Eventi P-nulli e P-certi) Siano $A, B, C \in \mathcal{F}$ tre eventi di uno spazio di probabilità $(\Omega, \mathcal{F}, \mathsf{P})$. Dimostrare che:

1. se $\mathsf{P}(B) = 0$ allora $\mathsf{P}(A \cap B) = 0$ e anche $\mathsf{P}(A \cup B) = \mathsf{P}(A)$;
2. se $\mathsf{P}(C) = 1$ allora $\mathsf{P}(A \cup C) = 1$ e anche $\mathsf{P}(A \cap C) = \mathsf{P}(A)$.

1.13 (Probabilità uniformi discrete) Sia Ω uno spazio campionario finito con n esiti, tutti equiprobabili, ove $\mathcal{F} = 2^{\Omega}$ e come di consueto $\mathsf{P}(\{\omega\}) = \frac{1}{n}$ è un peso di probabilità assegnato a ciascun evento elementare $\{\omega\} \in \mathcal{F}$, per ogni $\omega \in \Omega$. Si definisca $\mathsf{P}(A) = \frac{|A|}{n}$ per ogni altro evento $A \in \mathcal{F}$. Verificare che le proprietà Pr1-Pr4 valgono per questa funzione d'insieme $\mathsf{P} : 2^{\Omega} \to [0, 1]$.

1.14 Sia $\mathcal{G} = \{S_i\}_{i \in I}$ una collezione di σ-algebra rispetto a uno spazio campionario Ω. Mostrare che l'intersezione $\mathcal{H} = \bigcap_{i \in I} S_i$ è anch'essa una σ-algebra.

1.15 Sia C una collezione di sottoinsiemi dello spazio campionario Ω. Dimostrare che esiste la più piccola σ-algebra rispetto a Ω che contiene C.

1.16 Mostrare che una σ-algebra $\mathcal{F}$ di eventi contiene la differenza propria dei suoi eventi e l'unione crescente numerabile dei suoi eventi.

1.17 (σ-algebra traccia) Sia Ω uno spazio campionario e sia $\sigma_E := \{A \cap E \mid A \in \mathcal{F}\}$ una collezione che contiene tutte le intersezioni tra ogni evento in $\mathcal{F}$ e un evento fissato $E \subset \Omega$. Mostrare che σ_E è una σ-algebra.

Appendice

Estensione degli spazi di probabilità

Assumiamo uno spazio campionario finito $\Omega = \{\omega_0, \omega_1, \ldots, \omega_n\}$, dove ω_i è l'esito composto da i movimenti di prezzo verso l'alto e $n - i$ movimenti verso il basso, per $i = 0, 1, 2, \ldots, n$. Ad esempio, per $n = 4$ abbiamo:

$$\omega_2 \text{ corrisponde a 2 movimenti verso il basso e 2 verso l'alto.}$$

Si osservi che ω_2 può essere ottenuto tramite $\binom{4}{2}$ diverse combinazioni di 2 movimenti verso il basso e 2 verso l'alto, quindi è naturale assegnare un peso di probabilità $\mathsf{P}(\{\omega_2\}) = \binom{4}{2}\frac{1}{2^4}$. Più in generale,[14] $\boxed{\mathsf{P}(\{\omega_i\}) = \binom{n}{i}\frac{1}{2^n}}$ dove $\frac{1}{2}$ è la pro-

---

[14] $\binom{n}{i} = \frac{n!}{i!(n-i)!} = \frac{(i+(n-i))!}{i!(n-i)!}$ è il numero di permutazioni di due oggetti (1 movimento verso l'alto e 1 verso il basso) ripetuti rispettivamente i e $n - i$ volte.

babilità di un singolo movimento verso l'alto o verso il basso. Verifichiamo che $P(\Omega) = \sum_{i=0}^{n} P(\{\omega_i\})$ sia 1. Infatti:

$$\sum_{i=0}^{n} P(\{\omega_i\}) = \sum_{i=0}^{n} \binom{n}{i} \frac{1}{2^n} = \sum_{i=0}^{n} \binom{n}{i} \left(\tfrac{1}{2}\right)^i \left(\tfrac{1}{2}\right)^{n-i}$$
$$= \left(\tfrac{1}{2} + \tfrac{1}{2}\right)^n = 1,$$

dove abbiamo utilizzato la formula binomiale $(a + b)^n = \sum_{i=0}^{n} \binom{n}{i} a^i b^{n-i}$. Come abbiamo visto nel Paragrafo 1.4, per Ω finito, la formula $P(A) = \frac{|A|}{|\Omega|}$ restituisce una funzione di probabilità finitamente additiva. Equivalentemente $P(A) = \sum_{\omega \in A} P(\{\omega\})$, ove ritroviamo una somma finita di pesi di probabilità ciascuno dato da $P(\{\omega\}) = \frac{1}{n}$. In un siffatto spazio di probabilità uniforme discreto la σ-algebra è l'insieme delle parti 2^Ω, anch'esso finito. Si è tentati di estendere questa struttura a spazi campionari infinito numerabili $\Omega = \{\omega_1, \omega_2, \ldots\}$, tramite la consueta funzione d'insieme

$$P(A) = \sum_{\omega_j \in A} P(\{\omega_j\}).$$

Adesso è necessario il requisito aggiuntivo di convergenza della serie di numeri reali $P(\{\omega_j\}) \in [0, 1]$, ossia

$$\sum_{\omega_j \in \Omega} P(\{\omega_j\}) = 1,$$

per soddisfare l'assioma PA1, Definizione 1.3. Se tale proprietà di convergenza è verificata, allora la funzione d'insieme definita sopra è effettivamente una misura di probabilità. In particolare, per eventi $A_1, A_2, \ldots \in \mathcal{F}$ a due a due incompatibili l'additività numerabile PA2 ora si scrive:

$$P\left(\bigcup_{i=1}^{\infty} A_i\right) = \sum_{\omega_j \in \bigcup_i A_i} P(\{\omega_j\}) = \sum_{i=1}^{\infty} \sum_{\omega_j \in A_i} P(\{\omega_j\}) = \sum_{i=1}^{\infty} P(A_i).$$

Esempio 1.22

Consideriamo l'esperimento aleatorio relativo alla previsione del numero di varizioni di prezzo o *salti*. Non ci interessa la direzione dei movimenti, ma solo il numero di salti: $\Omega = \{\omega \mid \omega = 0, 1, 2, \ldots\}$. Associamo la σ-algebra $\mathcal{F} = 2^\Omega$ di tutti gli eventi. Assegniamo quindi il peso di probabilità

$$P(\{\omega\}) = \frac{\lambda^i\, e^{-\lambda}}{i!}, \quad \text{con } i = \omega = 0, 1, 2, \ldots, \quad \text{e } \lambda > 0.$$

Ad esempio, $A \in \mathcal{F}$ dato da $A = \{0, 1, 4\}$ è l'evento che non si siano verificati salti, oppure si sia verificato 1 salto oppure 4 salti, e corrisponde all'unione $\{0\} \cup \{1\} \cup \{4\}$ di 3 eventi a due a due incompatibili con probabilità $\frac{\lambda^0 e^{-\lambda}}{0!}$, $\frac{\lambda^1 e^{-\lambda}}{1!}$, $\frac{\lambda^4 e^{-\lambda}}{4!}$. Con $\lambda = 2$ tali probabilità valgono 0.135335, 0.270670 e 0.090223. Per $n = 10$ la probabilità è 0.000038: infatti $\frac{\lambda^i e^{-\lambda}}{i!}$ è molto piccola per un numero grande n di salti. Può essere interpretata come la *probabilità di eventi rari*.

Esempio 1.23

Consideriamo gli eventi a due a due incompatibili $A_1 = \{1\}$, $A_2 = \{3\}$, $A_3 = \{5\}, \ldots$ presi da $\mathcal{F}$. Abbiamo[15]

$$P\left(\bigcup_{i=1}^{\infty} A_i\right) = \sum_{\omega \in \bigcup_i A_i} P(\{\omega\}) = \sum_{i=1}^{\infty} \underbrace{\sum_{\omega \in A_i} P(\{\omega\})}_{=P(A_i)} = \sum_{i=1}^{\infty} \frac{\lambda^i \, e^{-\lambda}}{i!}$$

$$= e^{-\lambda} \sum_{i=1}^{\infty} \frac{\lambda^i}{i!} = e^{-\lambda}\,(e^\lambda - 1),$$

dove abbiamo utilizzato lo sviluppo in serie di Taylor della funzione esponenziale e^λ nell'intorno di $\lambda_0 = 0$, cioè $e^\lambda = e^{\lambda_0} + \frac{e^{\lambda_0}}{1!}(\lambda - \lambda_0)^1 + \frac{e^{\lambda_0}}{2!}(\lambda - \lambda_0)^2 + \cdots = \sum_{i=0}^{\infty} \frac{\lambda^i}{i!}$. Ad esempio, con $\lambda = 2$, usando `Excel` si ottiene =EXP(-2)*(EXP(2)-1)=0.864665. Per l'intero Ω abbiamo:

$$P(\{0\}) + P(\{1\}) + P(\{2\}) + \cdots = \sum_{i=0}^{\infty} \frac{\lambda^i \, e^{-\lambda}}{i!} = e^{-\lambda} e^{\lambda} = 1.$$

Possiamo ottenere uno spazio campionario numerabile al limite.

Esempio 1.24

Consideriamo lo spazio campionario costituito da n possibili sequenze di rialzi e ribassi, partendo da un dato prezzo iniziale dell'azione S_0. Codificando ogni esito $\omega \in \Omega$ come una sequenza finita di simboli u,d si ha $|\Omega| = 2^n$: ogni esito ω è costituito da una sequenza di tutte u oppure tutte d, oppure sequenze miste contenenti u e d ripetute in ordine alternato. Infatti: ogni simbolo u o d può o non può appartenere (2 scelte possibili) alla sequenza che codifica un ω fissato, quindi si ha un totale di $2 \times 2 \times \cdots \times 2 = 2^n$ di tali sequenze componenti lo spazio campionario.

Esempio 1.25

Ora assegniamo un peso di probabilità $P(\{\omega\}) = \frac{1}{2^n}$ a ciascun evento elementare $\{\omega\}$ e otteniamo il consueto spazio di probabilità uniforme discreto. Ma le cose si complicano quando il numero di possibili rialzi e ribassi diventa grande: $\lim\limits_{n \to \infty} \frac{1}{2^n} = 0$. Ogni evento elementare ha probabilità zero, così come ogni altro evento A che risulta costituito da unioni disgiunte di alcuni singoletti $\{\omega\}$. Conclusione: tutti gli eventi A della corrispondente σ-algebra hanno $P(A) = 0$. Anche per l'evento certo $P(\Omega) = 0$, poiché possiamo scegliere una sequenza finita o numerabile $(A_i)_i \subset \mathcal{F}$ di eventi a due a due incompatibili tale che la loro unione sia uguale all'intero spazio campionario, $\Omega = \bigcup_i A_i$, ciò che chiamiamo una *partizione* di Ω. Pertanto, $P(\Omega) = P(\bigcup_i A_i)$ e usando l'assioma PA2 abbiamo $P(\bigcup_i A_i) = \sum_i P(A_i) = 0$.

---

[15] La probabilità dell'evento {un numero dispari di salti}.

Esempio 1.26

Quando sono permesse ripetizioni infinite[16] dell'esperimento aleatorio che si basa su due possibili risultati (come u o d), assegnare un peso di probabilità agli eventi elementari $\{\omega\}$ porta a delle incongruenze. Un possibile rimedio è il seguente. Sostituiamo la codifica u o d con 1 o 0, così ogni esito ω è costituito da una sequenza infinita di uno e zero. Ma si noti come ciò corrisponde alla rappresentazione binaria di ogni numero reale contenuto nell'intervallo unitario $[0, 1)$:

$$\Omega = \{\omega \mid \omega = a_1 a_2 \cdots, \text{ dove } a_i = 0 \text{ o } a_i = 1\}.$$

Poiché è ben noto che $x \in [0, 1)$ può essere scritto come $0.a_1 a_2 \ldots$, abbiamo una corrispondenza biunivoca tra gli elementi $\omega \in \Omega$ e i numeri $x \in [0, 1)$. Dopo aver identificato Ω con l'intervallo unitario semiaperto a destra, una misura di probabilità ragionevole può essere data dalla formula

$$P(A) = \text{lunghezza di } A,$$
$$\text{dove } A = [a, b] \text{ oppure } [a, b) \text{ oppure } (a, b] \text{ oppure } (a, b),$$

e la σ-algebra si ottiene tramite unioni, intersezioni e complementazioni di intervalli con estremi finiti. Siamo in presenza di uno *spazio di probabilità uniforme continuo*.

Come abbiamo visto nel Paragrafo 1.4, le misure di probabilità discrete sono adeguate per modellizzare esperimenti aleatori con esiti al più infinito numerabili ma non possono essere estese a eventi più grandi di uno spazio campionario numerabile mantenendo come elementi di base i pesi di probabilità. Per rimediare a tale incongruenza, osserviamo che per Ω numerabile esiste una corrispondenza biunivoca con $\mathbb{N}$, quindi possiamo *trasformare* lo spazio di probabilità in $(\mathbb{N}, 2^{\mathbb{N}}, P)$ e sostituire $P(\{\omega_i\})$ con $p_i := p(i)$, in modo tale che come al solito $\sum_{i=1}^{\infty} p(i) = 1$. Quando lo spazio campionario è non numerabile, esiste una corrispondenza biunivoca con l'intervallo unitario aperto $(0, 1)$ e quindi con l'intervallo unitario chiuso $[0, 1]$ o con tutto $\mathbb{R}$.[17] Pertanto, possiamo passare a $(\mathbb{R}, \mathcal{F}, P)$ e cercare di definire la misura di probabilità come $P([a, b]) = \int_a^b p(x)\mathrm{d}x$ per qualche funzione non negativa (Riemann) integrabile $p : \mathbb{R} \to \mathbb{R}$ tale che $\int_{-\infty}^{\infty} p(x)\mathrm{d}x = 1$, per ogni coppia di numeri reali $a < b$. Osserviamo che $\mathcal{F}$ deve essere generata da una opportuna collezione di sottoinsiemi in $\mathbb{R}$, si veda l'Appendice al Capitolo 2, mentre la famiglia degli intervalli finiti non è di per se una σ-algebra.

Esempio 1.27

Vogliamo modellizzare il prezzo futuro dell'azione S_t come una v.a. che assume infiniti valori non numerabili su un intervallo chiuso $[S_{\min}, S_{\max}]$, dove $S_{\min}$ è il

---

[16] Dobbiamo esplicitamente menzionare l'ipotesi ausiliaria che le ripetizioni siano *indipendenti*. Ma il significato di ciò sarà chiaro più avanti, quindi lo assumiamo tacitamente, vedi il Paragrafo 5.4 nel Capitolo 5.

[17] Questo è un fatto ben noto dell'analisi reale.

prezzo minimo quotato in t e $S_{\max}$ è il prezzo massimo futuro. Non possiamo più usare una misura discreta per calcolare la probabilità di eventi che coinvolgono tale S_t. Infatti, Ω corrisponde adesso all'intervallo suddetto e si può mostrare che $P(S_t = a) = P(a) = 0$ per ogni $a \in [S_{\min}, S_{\max}]$. Si confronti tale conclusione con i risultati dei Paragrafi 2.1, 2.2 e 2.3.

Proprietà aggiuntive di una misura di probabilità

La *disuguaglianza di Boole* è un'altra proprietà fondamentale di una misura di probabilità.

Lemma 1.2 (Subadditività)
Sia $(\Omega, \mathcal{F}, P)$ uno spazio di probabilità. Allora $P(\bigcup_{i=1}^{\infty} A_i) \leqslant \sum_{i=1}^{\infty} P(A_i)$, per ogni collezione di eventi $(A_i)_{i \in \mathbb{N}} \subset \mathcal{F}$ non necessariamente incompatibili a coppie.

Osservazione 1.5 (Eventi arbitrari vs eventi incompatibili a coppie)
Sia $(A_i)_{i \in \mathbb{N}}$ una collezione di eventi in una σ-algebra. Non sappiamo se gli A_i sono a due a due disgiunti. Ad ogni modo, possiamo costruire una nuova sequenza di eventi mutuamente incompatibili ponendo $B_1 = A_1$ e $B_n = A_n \setminus (\bigcup_{i=1}^{n-1} A_i)$, per ogni $n \in \mathbb{N}$. Infatti, $B_2 = A_2 \setminus A_1$, $B_3 = A_3 \setminus (A_2 \cup A_1)$ e così via. Chiaramente, ogni unione parziale appartiene a $\mathcal{F}$ e quindi ogni insieme differenza; in particolare $\bigcup_{i=1}^{\infty} B_i = \bigcup_{i=1}^{\infty} A_i$.

Dimostrazione Definiamo la successione $(B_i)_{i \in \mathbb{N}}$ come nell'Osservazione 1.5. Per ogni $n \in \mathbb{N}$ abbiamo $B_n \subset A_n$ e $B_n \in \mathcal{F}$ poiché $A_n \setminus (\bigcup_{i=1}^{n-1} A_i) = A_n \cap (\bigcup_{i=1}^{n-1} A_i)^c$ e $\mathcal{F}$ è una σ-algebra. Questo implica che $P(B_n) \leqslant P(A_n)$ e dato che $\bigcup_{i=1}^{\infty} B_i = \bigcup_{i=1}^{\infty} A_i$ abbiamo $P(\bigcup_{i=1}^{\infty} A_i) = \sum_{i=1}^{\infty} P(B_i) \leqslant \sum_{i=1}^{\infty} P(A_i)$, poiché gli eventi B_i sono a due a due incompatibili. ∎

Possiamo generalizzare la Proprietà Pr4 della Proposizione 1.1 per una misura di probabilità. Data una successione di eventi $A_1, \ldots, A_n \in \mathcal{F}$, è facile dimostrare la seguente *formula unione-intersezione*:

$$P(A_1 \cup \cdots \cup A_n) = \sum_{k=1}^{n} (-1)^{k-1} \sum_{\{i_1, \ldots, i_k\} \subset \{1, \ldots, n\}} P(A_{i_1} \cap \cdots \cap A_{i_k}) \qquad (1.3)$$

dove la somma interna è estesa a tutti i sottoinsiemi di $k \leq n$ indici in $\{1, \ldots, n\}$. Infatti, la formula (1.3) coincide con la **formula di inclusione-esclusione**:

$$P\left(\bigcup_{i=1}^{n} A_i\right) = \sum_{i=1}^{n} P(A_i) - \sum_{i<j\leq n} P(A_i \cap A_j)$$

$$+ \sum_{i<j<k\leq n} P(A_i \cap A_j \cap A_k) + \cdots + (-1)^{n+1} P\left(\bigcap_{i=1}^{n} A_i\right). \quad (1.4)$$

Per $n = 2$ la formula (1.4) vale per la Pr4 della Proposizione 1.1. Per un'ulteriore illustrazione si osservi come:

$$P(A_1 \cup A_2 \cup A_3) = P(A_1) + P(A_2) + P(A_3)$$
$$- P(A_1 \cap A_2) - P(A_1 \cap A_3) - P(A_2 \cap A_3)$$
$$+ P(A_1 \cap A_2 \cap A_3).$$

La prima somma a destra rappresenta l'area in $A_1 \cup A_2 \cup A_3$. Per evitare ripetizioni dobbiamo sottrarre l'area in $A_1 \cap A_2$, $A_1 \cap A_3$ e $A_2 \cap A_3$. Aggiungiamo l'area in $A_1 \cap A_2 \cap A_3$, poiché abbiamo sottratto area(A_1), area(A_2) e area(A_3) due volte. Ora scriviamo $P(\bigcup_{i=1}^{n+1} A_i) = P(\bigcup_{i=1}^{n} A_i \cup A_{n+1})$ come $P(\bigcup_{i=1}^{n} A_i) + P(A_{n+1}) - P((\bigcup_{i=1}^{n} A_i) \cap A_{n+1})$, per la Pr4 applicata agli eventi $\bigcup_{i=1}^{n} A_i$ e A_{n+1}. Quindi, dimostriamo la formula di inclusione-esclusione nel caso $n + 1$. Per induzione, la formula vale nel caso n e, ancora per induzione, abbiamo pure

$$P\left(\left(\bigcup_{i=1}^{n} A_i\right) \cap A_{n+1}\right)$$

$$\stackrel{\text{distrib. di } \cup \text{ e } \cap}{=} P\left(\bigcup_{i=1}^{n} (A_i \cap A_{n+1})\right)$$

$$= \sum_{i=1}^{n} P(A_i \cap A_{n+1}) - \sum_{i<j\leq n} P(A_i \cap A_j \cap A_{n+1}) + \cdots$$

$$= \sum_{i<j=n+1} P(A_i \cap A_j) - \sum_{i<j<k=n+1} P(A_i \cap A_j \cap A_k) + \cdots$$

Inserendo l'equazione (1.4), data dalla prima ipotesi induttiva, e l'equazione sopra nell'espressione di $P(\bigcup_{i=1}^{n+1} A_i)$ la dimostrazione è conclusa.

Continuità di P

Dimostrazione del Teorema 1.1 Sia $A_1 \subset A_2 \subset \cdots\ldots$ una successione crescente di eventi di $\mathcal{F}$ tale che $A := \bigcup_{i=1}^{\infty} A_i$. Possiamo trovare una nuova successione di eventi incompatibili a coppie $B_1, B_2, \ldots$ tale che $\bigcup_{j=1}^{\infty} B_j = \bigcup_{i=1}^{\infty} A_i = A$. Inoltre, per l'additività numerabile

$$P(A) = P\left(\bigcup_{j=1}^{\infty} B_j\right) = \sum_{j=1}^{\infty} P(B_j) = \lim_{i \to \infty} \sum_{j=1}^{i} P(B_j).$$

La definizione di $(B_j)_{j \in \mathbb{N}}$ implica che $\sum_{j=1}^{i} P(B_j) = P(\bigcup_{j=1}^{i} B_j) = P(A_i)$, quindi $\lim_{i \to \infty} P(A_i) = P(A)$ e la dimostrazione è completa. Se consideriamo una successione decrescente di eventi $A_1 \supset A_2 \supset \cdots$ di $\mathcal{F}$ tale che $A := \bigcap_{i=1}^{\infty} A_i$, allora basta notare che $A_1^c \subset A_2^c \subset \cdots$, con $A^c = \bigcup_{i=1}^{\infty} A_i^c$ e inoltre, per Pr1, si ha $P(A_i^c) = 1 - P(A_i)$. Quindi $\lim_{i \to \infty} P(A_i^c) = 1 - \lim_{i \to \infty} P(A_i)$ è equivalente a

$$\lim_{i \to \infty} P(A_i) = 1 - \lim_{i \to \infty} P(A_i^c)$$

$$\overset{\text{cont. di P per seq. cres.}}{=} 1 - P(A^c)$$

$$= P(A). \qquad\blacksquare$$

Capitolo 2
Distribuzione di variabili aleatorie

2.1 Funzione di distribuzione

Nel prevedere i possibili valori di una v.a. X, dato uno spazio di probabilità $(\Omega, \mathcal{F}, \mathsf{P})$, né Ω né X sono dati *esplicitamente*: è necessario conoscere la collezione $\mathsf{P}(X \in B)$ al variare di opportuni sottoinsiemi $B \subset \mathbb{R}$, chiamata **legge di probabilità** di X, talvolta scritta come $\mathsf{P}_X(B)$; la scelta $B = (-\infty, x]$ è sufficiente[1] per calcolarla.

Definizione 2.1

La funzione di distribuzione *cumulativa* (CDF) o funzione di ripartizione di una v.a. X è definita come

$$F_X(x) := \mathsf{P}(X \leqslant x), \tag{2.1}$$

per ogni $-\infty < x < \infty$.

La formula (2.1) restituisce una funzione numerica $F_X : \mathbb{R} \to [0, 1]$. Ogni CDF possiede alcune caratteristiche tipiche qualunque sia la v.a. X. Infatti, esiste una corrispondenza biunivoca tra P e F_X:

---

[1] Altri sottoinsiemi $B \subset \mathbb{R}$ possono essere dedotti da $(-\infty, x]$ usando unioni, intersezioni e complementi. La stessa costruzione può essere ripetuta con intervalli finiti, si veda l'Appendice.

© The Author(s), under exclusive license to Springer Nature Switzerland AG 2026   29
D. Rossello, *Formulario di Probabilità Uno*, La Matematica per il 3+2,
https://doi.org/10.1007/978-3-032-18769-7_2

Teorema 2.1
Sia P *una misura di probabilità su* $(\Omega, \mathcal{F})$ *e sia* $F_X : \mathbb{R} \to [0, 1]$ *una funzione data dalla formula (2.1). Allora si ha:*

(a) F_X *è non decrescente,* $x_1 < x_2$ *implica* $F_X(x_1) \leqslant F_X(x_2)$;

(b) F_X *è continua da destra,* $F_X(x) = F_X(x^+) := \lim_{h \downarrow 0} F_X(x + h)$;

(c) $\lim_{x \to \infty} F_X(x) =: F_X(\infty) = 1$ *e* $\lim_{x \to -\infty} F_X(x) =: F_X(-\infty) = 0$;

(d) $\mathsf{P}(a < X \leqslant b) = F_X(b) - F_X(a)$ *per* $a < b$, *con* $b \in \mathbb{R}$ *finito e* $a \geqslant -\infty$.

Viceversa, se una funzione $F_X : \mathbb{R} \to [0, 1]$ *soddisfa le proprietà (a)-(c) allora esiste una probabilità* P *su qualche spazio degli eventi* $(\Omega, \mathcal{F})$ *tale che* $F_X(x)$ *è la CDF di una v.a.* X, *secondo la Definizione 2.1, la cui legge è* $\mathsf{P}_X(B) = \mathsf{P}(X \in B)$ *per opportuni* $B \subset \mathbb{R}$.

Osservazione 2.1 (Limiti unilaterali)

Si ricorda la seguente caratterizzazione di un limite per una funzione a valori reali dato $h > 0$:

- limite destro, $F(x^+) = \lim_{h \downarrow 0} F(x + h)$;

- limite sinistro, $F(x^-) = \lim_{h \downarrow 0} F(x - h)$.

La notazione $h \downarrow 0$ significa che h tende a zero per valori decrescenti, anche scritto $h \to 0^+$. Nel contesto attuale $F \equiv F_X$.

Osservazione 2.2 (Caratterizzazione tramite successioni)

Una funzione a valori reali è continua in un punto x_0 del suo dominio, scritto $\lim_{x \to x_0} F(x) = F(x_0)$ sse esiste una successione di punti $x_1, x_2, \ldots$ nel suo dominio tale che $x_i \neq x_0$ e che converge a x_0, scritto $\lim_{i \to \infty} x_i = x_0$, così si ha $F(x_i) \to F(x_0)$ quando $i \to \infty$. In altre parole, per valori x_i vicini a x_0 si ha che $F(x_i)$ resta vicino a $F(x_0)$. Pertanto, si ha:

- Limite destro, $F(x^+)$ è $\lim_{i \to \infty} F(x_i) = F(x)$ per ogni successione decrescente $x_1 \geqslant x_2 \geqslant \cdots$ con limite x, scritto $x_i \downarrow x$;

- Limite sinistro, $F(x^-)$ è $\lim_{i \to \infty} F(x_i) = F(x)$ per ogni successione crescente $x_1 \leqslant x_2 \leqslant \cdots$ con limite x, scritto $x_i \uparrow x$.

Dalle Osservazioni 2.1 e 2.2 deriva che i limiti unilaterali di una CDF possono essere dati in modo sequenziale, il che è utile per dimostrare le probabilità elencate nella Tabella 2.1. Si osservi che $F_X(x^-) \leqslant F_X(x)$ poiché la CDF è non decrescente, cioè è una funzione reale monotona e quindi entrambi i limiti unilaterali esistono e

Tabella 2.1 Calcolo delle Probabilità tramite F_X

#	$B \subset \mathbb{R}$	Evento	$P(X \in B)$
1	$(-\infty, a]$	$\{X \leqslant a\}$	$P(X \leqslant a) = F_X(a)$
2	$(-\infty, a)$	$\{X < a\}$	$P(X < a) = F_X(a^-)$
3	$(a, b]$	$\{a < X \leqslant b\}$	$P(a < X \leqslant b) = F_X(b) - F_X(a)$
4	$[a, b]$	$\{a \leqslant X \leqslant b\}$	$P(a \leqslant X \leqslant b) = F_X(b) - F_X(a^-)$
5	$\{a\}$	$\{X = a\}$	$P(X = a) = F_X(a) - F_X(a^-)$
6	(b, ∞)	$\{X > b\}$	$P(X > b) = 1 - F_X(b)$
7	$[b, \infty)$	$\{X \geqslant b\}$	$P(X \geqslant b) = 1 - F_X(b^-)$
8	$[a, b)$	$\{a \leqslant X < b\}$	$P(a \leqslant X < b) = F_X(b^-) - F_X(a^-)$
9	(a, b)	$\{a < X < b\}$	$P(a < X < b) = F_X(b^-) - F_X(a)$

sono finiti.[2] In Appendice viene data una derivazione formale delle probabilità nella quarta colonna della Tabella 2.1.

2.2 Variabili aleatorie discrete

Come abbiamo visto nel Capitolo 1, per alcuni esperimenti aleatori è più appropriato calcolare probabilità discrete su spazi campionari finiti o numerabili. In maniera simile, per un generico (non necessariamente finito o numerabile) Ω la valutazione numerica degli scenari $\omega \in \Omega$ potrebbe restituire un elenco finito o numerabile di $X(\omega)$ relativi ad una v.a. Dovrebbe essere chiaro che la legge P_X insieme alla CDF F_X sono le uniche responsabili del comportamento di una v.a. e non la sua costruzione analitica.[3]

Definizione 2.2
Una v.a. X si dice **discreta** se la sua immagine $X(\Omega) = \{x \in \mathbb{R} \mid \exists\, \omega \in \Omega \text{ con } X(\omega) = x\}$ è un insieme C finito, $\{x_1, \ldots, x_n\}$, oppure numerabile, $\{x_1, x_2, \ldots\}$. La CDF di una v.a. discreta è una funzione *costante a tratti* o funzione a gradini con discontinuità a salto nei valori $x_1, x_2, \ldots$, ed è costante negli intervalli tra questi valori:

- $F_X(x) = y_{i-1}$ per $x \in [x_{i-1}, x_i)$ e $i = 2, 3, \ldots$; ovviamente $y_{i-1} \in (0, 1]$;
- su $(-\infty, x_1)$ si ha $\lim\limits_{x \to -\infty} F_X(x) = 0$, e $F_X(x_n) = 1$ o più in generale $\lim\limits_{i \to \infty} F(x_i) = 1$ per $x_i \to \infty$.

---

[2] Nella dimostrazione del punto (b) del Teorema 2.1 la continuità da destra $\lim\limits_{i \to \infty} F_X(x + \frac{1}{i}) = F_X(x)$ è intesa in forma sequenziale con $x_i = x + \frac{1}{i}$ successione decrescente e convergente a x al crescere di $i \in \mathbb{N}$, il che equivale a $F_X(x^+) = \lim\limits_{h \downarrow 0} F_X(x + h)$.

[3] Infatti due v.a. definite sullo stesso spazio di probabilità sono considerate uguali sse le loro leggi sono uguali, si veda il Paragrafo 2.6.

La situazione descritta nella Definizione 2.2 è già stata analizzata nel Paragrafo 1.4 e nell'Appendice al Capitolo 1. Ora, identificando P con P_X possiamo trattare come 'spazio campionario' l'intero $\mathbb{R}$ e trovare un sottoinsieme al più numerabile C tale che $P_X(C) = P(X \in C) = 1$ e $P_X(C^c) = 0$, si veda anche l'Appendice. Questo implica che $X : \Omega \to C$, cioè la v.a. assume al più una quantità numerabile di valori. La Definizione 2.2 ha alcune conseguenze.

- Qualunque sia lo spazio campionario Ω, per una v.a. discreta gli eventi $\{X = x_i\}$ formano una sua partizione: sono a due a due incompatibili e la loro unione (finita o numerabile) è proprio Ω.
- Ogni probabilità $P(X = x_i)$ è detta massa per $i = 1, 2, \ldots$; in realtà $P(X = x)$ è una **funzione di massa di probabilità** dei valori $x \in \mathbb{R}$.
- Le masse sono *concentrate* su $x_1, x_2, \ldots$, il loro valore è zero altrove, cioè $P(X = x) = 0$ per $x \neq x_i$.
- Deve valere $\sum_i P(X = x_i) = 1$.
- L'insieme C è anche dove F_X risulta strettamente crescente, talvolta chiamato **supporto** di X e indicato con X in alcuni testi.
- Il valore $F_X(x)$ per ogni $x \in \mathbb{R}$ si calcola sommando le masse: $P(X \leqslant x) = F_X(x) = \sum_{i \text{ t.c. } x_i \leqslant x} P(X = x_i)$.
- $P(X = x_i) = F_X(x_i) - F_X(x_i^-) > 0$, dove il limite sinistro $F_X(x_i^-)$ è uguale al valore che F_X assume nel punto x_{i-1} più a sinistra, per $i = 2, 3, \ldots$

Osservazione 2.3
Vedremo nel Paragrafo 2.3 che si può definire il supporto come l'insieme dei punti $x \in \mathbb{R}$ tali che $P(x - \epsilon < X < x + \epsilon) = F_X(x + \epsilon) - F_X(x - \epsilon) > 0$ per ogni $\epsilon > 0$. Ovviamente, il supporto non contiene gli $x \in \mathbb{R}$ ove la v.a. assume valore con probabilità nulla $P(X = x) = 0$. Si noti che risulta possibile la presenza di qualche $x \neq X(\omega)$ per certi $\omega \in \Omega$.

Esempio 2.1
Sia una funzione $F : \mathbb{R} \to [0, 1]$ definita come:

$$F(x) = \begin{cases} 0, & \text{se } x < -1 \\ \frac{1}{2}, & \text{se } -1 \leqslant x < 1 \\ 1, & \text{se } x \geqslant 1. \end{cases}$$

Si verifica che F è una funzione di ripartizione e quindi soddisfa le proprietà (a)-(d) del Teorema 2.1.

In effetti, l'Esempio 2.1 fornisce un utile esercizio nel dimostrare che $F \equiv F_X$ per una certa v.a. discreta X. Si ha che:

- F è non decrescente, infatti è costante a tratti con valori $F(x) = 0$ se $x \in (-\infty, -1)$, $F(x) = \frac{1}{2}$ se $x \in [-1, 1)$ e $F(x) = 1$ se $x \in [1, \infty)$;
- è continua da destra, $F(-1) = \lim_{h \downarrow 0} F(-1 + h) = \frac{1}{2}$ e $F(1) = \lim_{h \downarrow 0} F(1 + h) = 1$, essendo costante e quindi continua sui tre intervalli sopra indicati;

- i suoi limiti per $x \to -\infty$ e $x \to \infty$ sono 0 e 1, rispettivamente, per costruzione;
- per ogni $a < b$ reali la probabilità che $a < X \leqslant b$ si calcola come $F(b) - F(a)$, ad esempio, con $a = 0$ e $b = 2$ abbiamo $F(2) - F(0) = 1 - \frac{1}{2} = \frac{1}{2}$.

Quindi, concludiamo che F è effettivamente la CDF di una v.a. X, quindi usiamo la notazione appropriata F_X. Per definizione, essa fornisce la probabilità $\mathsf{P}(X \leqslant x)$ *accumulata* in ogni $x \in \mathbb{R}$:

- per $x < -1$ la probabilità che $X \leqslant x$ è 0;
- per $x = -1$ la probabilità aumenta a $\frac{1}{2}$ e rimane costante fino a $x < 1$;
- per $x = 1$ la probabilità cumulativa assume il valore 1.

La probabilità cambia solo nei punti di discontinuità a salto di F_X, cioè in $x = -1$ e in $x = 1$. Dal Teorema 2.1(d) calcoliamo:

- $\mathsf{P}(-\infty < X \leqslant -1) = \mathsf{P}(\{-\infty < X < -1\} \cup \{X = -1\}) = \mathsf{P}(-\infty < X < -1)$ $+ \mathsf{P}(X = -1)$ che equivale a $F_X(-1) - F_X(-\infty) = F_X(-1)$;
- $\mathsf{P}(-1 < X \leqslant 1) = \mathsf{P}(\{-1 < X < 1\} \cup \{X = 1\}) = \mathsf{P}(-1 < X < 1) + \mathsf{P}(X = 1)$ che equivale a $F_X(1) - F_X(-1)$.

Mettendo insieme le cose, dobbiamo avere $\mathsf{P}(-\infty < X < -1) = \mathsf{P}(-1 < X < 1) = 0$ e $\mathsf{P}(X = -1) = \mathsf{P}(X = 1) = \frac{1}{2}$, dunque la somma di queste ultime probabilità è proprio uno.

Osservazione 2.4

La probabilità che X assuma valori nell'intervallo aperto $(-\infty, -1)$ è nulla. Per mostrare che $F_X(x) = \mathsf{P}(X \leqslant x) = 0$, per ogni $x < -1$, formalmente scegliamo la successione crescente di eventi a probabilità nulla $\{X \leqslant -1 - \frac{1}{i}\}$, per $i \in \mathbb{N}$, tale che la loro unione sia

$$\{X < -1\} = \{-\infty < X < -1\}.$$

Allora per la continuità abbiamo $\lim_{i \to \infty} \mathsf{P}(X \leqslant -1 - \frac{1}{i}) = \mathsf{P}(-\infty < X < -1) = 0$. Si noti che la probabilità $\mathsf{P}(-\infty < X < -1) = F_X(-1^-)$ equivale al limite sinistro della CDF in $x = -1$. Inoltre, c'è una probabilità nulla che X assuma valori tra le discontinuità a salto, cioè nell'intervallo aperto $(-1, 1)$.

L'attuale F_X corrisponde pertanto a una v.a. X che assume solo due valori -1 e 1 e nessun altro valore rilevante negli intervalli aperti $(-\infty, -1)$, $(-1, 1)$ e $(1, \infty)$. Associati a questi due valori abbiamo due masse di probabilità $\mathsf{P}(X = -1)$ e $\mathsf{P}(X = 1)$ i cui valori sono dati dalle discontinuità a salto della CDF, cioè $F_X(-1) - F_X(-1^-)$ e $F_X(1) - F_X(1^-)$ rispettivamente, tali che la loro somma è uno, si veda la Figura 2.1.

Esempio 2.2 (Variazione delle Masse)

Per la v.a. discreta X con valori $X = \{-1, 1\}$, scegliamo differenti masse $\mathsf{P}(X = -1) = \frac{1}{3}$ e $\mathsf{P}(X = 1) = \frac{2}{3}$. Se $B = (-5, 1)$, allora $\mathsf{P}(X \in B) = \frac{1}{3}$ perché per ogni

Figura 2.1 Grafico della
CDF di una v.a. discreta
come funzione a gradini

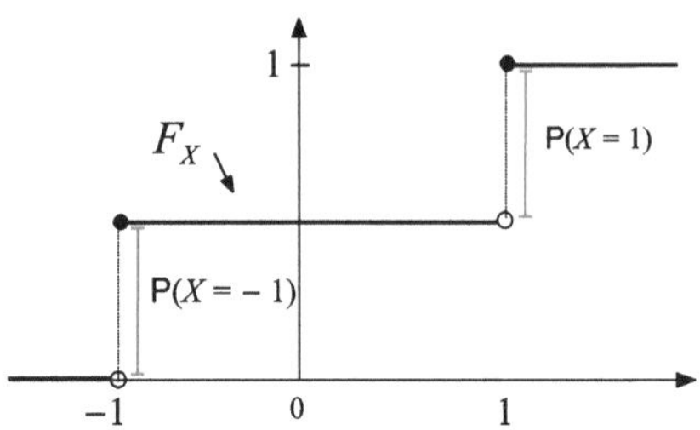

$x \in B$ l'unica probabilità non nulla che $X = x$ è $P(X = -1)$. Si osservi che $X = 1$ non è ammesso poiché l'intervallo B è aperto a destra.

Più formalmente, per una v.a. discreta abbiamo:

Teorema 2.2
Per uno spazio di probabilità $(\Omega, \mathcal{F}, P)$ e una v.a. discreta X esiste un insieme numerabile $C = \{x_1, x_2, \ldots\} \subset \mathbb{R}$ tale che con probabilità 1 si ha che X assume valori in C.

Grazie al Teorema 2.2 possiamo variare le masse sui punti corrispondenti del supporto: basta garantire che la loro somma sia uno.

2.3 Variabili aleatorie continue

La distribuzione di probabilità di una v.a. discreta è caratterizzata da una CDF che non è continua: è una funzione a gradini non decrescente, con discontinuità in un insieme finito o numerabile di punti dove cresce tramite salti dati dai valori delle masse di probabilità. Per una v.a. discreta X la CDF non è derivabile in ogni punto x_i del suo supporto dove la derivata tende all'infinito. Per mostrare ciò scriviamo

$$\lim_{h \to 0} \frac{F_X(x_i + \frac{h}{2}) - F_X(x_i - \frac{h}{2})}{h} = \frac{\lim_{h \to 0} \left[F_X(x_i + \frac{h}{2}) - F_X(x_i - \frac{h}{2}) \right]}{\lim_{h \to 0} h}$$

$$= \frac{F_X(x_i) - F_X(x_i^-)}{0} = \frac{P(X = x_i)}{0} = \infty.$$

Quindi il limite sopra non può determinare la derivata di $F_X(x)$ nel punto x_i. Morale: ogni v.a. discreta ha una CDF tale che $F_X'(x) = 0$ tranne che sul suo supporto, cioè nell'insieme finito o numerabile di punti dove $F_X'(x)$ non esiste. Quando la CDF di una v.a. cresce in modo regolare, allora può essere identificata con l'integrale indefinito della sua derivata.

Definizione 2.3
Una v.a. X si dice **continua** se la corrispondente CDF è continua, cioè

$$F_X(x) - F_X(x^-) = 0, \quad \text{per ogni } x \in \mathbb{R},$$

e esiste una funzione integrabile $f_X : \mathbb{R} \to \mathbb{R}$ tale che $f_X(x) \geq 0$ per ogni $x \in \mathbb{R}$, e $\int_{-\infty}^{\infty} f_X(x)\mathrm{d}x = 1$.

Nella Definizione 2.3 la funzione f_X è chiamata **funzione di densità** della legge P_X, o impropriamente della v.a. X. Non è necessariamente continua, ma grazie alla condizione di integrabilità[4] è continua o continua a tratti.

Osservazione 2.5
Per il punto 5 della Tabella 2.1, un possibile salto di una funzione di ripartizione è proprio $F_X(x) - F_X(x^-) = \mathsf{P}(X = x)$. Inoltre, si può dimostrare che una CDF ammete discontinuità a salto in un insieme al più numerabile di punti $x \in \mathbb{R}$ tali che $\mathsf{P}(X = x) > 0$. Una CDF continua può essere derivabile in $x \in \mathbb{R}$ dove non presenta salti.

Proposizione 2.1 (Assoluta continuità)
Una v.a. X ha una distribuzione di probabilità continua sse esiste una funzione di densità $f_X : \mathbb{R} \to \mathbb{R}$ che soddisfa:

$$F_X(x) = \int_{-\infty}^{x} f_X(u)\mathrm{d}u, \quad x \in \mathbb{R}. \tag{2.2}$$

Grazie a questo risultato possiamo calcolare le probabilità tramite le densità. Infatti:

$$\int_{-\infty}^{b} f_X(u)\mathrm{d}u - \int_{-\infty}^{a} f_X(u)\mathrm{d}u \overset{(2.2)}{=} F_X(b) - F_X(a)$$

$$\overset{\text{Teo 2.1(d)}}{=} \mathsf{P}(a < X \leq b)$$

$$\overset{\text{impiego densità}}{=} \int_{a}^{b} f_X(u)\mathrm{d}u.$$

In parole povere, per calcolare $\mathsf{P}_X((a, b])$ basta integrare la densità sull'intervallo corrispondente. Inoltre, poiché il supporto di una v.a. continua (si veda l'Osservazione 2.3) è l'insieme non numerabile dei punti $x \in \mathbb{R}$ per cui $\mathsf{P}(x - \epsilon < X <$

---

[4] Nella quasi totalità dei casi, f_X si intende Riemann-integrabile.

$x + \epsilon) > 0$, per ogni $\epsilon > 0$, la densità è $f_X(x) > 0$ in tali punti. D'ora in poi, $\mathsf{P}(a \leqslant X \leqslant b) = \mathsf{P}(a \leqslant X < b) = \mathsf{P}(a < X < b)$ e tutte sono uguali a $\mathsf{P}(a < X \leqslant b)$. Infatti, per una distribuzione continua si ha sempre $\mathsf{P}(X = x) = 0$ per ogni $x \in \mathbb{R}$ nel supporto: la probabilità che X assuma un singolo valore è nulla. Del resto per $h > 0$:

$$\{X = x\} \subset \{x - \tfrac{h}{2} < X \leqslant x + \tfrac{h}{2}\} \Longrightarrow$$
$$0 \leqslant \mathsf{P}(X = x) \leqslant \mathsf{P}(x - \tfrac{h}{2} < X \leqslant x + \tfrac{h}{2})$$
$$= F_X(x + \tfrac{h}{2}) - F_X(x - \tfrac{h}{2}),$$

e quest'ultimo termine tende a zero per $h \downarrow 0$ se F_X è continua. Vale anche di più: si può dimostrare che per una CDF continua e derivabile con continuità, ad eccezione di un insieme finito di punti, la legge P_X ammette una densità data da $f_X(x) = F_X'(x)$.[5] Se la funzione di densità è inoltre continua allora, per il teorema fondamentale del calcolo integrale,

$$F_X'(x) = \frac{\mathrm{d}}{\mathrm{d}x} \int_{-\infty}^{x} f_X(u)\mathrm{d}u = f_X(x). \tag{2.3}$$

Osservazione 2.6
Data $f : [a, b] \to \mathbb{R}$ continua, la funzione continua $F(x) := \int_a^x f(u)\mathrm{d}u$ è una primitiva di f: cioè $\frac{\mathrm{d}}{\mathrm{d}x} F(x) = f(x)$ per $x \in [a, b]$ e $\int_a^b f(x)\mathrm{d}x = F(b) - F(a)$. La relazione (2.3) è data in forma impropria con $a \to -\infty$. Vale la pena ricordare che l'integrale improprio di Riemann $\int_{-\infty}^b f(x)\mathrm{d}x$ può essere scritto come $\lim_{a \to -\infty} \int_a^b f(x)\mathrm{d}x$, per $a < b$, e analogamente $\int_{-\infty}^{\infty} f(x)\mathrm{d}x = \lim_{k \to \infty} \int_{-k}^{k} f(x)\mathrm{d}x$ per $k > 0$.

Quindi, tranne che per un numero finito di punti in cui F_X non è derivabile, F_X può essere ricavata da f_X tramite la (2.2), cioè per integrazione, e viceversa f_X può essere ricavata da F_X tramite la (2.3), cioè per derivazione. Si osservi che la sola funzione di densità non fornisce una probabilità, poiché potrebbe accadere che $f_X(x) > 1$ per qualche $x \in \mathbb{R}$. Per un intervallo di lunghezza *infinitesima* $\mathrm{d}x$, ad esempio $[x - \tfrac{\mathrm{d}x}{2}, x + \tfrac{\mathrm{d}x}{2}]$, la probabilità che X assuma valori in un tale *piccolo intorno* di x è proprio $f_X(x)\mathrm{d}x$. Poiché $\frac{\mathrm{d}F_X(x)}{\mathrm{d}x} = \lim_{h \to 0} \frac{F_X(x+h) - F_X(x)}{h}$ e $h \approx \mathrm{d}x$, si ha che $\frac{\mathrm{d}F_X(x)}{\mathrm{d}x}$ è approssimativamente dato da $\frac{F_X(x+\mathrm{d}x) - F_X(x)}{\mathrm{d}x}$. Per il differenziale si ha:

$$\mathrm{d}F_X(x) = f_X(x)\mathrm{d}x \approx F_X(x + \mathrm{d}x) - F_X(x) = \mathsf{P}(X \leqslant x + \mathrm{d}x) - \mathsf{P}(X \leqslant x),$$

cioè, $\mathsf{P}_X((x, x + \tfrac{\mathrm{d}x}{2}])$ è approssimativamente data dalla legge di X valutata in $x \in \mathbb{R}$ e si può scrivere formalmente $\mathsf{P}_X(\mathrm{d}x) = \mathrm{d}F_X(x)$; il termine a sinistra si srive anche

---

[5] In questo caso $f_X(x)$ può assumere valori arbitrari su questo insieme finito dove $\not\exists \, F_X'(x)$, e si può porre $f_X(x) = 0$.

Figura 2.2 Probabilità che X sia vicino a x approssimata da $f_X(x)\mathrm{d}x$, l'area sotto il grafico di f_X e tra le linee verticali tratteggiate. L'area totale sotto il grafico di f_X ammonta a 1.

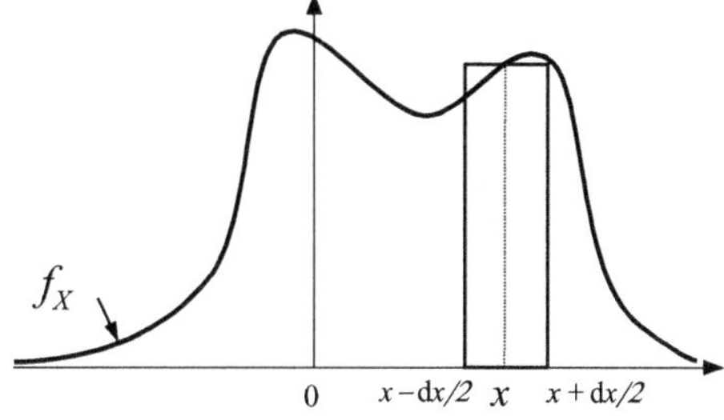

$\mathrm{dP}_X(x)$. La funzione di densità fornisce la variazione marginale istantanea della CDF, ovvero la pendenza in $x \in \mathbb{R}$ del grafico di F_X. Equivalentemente, $f_X(x)\mathrm{d}x$ si interpreta come l'area sottesa dal grafico di f_X, più o meno l'area del rettangolo di altezza $f_X(x)$ e base $\mathrm{d}x$, con x centro di $[x - \frac{\mathrm{d}x}{2}, x + \frac{\mathrm{d}x}{2}]$, si veda la Figura 2.2.

Esempio 2.3

Sia $B = (-5, 1)$, e consideriamo una v.a. continua X con densità $f_X(x) = \frac{1}{4}$ per $x \in [-2, 2]$ e $f_X(x) = 0$ altrimenti. Verifichiamo innanzitutto che

$$\int_{-\infty}^{\infty} f_X(x)\mathrm{d}x = \underbrace{\int_{-\infty}^{-2} f_X(x)\mathrm{d}x}_{=0} + \int_{-2}^{2} f_X(x)\mathrm{d}x + \underbrace{\int_{2}^{\infty} f_X(x)\mathrm{d}x}_{=0} = 1,$$

poiché $f_X(x)$ ha primitiva $\frac{1}{4}x$ (a meno di una costante) che integrata su $[-2, 2]$ restituisce $\frac{1}{4}x\big|_{-2}^{2} = \frac{1}{4}[2 - (-2)] = 1$. Quindi, $\int_B f_X(x)\mathrm{d}x = \int_{-5}^{1} f_X(x)\mathrm{d}x$ che è uguale a

$$\int_{-5}^{-2} f_X(x)\mathrm{d}x + \int_{-2}^{1} f_X(x)\mathrm{d}x = 0 + \frac{1}{4}x\big|_{-2}^{1} = \frac{3}{4} = \mathrm{P}(X \in B).$$

Nella Tabella 2.2, vengono confrontate v.a. discrete e continue.

Tabella 2.2 Tipi di v.a. in termini della loro distribuzione di probabilità

	Discreta	Assolutamente continua
F_X	funzione a gradini	continua
Valori di X	insieme finito o numerabile $C = \{x_1, x_2, \ldots\}$	intervallo(i) o $\mathbb{R}$
F_X cresce	salto $F_X(x_i) - F_X(x_i^-)$ per $x_i \in C$	differenziale $\mathrm{d}F_X(x)$
F_X cambia	masse $\mathrm{P}(X = x_i)$ per $x_i \in C$	densità $f_X(x) = \frac{\mathrm{d}}{\mathrm{d}x}F_X(x) \equiv F_X'(x)$
$\mathrm{P}(X \leqslant x)$	somma finita o numerabile $\sum_{x_i \leqslant x} \mathrm{P}(X = x_i)$	'somma non numerabile' $\int_{-\infty}^{x} f_X(u)\mathrm{d}x$
$\mathrm{P}(X \in B)$	$\sum_{x_i \in B} \mathrm{P}(X = x_i)$	$\int_B f_X(x)\mathrm{d}x$

2.4 Variabili aleatorie indicatrici

Presentiamo un tipo speciale di v.a. discreta con supporto contenente solo due valori. Prima, ne consideriamo la versione deterministica. Per un dato sottoinsieme $B \subset \mathbb{R}$ la funzione

$$\mathbf{I}_B(x) := \begin{cases} 1, & \text{se } x \in B \\ 0, & \text{se } x \notin B \end{cases} \tag{2.4}$$

è detta *indicatrice* dell'insieme B. Le indicatrici possono essere utili per ottenere funzioni numeriche definite su sottoinsiemi B. Ad esempio, scrivendo $\frac{1}{4}\mathbf{I}_{[-2,2]}(x)$ otteniamo una funzione[6] uguale a $\frac{1}{4}$ per ogni $-2 \leqslant x \leqslant 2$ e zero altrove. Quando è chiaro dal contesto, l'argomento (x) può essere omesso. La *versione aleatoria* per un dato evento $A \subset \Omega$ è

$$\mathbf{I}_A(\omega) := \begin{cases} 1, & \text{se } \omega \in A \\ 0, & \text{se } \omega \notin A \end{cases} \tag{2.5}$$

detta *v.a. indicatrice*. In effetti, $\mathbf{I}_A$ è una v.a. sse $A \in \mathcal{F}$, si veda l'Esercizio 2.3. Le v.a. indicatrici soddisfano le seguenti proprietà, per ogni coppia di eventi $A, B \in \mathcal{F}$:

1. $\mathbf{I}_{A \cup B} = \mathbf{I}_A + \mathbf{I}_B - \mathbf{I}_{A \cap B} = \max\{\mathbf{I}_A, \mathbf{I}_B\}$;
2. $\mathbf{I}_{A \cap B} = \mathbf{I}_A \mathbf{I}_B = \min\{\mathbf{I}_A, \mathbf{I}_B\}$;
3. $\mathbf{I}_{A \setminus B} = \max\{0, \mathbf{I}_A - \mathbf{I}_B\}$;
4. $\mathbf{I}_{A^c} = 1 - \mathbf{I}_A$;
5. $\mathbf{I}_A \leqslant \mathbf{I}_B$ sse $A \subset B$.

La loro verifica si basa sulla definizione (2.5). Ad esempio, la proprietà 1. si riscrive:

$$\mathbf{I}_{A \cup B}(\omega) = 1 \iff \omega \in A \cup B$$

$$\iff \omega \in A \text{ oppure } \omega \in B \text{ oppure } \omega \in A \cap B$$

e se A, B sono compatibili e $\mathbf{I}_A = \mathbf{I}_B = 1$ allora $\mathbf{I}_{A \cap B} = 1$ e la formula è verificata; se solo una tra $\mathbf{I}_A, \mathbf{I}_B$ è 1 oppure A, B sono incompatibili, allora $\mathbf{I}_{A \cap B} = 0$ e la formula è comunque verificata. Le v.a. indicatrici sono utili per determinare la struttura di v.a. discrete a valori finiti $\{x_1, \ldots, x_n\}$. Infatti, siano $A_1, \ldots, A_n$ eventi di $\mathcal{F}$ che partizionano Ω, cioè come di consueto $\Omega = A_1 \cup \cdots \cup A_n$ e $A_i \cap A_j = \varnothing$ per ogni $i \neq j$ che varia in $\{1, \ldots, n\}$. Per una v.a. discreta con supporto $C = \{x_1, \ldots, x_n\}$ possiamo scrivere senza perdita di generalità

$$X(\omega) = x_1 \mathbf{I}_{A_1}(\omega) + \cdots + x_n \mathbf{I}_{A_n}(\omega), \tag{2.6}$$

ogni volta che $X(\omega) = x_i$ per $\omega \in A_i$ e $i = 1, \ldots, n$. Infatti, per l'ipotesi di disgiunzione abbiamo anche che $\mathbf{I}_{A_i} = 1$, mentre $\mathbf{I}_{A_j} = 0$ per i restanti $n - 1$ interi $j \neq i$ che variano su $\{1, \ldots, n\}$. Per rappresentare questi eventi disgiunti la scelta ovvia[7] è $A_i = \{X = x_i\}$, con masse positive $\mathsf{P}(A_i) > 0$. Le v.a. discrete rappre-

---

[6] Questa è anche una funzione di densità.

[7] Vedremo come le v.a. non negative possono essere approssimate da v.a. discrete nella forma (2.6).

sentate come in (2.6) sono solitamente chiamate **v.a. semplici**. Un aspetto correlato è la rappresentazione delle distribuzioni di probabilità discrete tramite indicatrici deterministiche.

Esempio 2.4 (CDF discreta tramite indicatrici)
Sia X una v.a. discreta che modellizza il prezzo futuro di un'azione, con valori nel supporto $X = \{90, 150, 190\}$ espressi in euro. Poniamo $x_1 = 90, x_2 = 150$ e $x_3 = 190$; le masse sono $p_i := \mathsf{P}(X = x_i)$ per $i = 1, 2, 3$. Quindi, la probabilità che il prezzo futuro assuma valore al più $x \in \mathbb{R}$ è

$$\mathsf{P}(X \leqslant x) = F_X(x) = p_1 \mathbf{I}_{[x_1,\infty)}(x) + p_2 \mathbf{I}_{[x_2,\infty)}(x) + p_3 \mathbf{I}_{[x_3,\infty)}(x). \qquad (2.7)$$

Qui ciascun $\mathbf{I}_{[x_i,\infty)}(x)$ vale 1 ogni volta che $x \in [x_i, \infty)$, il che equivale a $x_i \leqslant x$ per x fissato. Ad esempio, il prezzo futuro dell'azione è al più $x = 155$ euro con probabilità

$$F_X(155) = p_1 \underbrace{\mathbf{I}_{[x_1,\infty)}(155)}_{=1} + p_2 \underbrace{\mathbf{I}_{[x_2,\infty)}(155)}_{=1} + p_3 \underbrace{\mathbf{I}_{[x_3,\infty)}(155)}_{=0}$$
$$= \mathsf{P}(X = 90) + \mathsf{P}(X = 150).$$

Ogni indicatrice del tipo $\mathbf{I}_{[x_i,\infty)}(x)$ viene talvolta scritta come $\mathbf{I}_{\{x_i \leqslant x\}}$.

Esempio 2.5
La CDF di una v.a. discreta con $n \in \mathbb{N}$ valori può essere rappresentata come

$$F_X(x) = \sum_{i=1}^{n} p_i \mathbf{I}_{\{x_i \leqslant x\}}.$$

Si osservi che questa è la combinazione convessa di n funzioni a gradino $\mathbf{I}_{\{x_i \leqslant x\}}$, che sono effettivamente delle CDF, con pesi $p_i \geqslant 0$ tali che $\sum_{i=1}^{n} p_i = 1$.

Osservazione 2.7
Nell'analisi reale si definisce la *funzione a gradino unitario* o *funzione di Heaviside*

$$u(x) := \begin{cases} 1, & \text{se } x \geqslant 0 \\ 0, & \text{se } x < 0. \end{cases} \qquad (2.8)$$

Allora $\mathbf{I}_{\{x_i \leqslant x\}} = u(x - x_i)$ e possiamo scrivere $\boxed{F_X(x) = \sum_{i=1}^{n} p_i u(x - x_i)}$ che è il modo usato per rappresentare una CDF discreta in alcuni libri di testo.

Esempio 2.6
Cambiando prospettiva, l'indicatrice $\mathbf{I}_B(x)$ può essere considerata come una funzione d'insieme $\mathbf{I}_x(B)$ basata sulla definizione (2.4) ma ora con $x \in \mathbb{R}$ fissato e

l'insieme B variabile. Una distribuzione di probabilità discreta può essere scritta[8]

$$P_X(B) := \sum_{i=1}^{n} p_i \mathbf{I}_{x_i}(B),$$

dove $p_i \geq 0$ e $\sum_{i=1}^{n} p_i = 1$. Ad esempio, considerando $B = [0, 155]$ e la precedente v.a. X che modellizza il prezzo futuro di un'azione abbiamo

$$P(X \in B) = P_X(B) = p_1 \underbrace{\mathbf{I}_{90}(B)}_{=1} + p_2 \underbrace{\mathbf{I}_{150}(B)}_{=1} + p_3 \underbrace{\mathbf{I}_{190}(B)}_{=0}$$

$$= p_1 + p_2 = P(X = 90) + P(X = 150)$$

$$= \sum_{x \in B} P(X = x).$$

In alcuni libri di testo $\mathbf{I}_x(B)$ viene indicata come $\boxed{\delta_x(B)}$ e chiamata *misura delta di Dirac*.

Chiudiamo questo paragrafo con un'altra applicazione delle indicatrici.

Esempio 2.7
Sia $(\Omega, \mathcal{F}, P)$ uno spazio di probabilità uniforme discreto con $P(A) = \frac{|A|}{|\Omega|}$ per ogni evento $A \in \mathcal{F} = 2^{\Omega}$, dove Ω è finito. Possiamo usare le indicatrici per ridefinire la misura di probabilità. Se poniamo $P(A) = \frac{\sum_{\omega \in \Omega} \mathbf{I}_A(\omega)}{\sum_{\omega \in \Omega} \mathbf{I}_\Omega(\omega)}$, allora il rapporto 'numero di esiti in A' su 'numero di esiti totali' corrisponde a sommare le indicatrici su tutti gli ω contenuti in A e in Ω, rispettivamente. Il rapporto ha un'interpretazione frequentistica: per calcolare la probabilità che A si verifichi dividiamo il numero di esiti 'favorevoli' per il numero di esiti totali.

2.5 Operazioni sulle variabili aleatorie

È possibile moltiplicare una v.a. per uno scalare e definire operazioni algebriche tra due o più v.a., ottenendo una nuova v.a.

> **Teorema 2.3**
> *Sia $(\Omega, \mathcal{F})$ uno spazio degli eventi e siano X, Y due v.a. ivi definite. Allora:*
>
> *1. $X + Y$ è una v.a.*
> *2. αX è una v.a., per ogni $\alpha \in \mathbb{R}$*
> *3. $\frac{X}{Y}$ è una v.a., per ogni $\omega \in \Omega$ tale che $Y(\omega) \neq 0$*
> *4. il massimo e il minimo tra v.a., $X \vee Y := \max\{X, Y\}$ e $X \wedge Y := \min\{X, Y\}$, sono ancora v.a.*

---

[8] Si veda l'Esercizio 2.7.

Il Teorema 2.3 può essere dimostrato verificando che $\{X + Y \leq x\}$ è un evento in $\mathcal{F}$ per ogni $x \in \mathbb{R}$, e analogamente per la moltiplicazione per uno scalare e la divisione. Con riferimento al massimo e al minimo di v.a. si dimostra che per ogni $x \in \mathbb{R}$ l'evento $\{X \vee Y \leq x\}$ coincide con $\{X \leq x\} \cap \{Y \leq x\}$ e l'evento $\{X \wedge Y \leq x\}$ coincide con $\{X \leq x\} \cup \{Y \leq x\}$. Il Teorema 2.3 determina le seguenti conseguenze. I punti 1. e 2. implicano che un multiplo intero di X è ancora una v.a.: nX per $n \in \mathbb{N}$. Per il punto 3. con $X = 1$, il reciproco $\frac{1}{Y}$ è una v.a. La funzione costante $X : \Omega \to \mathbb{R}$ con $X(\omega) = c$ per ogni esito ω e c fissato in $\mathbb{R}$ è una v.a. solitamente denominata **degenere**. Ancora per il punto 3., possiamo considerare $Y = \frac{1}{Z}$, per una v.a. Z sullo stesso spazio degli eventi, e ottenere così la moltiplicazione XY. La combinazione lineare $\alpha X + \beta Y$ è un caso particolare basato sui punti 1. e 2. Prendendo $\beta = 1 - \alpha$ per qualche $0 \leq \alpha \leq 1$, la *combinazione convessa* $\alpha X + (1 - \alpha)Y$ come nuova v.a. non necessariamente condivide la stessa distribuzione della v.a. con funzione di ripartizione mista data da

$$\alpha F_X(x) + (1 - \alpha) F_Y(x), \tag{2.9}$$

cioè in generale

$$F_{\alpha X + (1-\alpha)Y}(x) \neq \alpha F_X(x) + (1 - \alpha) F_Y(x), \quad \text{per ogni } x \in \mathbb{R} \text{ e } 0 \leq \alpha \leq 1.$$

Osservazione 2.8 (Funzioni di ripartizione miste)
Date due CDF F_X, F_Y corrispondenti alle v.a. X, Y definite sullo stesso spazio di probabilità, la combinazione convessa (2.9) è una nuova CDF, per ogni $x \in \mathbb{R}$ e $0 \leq \alpha \leq 1$. Infatti, si possono verificare le proprietà (a)–(d) del Teorema 2.1 nel Paragrafo 2.1, si veda l'Esercizio 2.13.

L'opposto $-X$, caso particolare del punto 2., presenta caratteristiche interessanti per distribuzioni simmetriche (si veda il Paragrafo 2.7). Possiamo considerare un altro caso particolare: la differenza $X - Y$. Il Teorema 2.3 può essere rafforzato considerando trasformazioni più generali di v.a.

Da scalare a scalare. Data una v.a. X si può sempre ottenere una nuova v.a. tramite una funzione opportuna[9] $g : \mathbb{R} \to \mathbb{R}$ tale che $Y = g(X)$, cioè per ogni esito $\omega \subset \Omega$ il valore scalare $Y(\omega)$ si ottiene valutando $g(\cdot)$ in base al valore scalare $X(\omega)$, si veda la Tabella 2.3

Da vettore a scalare. Date due v.a.[10] X, Y si può sempre ottenere una nuova v.a. tramite una funzione $h : \mathbb{R} \times \mathbb{R} \to \mathbb{R}$ tale che $Z = h(X, Y)$, cioè per ogni esito $\omega \in \Omega$ il valore scalare $Z(\omega)$ si ottiene valutando $h(\cdot, \cdot)$ in $(X(\omega), Y(\omega))$, una coppia di due v.a., si veda la Tabella 2.4.

Le somme $h(X, Y) = X + Y$ si ottengono come combinazioni lineari con $\alpha = 1$ e $\beta = 1$; se $\beta = -1$ si hanno le differenze $h(X, Y) = X - Y$. Le combinazioni

---

[9] Di solito si tratta di una funzione continua o addirittura differenziabile.
[10] In realtà esse formano una coppia (X, Y) che può essere vista come una funzione da Ω allo spazio prodotto $\mathbb{R} \times \mathbb{R}$, si veda il Capitolo 3.

Tabella 2.3 Trasformazioni elementari da scalare a scalare

esponenziale	e^X oppure a^X per ogni $a > 0$
logaritmica	$\log X$ oppure $\log_a X$ per ogni $a > 0$, $a \neq 1$ per tutti $\omega \in \Omega$ con $X(\omega) > 0$
potenze	X^n con $n \in \mathbb{N}$
radice	$X^{1/n} = \sqrt[n]{X}$ con $n \in \mathbb{N}$ per tutti $\omega \in \Omega$ con $X(\omega) \geqslant 0$
lineare	$a + bX$ per $a \in \mathbb{R}$ e $b \neq 0$

Tabella 2.4 Trasformazioni elementari da vettore a scalare

moltiplicazione	XY
divisione	$\frac{X}{Y}$ per tutti $\omega \in \Omega$ con $Y(\omega) \neq 0$
combinazione lineare	$\alpha X + \beta Y$ per $\alpha, \beta \in \mathbb{R}$
massimo e minimo	$\max\{X, Y\}, \min\{X, Y\}$

convesse sono casi particolari con $0 \leqslant \alpha \leqslant 1$ e $\beta = 1 - \alpha$. Le trasformazioni da scalare a scalare e da vettore a scalare possono essere opportunamente combinate. Altre trasformazioni da scalare a scalare sono $\sin X$ o $\cos X$, che useremo in seguito (si veda il Capitolo 4). Due ulteriori esempi di trasformazione da vettore a scalare sono i seguenti.

- *Parte negativa di una v.a.*: si prende il massimo $X^- := \max\{0, -X\}$ dove $Y = 0$ è una v.a. degenere. Si può anche scrivere $-\min\{0, X\}$ oppure $-X\mathbf{I}_{\{X < 0\}}$.
- *Parte positiva di una v.a.*: si prende il massimo $X^+ := \max\{0, X\}$. Si può anche scrivere $X\mathbf{I}_{\{X \geqslant 0\}}$.

Più in generale, le trasformazioni da vettore a scalare sono definite da $Z = h(X_1, \ldots, X_n)$, per un'opportuna funzione $h(\cdot, \ldots, \cdot)$ e un vettore n-dimensionale di v.a. $(X_1, \ldots, X_n)$. Si possono anche definire trasformazioni da vettore a vettore, si veda il Paragrafo 4.9.

Esempio 2.8

I prezzi degli asset e i rendimenti giocano un ruolo importante in finanza. Data una v.a. positiva[11] $S_{t+1} > 0$ che modellizza il prezzo di un asset al tempo $t + 1$, sappiamo che $S_{t+1} - S_t$, per interi $t = 0, 1, 2, \ldots$, rappresenta un profitto o una perdita aleatori. Quindi, $r_{t+1} = \frac{S_{t+1} - S_t}{S_t} = \frac{S_{t+1}}{S_t} - 1$ è il tasso di rendimento periodico aleatorio. In particolare, $\frac{S_{t+1}}{S_t} = 1 + r_{t+1}$ è chiamato *rendimento lordo*. Per $h > 0$ sufficientemente piccolo, $R_{t+h} = \ln\left(\frac{S_{t+h}}{S_t}\right)$ è il *rendimento logaritmico*. Da note proprietà empriche dei rendimenti storici si ha $R_{t+1} = \ln(1 + r_{t+1}) \approx r_{t+1}$, poiché per una finestra temporale $[t, t + 1]$ corrispondente a un giorno, una settimana o al massimo un mese, il rendimento periodico r_{t+1} è vicino a zero, e $\ln(x) \approx 0$ sse $x \approx 1$.

---

[11] Si ricordi che deve essere $S_{t+1}(\omega) > 0$ per ogni esito $\omega \in \Omega$.

1. *Rendimento aritmetico.* Investendo in $t = 0$ l'intero importo € V si ottiene in $t = T$

$$V (1 + r_1)(1 + r_2) \cdots (1 + r_T) = V h(r_1, r_2, \ldots, r_T),$$

usando l'interesse composto per $T > 1$ anni. Ad esempio, $T = 365$ si riferisce al valore dell'investimento tra 1 anno.

2. *Rendimento composto continuamente.* Per tassi di rendimento istantanei il valore futuro è

$$V\, \mathrm{e}^{R_1} \mathrm{e}^{R_2} \cdots \mathrm{e}^{R_T} = V\, \mathrm{e}^{R_1 + R_2 + \cdots + R_T} = V\, h(R_1, R_2, \ldots, R_T),$$

dove $R_{t+1} = \ln\left(\frac{S_{t+1}}{S_t}\right)$.

3. *Payoff delle opzioni europee.* Sia S_T una v.a. che rappresenta il prezzo futuro di un'azione sottostante un'opzione call europea con scadenza $T > 0$ e *prezzo di esercizio* $K > 0$, importo fisso noto in anticipo. Un'opzione call è un prodotto finanziario a termine che garantisce il diritto (ma non l'obbligo) di acquistare un asset al prezzo K in T, ossia alla scadenza del corrispondente contratto. Il valore in T di questo contratto è $\max\{0, S_T - K\} = (S_T - K)^+$, detto *payoff*. Il possessore di un'opzione call europea[12] può scegliere tra:

- esercitarla, ogni volta che $S_T > K$, poiché acquistando l'azione a K e vendendola a S_T ottiene un profitto $S_T - K > 0$;
- non esercitarla, se $S_T < K$, poiché può acquistare l'azione a un prezzo inferiore sul mercato e in questo caso il profitto è nullo.

Un'opzione put europea garantisce il diritto di vendere l'azione sottostante a K, quindi il suo payoff è $\max\{K - S_T, 0\} = (K - S_T)^+$.

Esempio 2.9

Nelle scienze attuariali, se $X > 0$ è una v.a. positiva che modellizza una perdita futura, detta anche *loss variable*, allora l'importo da pagare dall'assicuratore quando X è soggetta a una franchigia $s > 0$ è $\max\{X - s, 0\} = (X - s)^+$, nota anche come *funzione stop-loss*.

Esempio 2.10 (Prezzi dai rendimenti)

Per ogni v.a. positiva $S_t > 0$ che rappresenta il prezzo futuro di un'azione, al variare di t, possiamo ricavare i prezzi dai rendimenti. Usando i rendimenti logaritmici R_t (si veda l'Esempio 2.8), la nuova v.a.

$$S_{t+1} = S_t \mathrm{e}^{R_{t+1}}$$

rappresenta il prezzo in $t + 1$ ed è ben definita anche se $R_{t+1}(\omega) < 0$ per alcuni esiti $\omega \in \Omega$. D'altra parte, usando i rendimenti aritmetici si avrebbe

$$S_{t+1} = S_t(1 + r_{t+1}),$$

---

[12] Le opzioni americane possono essere esercitate prima della scadenza. Le opzioni sono esempi di *contratti derivati*.

che risulta ben definita solo quando $r_{t+1}(\omega) \geqslant -1$, per tutti gli esiti. Si osservi cosa succede quando siamo in t: la v.a. S_t diventa degenere, cioè può essere considerata come una funzione costante degli esiti.

Esempio 2.11 (Valore di portafoglio)
I portafogli sono insiemi di diversi strumenti finanziari, ad esempio azioni, obbligazioni, derivati, ecc.[13] Supponiamo di avere $n \in \mathbb{N}$ strumenti nel portafoglio, con posizioni h_i, per $i = 1, \ldots, n$, ad esempio, numero di unità detenute dello strumento i, azioni di una data società, denaro investito in un conto bancario, ecc. Da ciò possiamo dedurre due interessanti v.a. come il valore del portafoglio

$$V_t = h_1 S_{1,t} + \cdots + h_n S_{n,t}, \quad \text{per } t = 0, 1, 2, \ldots, T,$$

e il rendimento aritmetico del portafoglio in $t + 1$

$$r_{p,t+1} := \frac{V_{t+1} - V_t}{V_t} = \frac{\sum_{i=1}^{n} h_i S_{i,t+1} - \sum_{i=1}^{n} h_i S_{i,t}}{\sum_{i=1}^{n} h_i S_{i,t}} = \sum_{i=1}^{n} w_i r_{i,t+1},$$

che è una combinazione lineare dei rendimenti aritmetici degli titoli componenti con pesi $w_i = \frac{h_i S_{i,t}}{V_t}$, il che implica $\sum_{i=1}^{n} w_i = 1$. Ciascun $h_i \in \mathbb{R}$ può essere pensato come una v.a. degenere; anche $w_i \in \mathbb{R}$ sono costanti una volta fissato l'orizzonte temporale $[t, t+1]$ in cui gli $S_{i,t}$ si considerano noti.[14]

2.6 Confronto tra variabili aleatorie

Due v.a. come funzioni da Ω in $\mathbb{R}$ possono essere uguali puntualmente, cioè $X(\omega) = Y(\omega)$ per ogni esito $\omega \in \Omega$. Ma, come abbiamo visto, ciò che conta per le v.a. è la loro distribuzione di probabilità quindi si può impostare un diverso tipo di confronto, si veda anche il Paragrafo 1.3, Capitolo 1.

Definizione 2.4

Due v.a. X, Y su $(\Omega, \mathcal{F})$ sono **uguali quasi certamente**, abbreviato $X \overset{\text{a.s.}}{=} Y$, sse l'evento $\{X = Y\} \in \mathcal{F}$ ha probabilità 1.

---

[13] Questi formano l'*asset universe*, in cui le differenze tra i titoli si basano sul grado di rischio e altre caratteristiche aggiuntive. Come proxy di asset privi di rischio si possono scegliere conti bancari o obbligazioni zero-coupon.

[14] Quando $h_i > 0$ abbiamo una posizione lunga sullo strumento i (acquisto); $h_i < 0$ significa *vendita allo scoperto*, cioè un'operazione di mercato che coinvolge uno strumento che non possediamo in t, ma che verrà acquistato e consegnato in $t + 1$.

In alcuni testi ciò è anche scritto come $X = Y$ P-a.s. Il fatto che $\{X = Y\}$ sia un evento in $\mathcal{F}$, e quindi abbia una probabilità assegnata, è dovuto al Teorema 2.3 che garantisce $\{X = Y\} = \{X - Y = 0\}$, cioè $X - Y$ è una v.a.. Si osservi che $\mathsf{P}(X \neq Y) = 0$ e gli eventi $\{X = Y\}, \{X \neq Y\}$ formano una partizione di Ω. Potrebbe accadere che due v.a. condividano la stessa legge di probabilità.

Definizione 2.5
Due v.a. X, Y definite su $(\Omega, \mathcal{F})$ sono **uguali in distribuzione**, abbreviato $X \overset{\mathrm{d}}{=} Y$, sse

$$\mathsf{P}(X \in B) = \mathsf{P}(Y \in B),$$

per ogni sottoinsieme $B \subset \mathbb{R}$ tale che $\{X \in B\}$ e $\{Y \in B\}$ sono in $\mathcal{F}$.

Scegliendo $B = (-\infty, x]$ otteniamo la condizione equivalente

$$F_X(x) = F_Y(x), \quad \text{per ogni } x \in \mathbb{R}.$$

Quindi, affinché due v.a. siano uguali in distribuzione le corrispondenti CDF devono essere uguali come funzioni numeriche. Quando X e Y sono uguali in distribuzione tutte le affermazioni di probabilità che le riguardano saranno le stesse, anche se le due v.a. possono essere diverse come funzioni.

Esempio 2.12 (In realtà ... controesempio)
Si supponga che X sia discreta con supporto $C = \{-1, 1\}$ e masse $\mathsf{P}(X = -1) = \mathsf{P}(X = 1) = \frac{1}{2}$, interpretata come una scommessa che garantisce $1 \, \text{€}$ in caso di vincita altrimenti comporta una perdita di $-1 \, \text{€}$ con uguale probabilità. Se $Y = -X$, allora Y è una v.a. discreta con masse $\mathsf{P}(Y = 1) = \mathsf{P}(Y = -1) = \frac{1}{2}$. Concludiamo che $X \overset{\mathrm{d}}{=} Y$ ma X e Y non sono uguali perché quando $X = 1$ l'altra è $Y = 1$ e viceversa. Inoltre, $\mathsf{P}(X = Y) = 0$ perché $\{X = 1\} = \{Y = -1\}$ e $\{X = -1\} = \{Y = 1\}$ quindi

$$\begin{aligned}
0 \leqslant \mathsf{P}(X = Y) &= \mathsf{P}\left(\Big[\{X = 1\} \cap \{Y = 1\}\Big] \cup \Big[\{X = -1\} \cap \{Y = -1\}\Big]\right) \\
&\leqslant \mathsf{P}(\{X = 1\} \cap \{Y = 1\}) + \mathsf{P}(\{X = -1\} \cap \{Y = -1\}) \\
&= \mathsf{P}(\varnothing) + \mathsf{P}(\varnothing) = 0.
\end{aligned}$$

Altri confronti tra due v.a. coinvolgono disuguaglianze, ad esempio $X \leqslant Y$ puntualmente oppure $X \leqslant Y$ P-a.s. Un diverso tipo di disuguaglianze entra in gioco quando la Definizione 2.5 non vale. Infatti, considerando una classe opportuna di CDF definite sullo stesso spazio di probabilità abbiamo:[15]

---

[15] Su questa classe di CDF, indicata con $\mathcal{D}$, si può definire un ordine parziale, cioè una relazione binaria $\preccurlyeq$ tra coppie di funzioni di ripartizione che è *riflessiva*, $F_X \preccurlyeq F_X$ per ogni $F_X \in \mathcal{D}$, *anti-*

Definizione 2.6 (Ordinamento stocastico usuale)
Si dice che X è minore di Y nell'**ordinamento stocastico usuale**, scritto $X \leq_{st} Y$, se

$$F_X(x) \geq F_Y(x), \quad \text{per ogni } x \in \mathbb{R}. \tag{2.10}$$

Si tratta di un confronto puntuale delle CDF. Nonostante la disuguaglianza tra le CDF possa sembrare controintuitiva, la Definizione 2.6 significa che Y assume valori grandi con probabilità maggiore rispetto a X. Poiché $F_X(x) \geq F_Y(x)$, possiamo scegliere $x_1 < x_2$ tali che $\mathsf{P}(X \leq x_1) = \mathsf{P}(Y \leq x_2)$, quindi aumentando x_2 otteniamo valori più grandi di Y con maggiore probabilità (ricordiamo che una CDF è non decrescente). L'ordinamento stocastico usuale è anche chiamato *dominanza stocastica del primo ordine* e denotato alternativamente $X \preccurlyeq_{FSD} Y$. Si può dimostrare che $X \leq_{st} Y$ è equivalente ad avere $X \leq Y$ puntualmente oppure $\mathsf{P}(X \leq Y) = 1$. Se definiamo

$$\bar{F}_X(x) := 1 - F_X(x) = 1 - \mathsf{P}(X \leq x) = \mathsf{P}(X > x), \tag{2.11}$$

chiamata **funzione di sopravvivenza**, allora la Definizione 2.6 è equivalente a $\bar{F}_X(x) \leq \bar{F}_Y(x)$ per ogni reale x. L'ordinamento stocastico usuale è solo parziale, poiché potrebbe accadere che $F_X(x_0) \geq F_Y(x_0)$ per qualche $x_0 \in \mathbb{R}$ e $F_X(x) < F_Y(x)$ per i restanti $x \in \mathbb{R}$, con x_0 punto di intersezione tra i grafici delle due CDF.

Esempio 2.13
Sia X il prezzo di esercizio $K > 0$ di un'opzione call europea, che può essere visto come una v.a. degenere $X(\omega) = K$ per ogni $\omega \in \Omega$; la sua distribuzione di probabilità può essere rappresentata da una delta di Dirac $\delta_K(B)$, per ogni opportuno $B \subset \mathbb{R}$. Supponiamo di avere due opzioni di tale tipo e i corrispondenti prezzi di esercizio K_1, K_2. Allora, le v.a. degeneri $X = K_1$ e $Y = K_2$ hanno distribuzioni confrontabili tramite l'ordinamento stocastico usuale: $\delta_{K_1} \preccurlyeq_{FSD} \delta_{K_2}$ sse $K_1 \leq K_2$. Infatti, $\delta_{K_1}((-\infty, x]) = F_X(x)$ e $\delta_{K_2}((-\infty, x]) = F_Y(x)$, quindi $F_X(x) \geq F_Y(x)$ per ogni $x \in \mathbb{R}$. Si potrebbe scrivere $F_X(x) = \mathbf{I}_{\{K_1 \leq x\}}$ e analogamente $F_Y(x) = \mathbf{I}_{\{K_2 \leq x\}}$, oppure anche $F_X(x) = u(x - K_1)$ e $F_Y(x) = u(x - K_2)$, si veda il Paragrafo 2.4.

Poiché $\leq_{st}$ è solo un ordinamento parziale, non è sempre possibile confrontare due v.a. in base a tale criterio. Si pensi alle distribuzioni di probabilità dei prezzi futuri di due titoli rischiosi: un decisore avverso al rischio preferirebbe la v.a. con minore variabilità. Diremo che X è minore di Y in base alla *dominanza stocastica del secondo ordine*, scritta $X \preccurlyeq_{SSD} Y$, detta anche **ordinamento concavo crescente**,

---

simmetrica, se $F_X \preccurlyeq F_Y$ e $F_Y \preccurlyeq F_X$ allora $F_X = F_Y$, *transitiva*, se $F_X \preccurlyeq F_Y$ e $F_Y \preccurlyeq F_Z$ allora $F_X \preccurlyeq F_Z$.

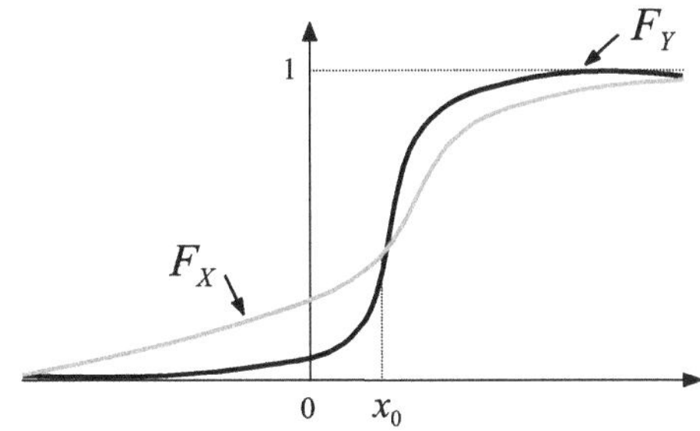

Figura 2.3 F_X non domina sempre F_Y ma l'area tra le due curve a sinistra $(+)$ è maggiore di quella a destra $(-)$

e denotato $X \leqslant_{\text{icv}} Y$, se

$$\int_{-\infty}^{x} F_X(u)\mathrm{d}u \geqslant \int_{-\infty}^{x} F_Y(u)\mathrm{d}u \quad \text{per ogni } x \in \mathbb{R}. \tag{2.12}$$

Per v.a. continue, questo ordinamento stocastico ha un'interpretazione geometrica: quando $\leqslant_{\text{st}}$ non vale e i grafici delle CDF hanno almeno un punto di intersezione, diciamo $x_0 \in \mathbb{R}$, allora la condizione (2.12) può essere scritta

$$\int_{-\infty}^{x_0} (F_X(u) - F_Y(u))\mathrm{d}u \geqslant 0,$$

cioè il grafico di F_X si trova al di sopra di quello della ripartizione F_Y fino a x_0: l'area tra le due curve è positiva fino a questo punto. Il contributo dell'area negativa quantificato come

$$\int_{x_0}^{x} (F_X(u) - F_Y(u))\mathrm{d}u \leqslant 0, \quad \text{per ogni } x \geqslant x_0,$$

è trascurabile rispetto al primo, si veda la Figura 2.3.

2.7 Leggi di probabilità simmetriche

Sia S_T la v.a. che rappresenta il prezzo futuro di un'azione, dato il prezzo iniziale S_0. Come abbiamo visto, $X = S_T - S_0$ è un modello per profitti e perdite (P&L), a patto di investire nell'azione. Un'ipotesi ragionevole potrebbe essere quella di assegnare probabilità diverse a X^+ e X^-, e infatti questa è la situazione tipica per i valori che X può assumere fissato su un orizzonte temporale $[0, T]$.

Definizione 2.7
Una v.a. X si dice **simmetrica** (o simmetricamente distribuita) intorno ad $a \in \mathbb{R}$ se

$$\mathsf{P}(X \leqslant a - x) = \mathsf{P}(X \geqslant a + x), \quad \text{per ogni } x \in \mathbb{R}. \tag{2.13}$$

Se il supporto di X è strettamente contenuto in $\mathbb{R}$, allora $a \in \mathbb{R}$ non necessariamente vi appartiene. Usando la definizione $F_X(\cdot) = \mathsf{P}(X \leq \cdot)$ e considerando il limite sinistro $F_X(\cdot^-) = \mathsf{P}(X < \cdot) = 1 - \mathsf{P}(X \geq \cdot)$, per una X simmetrica intorno ad $a \in \mathbb{R}$ abbiamo[16]

$$F_X(a - x) = 1 - \mathsf{P}(X < a + x) = 1 - F_X((a + x)^-)$$

$$\Longleftrightarrow F_X(a - x) + F_X(a + x^-) = 1, \quad \text{per ogni } x \in \mathbb{R}. \qquad (2.14)$$

Di conseguenza, la condizione equivalente per distribuzioni di probabilità simmetriche intorno a un punto fissato $a \in \mathbb{R}$ è:

- per v.a. discrete, $\boxed{\mathsf{P}(X = a - x) = \mathsf{P}(X = a + x)}$ per ogni $x \in \mathbb{R}$;
- per v.a. assolutamente continue, $\boxed{f_X(a - x) = f_X(a + x)}$ per ogni $x \in \mathbb{R}$.

La seconda condizione si ottiene tramite la regola della derivata di funzione composta: si deriva $F_X(g(x))$ dove $g(x) = a - x$, dunque $\frac{\mathrm{d}}{\mathrm{d}x} F_X(g(x)) = F_X'(g(x))g'(x)$ con $g'(x) = -1$, e analogamente per $g(x) = a + x$. Si orservi che $F_X(a + x^-) = F_X(a + x)$ per distribuzioni continue. Pertanto, la simmetria intorno a zero è rispettivamente:

- $\mathsf{P}(X = -x) = \mathsf{P}(X = x)$, per ogni $x \in \mathbb{R}$;
- $f_X(-x) = f_X(x)$, per ogni $x \in \mathbb{R}$, cioè la densità è una funzione pari.

Per distribuzioni simmetriche le v.a. $a - X$ e $X - a$ hanno la stessa legge di probabilità, $\boxed{a - X \stackrel{\mathrm{d}}{=} X - a}$. Infatti, se X è simmetricamente distribuita intorno ad $a \in \mathbb{R}$ allora vale la condizione (2.14). Del resto, $X - a$ ammette come CDF

$$F_{X-a}(x) = \mathsf{P}(X - a \leq x) = \mathsf{P}(X \leq a + x) = F_X(a + x).$$

Invece, $a - X$ ammette come CDF

$$F_{a-X}(x) = \mathsf{P}(a - X \leq x) = \mathsf{P}(X \geq a - x)$$
$$= 1 - \mathsf{P}(X < a - x) = 1 - F_X((a - x)^-).$$

Poiché $F_X((a - x)^-) = F_X(a - x^+)$, lo studente effettui la semplice verifica, e la condizione di simmetria può essere scritta equivalentemente come $F_X(a - x^+) + F_X(a + x) = 1$, il che implica $F_X(a + x) = 1 - F_X(a - x^+)$, concludiamo che $F_{a-X}(x) = F_X(a + x)$ per ogni $a \in \mathbb{R}$ e dunque $a - X \stackrel{\mathrm{d}}{=} X - a$ come richiesto.

Osservazione 2.9 (Fatti stilizzati parte 1)

Poiché i prezzi possono essere ricavati dai rendimenti (si veda il Paragrafo 2.5, Esempio 2.11), quando ci si trova di fronte al compito di costruire un modello per i prezzi azionari aleatori alcune note proprietà statistiche dei rendimenti storici possono essere prese in considerazione. Ricordando che $R_{t+1} = \ln\left(\frac{S_{t+1}}{S_t}\right)$ è la v.a. relativa ai rendimenti logartimici sull'orizzonte temporale $[t, t + 1]$, abbiamo:

- La distribuzione di probabilità $\mathsf{P}_{R_{t+1}}$ non è simmetrica;
- $\mathsf{P}_{R_{t+1}}$ ha code 'grosse'.

---

[16] Si osservi che $(a + x)^- = \lim_{h\downarrow 0}(a + x) - h = \lim_{h\downarrow 0} a + (x - h) = a + x^-$, per $h > 0$.

Nelle applicazioni finanziarie queste due caratteristiche sono sinonimo di v.a. non distribuite simmetricamente. Ad esempio, se $\mathsf{P}_{R_{t+1}}$ è assolutamente continua con densità $f_{R_{t+1}}$ allora quest'ultima è una funzione pari con probabilità non trascurabile per valori estremamente negativi/positivi.

2.8   Funzione quantile

Per una data v.a. X può essere utile partire da un livello di probabilità $c \in (0, 1)$ dall'asse y del grafico della corrispondente F_X per ottenere un valore x possibilmente nel supporto.

> **Definizione 2.8**
> Il **quantile c-esimo** della distribuzione P_X è
>
> $$Q_X(c) := \inf\{x \in \mathbb{R} \mid F_X(x) \geq c\}, \quad \text{per ogni } 0 < c < 1. \qquad (2.15)$$
>
> Per convenzione $Q_X(0) = -\infty$, si veda l'Appendice. La **funzione quantile** $Q : (0, 1) \to \mathbb{R}$ è data dalla formula (2.15) al variare del livello di probabilità c.

Si osservi che la Definizione 2.8 implica che i valori di X siano disposti in ordine crescente. Talvolta $Q_X(c)$ viene scritto come q_c oppure $F_X^{\leftarrow}(c)$.

Osservazione 2.10 (Caratteristiche della funzione quantile)
Il comportamento di $Q_X(c)$ dipende dalla forma funzionale della CDF, si vedano le Figure 2.4 e 2.5.

- Quando F_X è strettamente crescente e continua (cioè biunivoca) allora $Q_X(c)$ è semplicemente la funzione inversa $F_X^{-1}(c)$ della CDF e si ha $Q_X(c) = x$ dove x è l'unico valore nel supporto di X associato a $c \in (0, 1)$ tramite F_X. In questo caso $\{x \in \mathbb{R} \mid F_X(x) \geq c\}$ coincide con $\{x \in \mathbb{R} \mid x \geq F_X^{-1}(c)\}$.

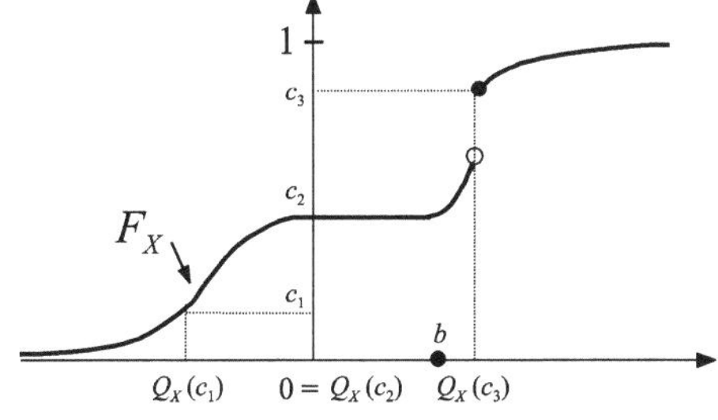

Figura 2.4 CDF con un tratto orizzontale su $(0, b)$ e un salto

Figura 2.5 Il grafico di Q_X
ha un punto di continuità da
sinistra nel salto di F_X. Il
tratto orizzontale di F_X è ora
il salto di Q_X

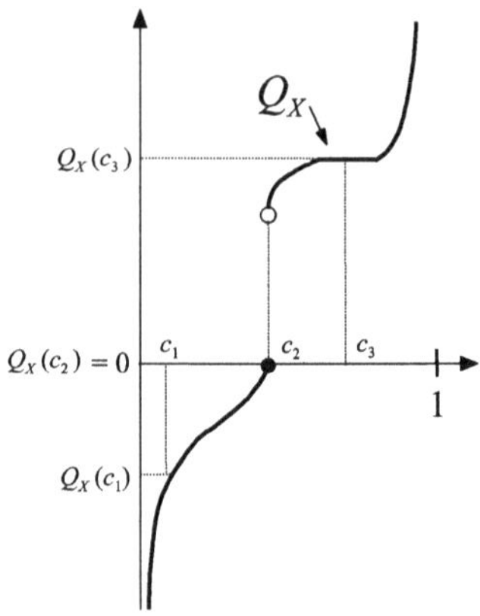

- Se il livello di probabilità $c \in (0, 1)$ è associato alla retta orizzontale $y = c$ la cui
  intersezione con il grafico di $F_X(x)$ è una parte piatta del grafico di quest'ultima,
  per ogni x in un intervallo aperto (a, b) con estremi finiti, allora $Q_X(c)$ è il punto
  più a sinistra di questo intervallo.
- Un valore $c \in (0, 1)$ che non corrisponde a un valore della CDF (cioè non esiste
  $x \in \mathbb{R}$ tale che $F_X(x) = c$) fa sì che $Q_X(c)$ sia il valore più piccolo sull'asse x
  associato a un livello di probabilità almeno pari a c. Questo si verifica quando c
  si trova in mezzo ad un salto del grafico di F_X.

Le CDF e i quantili sono collegati per costruzione.

Proposizione 2.2
*Sia $Q_X(c)$ la funzione quantile corrispondente a una ripartizione $F_X(x)$.
Allora:*

(1) $Q_X(F_X(x)) \leqslant x$, per ogni $x \in \mathbb{R}$
(2) $F_X(Q_X(c)) \geqslant c$, per ogni $c \in (0, 1)$
(3) $Q_X(c) \leqslant x$ sse $F_X(x) \geqslant c$
(4) $Q_X(c)$ è crescente.[17]

Osservazione 2.11
Vale la pena notare come la continuità di F_X implichi che Q_X sia crescente, e viceversa. Inoltre, F_X è strettamente crescente sse Q_X è continua; la stretta monotonia
di F_X implica $Q_X(F_X(x)) = x$. Infine, la continuità di Q_X implica $F_X(Q_X(c)) = c$.

---

[17] Questo significa: $c_1 < c_2$ implica $Q_X(c_1) \leqslant Q_X(c_2)$. Se quest'ultima disuguaglianza è stretta,
allora le funzioni quantile sono strettamente crescenti.

Inoltre, così come per $F_X(x)$ anche la funzione quantile $Q_X(c)$ determina la distribuzione di una v.a. X.

Lemma 2.1
Siano X e Y due v.a. sullo stesso spazio di probabilità $(\Omega, \mathcal{F}, \mathsf{P})$. Siano $Q_X(c)$, $Q_Y(c)$ le loro funzioni quantile. Se $Q_X(c) = Q_Y(c)$ per ogni $c \in (0, 1)$ allora X e Y hanno la stessa distribuzione, cioè $X \overset{d}{=} Y$.

Osservazione 2.12
Esistono alcune interessanti interpretazioni delle funzioni quantile quando valutate per certi livelli di $c \in (0, 1)$.

- Quando F_X è assolutamente continua con densità f_X, allora un valore grande $c \in (0, 1)$ del livello di probabilità (ad esempio $c = 0{,}95$ o 95%) con un corrispondente valore grande $Q_X(c)$ dà origine a una lunga *coda destra* della densità. Analogamente, un valore piccolo $c \in (0, 1)$ del livello di probabilità (ad esempio $c = 0{,}05$ o 5%) con un corrispondente valore più piccolo $Q_X(c)$ dà origine a una lunga *coda sinistra* della densità.
- Il caso particolare $c = \frac{1}{2}$ (50% di livello di probabilità) fornisce la *mediana* $Q_X(\frac{1}{2})$, indicata anche con $\mathsf{med}(X)$.
- $Q_X(\frac{1}{4})$ è chiamato *primo quartile* e $Q_X(\frac{3}{4})$ è il *terzo quartile*. Ovviamente $\mathsf{med}(X)$ è il secondo quartile.

La mediana $\mathsf{med}(X)$ è il numero $m \in \mathbb{R}$ che soddisfa

$$\mathsf{P}(X \leqslant m) \geqslant \tfrac{1}{2} \quad \text{e} \quad \mathsf{P}(X \geqslant m) \geqslant \tfrac{1}{2}. \tag{2.16}$$

Qui $m = \mathsf{med}(X)$ è una misura del centro della distribuzione P_X, poiché c'è una probabilità del 50% che X superi m. In realtà, la mediana rappresenta un valore che divide P_X in due metà. Non è necessariamente unica, salvo quando F_X è iniettiva. Scrivendo $\mathsf{P}(X \geqslant m) = 1 - \mathsf{P}(X < m) \geqslant \frac{1}{2}$ otteniamo $\mathsf{P}(X < m) \leqslant \frac{1}{2}$, il che porta alla condizione equivalente

$$F_X(m-) \leqslant \tfrac{1}{2} \leqslant F_X(m). \tag{2.17}$$

Se F_X è continua si ha $F_X(m-) = F_X(m) = \frac{1}{2}$. Di conseguenza, il quantile c-esimo dato dall'equazione (2.15) può essere definito in modo equivalente come

$$\mathsf{P}(X < Q_X(c)) \leqslant c \leqslant \mathsf{P}(X \leqslant Q_X(c)). \tag{2.18}$$

Concludiamo il paragrafo osservando che per ogni funzione crescente $f : \mathbb{R} \to \mathbb{R}$, l'evento $\{X \leqslant x\}$, per un fissato $x \in \mathbb{R}$, è un sottoinsieme proprio di $\{f(X) \leqslant f(x)\}$.

Ad esempio, sia $\Omega = (0, 1]$ e consideriamo la v.a. $X(\omega) = x$, per ogni $\omega \in \Omega$, poi definiamo $f(X(\omega)) = 2X(\omega)\mathbf{I}_{\{\omega < \frac{1}{4}\}} + \frac{1}{2}X(\omega)\mathbf{I}_{\{\frac{1}{4} \leqslant \omega < \frac{1}{2}\}} + X(\omega)\mathbf{I}_{\{\frac{1}{2} \leqslant \omega \leqslant 1\}}$, e osserviamo che $\{X \leqslant \frac{1}{4}\} = (0, \frac{1}{4}]$, mentre $\{2X \leqslant \frac{1}{2}\} = (0, \frac{1}{2})$. Solo quando f è *strettamente* crescente si ha $\{X \leqslant x\} = \{f(X) \leqslant f(x)\}$. Inoltre, $\{X \leqslant x\}$ e $\{f(X) = f(x)\} \cap \{X > x\}$ sono disgiunti, quindi si vede facilmente che

$$P(f(X) \leqslant f(x)) = P(X \leqslant x) + P(\{f(X) = f(x)\} \cap \{X > x\}). \qquad (2.19)$$

Ora, per una CDF si ha $P(\{F_X(X) = F_X(x)\} \cap \{X > x\}) = 0$ poiché l'evento sottostante corrisponde a un tratto orizzontale del grafico della CDF che deve, quindi, avere probabilità nulla. Di conseguenza, per ogni v.a. X l'insieme dei valori $x \in \mathbb{R}$ tali che $Q_X(F_X(x)) \neq x$ è ancora un tratto orizzontale e si ha:

$$P(Q_X(F_X(X)) = X) = 1, \qquad (2.20)$$

in altre parole $Q_X(F_X(X)) \overset{\text{a.s.}}{=} X$. Infine:

Proposizione 2.3

Sia X una v.a. e $f : \mathbb{R} \to \mathbb{R}$ una funzione crescente e continua da sinistra (o strettamente crescente). Allora, la nuova v.a. $f(X)$ ha funzione quantile

$$Q_{f(X)}(c) = f(Q_X(c)), \qquad (2.21)$$

per ogni livello di probabilità $c \in (0, 1)$.

2.9 Variabili aleatorie e distribuzioni miste

In alcune applicazioni finanziarie e attuariali possiamo definire v.a. la cui legge di probabilità è caratterizzata da combinazioni convesse di CDF discrete e assolutamente continue. Le corrispondenti v.a. sono dette miste. Prima di mostrare la costruzione esatta, è utile sapere che una combinazione convessa di due misure di probabilità distinte è anch'essa una misura di probabilità.

Osservazione 2.13

Dato un esperimento aleatorio rappresentato da $(\Omega, \mathcal{F})$, introduciamo due diverse funzioni di probabilità P_1, P_2 e un numero $0 \leqslant \alpha \leqslant 1$. La funzione d'insieme

$$P(A) := \alpha P_1(A) + (1 - \alpha)P_2(A), \quad \text{per ogni } A \in \mathcal{F}$$

è effettivamente una misura di probabilità. Dobbiamo solo mostrare che la suddetta $P(\cdot)$ soddisfa la Definizione 1.3 del Paragrafo 1.3, cioè rispetta le proprietà PA1 e PA2. Infatti:

- $P(\varnothing) := \alpha P_1(\varnothing) + (1 - \alpha)P_2(\varnothing) = 0$, mentre $P(\Omega) := \alpha P_1(\Omega) + (1 - \alpha)P_2(\Omega)$ è semplicemente $\alpha + (1 - \alpha) = 1$;
- per una successione di eventi a due a due disgiunti $A_1, A_2, \ldots$ in $\mathcal{F}$ si ha

$$P\left(\bigcup_{i=1}^{\infty} A_i\right) = \alpha P_1\left(\bigcup_{i=1}^{\infty} A_i\right) + (1 - \alpha)P_2\left(\bigcup_{i=1}^{\infty} A_i\right)$$

$$= \alpha \sum_{i=1}^{\infty} P_1(A_i) + (1 - \alpha) \sum_{i=1}^{\infty} P_2(A_i)$$

$$= \sum_{i=1}^{\infty} \left[\alpha P_1(A_i) + (1 - \alpha)P_2(A_i)\right] = \sum_{i=1}^{\infty} P(A_i).$$

Definizione 2.9
Una v.a. X si dice **mista** se la sua CDF ha un numero finito[18] di discontinuità a salti in $x = x_1, \ldots, x_n$, dove le masse sono $p_i = P(X = x_i)$ per $i = 1, \ldots, n$ con $\sum_{i=1}^{n} p_i \leq 1$. Allora:

$$F_X(x) = \alpha F_{\mathrm{d}}(x) + (1 - \alpha)F_{\mathrm{c}}(x), \quad 0 \leq \alpha \leq 1, \tag{2.22}$$

dove F_{d} è la **parte discreta** e F_{c} è la **parte continua**. La prima può essere data come combinazione lineare di funzioni a gradino unitario, $F_{\mathrm{d}}(x) = \sum_{i=1}^{n} \frac{p_i}{\alpha} u(x - x_i)$. La seconda può essere data tramite una densità $f_{\mathrm{c}}(x) \geq 0$.

Se $\alpha = 0$ la v.a. è continua; se $\alpha = 1$ è discreta. Poiché F_X corrisponde biunivocamente a P, allora F_{d} e F_{c} corrispondono[19] biunivocamente a P_{d} e P_{c} e $P = \alpha P_{\mathrm{d}} + (1 - \alpha)P_{\mathrm{c}}$. I seguenti punti sono cruciali nella costruzione della (2.22).

- La parte continua può essere ottenuta come $F_{\mathrm{c}}(x) = \frac{F_X(x) - \sum_{i=1}^{n} p_i u(x - x_i)}{1 - \sum_{i=1}^{n} p_i}$.
- α nella Definizione 2.9 è uguale a $\sum_{i=1}^{n} p_i$.
- I pesi della parte discreta nella Definizione 2.9 sono dati da $\frac{p_i}{\alpha}$ tali che $\sum_{i=1}^{n} \frac{p_i}{\alpha} = 1$.

Mostriamo di seguito la derivazione formale. Per prima cosa scriviamo $F_X(x) - \sum_{i=1}^{n} p_i u(x - x_i)$ così da rimuovere le discontinuità a salto dalla parte continua della CDF mista. La funzione risultante non è ancora una CDF:

$$\lim_{x \to \infty}\left[F_X(x) - \sum_{i=1}^{n} p_i u(x - x_i)\right] = \underbrace{\lim_{x \to \infty} F_X(x)}_{=1} - \sum_{i=1}^{n} p_i \underbrace{\left[\lim_{x \to \infty} u(x - x_i)\right]}_{=1}$$

$$= 1 - \alpha \leq 1.$$

---

[18] Possiamo estendere questa definizione a un insieme numerabile di discontinuità.

[19] Quindi la legge P_X si compone di una legge discreta $P_{X,1}$ e una legge assolutamente continua $P_{X,2}$, a cui corrispondono rispettivamente un insieme di masse e una densità.

Dunque occorre scalare la funzione sopra dividendo per $1 - \sum_{i=1}^{n} p_i = 1 - \alpha$. Riscrivendo la formula per $F_c(x)$ otteniamo

$$\boxed{F_X(x) = \sum_{i=1}^{n} p_i u(x - x_i) + (1 - \alpha) F_c(x)}\,,$$

e ponendo $\sum_{i=1}^{n} p_i u(x - x_i) = \alpha \sum_{i=1}^{n} \frac{p_i}{\alpha} u(x - x_i)$ otteniamo infine l'espressione (2.22). Adesso, introduciamo la funzione generalizzata *delta di Dirac*[20] o *funzione delta* centrata in $a \in \mathbb{R}$:

$$\delta_a(x) = \begin{cases} 0, & \text{se } x \neq a \\ \infty, & \text{se } x = a \end{cases}, \qquad \int_{-\infty}^{\infty} \delta_a(x)\mathrm{d}x = 1, \qquad \frac{\mathrm{d}}{\mathrm{d}x} u(x - a) = \delta_a(x).$$

Si noti che usiamo lo stesso simbolo della misura delta di Dirac, si veda il Paragrafo 2.4. Date le caratteristiche definitorie della funzione delta, possiamo *formalmente* derivare la CDF mista (2.22) e ottenere la densità generalizzata seguente:

$$f_X(x) = \frac{\mathrm{d}}{\mathrm{d}x} F_X(x) = \alpha \frac{\mathrm{d}}{\mathrm{d}x} F_d(x) + (1 - \alpha) \frac{\mathrm{d}}{\mathrm{d}x} F_c(x)$$

$$= \alpha \sum_{i=1}^{n} \frac{p_i}{\alpha} \underbrace{\frac{\mathrm{d}}{\mathrm{d}x} u(x - x_i)}_{=\delta_{x_i}(x)} + (1 - \alpha) f_c(x)$$

$$= \sum_{i=1}^{n} p_i \delta_{x_i}(x) + (1 - \alpha) f_c(x)$$

Quindi, possiamo sempre scrivere l'espressione

$$\boxed{f_X(x) = \sum_{i=1}^{n} p_i \delta_{x_i}(x) + (1 - \alpha) f_c(x)}$$

come la 'densità' di una v.a. mista. Infatti, per le proprietà definitorie della funzione delta abbiamo anche:

- $\sum_{i=1}^{n} p_i \delta_{x_i}(x) + (1 - \alpha) f_c(x) \geq 0$ per ogni $x \in \mathbb{R}$;
- $\int_{-\infty}^{\infty} \left[\sum_{i=1}^{n} p_i \delta_{x_i}(x) + (1 - \alpha) f_c(x) \right] \mathrm{d}x$ è uguale a

$$\sum_{i=1}^{n} p_i \left[\underbrace{\int_{-\infty}^{\infty} \delta_{x_i}(x)\mathrm{d}x}_{=1} \right] + (1 - \alpha) \underbrace{\int_{-\infty}^{\infty} f_c(x)\mathrm{d}x}_{=1}$$

che a sua volta è dato da $\sum_{i=1}^{n} p_i + (1 - \alpha) = \alpha + (1 - \alpha) = 1$.

---

[20] Nell'analisi reale, possono esistere funzioni la cui definizione non è standard. Queste sono chiamate **funzioni generalizzate**. Le regole di integrazione e derivazione sono diverse, e richiedono un'escursione nell'analisi funzionale riguardante spazi vettoriali di *funzioni test* e le cosiddette *distribuzioni* (che non sono definite in termini probabilistici).

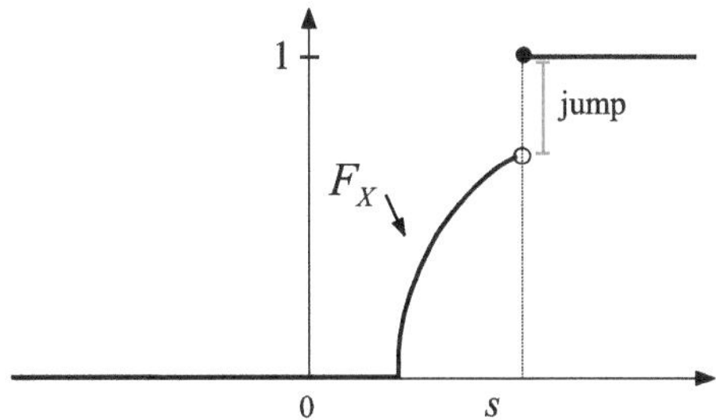

Figura 2.6 Grafico della CDF di una distribuzione mista

Vale la pena notare che l'area sotto il grafico di f_c è minore di 1 purché f_c sia ristretta a un sottoinsieme che esclude gli x_i dove le δ_{x_i} sono concentrate: infatti è $1 - \sum_{i=1}^{n} p_i$. Ogni $p_i \delta_{x_i}(x)$ nell'espressione $\sum_{i=1}^{n} p_i \delta_{x_i}(x) + (1-\alpha) f_c(x)$ può essere interpretata come la probabilità $p_i = \mathsf{P}(X = x_i)$ concentrata nei punti $x_i \in \mathcal{X}$ del supporto, dove la discontinuità a salto della corrispondente CDF ha derivata infinita $\frac{\mathrm{d}}{\mathrm{d}x} F_d(x)\big|_{x=x_i} = \delta_{x_i}(x_i) = \frac{\mathrm{d}}{\mathrm{d}x} u(x - x_i)\big|_{x=x_i} = \infty$.

Esempio 2.14 (Modello Assicurativo)
Supponiamo che un individuo abbia acquistato un contratto assicurativo contro una perdita aleatoria[21] rappresentata dalla v.a. X: si tratta del rimborso monetario in euro con pagamento *massimo* s €. Una possibile CDF per questa v.a. è:

$$F_X(x) = \begin{cases} 0, & \text{se } x < 0 \\ 1 - \mathrm{e}^{-\lambda x}, & \text{se } 0 \leqslant x < s \\ 1, & \text{se } x \geqslant s \end{cases}$$

con parametri $\lambda > 0$ e $s > 0$. Interpretazione: le perdite aleatorie sono misurate da valori positivi della v.a. Poiché il rimborso è uguale alla perdita subita dall'assicuratore, si ha che X è zero per valori negativi mentre assume valori in $[0, s)$ per perdite inferiori a s €; se le perdite superano tale livello allora $X = s$, si veda la Figura 2.6. Si verifica facilmente che $F_X(x)$ è una CDF:

- è non decrescente, $x_1 < x_2$ implica $F_X(x_1) \leqslant F_X(x_2)$ poiché la CDF è zero fino a $x < 0$, è strettamente crescente per $x \in [0, s)$ e assume valore 1 per $x \geqslant s$;
- è continua fino a $x < s$ e ha una discontinuità a salto in $x = s$, quindi è ivi continua da destra;
- $\lim_{x \to -\infty} F_X(x) = 0$ e $\lim_{x \to \infty} F_X(x) = 1$ per costruzione.

Quindi, la ripartizione F_X corrispondente alla v.a. mista X deve essere nella forma (2.22), in base alla Definizione 2.9. L'unica discontinuità a salto è data dalla massa

$$\mathsf{P}(X = s) = F_X(s) - F_X(s^-) = 1 - \left(1 - \mathrm{e}^{-\lambda s}\right) = \mathrm{e}^{-\lambda s} = \alpha.$$

---

[21] In caso di una perdita imprevedibile, come ad esempio dovuta a un incidente stradale.

La parte continua della ripartizione, $F_c(x) = \frac{F_X(x) - \alpha u(x-s)}{1-\alpha}$, è data esplicitamente da

$$F_c(x) = \begin{cases} 0, & \text{se } x < 0, \ u(x-s) = 0, \ F_X(x) = 0 \\ \frac{1-e^{-\lambda x}}{1-\alpha}, & \text{se } 0 \leqslant x < s, \ u(x-s) = 0, \ F_X(x) = 1 - e^{-\lambda x} \\ 1, & \text{se } x \geqslant s, \ u(x-s) = 1, \ F_X(x) = 1. \end{cases}$$

Si ha ora $f_c(x) = \frac{d}{dx} F_c(x) = \frac{\lambda e^{-\lambda x}}{1-\alpha}$, per $0 \leqslant x < s$, e la derivata (cioè la densità) è zero altrove. Di conseguenza:

$$F_X(x) = \alpha u(x-s) + (1-\alpha) F_c(x) = e^{-\lambda s} u(x-s) + \left(1 - e^{-\lambda x}\right),$$

con densità generalizzata $f_X(x) = e^{-\lambda s} \delta_s(x) + \lambda e^{-\lambda x}$.

Più in generale, una **mistura** è una v.a. con CDF data nella seguente forma: $F_X = \sum_{i=1}^{n} \alpha_i F_{X_i}$, per v.a. X_i e pesi tali che $\sum_{i=1}^{n} \alpha_i = 1$, dove le CDF F_{X_i} possono essere di tipo diverso.

Osservazione 2.14
In un contesto molto più generale (cioè nella teoria della misura) si può dimostrare che ogni legge di probabilità P_X di una v.a. (che agisce come probabilità su $\mathbb{R}$) ha una rappresentazione unica

$$P_X = \alpha_1 P_d + \alpha_2 P_c + \alpha_3 P_s, \quad \alpha_1, \alpha_2, \alpha_3 \geqslant 0, \quad \alpha_1 + \alpha_2 + \alpha_3 = 1,$$

in cui la probabilità P_s è detta **singolare**, cioè esiste una CDF $F_s(x)$ tale che la sua derivata $F_s'(x) = 0$ tranne che nei punti $x \in \mathbb{R}$ che formano un insieme di misura zero. Pertanto, ogni v.a. discreta ha una distribuzione che è singolare, poiché la derivata della sua CDF esiste ed è zero tranne nei punti di discontinuità a salto (il cui insieme ha misura zero, e dove la derivata non esiste). Tuttavia esistono distribuzioni di probabilità *singolari continue* che corrispondono biunivocamente a una CDF continua che pur non essendo discreta comunque non possiede una funzione di densità.

Osservazione 2.15
Per una v.a. mista X con salti sull'insieme numerabile $\{x_1, x_2, \ldots\}$ la sua legge si può scrivere sinteticamente come:

$$P_X = \alpha \sum_{i=1}^{n} \delta_{x_i} + (1-\alpha) P_Y,$$

dove Y è una v.a. assolutamente continua.[22] Questa è ancora una funzione d'insieme definita per opportuni $B \subset \mathbb{R}$.

---

[22] P_Y ha CDF tale che $F_Y'(x) = f_Y(x)$, in tutti i punti $x \in \mathbb{R}$ tranne un numero finito.

Un altro tipo di mistura è quello di una CDF realtiva ad una v.a. X con pesi dati dai valori che un'altra v.a., diciamo Y, può assumere:

$$F_X(x) = \int_{-\infty}^{\infty} H(x; y)\mathrm{d}G(y), \qquad (2.23)$$

dove $H(x; y) = \mathsf{P}(X \leqslant x; Y = y)$ denota la funzione di ripartizione[23] di X indicizzata dai valori reali di Y, ove $G(y)$ è la CDF di Y, chiamata *distribuzione di mistura*, che governa in modo casuale lo schema di pesatura restituendo $F_X(x)$ come funzione di ripartizione dello stesso tipo di $H(x; y)$. L'integrale nell'equazione (2.23) è di Stieltjes. Possiamo scrivere la densità o la funzione di massa come

$$f_X(x) = \int_{-\infty}^{\infty} h(x; y)\mathrm{d}G(y), \qquad (2.24)$$

dove $h(x; y)$ è la densità o funzione di massa corrispondente alla ripartizione indicizzata $H(x, y)$. Infatti, integrando $f_X(x)$ si ricava:

$$\int_{-\infty}^{x} f_X(u) = \int_{-\infty}^{x} \left[\int_{-\infty}^{\infty} h(u; y)\mathrm{d}G(y)\right]\mathrm{d}u$$

$$= \int_{-\infty}^{\infty} \underbrace{\left[\int_{-\infty}^{x} h(u; y)\mathrm{d}u\right]}_{=H(x;y)} \mathrm{d}G(y).$$

Lo scambio nell'ordine di integrazione è consentito dal teorema di Fubini, si veda l'Appendice al Capitolo 3 e l'Appendice I. Quando F_X e H sono entrambe continue possiamo scrivere le formule (2.23) e (2.24) sostituendo $\mathrm{d}G(y)$ con $g(y)\mathrm{d}y$, dove $g(y)$ è la funzione di densità della ripartizione $G(y)$. Nel caso discreto sostituiamo $g(y)\mathrm{d}y$ con $g(y)$ e l'integrale $\int_{-\infty}^{\infty}$ con la sommatoria $\sum_{y \in \mathcal{Y}}$, dove $\mathcal{Y}$ è il supporto di Y.

2.10 Esercizi

2.1 Sia F_X la CDF di una v.a. X. Dimostrare quanto segue:

(e) $\mathsf{P}(X > a) = 1 - F_X(a)$ per ogni $a \in \mathbb{R}$.
(f) $\mathsf{P}(X = a) = F_X(a) - F_X(a^-)$ per ogni $a \in \mathbb{R}$.

Per la dimostrazione di (f) si adotti una procedura diversa da quella usata nell'Appendice (cfr. probabilità nella Tabella 2.1).

---

[23] Si può definirla in termini di ripartizione condizionata, si veda il Capitolo 3.

2.2 (Distribuzione continua)   Sia $f_X(x)$ una funzione di densità continua. Considerando l'intervallo $[x - \frac{h}{2}, x + \frac{h}{2}]$ di lunghezza $h > 0$, scrivere la probabilità $\mathsf{P}(X \in [x - \frac{h}{2}, x + \frac{h}{2}])$ usando la densità.

2.3   Mostrare che l'indicatrice $\mathbf{I}_A$ è una v.a. sse $A \in \mathcal{F}$.

2.4   Mostrare che la funzione composta $\mathbf{I}_B \circ X : \Omega \to \mathbb{R}$ è la v.a. indicatrice $\mathbf{I}_{\{X \in B\}}$, per un opportuno $B \subset \mathbb{R}$ e una v.a. X su $(\Omega, \mathcal{F})$.

2.5 (Insiemi di Borel)   Ricordando che la σ-algebra di Borel $\mathcal{B}$ è la più piccola σ-algebra che contiene tutti gli intervalli finiti e infiniti di $\mathbb{R}$, mostrare che $\bigcup_{i=1}^{\infty}(a, b - \frac{1}{i}] = (a, b)$ e $\bigcap_{i=1}^{\infty}(a - \frac{1}{i}, b] = [a, b]$, per $a < b$, cioè che intervalli aperti e chiusi sono insiemi di Borel.

2.6   Sia P_0 definita dalla formula (2.26) in Appendice, e sia $\mathcal{G}$ la classe che contiene tutte le unioni finite disgiunte di intervalli del tipo $(a, b]$ con l'aggiunta di $\varnothing$. Verificare che:

(1) $\mathbb{R} \in \mathcal{G}$;
(2) $\mathsf{P}_0(\varnothing) = 0$;
(3) $\mathsf{P}_0(\mathbb{R}) = 1$.

2.7 (Misura delta di Dirac e probabilità)   Sia $\delta_x(B)$ la misura delta di Dirac la cui definizione è di seguito riportata per comodità del lettore:

$$\delta_x(B) := \begin{cases} 1, & \text{se } x \in B \\ 0, & \text{se } x \notin B \end{cases} \tag{2.25}$$

L'equazione (2.25) definisce una funzione $\delta_x(\,\cdot\,) : \mathcal{B} \to \mathbb{R}$. Dimostrare che $\mathsf{P}_X(B) := \sum_{i=1}^{\infty} p_i \delta_{x_i}(B)$ è la distribuzione di probabilità di una v.a. discreta X che assume valori nell'insieme infinito numerabile $\{x_1, x_2, \ldots\}$, e avente masse $\mathsf{P}(X = x_i) = p_i$.

Osservazione 2.16

Abbiamo visto che una v.a. $X(\omega) = k$, per qualche $k \in \mathbb{R}$ e ogni esito $\omega \in \Omega$, si comporta come una costante. Per verificare ciò in modo più formale si osservi che la CDF è $F_X(x) = 1$ per ogni $x \geq k$, altrimenti è $F_X(x) = 0$. Abbiamo:

$$F_X(k^-) = \mathsf{P}(X < k) = \lim_{h \downarrow 0} \mathsf{P}(X \leq k - h) = 0,$$

mentre $F_X(k) = \mathsf{P}(X \leq k) = 1$. Questo implica

$$\mathsf{P}(X = k) = F_X(k) - F_X(k^-) = 1$$

e possiamo affermare che X si comporta come una costante. La sua distribuzione di probabilità è caratterizzata da una delta di Dirac $\delta_k(B)$, per ogni opportuno sottoinsieme $B \subset \mathbb{R}$.

2.8 (Parti positive e negative)   Sia X una v.a. che descrive il tasso di rendimento giornaliero di un titolo quotato in borsa. Trovare l'espressione della sua variazione assoluta.

Osservazione 2.17

Qualsiasi v.a. semplice definita dall'equazione (2.6) è limitata, cioè possiamo trovare $k > 0$ tale che $|X(\omega)| \leq k$, dunque $-k \leq X(\omega) \leq k$ per tutti gli esiti $\omega \in \Omega$.

2.9   Sia $X > 0$ una v.a. positiva che descrive il prezzo futuro di un'azione o la perdita futura relativa ad un sinistro assicurato. Dimostrare che, per ogni $s, c \in \mathbb{R}$ si ha:

- $\max\{X, s\} \pm c = \max\{X \pm c, s \pm c\}$;
- $(X - s)^+ + c = \max\{X - s + c, c\}$;
- $(X - s)^+ - (s - X)^+ = X - s$.

2.10   Siano F_X, F_Y due CDF tali che $X \leq_{\text{st}} Y$. Mostrare che ciò è equivalente a $Q_X(F_Y(x)) \leq x$, per ogni $x \in \mathbb{R}$.

2.11 (Distribuzioni simmetriche)   Scrivere la definizione (2.14) di simmetria nel caso di v.a. discrete e continue.

2.12   Sia X una v.a. discreta con distribuzione simmetrica rispetto a zero. Dimostrare che la nuova v.a. $Y = -X$ ha la stessa distribuzione di X. Fornire una dimostrazione anche per X continua.

2.13 (CDF mista)   Verificare che la funzione

$$F(x) := \alpha F_X(x) + (1 - \alpha) F_Y(x), \quad \text{per ogni } x \in \mathbb{R}, \; 0 \leq \alpha \leq 1$$

è una CDF, date due ripartizioni F_X, F_Y.

Appendice

Alcuni dettagli sulla continuità da destra della CDF

Vale la pena ricordare che la continuità di una funzione a valori reali può essere caratterizzata dalla definizione $\epsilon - \delta$ oppure equivalentemente tramite successioni. Nel primo caso, affinché $F(x)$ sia continua in un punto x_0 appartenente al suo dominio, è richiesto che

$$\text{per ogni } \epsilon > 0 \text{ esiste } \delta > 0 \text{ tale che } |x - x_0| < \delta \implies |F(x) - F(x_0)| < \epsilon,$$

scritto come $\lim_{x \to x_0} F(x) = F(x_0)$, cioè per ogni x *vicino* a x_0 anche $F(x)$ è *vicino* a $F(x_0)$. Tutto ciò si applica a $F \equiv F_X$. Vediamo formalmente perché la caratterizzazione tramite successioni della continuità da destra di una CDF è equivalente alla definizione $\epsilon - \delta$. Data una successione decrescente $x_1 \geqslant x_2 \geqslant \cdots$ di valori nel dominio di F_X, tale che $x_i \downarrow x$ per $i \to \infty$ e $x \neq x_i$, sappiamo che $F_X(x^+) = \lim_{i \to \infty} F_X(x + \frac{1}{i}) = F_X(x)$ con $x_i = x + \frac{1}{i}$. Scegliendo un altro valore y nel dominio della CDF con $x < y < x_i$, allora $F_X(x) \leqslant F_X(y) \leqslant F_X(x_i)$ perché F_X è non decrescente. Poiché per $x_i \downarrow x$ si ha $F_X(x_i) \downarrow F_X(x)$, allora $|F_X(x_i) - F_X(x)| \to 0$ e anche $|F_X(y) - F_X(x)| \to 0$ a patto che y decresca verso x, cioè $y \downarrow x$. Questa è la definizione $\epsilon - \delta$ richiesta di continuità da destra, data alternativamente ponendo $y = x + h$ per $h > 0$ e scrivendo come di consueto $F_X(x) = \lim_{h \downarrow 0} F_X(x + h)$.

Quattro proprietà di una CDF

Dimostrazione del Teorema 2.1   Dimostriamo l'implicazione $\Longrightarrow$, ossia se $F_X(x)$ è definita come $\mathsf{P}(X \leqslant x)$ tramite una v.a. X, allora essa soddisfa le proprietà (a)-(d). L'implicazione inversa è un risultato più delicato nella teoria della misura che presentiamo alla fine e può essere omessa.

(a) Scegliamo due numeri reali finiti $a < b$ e osserviamo che $\{X \leqslant a\} \subset \{X \leqslant b\}$, dunque $F_X(a) = \mathsf{P}(X \leqslant a)$ è minore o uguale a $F_X(b) = \mathsf{P}(X \leqslant b)$ per la monotonicità di $\mathsf{P}(\cdot)$ relativa ad eventi crescenti.

(b) Ricordiamo che $\mathsf{P}(\cdot)$ è continua per una successione decrescente di eventi con intersezione data. Dunque, consideriamo $A_i = \{X \leqslant x + \frac{1}{i}\}$ e osserviamo che $\bigcap_{i=1}^{\infty}\{X \leqslant x + \frac{1}{i}\}$ è proprio $\{X \leqslant x\}$, e si potrebbe scrivere formalmente $\lim_{i \to \infty}\{X \leqslant x + \frac{1}{i}\} = \{X \leqslant x\}$. Allora:

$$F_X(x) = \mathsf{P}(X \leqslant x) = \lim_{i \to \infty} \mathsf{P}(X \leqslant x + \tfrac{1}{i})$$
$$= \lim_{i \to \infty} F_X(x + \tfrac{1}{i}),$$

e poiché la CDF è non decrescente l'ultimo limite da destra esiste e deve essere $F_X(x)$, il che restituisce la continuità unilaterale cercata.

(c) Si osservi che $\{X \leqslant x + i\}$ è una sequenza crescente di eventi, per $x \in \mathbb{R}$ fissato e con $i \to \infty$, la cui unione è l'evento limite $\bigcup_i \{X \leqslant x + i\} = \Omega$. Usando ancora la continuità di $\mathsf{P}(\cdot)$ si ricava:

$$\lim_{i \to \infty} F_X(x + i) = \lim_{i \to \infty} \mathsf{P}(X \leqslant x + i)$$
$$= \mathsf{P}(\Omega) = 1 = F_X(\infty).$$

Analogamente, per una sequenza decrescente $\{X \leq x - i\}$ con evento limite $\bigcap_i \{X \leq x - i\} = \varnothing$ e usando la continuità di $\mathsf{P}(\cdot)$ otteniamo:

$$\lim_{i \to \infty} F_X(x - i) = \lim_{i \to \infty} \mathsf{P}(X \leq x - i)$$
$$= \mathsf{P}(\varnothing) = 0 = F_X(-\infty).$$

(d) Per una coppia di numeri reali $-\infty \leq a < b < \infty$ scriviamo

$$\mathsf{P}(a < X \leq b) = \mathsf{P}(\{X \leq b\} \setminus \{X \leq a\})$$
$$= \mathsf{P}(X \leq b) - \mathsf{P}(X \leq a) = F_X(b) - F_X(a),$$

in quanto $\{X \leq b\} \setminus \{X \leq a\}$ è l'evento tale che $X \leq b$ e contemporanemate non è vero $X \leq a$ ma $X > a$, infatti esso equivale a $\{X \leq b\} \cap \{X \leq a\}^c$.

La seguente dimostrazione dell'altra implicazione può essere saltata, e richiede la nozione di σ-algebra-traccia (si veda l'Esercizio 1.17 nel Capitolo 1). Vogliamo dimostrare che data una funzione $F : \mathbb{R} \to [0, 1]$ che soddisfa le proprietà (a)-(c)[24] del Teorema 2.1, allora essa è la CDF della legge $\mathsf{P}_X(B)$ indotta da una qualche v.a. X per ogni insieme di Borel $B \in \mathcal{B}$, cioè $F \equiv F_X$. Sia X una v.a. definita su uno spazio di probabilità $(\Omega, \mathcal{F}, \mathsf{P})$ dove $\Omega = (0, 1]$, $\mathcal{F} = \mathcal{B}_{(0,1]}$ e $\mathsf{P} = m$ è la misura di Lebesgue ristretta all'intervallo unitario. Per ogni esito $\omega \in (0, 1]$ definiamo la funzione $X(\omega) := \sup\{z \mid F(z) < \omega\}$. Verifichiamo innanzitutto che X è effettivamente una v.a. A ogni $x \notin \{z \mid F(z) < \omega\}$ corrisponderà $\omega \leq F(x)$. Se prendiamo l'estremo superiore di tale insieme è necessario che $X(\omega) \leq x$. Per ipotesi F è continua da destra in x, il che implica che possiamo trovare $h > 0$ tale che $F(x + h) \leq F(x) < \omega$ ma anche $x < x + h \leq X(\omega)$, poiché X è l'estremo superiore dell'insieme $\{z \mid F(z) < \omega\}$, e questo anche se $z = x + h$. Mettendo insieme le cose otteniamo

$$\{\omega \mid X(\omega) \leq x\} = \{\omega \mid \omega \leq F(x)\},$$

cioè la controimmagine $\{X \leq x\}$ è un insieme di Borel in $\mathcal{B}_{(0,1]}$. Quindi, $\mathsf{P}(X \leq x) = m((0, F(x)]) = F(x)$ e la dimostrazione è completa. ∎

Verifica delle probabilità nella tabella 2.1

Il punto #1 è la Definizione 2.1 e il #3 è il Teorema 2.1(d). Per verificare il #2 consideriamo la successione crescente di eventi $\{X \leq a - \frac{1}{i}\}$ per $i = 1, 2, \ldots$ con unione $\bigcup_{i=1}^{\infty} \{X \leq a - \frac{1}{i}\} = \{X < a\}$. Per la continuità di $\mathsf{P}(\cdot)$ abbiamo

$$\mathsf{P}(X < a) = \lim_{i \to \infty} \mathsf{P}(X \leq a - \tfrac{1}{i}) = \lim_{i \to \infty} F_X(a - \tfrac{1}{i}) = F_X(a^-).$$

---

[24] La proprietà (d) non è necessaria per l'implicazione inversa.

Per dimostrare il #5 usiamo la successione decrescente di eventi $\{a - \frac{1}{i} < X \leq a\}$ con intersezione $\bigcap_{i=1}^{\infty} \{a - \frac{1}{i} < X \leq a\} = \{a \leq X \leq a\} = \{X = a\}$. Ancora, usando la continuità di $\mathsf{P}(\cdot)$ e il Teorema 2.1(d) abbiamo

$$
\begin{aligned}
\mathsf{P}(X = a) &= \lim_{i \to \infty} \mathsf{P}(a - \tfrac{1}{i} < X \leq a) \\
&= \lim_{i \to \infty} \left[F_X(a) - F_X(a - \tfrac{1}{i}) \right] = F_X(a) - F_X(a^-).
\end{aligned}
$$

Ora possiamo dimostrare il punto #9 considerando $\{a < X < b\} = \{a < X \leq b\} \setminus \{X = b\}$ e quindi, per Pr3 e il risultato precedente, abbiamo

$$
\mathsf{P}(a < X < b) = F_X(b) - F_X(a) - \left[F_X(b) - F_X(b^-) \right] = F_X(b^-) - F_X(a).
$$

Il punto #4 si basa sulla successione decrescente di eventi $\{a - \frac{1}{i} < X \leq b\}$ con intersezione $\bigcap_{i=1}^{\infty} \{a - \frac{1}{i} < X \leq b\} = \{a \leq X \leq b\}$ e sulla continuità della misura di probabilità:

$$
\begin{aligned}
\mathsf{P}(a \leq X \leq b) &= \lim_{i \to \infty} \mathsf{P}(a - \tfrac{1}{i} < X \leq b) \\
&= \lim_{i \to \infty} \left[F_X(b) - F_X(a - \tfrac{1}{i}) \right] = F_X(b) - F_X(a^-).
\end{aligned}
$$

Il punto #6 corrisponde al punto (e) dell'Esercizio 2.1. Per dimostrare il punto #7 basta notare che $\{X \geq b\} = \{X = b\} \cup \{X > b\}$, quindi applicando $\mathsf{P}(\cdot)$ insieme ai punti #5 e #6 otteniamo

$$
\begin{aligned}
\mathsf{P}(X \geq b) &= \mathsf{P}(X = b) + \mathsf{P}(X > b) = F_X(b) - F_X(b^-) + 1 - F_X(b) \\
&= 1 - F_X(b^-).
\end{aligned}
$$

Infine, dimostriamo il punto #8 considerando la successione crescente di eventi $\{a \leq X \leq b - \frac{1}{i}\}$ la cui unione è $\{a \leq X < b\}$, quindi grazie al punto #4:

$$
\begin{aligned}
\mathsf{P}(a \leq X < b) &= \lim_{i \to \infty} \mathsf{P}(a \leq X \leq b - \tfrac{1}{i}) \\
&= \lim_{i \to \infty} \left[F_X(b - \tfrac{1}{i}) - F_X(a^-) \right] = F_X(b^-) - F_X(a^-).
\end{aligned}
$$

Dettagli sulle distribuzioni discrete

Dimostrazione del Teorema 2.2   Sappiamo che X è discreta se C coincide con il suo supporto $X = \{x_1, x_2, \ldots\}$, ossia l'insieme di punti x_i in cui la ripartizione F_X è strettamente crescente e dove si ha un salto di ampiezza pari alla massa $\mathsf{P}(X = x_i)$. Poiché per costruzione ogni esito $\omega \in \Omega$ che appartiene a $\{X = x_i\}$ non può appartenere a un altro $\{X = x_j\}$, per $i \neq j$, lo spazio campionario è partizionato da tutti questi eventi:

$$
\{X = x_1\} \cup \{X = x_2\} \cup \cdots = \Omega.
$$

Come conseguenza abbiamo (eventi a due a due incompatibili):

$$1 = \mathsf{P}(\Omega) = \mathsf{P}\left(\bigcup_i \{X = x_i\}\right) = \mathsf{P}(X = x_1) + \mathsf{P}(X = x_2) + \cdots = \mathsf{P}(X \in \mathcal{X}).$$

■

Dettagli sulle distribuzioni continue

Dimostrazione della Proposizione 2.1   Se X ha una distribuzione di probabilità continua, allora come conseguenza della Definizione 2.1 la sua P_X è caratterizzata da una funzione di densità tale che $\mathsf{P}(-i \leqslant X \leqslant i) = \mathsf{P}(-i < X \leqslant i) = \int_{-i}^{i} f_X(x)\mathrm{d}x$ per qualche intero $i \in \mathbb{N}$. Del resto, $\{-i \leqslant X \leqslant i\}$ è una successione crescente di eventi con evento limite $\bigcup_i \{-i \leqslant X \leqslant i\} = \{-\infty \leqslant X \leqslant \infty\} = \Omega$ e per la continuità di $\mathsf{P}(\cdot)$ abbiamo

$$\lim_{i\to\infty} \mathsf{P}(-i \leqslant X \leqslant i) = \mathsf{P}(-\infty \leqslant X \leqslant \infty)$$

$$= \int_{-\infty}^{\infty} f_X(x)\mathrm{d}x = 1.$$

Inoltre, $F_X(x) = \mathsf{P}(X \leqslant x)$ può essere scritta come $\mathsf{P}(-\infty < X \leqslant x)$ che a sua volta è uguale a $\lim_{i\to\infty} \int_{-i}^{x} f_X(u)\mathrm{d}u$ quindi (2.2) è verificata. Di contro, se $\int_{-\infty}^{\infty} f_X(x)\mathrm{d}x = 1$ allora per (2.2) la funzione non negativa f_X fornisce F_X come una CDF:

- è non decrescente,

$$F_X(x_1) = \int_{-\infty}^{x_1} f_X(u)\mathrm{d}u \leqslant \int_{-\infty}^{x_2} f_X(u)\mathrm{d}u = F_X(x_2),$$

  per $x_1 < x_2$ reali;
- è continua (quindi anche continua da destra) in quanto $F_X(x) = \int_{-\infty}^{x} f(u)\mathrm{d}u$ è definita tramite un integrale;
- $F_X(\infty) = 1$ e $F_X(-\infty) = \int_{-\infty}^{\infty} F_X(x)\mathrm{d}x = 0$;
- la probabilità di $\{a < X \leqslant b\}$ è $F_X(b) - F_X(a)$ sempre perché $F_X(x)$ si scrive tramite l'integrale della densità.   ■

Misura di probabilità su $\mathbb{R}$

Sia $F : \mathbb{R} \to [0, 1]$ una funzione non decrescente e continua da destra per la quale non è obbligatorio che $\lim_{x\to-\infty} F(x) = 0$ e $\lim_{x\to\infty} F(x) = 1$. Tale F è detta funzione di distribuzione o **càdlàg**, acronimo francese di **c**ontinue **à d**roite (continua a destra), limite **à g**auche (con limite sinistro finito).[25] Successivamente, consideriamo la collezione G di tutte le unioni finite e disgiunte di intervalli del tipo $(a, b]$ aggiungendo $\varnothing$, dove $-\infty \leq a < b < \infty$ e per convenzione $(a, \infty) = (a, \infty]$. Quindi un insieme non vuoto $A \in G$ può essere scritto come $\bigcup_{i=1}^{n}(a_i, b_i]$ con $(a_i, b_i] \cap (a_j, b_j] = \varnothing$ per ogni $i \neq j$. Ora, definiamo la funzione d'insieme $P_0(A) : G \to [0, 1]$ come

$$P_0(A) := \sum_{k=1}^{n} F(b_i) - F(a_i), \qquad (2.26)$$

che è **finitamente additiva**, cioè $P_0(\bigcup_{i=1}^{m} A_i) = \sum_{i=1}^{m} P_0(A_i)$ per ogni $A_i \in G$. Si può dimostrare che P_0 nella formula (2.26) è anche numerabilmente additiva su G (vedi la Definizione 1.3, assioma PA2, nel Paragrafo 1.3). Per ottenere una misura di probabilità è necessario estendere P_0 ad una σ-algebra $\mathcal{F}$ che contiene G: basta eseguire unioni e intersezioni numerabili, unitamente a complementi di insiemi A presi da G per ottenere $\mathcal{F} = \sigma(G)$, la σ-algebra generata dalla classe G. Il seguente risultato garantisce l'estensione desiderata, denotata Q.

> **Teorema 2.4 (Carathéodory)**
> *Sia G un'algebra di sottoinsiemi di $\mathbb{R}$ e $P_0 : G \to [0, 1]$ una funzione d'insieme numerabilmente additiva. Allora, $\exists$ una misura Q sulla σ-algebra $\sigma(G)$ generata da G tale che su tale insieme le due misure coincidono, $Q(A) = P_0(A)$, $\forall A \in G$. Se P_0 è σ-finita, allora Q è la sua unica estensione.*

Vale la pena notare che G è definita come un'*algebra*, cioè una collezione di sottoinsiemi di $\mathbb{R}$ tale che valgano le proprietà SA1 e SA2 di una σ-algebra, ma la proprietà SA3 diventa:

SA3′ Per ogni succesione *finita* $A_1, A_2, \ldots, A_n$ di eventi appartenenti a G anche $\bigcup_{i=1}^{n} A_i \in G$.

In generale, un'algebra è più piccola di una σ-algebra e ogni σ-algebra è anche un'algebra, ma il contrario non è vero: un'algebra può contenere succesioni numerabili di insiemi $(A_i)_{i \in \mathbb{N}}$ ma non c'è garanzia che la loro unione $\bigcup_{i=1}^{\infty} A_i$ vi appartenga. Il Teorema 2.4 è un risultato generale nella teoria della misura: nel nostro contesto Q è intesa come una probabilità. La collezione $\sigma(G)$ merita il nome speciale di **σ-algebra di Borel**, solitamente denotata con $\mathcal{B}$; i suoi elementi sono chiamati **insiemi di Borel**. Si osservi che $P_0(\varnothing) = Q(\varnothing) = 0$.

---

[25] Se in aggiunta $\lim_{x \to -\infty} F(x) = 0$ e $\lim_{x \to \infty} F(x) = 1$, allora la càdlàg F è anche una funzione di ripartizione.

Osservazione 2.18

Per (una pre-misura P_0 o) una misura Q, il termine σ-finita significa che $Q(A_i) < \infty$ per qualunque ricoprimento $\bigcup_{i=1}^{\infty} A_i = \Omega$ di Ω, cioè $A_i \subset \Omega$ e per ogni $i \in \mathbb{N}$. Una probabilità Q è su $\mathbb{R}$ una *misura finita*, ossia $Q(\mathbb{R}) = 1 < \infty$ e questo a sua volta implica σ-finitezza.

Osservazione 2.19

La nostra costruzione di una misura di probabilità Q sullo *spazio misurabile reale* $(\mathbb{R}, \mathcal{B})$ utilizza il concetto di σ-algebra generata $\sigma(\mathcal{G})$: data $\mathcal{G} \subset 2^{\mathbb{R}}$ la σ-algebra generata esiste sempre ed è uguale all'intersezione di tutte le σ-algebra che contengono $\mathcal{G}$, cioè $\sigma(\mathcal{G})$ è la più piccola σ-algebra che contiene $\mathcal{G}$. Se $\mathcal{G}$ e $\mathcal{D}$ sono famiglie diverse di sottoinsiemi di $\mathbb{R}$ e $\mathcal{G} \subset \sigma(\mathcal{D})$, allora $\sigma(\mathcal{G}) \subset \sigma(\mathcal{D})$.

Per i curiosi

La classe $\mathcal{G}$ che contiene tutte le unioni finite disgiunte di $(a, b]$ con l'aggiunta di $\varnothing$ è un'algebra ma non una σ-algebra. Più formalmente:

1. Ogni $A = \bigcup_{i=1}^{m}(a_i, b_i] \in \mathcal{G}$ è esso stesso della forma $(\ ]$ sse $b_i = a_{i+1}$ per $i = 1, \ldots, m - 1$. Inoltre, A^c è $(-\infty, a_1] \cup (b_1, a_2] \cup \cdots \cup (b_{m-1}, a_m] \cup (b_m, \infty]$ e quindi appartiene a $\mathcal{G}$.
2. Se $B = (c_1, d_1] \cup \cdots \cup (c_n, d_n] \in \mathcal{G}$, allora $A \cup B \in \mathcal{G}$.
3. $A \cap B = \bigcup_{i=1}^{m} \bigcup_{j=1}^{n}(a_i, b_i] \cap (c_j, d_j]$ è costituito da unioni finite disgiunte, quindi $A \cap B \in \mathcal{G}$; le intersezioni possono essere $\varnothing$ oppure $(\ ]$.
4. Prendendo $A_n = (0, 1 - \frac{1}{n}]$, per ogni $n \in \mathbb{N}$, abbiamo $\bigcup_{n=1}^{\infty} A_n = (0, 1)$ che non appartiene a $\mathcal{G}$; $\bigcap_{n=1}^{\infty}(a - \frac{1}{n}, a] = \{a\}$ e neanche i singoletti appartengono a $\mathcal{G}$.

I punti 1.-3. forniscono le proprietà SA1,SA2 di una σ-algebra ma per il punto 4. si ha che $\mathcal{G}$ potrebbe non contenere unioni/intersezioni numerabili. Tuttavia, prendendo unioni (anche non numerabili) e complementi di insiemi in $\mathcal{G}$ si genera $\mathcal{B}$. Si osservi che i singoletti $\{a\}$ appartengono a $\mathcal{B}$ per il punto 4. sopra. La σ-algebra di Borel può essere generata in altri modi diversi.

- Gli intervalli aperti finiti generano $\mathcal{B}$, poiché prendendo $c = \frac{b-a}{2}$ si ha $(a, b) = \bigcup_{i=1}^{\infty}(a, b - \frac{c}{i}]$ come unione numerabile di elementi di $\mathcal{G}$.
- I sottoinsiemi aperti[26] di $\mathbb{R}$ generano $\mathcal{B}$. Infatti, ogni insieme aperto può essere scritto come unione numerabile $A = \bigcup_{i=1}^{\infty}(a_i, b_i)$. Viceversa, si ha $(a, b] = \bigcap_{i=1}^{\infty}(a, b + \frac{1}{i})$. In realtà, la definizione standard di $\mathcal{B}$ si basa su insiemi aperti come $(-\infty, a) \cup (b, \infty)$ che non sono intervalli aperti finiti.
- I *semiraggi* $(-\infty, x]$ generano $\mathcal{B}$ per ogni $x \in \mathbb{R}$.

In realtà, $\mathcal{B}$ può essere generata anche da insiemi chiusi, si veda l'Esercizio 2.5. Adesso mostriamo come la famiglia $\mathcal{D}$ dei semiraggi con l'aggiunta di $\varnothing$ genera

---

[26] Si consulti l'Appendice E.

la σ-algebra di Borel. Chiaramente $(-\infty, x] = (x, \infty)^c$, per ogni $x \in \mathbb{R}$. Quindi gli intervalli $(-\infty, x]$ sono contenuti in $\mathcal{B}$, come complementari di intervalli aperti finiti. Per ipotesi essi generano $\sigma(\mathcal{D})$ e quindi, vedi osservazione 2.19, abbiamo $\sigma(\mathcal{D}) \subset \mathcal{B}$. Basta mostrare l'inclusione inversa. Gli intervalli

$$(x, y] = (-\infty, y] \cap (-\infty, x]^c \quad \text{per ogni } x < y$$

sono contenuti in $\sigma(\mathcal{D})$. Inoltre, per ogni intervallo aperto possiamo scrivere $(a, b) = \bigcup_{i=1}^{\infty}(a, b - \frac{c}{i}]$ con $c = \frac{(b-a)}{2}$. Ne segue che $(a, b) \in \sigma(\mathcal{D})$. Ma ogni insieme aperto in $\mathcal{B}$ è dato da un'unione numerabile di intervalli aperti (a, b), quindi la collezione dei sottoinsiemi aperti di $\mathbb{R}$ è contenuta in $\sigma(\mathcal{D})$. Per l'osservazione 2.19 abbiamo $\mathcal{B} \subset \sigma(\mathcal{D})$ e questo, insieme all'inclusione precedente, mostra che $\mathcal{B} = \sigma(\mathcal{D})$.

Applicazioni misurabili e misure immagine

Abbiamo definito funzioni $X : \Omega \to \mathbb{R}$ per ottenere rappresentazioni numeriche $x = X(\omega)$ di esiti $\omega \in \Omega$ presi dallo spazio campionario. Per calcolare la probabilità di eventi indotti da un tale tipo di funzioni, occorre richiedere il requisito tecnico contenuto nella seguente definizione.

Definizione 2.10

Sia $(\Omega, \mathcal{F})$ uno spazio degli eventi e sia $(\mathbb{R}, \mathcal{B})$ lo spazio misurabile reale. Una funzione $X : \Omega \to \mathbb{R}$ è una v.a. sse

$$X^{-1}(B) := \{\omega \in \Omega \mid X(\omega) \in B\} \in \mathcal{F}, \qquad \text{per ogni } B \in \mathcal{B}, \qquad (2.27)$$

e chiamiamo X applicazione **misurabile**, o diciamo che è $\mathcal{F}$-misurabile.

Osservazione 2.20

La Definizione 2.10 è ancora valida con $(\Omega, \mathcal{F})$ sostituito da $(\mathbb{R}, \mathcal{B})$, cioè una funzione $g : \mathbb{R} \to \mathbb{R}$ tale che (2.27) sia verificata che chiamiamo *funzione Borel-misurabile*. Ad esempio, $B = (x, y] \in \mathcal{B}$, con $x < y$ implica $g^{-1}((x, y]) = \{z \in \mathbb{R} \mid g(z) \in (x, y]\} \in \mathcal{B}$.

Un evento $A \in \mathcal{F}$ come collezione di esiti $\omega \in \Omega$ può essere trasformato da X in un oggetto 'misurabile', cioè un sottoinsieme di $\mathbb{R}$ che appartiene alla σ-algebra di Borel:

$$\Omega \xrightarrow{\quad X \quad} \mathbb{R} \quad \text{Dagli esiti ai numeri aleatori}$$

$$\mathcal{F} \xleftarrow{\quad X^{-1} \quad} \mathcal{B} \quad \text{Associazione di un insieme di Borel a un evento}$$

Per comodità del lettore ricordiamo quanto segue. Per ogni funzione $X : \Omega \to \mathbb{R}$ si ha:

- $X(A) = \{b \in \mathbb{R} \mid b = X(\omega) \text{ per qualche } \omega \in \Omega\}$ è l'**immagine** di $A \subset \Omega$ tramite X. Chiaramente $X(A) \subset \mathbb{R}$. Il caso particolare $X(\Omega)$ restituisce il **range** o codominio di X;
- $X^{-1}(B) = \{\omega \in \Omega \mid X(\omega) \in \mathbb{R}\}$ è la **controimmagine** di $B \subset \mathbb{R}$; chiaramente $X^{-1}(B) \subset \Omega$;
- la controimmagine è definita come funzione d'insieme $X^{-1} : 2^{\mathbb{R}} \to 2^{\Omega}$; il dominio è l'insieme delle parti di $\mathbb{R}$. Quando X^{-1} associa *ogni* insieme di Borel $B \in \mathcal{B} \subset 2^{\mathbb{R}}$ ad un evento $A \in \mathcal{F} \subset 2^{\Omega}$, allora X come funzione misurabile è anche una v.a.

Osservazione 2.21 (Proprietà di immagine e controimmagine)
Siano $(A_i)_{i \in I} \subset 2^{\Omega}$, $(B_j)_{j \in J} \subset 2^{\mathbb{R}}$ due famiglie di sottoinsiemi di Ω e $\mathbb{R}$, rispettivamente. Si definisca una funzione $X : \Omega \to \mathbb{R}$. L'immagine di X commuta con le unioni ma non con le intersezioni, mentre la controimmagine commuta con unioni, intersezioni e complementari:

1. $X(\bigcup_{i \in I} A_i) = \bigcup_{i \in I} X(A_i)$
2. $X(\bigcap_{i \in I} A_i) \subset \bigcap_{i \in I} X(A_i)$
3. $X^{-1}(\bigcup_{j \in J} B_i) = \bigcup_{j \in J} X^{-1}(B_j)$
4. $X^{-1}(\bigcap_{j \in J} B_i) = \bigcap_{j \in J} X^{-1}(B_j)$
5. $X^{-1}(B^c) = (X^{-1}(B))^c$.

In effetti, non ogni funzione $X : \Omega \to \mathbb{R}$ è una v.a.

Esempio 2.15
Associamo lo spazio campionario $\Omega = \{\text{HH}, \text{HT}, \text{TH}, \text{TT}\}$ al lancio due volte di una moneta non truccata, e consideriamo la σ-algebra $\mathcal{F} = \{\varnothing, \{\text{HT}, \text{TH}\}, \{\text{HH}, \text{TT}\},$ $\{\text{HH}, \text{HT}, \text{TH}, \text{TT}\}\}$. Introduciamo la scommessa per cui si vince $1 \, €$ se esce testa due volte, oppure si perde $1 \, €$ se esce croce due volte; negli altri casi non si vince e non si perde. Definiamo la funzione

$$X(\omega) = \begin{cases} 1, & \text{se } \omega = \text{HH} \\ 0, & \text{se } \omega = \text{HT oppure } \omega = \text{TH} \\ -1, & \text{se } \omega = \text{TT}. \end{cases}$$

Scegliendo l'insieme di Borel $B = (-\infty, -1] \cup (-1, 0) \cup (1, \infty)$ si ha $\{X \in B\} = \{\text{TT}\} \notin \mathcal{F}$. Analogamente, $B = (-\infty, -1) \cup (-1, 0) \cup [1, \infty)$ determina $\{X \in B\} = \{\text{HH}\} \notin \mathcal{F}$. In entrambi i casi la scelta di un insieme di Borel nello spazio immagine $(\mathbb{R}, \mathcal{B})$ non garantisce che la controimmagine X^{-1} sia nella σ-algebra $\mathcal{F}$ degli eventi. Concludiamo che tale X non è una v.a.

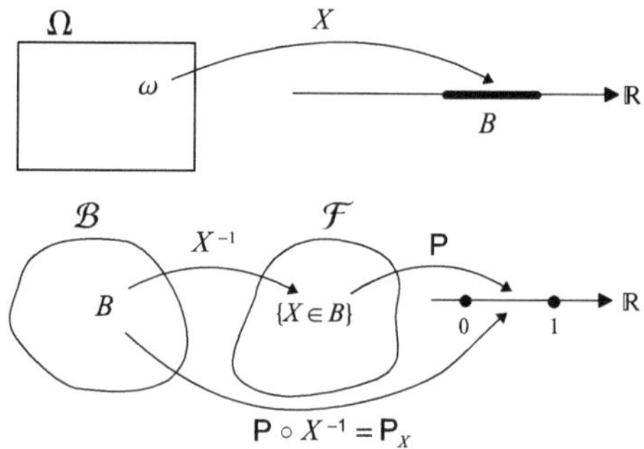

Figura 2.7 Una v.a. X come funzione misurabile: la sua immagine determina $B \subset \mathbb{R}$; la controimmagine X^{-1} lo riporta in $\mathcal{B}$ poiché è un insieme di Borel. La funzione composta $\mathsf{P} \circ X^{-1}$ fornisce la legge $\mathsf{P}_X(B)$

Esempio 2.16

(i) La funzione identità $\mathrm{id} : \Omega \to \Omega$ definita da $\mathrm{id}(\omega) = \omega$ è misurabile, poiché per ogni $B \in \mathcal{F}$ si ha $\mathrm{id}^{-1}(B) = B \in \mathcal{F}$. (ii) Qualsiasi funzione X tra $(\Omega, \mathcal{F})$ e $(\mathbb{R}, S)$ tale che $\mathcal{F} = 2^\Omega$ oppure $S = \{\varnothing, \mathbb{R}\}$ è sempre misurabile. Nel primo caso, per ogni $B \in S$ si ha $X^{-1}(B) \in 2^\Omega$. Nel secondo caso, $X^{-1}(\varnothing) = \varnothing$ oppure $X^{-1}(\mathbb{R}) = \Omega$ per definizione, ed entrambe le controimmagini sono in $\mathcal{F}$.

Esempio 2.17

Sia $(\Omega, \mathcal{F})$ uno spazio degli eventi. Definiamo la funzione $X : \Omega \to \mathbb{R}$ come $X(\omega) = c$ per ogni $\omega \in \Omega$ e $c \in \mathbb{R}$ fissato. Allora X è misurabile, poiché per ogni $B \in \mathcal{B}$ si ha $c \in B$ oppure $c \in B^c$ così che $X^{-1}(B) = \{X \in B\}$ è in $\mathcal{F}$. La collezione delle sue controimmagini è la σ-algebra banale $\{\varnothing, \Omega\}$. Si ha $X^{-1}(\{c\}) = \Omega$, con $\varnothing$ come suo complemento.

Quando una funzione X è una v.a., lo spazio di probabilità astratto $(\Omega, \mathcal{F}, \mathsf{P})$ viene trasformato in uno **spazio di probabilità reale** $(\mathbb{R}, \mathcal{B}, \mathsf{P}_X)$, dove la distribuzione di probabilità della X è in realtà una funzione composta:

$$\mathsf{P}_X(B) := \mathsf{P}(X^{-1}(B)) = \mathsf{Q}(B), \qquad \text{per ogni insieme di Borel } B \in \mathcal{B}. \quad (2.28)$$

Pertanto, la funzione d'insieme P_X è una misura di probabilità Q definita su $\mathcal{B}$, detta anche **misura immagine** di P. Per un'intuizione geometrica si veda la Figura 2.7.

Funzione di distribuzione su $\mathbb{R}$

Come negli spazi di probabilità $(\Omega, \mathcal{F}, \mathsf{P})$, il ruolo della funzione di distribuzione (DF) è simile a quello della CDF ma ora per probabilità su $\mathbb{R}$.[27]

---

[27] Il termine DF sostituisce CDF quando si considerano probabilità definite sullo spazio degli eventi $(\mathbb{R}, \mathcal{B})$. Dunque, ogni DF soddisfa le proprietà (a)-(c) del Teorema 2.1.

Teorema 2.5
Sia $F : \mathbb{R} \to [0, 1]$ una DF. Allora, esiste un'unica misura di probabilità Q su lo spazio degli eventi $(\mathbb{R}, \mathcal{B})$ tale che

$$Q((a, b]) = F(b) - F(a), \qquad (2.29)$$

per ogni $-\infty \leqslant a < b < \infty$.

Se Q è una misura di probabilità su $(\mathbb{R}, \mathcal{B})$ si ha anche il viceversa: a Q corrisponde una DF $F : \mathbb{R} \to [0, 1]$ tramite:

$$F(x) = Q((-\infty, x]), \quad \forall\, x \in \mathbb{R}. \qquad (2.30)$$

Per quanto sopra e per il Teorema 2.5 si conclude che esiste una corrispondenza biunivoca tra misure di probabilità Q e DF su $(\mathbb{R}, \mathcal{B})$.

$$F \text{ è una DF} \Longrightarrow \text{ la formula } Q((a, b]) := F(b) - F(a)$$
$$\text{definisce una misura di probabilità su } (\mathbb{R}, \mathcal{B})$$
$$Q \text{ è una probabilità} \Longrightarrow F(x) := Q((-\infty, x]) \text{ è una DF}$$
$$\text{da } \mathbb{R} \text{ in } [0, 1]$$

L'ultima connessione tra $(\Omega, \mathcal{F}, \mathsf{P})$ e gli spazi di probabilità definiti su $\mathbb{R}$ si ottiene considerando $\mathbb{R}$ come spazio campionario, sostituendo $\mathcal{F}$ con $\mathcal{B}$ e ponendo $\mathsf{P} = Q = \mathsf{P}_X$: la misura di probabilità su $\mathbb{R}$ può essere identificata come la legge di una v.a. X tale che $F \equiv F_X$. Morale: possiamo calcolare probabilità su $\mathbb{R}$ senza menzionare esplicitamente alcuna v.a. ma lavorando con insiemi boreliani (quelli che nel testo principale abbiamo chiamato *opportuni* sottoinsiemi $B \subset \mathbb{R}$).

Esempio 2.18 (Distribuzione discreta su $\mathbb{R}$)
Data una DF lineare a tratti (cfr. a gradini) F, consideriamo l'insieme $\{q_1, q_2, \ldots\}$ con $q_i := Q(\{x_i\})$, per $i = 1, 2, \ldots$ costituito dai pesi di probabilità dati dai salti di F:

$$Q(\{x_i\}) = F(x_i) - F(x_{i-1}) > 0, \text{ con } F(x_{i-1}) = F(x_i-).$$

Usando la formula (2.29) si ha

$$Q((a, b]) = Q((a, b) \cup \{b\}) = Q((a, b)) + Q(\{b\}),$$

con $a = x_{i-1}$ e $b = x_i$. Ciò equivale ad avere $Q((x_{i-1}, x_i)) = 0$ e $\sum_{i=1}^{\infty} q_i = 1$. D'altra parte, $F(x) = Q((-\infty, x]) = \sum_{x_i \leqslant x} q_i$.

Esempio 2.19 (Distribuzione continua su $\mathbb{R}$)
Sia F una DF continua, ossia $F(x) - F(x-) = 0$ per ogni $x \in \mathbb{R}$. Data un'altra funzione f a valori reali che sia integrabile (in un certo senso) tale che $f(x) \geq 0$, per $x \in \mathbb{R}$, possiamo costruire una misura di probabilità definendo $F(x) = \int_{-\infty}^{x} f(u)\mathrm{d}u$, a patto che $\int_{-\infty}^{\infty} f(x)\mathrm{d}x = 1$. Quindi,

$$Q((a,b]) = F(b) - F(a) = \int_{-\infty}^{b} f(x)\mathrm{d}x - \int_{-\infty}^{a} f(x)\mathrm{d}x,$$

e F si dice assolutamente continua. D'altro canto, $\{x\} = (-\infty, x] \setminus (-\infty, x)$ e $F(x-) = \lim_{i \to \infty} Q((-\infty, x_i]) = Q((-\infty, x))$, per $x_i \uparrow x$, e quindi

$$F(x) - F(x-) = Q((-\infty, x]) - Q((-\infty, x))$$
$$= Q(\{x\}) = 0$$

che è equivalente a $Q(\{x\}) = \int_{x}^{x} f(u)\mathrm{d}u = 0$, e la corrispondente probabilità Q assegna peso nullo ai singoletti.

Misura di Stieltjes

Sia P una misura di probabilità[28] su $(\mathbb{R}, \mathcal{B})$. Allora, P determina una funzione càdlàg. Per prima cosa, definiamo $F : \mathbb{R} \to \mathbb{R}$ come

$$F(x) = \begin{cases} P((0, x]), & \text{se } x \geq 0 \\ -P((x, 0]), & \text{se } x \leq 0. \end{cases}$$

Per la Definizione 1.3, punto PA2, Capitolo 1, abbiamo:

$$F(x_1) \leq F(x_2) \iff P((0, x_1]) \leq P((0, x_2])$$

quando $0 \leq x_1 < x_2 \in \mathbb{R}$. Se $x \geq 0$ e $x_i \downarrow x$, allora gli intervalli $(0, x_i]$ decrescono a $(0, x]$; il caso $x \leq 0$ è simile. Pertanto, usando la continuità dall'alto, si veda l'Appendice al Capitolo 1, si ha che

$$F(x_i) = P((0, x_i]) \downarrow P((0, x]) = F(x)$$

e quindi $\lim_i F(x_i) = F(x)$. Usando la continuità dal basso si ottiene un risultato simile per $x \leq 0$. Dunque F è sia continua da destra che non decrescente, quindi è càdlàg. Infine, poiché $(a, b] = (-\infty, b] \setminus (-\infty, a]$ si ha

$$P((a,b]) = F(b) - F(a), \qquad a < b \in \mathbb{R}, \tag{2.31}$$

---

[28] O più in generale una misura finita.

per ogni intervallo con estremi finiti,[29] il che restituisce la (2.29) del Teorema 2.5. D'altra parte, una funzione limitata càdlàg $F : \mathbb{R} \to \mathbb{R}$ determina una misura su $(\mathbb{R}, \mathcal{B})$: basta definire una funzione d'insieme P tramite l'equazione (2.31) e poi estenderla[30] alla σ-algebra boreliana $\mathcal{B}$. Se F e $\tilde{F}$ sono due funzioni càdlàg tali che $F = \tilde{F}$, allora esse definiscono due funzioni d'insieme tramite la (2.31), estendibili a un'unica misura P su $\mathcal{B}$. Ma si noti che $\tilde{F}(x) = F(x) + c$ per $c \in \mathbb{R}$, quindi due funzioni càdlàg F e $\tilde{F}$ che differiscono per una costante inducono la stessa misura finita che assegna valori finiti agli intervalli limitati. Questa è anche detta **misura di Stieltjes**.

Funzioni assolutamente continue

Il concetto di distribuzione di probabilità assolutamente continua ha un corrispettivo nell'analisi reale che presentiamo qui per completezza. Una funzione a valori reali $F : [a, b] \to \mathbb{R}$ si dice **assolutamente continua** se per ogni $\epsilon > 0$ esiste $\delta > 0$ tale che per ogni $n \in \mathbb{N}$ e per ogni collezione $(a_1, b_1), \dots, (a_n, b_n)$ di sottointervalli aperti disgiunti di $[a, b]$, di lunghezza totale al più δ, cioè $\sum_{i=1}^{n} |b_i - a_i| \leqslant \delta$, si ha $\sum_{i=1}^{n} |F(b_i) - F(a_i)| \leqslant \epsilon$. Questo implica sempre che $F(x)$ è continua su $[a, b]$. Una funzione $F : \mathbb{R} \to \mathbb{R}$ si dice assolutamente continua se la sua restrizione su $[a, b]$ lo è. Se $F(x)$ ha una derivata limitata $F'(x)$ per ogni x allora $|F(x_2) - F(x_1)| \leqslant M(x_2 - x_1)$ per $x_1 < x_2$, dove $M > 0$ è una costante che dipende da F. La prima condizione è detta **condizione di Lipschitz** ed M è chiamata **costante Lipschitziana**. Per la limitatezza della derivata e il teorema del valor medio si ha:

$$|F'(x)| \leqslant M \iff \frac{|F(x_2)-F(x_1)|}{|x_2-x_1|} \leqslant M, \qquad \text{per qualche } x \in (x_1, x_2).$$

Come ulteriore conseguenza si ha

$$\sum_{i=1}^{n} |F(b_i) - F(a_i)| \leqslant M \sum_{i=1}^{n} |b_i - a_i| \leqslant \delta M,$$

dove $\delta = \frac{\epsilon}{M}$. Dunque la condizione di Lipschitz è sufficiente affinché una funzione F sia assolutamente continua. Si può dimostrare che per ogni funzione che soddisfa tale condizione esiste un'altra funzione $f(x)$ tale che la prima può essere definita

---

[29] Usando la misura di Lebesgue unidimensionale, $\mathsf{P} \equiv m$, si ha $m((0, x]) = x$, per $x \geqslant 0$ e $-m((x, 0]) = -(-x)$ per $x \leqslant 0$, quindi dobbiamo avere $F(x) = x$.

[30] La *procedura standard* è basata sul teorema di estensione di Carathéodory e sul teorema π-d di Dynkin, il quale afferma che un generatore $\mathcal{G}$ che è anche una π-classe determina una σ-algebra $\sigma(\mathcal{G})$ che coincide con la d-classe generata dallo stesso $\mathcal{G}$, ossia $d(\mathcal{G})$. In realtà, P dovrebbe essere definita sulla classe $\mathcal{G}$ di tutte le unioni finite disgiunte di intervalli $(a, b]$ che è una π-classe generante $\mathcal{B}$.

tramite integrazione:

$$F(x) = F(a) + \int_a^x f(u)\mathrm{d}u.$$

Ogni funzione di ripartizione di una v.a. continua X, la cui legge ammette densità f_X, è una funzione assolutamente continua con $F = F_X$, $f = f_X$ e $a = -\infty$ così che $F_X(-\infty) = 0$. Poiché F_X rappresenta la legge di probabilità P_X si dice anche, con abuso di linguaggio, che la legge di X è assolutamente continua con densità f_X.

Ancora sulla funzione quantile

Nella definizione 2.8 avevamo definito $Q_X(c)$ con $c \in (0, 1)$ e posto $Q_X(0) = -\infty$. Verifichiamo ciò notando che per $c = 0$ nella (2.15) si ha

$$\{x \in \mathbb{R} \mid F_X(x) \geqslant 0\} = \mathbb{R}$$

e il 'più grande minorante' di tale insieme (cfr. l'estremo inferiore) è $-\infty$. D'altra parte, per $c = 1$ si ha

$$\{x \in \mathbb{R} \mid F_X(x) \geqslant 1\} = \varnothing$$

e in questo caso il più grande minorante di un insieme vuoto di numeri reali è ∞.

Dimostrazione della Proposizione 2.2   (1) Definiamo $L_c := \{x \mid F_X(x) \geqslant c\}$ e osserviamo che $x \in L_{F_X(x)}$. Ne segue che $Q_X(F_X(x)) = \inf L_{F_X(x)} \leqslant x$ e la tesi è dimostrata. (2) Per definizione, ogni scelta $x \in L_c$ implica $F_X(x) \geqslant c$. Questo vale anche per ogni successione $(x_i)_{i \in \mathbb{N}} \subset L_c$ decrescente verso $\inf L_c = Q_X(c)$. Allora, per la continuità da destra di F_X si ha $\lim_{i \to \infty} F_X(x_i) = F_X(\lim_{i \to \infty} x_i) = F_X(Q_X(c))$ e per la regola del segno si ottiene il risultato voluto. (3) Supponiamo $F_X(x) \geqslant c$. Allora $x \in L_c$ e $Q_X(c) = \inf L_c \leqslant x$. D'altra parte, F_X è non decrescente e applicando (2) si ottiene $c \leqslant F_X(Q_X(c)) \leqslant F_X(x)$ che dimostra la tesi. (4) Se $c_1 \leqslant c_2$ allora $L_{c_2} \subset L_{c_1}$ per definizione (disegnare un grafico). Questo è equivalente a $\inf L_{c_1} \leqslant \inf L_{c_2}$ e la dimostrazione dell'ultimo punto è conclusa.   ∎

Dimostrazione del Lemma 2.1   Sia $x \in \mathbb{R}$ e sia $Q_Y(c) = Q_X(c)$. Se $F_X(x) < F_Y(x)$, allora per i punti (1)-(4) della Proposizione 2.2 si ha $Q(F_X(x)) \leqslant Q(F_Y(x)) \leqslant x$. Ma il punto (3) della stessa Proposizione implica $F_X(x) \leqslant F_Y(x)$, una contraddizione. Un argomento simile mostra che $F_X(x) > F_Y(x)$ è un'altra contraddizione. Dunque si deve avere $F_X(x) = F_Y(x)$ per ogni $x \in \mathbb{R}$ e il lemma è dimostrato.   ∎

Dimostrazione della Proposizione 2.3   Per la Proposizione 2.2, punto (3), si ricava facilmente:

$$Q_{f(X)}(c) \leqslant x \iff F_{f(X)}(x) \geqslant c.$$

Consideriamo $\sup\{z \mid f(z) \leq x\}$ e denotiamolo con z_0, per un fissato $x \in \mathbb{R}$. Poiché f è continua da sinistra (o strettamente crescente) si ha immediatamente

$$f(z) \leq x \iff z \leq z_0.$$

Come conseguenza, $\{f(X) \leq x\} = \{X \leq z_0\}$ quindi

$$F_{f(X)}(x) \geq c \iff F_X(z_0) \geq c.$$

Le due equivalenze sopra insieme ancora al punto (3) della Proposizione 2.2, che restituisce $F_X(z_0) \geq c$ sse $Q_X(x) \leq z_0$, e

$$Q_X(c) \leq z_0 \iff f(Q_X(c)) \leq x, \quad \text{per la seconda equivalenza sopra,}$$

completano la dimostrazione per un arbitrario $x \in \mathbb{R}$. ∎

Ancora sugli spazi di probabilità uniformi

Abbiamo visto nell'Esercizio 1.17, Capitolo 1, che $\sigma_E := \{A \cap E \mid A \in \mathcal{F}\}$ è una σ-algebra su Ω detta σ-*algebra-traccia*. Ora, consideriamo l'esperimento di scegliere a caso un numero in $\Omega = (0, 1]$ e dotiamo lo spazio campionario di $\mathcal{B}_{(0,1]}$ definita come la Borel-σ-algebra-traccia contenente tutti gli insiemi boreliani in $\mathcal{B}$ intersecati con l'intervallo unitario $(0, 1]$.

Osservazione 2.22
Dato uno spazio campionario Ω e un generatore $\mathcal{G}$, sia $\mathcal{G} \cap E := \{A \cap E \mid \mathcal{A} \in \mathcal{G}\}$ che contiene tutte le intersezioni tra ogni evento in $\mathcal{G}$ e un evento fissato $E \subset \Omega$. Si può dimostrare che $\sigma(\mathcal{G} \cap E) = \sigma(\mathcal{G}) \cap E =: \{A \cap E \mid A \in \sigma(\mathcal{G})\}$, ossia la classe di tutte le intersezioni tra ogni evento A nella σ-algebra generata $\sigma(\mathcal{G})$ e un evento fissato E è ancora una σ-algebra, che è generata da $\mathcal{G} \cap E$. Prendendo $\mathcal{G}$ come la collezione degli intervalli aperti (o semiaperti a sinistra, chiusi a destra) in $\mathbb{R}$ e usando la notazione sopra abbiamo $\mathcal{B}_{(0,1]} = \mathcal{B} \cap (0, 1]$: un insieme boreliano in $\mathbb{R}$ della forma $A \subset (0, 1]$ appartiene alla σ-algebra $\mathcal{B}_{(0,1]}$.

Consideriamo ora lo spazio di probabilità $((0, 1], \mathcal{B}_{(0,1]}, \mathsf{P})$, dove P è una misura di probabilità.[31] Abbiamo così una nuova formulazione di uno spazio di probabilità uniforme continuo in cui, in particolare, la probabilità di trovare un punto in un intervallo si calcola come la lunghezza di quest'ultimo, si veda l'Appendice al Capitolo 1. Si osservi come ciò corrisponda a $\mathsf{P}(I) = \int_I p(\omega)d\omega$, dove p è una densità e I è un qualsiasi intervallo preso da $\mathcal{B}_{(0,1]}$. In realtà, questa misura di probabilità è simile alla legge P_X di una v.a. uniforme X, si veda il Capitolo 5. Si può estendere questo schema al caso n-dimensionale con modifiche minori.

---

[31] In realtà, si tratta della misura di Lebesgue ristretta all'intervallo unitario e alla corrispondente σ-algebra traccia.

Ulteriori dettagli sulle indicatrici

Le v.a. indicatrici descrivono meglio il comportamento di una successione di eventi $A_1, A_2, \ldots, A_n, \ldots \in \mathcal{F}$, non necessariamente monotona. Abbiamo:

$$\mathbf{I}_{\limsup A_n} = \begin{cases} 1 & \text{se } \omega \in \limsup A_n \\ 0 & \text{se } \omega \notin \limsup A_n. \end{cases} \tag{2.32}$$

Infatti, $\mathbf{I}_{\limsup A_n} = 1$ se per ogni $n \in \mathbb{N}$ esiste $k \geq n$ tale che $\omega \in A_k$. Questo equivale a:

$$\limsup \mathbf{I}_{A_n} = \inf_n \left\{ \sup_{k \geq n} \mathbf{I}_{A_k} \right\}. \tag{2.33}$$

Quindi, se $k \geq n$ e $\omega \in A_k$, per la (2.33) abbiamo

$$\sup_{k \geq n} \mathbf{I}_{A_k} = \sup\{\mathbf{I}_{A_n}, \mathbf{I}_{A_{n+1}}, \ldots\} = 1,$$

il che implica $\inf_n \{\sup_{k \geq n} \mathbf{I}_{A_k}\} = \inf_n\{1\} = 1$, per ogni $n \in \mathbb{N}$. Concludiamo che $\mathbf{I}_{\limsup A_n} = \limsup \mathbf{I}_{A_n}$ e analogamente $\mathbf{I}_{\liminf A_n} = \liminf \mathbf{I}_{A_n}$. Siamo ora in grado di dimostrare:

> **Lemma 2.2**
> *Sia $(\Omega, \mathcal{F}, \mathrm{P})$ uno spazio di probabilità e $(A_n)_n \subset \mathcal{F}$ una successione arbitraria di eventi. Allora, $A = \liminf A_n = \limsup A_n = \lim_{n \to \infty} A_n$ è l'evento limite in $\mathcal{F}$ sse $\lim_{n \to \infty} \mathbf{I}_{A_n}(\omega) = \mathbf{I}_A(\omega)$, per ogni $\omega \in \Omega$.*

Dimostrazione ($\Rightarrow$) Supponiamo $A = \liminf A_n = \limsup A_n = \lim A_n$. Allora, $\mathbf{I}_{\liminf A_n} = \mathbf{I}_{\limsup A_n} = 1$ sse $\omega \in A$, altrimenti il suo valore è zero. Poiché $\mathbf{I}_{\liminf A_n} = \liminf \mathbf{I}_{A_n}$ e $\mathbf{I}_{\limsup A_n} = \limsup \mathbf{I}_{A_n}$ abbiamo $\liminf \mathbf{I}_{A_n} = \limsup \mathbf{I}_{A_n}$, il che implica:

$$\lim \mathbf{I}_{A_n}(\omega) = \liminf \mathbf{I}_{A_n}(\omega) = \limsup \mathbf{I}_{A_n}(\omega) = \mathbf{I}_A(\omega), \qquad \text{per ogni} \quad \omega \in \Omega.$$

($\Leftarrow$) Supponiamo $\lim \mathbf{I}_{A_n} = \mathbf{I}_A$, per ogni $\omega \in \Omega$. Allora, segue che $\liminf \mathbf{I}_{A_n} = \limsup \mathbf{I}_{A_n} = \mathbf{I}_A$. Ma sappiamo che $\mathbf{I}_{\liminf A_n} = \liminf \mathbf{I}_{A_n}$ e $\mathbf{I}_{\limsup A_n} = \limsup \mathbf{I}_{A_n}$. Quindi:

$$\mathbf{I}_{\liminf A_n} = \mathbf{I}_{\limsup A_n} = \mathbf{I}_A,$$

da cui $\liminf A_n = \limsup A_n = A$ e la tesi è dimostrata. ∎

Grazie al lemma 2.2 la convergenza di una successione monotona di eventi si estende a casi più generali. Un'altra conseguenza è:

Teorema 2.6

Sia $(A_n)_n \subset \mathcal{F}$ una successione di eventi su uno spazio di probabilità $(\Omega, \mathcal{F}, \mathsf{P})$. Se $(A_n)_n$ converge all'insieme A, allora $A \in \mathcal{F}$ e $\lim_{n \to \infty} \mathsf{P}(A_n) = \mathsf{P}(A)$.

Dimostrazione Supponiamo $A_n \to A$ come nel Lemma 2.2. Abbiamo $\lim_{n \to \infty} \mathbf{I}_{A_n}(\omega) = \mathbf{I}_A(\omega)$ per ogni $\omega \in \Omega$. Questo è equivalente a $A = \liminf A_n = \limsup A_n$ e quindi $A \in \mathcal{F}$. Definiamo ora $B_n = \bigcap_{i \geq n} A_i$ e $C_n = \bigcup_{i \geq n} A_i$. Le due successioni $(B_n)_n$ e $(C_n)_n$ sono rispettivamente crescenti e decrescenti, quindi $B_n \uparrow A$ così anche $C_n \downarrow A$ e

$$\lim_{n \to \infty} \mathsf{P}(B_n) = \lim_{n \to \infty} \mathsf{P}(C_n) = \mathsf{P}(A).$$

Ma $B_n \subset A_n \subset C_n$, quindi $\mathsf{P}(B_n) \leq \mathsf{P}(A_n) \leq \mathsf{P}(C_n)$. Per il teorema del confronto per successioni reali otteniamo infine $\lim_n \mathsf{P}(A_n) = \mathsf{P}(A)$ e la dimostrazione è completa. ∎

Ancora sulla misurabilità delle variabili aleatorie

Ricordiamo che per ogni funzione Borel-misurabile $Y : \mathbb{R} \to \mathbb{R}$ la composizione $Y(X(\omega))$ è ancora una v.a. per ogni $\omega \in \Omega$. Una variante di questo risultato è valida per funzioni continue. Ogni funzione continua $Y : \mathbb{R}^n \to \mathbb{R}$ è $(\mathcal{B}^n, \mathcal{B})$-misurabile: per ogni insieme aperto in $\mathcal{B}$ l'immagine inversa è ancora un insieme aperto in $\mathcal{B}^n$, quest'ultima essendo la σ-algebra di Borel n-dimensionale generata dagli insiemi aperti di $\mathbb{R}^n$. Quindi, quando $n = 1$ e Y è continua, la sua immagine inversa $Y^{-1}(O)$ è un sottoinsieme aperto di $\mathbb{R}$ per ogni sottoinsieme aperto O e $X^{-1}(Y^{-1}(O))$ è effettivamente un evento in $\mathcal{F}$. Questo rimane vero anche sostituendo O con qualsiasi altro insieme boreliano,[32] poiché gli insiemi aperti generano la σ-algebra di Borel. Una generalizzazione di tale risultato è la seguente. Una applicazione $\mathbf{X} : \Omega \to \mathbb{R}^n$ è chiamata funzione vettoriale poiché trasforma un punto $\omega \in \Omega$ in un vettore euclideo $\mathbf{X}(\omega) = (X_1(\omega), \ldots, X_n(\omega))$. Se inoltre assumiamo che $\mathbf{X}$ sia una funzione $(\mathcal{F}, \mathcal{B}^n)$-misurabile, allora essa non è altro che una v.a. n-dimensionale il cui spazio di arrivo è $(\mathbb{R}^n, \mathcal{B}^n)$, si veda il Capitolo 3. Ora, ci si chiede quando la misurabilità di ciascuna funzione coordinata X_i sia implicata da quella di $\mathbf{X}$ e viceversa, per $i = 1, \ldots, n$. Questo è il contenuto del prossimo:

---

[32] In generale, ogni funzione continua $G : \mathbb{R}^m \to \mathbb{R}^m$ è misurabile.

Teorema 2.7

Sia $(\Omega, \mathcal{F})$ uno spazio misurabile e siano $X_1, \ldots, X_n$ funzioni : $\Omega \to \mathbb{R}$. Definiamo una funzione vettoriale $\mathbf{X} : \Omega \to \mathbb{R}^n$. Allora, ciascuna X_i è $(\mathcal{F}, \mathcal{B})$-misurabile sse $\mathbf{X}$ è $(\mathcal{F}, \mathcal{B}^n)$-misurabile.

Per la dimostrazione del teorema 2.7 abbiamo bisogno della seguente definizione. Chiamiamo $\pi_i : \mathbb{R}^n \to \mathbb{R}$ una **mappa di proiezione** se $\pi_i(x_1, \ldots, x_n) = x_i$ per $i = 1, \ldots, n$ e $\mathbf{x} = (x_1, \ldots, x_n) \in \mathbb{R}^n$. Quindi π_i proietta il vettore $\mathbf{x}$ sulla i-esima coordinata. Si può facilmente dimostrare che π_i è una funzione continua.

Dimostrazione del teorema 2.7   ($\Rightarrow$) Per ogni $\mathbf{b} \in \mathbb{R}^n$, possiamo scrivere

$$
\begin{aligned}
\mathbf{X}^{-1}((-\infty, \mathbf{b}]) &= \{\omega \in \Omega \mid (X_1(\omega), \ldots, X_n(\omega)) \in (-\infty, \mathbf{b}]\} \\
&= \{\omega \in \Omega \mid X_1(\omega) \leqslant b_1, \ldots, X_n(\omega) \leqslant b_n\} \\
&= \{X_1 \leqslant b_1\} \cap \cdots \cap \{X_n \leqslant b_n\} = \bigcap_{i=1}^{n} X_i^{-1}((-\infty, b_i]).
\end{aligned}
$$

Per ipotesi, ciascuna X_i è misurabile e quindi $\mathbf{X}^{-1}((-\infty, \mathbf{b}])$ è in $\mathcal{F}$. Questo implica che $\mathbf{X}$ è misurabile poiché i semispazi $(-\infty, \mathbf{b}]$ generano $\mathcal{B}^n$. ($\Leftarrow$) Supponiamo che $\mathbf{X}$ sia misurabile. Per ogni $i = 1, \ldots, n$ sia π_i la proiezione sulla i-esima coordinata, che è una funzione continua e quindi $(\mathcal{B}^n, \mathcal{B})$-misurabile. Dunque, la composizione $X_i = \pi_i \circ \mathbf{X}$ è una funzione misurabile.   ■

Uno degli usi e di questo risultato riguarda le operazioni aritmetiche tra v.a. Formuliamo il prossimo teorema in n dimensioni, anche se la sua principale applicazione è nel caso $n = 1$.

Teorema 2.8

Sia $(\Omega, \mathcal{F})$ uno spazio misurabile su cui definiamo una v.a. $Z : \Omega \to \mathbb{R}$ e due vettori aleatori $\mathbf{X}, \mathbf{Y} : \Omega \to \mathbb{R}^n$. Allora anche le funzioni $\mathbf{X} + \mathbf{Y}$ e $Z\mathbf{Y}$ sono v.a.

Osserviamo che il prodotto $Z\mathbf{Y}$ tra una v.a. unidimensionale Z e un vettore aleatorio $\mathbf{X}$ è definito componente per componente, $(ZY_1, \ldots, ZY_n)$. Ricordiamo che un vettore in $\mathbb{R}^{n+1}$ può essere scritto come $(\alpha, \mathbf{x})$ dove $\alpha \in \mathbb{R}$ e $\mathbf{x} \in \mathbb{R}^n$.

Dimostrazione del teorema 2.8   La funzione $\mathbf{h} : \mathbb{R} \times \mathbb{R}^n \to \mathbb{R}^n$ definita da $\mathbf{h}(\alpha, \mathbf{y}) = \alpha\mathbf{y} = (\alpha y_1, \ldots, \alpha y_n)$ è continua e ovviamente misurabile. Definiamo la funzione $\mathbf{G} : \Omega \to \mathbb{R} \times \mathbb{R}^n$ come $\mathbf{G}(\omega) = (Z(\omega), \mathbf{Y}(\omega)) = (Z(\omega), Y_1(\omega), \ldots, Y_n(\omega))$. Per il teorema 2.7 essa è misurabile, quindi la funzione composta $Z \cdot \mathbf{Y} = \mathbf{h} \circ \mathbf{G}$ è ancora misurabile. Un ragionamento analogo si applica a $\mathbf{X} + \mathbf{Y}$.   ■

Come premesso, il Teorema 2.8 permette di dimostrare la misurabilità delle operazioni aritmetiche tra v.a. Sia $n = 1$ e sostituiamo $\mathbf{X}, \mathbf{Y}$ con due v.a. $X, Y : \Omega \to \mathbb{R}$. Quindi la somma $X + Y$ e il prodotto ZY tra v.a. è ancora una v.a. Quest'ultimo si specializza al caso di una mappa costante $Z = a$, per cui il prodotto di una v.a. Y per una costante è ancora una v.a. Prendendo $a = -1$ possiamo combinare somme e prodotti per ottenere $X - Y$ come v.a. Ancora, dividendo due v.a. $\frac{X}{Z}$ si ottiene una v.a. Infatti, possiamo scrivere $\frac{X}{Z}$ come la composizione $X(h \circ Z)$, usando la funzione $h : \mathbb{R} \setminus \{0\} \to \mathbb{R}$ definita da $h(x) = \frac{1}{x}$. Se adottiamo la convenzione che dividere per zero restituisce zero e poniamo $h(0) = 0$, l'unica cosa che resta da mostrare è che h è misurabile. Ma in effetti essa è continua su $\mathbb{R} \setminus \{0\}$. Per la verifica, ricordiamo innanzitutto che $(\mathbb{R}, \tau)$ è uno spazio topologico. Allora, per ogni insieme aperto $O \in \tau$ la differenza propria $\tilde{O} = O \setminus \{0\}$ è anch'essa un insieme aperto[33] che appartiene alla σ-algebra di Borel $\mathcal{B}$. Questo implica che l'unione disgiunta $O = \tilde{O} \cup (O \cap \{0\})$ appartiene a $\mathcal{B}$, poiché $O \cap \{0\}$ è l'intersezione di due insiemi di Borel. Inoltre, $h^{-1}(\tilde{O}) \in \mathcal{B}$ e $h^{-1}(\{0\}) = \{0\} \in \mathcal{B}$. Infine, grazie alla proprietà di preservazione delle immagini inverse abbiamo $h^{-1}(O) = h^{-1}(\tilde{O}) \cup h^{-1}(O \cap \{0\}) \in \mathcal{B}$ e questo dimostra che h è misurabile e quindi $X(h \circ Z)$ è una v.a.

Osservazione 2.23

Quando sono coinvolte operazioni aritmetiche tra v.a., si adottano le seguenti regole.

- Per il prodotto XY abbiamo:

  - $0 \times (\pm\infty) = \pm\infty \times 0 = 0$
  - $x \times (\pm\infty) = \pm\infty \times x = \pm\infty$ se $0 < x < \infty$
  - $x \times (\pm\infty) = \pm\infty \times x = \mp\infty$ se $-\infty < x < 0$
  - $\pm\infty \times (\pm\infty) = \infty$ e $\pm\infty \times (\mp\infty) = -\infty$.

- La somma algebrica $X \pm Y$ rimane indefinita nel caso $\infty - \infty$.
- Per il rapporto $\frac{X}{Y}$ valgono le stesse regole del prodotto, ma $\frac{\pm\infty}{\pm\infty}, \frac{\pm\infty}{0}$ rimangono indefiniti.

Limiti di variabili aleatorie

Sappiamo che una successione di v.a. può convergere puntualmente, e vogliamo mostrare che il limite è effettivamente una v.a.

Proposizione 2.4

Se una successione $(X_n)_n$ di v.a. è definita sullo spazio misurabile $(\Omega, \mathcal{F})$ e converge puntualmente alla funzione limite $X : \Omega \to \mathbb{R}$, allora X è una v.a.

---

[33] Infatti $\tilde{O} = O \cap \{0\}^c$, ma $\{0\}^c$ coincide con l'insieme aperto $(-\infty, 0) \cup (0, \infty)$.

Questo risultato è in realtà un corollario di procedure di limite più generali. Prima di introdurle consideriamo un esempio.

Esempio 2.20
Il minimo tra due v.a., $\min\{X(\omega), Y(\omega)\}$, è ancora una v.a. Dunque, più in generale definiamo $\inf\{X_1(\omega), X_2(\omega), \ldots\} =: \inf_n X_n$ per ogni esito $\omega \in \Omega$. Questa è una funzione da Ω a $\mathbb{R}$ il cui valore potrebbe anche essere $-\infty$. Se tutti i termini della successione $(X_n)_n$ sono strettamente maggiori di un numero $x \in \mathbb{R}$ per ogni ω, abbiamo $X_n(\omega) > x$ per ogni $n \in \mathbb{N}$ e quindi anche $\inf_n X_n(\omega) > x$. Altrimenti, $\inf_n X_n \leq x$ dove l'estremo inferiore è considerato per alcuni termini della successione tali che $X_n \leq x$. Possiamo quindi scrivere:

$$\omega \in \left\{ \inf_n X_n \leq x \right\} \iff \omega \in \{X_n \leq x\} \text{ per qualche } n \in \mathbb{N}$$

$$\iff \omega \in \bigcup_n \{X_n \leq x\}.$$

Poiché ciascun $\{X_n \leq x\}$ è un evento in $\mathcal{F}$, l'ultima unione numerabile è anch'essa un evento in $\mathcal{F}$. Abbiamo mostrato che la funzione $\inf_n X_n$ è $(\mathcal{F}, \mathcal{B})$-misurabile e quindi è una v.a. Analogamente, $\sup_n X_n$ è una v.a. poiché $\{\sup_n X_n \geq x\}$ coincide con $\bigcup_n \{X_n \geq x\}$ che è un evento in $\mathcal{F}$ per ogni $x \in \mathbb{R}$.

Sulla base dell'esempio precedente siamo in grado di dimostrare:

Teorema 2.9
Siano $X_1, X_2, \ldots$ v.a. definite sullo stesso spazio misurabile $(\Omega, \mathcal{F})$. Allora le funzioni $\inf_n X_n$, $\sup_n X_n$, $\liminf_n X_n$, $\limsup_n X_n$ sono anch'esse v.a.

Dimostrazione Per l'esempio 2.20 le funzioni $\inf_n X_n$ e $\sup_n X_n$ sono v.a. Per ogni $\omega \in \Omega$ consideriamo il limite inferiore e il limite superiore della successione $(X_n)_n$:

$$\liminf_n X_n = \sup_n \left\{ \inf_{k \geq n} X_k \right\}, \qquad \limsup_n X_n = \inf_n \left\{ \sup_{k \geq n} X_k \right\}.$$

Se poniamo $Y_n = \inf_{k \geq n} X_k$ e $Z_n = \sup_{k \geq n} X_k$ allora $\sup_n Y_n$ e $\inf_n Z_n$ sono anch'esse v.a. e la tesi è dimostrata. ∎

Grazie al teorema 2.9 anche $\max_{n \leq k} X_n$ e $\min_{n \leq k} X_n$ sono v.a. Infine, abbiamo:

Dimostrazione della proposizione 2.4 Per ogni esito $\omega \in \Omega$ l'ipotesi di convergenza puntuale permette di considerare $\lim X_n(\omega) = X(\omega)$. Ma la successione $X_1(\omega), X_2(\omega), \ldots$ di numeri reali converge al numero $X(\omega)$ sse $\liminf_n X_n = \limsup_n X_n = X$. Per il teorema 2.9 $\liminf_n X_n$ e $\limsup_n X_n$ sono v.a. e la dimostrazione è completa. ∎

Osserviamo che per una successione $(X_n)_n$ di v.a. tutte definite sullo stesso spazio misurabile $(\Omega, \mathcal{F})$, l'insieme $\{\sup_n X_n > x\}^c$ è l'evento $\bigcap_n \{X_n \leq x\}$ per ogni $x \in \mathbb{R}$. Infatti, $\omega \in \{\sup_n X_n > x\}^c$ sse $\omega \notin \{\sup_n X_n > x\}$ e questo implica $\omega \in \{\sup_n X_n \leq x\}$. Più formalmente, si scrive

$$\left\{ \sup_n X_n > x \right\}^c = \left(\bigcup_n \{X_n > x\} \right)^c = \bigcap_n \{X_n > x\}^c = \bigcap_n \{X_n \leq x\}$$

e il risultato segue. Infine, l'evento

$$\{\omega \in \Omega \mid X_n(\omega) \text{ converge puntualmente}\}$$

si scrive come $\{X_n \to X\}$, dove $X = \liminf_n X_n = \limsup_n X_n$. Quindi,

$$\{X_n \to X\}^c = \{\liminf_n X_n < \limsup_n X_n\}.$$

Si osservi che per ogni $\omega \in \Omega$ si può trovare un numero razionale q che sta tra i numeri $\underline{x} = \liminf_n X_n(\omega)$ e $\overline{x} = \limsup_n X_n(\omega)$. Questo induce gli eventi $\{\liminf_n X_n \leq q < \limsup_n X_n\}$ che formano una collezione numerabile indicizzata dai razionali. Così possiamo riscrivere $\{X_n \to X\}^c$ come:

$$\bigcup_{q \in \mathbb{Q}} \{\liminf_n X_n \leq q < \limsup_n X_n\} = \bigcup_{q \in \mathbb{Q}} \left(\{\liminf_n X_n \leq q\} \cap \{\limsup_n X_n \leq q\}^c \right).$$

Allora, l'insieme $\{X_n$ converge puntualmente$\}$ è un evento poiché entrambi gli insiemi nella seconda uguaglianza sono contenuti in $\mathcal{F}$.

Osservazione 2.24

Abbiamo tacitamente assunto la misurabilità del limite X. Si osservi che

$$\{X_n \to X\} \Longleftrightarrow \{\omega \in \Omega \mid X_n(\omega) \text{ converge puntualmente}\},$$

e il suo complemento $\{X_n \to X\}^c = \{X_n \nrightarrow X\}$ è l'evento contrario per cui la convergenza non si verifica. Ma questo non è necessariamente un evento in $\mathcal{F}$ anche se l'insieme di convergenza appartiene alla σ-algebra. In generale, se troviamo un evento P-nullo $A \in \mathcal{F}$ tale che $\{X_n \nrightarrow X\} \subset A$ e assumiamo che la misura di probabilità sia completa, $P(A) = 0$, ciò implica $P(X_n \nrightarrow X) = 0$. Si tratta di una questione delicata che aggiriamo assumendo la condizione necessaria che anche la funzione limite X sia una v.a., cioè sia misurabile.

Capitolo 3
Variabili aleatorie multidimensionali

3.1 Vettori aleatori

Qual è la probabilità che una coppia di prezzi futuri di attività finanziarie scambiate nel mercato $(S_{1,t+1}(\omega), S_{2,t+1}(\omega))$ soddisfi

$$a < S_{1,t+1} \leqslant b \ \text{ e } \ c < S_{2,t+1} \leqslant d,$$

contemporaneamente per $a < b$ e $c < d$ reali, qualunque sia il tempo $t = 0, 1, 2, \ldots$ e l'esito $\omega \in \Omega$? Situazioni di questo tipo richiedono una *misurazione congiunta* di grandezze che dipendono dallo stesso spazio campionario Ω. Anche se non conosciamo quanti e quali siano gli esiti sottostanti l'esperimento casuale, dobbiamo prevedere le possibili coppie di valori attribuibili a $S_{1,t+1}$ e $S_{2,t+1}$ per ottenere informazioni utili alle decisioni finanziarie.

Esempio 3.1
Si supponga che le v.a. $S_{i,t+1}$ rappresentino i prezzi futuri di due attività finanziarie distinte, per $i = 1, 2$. Inoltre, supponiamo di acquistare h_1 azioni dell'attività #1 e h_2 azioni dell'attività #2, cioè h_i rappresenta la posizione detenuta sul corrispondente titolo i-esimo, Definiamo la nuova v.a.

$$V_{t+1} := h_1 S_{1,t+1} + h_2 S_{2,t+1} = h(S_{1,t+1}, S_{2,t+1})$$

che modellizza il valore futuro del portafoglio composto da entrambe le attività, si veda il Paragrafo 2.5, Esempio 2.5. Chiaramente, $V_{t+1}(\omega)$ è una v.a. univariata con una distribuzione di probabilità $\mathsf{P}_{V_{t+1}}$ e una funzione di ripartizione $F_{V_{t+1}}$ entrambe derivate dalle singole distribuzioni $\mathsf{P}_{S_{i,t+1}}$, $F_{S_{i,t+1}}$ e da un meccanismo che le aggrega in una legge congiunta che governa la coppia di prezzi futuri aleatori.

© The Author(s), under exclusive license to Springer Nature Switzerland AG 2026   81
D. Rossello, *Formulario di Probabilità Uno*, La Matematica per il 3+2,
https://doi.org/10.1007/978-3-032-18769-7_3

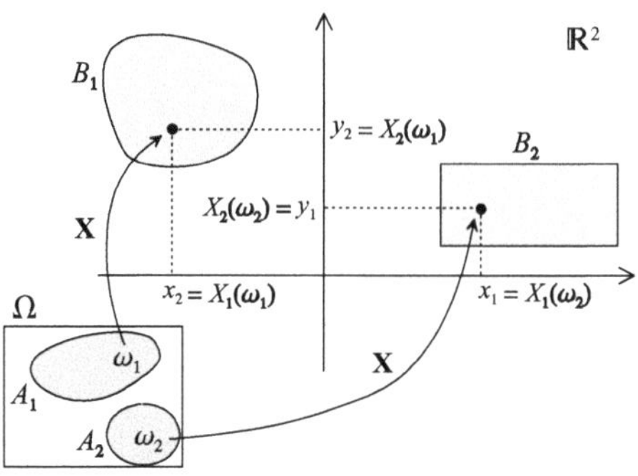

Figura 3.1 Sottoinsiemi B_1, B_2 del piano cartesiano $\mathbb{R}^2$ che rappresentano geometricamente gli eventi $A_1 = \{\mathbf{X} \in B_1\}$ e $A_2 = \{\mathbf{X} \in B_2\}$

Come suggerisce l'Esempio 3.1, a partire da uno spazio di probabilità $(\Omega, \mathcal{F}, \mathsf{P})$ adesso abbiamo bisogno di eventi in $\mathcal{F}$ che siano indotti da una funzione $\mathbf{X} : \Omega \to \mathbb{R}^n$, detta **vettore aleatorio**, tale che per ogni esito $\omega \in \Omega$ si abbia una misurazione congiunta

$$\mathbf{X}(\omega) = (X_1(\omega), \ldots, X_n(\omega)) = (x_1, \ldots, x_n) = \mathbf{x},$$

in cui ogni coordinata è una v.a. univariata $X_i : \Omega \to \mathbb{R}$, per $i = 1, \ldots, n$. Gli eventi dati da $\mathbf{X}$ sono solitamente nella forma

$$A = \big\{\omega \mid (X_1(\omega), \ldots, X_n(\omega)) \in B\big\} \equiv \{\mathbf{X} \in B\}$$

dove B è un opportuno sottoinsieme di $\mathbb{R}^n$ tale che $\{\mathbf{X} \in B\} \in \mathcal{F}$ e quindi ha una probabilità $\mathsf{P}(\mathbf{X} \in B)$.

Osservazione 3.1

Il sottoinsieme B_1 in Figura 3.1 può essere espresso come prodotto cartesiano di due intervalli in $\mathbb{R}$. Ad esempio, $B_1 = (a, b] \times (c, d]$ è l'insieme delle coppie (x_1, x_2) tali che $a < x_1 \leq b$ e $c < x_2 \leq d$, da intendersi come le possibili coppie $(X_1(\omega), X_2(\omega))$ per alcuni esiti $\omega \in \Omega$ con $X_i(\omega) = x_i$ e $i = 1, 2$. Il sottoinsieme B_2 non può essere espresso tramite prodotto cartesiano, ma nella maggior parte delle applicazioni i sottoinsiemi di $\mathbb{R}^n$ per $n \geq 2$ che rappresentano eventi indotti da un vettore aleatorio sono prodotti cartesiani.

Osservazione 3.2 (V.a. bivariata)

Quando $B \subset \mathbb{R}^2$ può essere espresso come $B_1 \times B_2$, con $B_1, B_2 \subset \mathbb{R}$ abbiamo:

$$
\begin{aligned}
\{\mathbf{X} \in B\} &= \{\mathbf{X} \in B_1 \times B_2\} \\
&= \{(X_1, X_2) \in B_1 \times B_2\} \\
&= \{\omega \mid X_1(\omega) \in B_1, X_2(\omega) \in B_2\} \\
&= \{X_1 \in B_1\} \cap \{X_2 \in B_2\}.
\end{aligned}
$$

Pertanto, eventi di questo tipo sono intersezioni di $\{X_i \in B_i\} \in \mathcal{F}$. Si noti che anche l'intersezione appartiene a $\mathcal{F}$. In generale, scegliendo $B_i = (-\infty, x_i]$ si ha

$$\{X_1 \leqslant x_1\} \cap \cdots \cap \{X_n \leqslant x_n\}. \tag{3.1}$$

In alcuni testi questo evento viene scritto come $\{\mathbf{X} \leqslant \mathbf{x}\}$, dove $X_i \leqslant x_i$ per tutti gli indici i e almeno una disuguaglianza è stretta. La σ-algebra generata da $\mathbf{X}$, denotata con $\sigma(\mathbf{X})$, è la più piccola collezione di eventi $\{\mathbf{X} \in B\}$ e si ha sempre $\sigma(\mathbf{X}) \subset \mathcal{F}$.

Per un vettore aleatorio $\mathbf{X}$ su $(\Omega, \mathcal{F}, \mathsf{P})$ le probabilità $\mathsf{P}(\mathbf{X} \in B)$ per $B \subset \mathbb{R}^n$, tali che gli eventi $\{\mathbf{X} \in B\}$ siano in $\mathcal{F}$, determinano la legge $\mathsf{P}_\mathbf{X}$. Considerata come funzione di opportuni insiemi n-dimensionali, $\mathsf{P}_\mathbf{X}(B)$ traduce la probabilità di $\{\mathbf{X} \in B\}$ nella probabilità di $B \subset \mathbb{R}^n$. Per $n = 2$ ciò assume spesso un significato geometrico in termini di area di opportune regioni all'interno del piano cartesiano $\mathbb{R}^2$, si veda la Figura 3.1. Nel contesto multidimensionale vi è nuovamente una corrispondenza biunivoca tra P e la funzione di ripartizione del vettore aleatorio $\mathbf{X}$ definita come

$$F_\mathbf{X}(x_1, \ldots, x_n) := \mathsf{P}(X_1 \leqslant x_1, \ldots, X_n \leqslant x_n), \tag{3.2}$$

chiamata la **CDF congiunta o multivariata**. L'evento all'interno di $\mathsf{P}(\cdot)$ è la notazione abbreviata per l'evento dato dall'intersezione finita (3.1). Per $n = 2$, la CDF bivariata $F_\mathbf{X} : \mathbb{R}^2 \to [0, 1]$ soddisfa le seguenti proprietà simili a quelle valide per una CDF univariata:

(a) è non decrescente, cioè per ogni $\mathbf{x} = (x_1, x_2)$ e $\mathbf{y} = (y_1, y_2)$ tali che $\mathbf{x} \leqslant \mathbf{y}$ segue che $F_\mathbf{X}(\mathbf{x}) \leqslant F_\mathbf{X}(\mathbf{y})$, dove l'ineguaglianza vettoriale significa che $x_i \leqslant y_i$ per $i = 1, 2$ e almeno una delle disuguaglianze è stretta;

(b) è continua da destra, cioè $\lim\limits_{h \downarrow 0}\left(\lim\limits_{k \downarrow 0} F_\mathbf{X}(x_1 + h, x_2 + k)\right) = F_\mathbf{X}(x_1, x_2)$, per $h, k > 0$;

(c) $\lim\limits_{x_1, x_2 \to \infty} F_\mathbf{X}(x_1, x_2) := F_\mathbf{X}(\infty, \infty) = 1$ e $\lim\limits_{x_i \to -\infty} F_\mathbf{X}(x_1, x_2) = 0$ per $i = 1, 2$;

(d) $\mathsf{P}(a_1 < X_1 \leqslant b_1, a_2 < X_2 \leqslant b_2)$ equivale alla somma algebrica

$$F_\mathbf{X}(b_1, b_2) - F_\mathbf{X}(a_1, b_2) - F_\mathbf{X}(b_1, a_2) + F_\mathbf{X}(a_1, a_2) \geqslant 0.$$

Le proprietà (a)-(c) valgono anche per $n > 2$. Per un'interpretazione geometrica basata sull'identificazione di $\{\mathbf{X} \in B\}$ con regioni nel piano cartesiano, e ricordando che $\mathbf{a} = (a_1, a_2) \leqslant (b_1, b_2) = \mathbf{b}$, e ponendo $\mathbf{a}_1 = (a_1, b_2), \mathbf{a}_2 = (b_1, a_2)$, si veda la Figura 3.2.

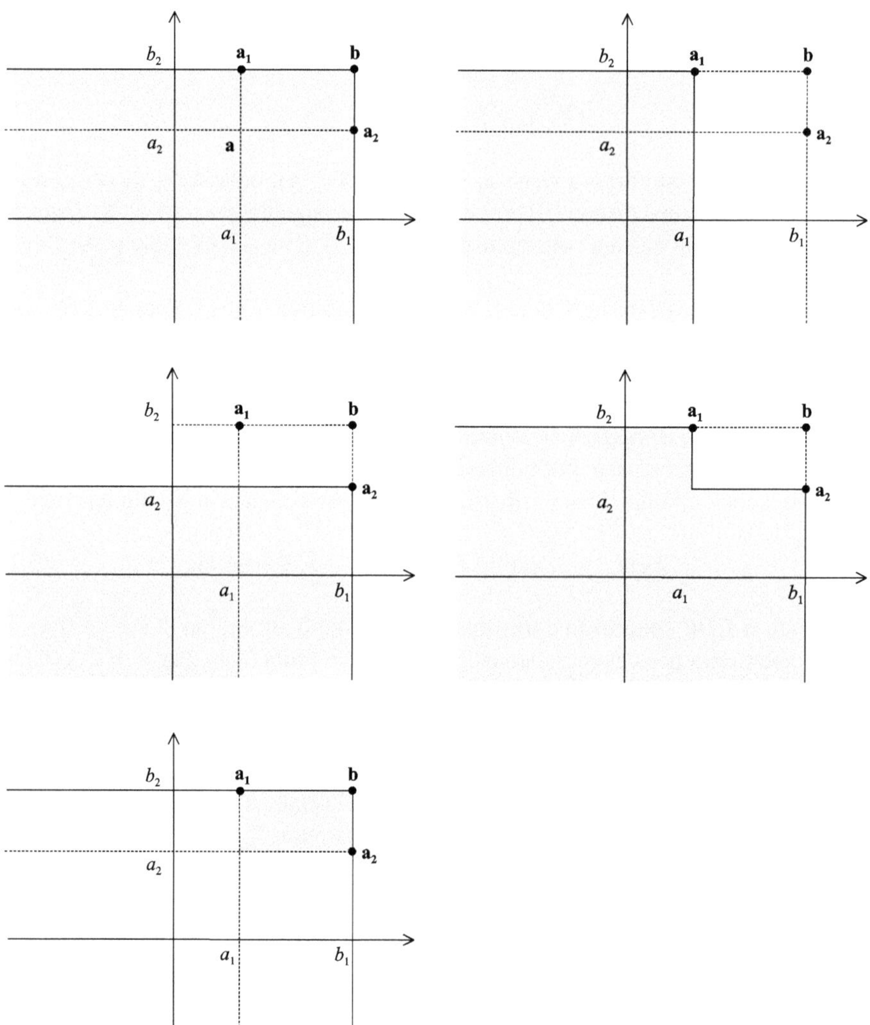

Figura 3.2 Identificazione geometrica dell'evento $\{a_1 < X_1 \leqslant b_1\} \cap \{a_2 < X_2 \leqslant b_2\}$: dalla regione in alto a sinistra si sottrae l'unione delle due regioni in alto a destra e in mezzo a sinistra, ossia la regione in mezzo a destra, quindi si ottiene il 'rettangolo' $(\mathbf{a}, \mathbf{b}] = (a_1, b_1] \times (a_2, b_2]$ come evento desiderato

3.2 Vettori aleatori discreti

Supponiamo che $\mathbf{X} = (X, Y)$ e ciascuna delle componenti sia una v.a. con supporto numerabile, $\mathcal{X} = \{x_1, x_2, \ldots\}$ e $\mathcal{Y} = \{y_1, y_2, \ldots\}$ rispettivamente. L'immagine di $\mathbf{X}$ è l'insieme

$$\mathbf{X}(\Omega) = \{(x, y) \mid x \in \mathcal{X}, y \in \mathcal{Y}\},$$

che coincide con il prodotto cartesiano $\mathcal{X} \times \mathcal{Y}$ di due insiemi numerabili, essendo anch'esso un insieme numerabile.[1] Le coordinate X e Y hanno le proprie distribuzioni discrete date dalle masse $P(X = x)$ e $P(Y = y)$, e le loro CDF $F_X(x)$ e $F_Y(y)$ sono come di consueto funzioni a gradino dette **distribuzioni marginali**, quindi si dice che $\mathbf{X}$ ha una **distribuzione discreta** con masse congiunte[2] $P(X = x, Y = y)$. Si ha che:

$$\sum_{x \in \mathcal{X}} \sum_{y \in \mathcal{Y}} P(X = x, Y = y) = 1. \tag{3.3}$$

Infatti, per un $x \in \mathcal{X}$ fissato, gli eventi $\{X = x\} \cap \{Y = y_1\}, \{X = x\} \cap \{Y = y_2\}, \ldots$ formano una partizione di Ω. Lo stesso vale per $\{X = x_1\} \cap \{Y = y\}, \{X = x_2\} \cap \{Y = y\}, \ldots$ ogni volta che $y \in \mathcal{Y}$ è fissato. Quindi, l'unione di ciascuna di queste successioni di eventi è l'intero spazio campionario. Per calcolare la probabilità che $\mathbf{X}$ appartenga a un opportuno sottoinsieme $B \subset \mathcal{X} \times \mathcal{Y} \subset \mathbb{R}^2$ si considera la somma $\sum_{(x,y) \in B} P(X = x, Y = y)$. Infine, per ricavare la CDF di $\mathbf{X}$ dalle masse congiunte scriviamo:

$$F_\mathbf{X}(x_1, x_2) = \sum_{x \leqslant x_1} \sum_{y \leqslant x_2} P(X = x, Y = y).$$

Si noti che $P(\mathbf{X} \in \mathbf{X}(\Omega)^c) = 0$.

Esempio 3.2
Per prevedere i prezzi futuri di due indici azionari, definiamo il vettore aleatorio discreto $\mathbf{X} = (X, Y)$ su $(\Omega, \mathcal{F})$ con $\mathcal{X} = \{30, 50, 90\}$ e $\mathcal{Y} = \{100, 110, 165\}$. Supponiamo di avere le probabilità

$$P(X = 30) = 0.2, \quad P(X = 50) = 0.6, \quad P(X = 90) = 0.2$$
$$P(Y = 100) = 0.5, \quad P(Y = 110) = 0.3, \quad P(Y = 165) = 0.2$$

per ciascuna quotazione futura casuale. Le masse nella prima riga formano la distribuzione marginale di X, e la seconda riga corrisponde alla distribuzione marginale di Y.

---

[1] Esiste una biezione $\mathbb{N} \times \mathbb{N} \to \mathcal{X} \times \mathcal{Y}$.
[2] L'evento all'interno di P è $\{X = x\} \cap \{Y = y\}$.

Tabella 3.1 Masse congiunte di un vettore aleatorio bivariato

		X		
		30	50	90
y	100	0.1	0.3	0.1
	110	0.1	0.2	0
	165	0	0.1	0.1

Esempio 3.3

Ogni elemento della Tabella 3.1 è una massa congiunta $P(X = x, Y = y)$ per ogni coppia $(x, y) \in X \times Y$.

- Sommando gli elementi di ogni riga otteniamo le masse di probabilità $P(X = x)$. Ad esempio, per $X = 30$ otteniamo $P(X = 30, Y = 100) + P(X = 30, Y = 110) + P(X = 30, Y = 165)$ che è uguale a $P(\{X = 30, Y = 100\} \cup \{X = 30, Y = 110\} \cup \{X = 30, Y = 165\})$, che a sua volta restituisce $P(X = 30) = 0.2$. Infatti, l'unione si basa su eventi incompatibili a coppie[3] e $\bigcup_{y \in Y} \{X = 30, Y = y\} = \{X = 30\}$.
- Sommando gli elementi di ogni colonna otteniamo le masse di probabilità $P(Y = y)$, con lo stesso ragionamento di cui sopra.
- La doppia somma in (3.3) può essere eseguita in qualsiasi ordine: possiamo prima sommare le masse congiunte per riga oppure prima per colonna, poi sommando ancora otteniamo 1.

Scegliendo $B = (10, 55] \times (105, 170]$, per calcolare

$$P(\mathbf{X} \in B) = P((X, Y) \in B) = P(10 < X \leqslant 55, 105 < Y \leqslant 170),$$

basta eseguire la doppia somma

$$\sum_{(x,y) \in B} P(X = x, Y = y) = \sum_{x=30,50} \sum_{y=110,165} P(X = x, Y = y) = 0.4.$$

Un'illustrazione grafica è mostrata nella Figura 3.3.

3.3 Vettori aleatori continui

Un vettore aleatorio $\mathbf{X} = (X, Y)$ con v.a. componenti (assolutamente) continue X, Y si dice **continuo**. Le distribuzioni marginali sono date dalle densità $f_X(x)$ e $f_Y(x)$ con funzioni di ripartizione $F_X(x) = \int_{-\infty}^{x} f_X(u)\mathrm{d}u$ e $F_Y(y) = \int_{-\infty}^{y} f_Y(u)\mathrm{d}u$. Viceversa, dalle due CDF marginali ricaviamo $f_X(x) = F_X'(x)$ e $f_Y(y) = F_Y'(y)$.[4] Esiste

---

[3] Si ricordi che $\{X = 30, Y = y\}$ è uguale all'intersezione $\{X = 30\} \cap \{Y = y\}$.

[4] Si ricordi che la derivata di una CDF univariata esiste quasi ovunque, con l'eccezione di un insieme finito o al più numerabile di punti.

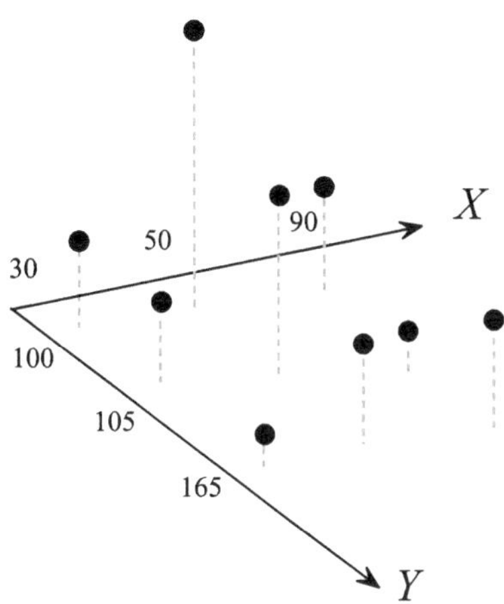

Figura 3.3 Masse congiunte del vettore aleatorio bivariato nell'Esempio 3.2. Ad ogni coppia $(x, y) \in X \times \mathcal{Y}$, contrassegnata da un pallino le cui coordinate giacciono sul piano xy in cui indichiamo i valori delle due v.a. X, Y, corrisponde una massa congiunta $\mathsf{P}(X = x, Y = y)$. Si ottiene un numero finito di punti nello spazio euclideo tridimensionale $\mathbb{R}^3$ le cui altezze sono i valori di $\mathsf{P}(X = x, Y = y)$

una **distribuzione congiunta continua** se la funzione di ripartizione multivariata $F_\mathbf{X}$ è continua e

$$
F_\mathbf{X}(x, y) = \int_{(-\infty, x] \times (-\infty, y]} f_\mathbf{X}(u, v)\mathrm{d}u\mathrm{d}v
$$
$$
= \int_{-\infty}^{x} \int_{-\infty}^{y} f_\mathbf{X}(u, v)\mathrm{d}u\mathrm{d}v, \tag{3.4}
$$

dove $f_\mathbf{X}(x, y) \geq 0$, per ogni $(x, y) \in \mathbb{R}^2$, è la **funzione di densità congiunta** che deve essere integrabile e soddisfare[5]

$$
\int_{-\infty}^{\infty} \int_{-\infty}^{\infty} f_\mathbf{X}(x, y)\mathrm{d}x\mathrm{d}y = 1.
$$

La Figura 3.4 mostra un esempio di funzione di densità congiunta bivariata. Data $f_\mathbf{X}$, possiamo calcolare la probabilità che un vettore aleatorio bivariato $\mathbf{X}$ assuma valori nel rettangolo $B = (a_1, b_1] \times (a_2, b_2]$ come

$$
\mathsf{P}(a_1 < X \leq b_1, a_2 < Y \leq b_2) = \int_{a_1}^{b_1} \int_{a_2}^{b_2} f_\mathbf{X}(x, y)\mathrm{d}x\mathrm{d}y. \tag{3.5}
$$

La probabilità rimane la stessa su rettangoli con *lati* $[a_i, b_i]$ oppure $[a_i, b_i)$ o (a_i, b_i), per $i = 1, 2$. Nel caso discreto potevamo ricavare[6] le masse marginali a partire dalle masse congiunte. Analogamente, nel caso continuo le due densità (continue)

---

[5] Il primo integrale sopra è un integrale doppio ed è uguale a due integrali iterati per il Teorema di Fubini, si veda l'Appendice a questo Capitolo e l'Appendice I.
[6] È sufficiente sommare una sola volta, ad esempio $\mathsf{P}(X = x) = \sum_{y \in \mathcal{Y}} \mathsf{P}(X = x, Y = y)$ per un $x \in X$ fissato.

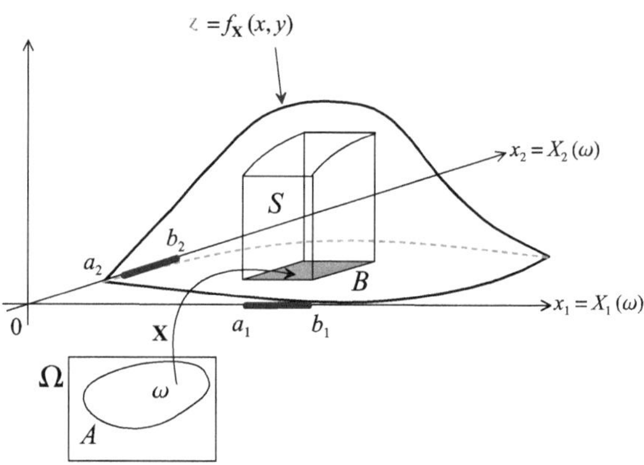

Figura 3.4 La superficie a campana è il grafico $\{(x, y, z) \in \mathbb{R}^3 \mid z = f_{\mathbf{X}}(x, y)\}$ della densità congiunta. La probabilità che $\mathbf{X}$ assuma valori in B è uguale al volume del solido S, calcolato tramite integrazione doppia

$f_X(x)$, $f_Y(y)$ soddisfano:

$$\int_{-\infty}^{\infty} \int_{-\infty}^{\infty} f_{\mathbf{X}}(x, y)\mathrm{d}x\mathrm{d}y = \int_{-\infty}^{\infty} f_X(x)\mathrm{d}x = \int_{-\infty}^{\infty} f_Y(y)\mathrm{d}y = 1. \qquad (3.6)$$

Infatti, le densità marginali sono

$$f_X(x) = \int_{-\infty}^{\infty} f_{\mathbf{X}}(x, y)\mathrm{d}y \qquad (3.7)$$

e

$$f_Y(y) = \int_{-\infty}^{\infty} f_{\mathbf{X}}(x, y)\mathrm{d}x. \qquad (3.8)$$

Per calcolare $\mathsf{P}(\mathbf{X} \in B)$ con $B = (a_1, b_1] \times (a_2, b_2]$, possiamo prima integrare la densità congiunta su $(a_1, b_1]$ e poi su $(a_2, b_2]$, cioè $\int_{a_2}^{b_2} \left(\int_{a_1}^{b_1} f_{\mathbf{X}}(x, y)\mathrm{d}x \right)\mathrm{d}y$; possiamo anche invertire l'ordine di integrazione. Un'illustrazione geometrica è mostrata nella Figura 3.5. La funzione di ripartizione congiunta e la densità definite per vettori aleatori bivariati possono essere facilmente estese al caso n-dimensionale. Per ottenere la densità congiunta dalla funzione di ripartizione multivariata procediamo come segue. Scegliamo $\mathbf{x} \in \mathbb{R}^n$ e definiamo $\mathbf{e}_i \in \mathbb{R}^n$ come il vettore n-dimensionale con tutte le componenti nulle tranne la i-esima che vale 1. La derivata parziale di[7] $F_{\mathbf{X}}$ rispetto alla i-esima coordinata x_i è[8]

$$\frac{\partial F_{\mathbf{X}}}{\partial x_i}(\mathbf{x}) = \lim_{h \to 0} \frac{F_{\mathbf{X}}(\mathbf{x} + h\mathbf{e}_i) - F_{\mathbf{X}}(\mathbf{x})}{h}, \qquad h \in \mathbb{R}.$$

---

[7] Formalmente la derivata della funzione $g(h) := \frac{F_{\mathbf{X}}(\mathbf{x}+h\mathbf{e}_i) - F_{\mathbf{X}}(\mathbf{x})}{h}$.

[8] Si osservi che $\mathbf{x} + h\mathbf{e}_i$ è il vettore con tutte le componenti uguali a quelle di $\mathbf{x}$, tranne la i-esima che è $x_i + h$.

Figura 3.5 Il volume di S approssimato da quello di un parallelepipedo con base data dal rettangolo $B = (a_1, b_1] \times (a_2, b_2]$ e altezza data dal valore $f_{\mathbf{X}}(c_1, c_2)$ della densità congiunta in un punto (c_1, c_2) interno a B

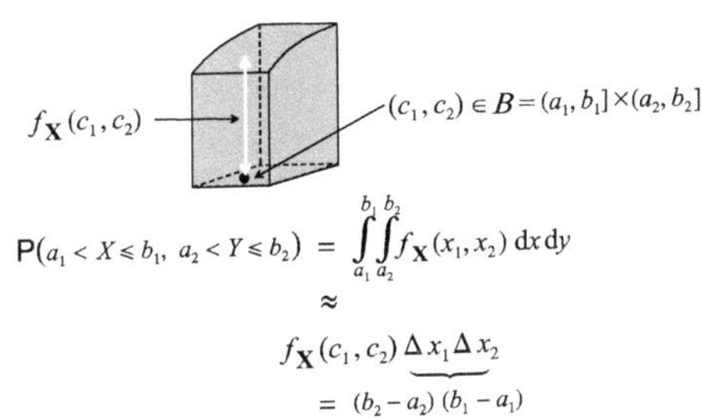

$$P(a_1 < X \leqslant b_1, \, a_2 < Y \leqslant b_2) = \int_{a_1}^{b_1} \int_{a_2}^{b_2} f_{\mathbf{X}}(x_1, x_2) \, dx \, dy$$

$$\approx f_{\mathbf{X}}(c_1, c_2) \underbrace{\Delta x_1 \Delta x_2}_{= (b_2 - a_2)(b_1 - a_1)}$$

Se $F_{\mathbf{X}}$ è differenziabile, allora esistono tutte le derivate parziali.[9] La continuità di $f_{\mathbf{X}}(\mathbf{x})$ è sufficiente a garantire che essa possa essere ricavata dalla funzione di ripartizione multivariata tramite n derivazioni parziali:

$$\frac{\partial^n F_{\mathbf{X}}(x_1, \ldots, x_n)}{\partial x_1 \cdots \partial x_n} = f_{\mathbf{X}}(x_1, \ldots, x_n). \tag{3.9}$$

L'ordine delle derivate parziali è irrilevante. Per esempio,

$$\frac{\partial^2 F_{\mathbf{X}}(x_1, x_2)}{\partial x_1 \partial x_2} = \frac{\partial}{\partial x_2}\left[\frac{\partial}{\partial x_1}[F_{\mathbf{X}}(x_1, x_2)]\right] = f_{\mathbf{X}}(x_1, x_2) = \frac{\partial^2 F_{\mathbf{X}}(x_1, x_2)}{\partial x_2 \partial x_1}.$$

Se la funzione di ripartizione congiunta è continua in $\mathbf{y} \in \mathbb{R}^n$ possiamo scrivere

$$\lim_{x_1, \ldots, x_n \to y_1, \ldots, y_n} F_{\mathbf{X}}(x_1, \ldots, x_n) = F_{\mathbf{X}}(y_1, \ldots, y_n) \text{ sse } \lim_{\mathbf{x} \to \mathbf{y}} F_{\mathbf{X}}(\mathbf{x}) = F_{\mathbf{X}}(\mathbf{y}).$$

Ciò significa che è possibile scegliere $F_{\mathbf{X}}(\mathbf{x})$ quanto più vicino vogliamo a $F_{\mathbf{X}}(\mathbf{y})$ in modo tale che[10] $\mathbf{x}$ risulti sufficientemente vicino a $\mathbf{y}$. Usando la distanza euclidea

$$d(\mathbf{x}, \mathbf{y}) = \sqrt{(x_1 - y_1)^2 + \cdots + (x_n - y_n)^2}, \quad \text{per ogni } \mathbf{x}, \mathbf{y} \in \mathbb{R}^n$$

possiamo riformulare la definizione precedente come: per ogni $\epsilon > 0$ la scelta $d(\mathbf{x}, \mathbf{y}) < \delta$, per $\delta > 0$, implica $|F_{\mathbf{X}}(\mathbf{x}) - F_{\mathbf{X}}(\mathbf{y})| < \epsilon$. Una funzione di ripartizione congiunta continua $F_{\mathbf{X}}$ è continua in ciascuna variabile separatamente. Ad esempio, per $n = 2$ abbiamo che $g(\cdot) := F_{\mathbf{X}}(\cdot, x_2)$ è continua come funzione della sola prima variabile, per ogni $x_2 \in \mathbb{R}$ fissato, e analogamente per la seconda variabile. D'altra parte, per una funzione di ripartizione congiunta differenziabile vale la seguente osservazione.[11]

Osservazione 3.3

Per una generica CDF multivariata $F_{\mathbf{X}}(x_1, \ldots, x_n)$ che sia (assolutamente) continua si ha

$$f_{\mathbf{X}}(x_1, \ldots, x_n) = \frac{\partial^n F_{\mathbf{X}}}{\partial x_1 \cdots \partial x_n}(x_1, \ldots, x_n)$$

---

[9] Inoltre, ciascuna $\frac{\partial F_{\mathbf{X}}}{\partial x_i}(\mathbf{x})$ è una funzione continua di $\mathbf{x}$.

[10] Il vettore $\mathbf{x}$ può avvicinarsi a $\mathbf{y}$ secondo direzioni diverse.

[11] Attenzione a non confondere $d^n F_{\mathbf{X}}(x)$ con il differenziale totale, ad esempio nel caso bivariato $d^2 F_{\mathbf{X}}$ non è $\frac{\partial F_{\mathbf{X}}}{\partial x} dx + \frac{\partial F_{\mathbf{X}}}{\partial y} dy$.

e $d^n F_{\mathbf{X}}(x) = \partial^n F_{\mathbf{X}}(x) =: \partial_{x_1} \cdots \partial_{x_n} F_{\mathbf{X}}(x)$, dove per $\mathbf{x} = (x_1, \ldots, x_n)$ i pedici in ∂ indicano la variabile rispetto alla quale si effettua la derivazione parziale. È convenzionale scrivere $d^n F_{\mathbf{X}}(x)$ come $dF_{\mathbf{X}}(x)$ se non sorge confusione tra derivazione parziale e derivazione totale. Da ora in poi adotteremo questa convenzione.

Tenendo presente tutto ciò, si ottiene la prima funzione di densità marginale $f_{X_1}(x_1)$ dalla CDF multivariata di un vettore aleatorio $\mathbf{X} = (X_1, \ldots, X_n)$ come segue:

$$
\begin{aligned}
f_{X_1}(x_1) &= \tfrac{dF_{\mathbf{X}}}{dx_1}(x_1, \infty, \ldots, \infty) \\
&= \frac{d}{dx_1} \int_{-\infty}^{x_1} \int_{-\infty}^{\infty} \cdots \int_{-\infty}^{\infty} f_{\mathbf{X}}(u_1, u_2, \ldots, u_n)\,du_1 du_2 \cdots du_n \\
&= \underbrace{\int_{-\infty}^{\infty} \cdots \int_{-\infty}^{\infty}}_{n-1 \text{ integrali iterati}} f_{\mathbf{X}}(x_1, u_2, \ldots, u_n)\,du_2 \cdots du_n .
\end{aligned}
$$

La seconda uguaglianza è dovuta alla formula di Leibniz per la derivazione di integrali, si veda l'Appendice. Interpretazione: dopo aver scritto

$$
F_X(x_1, x_2, \ldots, x_n) = \int_{-\infty}^{x_1} \int_{-\infty}^{x_2} \cdots \int_{-\infty}^{x_n} f_{\mathbf{X}}(u_1, u_2, \ldots, u_n)\,du_1 du_2 \cdots du_n \quad (3.10)
$$

e aver fatto tendere $x_2, \ldots, x_n$ a ∞, per ottenere la densità marginale (rispetto a x_1) dalla CDF congiunta basta derivare la sua espressione (rispetto a x_1) in modo che il corrispondente integrale si annulli. Poi, si integra la densità congiunta all'interno dei restanti $n-1$ integrali iterati, facendo variare u_i su tutto $\mathbb{R}$, per $i = 2, \ldots, n$. L'ottenimento delle altre densità marginali avviene in modo analogo.

Osservazione 3.4 (Probabilità nulla su sottoinsiemi speciali)

Quando $f_{\mathbf{X}}(x, y)$ è continua come funzione di due variabili, sappiamo che le densità marginali $f_X(x)$ e $f_Y(y)$ sono funzioni continue. Pertanto, $P(X = x) = P(Y = y) = 0$ e $P(X = x, Y = y) = 0$ perché $\{X = x\} \cap \{Y = y\}$ è un sottoinsieme di entrambi gli eventi a probabilità nulla $\{X = x\}, \{Y = y\}$ da cui $P(X = x, Y = y) \leqslant P(X = x) = P(Y = y)$, si veda la Proposizione 1.1, Pr2, nel Paragrafo 1.5. Come generalizzazione del risultato valido nel caso unidimensionale si ha:

$$
\begin{aligned}
P(a_1 < X \leqslant b_1, a_2 < Y \leqslant b_2) &= P(a_1 \leqslant X \leqslant b_1, a_2 \leqslant Y \leqslant b_2) \\
&= P(a_1 \leqslant X < b_1, a_2 \leqslant Y < b_2) \\
&= P(a_1 < X < b_1, a_2 < Y < b_2) \\
&= \int_{a_1}^{b_1} \int_{a_2}^{b_2} f_{\mathbf{X}}(x, y)\,dx dy .
\end{aligned}
$$

In effetti, i singoletti $\{(x, y)\}$, i segmenti, le rette e i piani sono sottoinsiemi di $\mathbb{R}^2$ sui quali una densità continua bivariata assegna probabilità nulla quando integrata.

In realtà, la stessa probabilità in alto a sinistra, computata tramite doppia integrazione della densità congiunta in $(a_1, b_1] \times (a_2, b_2]$, è assegnata ad eventi ricavabili da $\{a_1 < X \leq b_1\} \cap \{a_2 < X \leq b_2\}$ modificando in utti i modi possibili le singole disuguaglianze.

Osservazione 3.5

Sappiamo che $P(x < X \leq x + \Delta x) \approx f_X(x)\Delta X$, cioè

$$P(x < X \leq x + \Delta x) = f_X(x)\Delta X + o(\Delta x)$$

per $\Delta x > 0$ e $\lim_{\Delta x \to 0} \frac{o(\Delta x)}{\Delta x} = 0$, si veda anche il Paragrafo 2.3. Nel caso bivariato la situazione è più complessa:

$$P(x < X \leq x + \Delta x, y < Y \leq y + \Delta y) = f_X(x, y)\Delta x \Delta y + o((\Delta x, \Delta y))$$
$$(3.11)$$

dove ora $\lim_{\Delta x \to 0, \Delta y \to 0} \frac{o((\Delta x, \Delta y))}{\Delta x \Delta y} = 0$. Quindi, dividendo entrambi i membri dell'espressione (3.11) per $\Delta x \Delta y$ e scrivendo l'espressione di $P(x < X \leq \Delta x, y < Y \leq \Delta y)$ in termini della CDF bivariata si ottiene alternativamente che $f_X(x, y) = \frac{\partial^2 F_X}{\partial x \partial y}(x, y)$.

3.4 Dipendenza/indipendenza stocastica

Sappiamo come masse congiunte, densità congiunte, o CDF congiunte possano generare masse marginali univariate o densità marginali. Il contrario non è vero in generale, a meno che non venga imposta qualche condizione sulle v.a. che compongono il vettore $\mathbf{X}$, poiché la conoscenza delle distribuzioni marginali non è *sufficiente* a determinare la distribuzione congiunta. Fortunatamente, una tale condizione esiste. Quando gli eventi $\{X \leq x\}$ e $\{Y \leq y\}$ possono verificarsi insieme, cioè $\{X \leq x\} \cap \{Y \leq y\}$ non è necessariamente l'evento impossibile e i due sono compatibili, è possibile che essi *non si influenzino* a vicenda. Per formalizzare tale situazione si fa riferimento alla fattorizzazione della probabilità congiunta:

$$P(X \leq x, Y \leq y) = P(X \leq x)P(Y \leq y).$$
$$(3.12)$$

L'interpretazione è immediata: la probabilità che le condizioni $X \leq x$ e $Y \leq y$ siano *entrambe* verificate si basa semplicemente sulle probabilità individuali $P(X \leq x)$ e $P(Y \leq y)$, e ciò suggerisce come $\{X \leq x\}$ non influenzi $\{Y \leq y\}$, e viceversa, indipendentemente dal contenuto dell'evento congiunto.[12] Sebbene il comportamento

---

[12] Sottolineiamo come questo concetto sia basato sulla valutazione della probabilità dell'evento congiunto, e non considerando il reale contenuto di esiti presenti in esso.

di X e Y insieme sia determinato da una distribuzione di probabilità congiunta, la conoscenza dei valori di X non influenza la conoscenza dei valori di Y a patto che sia verificata la condizione (3.12). In tal caso non vi è alcuna informazione reciproca sugli eventi indotti dalle v.a. componenti in $\mathbf{X}$. Il contrario accade quando, per ogni coppia di esiti $\omega_1, \omega_2 \in \Omega$ si ha:

- $(X(\omega_1) - X(\omega_2))(Y(\omega_1) - Y(\omega_2)) \geq 0$;
- $(X(\omega_1) - X(\omega_2))(Y(\omega_1) - Y(\omega_2)) \leq 0$.

Nel primo caso le v.a. sono dette **comonotone** e si muovono nella stessa direzione, mentre nel secondo caso sono dette **antimonotone** e si muovono in direzione opposta. In entrambi i casi le v.a. risultano dipendenti e la conoscenza di eventi riguardanti X influenza gli eventi indotti da Y. Se X, Y non sono né comonotone né antimonotone e l'informazione reciproca non è *massima*, allora è possibile misurare il grado di dipendenza nel seguente modo. Siano $A = \{X \in B_1\}, B = \{Y \in B_2\}$ dove[13] $B_1, B_2 \subset \mathbb{R}$, allora si ha sempre:

$$\max\{0, \mathsf{P}(A) + \mathsf{P}(B) - 1\} \leq \mathsf{P}(A \cap B) \leq \min\{\mathsf{P}(A), \mathsf{P}(B)\}. \qquad (3.13)$$

Infatti, $A \cap B \subset A$ e $A \cap B \subset B$ quindi applicando la funzione di probabilità si ottiene

$$\mathsf{P}(A \cap B) \leq \mathsf{P}(A) \text{ e } \mathsf{P}(A \cap B) \leq \mathsf{P}(B),$$

da cui si ricava la disuguaglianza nel lato destro della (3.13). Inoltre, per la Proposizione 1.1, Pr4, si ha

$$\mathsf{P}(A \cap B) = \mathsf{P}(A) + \mathsf{P}(B) - \mathsf{P}(A \cup B)$$

e sostituendo $\mathsf{P}(A \cup B)$ con $\mathsf{P}(\Omega) = 1$ si ottiene $\mathsf{P}(A \cap B) \geq \mathsf{P}(A) + \mathsf{P}(B) - 1$,[14] a meno che $\mathsf{P}(A) + \mathsf{P}(B) - 1 < 0$ così da ottenere la disuguaglianza nel lato sinistro della (3.13). Se $A \cap B \neq \varnothing$, e i due eventi possono verificarsi insieme, la probabilità congiunta è limitata superiormente da una delle probabilità individuali. Ora, quanto statuito di seguito in termini di eventi è cruciale per la comprensione finale della possibile dipendenza reciproca tra v.a.

> **Teorema 3.1 (Probabilità condizionata)**
> *Dato uno spazio di probabilità* $(\Omega, \mathcal{F}, \mathsf{P})$, *la funzione d'insieme* $\mathsf{P}(\cdot \mid B) :$ $\mathcal{F} \to [0, 1]$ *definita da*
>
> $$\mathsf{P}(A \mid B) := \frac{\mathsf{P}(A \cap B)}{\mathsf{P}(B)}, \qquad \text{per ogni } A, B \in \mathcal{F}, \text{ t.c. } \mathsf{P}(B) > 0, \qquad (3.14)$$
>
> *è una misura di probabilità.*

---

[13] Ad esempio, $A = \{X \leq x\}$ e $B = \{Y \leq y\}$.

[14] Tale disuguaglianza si chiama di *Bonferroni*, e si può anche scrivere come $\mathsf{P}(A \cap B) \geq 1 - \mathsf{P}(A^c) + \mathsf{P}(B^c)$: basta considerare che ciascuna probabilità $\mathsf{P}(A), \mathsf{P}(B)$ si può riscrivere in termini dell'evento contrario. In generale, si dimostra che $\mathsf{P}(\bigcap_{i=1}^{n} A_i) \geq \sum_{i=1}^{n} \mathsf{P}(A_i) - (n - 1)$.

Tabella 3.2 Riepilogo di dipendenza/indipendenza

	$A \cap B = \emptyset$	$A \cap B \neq \emptyset$
$P(A) > 0$ e $P(B) > 0$	dipendenti	indipendenti se $0 < P(A \cap B) = P(A)P(B)$
		dipendenti se $0 = P(A \cap B)$ oppure
		$0 < P(A \cap B) \neq P(A)P(B)$
$P(A) = 0$ e/o $P(B) = 0$	indipendenti	indipendenti, si veda l'Esercizio 1.12, Capitolo 1

Poiché l'idea alla base della probabilità condizionata è di supporre che l'evento B sia verificato e di usare questa assunzione come 'nuova informazione' per aggiornare il valore della probabilità $P(A)$, quando tali eventi non influenzano le rispettive probabilità (sebbene siano compatibili) come conseguenza si ha:

$$P(A \mid B) = P(A) \iff P(A \cap B) = P(A)P(B). \tag{3.15}$$

Si dice che gli eventi A, B sono **indipendenti** e si scrive $A \perp\!\!\!\perp B$ se la (3.15) è verificata,[15] quindi non vi è influenza di B su A anche se i due possono verificarsi insieme. Inoltre, assumendo $P(A) > 0$ il condizionamento può essere invertito, $P(B \mid A) := \frac{P(A \cap B)}{P(A)}$, e in assenza di influenza reciproca si ha nuovamente $P(B \mid A) = P(B)$ sse la probabilità congiunta si fattorizza. Si osservi che la doppia disuguaglianza (3.13) diventa un'uguaglianza sse A, B sono al contempo indipendenti ed entrambi P-nulli, quindi la conoscenza di un evento non influenza la conoscenza dell'altro. Altrimenti, la (3.13) esibisce una doppia delimitazione (inferiore e superiore) per la probabilità dell'evento congiunto, $P(A \cap B)$, ossia un'informazione sul grado di dipendenza stocastica. D'altro canto, la nozione di probabilità condizionata può essere utilizzata sia per descrivere dipendenza stocastica che indipendenza, si veda la Tabella 3.2 per un riassunto e anche l'Osservazione 3.6.

Osservazione 3.6

Se i due eventi sono incompatibili, $A \cap B = \emptyset$, allora la probabilità congiunta è zero e l'indipendenza si ha sse *almeno* una delle probabilità individuali è anch'essa zero. Ma per $P(A) = 0$ la condizione $0 - P(A \cap B) = P(A)P(B) = 0$ implica che la probabilità condizionata in (3.14) non può essere definita se anche $P(B) = 0$. Lo stesso vale per la probabilità condizionata inversa con $P(B) = 0$. In altre parole, si può definire l'indipendenza senza probabilità condizionata, a meno che non si richieda $P(A \mid B) = P(A)$ se $P(B) \neq 0$ e lo stesso per il condizionamento inverso.

Per un vettore aleatorio $\mathbf{X} = (X, Y)$ con due v.a. indipendenti,

$$\underbrace{P(X \in B_1, Y \in B_2)}_{=P_\mathbf{X}(B_1 \times B_2)} = \underbrace{P(X \in B_1)}_{=P_X(B_1)} \underbrace{P(Y \in B_2)}_{=P_Y(B_2)} \quad \text{per ogni } B_1, B_2 \subset \mathbb{R},$$

cioè la legge congiunta $P_\mathbf{X}(B_1 \times B_2)$ che descrive X, Y come una coppia di valori $(X(\omega), Y(\omega)) = (x, y) \in B_1 \times B_2$ in un sottoinsieme del piano $\mathbb{R}^2$ dato da un

---

[15] Comunemente, la condizione per l'indipendenza tra due eventi è epressa tramite la parte a destra della doppia implicazione.

prodotto cartesiano[16], è semplicemente il prodotto delle leggi marginali $P_X(B_1)$ e $P_Y(B_2)$. Quindi anche la funzione di ripartizione congiunta si fattorizza (cfr. equazione (3.12)):

$$F_\mathbf{X}(x, y) = F_X(x) F_Y(y), \quad \text{per ogni coppia } (x, y) \in \mathbb{R}^2. \tag{3.16}$$

Morale: l'assunzione di indipendenza permette di costruire la distribuzione congiunta di un vettore aleatorio a partire dalle distribuzioni marginali.

- Se il vettore aleatorio bivariato $\mathbf{X}$ è continuo allora, usando le densità marginali, otteniamo la densità congiunta come $f_\mathbf{X}(x, y) = f_X(x) f_Y(y)$. Infatti, derivando la (3.16) otteniamo

$$\frac{\partial^2 F_\mathbf{X}}{\partial x \partial y}(x, y) = \frac{\mathrm{d}F_X}{\mathrm{d}x}(x) \frac{\mathrm{d}F_Y}{\mathrm{d}y}(y),$$

  che è proprio il prodotto delle densità marginali.
- Per un vettore aleatorio bivariato discreto abbiamo facilmente

$$\sum_{x_i \leqslant x} \sum_{y_j \leqslant y} P(X = x_i, Y = y_j) = \sum_{x_i \leqslant x} P(X = x_i) \sum_{y_j \leqslant y} P(Y = y_j)$$

  e le masse congiunte sono date dal prodotto delle marginali $P(X = x_i)$ e $P(Y = y_j)$.

Una famiglia finita di v.a. $\{X_1, \ldots, X_n\}$ si dice indipendente se la loro distribuzione congiunta si fattorizza,

$$P(X_1 \in B_1, \ldots, X_n \in B_n) = P(X_1 \in B_1) \cdots P(X_n \in B_n), \tag{3.17}$$

per tutti gli opportuni sottoinsiemi $B_1, \ldots, B_n \subset \mathbb{R}$. Questo risultato può essere esteso a più di una famiglia di v.a. qualunque. Possiamo considerare una **famiglia indicizzata** $(X_i)_{i \in I}$, dove $I \neq \emptyset$ è un insieme di indici, e dire che l'intera famiglia è indipendente sse ogni sottofamiglia *finita* $\{X_{i_1}, \ldots, X_{i_n}\}$, per indici $i_1, \ldots, i_n \in I$, è indipendente nel senso della (3.17):

$$\boxed{X_i \perp\!\!\!\perp X_j, \quad \text{per ogni } i, j \in \{i_1, \ldots, i_n\}}.$$

Se una famiglia di v.a. è indipendente, allora qualsiasi coppia, terna, ecc. di v.a. prese da questa famiglia è anch'essa indipendente. Il contrario non è vero, poiché può accadere che una coppia X_i, X_j sia formata da v.a. indipendenti per ogni $i \neq j$ e $i, j = 1, \ldots, n$ ma l'intera famiglia non è necessariamente indipendente.

---

[16] Ad esempio $[a_1, b_1] \times [a_2, b_2]$.

Osservazione 3.7

Per una classe di n v.a. l'indipendenza implica l'indipendenza a due a due come segue: si scrive l'uguaglianza (3.17), scegliendo due v.a., ad esempio X_i, X_j per $i \neq j$, poi si sceglie $B_k = \mathbb{R}$ per tutti i $k \neq i, j$ ricordando che $\mathsf{P}(X_k \in \mathbb{R}) = 1$.

Inoltre, l'indipendenza non è transitiva: se $\{X_1 \in B_1\}, \{X_2 \in B_2\}$ sono indipendenti e gli altri due eventi $\{X_2 \in B_2\}, \{X_3 \in B_3\}$ sono indipendenti, possiamo avere $\{X_1 \in B_1\}, \{X_3 \in B_3\}$ come eventi dipendenti. Le coppie X_1, X_2 e X_2, X_3 di v.a. sono indipendenti ma la coppia X_1, X_3 non lo è.

Osservazione 3.8

Due eventi $A, B \in \mathcal{F}$ sono indipendenti sse A e B^c sono indipendenti e anche A^c e B^c lo sono. Infatti, $\mathsf{P}(B^c) = 1 - \mathsf{P}(B)$ e $\mathsf{P}(A) = \mathsf{P}(A \cap B) + \mathsf{P}(A \cap B^c)$ e segue che:

$$\mathsf{P}(A \cap B^c) = \mathsf{P}(A) - \mathsf{P}(A \cap B) = \mathsf{P}(A) - \mathsf{P}(A)\mathsf{P}(B)$$
$$= \mathsf{P}(A)(1 - \mathsf{P}(B)) = \mathsf{P}(A)\mathsf{P}(B^c).$$

Poiché A, B sono indipendenti sse anche A, B^c lo sono, segue che B^c, A sono indipendenti sse B^c, A^c sono indipendenti.

Ora, sia $A = \{X_1 \in B_1\}$, $B = \{X_2 \in B_2\}$ e $C = \{X_3 \in B_3\}$. Possiamo assumere $C = A^c$ e per l'Osservazione 3.8 l'indipendenza di A e B è equivalente all'indipendenza di B e C. Tuttavia A non è indipendente dal proprio complemento C, poiché $\mathsf{P}(A \cap C) = \mathsf{P}(\varnothing) = 0$ che in generale non è uguale a $\mathsf{P}(A)\mathsf{P}(C)$. Quanto segue è particolarmente utile nel trattamento delle distribuzioni condizionate, si veda il Capitolo 6; si veda anche il Capitolo 9.

Lemma 3.1 (Condizionamento sequenziale)
Siano $A_1, \ldots, A_n$ eventi in $\mathcal{F}$. Allora

$$\mathsf{P}(A_1 \cap \cdots \cap A_n) = \mathsf{P}(A_1)$$
$$\times \mathsf{P}(A_2 \mid A_1)$$
$$\times \mathsf{P}(A_3 \mid A_1 \cap A_2)$$
$$\vdots$$
$$\times \mathsf{P}(A_n \mid A_1 \cap \cdots \cap A_{n-1}). \tag{3.18}$$

Infatti, per $n = 2$ la formula (3.18) si riduce alla formula (3.14). Supponiamo ora che l'enunciato valga per un certo intero $n - 1 > 1$ e definiamo $B = A_1 \cap \cdots \cap A_{n-1}$.

Abbiamo:

$$P(B \cap A_n) = P(B)P(A_n \mid B)$$
$$= P(A_1 \cap \cdots \cap A_{n-1})P(A_n \mid A_1 \cap \cdots \cap A_{n-1})$$
$$= P(A_1)P(A_2 \mid A_1)$$
$$\vdots$$
$$\times P(A_{n-1} \mid A_1 \cap \cdots \cap A_{n-2})P(A_n \mid A_1 \cap \cdots \cap A_{n-1}).$$

Questo dimostra che l'enunciato vale anche per $n \in \mathbb{N}$. L'indipendenza tra v.a. si preserva sotto trasformazioni: non c'è motivo per cui una v.a. $f(X)$ fornisca informazioni su una v.a. $g(Y)$, ogniqualvolta X, Y non forniscono informazioni l'una sull'altra, cioè quando sono indipendenti.

> **Teorema 3.2**
> *Se X, Y sono due v.a. indipendenti definite sullo stesso spazio di probabilità, allora $f(X)$ è indipendente da $g(Y)$, per qualsiasi scelta di opportune funzioni[17] $f, g : \mathbb{R} \to \mathbb{R}$.*

Se X, Y sono v.a. discrete possiamo dimostrare facilmente il Teorema 3.2. Siano $A = \{x \in \mathbb{R} \mid f(x) = u\}$ e $B = \{y \in \mathbb{R} \mid g(y) = v\}$, quindi scriviamo la massa congiunta del vettore aleatorio bivariato $\mathbf{Z} = (f(X), g(Y))$:

$$P(f(X) = u, g(Y) = v) = P(X \in A, Y \in B)$$
$$= \sum_{x \in A} \sum_{y \in B} P(X = x, Y = y)$$
$$= \sum_{x \in A} P(X = x) \sum_{y \in B} P(Y = y)$$
$$= P(X \in A)P(Y \in B) = P(f(X) = u)P(g(Y) = v).$$

Il Teorema 3.2 può essere esteso a $n > 2$, si veda l'Appendice. Una nota sulla terminologia: n v.a. indipendenti $X_1, \ldots, X_n$ aventi la stessa distribuzione sono dette **IID**, acronimo di independent and identically distributed (indipendenti e identicamente distribuite). Attenzione: il fatto che due v.a. siano indipendenti non ha relazione con il fatto che condividano la stessa distribuzione: possiamo avere qualsiasi combinazione di indipendenza/dipendenza e legge identica/non identica, tra i quattro casi possibili.

---

[17] Le funzioni devono essere *almeno* Borel-misurabili.

3.5 Approfondimento su vettori aleatori discreti e continui

Dato un vettore aleatorio $\mathbf{X} = (X_1, \ldots, X_n)$, ricordiamo quanto segue.

- $\mathbf{X}$ è discreto sse esiste un insieme (al più) numerabile $C \subset \mathbb{R}^n$ tale che

$$P(\mathbf{X} \in C) = P((X_1, \ldots, X_n) \in C) = 1,$$

  dove C può essere preso come il prodotto cartesiano di n sottoinsiemi numerabili $\mathcal{X}_i = \{x_{i1}, x_{i2}, \ldots\}$ per $i = 1, \ldots, n$ così che $(X_1, \ldots, X_n) \in C$ significa $X_i = x_{ij}$ per $j = 1, 2, \ldots$ e i fissato. Quindi l'evento $\{\mathbf{X} \in C\}$ è l'unione disgiunta di intersezioni di eventi $\{X_i = x_{ij}\}$ per tutti gli indici i, j e se la sua probabilità (cfr. che si verifichi amelmeno uno tra gli eventi) è 1 allora anche $P(X_i \in \mathcal{X}_i) = 1$, si confronti con il Teorema 2.2, Paragrafo 2.2.
- $\mathbf{X}$ è assolutamente continuo sse esiste una densità congiunta tale che

$$P(X_1 \leqslant x_1, \ldots, X_n \leqslant x_n) = \int_{-\infty}^{x_1} \cdots \int_{-\infty}^{x_n} f_{\mathbf{X}}(u_1, \ldots, u_n) \mathrm{d}u_1 \cdots \mathrm{d}u_n. \quad (3.19)$$

Attenzione:

- se $\mathbf{X}$ è discreto nel senso sopra, allora ogni v.a. X_i è discreta e anche il viceversa è vero;
- se $\mathbf{X}$ è assolutamente continuo allora ogni v.a. X_i è anch'essa assolutamente continua e ogni densità marginale $f_{X_i}(x_i)$ si ottiene facendo tendere a ∞ tutti gli x_j in (3.19), per $j \neq i$, poi derivando rispetto a x_i, poiché il lato sinistro è semplicemente la funzione di ripartizione multivariata $F_{\mathbf{X}}(x_1, \ldots, x_n)$. Ma il viceversa 'ogni X_i è assolutamente continua allora $\mathbf{X}$ è anch'esso assolutamente continuo' è falso in generale, a meno che la famiglia $\{X_1, \ldots, X_n\}$ che forma il vettore aleatorio sia indipendente.

Per v.a. indipendenti X_i prese da $\mathbf{X}$ vale[18]

$$F_{\mathbf{X}}(x_1, \ldots, x_n) = F_{X_1}(x_1) \cdots F_{X_n}(x_n), \quad (3.20)$$

che estende la formula (3.16), Paragrafo 3.4, alla dimensione $n > 2$.

Teorema 3.3
Per un vettore aleatorio assolutamente continuo $\mathbf{X} = (X_1, \ldots, X_n)$ *le v.a.* $X_1, \ldots, X_n$ *sono indipendenti sse la densità congiunta si fattorizza,*

$$f_{\mathbf{X}}(x_1, \ldots, x_n) = f_{X_1}(x_1) \cdots f_{X_n}(x_n). \quad (3.21)$$

---

[18] La sufficienza è ovvia. Per la necessità, il fatto che il prodotto delle $F_{X_i}(x_i)$ sia una funzione di ripartizione congiunta è una questione più delicata di analisi reale.

Prendendo $X_1, \ldots, X_n$ indipendenti e assolutamente continui, moltiplicando le loro densità marginali otteniamo sempre la densità congiunta di un vettore aleatorio assolutamente continuo $\mathbf{X} = (X_1, \ldots, X_n)$. Nel contesto multidimensionale possiamo riassumere l'indipendenza in termini di funzioni di ripartizione.

Teorema 3.4

Siano $F_i : \mathbb{R} \to [0, 1]$ non decrescenti, continue da destra e tali che $F_i(-\infty) = 0$ e $F_i(\infty) = 1$, per $i = 1, \ldots, n$. Allora esistono uno spazio di probabilità $(\Omega, \mathcal{F}, \mathsf{P})$ e v.a. $X_1, \ldots, X_n$ ivi definite che risultano indipendenti con $F_i = F_{X_i}$. Le probabilità su $\mathbb{R}$ a cui corrispondono biunivocamente le leggi degli X_i sono $\mathsf{P}_{X_i}((-\infty, x_i]) = F_{X_i}(x_i)$. Inoltre, esiste un vettore aleatorio $\mathbf{X} = (X_1, \ldots, X_n)$ tale che $F_{\mathbf{X}}(x_1, \ldots, x_n) = \prod_{i=1}^{n} F_{X_i}(x_i)$.

Più in generale, sia $(X_i)_{i \in I}$ una famiglia indicizzata di v.a. e si considerino un numero finito di indici $i_1, \ldots, i_n \in I$. La distribuzione congiunta su $\mathbb{R}^n$

$$\mathsf{P}_{i_1 \ldots i_n}(B_1 \times \cdots \times B_n) := \mathsf{P}(X_{i_1} \in B_1, \ldots X_{i_n} \in B_n) \tag{3.22}$$

si chiama **distribuzione finito-dimensionale** (FIDIS) della famiglia per ogni $n \geq 2$. In termini di funzione di ripartizione congiunta si ha:

$$F_{i_1 \ldots i_n}(x_1, \ldots, x_n) := \mathsf{P}(X_{i_1} \leq x_1, \ldots X_{i_n} \leq x_n),$$

che corrisponde al vettore aleatorio $\mathbf{X} = (X_{i_1}, \ldots, X_{i_n})$ ottenuto dalla famiglia indicizzata. La famiglia è indipendente sse ogni FIDIS si fattorizza e quindi $F_{i_1 \ldots i_n}(x_1, \ldots, x_n) = \prod_{k=1}^{n} F_{X_{i_k}}(x_k)$, per ogni scelta di $i_1, \ldots, i_n$ con $n \geq 2$, per $k = 1, \ldots, n$. Concludiamo questo paragrafo con un risultato classico sulla determinazione della densità univariata di una v.a. data dalla somma (trasformazione da vettore a scalare) di altre due v.a. Siano X_1, X_2 due v.a. indipendenti e assolutamente continue, quindi consideriamo il vettore aleatorio $\mathbf{X} = (X_1, X_2)$ assolutamente continuo con densità congiunta $f_{\mathbf{X}}(x_1, x_2)$, abbiamo:

Teorema 3.5

La somma $X_1 + X_2$ di due v.a. indipendenti e assolutamente continue è una v.a. assolutamente continua con densità

$$f_{X_1 + X_2}(u) = \int_{-\infty}^{\infty} f_{X_1}(u - x_2) f_{X_2}(x_2) \mathrm{d}x_2, \quad u \in \mathbb{R}. \tag{3.23}$$

Si osservi che $g(u) = f_{X_1 + X_2}(u)$ è una densità rispetto alla variabile $u = x_1$ poiché l'integrazione avviene rispetto all'altra variabile x_2.

Osservazione 3.9

Vale la pena notare che la **formula di convoluzione** (3.23) per le densità, anche scritta come $f_{X_1+X_2}(x) =: f_{X_1} * f_{X_2}(x)$, è commutativa, cioè $f_{X_1} * f_{X_2} = f_{X_2} * f_{X_1}$. È anche associativa.

3.6 Dipendenza a blocchi

Siano $\mathbf{X} = (X_1, X_2)$ e $\mathbf{Y} = (\tilde{X}_1, \tilde{X}_2)$ due vettori aleatori con CDF congiunte $F_{\mathbf{X}}$, $F_{\mathbf{Y}}$, rispettivamente. Diciamo che $\mathbf{X}$ è indipendente da $\mathbf{Y}$, scritto $\mathbf{X} \perp\!\!\!\perp \mathbf{Y}$, se

$$F_{\mathbf{X},\mathbf{Y}}(a,b,c,d) = F_{\mathbf{X}}(a,b)\,F_{\mathbf{Y}}(c,d), \quad \text{per ogni } a,b,c,d \in \mathbb{R}, \tag{3.24}$$

dove il termine a sinistra rappresenta la probabilità congiunta $\mathsf{P}(X_1 \leqslant a, X_2 \leqslant b, \tilde{X}_1 \leqslant c, \tilde{X}_2 \leqslant d)$. Questa **indipendenza a blocchi** è sufficiente per l'indipendenza di $\mathbf{X}$ da $\tilde{X}_1$, nel senso che

$$\begin{aligned} F_{\mathbf{X},\tilde{X}_1}(a,b,c) &= F_{\mathbf{X},\mathbf{Y}}(a,b,c,\infty) \\ &\overset{\text{ind. (3.24)}}{=} F_{\mathbf{X}}(a,b)\,F_{\mathbf{Y}}(c,\infty) \\ &= F_{\mathbf{X}}(a,b)\,F_{\tilde{X}_1}(c). \end{aligned}$$

Ciò implica che anche X_1 è indipendente da $\tilde{X}_1$ e X_2 è indipendente da $\tilde{X}_1$. Mostriamo solo la prima affermazione, poiché l'indipendenza di X_2 e $\tilde{X}_1$ si dimostra in modo analogo. Quindi:

$$\begin{aligned} F_{(X_1,\tilde{X}_1)}(a,c) &= F_{\mathbf{X},\mathbf{Y}}(a,\infty,c,\infty) \\ &\overset{\text{ind. (3.24)}}{=} F_{\mathbf{X}}(a,\infty)\,F_{\mathbf{Y}}(c,\infty) \\ &= F_{X_1}(a)\,F_{\tilde{X}_1}(c). \end{aligned}$$

Come conseguenza, se due vettori aleatori bivariati $\mathbf{X},\mathbf{Y}$ sono indipendenti allora ogni componente X_i di $\mathbf{X}$ è indipendente da ogni componente $\tilde{X}_i$ di $\mathbf{Y}$, per $i = 1,2$. Le componenti di $\mathbf{X}$ non sono necessariamente indipendenti tra loro, e lo stesso vale per il secondo vettore aleatorio. Se oltre all'indipendenza di $\mathbf{X}$ da $\mathbf{Y}$, vale anche

$$\mathbf{X} \overset{\mathrm{d}}{=} \mathbf{Y}, \quad \text{cioè } F_{\mathbf{X}}(a,b) = F_{\mathbf{Y}}(a,b), \quad \text{per ogni } a,b \in \mathbb{R}. \tag{3.25}$$

allora $F_{X_i}(x) = F_{\tilde{X}_i}(x)$ per $i = 1,2$ e per ogni $x \in \mathbb{R}$. Infatti, usando la (3.25) e ponendo $a = x$ si ha

$$F_{\mathbf{X}}(x,\infty) = F_{\mathbf{Y}}(x,\infty)$$

e per $b = x$

$$F_{\mathbf{X}}(\infty,x) = F_{\mathbf{Y}}(\infty,x).$$

Infine, si ha anche:

$$\left.\begin{array}{c} F_{X_1}\,F_{\tilde{X}_2} \\ F_{\tilde{X}_1}\,F_{X_2} \end{array}\right\} = F_{X_1}\,F_{X_2}$$

3.7 Esercizi

3.1 Siano $\mathbf{a} = (a_1, a_2)$, $\mathbf{b} = (b_1, b_2)$, $\mathbf{a}_1 = (a_1, b_2)$ e $\mathbf{a}_2 = (a_2, b_1)$ tre vettori in $\mathbb{R}^2$. Inoltre, siano $(-\infty, \mathbf{b}] := (-\infty, b_1] \times (-\infty, b_2]$, $(-\infty, \mathbf{a}_1] := (-\infty, a_1] \times (-\infty, b_2]$ e $(-\infty, \mathbf{a}_2] := (-\infty, a_2] \times (-\infty, b_1]$. Dimostrare che

$$(\mathbf{a}, \mathbf{b}] = (-\infty, \mathbf{b}] \setminus (-\infty, \mathbf{a}_1] \cup (-\infty, \mathbf{a}_2], \tag{3.26}$$

dove l'unione a destra non è disgiunta.

3.2 Dati $\mathbf{a}$, $\mathbf{b}$, $\mathbf{a}_1$ e $\mathbf{a}_2$ come nell'Esercizio 3.1, e un vettore aleatorio bivariato $\mathbf{X} = (X_1, X_2)$, si dimostri quanto segue:

$$\begin{aligned} \mathsf{P}(\mathbf{a} < \mathbf{X} \leqslant \mathbf{b}) &= F_{\mathbf{X}}(b_1, b_2) - F_{\mathbf{X}}(a_1, b_2) \\ &\quad - F_{\mathbf{X}}(b_1, a_2) + F_{\mathbf{X}}(a_1, a_2). \end{aligned}$$

3.3 Dati un vettore aleatorio $\mathbf{X} = (X_1, X_2)$ e gli eventi $A_1 = \{X_1 + X_2 \leqslant 1\}$, $A_2 = \{X_1^2 + X_2^2 \leqslant 1\}$, $A_3 = \{\max\{X_1, X_2\} \leqslant 1\}$, si rappresentino graficamente le regioni nel piano $\mathbb{R}^2$ ad essi corrispondenti.

3.4 Si mostri che per una CDF $F_{\mathbf{X}}$ bivariata si ha che $\mathsf{P}(a_1 < X \leqslant b_1, Y \leqslant y)$ è uguale a $F_{\mathbf{X}}(b_1, y) - F_{\mathbf{X}}(a_1, y)$ e $\mathsf{P}(X \leqslant x, a_2 < Y \leqslant b_2)$ è uguale a $F_{\mathbf{X}}(x, b_2) - F_{\mathbf{X}}(x, a_2)$.

3.5 Si mostri che per una funzione di ripartizione bivariata si ha $F_{\mathbf{X}}(b_1, b_2) - F_{\mathbf{X}}(a_1, b_2) - F_{\mathbf{X}}(b_1, a_2) + F_{\mathbf{X}}(a_1, a_2) \geqslant 0$.

3.6 Dato un vettore aleatorio $\mathbf{X} = (X, Y)$ con funzione di ripartizione $F_{\mathbf{X}}(x, y)$, si osservi che se la derivata parziale seconda $\frac{\partial^2 F_{\mathbf{X}}}{\partial x \partial y}(x, y)$ esiste ed è continua, tranne che in un numero finito di punti (x, y) del piano, allora anche le derivate parziali del primo ordine esistono e sono continue, la funzione di ripartizione è differenziabile e anch'essa continua con le eccezioni sopra menzionate. Allora, si verifichi quanto segue:

(a) $f_{\mathbf{X}}(x, y) \geqslant 0$;

(b) $\mathsf{P}(a_1 < X \leqslant b_1, a_2 < Y \leqslant b_2) = \int_{a_1}^{b_1} \int_{a_2}^{b_2} f_{\mathbf{X}}(x, y) \mathrm{d}x \mathrm{d}y$;

(c) $F_{\mathbf{X}}(x, y) = \int_{-\infty}^{x} \int_{-\infty}^{y} f_{\mathbf{X}}(u, v) \mathrm{d}u \mathrm{d}v$;

(d) $\int_{-\infty}^{\infty} \int_{-\infty}^{\infty} f_{\mathbf{X}}(x, y) \mathrm{d}x \mathrm{d}y = 1$.

3.7 (Ulteriori dettagli sulla probabilità condizionata) Dimostrare il Teorema 3.1 e fornire l'interpretazione appropriata.

3.8   Un analista finanziario deve prevedere i prezzi futuri di due titoli, indicati rispettivamente come #1 e #2, e assume 9 esiti basati su movimenti di prezzo al rialzo e al ribasso unitamente all'ipotesi che i prezzi rimangano invariati:

$$\Omega = \{dd, ds, du, sd, ss, su, ud, us, uu\}.$$

La codifica 's' sta per 'stesso prezzo'. Se l'analista assegna le probabilità

- $P(\{dd\}) = P(\{ds\}) = P(\{su\}) = P(\{ud\}) = P(\{uu\}) = 0.1$
- $P(\{du\}) = P(\{us\}) = 0; P(\{sd\}) = 0.48; P(\{ss\}) = 0.02,$

qual è la probabilità che il prezzo #1 finisca in ribasso, se il prezzo #2 rimane invariato o aumenta?

3.9   Siano X, Y v.a. definite sullo stesso spazio di probabilità, e siano $f(x), g(y)$ due funzioni continue rispettivamente di x e y. Si dimostri che le v.a. $U = f(X)$ e $V = g(Y)$ sono indipendenti, supponendo che siano continue.

Appendice

Integrazione doppia e teorema di Fubini

L'integrale doppio $\iint_B dF_\mathbf{X}(x, y)$ in generale non è uguale a due integrali iterati, ma può essere interpretato geometricamente come area(B) utilizzando una CDF bivariata tale che l'elemento d'area $dF_\mathbf{X}(x, y)$ deve essere pensato come il caso limite di

$$\Delta F_\mathbf{X}(x, y) = F_\mathbf{X}(x + \Delta x, y + \Delta y) - F_\mathbf{X}(x + \Delta x, y)$$
$$- F_\mathbf{X}(x, y + \Delta y) + F_\mathbf{X}(x, y) \geq 0.$$

In effetti abbiamo la seguente *versione* del Teorema di Fubini.

Teorema 3.6 (Fubini 'light')
Se $F(x, y) = F_1(x)F_2(y)$, dove F_1, F_2 sono due funzioni limitate definite su $[a, b]$ e $[c, d]$, rispettivamente, allora

$$\iint_{[a,b]\times[c,d]} g(x, y)dF(x, y) = \int_c^d \left[\int_a^b g(x, y)F_1(x)dx \right] F_2(y)dy$$

$$= \int_a^b \left[\int_c^d g(x, y)F_2(y)dy \right] F_1(x)dx, \quad (3.27)$$

dove la funzione $g(x, y)$ è limitata su $[a, b] \times [c, d]$.

Ovviamente, possiamo scegliere $F = F_{\mathbf{X}}$ e $F_1 = F_X$, $F_2 = F_Y$, cioè possiamo riferirci a una CDF congiunta di un vettore aleatorio $\mathbf{X} = (X, Y)$ con variabili aleatorie indipendenti X, Y aventi CDF marginali F_X, F_Y. Possiamo integrare prima rispetto alla variabile x e poi rispetto a y o viceversa. Abbiamo solo bisogno della seguente generalizzazione dell'integrale doppio di Riemann. Sia $B_n :=$ $[-n, n] \times [-n, n]$ per ogni intero $n \in \mathbb{N}$ e scriviamo

$$\lim_{n \to \infty} \iint_{B_n} f(x, y)\mathrm{d}x\mathrm{d}y = \int_{-\infty}^{\infty} \int_{-\infty}^{\infty} f(x, y)\mathrm{d}x\mathrm{d}y.$$

Come conseguenza, possiamo sempre definire l'**integrale improprio di Stieltjes doppio**[19]

$$\boxed{\iint_{\mathbb{R}^2} g(x, y)\mathrm{d}F(x, y)}$$

come uguale a $\int_{-\infty}^{\infty} \int_{-\infty}^{\infty} g(x, y)\mathrm{d}F(x, y)$, che eventualmente può essere calcolato tramite la formula (3.27). Se $F_{\mathbf{X}}(x, y) \neq F_X(x)F_Y(y)$, possiamo comunque considerare la funzione $F_{\mathbf{X}}(x, y) = F_{X \mid Y}(x, y)F_Y(y)$ che risulta essere una CDF bivariata, dove $F_{X \mid Y}(\cdot, y)$ è una CDF univariata su $\mathbb{R}$ nella variabile x per un fissato $y \in \mathbb{R}$ e scrivere:

$$\iint_{\mathbb{R}^2} g(x, y)\mathrm{d}F_{\mathbf{X}}(x, y) = \int_{-\infty}^{\infty} \left[\int_{-\infty}^{\infty} g(x, y)\mathrm{d}F_{X \mid Y}(x, y) \right] F_Y(y)\mathrm{d}y.$$

Lo stesso vale per la CDF bivariata $F_{\mathbf{X}}(x, y) = F_{Y \mid X}(x, y)F_X(x)$ con $F_{Y \mid X}(x, \cdot)$ ripartizione univariata su $\mathbb{R}$ nella variabile y per un fissato $x \in \mathbb{R}$:

$$\iint_{\mathbb{R}^2} g(x, y)\mathrm{d}F_{\mathbf{X}}(x, y) = \int_{-\infty}^{\infty} \left[\int_{-\infty}^{\infty} g(x, y)\mathrm{d}F_{Y \mid X}(x, y) \right] F_X(x)\mathrm{d}x.$$

Osservazione 3.10
Più avanti riconosceremo

$$F_{X \mid Y}(x, y) := \frac{F_{\mathbf{X}}(x, y)}{F_Y(y)}$$

e

$$F_{Y \mid X}(x, y) := \frac{F_{\mathbf{X}}(x, y)}{F_X(x)}$$

come la CDF condizionata di una variabile aleatoria rispetto ai valori assunti dall'altra, si veda il Capitolo 6.

Per completezza forniamo un'altra versione del Teorema di Fubini.

---

[19] Per una panoramica sull'integrazione di Stieltjes si veda l'Appendice al Capitolo 4.

Teorema 3.7 (Fubini 'weak')
Se $f : [a,b] \times [c,d] \to \mathbb{R}$ è continua su $[a,b] \times [c,d]$, allora gli integrali iterati

$$\int_c^d \int_a^b f(x,y)\mathrm{d}x\mathrm{d}y \quad e \quad \int_a^b \int_c^d f(x,y)\mathrm{d}y\mathrm{d}x$$

esistono e sono uguali.

Corrispondenza biunivoca tra P e $F_{\mathbf{X}}$

Teorema 3.8 (CDF congiunta o multivariata)
Sia P una probabilità su $(\Omega, \mathcal{F})$ e sia $F_{\mathbf{X}} : \mathbb{R}^n \to [0,1]$ una funzione data dalla formula (3.2). Allora abbiamo:

(a) $F_{\mathbf{X}}$ è non decrescente, cioè per ogni $\mathbf{x} = (x_1,\ldots,x_n)$ e $\mathbf{y} = (y_1,\ldots,y_n)$ tali che $\mathbf{x} \leq \mathbf{y}$ segue che $F_{\mathbf{X}}(\mathbf{x}) \leq F_{\mathbf{X}}(\mathbf{y})$, dove la disuguaglianza tra vettori significa che $x_i \leq y_i$ per ogni $i = 1,\ldots,n$ e almeno una delle disuguaglianze è stretta;

(b) $F_{\mathbf{X}}$ è continua da destra, cioè per ogni successione di vettori $(\mathbf{x}_m)_{m\in\mathbb{N}}$ tale che $\mathbf{x}_m \downarrow \mathbf{x} \in \mathbb{R}^n$ si ha $F_{\mathbf{X}}(\mathbf{x}_m) \downarrow F_{\mathbf{X}}(\mathbf{x})$, dove $\mathbf{x}_m \geq \mathbf{x}$ con $\mathbf{x}_m = (x_{1m},\ldots,x_{nm})$, per ogni $m \in \mathbb{N}$, e $x_{im} \downarrow x_i$ per $i = 1,\ldots,n$ con $n \neq m$;

(c) $\displaystyle\lim_{x_1,\ldots,x_n \to \infty} F_{\mathbf{X}}(x_1,\ldots,x_n) =: F_{\mathbf{X}}(\infty,\ldots,\infty) = 1$ e
$\displaystyle\lim_{x_i \to -\infty} F_{\mathbf{X}}(x_1,\ldots,x_n) = 0$ per $i = 1,\ldots,n$;

*(d) per ogni coppia di vettori $\mathbf{a} = (a_1,\ldots,a_n) \leq (b_1,\ldots,b_n) = \mathbf{b}$, cioè $a_i \leq b_i$ per $i = 1,\ldots,n$, definendo l'**operatore differenza** come*

$$\Delta_{a_i,b_i} F(x_1,\ldots,x_n) = F(x_1,\ldots,x_{i-1},b_i,x_{i+1},\ldots,x_n)$$
$$- F(x_1,\ldots,x_{i-1},a_i,x_{i+1},\ldots,x_n),$$

si ha che $\Delta_{a_1,b_1} \cdots \Delta_{a_n,b_n} F_{\mathbf{X}}(x_1,\ldots,x_n) = \mathsf{P}(\mathbf{a} < \mathbf{X} \leq \mathbf{b})$.

Viceversa, se una funzione $F_{\mathbf{X}} : \mathbb{R}^n \to [0,1]$ soddisfa le proprietà (a)-(d) allora esiste una probabilità P su uno spazio degli eventi $(\Omega, \mathcal{F})$ tale che $F_{\mathbf{X}}$ è la funzione di ripartizione congiunta di un vettore aleatorio $\mathbf{X}$, cioè $\mathsf{P}_X(B) = \mathsf{P}(\mathbf{X} \in B)$ per ogni opportuno $B \subset \mathbb{R}^n$.

Per una migliore comprensione del Teorema 3.8 illustriamo le proprietà (b), (c), (d) nel caso bidimensionale.

1. La caratterizzazione della continuità da destra richiede una successione di vettori $\mathbf{x}_1 = (x_{11}, x_{21}) \geq \mathbf{x}_2 = (x_{12}, x_{22}) \geq \cdots \geq \mathbf{x}_m = (x_{1m}, x_{2m})$ tale che per ogni $i = 1, \ldots, n$ la corrispondente successione reale $x_{i1} \geq x_{i2} \geq \cdots \geq x_{im}$ converge (in ordine decrescente) a x_i, cioè $\lim_{m \to \infty} x_{im} = x_i$, e $\mathbf{x} = (x_1, x_2)$. Quindi, i vettori $\mathbf{x}_m = (x_{1m}, x_{2m})$ 'si avvicinano al vettore' $\mathbf{x}$ 'da destra' e di conseguenza $F_{\mathbf{X}}(x_{1m}, x_{2m})$ costituiscono una successione di valori reali in $[0, 1]$ decrescenti con limite $F_{\mathbf{X}}(x_1, x_2)$. In alternativa si può scrivere

$$\lim_{h \downarrow 0} \left(\lim_{k \downarrow 0} F_{\mathbf{X}}(x_1 + h, x_2 + k) \right) = F_{\mathbf{X}}(x_1, x_2), \quad h, k > 0.$$

Senza perdita di generalità possiamo prendere $k = h$. Si noti che $d(\mathbf{x}_m, \mathbf{x}) \to 0$ quando $m \to \infty$ oppure $d((x_1 + h, x_2 + h), (x_1, x_2)) \to 0$ quando $h \downarrow 0$.

2. Il limite

$$\lim_{x_1 \to \infty} \left(\lim_{x_2 \to \infty} F_{\mathbf{X}}(x_1, x_2) \right) = F_{\mathbf{X}}(\infty, \infty) = 1$$

può essere ottenuto usando la caratterizzazione tramite successioni. Infatti, $x_i \to \infty$ è equivalente a $x_i + m \to \infty$ e $m \to \infty$, per $i = 1, 2$. Quindi:

$$\lim_{m \to \infty} \mathsf{P}(X_1 \leq x_1 + m, X_2 \leq x_2 + m)$$
$$\stackrel{\text{contin. di P}}{=} \mathsf{P}\left(\lim_{m \to \infty} \{X_1 \leq x_1 + m\} \cap \{X_2 \leq x_2 + m\} \right)$$
$$= \mathsf{P}(\Omega) = 1.$$

Con lo stesso ragionamento si ottiene (valido anche per la variabile x_2):

$$\lim_{m \to \infty} \mathsf{P}(X_1 \leq x_1 - m, X_2 \leq x_2)$$
$$\stackrel{\text{contin. di P}}{=} \mathsf{P}\left(\lim_{m \to \infty} \{X_1 \leq x_1 - m\} \cap \{X_2 \leq x_2\} \right)$$
$$= \mathsf{P}(\varnothing \cap \{X_2 \leq x_2\}) = 0,$$

dove il primo limite a sinistra è uguale a $\lim_{x_1 \to -\infty} F_{\mathbf{X}}(x_1, x_2) = F_{\mathbf{X}}(-\infty, x_2) = 0$.

3. L'operatore differenza agisce iterativamente.[20] Quindi si ha:

$$\begin{aligned}
\Delta_{a_1, b_1} \Delta_{a_2, b_2} F_{\mathbf{X}}(x_1, x_2) &:= \Delta_{a_1, b_1} \left(\Delta_{a_2, b_2} F_{\mathbf{X}}(x_1, x_2) \right) \\
&= \Delta_{a_1, b_1} \left(F_{\mathbf{X}}(x_1, b_2) - F_{\mathbf{X}}(x_1, a_2) \right) \\
&= \Delta_{a_1, b_1} F_{\mathbf{X}}(x_1, b_2) - \Delta_{a_1, b_1} F_{\mathbf{X}}(x_1, a_2) \\
&= F_{\mathbf{X}}(b_1, b_2) - F_{\mathbf{X}}(a_1, b_2) \\
&\quad - F_{\mathbf{X}}(b_1, a_2) + F_{\mathbf{X}}(a_1, a_2).
\end{aligned} \tag{3.28}$$

---

[20] Δ_{a_i, b_i} agisce su $F_{\mathbf{X}}$ sostituendo il numero b_i alla i-esima coordinata x_i in $F_{\mathbf{X}}(x_1, \ldots, x_n)$, poi sostituendo il numero a_i alla stessa coordinata e infine calcolando la differenza.

Vale la pena notare che l'evento $\{\mathbf{a} < \mathbf{X} \leqslant \mathbf{b}\}$ significa che il vettore aleatorio assuma valori sul prodotto cartesiano $(\mathbf{a}, \mathbf{b}] = (a_1, b_1] \times (a_2, b_2]$, cioè $(X_1, X_2) \in (\mathbf{a}, \mathbf{b}]$ se e solo se $a_i < X_i \leqslant b_i$ per $i = 1, 2$.

La parte necessaria ($\Longrightarrow$) del Teorema 3.8 per variabili aleatorie indipendenti è il Teorema 3.4 nella Sezione 3.5.

Osservazione 3.11

La Proprietà (d) del Teorema 3.8 può essere riformulata dicendo che $F_\mathbf{X}$ è **n-crescente**, cioè, $\Delta_{a_1, b_1} \cdots \Delta_{a_n, b_n} F_\mathbf{X}(x_1, \ldots, x_n) \geqslant 0$, per ogni rettangolo $(\mathbf{a}, \mathbf{b}]$ con $\mathbf{a} = (a_1, \ldots, a_n)$ e $\mathbf{b} = (b_1, \ldots, b_n)$. Qui l'operatore differenza dà origine alla somma $S_0 - S_1 + S_2 - \cdots + (-1)^n S_n$, dove S_i è a sua volta una somma di tutti i termini $F_\mathbf{X}(s_1, \ldots, s_n)$ con $s_k = a_k$ per i interi scelti in $\{1, \ldots, n\}$, e $s_k = b_k$ per i restanti $n - i$ interi; ci sono $\binom{n}{i}$ di tali termini. In effetti, si tratta del $F_\mathbf{X}$-*volume* relativo al rettangolo $(\mathbf{a}, \mathbf{b}]$ che può essere calcolato equivalentemente come $\sum_{\mathbf{v} \in \mathrm{V}} \mathrm{sign}(\mathbf{v}) F_\mathbf{X}(\mathbf{v})$, dove

$$\mathrm{sign}(\mathbf{v}) = \begin{cases} 1, & \text{se } v_i = a_i \text{ per un numero pari di indici} \\ -1, & \text{se } v_i = a_i \text{ per un numero dispari di indici,} \end{cases}$$

e $\mathrm{V} = \{a_1, b_1\} \times \cdots \times \{a_n, b_n\}$ è l'insieme che contiene tutti i vertici di $(\mathbf{a}, \mathbf{b}]$, ciascuno dato come $\mathbf{v} = (v_1, \ldots, v_n)$. Si osservi che la continuità da destra statuita nel punto (b) è equivalente ad avere $F_\mathbf{X}$ continua da destra in tutte le variabili indipendenti.

Alcuni Dettagli sull'Indipendenza

Dati eventi indipendenti $A_1, \ldots, A_n \in \mathcal{F}$ si ha che le σ-algebra generate $\sigma(A_1), \ldots, \sigma(A_n)$ sono indipendenti e anche le indicatrici $\mathbf{I}_{A_1}, \ldots, \mathbf{I}_{A_n}$ sono in dipendenti, ossia queste tre condizioni sono equivalenti. Si osservi che classi indicizzate di eventi $\mathcal{G}_i \subset \mathcal{F}$, per $i \in I$, si dicono indipendenti se e solo se $A_{i_1} \in \mathcal{G}_{i_1}, \ldots, A_{i_n} \in \mathcal{G}_{i_n}$ sono indipendenti per ogni scelta finita di indici[21] $i_1, \ldots, i_n \in I$. Ad esempio, le variabili aleatorie $X_1, \ldots, X_n$ sono indipendenti se e solo se $\sigma(X_1), \ldots, \sigma(X_n)$ sono indipendenti come famiglie di eventi $\sigma(X_i) = \{\{X_i \in B_i\} \mid B_i \in \mathbb{R}$ opportuni$\}$, si veda l'Esempio 1.16 nel Paragrafo 1.6 e anche il Paragrafo 6.4. Una versione multidimensionale del Teorema 3.2, valido per classi di eventi indotte da famiglie indicizzate di v.a., può essere dimostrata basandosi sul fatto che certe classi indipendenti $\mathcal{G}_i$ di eventi in $\mathcal{F}$, ciascuna contenente l'intersezione di

---

[21] L'indipendenza di $\sigma(A_1), \ldots, \sigma(A_n)$ implica l'indipendenza di $A_1, \ldots, A_n$ in modo banale. L'indipendenza tra $\sigma(A_i)$ e l'indipendenza tra $\mathbf{I}_{A_i}$ sono equivalenti poiché l'indipendenza tra v.a. può essere espressa in termini delle σ-algebra da esse generate. Il fatto che l'indipendenza degli eventi A_i implichi l'indipendenza delle σ-algebra da essi generate è più sottile, e omettiamo la dimostrazione.

tutte le coppie $A, B \in \mathcal{G}_i$, generano σ-algebra $\sigma(\mathcal{G}_{i_1}, \ldots, \mathcal{G}_{i_n})$ che sono indipendenti per ogni scelta di indici $i_1, \ldots, i_n$, e questo implica che le variabili aleatorie $Y = f(X_{i_1}, \ldots, X_{i_n})$ sono indipendenti perché le σ-algebra da esse generate $\sigma(Y)$ lo sono. Si tratta di una forma più generale di indipendenza a blocchi, si veda il Paragrafo 3.6.

Osservazione 3.12

Nella dimostrazione del Teorema 3.2 abbiamo usato insiemi speciali A, B per i valori di $f(X)$ e $g(Y)$. In realtà, usando la definizione di controimmagine (cfr. Appendice al Capitolo 2) possiamo considerare due applicazioni composte

$$\Omega \xrightarrow{X} \mathbb{R} \xrightarrow{f} \mathbb{R}, \quad \Omega \xrightarrow{Y} \mathbb{R} \xrightarrow{g} \mathbb{R},$$

e osservare che X, Y e f, g sono Borel-misurabili, quindi passando alle rispettive controimmagini e applicazioni composte abbiamo:

$$\{f(X) = u\} = X^{-1}(f^{-1}(\{u\})) = \{X \in f^{-1}(\{u\})\}, \quad A = f^{-1}(\{u\}),$$

e

$$\{g(Y) = v\} = Y^{-1}(g^{-1}(\{v\})) = \{Y \in g^{-1}(\{v\})\}, \quad B = g^{-1}(\{v\}),$$

e considerando l'intersezione $\{f(X) = u\} \cap \{g(Y) = v\}$ otteniamo lo stesso risultato. Vale la pena notare che

$$\mathcal{B} \xrightarrow{f^{-1}} \mathcal{B} \xrightarrow{X^{-1}} \Omega$$

ha come controimmagine composta $\mathcal{B} \xrightarrow{(f \circ X)^{-1}} \Omega$, dove $(f \circ X)^{-1} := X^{-1} \circ f^{-1}$.

Possiamo formulare un risultato sull'indipendenza anche per spazi di probabilità diversi.

Teorema 3.9

Siano X, Y v.a. definite su $(\Omega_1, \mathcal{F}_1)$ e su $(\Omega_2, \mathcal{F}_2)$, rispettivamente. Per ogni coppia di funzioni Borel-misurabili $f, g : \mathbb{R} \to \mathbb{R}$, le v.a. $f(X), g(Y)$ sono indipendenti se e solo se X, Y lo sono.

Dimostrazione Ricordiamo che una composizione tra una v.a. (che è una funzione misurabile di per sé) e una funzione Borel-misurabile è misurabile. ($\Rightarrow$) Supponendo che $f(X), g(Y)$ siano indipendenti basta porre $f(x) = x$ e $g(y) = y$. ($\Leftarrow$) Supponendo che X, Y siano indipendenti sappiamo che le σ-algebra $\sigma(X), \sigma(Y)$ da esse generate sono anch'esse indipendenti. Sia $U = f(X)$ e $V = g(Y)$, allora

$$\{f(X) \in C\} = X^{-1}(f^{-1}(C)) = \{X \in A\}, \quad A = f^{-1}(C),$$

e

$$\{g(Y) \in D\} = Y^{-1}(g^{-1}(D)) = \{Y \in B\}, \quad B = g^{-1}(D).$$

Poiché $\sigma(U) \subset \sigma(X)$ e $\sigma(V) \subset \sigma(Y)$, gli eventi $\{X \in A\} \in \sigma(X)$ e $\{Y \in B\} \in \sigma(Y)$ sono indipendenti così come $\sigma(X), \sigma(Y)$, quindi il risultato è dimostrato. ∎

Indipendenza Condizionata

Per quanto visto nel Paragrafo 3.4 si ha che due v.a. X, Y possono essere:

- indipendenti ma non identicamente distribuite;
- indipendenti e identicamente distribuite;
- dipendenti ma non identicamente distribuite;
- dipendenti e identicamente distribuite.

Ad esempio, se X rappresenta la durata della vita di un neonato scelto a caso e $Y = S_1$ il prezzo di chiusura giornaliero dello S&P500, allora X, Y sono indipendenti ma non identicamente distribuite. Se X rappresenta i movimenti di tick ± 0.5 del prezzo di chiusura dello S&P500 alla fine del primo giorno, e Y rappresenta i movimenti di tick dello stesso indice alla fine del secondo giorno, allora X, Y sono IID. Inoltre, sia $X = \mathbf{I}_{\{S_1 > 0 \text{ alla fine del terzo giorno}\}}$ e sia Y il numero di movimenti di tick verso il basso -0.5 in 3 giorni di trading consecutivi, allora X, Y sono dipendenti ma non hanno la stessa distribuzione. Infine, sia X il numero di movimenti di tick verso l'alto 0.5 in un giorno di trading e sia Y il numero di movimenti di tick verso il basso -0.5 nello stesso orizzonte temporale, allora X, Y possono avere la stessa distribuzione (si veda il Paragrafo 5.4) e sono chiaramente dipendenti. Esiste un'altra forma di dipendenza tra v.a. che possiamo esprimere richiedendo

$$\mathsf{P}(X \leqslant x, Y \leqslant y \mid Z = z) = \mathsf{P}(X \leqslant x \mid Z = z)\mathsf{P}(Y \leqslant y \mid Z = z),$$
$$\text{per ogni } x, y \in \mathbb{R},$$

per ogni coppia di v.a. X, Y definite sullo stesso spazio di probabilità, e ogni z nel supporto di una terza v.a. Z. Questa si chiama *indipendenza condizionata*, e non ha nulla a che vedere con l'indipendenza (incondizionata). Il requisito sopra può essere generalizzato considerando la nozione di probabilità condizionata generale, si veda il Paragrafo 6.4.

Dimostrazione del Teorema 3.5

Dimostrazione Bisogna calcolare la derivata prima della CDF relativa alla v.a. $X_1 + X_2$. Per l'evento $\{X_1 + X_2 \leqslant x\}$ consideriamo il sottoinsieme dato da

$$B = \{(x_1, x_2) \mid x_1 + x_2 \leqslant x\} \subset \mathbb{R}^2$$

in cui ritroviamo le coppie di valori assunti dal vettore aleatorio $\mathbf{X} = (X_1, X_2)$, quindi scriviamo la CDF della v.a. somma usando l'potesi di indipendenza:

$$
\begin{aligned}
F_{X_1+X_2}(x) &= \mathsf{P}(X_1 + X_2 \leq x) \\
&= \int_B f_{\mathbf{X}}(x_1, x_2)\mathrm{d}x_1\mathrm{d}x_2 \overset{\text{Indip.}}{=} \int_B f_{X_1}(x_1) f_{X_2}(x_2)\mathrm{d}x_1\mathrm{d}x_2 \\
&\overset{\text{Teorema di Fubini}}{=} \int_{-\infty}^{\infty}\left[\int_{-\infty}^{x-x_2} f_{X_1}(x_1)\mathrm{d}x_1\right] f_{X_2}(x_2)\mathrm{d}x_2 \\
&= \int_{-\infty}^{\infty}\left[\int_{-\infty}^{x} f_{X_1}(x_1 - x_2)\mathrm{d}x_1\right] f_{X_2}(x_2)\mathrm{d}x_2 \\
&= \int_{-\infty}^{x}\left[\int_{-\infty}^{\infty} f_{X_1}(x_1 - x_2)\mathrm{d}x_2\right] f_{X_2}(x_2)\mathrm{d}x_1,
\end{aligned}
$$

quindi considerando $u = x_1$ e applicando la derivata alla CDF della somma, $\frac{\mathrm{d}}{\mathrm{d}x}F_{X_1+X_2}$, la dimostrazione è completa in quanto avramo elimato $\int_{-\infty}^{x}$. Si osservi che dalla condizione $x_1 + x_2 \leq x$, associata ai valori delle due v.a. tali che $X_1(\omega) + X_2(\omega) = x_1 + x_2$ per alcuni esiti $\omega \in \Omega$, si ricava in particolare $x_1 \leq x - x_2$. Geometricamente (lo studente disegni un garafico nel piano $x_1 x_2$) l'evento $\{X_1 + X_2 \leq x\}$ è rappresentato dall regione B equivalente al semispazio definito da tutti i punti (x_1, x_2) sulla retta $x_1 + x_2 = x$, per $x \in \mathbb{R}$ fissato, e da quelli al di sotto di essa. Inoltre, integrare da $-\infty$ a $x - x_2$ in base alla variabile x_1 equivale a integrare da $-\infty$ a x la variabile $x_1 - x_2$, con x_2 considerata costante (cfr. l'integrale interno tra parentesi quadre). ∎

Dimostrazione del Teorema 3.3

Dimostrazione Supponiamo che $X_1, \ldots, X_n$ siano indipendenti. Dalle (3.20) e (3.19) possiamo scrivere:

$$
\begin{aligned}
&\underbrace{\int_{-\infty}^{x_1} f_{X_1}(u_1)\mathrm{d}u_1 \times \cdots \times \int_{-\infty}^{x_n} f_{X_n}(u_n)\mathrm{d}u_n}_{=\prod_{i=1}^{n}\int_{-\infty}^{x_i} f_{X_i}(u_i)\mathrm{d}u_i} \\
&= \prod_{i=1}^{n} \mathsf{P}(X_i \leq x_i) = \mathsf{P}(X_1 \leq x_1, \ldots, X_n \leq x_n) \\
&\overset{\text{ass. cont.}}{=} \int_{-\infty}^{x_1} \cdots \int_{-\infty}^{x_n} f_{\mathbf{X}}(u_1, \ldots, u_n)\mathrm{d}u_1 \cdots \mathrm{d}u_n,
\end{aligned}
$$

per ogni $x_1, \ldots, x_n$. Sottraendo la prima espressione, che per il Teorema di Fubini si scrive come $\int_{-\infty}^{x_1} \cdots \int_{-\infty}^{x_n} \left[\prod_{i=1}^{n} f_{X_i}(u_i) \right] \mathrm{d}u_1 \cdots \mathrm{d}u_n$, dalla seconda otteniamo

$$\int_{-\infty}^{x_1} \cdots \int_{-\infty}^{x_n} \left[f_{\mathbf{X}}(u_1, \ldots, u_n) - \prod_{i=1}^{n} f_{X_i}(u_i) \right] \mathrm{d}u_1 \cdots \mathrm{d}u_n = 0.$$

Derivando rispetto alle variabili $x_1, \ldots, x_n$, e quindi eliminando tutti gli integrali, abbiamo concluso. Viceversa, se la densità congiunta si fattorizza abbiamo:

$$\mathsf{P}(X_1 \leqslant x_1, \ldots, X_n \leqslant x_n) = \int_{-\infty}^{x_1} \cdots \int_{-\infty}^{x_n} \left[\prod_{i=1}^{n} f_{X_i}(u_i) \right] \mathrm{d}u_1 \cdots \mathrm{d}u_n$$

$$= \prod_{i=1}^{n} \int_{-\infty}^{x_i} f_{X_i}(u_i) \mathrm{d}u_i = \prod_{i=1}^{n} \mathsf{P}(X_i \leqslant x_i),$$

che è la definizione di indipendenza in base alla (3.20) valida per CDF congiunte. ∎

Come corollario otteniamo anche che v.a. indipendenti X_i che sono assolutamente continue forniscono un vettore aleatorio $\mathbf{X} = (X_1, \ldots, X_n)$ che è assolutamente continuo. È sufficiente partire da $\mathsf{P}(X_1 \leqslant x_1, \ldots, X_n \leqslant x_n)$, scriverla come $\prod_{i=1}^{n} \mathsf{P}(X_i \leqslant x_i) = \prod_{i=1}^{n} \int_{-\infty}^{x_i} f_{X_i}(u_i) \mathrm{d}u_i$ e poi, per il Teorema di Fubini, otteniamo gli integrali iterati

$$\int_{-\infty}^{x_1} \cdots \int_{-\infty}^{x_n} \left[\prod_{i=1}^{n} f_{X_i}(u_i) \right] \mathrm{d}u_1 \cdots \mathrm{d}u_n$$

mostrando che $\prod_{i=1}^{n} f_{X_i}(u_i)$ soddisfa la proprietà di una densità congiunta $f_{\mathbf{X}}$.

Capitolo 4
Momenti e simili

4.1 Un punto di partenza per motivare

Sia $(\Omega, \mathcal{F})$ uno spazio degli eventi che rappresenta il seguente esperimento aleatorio: una scommessa tale che si vinca la somma di 1000 € con probabilità $p > 0$ e si perda la somma di 900 € con probabilità $1 - p$. Quanto si desidera guadagnare o si teme di perdere, in media, da questa scommessa? Possiamo definire la v.a. discreta X avente distribuzione con masse $\mathsf{P}(X = 1000) = p$ e $\mathsf{P}(X = -900) = 1 - p$. Possiamo quindi calcolare la vincita/perdita prevista come

$$\overline{X} = p1000 + (-900)(1 - p).$$

Ad esempio, assumendo $p = \frac{1}{2}$ ci si aspetta di vincere $\overline{X} = 50$ €. Un'interpretazione fisica di $\overline{X}$ è che essa rappresenta il baricentro dei numeri -900 e 1000 in $\mathbb{R}$, sui quali dislocare due pesi di probabilità che determinano $\mathsf{P}_X(B) = p\delta_{1000}(B) + (1 - p)\delta_{-900}(B)$ come legge di X, per ogni sottoinsieme opportuno[1] $B \subset \mathbb{R}$. Si verifica che $\overline{X}$ è un numero compreso tra -900 e 1000, per ogni $p \in (0, 1)$, cioè è una combinazione convessa con pesi $1 - p$ e p. Il numero $\overline{X}$ sintetizza i possibili valori che la v.a. X può assumere, utilizzando l'informazione parziale fornita dalle sue masse di probabilità. Infatti, interpretando

$$p = \mathsf{P}(X = 1000) \approx \frac{f_n(A)}{n} \quad \text{e} \quad 1 - p = \mathsf{P}(X = -900) \approx \frac{f_n(A^c)}{n}$$

come le frequenze relative degli eventi $A = \{X = 1000\}$ e $A^c = \{X = -900\}$, rispettivamente,[2] $\overline{X}$ prende il nome di *media* e rappresenta ciò che ci si aspetta dall'esperimento che governa X. La Figura 4.1 illustra l'interpretazione fisica di $\overline{X}$.

---

[1] Si ha $\delta_x(B) = \mathbf{I}_B(x)$, si veda il Paragrafo 2.4.
[2] Assumendo la ripetizione indipendente $n \in \mathbb{N}$ volte dell'esperimento aleatorio sottostante.

© The Author(s), under exclusive license to Springer Nature Switzerland AG 2026
D. Rossello, *Formulario di Probabilità Uno*, La Matematica per il 3+2,
https://doi.org/10.1007/978-3-032-18769-7_4

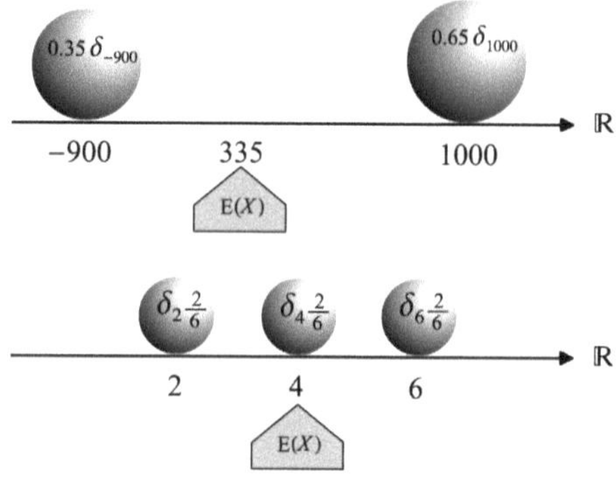

Figura 4.1 (In alto) La distribuzione P_X è discreta con massa totale 1 e $\overline{X}$ rappresenta il suo *baricentro*, con $p = 0.65$. (In basso) Distribuzione uniforme discreta con masse $p = \frac{2}{6}$

4.2   Valore atteso o speranza matematica

Il vaore atteso, o speranza matematica, può essere definito come previsione del valore che una v.a. assumerà, come 'media' dei possibili valori pesati tramite la sua legge di probabilità. Distingueremo tra v.a. discrete e continue.

> **Definizione 4.1**
> Sia X una v.a. discreta con un numero finito o un'infinità o numerabile di valori e masse di probabilità $P(X = x_i)$, per ogni x_i nel supporto C, e sia $g : \mathbb{R} \to \mathbb{R}$ una funzione a valori reali tale che $g(X)$ sia una v.a.[3] La **speranza matematica** o **valore atteso** di $g(X)$ è
>
> $$E(g(X)) := \sum_{x_i \in C} g(x_i)P(X = x_i), \qquad (4.1)$$
>
> a patto che $g(X) \geq 0$ oppure la somma sia[4] *assolutamente convergente*, $\sum_{x_i \in C} |g(x_i)|P(X = x_i) < \infty$.

Osservazione 4.1
Anche se la funzione g è continua, la v.a. $g(X)$ ottenuta tramite una trasformazione da scalare a scalare è discreta in quanto X lo è. Infatti, se $C = \{x_1, x_2, \ldots\}$ è il suo supporto allora $g(X)$ assume i valori nell'insieme $\{g(x_1), g(x_2), \ldots\}$. Del resto $\{X = x_i\} = \{g(X) = g(x_i)\}$ per ogni $x_i \in C$, e le masse rimangono le stesse.

Usando la funzione identità $g(x) = x$, il valore atteso di v.a. discrete soddisfa le seguenti proprietà.

---

[3] Questo è vero in particolare per g continua.
[4] Usiamo $|g(x_i)P(X = x_i)| = |g(x_i)||P(X = x_i)|$ e $|P(X = x_i)| = P(X = x_i)$.

1. Se $X(\omega) = k$ per ogni scenario $\omega \in \Omega$, con $k \in \mathbb{R}$, allora c'è solo $\{X = k\} = \Omega$ nella somma (4.1) e $\mathsf{E}(X) = k\mathsf{P}(X = k) = k$. Se $\mathsf{P}(X = k) = 1$, cioè $X = k$ è P-a.s. degenere si ha ancora $\mathsf{E}(X) = k$.
2. Se $a, b \in \mathbb{R}$ allora $\mathsf{E}(a + bX) = a + b\,\mathsf{E}(X)$, cioè *il valore atteso è lineare*, a condizione che $\mathsf{E}(X)$ sia ben definito.
3. Se $X(\omega) \leqslant Y(\omega)$ per ogni esito allora $\mathsf{E}(X) \leqslant \mathsf{E}(Y)$, cioè *il valore atteso preserva l'ordinamento*, dove Y è un'altra v.a. discreta con $\mathsf{E}(Y)$ ben definita.

Per una v.a. discreta X esistono interessanti relazioni tra indicatrici e valore atteso.

- Sia $g(x) = \mathbf{I}_B(x)$ l'indicatrice di un opportuno sottoinsieme $B \subset \mathbb{R}$. Allora $\mathsf{E}(\mathbf{I}_B(X)) = \mathsf{P}(X \in B)$. Infatti, per la Definizione 4.1 il valore atteso a sinistra è $\sum_i \mathbf{I}_B(x_i)\mathsf{P}(X = x_i) = \sum_{x_i \in B} \mathsf{P}(X = x_i)$, e poiché gli eventi $\{X = x_i\}$ sono incompatibili a coppie l'ultima somma è uguale a $\mathsf{P}(\bigcup_{x_i \in B}\{X = x_i\})$ che è proprio $\mathsf{P}(X \in B)$.
- Una v.a. indicatrice $X = \mathbf{I}_A$ con $A \in \mathcal{F}$ è discreta con supporto $C = \{0, 1\}$. Quindi, $A = \{X = 1\}$ e $A^c = \{X = 0\}$ e possiamo scrivere

$$\mathsf{E}(X) = 1 \times \mathsf{P}(X = 1) + 0 \times \mathsf{P}(X = 0)$$

  e infine ottenere $\mathsf{E}(\mathbf{I}_A) = \mathsf{P}(A)$. Scegliendo $A = \{X \in B\}$ ricaviamo in modo alternativo il risultato del primo punto.

Per una v.a. continua con funzione di densità, la seguente caratterizzazione è un'estensione intuitiva del caso discreto.

Definizione 4.2
Sia X una v.a. continua con funzione di densità $f_X(x)$ e sia $g : \mathbb{R} \to \mathbb{R}$ una funzione a valori reali tale che $g(X)$ sia una v.a. (continua) Il valore atteso di $g(X)$ è

$$\mathsf{E}(g(X)) := \int_{-\infty}^{\infty} g(x) f_X(x)\,\mathrm{d}x, \tag{4.2}$$

a patto che $g(X) \geqslant 0$ oppure l'integrale sia[5] *assolutamente convergente*, $\int_{-\infty}^{\infty} |g(x)| f_X(x)\,\mathrm{d}x < \infty$.

Come nel caso discreto, scegliendo $g(x) = x$ abbiamo ancora:

1. se $a, b \in \mathbb{R}$ allora $\mathsf{E}(a + bX) = a + b\,\mathsf{E}(X)$, cioè il valore atteso è lineare, ove $\mathsf{E}(X) = \int_{-\infty}^{\infty} x f_X(x)\mathrm{d}x$ è dato dalla Definizione 4.2.
2. se $X(\omega) \leqslant Y(\omega)$ per ogni esito allora $\mathsf{E}(X) \leqslant \mathsf{E}(Y)$, cioè il valore atteso preserva l'ordinamento, dove Y è un'altra v.a. continua con densità $f_Y(y)$ e $\mathsf{E}(Y) = \int_{-\infty}^{\infty} y f_Y(x)\mathrm{d}x$ in base alla Definizione 4.2.

---

[5] Usiamo $|g(x)f_X(x)| = |g(x)||f_X(x)|$ e $|f_X(x)| = f_X(x)$, poiché la densità è non negativa.

Esempio 4.1

Sia X una v.a. discreta con supporto $\{0, 1, 2, \ldots\}$ e funzione di massa $P(X = i) = e^{-\lambda}\frac{\lambda^i}{i!}$, con parametro $\lambda > 0$ (si veda il Paragrafo 5.5). Usando la funzione identità $g(x) = x$ nella Definizione 4.1 abbiamo[6]

$$E(X) = \sum_{i=1}^{\infty} i\, e^{-\lambda}\frac{\lambda^i}{i!}.$$

Inoltre, abbiamo la seguente catena di equivalenze:

$$E(X) = \lambda\, e^{-\lambda} \sum_{i=1}^{\infty} i\frac{\lambda^{i-1}}{i!} = \lambda\, e^{-\lambda} \sum_{i=1}^{\infty}\left[\frac{\mathrm{d}}{\mathrm{d}\lambda}\frac{\lambda^i}{i!}\right]$$

$$= \lambda\, e^{-\lambda}\, \frac{\mathrm{d}}{\mathrm{d}\lambda}\left[\sum_{i=0}^{\infty}\frac{\lambda^i}{i!}\right] = \lambda\, e^{-\lambda}\, \frac{\mathrm{d}}{\mathrm{d}\lambda}\left[e^{\lambda}\right]$$

$$= \lambda\, e^{-\lambda}\, e^{\lambda} = \lambda.$$

Osservazione 4.2

Nella precedente catena di equivalenze abbiamo utilizzato alcuni risultati dell'analisi reale.

- La funzione esponenziale $h(\lambda) = e^{\lambda}$ ha lo sviluppo in serie di Taylor[7] $h(\lambda) = \sum_{i=0}^{\infty}\frac{\lambda^i}{i!}$, nell'intorno di $\lambda = 0$.
- La funzione $\sum_{i=0}^{\infty}\frac{\lambda^i}{i!}$ è una serie di potenze convergente per ogni $\lambda \in \mathbb{R}$, si veda l'Appendice H.
- Per una serie di potenze convergente si può scambiare la derivata con la somma e derivare termine a termine, $\frac{\mathrm{d}}{\mathrm{d}\lambda}\left[\sum_{i=0}^{\infty}\frac{\lambda^i}{i!}\right] = \sum_{i=0}^{\infty}\left[\frac{\mathrm{d}}{\mathrm{d}\lambda}\frac{\lambda^i}{i!}\right]$.

Esiste un trattamento unificato del valore atteso basato sulla **formula di cambio variabile** nota anche come *regola (legge) dello statistico pigro (inconsapevole)*[8]

$$E(g(X)) = \int_{-\infty}^{\infty} g(x)\,\mathrm{d}F_X. \tag{4.3}$$

Per $g(x) = x$, le Definizioni 4.1 e 4.2 si possono dedurre come segue:

- se $F_X(x)$ è una funzione a gradini $\Rightarrow \mathrm{d}F_X(x) = F_X(x_i) - F_X(x_{i-1})$ e $E(X) = \sum_i x_i P(X = x_i)$;
- se $F_X(x)$ è (assolutamente) continua con densità $f_X(x) \Rightarrow \mathrm{d}F_X(x) = F_X'(x)\mathrm{d}x = f_X(x)\mathrm{d}x$ e $E(X) = \int_{-\infty}^{\infty} x\, f_X(x)\mathrm{d}x$ è un integrale di Riemann.

---

[6] Si osservi che $\sum_{i=1}^{\infty}\left|i\,e^{-\lambda}\frac{\lambda^i}{i!}\right| = \sum_{i=1}^{\infty} i\,e^{-\lambda}\frac{\lambda^i}{i!}$, quindi verificare $E(X) = \lambda$ implica che la condizione sufficiente di convergenza nella Definizione 4.1 è soddisfatta.

[7] Si ricordi la derivata $\frac{\mathrm{d}}{\mathrm{d}\lambda}\frac{\lambda^i}{i!} = i\frac{\lambda^{i-1}}{i!}$.

[8] L'integrale è di Stieltjes.

Più in generale, tale approccio unificato ha le sue basi nella teoria della misura: la formula di cambio variabile è effettivamente enunciata come un teorema. Per una parziale comprensione mostriamo (saltando alcuni dettagli tecnici) le fasi successive nella costruzione dell'integrale di Stieltjes che si usa nella definizione di valore atteso. Prima di iniziare, abbiamo bisogno del seguente concetto enunciato informalmente. Una funzione $g : \mathbb{R} \to \mathbb{R}$ è *misurabile*[9] quando

$$g^{-1}(\tilde{B}) := \{x \in \mathbb{R} \mid g(x) \in \tilde{B}\}$$

è un opportuno sottoinsieme di numeri reali, se consideriamo un altro opportuno insieme $\tilde{B} \subset \mathbb{R}$.[10] Si ha che $x \in g^{-1}(\tilde{B})$ sse $g(x) \in \tilde{B}$. Ponendo $Y = g(X)$ otteniamo:

$$\begin{aligned}
\{Y \in \tilde{B}\} &= \{\omega \mid g(X(\omega)) \in \tilde{B}\} \\
&= \{\omega \mid X(\omega) \in g^{-1}(\tilde{B})\}.
\end{aligned}$$

Poiché g è misurabile e X è una v.a. allora $B = g^{-1}(\tilde{B}) \subset \mathbb{R}$ è opportuno ed essendo $\{X \in B\} \in \mathcal{F}$ si ha che Y è una v.a. Ma $\mathsf{P}_X \neq \mathsf{P}_Y = \mathsf{P}_{g(X)}$, oppure usando le ripartizioni $F_X \neq F_Y = F_{g(X)}$. Peraltro, nella formula di cambio variabile non interessa la nuova distribuzione nel calcolo del valore atteso per v.a. trasformate e il valore atteso equivale all'integrale di una funzione misurabile $g(x)$ che agisce sui valori di una v.a.

1. Sia $X = x_1 \mathbf{I}_{\{X \in B_1\}} + \cdots + x_n \mathbf{I}_{\{X \in B_n\}}$ con $\{X \in B_i\}$ che partizionano Ω e B_i che partizionano $\mathbb{R}$. Quindi,[11] $g(X) = g(x_1)\mathbf{I}_{\{X \in B_1\}} + \cdots + g(x_n)\mathbf{I}_{\{X \in B_n\}}$ ha valore atteso[12]

$$\int g(x)\mathrm{d}F_X(x) := \sum_{i=1}^{n} g(x_i)\mathsf{P}(g(x_i) \in \tilde{B}_i).$$

Si osservi che $\{g(x_i) \in \tilde{B}_i\}$ equivale all'evento $\{X \in B_i\}$, con $B_i = g^{-1}(\tilde{B}_i)$, per ogni i tale che x_i è nel supporto di X, si veda l'Osservazione 4.1 e quanto detto sopra.

2. Se X non è nella forma di cui sopra ma $g(x) = g(X(\omega)) \geq 0$ per ogni esito ω allora il valore atteso è

$$\int g(x)\mathrm{d}F_X(x) = \lim_{n \to \infty} \int g_n(x)\mathrm{d}F_X(x),$$

dove $0 \leq g_n(x) \leq g_{n+1}(x)$ è una successione crescente, tale che $g_n(X(\omega))$ sono v.a. discrete con supporto finito, che converge puntualmente alla v.a. $g(X(\omega))$, ossia per ogni esito ω.

---

[9] In realtà Borel-misurabile, si veda l'Appendice al Capitolo 2.
[10] Questo significa che $g^{-1}(\tilde{B}) \in \mathcal{B}$ per ogni $\tilde{B} \in \mathcal{B}$.
[11] Questa è infatti una v.a. semplice, si veda il Paragrafo 2.4.
[12] Si ha: $\tilde{B}_i = g(B_i) = \{y \in \mathbb{R} \mid \exists x \in B_i \text{ t.c. } g(x) \in \tilde{B}_i\}$.

3. Per una v.a. generale $g(X)$ il valore atteso è $\int g(x)\mathrm{d}F_X(x) = \int g^+(x)\mathrm{d}F_X(x) - \int g^-(x)\mathrm{d}F_X(x)$, dove $g^+(x) = \max\{0, g(x)\}$ è la parte positiva e $g^-(x) = \max\{0, -g(x)\}$ è la parte negativa. Il valore atteso eiste finito sse $g^+(x), g^-(x)$ sono entrambe finite; se solo una è $\pm\infty$ il valore atteso è infinito; se $g^+(x) = g^-(x) = \infty$ allora Il valore atteso non è definito.

In base a questo approccio il cambio di variabile per il calcolo del valore atteso nei casi discreto e continuo è riassumibile come segue:

- se X ha supporto finito o numerabile, allora come sappiamo $Y = g(X)$ è anch'essa discreta e il valore atteso è

$$\mathsf{E}(g(X)) = \sum_i y_i \mathsf{P}(Y = y_i);$$

  ma si ricordi che $\{X = x_i\} = \{Y = g(x_i)\}$ con la stessa probabilità $\mathsf{P}(X = x_i)$, e inoltre $g(X) = y_i$ sse $g(X) \in \{y_i\}$ sse $X \in g^{-1}(\{y_i\})$; in questo caso nello step 1. relativo alla costruzione dell'integrale di Stieltjes avremo $\tilde{B}_i = \{y_i\} = \{g(x_i)\}$ per tutti gli x_i nel supporto di X.[13]
- Se X è continua, allora $\mathsf{P}(X = x) = 0$ e possiamo approssimare $\mathsf{E}(g(X))$ come $\sum_i g(x_i) f_X(x_i)\mathrm{d}x_i$ su tutti i sottointervalli $(x_i, x_i + \mathrm{d}x_i]$, poiché $\mathsf{P}(x_i < X \leqslant x_i + \mathrm{d}x_i) \approx f_X(x_i)\mathrm{d}x_i$ e in questo caso $g(X) \approx g(x_i)$ su ogni sottointervallo. Al 'limite' otteniamo la formula (4.2).

Possiamo eseguire l'integrazione su sottoinsiemi.

- Per le probabilità:
  - data una v.a. X abbiamo $\mathsf{P}(X \in B) = \int_B \mathrm{d}F_X(x)$, per ogni sottoinsieme $B \subset \mathbb{R}$ come intervalli, semirette, ecc.;
  - in particolare, $\mathsf{P}(X \in B) = \int_B f_X(x)\mathrm{d}x$ se X è continua con densità $f_X(x)$;
  - altrimenti, $\mathsf{P}(X \in B) = \sum_{x \in B} \mathsf{P}(X = x)$, se X è discreta.

- Per il valore atteso: si consideri la versione *troncata* $X\mathbf{I}_A$ di una v.a. X, per ogni evento $A \in \mathcal{F}$, e si osservi che $X\mathbf{I}_A = X$ per ogni $\omega \in A$. Se $B = \{x \in \mathbb{R} \mid x = X(\omega) \text{ per } \omega \in A\}$, allora $\mathsf{E}(X\mathbf{I}_A) = \int_B x\mathrm{d}F_X(x)$.

Mostriamo una derivazione del primo punto. Ricordiamo che $\mathsf{E}(\mathbf{I}_A) = \mathsf{P}(A)$ e scegliendo $A = \{X \in B\} \in \mathcal{F}$, per $B \subset \mathbb{R}$ abbiamo:

$$\mathsf{P}(X \in B) = \mathsf{E}(\mathbf{I}_{\{X \in B\}}) = \int_{-\infty}^{\infty} \mathbf{I}_B(x)\mathrm{d}F_X(x) = \int_B \mathrm{d}F_X(x).$$

Fatto: $\mathbf{I}_B(X) = \mathbf{I}_{\{X \in B\}}$, per una v.a. X e un opportuno $B \subset \mathbb{R}$, si veda l'Esercizio 2.4 nel Capitolo 2. Per una v.a. non negativa, $X \geqslant 0$,[14] il valore atteso è

$$\boxed{\mathsf{E}(X) = \int_0^{\infty} [1 - F_X(x)]\mathrm{d}x}. \tag{4.4}$$

---

[13] Si osservi che $g^{-1}(\{a\}) = \{x \mid g(x) = a\}$.

[14] Si osservi che per ogni v.a. $X \geqslant 0$ si deve avere $F_X(0) = 0$.

Si può verificare la formula (4.4) per v.a. discrete e continue, ma invece la dimostriamo per v.a. generali non negative:

$$
\begin{aligned}
E(X) &= \int_0^\infty x \, dF_X(x) \\
&= \int_0^\infty \left[\int_0^x du \right] dF_X(x) \\
&= \int_0^\infty \left[\int_u^\infty dF_X(x) \right] du \\
&= \int_0^\infty [1 - F_X(u)] du, \tag{4.5}
\end{aligned}
$$

che è la formula (4.4) con $x = u$. Questo è particolarmente utile ogni volta che $X \geq 0$ rappresenta il prezzo futuro di un'attività negoziata o di uno strumento derivato. Abbandonando l'assunzione $X \geq 0$, la formula (4.4) diventa

$$
\boxed{\; E(X) = \int_0^\infty [1 - F_X(x)] dx - \int_{-\infty}^0 F_X(x) dx \;} . \tag{4.6}
$$

Forniamo alcuni dettagli sulla formula (4.4) per v.a. non negative.

- Abbiamo usato $x = \int_0^x du$ che vale $u = x$ meno $u = 0$. Si osservi che l'integrale è di Riemann sull'intervallo aperto $(0, x)$.
- L'integrale iterato nella seconda uguaglianza di (4.5) è un *integrale doppio* rispetto alle variabili u e x. La terza uguaglianza si basa sullo scambio dell'ordine di integrazione.[15]
- L'integrale doppio è considerato per ogni coppia (x, u) nella regione $(0, \infty] \times (0, x]$, cioè dobbiamo avere $0 < u \leq x$. Quindi l'integrale di Stieltjes interno $\int_u^\infty dF_X(x)$ è correttamente valutato per $x \geq u$ e fornisce $F_X(\infty) - F_X(u) = 1 - F_X(u)$.

Formalmente, l'integrale doppio coinvolto nella formula (4.5) è del tipo

$$
\int_{(a,b] \times (c,d]} g(x, u) dF_X(x) dF_Y(u)
$$

equivalente a

$$
\int_a^b \left[\int_c^d g(x, u) dF_Y(u) \right] dF_X(x) = \int_c^d \left[\int_a^b g(x, u) dF_X(x) \right] dF_Y(u),
$$

che è un integrale doppio della funzione limitata $g(x, u)$, qualunque sia l'ordine di integrazione; nel nostro caso abbiamo usato $g(x, u) = 1$ e $F_Y(u) = u$. Chiudiamo questo paragrafo con un'altra notazione per il valore atteso, utile nelle manipolazioni simboliche: $\boxed{E(X) = \int_\Omega X \, dP}$.

---

[15] Ciò è giustificato dalla non negatività delle funzioni coinvolte, che garantisce l'applicazione del teorema di Fubini.

Osservazione 4.3

Per linearità, il valore atteso di una v.a. mista X (si veda il Paragrafo 2.9) è la somma di due valori attesi: uno per la parte continua e uno per la parte discreta. Formalmente, data la densità generalizzata $f_X(x) = \sum_{i=1}^{n} p_i \delta_{x_i}(x) + (1-\alpha) f_c(x)$ possiamo calcolare

$$\mathsf{E}(X) = \int x\, f_X(x)\mathrm{d}x = \sum_{i=1}^{n} p_i x_i + (1-\alpha) \int x f_c(x)\mathrm{d}x,$$

dove abbiamo usato $\int x\delta_z(x)\mathrm{d}x = z$ per calcolare

$$\int x \sum_{i=1}^{n} p_i \delta_{x_i}(x)\mathrm{d}x = \sum_{i=1}^{n} p_i \int x\delta_{x_i}(x)\mathrm{d}x = \sum_{i=1}^{n} p_i x_i,$$

e abbiamo scritto $\int$ invece di $\int_{-\infty}^{\infty}$.

4.3 Varianza e momenti

Per una v.a. X che modellizza profitti/perdite o tassi di rendimento, la dispersione dei suoi valori intorno al valore atteso può essere interpretata come un rischio.

Definizione 4.3

Data una v.a. X con valore atteso finito e $\mathsf{E}(X^2)$ finito, la **varianza** è

$$\mathsf{V}(X) := \mathsf{E}\big((X - \mathsf{E}(X))^2\big) \tag{4.7}$$

spesso scritta come σ_X^2. Ponendo $\mu_X = \mathsf{E}(X)$ distinguiamo due casi:

- v.a. discrete: $\sigma_X^2 = \sum_i (x_i - \mu_X)^2 \mathsf{P}(X = x_i)$;
- v.a. continue: $\sigma_X^2 = \int (x - \mu_X)^2 f_X(x)\mathrm{d}x$.

La **deviazione standard** è $\mathsf{SD}(X) := \sqrt{\mathsf{V}(X)} = \sigma_X$.

Sviluppando il quadrato nella formula (4.7), cioè $\mathsf{E}\big(X^2 - 2X\mathsf{E}(X) + (\mathsf{E}(X))^2\big)$, otteniamo equivalentemente $\sigma_X^2 = \mathsf{E}(X^2) - (\mathsf{E}(X))^2$. Se $\mathsf{E}(X)$ non è definito o è infinito, allora $\mathsf{V}(X)$ non può essere definita. Altrimenti, $\mathsf{E}(X)$ è definito e finito e anche $\mathsf{V}(X)$ è definita, ed è infinita sse $\mathsf{E}(X^2) = \infty$. Sia $f(m) = \mathsf{E}((X - m)^2)$, per ogni $m \in \mathbb{R}$. Allora, tale funzione ammette valore minimo pari alla varianza, $\min_{m \in \mathbb{R}} f(m) = \mathsf{V}(X)$, nel punto estremante $m = \mu_X$:

$$\begin{aligned}
f(m) &= \mathsf{E}((X - \mu_X + \mu_X - m)^2) \\
&= \mathsf{E}((X - \mu_X)^2) + (\mu_X - m)^2 + 2(\mu_X - m)\underbrace{\mathsf{E}(X - \mu_X)}_{=0} \\
&= \mathsf{V}(X) + (\mu_X - m)^2 \geq \mathsf{V}(X)
\end{aligned}$$

Dunque $f(m) \geq V(X)$ e l'uguaglianza si ha sse $m = \mu_X$, quindi il valore atteso rende minima $f(m)$ con valore minimo dato dalla varianza. Prendendo potenze di ordine superiore a 2 nella (4.7) possiamo generalizzare la varianza.

Definizione 4.4

Data una v.a. X e il numero reale $p > 0$, il valore atteso della v.a. potenza X^p è detto **momento** p-esimo:

$$E(X^p), \quad \text{purché il valore atteso sia finito.} \tag{4.8}$$

- V.a. discrete: $E(X^p) = \sum_i x_i^p P(X = x_i)$
- V.a. continue: $E(X^p) = \int x^p f_X(x)dx$.

Per $p = 1$ si ottiene il valore atteso, per $p = 2$ si ricava la varianza sse $E(X) = 0$. Il **momento centrale** di ordine p è:

$$E((X - \mu_X)^p), \quad \text{purché il valore atteso sia finito.} \tag{4.9}$$

Quindi $V(X)$ è il momento centrale secondo.

- V.a. discrete: $E((X - \mu_X)^p) = \sum_i (x_i - \mu_X)^p P(X = x_i)$
- V.a. continue: $E((X - \mu_X)^p) = \int (x - \mu_X)^p f_X(x)dx$.

Si noti l'uso della formula di cambio variabile nella definizione dei momenti, considerando $g(X) = X^p$ oppure $g(X) = (X - \mu_X)^p$.[16] Si possono caratterizzare trasformazioni di v.a. uguali in distribuzione tramite il valore atteso.

Lemma 4.1

Siano X, Y v.a. nello stesso spazio di probabilità e $g : \mathbb{R} \to \mathbb{R}$ una funzione misurabile tale che $g(X), g(Y)$ hanno valore atteso finito. Allora $X \overset{d}{=} Y$ sse $E(g(X)) = E(g(Y))$.

Per il concetto di misurabilità si veda l'Appendice al Capitolo 2. Il caso più comune è quello in cui g è continua. In particolare, dal Lemma 4.1 si deduce che due v.a. uguali in distribuzione hanno uguali i momenti/momenti centrali, considerando $g(x) = x^p$ oppure $g(x) = (x - \mu_X)^p$ e analogamente per Y.

---

[16] In pratica, i momenti si definiscono per $p \in \mathbb{N}$.

4.4 Funzioni generatrici dei momenti e caratteristiche

Alcune trasformazioni di v.a. possono fornire strumenti utili per ottenere i momenti e trovare la distribuzione di somme di v.a.[17]

Definizione 4.5

Data una v.a. X e un numero reale $u \in \mathbb{R}$, la **funzione generatrice dei momenti** (MGF) è

$$M_X(u) := \mathsf{E}(e^{uX}), \quad \text{per ogni } u \in \mathbb{R} \text{ tale che il valore atteso sia finito.} \tag{4.10}$$

- V.a. discrete: $M_X(u) = \sum_i e^{ux_i} \mathsf{P}(X = x_i)$
- V.a. continue: $M_X(u) = \int e^{ux} f_X(x)\mathrm{d}x$.

Fatto: assumendo $p \in \mathbb{N}$, se la MGF esiste ed è finita in un intervallo aperto contenente 0, allora esiste anche il momento p-esimo ed è dato dalla derivata p-esima rispetto a u valutata in $u = 0$, cioè

$$\boxed{\mathsf{E}(X^p) = \left.\frac{\mathrm{d}^p}{\mathrm{d}u^p} M_X(u)\right|_{u=0} = \mathsf{E}\left(\left.\frac{\mathrm{d}^p}{\mathrm{d}u^p} e^{uX}\right|_{u=0}\right).}$$

Prendendo $p = 2$ otteniamo $M_X''(0) = \mathsf{E}\left(\left.\frac{\mathrm{d}^2}{\mathrm{d}u^2} e^{uX}\right|_{u=0}\right) = \mathsf{E}\left(\left.X^2 e^{uX}\right|_{u=0}\right) = \mathsf{E}(X^2)$.

Teorema 4.1

La MGF possiede le seguenti proprietà.

- *Se $M_X(u)$ esiste per ogni u in un intervallo aperto contenente 0, allora $M_{a+bX}(u) = e^{au} M_X(bu)$, per ogni $a, b \in \mathbb{R}$.*
- *Se $M_{X_i}(u)$ esiste per ogni i e $X_1, \ldots, X_n$ sono v.a. indipendenti, allora $M_{\sum_{i=1}^n X_i}(u) = M_{X_1}(u) \cdots M_{X_n}(u) = \prod_{i=1}^n M_{X_i}(u)$.*
- *Se $M_X(u) = M_Y(u)$ per ogni u in un intervallo aperto contenente 0, allora $X \overset{d}{=} Y$.*

Per v.a. indipendenti il valore atteso del loro prodotto si fattorizza, si veda il Lemma 4.2 nel Paragrafo 4.8.

---

[17] Inoltre, possono essere usate per dimostrare alcuni teoremi, si veda l'Appendice al Capitolo 8.

Definizione 4.6

Data una v.a. X e un numero reale $u \in \mathbb{R}$, la **funzione caratteristica** (CHF) è[18]

$$\phi_X(u) := \mathsf{E}(e^{iuX}) \equiv \mathsf{E}(\cos(uX)) + i\mathsf{E}(\sin(uX)). \qquad (4.11)$$

- V.a. discrete: $\phi_X(u) = \sum_i e^{iux_i}\, \mathsf{P}(X = x_i)$
- V.a. continue: $\phi_X(u) = \int e^{iux} f_X(x)\mathrm{d}x$, nota anche come *trasformata di Fourier*.

Fatto: la CHF esiste sempre. Ricordiamo che l'insieme dei numeri complessi $\mathbb{C}$ contiene $z = a + ib$ tali che $a, b \in \mathbb{R}$ e $i = \sqrt{-1}$. Infatti: $i^2 = -1, i^3 = -i$ e $i^4 = 1$. Il valore assoluto è $|z| = \sqrt{z\bar{z}} = \sqrt{a^2 + b^2}$, dove $\bar{z} = a - ib$ è il coniugato di z. Attenzione: il prodotto di due numeri complessi $z, w \in \mathbb{C}$ è dato formalmente da $(a + ib)(c + id)$. Analogamente, possiamo definire la loro somma.

Teorema 4.2

La CHF soddisfa le seguenti proprietà.

- $|\phi_X(u)| \leq \phi_X(0) = 1$, *per ogni* $u \in \mathbb{R}$
- $\phi_{a+bX}(u) = e^{iau}\phi_X(bu)$, *per ogni* $a, b, u \in \mathbb{R}$
- *Se* $\mathsf{E}(|X|^n) < \infty$, *allora la derivata n-esima della CHF esiste ed è data da*

$$\left. \frac{\mathrm{d}^n}{\mathrm{d}u^n}\phi_X(u) \right|_{u=0} = i^n \mathsf{E}(X^n),$$

per ogni intero $n = 0, 1, \ldots, p$.
- *Se* $X_1, \ldots, X_n$ *sono v.a. indipendenti, allora* $\phi_{\sum_{i=1}^n X_i}(u) = \phi_{X_1}(u)\cdots\phi_{X_n}(u) = \prod_{i=1}^n \phi_{X_i}(u)$.
- *Per v.a.* X, Y *tali che* $\phi_X(u) = \phi_Y(u)$, *per ogni reale u, allora* $X \overset{d}{=} Y$.
- $\phi_X(u)$ *è una funzione continua di* $u \in \mathbb{R}$.

Possiamo ottenere i momenti ancora tramite derivazione, cioè:

$$\boxed{\; \mathsf{E}(X^n) = \frac{1}{i^n}\frac{\mathrm{d}^n}{\mathrm{d}u^n}\phi_X(u) \bigg|_{u=0}. \;}$$

---

[18] Identità di De Moivre o **Formula di Eulero**: $e^{ix} = \cos x + i\sin x$, per ogni numero reale x.

Osservazione 4.4

Ecco altri dettagli sulla CHF degni di nota.

- Ad ogni coppia $(a, b) \in \mathbb{R} \times \mathbb{R}$ possiamo associare univocamente un numero complesso $z = a + ib$. Inoltre, (a, b) corrisponde biunivocamente a un punto nel piano xy. Quindi, $\phi_X(u)$ può essere vista come una funzione vettoriale $\mathbb{R} \to \mathbb{C}$ tale che a ogni numero reale $u \mapsto (a, b)$ corrisponde un punto nel piano xy, dove $a = \mathsf{E}(\cos(uX))$ e $b = \mathsf{E}(\sin(uX))$. Quindi $\phi(u)$ è un numero complesso con modulo $|\phi(u)| = \sqrt{(\mathsf{E}(\cos(uX)))^2 + (\mathsf{E}(\sin(uX)))^2}$, e

$$\phi'_X(u) = \left(\tfrac{\mathrm{d}}{\mathrm{d}u}\mathsf{E}(\cos(uX)), \tfrac{\mathrm{d}}{\mathrm{d}u}\mathsf{E}(\sin(uX)) \right) \quad \text{[vettore delle due derivate]}.$$

  Possiamo scambiare la derivata con $\mathsf{E}(\,\cdot\,)$.

- Supponiamo che X abbia densità f_X e sia simmetrica rispetto a zero, cioè $f_X(x) = f_X(-x)$ e la densità sia una funzione pari. Allora possiamo scrivere

$$\phi_X(u) = \int \cos(ux) f_X(x)\mathrm{d}x + i \int \sin(ux) f_X(x)\mathrm{d}x,$$

e poiché $\sin(ux)$ è una funzione dispari, il prodotto $\sin(ux) f_X(x)$ è anch'esso dispari e il secondo integrale è nullo. Fatto: $\phi_X(u)$ si riduce a una funzione a valori reali sse X è simmetrica rispetto a zero.

La disuguaglianza al primo punto del Teorema 4.2 si può scrivere:[19]

$$|\phi_X(u)| \leqslant \mathsf{E}(|e^{iuX}|) = \mathsf{E}\big(\cos^2(uX) + \sin^2(uX)\big) = \mathsf{E}(1) = 1.$$

Quando X è assolutamente continua la trasformata di Fourier può essere denotata $\mathfrak{F}(f_X)$: si tratta di una funzione che agisce sull'insieme delle funzioni densità la cui immagine è la CHF. Si può dimostrare che questa funzione ha un'*inversa* detta *trasformata inversa di Fourier*,

$$f_X(x) = \mathfrak{F}^{-1}(\phi_X) := \tfrac{1}{2\pi} \int e^{-iux}\phi_X(u)\mathrm{d}u,$$

equivalente alla densità. Esistono software commerciali (ad esempio Matlab) in grado di generare la trasformata inversa di una CHF specificata per ottenere la densità corrispondente.

4.5 Statistiche riassuntive

Ad ogni v.a. X possiamo associare diversi indici numerici che descrivono il comportamento della sua distribuzione.

---

[19] Si veda la disuguaglianza di Jensen, Paragrafo 4.6.

Esempio 4.2

Sia X una v.a. degenere, cioè $X(\omega) = k$ per ogni esito $\omega \in \Omega$, oppure $\mathsf{P}(X = k) = 1$, cioè $X \stackrel{\text{a.s.}}{=} k$. Quindi, $\mathsf{E}(X) = k$ e la nuova v.a. $a + bX$ ottenuta tramite una trasformazione lineare, cioè scalando i valori $x \in X(\Omega)$ di un fattore $b \neq 0$ e traslando di un fattore a, ha valore atteso trasformato linearmente $\mathsf{E}(a + bX) = a + bk$.

Un numero $m \in \mathbb{R}$ si dice **parametro di localizzazione** o **posizione** della distribuzione di X, o impropriamente della sua ripartizione F_X, se esiste un'elevata probabilità $\mathsf{P}(m - \epsilon < X < m + \epsilon)$ di trovare i valori $x = X(\omega)$ vicino a m, per $\epsilon > 0$ piccolo a piacere. Inoltre, la nuova v.a. $a + bX$ deve avere localizzazione $a + bm$. Fatto: il valore atteso $\mathsf{E}(X) = \mu_X$ e la mediana $\mathsf{med}(X)$ sono parametri di localizzazione. Un tale parametro trasla una distribuzione di probabilità a destra o a sinistra senza cambiarne la forma o la deviazione standard. Se P_X è simmetrica intorno ad $a \in \mathbb{R}$ e $\mathsf{E}(X) < \infty$ allora $a = \mathsf{E}(X) = \mathsf{med}(X)$. Un **parametro di dispersione** è un numero $d \in \mathbb{R}$ positivo che misura l'*errore* che commettiamo nel predire i valori di X usando il suo parametro di posizione. In altre parole, è una misura di quanto i valori assunti dalla v.a. X si disperdono intorno alla sua localizzazione. Se X è continua un parametro di dispersione quantifica il grado di espansionse o compressione della densità f_X. Qualsiasi parametro di dispersione dovrebbe essere positivamente omogeneo.

Esempio 4.3

Siano $a, b \in \mathbb{R}$, con $b \neq 0$. Sia $m \in \mathbb{R}$ un parametro di localizzazione. Chiamiamo **deviazione media assoluta**

$$\mathsf{MAD}(X) := \mathsf{E}(|X - m|),$$

che è un parametro di dispersione; in genere $m = \mu_X$. Si può verificare che $\mathsf{MAD}(a + bX) = |b|\mathsf{MAD}(X)$. Analogamente, la deviazione standard è un parametro di dispersione per cui $\mathsf{SD}(a + bX) = |b|\mathsf{SD}(X)$ (lo studente verifichi sostituendo a X la sua trasformazione lineare $a + bX$, da applicare anche al parametro di localizzazione, $a + b\mu_X$). In entrambi i casi abbiamo positiva omogeneità.

Un **parametro di forma** o **shape** relativo a una ripartizione F_X è un indice $s \in \mathbb{R}$ diverso sia da un parametro di localizzazione sia da un parametro di scala (si veda la definizione più avanti), simile a un parametro di dispersione. Ricordiamo che una v.a. Y è distribuita simmetricamente intorno ad $a \in \mathbb{R}$ se $a - Y \stackrel{\text{d}}{=} Y - a$. Quindi

$$\mathsf{E}((a - Y)^p) = \mathsf{E}((Y - a)^p) = \mathsf{E}((-(a - Y))^p) = -\mathsf{E}((a - Y)^p),$$

$$\text{per } p = 1, 3, 5, \ldots$$

il che implica $\mathsf{E}((Y - a)^p) = 0$. Ora, sia $a = \frac{\mu_X}{\sigma_X}$ e $Y = \frac{X}{\sigma_X}$. I seguenti parametri di forma sono i più rilevanti.

- **Coefficiente di asimmetria** o **skewness**: $\mathsf{sk}(X) := \frac{\mathsf{E}((X-\mu_X)^3)}{\sigma_X^3}$. Se $\mathsf{sk}(X) > 0$ si dice che X è asimmetrica positivamente o asimmetrica a destra, mentre per $\mathsf{sk}(X) < 0$ si dice che X è asimmetrica negativamente o asimmetrica a sinistra (in entrambi i casi rispetto al valore atteso μ_X). Un valore positivo $\mathsf{sk}(X) > 0$ implica una coda destra lunga (in particolare nel caso di distribuzione continua con densità) e il contrario vale per l'asimmetria negativa. Se X ha una distribuzione simmetrica allora $\mathsf{sk}(X) = 0$. Infatti, $\mathsf{sk}(X) > 0$ implica che $\mathsf{P}(X \geqslant \mu_X) > 0$ è elevata e $\mathsf{sk}(X) < 0$ implica che $\mathsf{P}(X \leqslant \mu_X) > 0$ è elevata, inoltre un valore nullo della skewness equivale a $\mathsf{E}((X - \mu_X))^3 = 0$ come sopra dimostrato per $p = 3$.

- **Curtosi**: $\mathsf{kur}(X) := \frac{\mathsf{E}((X-\mu_X)^4)}{\sigma_X^4}$. Se $\mathsf{P}(|X| \geqslant a)$ è grande, per $a > 0$, allora i valori $x = X(\omega)$ al centro e nelle code della distribuzione di X sono i più probabili da osservare e la curtosi è alta. Approssimativamente, ciò è vero per i valori di X che si trovano negli intervalli $(-\infty, \mu_X - 2\sigma_X)$, $(\mu_X - \sigma_X, \mu_X + \sigma_X)$ e $(\mu_X + 2\sigma_X, \infty)$. Si osservi che $\mathsf{kur}(X) \geqslant 0$.

La skewness è il momento centrale terzo standardizzato. Infatti, possiamo scrivere

$$\mathsf{sk}(X) = \mathsf{E}\left(\left(\tfrac{X-\mu_X}{\sigma_X}\right)^3\right),$$

quindi l'asimmetria non dipende dai parametri di posizione o di scala: le unità in cui X è 'misurata' non influenzano $\mathsf{sk}(X)$, modulo un cambio di segno. Infatti:

$$\frac{\mathsf{E}((a + bX - a - b\mu_X)^3)}{(\mathsf{SD}(a + bX))^3} = \frac{\mathsf{E}(b^3(X - \mu_X)^3)}{(|b|\mathsf{SD}(X))^3}$$
$$= \frac{b^3\mathsf{E}((X - \mu_X)^3)}{|b|^3\sigma_X^3},$$

e $\frac{b^3}{|b|^3} = -1$ se $b < 0$. Sebbene $\mathsf{sk}(X) > 0$ implichi una coda destra più lunga rispetto alla coda sinistra e $\mathsf{sk}(X) < 0$ implichi una coda sinistra più lunga rispetto alla coda destra, esistono distribuzioni asimmetriche i cui momenti centrali dispari sono tutti nulli, e in generale $\mathsf{sk}(X) = 0$ non implica simmetria. Le v.a. con curtosi (positiva) elevata presentano distribuzione più 'alta' al centro e con 'spalle basse' e code 'pesanti': i valori di X che si trovano nell'intervallo $(\mu_X - \sigma_X, \mu_X + \sigma_X)$ costituiscono il centro di P_X; i valori di X che si trovano negli intervalli $(-\infty, \mu_X - 2\sigma_X)$ e $(\mu_X + 2\sigma_X, \infty)$ costituiscono le code; i valori rimanenti costituiscono le spalle di P_X. Limitandoci a distribuzioni continue, $\mathsf{sk}(X) = 0$ e $\mathsf{kur}(X) = 3$ sono tipici per v.a. gaussiane e pertanto $\mathsf{sk}(X) \neq 0$ ed *eccesso di curtosi* $\mathsf{kur}(X) - 3$ elevato suggeriscono una deviazione dal modello gaussiano (il cui studio è rimandato al Paragrafo 5.7). In particolare, se tale eccesso è positivo la densità è più allungata e più schiacciata intorno a μ_X (leptocurtica); nel caso contrario essa risulta più appiattita (platicurtica).

Per le densità di v.a. continue trasformate, l'effetto di traslare la posizione originale della loro densità così come modificare la loro variabilità è interessante di per sé. Sia X continua con densità f_X, e sia $Y = g(X)$ per $g(x)$ strettamente crescente. Grazie alla monotonia, g ammette una funzione inversa[20] $h(y)$. Abbiamo:

$$F_Y(y) = \mathsf{P}(Y \leq y) = \mathsf{P}(g(X) \leq y) = \mathsf{P}(X \leq h(y)) = F_X(h(y)).$$

Ora, derivando[21] $F_Y(y) = F_X(h(y))$ otteniamo

$$f_Y(y) = \frac{\mathrm{d}}{\mathrm{d}y} F_X(h(y)) = f_X(h(y))h'(y).$$

In generale,[22] per una $g(x)$ monotona abbiamo

$$\boxed{f_Y(y) = f_X(h(y))|h'(y)|}.\tag{4.12}$$

Sia $Y = a + bX$ per $a, b \in \mathbb{R}$ con $b \neq 0$. Allora, $g(x) = a + bx$ ha inversa $h(y) = \frac{y-a}{b}$ con $h'(y) = \frac{1}{b}$. Allora $f_Y(y) = \frac{1}{|b|} f_X(\frac{y-a}{b})$. Se definiamo **parametro di scala** un valore $\kappa \in \mathbb{R}$ multiplo della deviazione standard abbiamo:

- $m + X$ ha densità $f_X(x - m)$, dove $m \in \mathbb{R}$ è un parametro di posizione;
- κX ha densità $\frac{1}{\kappa} f_X(\frac{x}{\kappa})$, dove $\kappa > 0$ è un parametro di scala;
- in generale, $m + \kappa X$ ha densità $\frac{1}{\kappa} f_X(\frac{x-m}{\kappa})$.

Fatto: il quantile $Q_Y(c)$ c-esimo di $Y = g(X)$, con $g(x)$ strettamente crescente[23], è $g(Q_X(c))$ (si veda la Proposizione 2.3, Paragrafo 2.8). Si ricordi che per una funzione composta $v(s(x))$, dove sia v che s sono invertibili, l'inversa è $s^{-1}(v^{-1}(y))$. In particolare, per funzioni lineari: $Q_Y(c) = a + b\,Q_X(c)$, se $b > 0$, e $Q_Y(c) = a + b\,Q_X(1 - c)$, se $b < 0$. Se il parametro di localizzazione $a \in \mathbb{R}$ è traslato di $\lambda \in \mathbb{R}$, cioè $a + \lambda$, allora $\mathsf{E}(X)$, quando esiste, e $\mathrm{med}(X)$ sono anch'essi traslati di λ. Se il parametro di scala è moltiplicato per una costante, cioè λb e $\lambda \neq 0$, allora $\mathsf{V}(X)$ è moltiplicata per λ^2 (si veda il Paragrafo 4.6).

Osservazione 4.5 (Densità posizione-scala propria)
Data una funzione di densità $f_\bullet$ e $a \in \mathbb{R}$, $b > 0$, allora Y è una v.a. con funzione di densità $\frac{1}{b} f_\bullet\left(\frac{y-a}{b}\right)$ sse esiste un'altra v.a. X con densità $f_\bullet(x)$ e $Y = a + bX$. Infatti, se $f_\bullet = f_X$ è una densità sappiamo che

$$f_Y(y) = f_X(h(y))h'(y) = \tfrac{1}{b} f_X\left(\tfrac{y-a}{b}\right),$$

poiché $y = g(x) = a + bx$ è crescente con inversa $x = h(y) = \frac{y-a}{b}$. Viceversa, assumendo che la v.a. Y abbia densità $f_\bullet\left(\frac{y-a}{b}\right)$ definendo $h(y) = \frac{y-a}{b}$ e ponendo $X =$

---

[20] Cioè $h(g(x)) = x$, per ogni x nel dominio di g e $y = g(x)$. Ricorda che se g è crescente (decrescente), allora anche h è crescente (decrescente).
[21] Si usi la regola della derivata di funzione composta.
[22] S consideri $g(x)$ strettamente decrescente così che $\mathsf{P}(Y \leq y) = \mathsf{P}(X \geq h(y)) = 1 - F_X(h(y))$, poi si derivi.
[23] È sufficiente che g sia crescente e continua da sinistra.

$h(Y)$ possiamo applicare nuovamente il risultato precedente sulle v.a. trasformate con densità:

$$f_X(x) = f_\bullet(g(x))g'(x) = \frac{1}{b}f_\bullet\left(\frac{(a+bx)-a}{b}\right)b,$$

poiché anche $h(y)$ è crescente. Inoltre:

$$a + bX = a + bh(Y) = a + b\left(\frac{Y-a}{b}\right) = Y.$$

4.6 Disuguaglianze

Proposizione 4.1 (Disuguaglianza di Jensen)
Sia X una v.a. con valore atteso finito e $g : \mathbb{R} \to \mathbb{R}$ una funzione convessa tale che $E(X)$ e $E(g(X))$ esistono finiti. Allora:

$$g(E(X)) \leqslant E(g(X)). \tag{4.13}$$

La verifica è istruttiva dal punto di vista geometrico.

Dimostrazione della disuguaglianza di Jensen Supponiamo che $g(x)$ sia convessa. Allora, esiste una funzione lineare $h(x) = ax + b$ tale che il suo grafico è la retta di *supporto* di g nel punto $x = E(X)$. Questo implica $h(x) \leqslant g(x)$ per ogni $x \in \mathbb{R}$ e anche $h(E(X)) = g(E(X))$. Quindi abbiamo

$$E(g(X)) \geqslant E(h(X)) = E(aX + b) = aE(X) + b$$
$$= h(E(X)) = g(E(X)),$$

e la dimostrazione è conclusa. ∎

Osservazione 4.6
Se g è concava, allora $-g$ è convessa e la disuguaglianza di Jensen diventa:

$$-g(E(X)) \leqslant E(-g(X)) \iff g(E(X)) \geqslant E(g(X)).$$

Nel caso della funzione convessa $g(x) = |x|^p$ per $p \geqslant 1$ si ha $E(|X|) \leqslant (E(|X|^p))^{1/p}$.

Ecco un elenco di altre disuguaglianze utili che coinvolgono il valore atteso e altri momenti di ordine superiore a uno.

Teorema 4.3 (Disuguaglianza di Cauchy-Schwarz)
Siano X e Y due v.a. tali che $\mathsf{E}(X^2)$ e $\mathsf{E}(Y^2)$ siano entrambi finiti. Allora

$$|\mathsf{E}(XY)| \leqslant \mathsf{E}(|XY|) \leqslant \sqrt{\mathsf{E}(X^2)\mathsf{E}(Y^2)}. \tag{4.14}$$

Dimostrazione della disuguaglianza di Cauchy-Schwarz Dalla disuguaglianza di Jensen abbiamo $|\mathsf{E}(XY)| \leqslant \mathsf{E}(|XY|)$. Scegliendo $p = q = 2$ e applicando la disuguaglianza di Hölder (si vedano il Teorema 4.4 e l'Appendice) a $\mathsf{E}(|XY|)$ otteniamo

$$\mathsf{E}(|XY|) \leqslant (\mathsf{E}(X^2))^{1/2}(\mathsf{E}(Y^2))^{1/2},$$

che insieme alla disuguaglianza precedente dimostra il risultato. ∎

Le disuguaglianze (4.14) possono essere ridotte a $(\mathsf{E}(XY))^2 \leqslant \mathsf{E}(X^2)\mathsf{E}(Y^2)$. Infatti, possono essere ridotte a una sola considerando sia il lato sinistro che quello destro oppure il termine più interno e quello destro, ciascuno chiamato disuguaglianza di Cauchy-Schwarz. La seguente è una generalizzazione.

Teorema 4.4 (Disuguaglianza di Hölder)
Sia $p \geqslant 1$ tale che $\frac{1}{p} + \frac{1}{q} = 1$, e $\mathsf{E}(|X|^p)$ e $\mathsf{E}(|Y|^q)$ siano entrambi finiti. Allora

$$\mathsf{E}(|XY|) \leqslant \sqrt[p]{\mathsf{E}(|X|^p)}\sqrt[q]{\mathsf{E}(|Y|^q)}. \tag{4.15}$$

Se X e Y sono v.a. con valore atteso finito allora $\mathsf{E}(|X + Y|) < \infty$: si scrive la disuguaglianza triangolare $|X + Y| \leqslant |X| + |Y|$ e si prende il valore atteso di entrambi i membri. Quanto segue è una generalizzazione.

Teorema 4.5 (Disuguaglianza di Minkowski)
Sia $p \geqslant 1$ e X, Y due v.a. con $\mathsf{E}(|X|^p)$ e $\mathsf{E}(|Y|^p)$ entrambi finiti. Allora $\mathsf{E}(|X + Y|^p) < \infty$ e

$$\sqrt[p]{\mathsf{E}(|X + Y|^p)} \leqslant \sqrt[p]{\mathsf{E}(|X|^p)} + \sqrt[p]{\mathsf{E}(|Y|^p)}. \tag{4.16}$$

Proposizione 4.2 (Disuguaglianza di Chebyshev)
Sia X una v.a. non negativa. Allora per ogni $a > 0$ e per ogni $p > 0$ si ha

$$\mathsf{P}(X \geqslant a) \leqslant \frac{\mathsf{E}(X^p)}{a^p}. \tag{4.17}$$

Ecco alcuni casi particolari.

- Per $p = 1$ la Proposizione 4.2 diventa la **disuguaglianza di Markov**;
- Per $p = 2$ e una v.a. generale X non necessariamente ≥ 0:

  - sostituendo X con $|X - \mu_X|$, la disuguaglianza di Chebyshev è $P(|X - \mu_X| \geq a) \leq \frac{V(X)}{a^2}$;
  - scegliendo $a = \lambda SD(X)$, con $\lambda > 0$, si ha $P(|X - \mu_X| \geq \lambda SD(X)) \leq \frac{1}{\lambda^2}$.

Dimostrazione della disuguaglianza di Chebyshev　Se $E(X^p) = \infty$ la disuguaglianza è banalmente soddisfatta. Quindi, supponiamo[24] $E(X^p) < \infty$. Per troncamento, possiamo scrivere $X^p = X^p \mathbf{I}_{\{X < a\}} + X^p \mathbf{I}_{\{X \geq a\}}$. Prendendo il valore atteso otteniamo:

$$E(X^p) = E\big(X^p \mathbf{I}_{\{X < a\}}\big) + E\big(X^p \mathbf{I}_{\{X \geq a\}}\big)$$
$$\geq E\big(X^p \mathbf{I}_{\{X \geq a\}}\big) \geq E\big(a^p \mathbf{I}_{\{X \geq a\}}\big) = a^p P(X \geq a),$$

poiché $a^p \leq X^p$. ∎

Si osservi che $X(\omega) \geq X(\omega)\mathbf{I}_{\{X \geq a\}}$: se $\omega \notin \{X \geq a\}$ allora $X(\omega) \geq 0$. Possiamo raggruppare le v.a. in base alla finitezza dei loro momenti. Scriviamo $X \in L^p$ ogniqualvolta il momento p-esimo esiste ed è finito, condizione che d'ora in poi si può anche scrivere $E(|X|^p) < \infty$ in base all'Osservazione 4.6. Per interi $n < m$ si ha $L^m \subset L^n$. Ad esempio: $L^2 \subset L^1$, e $X \in L^2$ significa $0 \leq V(X) < \infty$; $X \in L^1$ significa valore atteso finito. In altre parole, se X ha varianza finita allora ha anche valore atteso finito ma il viceversa non è vero in generale.

Osservazione 4.7

Le collezioni di v.a. basate sulla finitezza dei momenti sono intese come classi di equivalenza rispetto alla relazione di equivalenza data dall'uguaglianza P-a.s. Ad esempio, L^2 è la collezione di $X \overset{a.s.}{=} Y$ con momento secondo finito, si veda l'Esercizio 8.7 alla fine del Capitolo 8.

La collezione di tutte le v.a. su un fissato $(\Omega, \mathcal{F}, P)$ è denotata con L^0. Per v.a. $X \in L^2$ si ha:

$$\boxed{V(a + bX) = b^2 V(X)}, \quad \text{per } a \in \mathbb{R} \text{ e } b \neq 0.$$

Infatti: $a + bX \in L^2$, allora si ha $(a + bX - E(a + bX))^2 = b^2(X - E(X))^2$ e prendendo il valore atteso di entrambi i membri si ricava la relazione sopra. Con $b = 0$ la varianza di una v.a. degenere è zero.

---

[24] Per ogni v.a. non negativa $X \geq 0$ il valore atteso $E(X)$ è sempre definito, eventualmente infinito.

Osservazione 4.8

Esiste una connessione tra le classi L^p e le disuguaglianze che coinvolgono il valore atteso.

- Per ogni coppia di v.a. X, Y con momento secondo finito, cioè $X, Y \in L^2$, il loro prodotto XY ha valore atteso finito: basta applicare la disuguaglianza di Hölder con $p = q = 2$.
- Dato $X \in L^2$ si ha sempre $(\mathsf{E}(X))^2 \leqslant \mathsf{E}(X^2)$: basta applicare la disuguaglianza di Cauchy-Schwarz con $Y = 1$, oppure la disuguaglianza di Jensen. Quindi $\mathsf{E}(X^2) - \mu_X^2 \geqslant 0$.
- Ogni combinazione lineare $aX + bY$, di due v.a. $X, Y \in L^2$, appartiene ancora a L^2: dati $x, y \in \mathbb{R}$ e per ogni $a, b \in \mathbb{R}$, si consideri il quadrato $(ax - by)^2 \geqslant 0$. Si aggiunga $(a^2 x^2 + b^2 y^2)$ a entrambi i membri di questa disuguaglianza e si consideri $x = X(\omega)$, $y = Y(\omega)$ per ogni $\omega \in \Omega$. Si ha:

$$\mathsf{E}\big((a\,X + b\,Y)^2\big) \leqslant \mathsf{E}\big(2\,a^2\,X^2 + 2\,b^2\,Y^2\big)$$
$$= 2\,a^2\mathsf{E}(X^2) + 2\,b^2\mathsf{E}(Y^2) < \infty,$$

dall'assunzione $X, Y \in L^2$.

4.7   Covarianza e momenti di vettori casuali

La dipendenza stocastica tra v.a. può essere misurata tramite opportuni indici numerici e in questo paragrafo riassumiamo i più utili, limitandoci a mostrarne alcune proprietà. Per altri dettagli rimandiamo al Capitolo 7.

Definizione 4.7

Date due v.a. $X, Y \subset L^2$, la loro **covarianza** è

$$\mathsf{cov}(X, Y) := \mathsf{E}((X - \mu_X)(Y - \mu_Y)) = \mathsf{E}(XY) - \mathsf{E}(X)\mathsf{E}(Y) =: \sigma_{X,Y}.$$
$$(4.18)$$

Per $X, Y \in L^2$, il **coefficiente di correlazione di Pearson** è[25]

$$\rho_{X,Y} = \mathsf{corr}(X, Y) := \frac{\mathsf{cov}(X, Y)}{\sqrt{\mathsf{V}(X)\mathsf{V}(Y)}} = \frac{\mathsf{cov}(X, Y)}{\sigma_X \sigma_Y}.$$
$$(4.19)$$

Si rammenti che $X, Y \in L^2$ implica $XY \in L^1$, ma per X, Y indipendenti in L^1 si ha $\mathsf{E}(XY) = \mathsf{E}(X)\mathsf{E}(Y) < \infty$ e quindi $XY \in L^1$. La fattorizzazione del valore

---

[25] È una misura della **dipendenza lineare** tra X e Y.

atteso sarà approfondita più avanti, si veda il Teorema 4.8 nel Paragrafo 4.8. Se $\text{cov}(X, Y) > 0$ i valori di X e Y sono entrambi sopra (o sotto) il loro valore atteso in media. Ecco alcune conseguenze.

- $\text{cov}(X, X) = V(X)$ e $\text{cov}(X, Y) = \text{cov}(Y, X)$; inoltre $\text{cov}(X, a) = 0$, per $a \in \mathbb{R}$.
- $|\text{E}((X - \mu_X)(Y - \mu_Y))| \leq \sqrt{\text{E}((X - \mu_X)^2)\text{E}((Y - \mu_Y)^2)}$, per la disuguaglianza di Cauchy-Schwarz e quindi $\text{cov}(X, Y)$ è finita purché[26] $X, Y \in L^2$.
- $-1 \leq \text{corr}(X, Y) \leq 1$, in base al punto precedente.

Il valore atteso può essere definito per vettori aleatori.

Definizione 4.8
Dato un vettore aleatorio $\mathbf{X} = (X_1, \dots, X_n)$, con $X_i \in L^1$ per $i = 1, \dots, n$, il momento primo è

$$\boldsymbol{\mu}_\mathbf{X} = \text{E}(\mathbf{X}) := (\text{E}(X_1), \dots, \text{E}(X_n)) \in \mathbb{R}^n.$$

Per $n = 2$, supponiamo che $\mathbf{X}$ abbia una densità bivariata $f_\mathbf{X}(x_1, x_2)$. Quindi, $\text{E}(\mathbf{X}) = (\text{E}(X_1), \text{E}(X_2))$ rappresenta la localizzazione centrale del grafico di $f_\mathbf{X}$ definito come l'insieme dei punti in $\mathbb{R}^3$ con coordinate (x_1, x_2, z) tali che $z = f_\mathbf{X}(x_1, x_2)$, cioè una superficie tridimensionale. Il valore atteso delle v.a. componenti il vettore può essere dedotto dalla distribuzione multivariata.

Esempio 4.4 (Valore atteso univariato vs multivariato)
Sia $\mathbf{X} = (X, Y)$ un vettore casuale bivariato con densità congiunta $f_\mathbf{X}$. Allora

$$\text{E}(X) = \int_{-\infty}^{\infty} x\, f_X(x)\mathrm{d}x = \int_{-\infty}^{\infty} x\left[\int_{-\infty}^{\infty} f_\mathbf{X}(x, y)\mathrm{d}y\right]\mathrm{d}x$$
$$= \int_{-\infty}^{\infty}\int_{-\infty}^{\infty} x\, f_\mathbf{X}(x, y)\mathrm{d}x\mathrm{d}y.$$

Analogamente abbiamo:

$$\text{E}(Y) = \int_{-\infty}^{\infty} y\, f_Y(y)\mathrm{d}y = \int_{-\infty}^{\infty} y\left[\int_{-\infty}^{\infty} f_\mathbf{X}(x, y)\mathrm{d}x\right]\mathrm{d}y$$
$$= \int_{-\infty}^{\infty}\int_{-\infty}^{\infty} y\, f_\mathbf{X}(x, y)\mathrm{d}x\mathrm{d}y.$$

Definita la speranza matematica dei vettori aleatori possiamo fare un passo avanti generalizzando il concetto di varianza.

---

[26] Si ricordi che $|\text{E}(Z)| \leq \text{E}(|Z|)$ per la disuguaglianza di Jensen.

Definizione 4.9

Sia $\mathbf{X} = (X_1, \ldots, X_n)$ un vettore aleatorio n-dimensionale con $X_i \in L^2$, per $i = 1, \ldots, n$. La **matrice $n \times n$ varianza-covarianza** $\mathbf{C}$ di $\mathbf{X}$, o semplicemente matrice di covarianza, si ottiene considerando il valore atteso di ogni elemento all'interno della matrice ausiliaria $n \times n$

$$\begin{bmatrix} \{X_1 - \mathsf{E}(X_1)\}^2 & \cdots & \{X_1 - \mathsf{E}(X_1)\}\{X_n - \mathsf{E}(X_n)\} \\ \{X_2 - \mathsf{E}(X_2)\}\{X_1 - \mathsf{E}(X_1)\} & \cdots & \{X_2 - \mathsf{E}(X_2)\}\{X_n - \mathsf{E}(X_n)\} \\ \vdots & \ddots & \vdots \\ \{X_n - \mathsf{E}(X_n)\}\{X_1 - \mathsf{E}(X_1)\} & \cdots & \{X_n - \mathsf{E}(X_n)\}^2 \end{bmatrix}.$$

Ad esempio, con $n = 2$ abbiamo:

$$\mathbf{C} = \begin{bmatrix} \mathsf{V}(X_1) & \mathsf{cov}(X_1, X_2) \\ \mathsf{cov}(X_2, X_1) & \mathsf{V}(X_2) \end{bmatrix}.$$

In generale, per ogni elemento di $\mathbf{C}$ abbiamo $c_{ij} = \mathsf{cov}(X_i, X_j)$, per $i, j = 1, \ldots, n$. Poiché il vettore casuale n-dimensionale $\mathbf{X}$ può essere visto come un vettore riga $1 \times n$, la matrice di covarianza $n \times n$ può essere scritta

$$\mathbf{C} = \mathsf{E}\big((\mathbf{X} - \boldsymbol{\mu}_X)'(\mathbf{X} - \boldsymbol{\mu}_X)\big).$$

dove il simbolo $'$ denota la trasposizione di matrice. Il prodotto matriciale $(\mathbf{X} - \boldsymbol{\mu}_\mathbf{X})'(\mathbf{X} - \boldsymbol{\mu}_\mathbf{X})$ è infatti

$$\begin{bmatrix} X_1 - \mathsf{E}(X_1) \\ \vdots \\ X_n - \mathsf{E}(X_n) \end{bmatrix} \text{ moltiplicato per } \Big[X_1 - \mathsf{E}(X_1), \ldots, X_n - \mathsf{E}(X_n) \Big],$$

ottenendo così una matrice $n \times n$.

Proposizione 4.3

Sia $\mathbf{X}$ un vettore aleatorio (riga) n-dimensionale, e sia $\mathbf{A}$ una matrice $m \times n$ con elementi reali a_{ij}. Allora, il vettore aleatorio m-dimensionale $\mathbf{Y} = \mathbf{AX}'$ ammette:

1. momento primo $\mathsf{E}(\mathbf{Y}) = \mathbf{A}\boldsymbol{\mu}'_\mathbf{X} \in \mathbb{R}^m$;
2. momento secondo $\mathbf{C}_\mathbf{Y} = \mathbf{A}\mathbf{C}_\mathbf{X}\mathbf{A}'$,

dove $\mathbf{C}_\mathbf{X}$ è la matrice di covarianza $n \times n$ di $\mathbf{X}$ e $\mathbf{C}_\mathbf{Y}$ è la matrice di covarianza $m \times m$ di $\mathbf{Y}$.

Ad esempio, dato $\mathbf{X} = (X, Y)$ con primo momento $\boldsymbol{\mu}_{\mathbf{X}} = \mathsf{E}(\mathbf{X}) = (\mu_X, \mu_Y)$, matrice di covarianza e matrice deterministica

$$\mathbf{C_X} = \begin{bmatrix} \sigma_X^2 & \sigma_{X,Y} \\ \sigma_{X,Y} & \sigma_Y^2 \end{bmatrix}, \quad \mathbf{A} = \begin{bmatrix} 1 & 2 \\ 3 & 1 \\ 2 & 2 \end{bmatrix},$$

rispettivamente, abbiamo

$$\mathbf{AC_X} = \begin{bmatrix} \sigma_X^2 + 2\sigma_{X,Y} & \sigma_{X,Y} + 2\sigma_Y^2 \\ 3\sigma_X^2 + \sigma_{X,Y} & 3\sigma_{X,Y} + \sigma_Y^2 \\ 2\sigma_X^2 + 2\sigma_{X,Y} & 2\sigma_{X,Y} + 2\sigma_Y^2 \end{bmatrix}, \quad e$$

$$\mathbf{AC_X A'} = \begin{bmatrix} \sigma_X^2 + 2\sigma_{X,Y} & \sigma_{X,Y} + 2\sigma_Y^2 \\ 3\sigma_X^2 + \sigma_{X,Y} & 3\sigma_{X,Y} + \sigma_Y^2 \\ 2\sigma_X^2 + 2\sigma_{X,Y} & 2\sigma_{X,Y} + 2\sigma_Y^2 \end{bmatrix} \begin{bmatrix} 1 & 3 & 2 \\ 2 & 1 & 2 \end{bmatrix},$$

che è una nuova matrice di covarianza 3×3.

Esempio 4.5 (Rendimento di portafoglio)
Sia $\mathbf{S} = (S_{1,t}, \ldots, S_{n,t})$ il vettore riga n-dimensionale che comprende i prezzi delle azioni $S_{i,t}$ alla fine di un orizzonte temporale fissato. Si assuma $S_{i,t} \in L^2$, per ogni $i = 1, \ldots, n$. Ricordiamo che

$$V_t = h(S_{1,t}, \ldots, S_{n,t}) := h_1 S_{1,t} + \cdots + h_n S_{n,t}$$

è il valore del portafoglio in t con posizioni h_i. Quindi, il rendimento aritmetico del portafoglio in $t + 1$ è $r_{p,t+1} = \sum_{i=1}^{n} w_1 r_{i,t+1}$, dove $r_{i,t+1}$ è il rendimento aritmetico al tempo $t + 1$ dell'azione i-esima, si veda il Paragrafo 2.5, Capitolo 2. Usando la notazione matriciale,

$$\mathbf{r} = (r_{1,t+1}, \ldots, r_{n,t+1}), \qquad \mathbf{w} = (w_1, \ldots, w_n)$$

con $r_{p,t+1} = \mathbf{w}\,\mathbf{r}'$ a rappresentare il caso della Proposizione 4.3, Punto 1., con la matrice $\mathbf{A}$ sostituita dalla matrice $1 \times n$ dei pesi di portafoglio $\mathbf{w}$ e $\mathbf{X}$ sostituito da $\mathbf{r}$, così che:

$$\mathsf{E}(r_{p,t+1}) = \mathsf{E}(\mathbf{w} \cdot \mathbf{r}) = \mathbf{w} \cdot \boldsymbol{\mu}_{\mathbf{r}} \qquad \text{rendimento atteso del portafoglio.}$$

Si osservi che abbiamo utilizzato la notazione per il prodotto scalare di vettori come n-uple in $\mathbb{R}^n$, si veda l'Appendice F.

Esempio 4.6 (Varianza di portafoglio)
Indicando con $\mathbf{C_r}$ la matrice di covarianza $n \times n$ del vettore $\mathbf{r}$ dei rendimenti di portafoglio, possiamo definire il *rischio* del portafoglio come:

$$\mathsf{V}(r_{p,t+1}) = \mathsf{V}(\mathbf{w} \cdot \mathbf{r})$$
$$= \mathbf{w}\mathbf{C_r}\mathbf{w}' = (\mathbf{w}\mathbf{C_r}) \cdot \mathbf{w},$$

un caso particolare della Proposizione 4.3, Punto 2. con varianza scalare.

Esempio 4.7 (Ottimizzazione di portafoglio)
Date le stime dei rendimenti attesi $\mathsf{E}(r_{i,t+1})$, delle rispettive varianze $\mathsf{V}(r_{i,t+1})$ e covarianze $\mathsf{cov}(r_{i,t+1}, r_{j,t+1})$ possiamo cercare

$$\min \left\{ \mathbf{w}\mathbf{C_r}\mathbf{w}' = f(w_1, \ldots, w_n) \,\Big|\, \sum_{i=1}^{n} w_i = 1, \text{ e } \mathbf{w} \cdot \boldsymbol{\mu}_{\mathbf{r}} = c \right\}, \qquad (4.20)$$

ossia la soluzione di un programma quadratico vincolato per un livello fissato $c \in \mathbb{R}$ di rendimento atteso del portafoglio. La funzione obiettivo $f(w_1, \ldots, w_n)$ è convessa in $n \in \mathbb{N}$ variabili con insieme (poliedro convesso) dei vincoli dato da $\{ w \in \mathbb{R}^n \mid \sum_{i=1}^{n} w_i = 1, \ \mathbf{w} \cdot \boldsymbol{\mu}_{\mathbf{r}} = c \}$.

Esempio 4.8 (Performance del portafoglio)
Il problema di ottimizzazione nell'Esempio 4.7 (cfr. minimizzare il rischio del portafoglio) può essere formulato in modo equivalente sostituendo la funzione obiettivo $\mathbf{w}\mathbf{C_r}\mathbf{w}' = f(w_1, \ldots, w_n)$ con la sua radice quadrata, la deviazione standard del portafoglio, $\sqrt{\mathbf{w}\mathbf{C_r}\mathbf{w}}$. Questo perché la funzione $f(x) = \sqrt{x}$ è crescente per $x \geqslant 0$ e le soluzioni ottimali del primo problema di ottimizzazione sono le stesse di quelle del nuovo problema di ottimizzazione. Sotto ipotesi deboli, possiamo anche riferirci alla massimizzazione alternativa

$$\max \left\{ \frac{\mathbf{w} \cdot \boldsymbol{\mu}_{\mathbf{r}}}{\sqrt{\mathbf{w}\mathbf{C_r}\mathbf{w}'}} \,\Big|\, \sum_{i=1}^{n} w_i = 1 \right\}. \qquad (4.21)$$

Qui $\frac{\mathbf{w} \cdot \boldsymbol{\mu}_{\mathbf{r}}}{\sqrt{\mathbf{w}\mathbf{C_r}\mathbf{w}'}}$ rappresenta una misura della performance del portafoglio (cioè rendimento aggiustato per il rischio). Per un indice azionario con rendimento futuro casuale a varianza finita, $\frac{\mathsf{E}(X)}{\mathsf{SD}(X)}$ è detto *Sharpe ratio*; la v.a. X dovrebbe più correttamente misurare il rendimento in eccesso rispetto al rendimento di un indice di riferimento (benchmark).

Concludiamo questo paragrafo con un elenco di formule utili. Siano $\sum_{i=1}^{n} a_i X_i$ e $\sum_{j=1}^{m} b_j Y_j$ due combinazioni lineari rispettivamente di n e m v.a., con $a_i, b_j \in \mathbb{R}$. Allora:

$$\mathsf{cov}\left(\sum_{i=1}^{n} a_i X_i, \sum_{j=1}^{m} b_j Y_j \right) = \sum_{i=1}^{n} \sum_{j=1}^{m} a_i b_j \, \mathsf{cov}(X_i, Y_j). \qquad (4.22)$$

La formula (4.22) implica:

$$\mathsf{V}\left(\sum_{i=1}^{n} a_i X_i \right) = \mathsf{cov}\left(\sum_{i=1}^{n} a_i X_i, \sum_{j=1}^{n} a_j X_j \right)$$

$$= \sum_{i=1}^{n} a_i^2 \mathsf{V}(X_i) + \sum_{i} \sum_{j \neq i} a_i a_j \, \mathsf{cov}(X_i, X_j). \qquad (4.23)$$

Inoltre, abbiamo anche:

- $V(X + Y) = V(X) + V(Y) + 2\text{cov}(X, Y)$ e
  $V(X - Y) = V(X) + V(Y) - 2\text{cov}(X, Y)$
- $\text{cov}(a + bX, c + dY) = b\,d\,\text{cov}(X, Y)$,
  quindi $\text{cov}(a + X, c + Y) = \text{cov}(X, Y)$.
- $$\text{corr}(a + bX, c + dY) = \frac{b\,d\,\text{cov}(X,Y)}{\sqrt{b^2 d^2 V(X) V(Y)}} = \frac{b\,d\,\text{cov}(X,Y)}{|b\,d|\,\sqrt{V(X) V(Y)}}$$
  $$= \frac{b\,d\,\text{cov}(X,Y)}{|b\,d|\,\sigma_X \sigma_Y} = \frac{b\,d}{|b\,d|}\text{corr}(X, Y).$$
- $$\text{corr}(X, a + b\,X) = \frac{b\,V(X)}{\sqrt{V(X) b^2\,V(X)}} = \frac{b\,V(X)}{|b|\,\sqrt{V(X) V(X)}} = \frac{b}{|b|} = \pm 1.$$

4.8   Valore atteso multivariato vs univariato

Per una funzione $g : \mathbb{R}^n \to \mathbb{R}$ di un vettore aleatorio $\mathbf{X} = (X_1, \ldots, X_n)$ tale che $g(\mathbf{X})$ è una v.a. che induce eventi $\{g(\mathbf{X}) \in B\} \in \mathcal{F}$, per opportuni sottoinsiemi $B \subset \mathbb{R}$, abbiamo:

Teorema 4.6
Se $\mathbf{X}$ è assolutamente continuo con densità congiunta $f_\mathbf{X}$ e la v.a. $g(X_1, \ldots, x_n) \in L^1$, cioè ha valore atteso finito, allora

$$E(g(X_1, \ldots, X_n)) = \int_{-\infty}^{\infty} \cdots \int_{-\infty}^{\infty} g(x_1, \ldots, x_x) f_\mathbf{X}(x_1, \ldots, x_x) \mathrm{d}x_1 \cdots \mathrm{d}x_n.$$

(4.24)

In generale[27] l'equazione (4.24) può essere scritta usando la ripartizione congiunta[28] $F_\mathbf{X}$:

$$\boxed{E(g(X_1, \ldots, x_n)) = \int_{-\infty}^{\infty} \cdots \int_{-\infty}^{\infty} g(x_1, \ldots, x_n) \mathrm{d}F_\mathbf{X}(x_1, \ldots, x_n)}. \qquad (4.25)$$

Nel caso bivariato quanto sopra diventa $\int_{-\infty}^{\infty} \int_{-\infty}^{\infty} g(x, y) \mathrm{d}F_\mathbf{X}(x, y)$ e possiamo scrivere $\iint_{\mathbb{R}^2}$ invece di $\int_{-\infty}^{\infty} \int_{-\infty}^{\infty}$, o semplicemente $\iint$. Sostituendo l'ipotesi di continuità con l'indipendenza delle v.a. componenti il vettore ed eseguendo l'integrazione multipla tramite integrali iterati di Stieltjes si ottiene la formula per il valore atteso di una funzione di due v.a.

---

[27] La formula (4.24) vale anche nel caso di un vettore aleatorio discreto: basta sostituire agli integrali delle sommatorie e a $\mathrm{d}F_\mathbf{X}(x_1, \ldots, x_n)$ l'espressione $\Delta_{a_1, b_1} \cdots \Delta_{a_n, b_n} F_\mathbf{X}(x_1, \ldots, x_n)$, si veda l'Appendice al Capitolo 3, Teorema 3.8, punto (d). Si noti che il Teorema 4.6 si basa sul teorema di Fubini che consente integrali iterati.

[28] Si ricordi che $\mathrm{d}F_\mathbf{X}(x_1, \ldots, x_n)$ non è il differenziale totale della CDF.

Teorema 4.7
Se $\mathbf{X} = (X, Y)$ con componenti indipendenti X, Y, e $g : \mathbb{R}^2 \to \mathbb{R}$ è integrabile (ad esempio continua) allora

$$
\begin{aligned}
\mathsf{E}(g(X,Y)) &= \int \left[\int g(x,y) \mathrm{d}F_X(x) \right] \mathrm{d}F_Y(y) \\
&= \int \left[\int g(x,y) \mathrm{d}F_Y(y) \right] \mathrm{d}F_X(x).
\end{aligned}
\tag{4.26}
$$

Un'applicazione del Teorema 4.7 determina la formula di fattorizzazione per il valore atteso.

Teorema 4.8
Siano X, Y v.a. indipendenti e $h, g : \mathbb{R} \to \mathbb{R}$ funzioni integrabili (ad esempio continue) tali che $h(X) \in L^1$ e $g(Y) \in L^1$. Allora

$$
\mathsf{E}(h(X)g(Y)) = \mathsf{E}(h(X))\mathsf{E}(g(Y)).
\tag{4.27}
$$

Infatti, $h(x) = g(x) = x$ implica $\mathsf{E}(XY) = \mathsf{E}(X)\mathsf{E}(Y)$ e le v.a. X, Y sono dette **non correlate** in quanto $\mathsf{cov}(X, Y) = \mathsf{E}(XY) - \mathsf{E}(X)\mathsf{E}(Y) = 0$. Quindi, v.a. indipendenti sono non correlate ma il viceversa non è vero in generale. Ecco un'altra applicazione del Teorema 4.7 che estende la formula di convoluzione del Teorema 3.5, Paragrafo 3.5, Capitolo 3, alla CDF di una somma. Se X, Y sono v.a. indipendenti, allora:

$$
F_{X+Y}(u) = \int_{-\infty}^{\infty} F_X(u - y) \mathrm{d}F_Y(y), \quad u \in \mathbb{R}.
\tag{4.28}
$$

Infatti, applicando la formula (4.25) con $g(x, y) = \mathbf{I}_{\{x+y \leqslant u\}}$, dove l'indicatrice vale 1 se la somma dei valori $x + y$ è $\leqslant u$, otteniamo:

$$
\begin{aligned}
\mathsf{P}(X + Y \leqslant u) &= \int_{-\infty}^{\infty} \left[\int_{-\infty}^{\infty} \mathbf{I}_{\{x+y \leqslant u\}} \mathrm{d}F_X(x) \right] \mathrm{d}F_Y(y) \\
&= \int_{-\infty}^{\infty} \left[\int_{-\infty}^{\infty} \mathbf{I}_{\{x \leqslant u-y\}} \mathrm{d}F_X(x) \right] \mathrm{d}F_Y(y) \\
&= \int_{-\infty}^{\infty} \left[\int_{-\infty}^{u-y} \mathrm{d}F_X(x) \right] \mathrm{d}F_Y(y) \\
&= \int_{-\infty}^{\infty} [F_X(u - y) - F_X(-\infty)] \mathrm{d}F_Y(y).
\end{aligned}
$$

Nei Teoremi 4.7 e 4.8 abbiamo assunto funzioni integrabili g, h. Ecco una versione generale basata sulla misurabilità.

> **Lemma 4.2**
> *Siano X, Y v.a. sullo stesso spazio di probabilità. Allora, esse sono indipendenti sse*
>
> $$\mathsf{E}(h(X)g(Y)) = \mathsf{E}(h(X))\mathsf{E}(g(Y)),$$
>
> *per ogni coppia di funzioni h, g misurabili, positive o limitate.*

Per concludere questo paragrafo riassumiamo i principali fatti relativi al valore atteso e alla varianza che si possono dedurre dai risultati visti sopra.

- Siano $X_1, \dots, X_n$ v.a. su uno stesso $(\Omega, \mathcal{F}, \mathsf{P})$. Allora:

$$\boxed{\mathsf{E}(X_1 + \cdots + X_n) = \mathsf{E}(X_1) + \cdots + \mathsf{E}(X_n)},$$

  purché $X_i \in L^1$ per $i = 1, \dots, n$.
- Aggiungendo l'indipendenza tra tutte le X_i e l'ipotesi $X_i \in L^2$:

$$\boxed{\mathsf{E}(X_1 \cdots X_n) = \mathsf{E}(X_1) \cdots \mathsf{E}(X_n)}$$

  e

$$\boxed{\mathsf{V}(X_1 + \cdots + X_n) = \mathsf{V}(X_1) + \cdots + \mathsf{V}(X_n)},$$

- Data una v.a. X tale che tutti i momenti $\mathsf{E}(X^p)$ esistono e sono finiti, cioè $X \in L^p$ per $p \geq 2$, allora i momenti centrali si ricavano come:

$$\mathsf{E}((X - \mu_X)^n) = \sum_{i=0}^{n} \binom{n}{i} \mathsf{E}(X^i)(-\mu_X)^{n-i}, \tag{4.29}$$

basta espandere $(X - \mu_X)^n$ tramite il binomio di Newton per ottenere $\sum_{i=0}^{n} \binom{n}{k} X^i (-\mu_X)^{n-i}$, poi applicare il valore atteso.[29]

4.9   Ancora sulle trasformazioni di v.a.

Esiste una versione vettoriale della formula (4.12), relativa al cambio di densità univariata per il tramite di una trasformazione monotona di una v.a. Tale formula

---

[29] Questo può essere fatto termine per termine nella somma poiché tutti i momenti esistono e sono finiti, quindi non si hanno termini come $+\infty - \infty$.

è presente nella Proposizione 4.4 , ma prima di illustrarne il contenuto dobbiamo trattare un terzo tipo di trasformazioni di v.a., da vettore a vettore, per comprendere le quali premettiamo le seguenti definizioni (per trasformazioni da scalare a scalare e da vettore a scalare si veda il Paragrafo 2.5). Ricordiamo che $\mathbb{R}^n$ è uno spazio dotato di norma (euclidea) $\|\mathbf{x}\| = \sqrt{\mathbf{x} \cdot \mathbf{x}} = \sqrt{\sum_{i=1}^{n} x_i^2}$, e in particolare uno spazio vettoriale, si veda l'Appendice G; le funzioni lineari $\mathbf{T} : \mathbb{R}^n \to \mathbb{R}^n$ possono essere rappresentate tramite una matrice. Sia $\{\mathbf{e}_1, \dots, \mathbf{e}_n\}$ una collezione di punti in $\mathbb{R}^n$ tale che la j-esima coordinata di $\mathbf{e}_j$ è 1 mentre le altre sono zero, per ogni $j = 1, \dots, n$. Questo insieme è chiamato la *base standard* di $\mathbb{R}^n$, e possiamo scrivere (in modo unico) ogni punto $\mathbf{x} \in \mathbb{R}^n$ come:

$$\mathbf{x} = x_1 \mathbf{e}_1 + x_2 \mathbf{e}_2 + \cdots + x_n \mathbf{e}_n = x_1 \begin{bmatrix} 1 \\ 0 \\ \vdots \\ 0 \end{bmatrix} + x_2 \begin{bmatrix} 0 \\ 1 \\ \vdots \\ 0 \end{bmatrix} + x_n \begin{bmatrix} 0 \\ 0 \\ \vdots \\ 1 \end{bmatrix}.$$

Si noti che per ogni elemento della base vale $\|\mathbf{e}_j\| = 1$. La funzione lineare trasforma $\mathbf{e}_j$ in $\mathbf{T}(\mathbf{e}_j) \in \mathbb{R}^n$, che può essere rappresentato come $\sum_{i=1}^{n} a_{ij} e_i$ per alcune costanti $a_{1j}, \dots, a_{nj}$. Allora possiamo definire una matrice $n \times n$

$$\mathbf{A} = \begin{bmatrix} a_{11} & a_{12} & \cdots & a_{1n} \\ a_{21} & a_{22} & \cdots & a_{2n} \\ \vdots & \vdots & \ddots & \vdots \\ a_{n1} & a_{n2} & \cdots & a_{nn} \end{bmatrix}$$

le cui colonne sono semplicemente i coefficienti della rappresentazione di $\mathbf{T}(\mathbf{e}_j)$ per $j = 1, 2, \dots, n$. Ne segue che $\mathbf{T}(\mathbf{x}) = \mathbf{A}\mathbf{x}'$, e chiamiamo $\mathbf{A}$ la *rappresentazione matriciale* della funzione lineare $\mathbf{T}$ rispetto alla base standard. Viceversa, data una matrice $n \times n$ $\mathbf{A} = [a_{ij}]$ possiamo definire una funzione lineare $\mathbf{T} : \mathbb{R}^n \to \mathbb{R}^n$ tramite la formula $\mathbf{T}(\mathbf{x}) = \mathbf{A}\mathbf{x}'$, per ogni $\mathbf{x} \in \mathbb{R}^n$. Si chiama *determinante* della funzione lineare $\mathbf{T}$ semplicemente det $\mathbf{A}$.

Osservazione 4.9

Se V, W sono spazi vettoriali (cfr. Appendice G) allora una funzione lineare $T : V \to W$ è detta **operatore lineare** se $T(ax + by) = aT(x) + bT(y)$ per ogni $x, y \in V$ e $a, b \in \mathbb{R}$. Se $W = \mathbb{R}$ chiamiamo T un **funzionale lineare**. La rappresentazione matriciale di un operatore lineare vale nel caso V e W abbiano dimensione finita, come nel caso di $\mathbb{R}^n$ descritto sopra. Poiché $(S + T)(x) = S(x) + T(x)$ e $T(ax) = aT(x)$, la collezione di tutti gli operatori lineari definite su uno spazio vettoriale V e a valori in un altro spazio vettoriale W è essa stessa uno spazio vettoriale. La sottoclasse di tutti gli **operatori lineari limitati**, cioè quei $T : V \to W$ con la proprietà $\sup\{\|T(x)\| \mid \|x\| = 1\} < \infty$, dove le norme in V e W non sono necessariamente equivalenti, è denotata con $L(V, W)$. Si ha che se $T \in L(V, W)$, allora esiste un certo $M \geqslant 0$ tale che $\|T(x)\| \leqslant M\|x\|$, per ogni $x \in V$. Inoltre, si può dimostrare che ogni operatore lineare limitato è continuo, cioè per ogni sequenza $(x_n)_n \subset V$ tale che $\lim_n x_n = x$ si ha che $\lim_n T(x_n) = T(x)$. Infatti, i due limiti si scrivono $\|x_n - x\| \to 0$ e $\|T(x_n) - T(x)\| \to 0$ per $n \to \infty$.

Se poniamo $M = n \max\{|a_{ij}| \, | \, i, j = 1, \ldots, n\}$ allora $\|\mathbf{T}(\mathbf{x})\| = \|\mathbf{Ax}'\| \leqslant M\|\mathbf{x}\|$ e vediamo che la rappresentazione matriciale definisce un operatore lineare continuo.

Esempio 4.9

Sia $\mathbf{X} = (X_1(\omega), X_2(\omega))$ un vettore aleatorio bidimensionale e

$$\mathbf{A} = \begin{bmatrix} 4 & 1 \\ 2 & 3 \end{bmatrix}$$

una matrice 2×2 a coefficienti reali. Allora, $\mathbf{A}$ rappresenta una trasformazione lineare $\mathbf{T} : \mathbb{R}^2 \to \mathbb{R}^2$ che induce la funzione composta $\mathbf{T} \circ \mathbf{X} : \Omega \to \mathbb{R}^2$ definita da

$$\mathbf{T} \circ \mathbf{X}(\omega) := \mathbf{Y} = \mathbf{AX}' = \big(4X_1(\omega) + X_2(\omega), 2X_1(\omega) + 3X_2(\omega)\big).$$

Dunque ogni matrice deterministica $\mathbf{A}$ le cui dimensioni sono compatibili con quelle del vettore aleatorio $\mathbf{X}$ fornisce un nuovo vettore aleatorio $\mathbf{Y}$ come conseguenza del teorema 2.7.

Ora vogliamo estendere la formula di trasformazione per le densità vista nella Sezione 4.5, al caso n-dimensionale. Sia $\mathbf{X}$ un vettore aleatorio con densità congiunta $f_{\mathbf{X}}(x_1, \ldots, x_n)$, e $\mathbf{g} : \mathbb{R}^n \to \mathbb{R}^n$ una funzione *continuamente differenziabile* e biunivoca, cioè è differenziabile (quindi continua) con tutte le sue derivate parziali continue da $\mathbb{R}^n$ in $\mathbb{R}^n$. Una tale corrispondenza è detta funzione C^1-differenziabile. Il valore di $\mathbf{g}$ in un punto $\mathbf{x} = (x_1, \ldots, x_n)$ è il vettore di funzioni $(g_1(\mathbf{x}), \ldots, g_n(\mathbf{x}))$, dove $g_i : \mathbb{R}^n \to \mathbb{R}$. Ricordiamo che la derivata di $\mathbf{g}$ in $\mathbf{x}$ è rappresentata dalla sua **matrice jacobiana**,

$$\mathbf{J_g}(\mathbf{x}) = \begin{bmatrix} \frac{\partial g_1}{\partial x_1} & \cdots & \frac{\partial g_1}{\partial x_n} \\ \vdots & \ddots & \vdots \\ \frac{\partial g_n}{\partial x_1} & \cdots & \frac{\partial g_n}{\partial x_n} \end{bmatrix} = \begin{bmatrix} \nabla g_1(\mathbf{x}) \\ \vdots \\ \nabla g_n(\mathbf{x}) \end{bmatrix},$$

dove $\nabla g_i(\mathbf{x})$ denota il gradiente di ciascuna funzione componente g_i valutato in $\mathbf{x}$. Osserviamo che il determinante della matrice jacobiana, $\det \mathbf{J_g}(\mathbf{x})$, è una funzione continua da $\mathbb{R}^n$ a $\mathbb{R}$ ed è chiamato semplicemente il **jacobiano** di $\mathbf{g}$ in $\mathbf{x}$. Se assumiamo che $\det \mathbf{J_g}(\mathbf{x}) \neq 0$ allora la funzione $\mathbf{g}$ è detta un **diffeomorfismo**.[30] In questo

---

[30] Ne segue che una funzione C^1-differenziabile $\mathbf{g}$ con jacobiano non nullo è una biezione. Il dominio e il codominio di un diffeomorfismo possono essere ristretti a sottoinsiemi aperti V, W di $\mathbb{R}^n$.

caso $\mathbf{g}$ è invertibile (in un intorno di $\mathbf{x}$)[31] e il jacobiano della funzione inversa $\mathbf{g}^{-1}$ in $\mathbf{y} = \mathbf{g}(\mathbf{x})$ è uguale a $\frac{1}{\det \mathbf{J_g(x)}}$. Abbiamo il seguente risultato:

Proposizione 4.4

Sia $\mathbf{X}$ un vettore aleatorio n-dimensionale con densità congiunta $f_\mathbf{X}(\mathbf{x})$, e sia $\mathbf{g} : \mathbb{R}^n \to \mathbb{R}^n$ un diffeomorfismo. Allora $\mathbf{Y} = \mathbf{g}(\mathbf{X})$ è un nuovo vettore aleatorio n-dimensionale con densità

$$f_\mathbf{Y}(\mathbf{y}) = f_\mathbf{X}(\mathbf{g}^{-1}(\mathbf{y}))|\det \mathbf{J_{g^{-1}}}(\mathbf{y})| \tag{4.30}$$

se $\mathbf{y} \in \mathbf{Y}(\Omega)$, e zero altrimenti.

Si noti che lo jacobiano della funzione inversa viene preso in valore assoluto. La Proposizione 4.4 si basa sul seguente teorema, che presentiamo senza dimostrazione (si veda ad esempio [2]).

Teorema 4.9 (Formula di trasformazione di Jacobi)

Sia V un insieme aperto in $\mathbb{R}^n$ e $\mathbf{g} : V \to \mathbb{R}^n$ un diffeomorfismo. Allora, per una funzione misurabile $\mathbf{h} : \mathbf{g}(V) \to \mathbb{R}^n$ tale che $\mathbf{h} \in \mathcal{L}^1(\mathbf{g}(V), \mathcal{B}^n, m^n)$, la funzione composta $\mathbf{h} \circ \mathbf{g}$ appartiene a $\mathcal{L}^1(\mathbb{R}^n, \mathcal{B}^n, m^n)$ e

$$\int_{\mathbf{g}(V)} \mathbf{h}(\mathbf{y}) d\mathbf{y} = \int_V \mathbf{h}(g(\mathbf{x}))|\det J_\mathbf{g}(\mathbf{x})| d\mathbf{x}$$

rappresenta una formula di cambio variabile.

Qui, $\mathcal{B}^n$ è la σ-algebra di Borel n-dimensionale generata dagli insiemi aperti di $\mathbb{R}^n$, e m^n è la misura di Lebesgue n-dimensionale. Nel teorema 4.9, $\mathbf{g}(V)$ è l'immagine di V, cioè $\{\mathbf{y} \in \mathbb{R}^n \mid \mathbf{y} = \mathbf{g}(\mathbf{x})\}$. L'assunzione $\mathbf{h} \in \mathcal{L}^1(\mathbf{g}(V), \mathcal{B}^n, m^n)$ significa che $\mathbf{h}$ appartiene allo spazio $\mathcal{L}^1(\mathbf{g}(V), \mathcal{B}^n, m^n)$ delle funzioni definite su $\mathbf{g}(V)$ e con integrale di Lebesgue n-dimensionale finito. Questo implica che anche l'integrale della sua trasformata $\mathbf{h} \circ \mathbf{g}$ esiste, si vedano le Appendici M, N e O.[32] Una parola di cautela. Se definiamo una funzione $g : \mathbb{R}^n \to \mathbb{R}$ tale che $g(\mathbf{x})$ assuma valori nell'immagine di un vettore aleatorio $\mathbf{X}$, cioè $\mathbf{x} = \mathbf{X}(\omega)$, torniamo alla situazione semplice già analizzata nel caso unidimensionale. Più precisamente, la distribuzione della v.a. $Y = g(\mathbf{X})$ può essere ricavata dalla funzione di densità congiunta di $\mathbf{X}$, poiché abbiamo $\{\omega \in \Omega \mid Y(\omega) \leqslant y\} = \{g(X_1, \dots, X_n) \leqslant y\}$ e l'insieme $\{\mathbf{x} \in \mathbb{R}^n \mid$

---

[31] Anche la sua funzione inversa è un diffeomorfismo.
[32] Lo spazio appropriato è ora $\mathcal{L}^1(\mathbb{R}^n, \mathcal{B}^n, m^n)$.

$g(\mathbf{x}) \leqslant y\}$ coincide con $g^{-1}((-\infty, y])$ che è contenuto nell'immagine del vettore aleatorio, $\mathbf{X}(\Omega)$. Quindi si ha:

$$F_Y(y) = \int_{g^{-1}((-\infty, y])} f_{\mathbf{X}}(\mathbf{x}) \mathrm{d}\mathbf{x}.$$

Un caso particolare della proposizione 4.4 si ha quando il diffeomorfismo $\mathbf{g}$ è lineare, rappresentato da una matrice $n \times n$ non singolare $\mathbf{A}$. Abbiamo $\mathbf{Y} = \mathbf{A}\mathbf{X}'$ e la sua funzione di densità è chiaramente

$$f_{\mathbf{Y}}(\mathbf{y}) = f_{\mathbf{X}}(\mathbf{A}^{-1}\mathbf{y}') \, \tfrac{1}{|\det \mathbf{A}|},$$

dove $\mathbf{A}^{-1} = \mathbf{g}^{-1}$ è l'inversa di $\mathbf{A}$ e il suo jacobiano $\mathbf{J}_{\mathbf{g}^{-1}} = \det \mathbf{A}^{-1}$ è il reciproco del determinante di $\mathbf{A}$.

4.10 Esercizi

4.1 Sia X una v.a. discreta. Dimostrare che $\mathsf{E}(a + bX) = a + b\,\mathsf{E}(X)$.

4.2 Sia X una v.a. continua con densità. Dimostrare che $\mathsf{E}(a + bX) = a + b\,\mathsf{E}(X)$.

4.3 (Dominanza stocastica del primo ordine) Siano X, Y due P&L tali che Y domina X nell'ordine stocastico usuale, cioè $F_X(x) \geqslant F_Y(x)$, anche scritto $X \preccurlyeq_{\mathrm{FSD}} Y$. Mostrare che $\mathsf{E}(X) \leqslant \mathsf{E}(Y)$, ogni volta che i valori attesi sono entrambi finiti.[33]

4.4 (Distribuzioni simmetriche) Per ogni tipo di v.a. X distribuita simmetricamente intorno al valore $a \in \mathbb{R}$ si ha $a = \mathsf{med}(X)$. Inoltre, se $\mathsf{E}(X) < \infty$ allora $a = \mathsf{E}(X)$. Dimostrare queste affermazioni.

4.5 (Densità posizione-scala propria) Data una v.a. continua X con densità $f_X(x)$, mostrare che $\frac{1}{b} f_X\left(\frac{x-a}{b}\right)$ è ancora una funzione di densità, purché $a \in \mathbb{R}$ e $b > 0$.

4.6 Sia $X \in L^1$, si scelga $d \in \mathbb{R}$ e si ponga $g(d) = \mathsf{E}(|X - d|)$. Mostrare che la mediana minimizza la MAD, cioè $\min_{d \in \mathbb{R}} g(d) = g(m) = \mathsf{MAD}(X)$ dove $m = \mathsf{med}(X)$ è la mediana di F_X.

4.7 (Classi L^p di v.a.) Si supponga che $\mathsf{E}(X^m)$ sia finita e $0 < n < m$ (non necessariamente interi), dimostrare che anche $\mathsf{E}(X^n)$ è finita.

---

[33] In effetti, abbiamo visto che quando $X \preccurlyeq_{\mathrm{FSD}} Y$ allora o $X \leqslant Y$ per ogni esito oppure $\mathsf{P}(X \leqslant Y) = 1$. Inoltre, il risultato vale per $g(x)$ crescente tale che $g(X), g(Y)$ abbiano valori attesi finiti.

4.8 Sia $X \in L^2$ e si ponga $g(X) = \frac{X - \mathsf{E}(X)}{\mathsf{SD}(X)}$. Mostrare che la linearità del valore atteso, $\mathsf{E}(a + bX) = a + b\mathsf{E}(X)$ e la quasi-linearità della deviazione standard $\mathsf{SD}(a + bX) = |b|\mathsf{SD}(X)$ sono equivalenti a $(g(a + bX))^2 = (g(X))^2$.

4.9 Date due v.a. $X, Y \in L^2$ mostrare che $XY \in L^1$ senza usare la disuguaglianza di Hölder.

4.10 Sia $g(x) = \mathbf{I}_{\{x \leqslant 1\}}$ e $F(x) = \mathbf{I}_{\{x \geqslant 1\}}$. Allora, la prima è limitata su ogni intervallo $(a, b]$ mentre la seconda è non decrescente. Calcolare l'integrale di Stieltjes di $g(x)$ rispetto a $F(x)$ per $a = 0$ e $b = 2$ usando il punto intermedio $x = 1$.

4.11 Si assuma $0 \leqslant \mathsf{E}(X) < \infty$, per una v.a. non negativa X. Mostrare che $n\mathsf{P}(X > n) \to 0$ per $n \to \infty$.

4.12 Sia X una v.a. non negativa con $0 \leqslant \mathsf{E}(X) < \infty$, ossia $X \in L^1$. Mostrare che $\mathsf{P}(X < \infty) = 1$, cioè X è P-a.s. finita.

4.13 Siano X, Y v.a. per cui il valore atteso esiste (cfr. $X, Y \in L^1$). Mostrare che[34] $\mathsf{E}(X + Y) = \mathsf{E}(X) + \mathsf{E}(Y)$.

4.14 $X + Y$ è una v.a. semplice (cioè discreta) se anche X e Y lo sono. Dimostrare l'affermazione.

4.15 Mostrare che $\mathsf{E}(X) \leqslant \mathsf{E}(Y)$, purché $X \leqslant Y$ per ogni esito e i valori attesi siano entrambi finiti.

4.16 Sia X una v.a. con CDF $F_X(x)$ e funzione quantile $Q_X(c)$. Mostrare che $$\boxed{\mathsf{E}(X) = \int_0^1 Q_X(c)\mathrm{d}c}.$$

4.17 Mostrare che:

1. Data una v.a. $\boxed{X \overset{\text{a.s.}}{=} 0 \text{ implica } \mathsf{E}(X) = 0}$;

2. Per due v.a. $\boxed{X \overset{\text{a.s.}}{=} Y \text{ con valori attesi finiti implica } \mathsf{E}(X) = \mathsf{E}(Y)}$; questo vale anche per $g : \mathbb{R} \to \mathbb{R}$ limitata o continua tale che $g(X), g(Y)$ abbiano valori attesi finiti;

3. Per una v.a. $\boxed{X \geqslant 0 \text{ con } \mathsf{E}(X) = 0 \text{ allora } X \overset{\text{a.s.}}{=} 0}$.

4.18 Sia X una v.a. discreta non negativa con range $X(\Omega) = \{x_1, x_2, \ldots\} = \mathcal{X}$, dove $x_i \geqslant 0$ per ogni $i \in \mathbb{N}$. Mostrare che la formula

$$\sum_{i=1}^{\infty} x_i \mathsf{P}(X = x_i), \quad \text{dove gli eventi } \{X = x_i\} \text{ decompongono } \Omega, \qquad (4.31)$$

caso particolare di (4.1) con $g(x) = x$, definisce correttamente $\mathsf{E}(X)$.

---

[34] Questo vale con una piccola modifica per $\mathsf{E}(aX + bY) = a\,\mathsf{E}(X) + b\,\mathsf{E}(Y)$ per costanti $a, b \in \mathbb{R}$.

4.19   Siano $X_1, X_2, \ldots$ una successione di v.a. non negative con $\mathsf{E}(X_i) < \infty$ per ogni $i \in \mathbb{N}$. Mostrare che

$$\mathsf{E}(X_1 + X_2 + \cdots) = \mathsf{E}(X_1) + \mathsf{E}(X_2) + \cdots,$$

ossia, la linearità del valore atteso vale per una successione infinito numerabile $X_i \geqslant 0$.

4.20   Siano $X, X_1, X_2, \ldots$ v.a. non negative definite sullo stesso spazio di probabilità. Si assuma che $\lim_{n \to \infty} X_n = X$ puntualmente. Mostrare che: (i) $(X_n - X) \to 0$ puntualmente; (ii) $(X - X_n)^+ \leqslant X$ e $(X_n - X)^- \leqslant X$. Dimostrare che le stesse relazioni valgono P-a.s.

4.21   Dimostrare la Proposizione 4.4.

4.22   Sia $\mathbf{X} = (X_1, X_2)$ un vettore aleatorio dove $X_i \sim \mathrm{N}(0, 1)$ sono variabili gaussiane indipendenti (si veda il Paragrafo 5.7). Calcolare la funzione di densità congiunta del nuovo vettore aleatorio $\mathbf{Y} = \mathbf{g}(\mathbf{X})$, dove $\mathbf{g} : \mathbb{R}^2 \to \mathbb{R}^2$ è definita da $\mathbf{g}(x_1, x_2) = (x_1 + x_2, x_1 - x_2)$.

4.23   Sia X una v.a. non negativa che assume valori $x_i = i = 1, 2, \ldots$ Calcolare il valore atteso.

4.24   Sia X una v.a. che rappresenta un profitti/perdite e o un tasso di rendimento con valore atteso finito. Calcolare $\mathsf{E}(X)$ usando l'integrazione di Stieltjes.

4.25   Sia X una v.a. con funzione di ripartizione F_X e valore atteso finito, cioè $\mathsf{E}(|X|) < \infty$. Mostrare che $\int_{-\infty}^{x} F_X(u)\mathrm{d}u = \mathsf{E}\big((x - X)^+\big)$, dove $(x - X)^+ := \max\{0, x - X\} = (x - X)\mathbf{I}_{\{X \leqslant x\}}$.

4.26   Sia $X \geqslant 0$ una v.a. non negativa con funzione di ripartizione F_X e $\mathsf{E}(|X|) < \infty$, che rappresenta una perdita. Un'assicurazione *stop-loss* offre il pagamento $(X - s)^+ := \max\{0, X - s\}$: l'assicuratore trattiene un importo monetario s € per coprirsi dal rischio e lascia che il *riassicuratore* paghi il resto (la perdita dell'assicuratore si arresta a $s > 0$). Mostrare che $\mathsf{E}\big((X - s)^+\big) = \int_{s}^{\infty}(1 - F_X(x))\mathrm{d}x$.

Appendice

Funzioni convesse e disuguaglianza di Jensen

La funzione convessa g presente nella Proposizione 4.1 potrebbe essere definita in un intervallo $I \subset \mathbb{R}$, e in tal caso si deve richiedere che la v.a. X assuma valori in I oppure $P(X \in I) = 1$. Inoltre, ricordando la caratterizzazione alternativa per funzioni convesse

$$g(x) + m(y - x) \leqslant g(y), \quad \text{per ogni } x, y \in I \subseteq \mathbb{R}, \tag{4.32}$$

ove $m = g'(x)$ se g è derivabile, altrimenti $m = g'_+(x)$, si ricava

$$g(\mathsf{E}(X)) + m\mathsf{E}(X - \mathsf{E}(X)) \leqslant \mathsf{E}(g(X)), \quad \text{per } x = \mathsf{E}(X), y = X, \tag{4.33}$$

dopo aver applicato il valore atteso ad ambo i membri della disuguaglianza, restituendo la (4.13) in quanto $\mathsf{E}(X - \mathsf{E}(X)) = 0$. Notiamo che la disuguaglianza è stretta sse X è non degenere e g è strettamente convessa. Se invece $P(X = k) = 1$ e X è degenere, allora la (4.13) diventa un'uguaglianza. Infatti, $\mathsf{E}(X) = k$ e $g(\mathsf{E}(X)) = g(k)$; inoltre, $\mathsf{E}(g(X)) = g(k)P(X = k) = g(k)$. Si noti che $P(X = k) = P(X = \mathsf{E}(X)) = 1$.

La Varianza può essere zero

$V(X)$ è zero sse X è una v.a. degenere. Supponiamo che $X \stackrel{\text{a.s.}}{=} k$ e ricordiamo che $\mathsf{E}(X) = k$. Ma $X^2 = k^2 \mathbf{I}_{\{X=k\}}$ quindi $V(X) = \mathsf{E}(X^2) - (\mathsf{E}(X))^2 = k^2 - k^2 = 0$. Per il viceversa, supponiamo $V(X) = 0$ e applichiamo la disuguaglianza di Chebychev alla v.a. $|X - k|$ con $p = 2$ e $k = \mu_X \in \mathbb{R}$ che è il valore atteso di X. Allora

$$P(|X - k| \geqslant a) \leqslant \frac{\mathsf{E}((X-k)^2)}{a^2} = \frac{V(X)}{a^2} = 0,$$

e $P(|X - k| \geqslant a)$ deve essere zero per ogni $a > 0$. Ora $\{|X - k| \geqslant a\} \subset \{|X - k| > 0\}$ e quindi:

$$\begin{aligned} 1 &= 1 - P\big(|X - k| \geqslant a\big) \\ &\leqslant 1 - P(|X - k| > 0), \end{aligned}$$

ossia $P(|X - k| > 0) = 0$ ed essendo $\{|X - k| \geqslant 0\} = \{|X - k| > 0\} \cup \{|X - k| = 0\}$ due eventi incompatibili si ha di conseguenza $1 = P(|X - k| = 0) = P(X = k)$ e concludiamo che $X \stackrel{\text{a.s.}}{=} k$.

Disuguaglianze di Hölder e Minkowski

Per tutti i numeri reali $x, y > 0$ vale

$$x^{1/p} y^{1/q} \leqslant \frac{x}{p} + \frac{y}{q}, \tag{4.34}$$

dove $p, q \in (1, \infty)$ sono detti **esponenti coniugati**, cioè soddisfano $\frac{1}{p} + \frac{1}{q} = 1$. Ora, $\ln(\cdot)$ è concava su $I = (0, \infty)$ e quindi:

$$\ln\left(\frac{x}{p} + \frac{y}{q}\right) \geq \frac{1}{p}\ln x + \frac{1}{q}\ln y = \ln\left(x^{1/p}y^{1/q}\right).$$

Per ottenere la (4.34) si applichi l'esponenziale $e^{(\cdot)}$ ad entrambi i membri dell'ultima disuguaglianza.

Dimostrazione della disuguaglianza di Hölder   La disuguaglianza (4.34) implica $|XY| \leq \frac{|X|^p}{p} + \frac{|Y|^q}{q}$, ponendo $x^{1/p} = |X|$ e $y^{1/q} = |Y|$. Supponiamo che $(\mathsf{E}(|X|^p))^{1/p}$ e $(\mathsf{E}(|Y|^q))^{1/q}$ siano entrambi uguali a 1, così che anche $\mathsf{E}(|X|^p) = \mathsf{E}(|Y|^q) = 1$. Allora, prendendo il valore atteso di entrambi i membri della disuguaglianza sopra si ottiene $\mathsf{E}(|XY|) \leq \frac{\mathsf{E}(|X|^p)}{p} + \frac{\mathsf{E}(|Y|^q)}{q} = \frac{1}{p} + \frac{1}{q} = 1$. Ora, supponiamo che né $(\mathsf{E}(|X|^p))^{1/p}$ né $(\mathsf{E}(|Y|^q))^{1/q}$ sia zero. Quindi, sostituendo X e Y nell'ultima disuguaglianza con $\frac{X}{(\mathsf{E}(|X|^p))^{1/p}}$ e $\frac{Y}{(\mathsf{E}(|Y|^q))^{1/q}}$ abbiamo

$$\frac{1}{(\mathsf{E}(|X|^p))^{1/p}(\mathsf{E}(|Y|^q))^{1/q}} = \mathsf{E}(|XY|) \leq 1$$

e il teorema è dimostrato.   ∎

Dimostrazione della disuguaglianza di Minkowski   Dimostriamo innanzitutto che $\mathsf{E}(|X + Y|^p)$ è finito, per $p > 1$. Sia $g(x) = (1+x)^p - 2^{p-1}(1+x^p)$ e osserviamo che $g(1) = 0$ e $\max_{x \in \mathbb{R}} g(x) = g(1)$. Quindi, $g(x) \leq 0$. Ponendo $x = \frac{|Y|}{|X|}$ e usando la disuguaglianza triangolare, riscriviamo la disuguaglianza per $g(x)$ come:

$$\frac{|X+Y|^p}{|X|^p} \leq 2^{p-1}\left(\frac{|X|^p + |Y|^p}{|X|^p}\right) \quad \text{sse}$$
$$|X + Y|^p \leq 2^{p-1}|X|^p + |Y|^p.$$

Prendendo il valore atteso di entrambi i membri e usando $X, Y \in L^p$ abbiamo concluso. Ora, sia $q = \frac{p}{p-1}$ così che $\frac{1}{p} + \frac{1}{q} = 1$. Applicando due volte la disuguaglianza di Hölder, prima a X e $|X + Y|^{p-1}$ e poi a Y e a $|X + Y|^{p-1}$, otteniamo $\mathsf{E}(|X||X + Y|^{p-1}) \leq (\mathsf{E}(|X|^p))^{1/p}(\mathsf{E}(|X + Y|^p))^{1/q}$ e $\mathsf{E}(|Y||X + Y|^{p-1}) \leq (\mathsf{E}(|Y|^p))^{1/p}(\mathsf{E}(|X + Y|^p))^{1/q}$. Abbiamo usato $(p - 1)q = p$. Ma $|X + Y|^p = |X + Y||X + Y|^{p-1} \leq |X||X + Y|^{p-1} + |Y||X + Y|^{p-1}$, per la disuguaglianza triangolare relativa a $|X + Y|$. Quindi, abbiamo

$$\mathsf{E}(|X + Y|^p) \leq (\mathsf{E}(|X + Y|^p))^{1/q}\left((\mathsf{E}(|X|^p))^{1/p} + (\mathsf{E}(|Y|^p))^{1/p}\right)$$

e dividendo per $(\mathsf{E}(|X + Y|^p))^{1/q}$ la disuguaglianza (4.16) è dimostrata una volta considerato che $1 - \frac{1}{q} = \frac{1}{p}$.   ∎

La Matrice di covarianza è semidefinita positiva

Dalla formula (4.23) segue che la matrice di covarianza è *semidefinita positiva*:

$$\sum_{i=1}^{n}\sum_{j=1}^{n} a_i a_j \operatorname{cov}(X_i, X_j) = \operatorname{cov}\left(\sum_{i=1}^{n} a_i X_i, \sum_{j=1}^{n} a_j X_j\right) = \mathsf{V}\left(\sum_{i=1}^{n} a_i X_i\right) \geq 0.$$

(4.35)

In notazione matriciale: $\mathbf{a}\mathbf{C}\mathbf{a}' \geq 0$, per ogni $\mathbf{a} \in \mathbb{R}^n$. Si ricordi che ogni elemento di $\mathbb{R}^n$ può essere considerato come un vettore riga, cioè una matrice $1 \times n$. La notazione $\mathbf{a}'$ indica la trasposizione,[35] ottenendo così un vettore colonna, cioè una matrice $n \times 1$. La notazione $\mathbf{a}\mathbf{C}$ indica la moltiplicazione tra matrici, ottenendo una matrice $(1 \times n)(n \times n) = 1 \times n$ (un vettore riga). Quindi, $\mathbf{a}\mathbf{C}\mathbf{a}'$ è una matrice 1×1, cioè uno scalare la cui espressione algebrica è data dalla (4.35).

Alcuni risultati sul valore atteso nella teoria della misura

Ricordiamo che una v.a. semplice è nella forma $X = \sum_{i=1}^{n} x_i \mathbf{I}_{\{X \in B_i\}}$, con eventi $\{X \in B_i\}$ che partizionano Ω: si tratta di una v.a. discreta con $\{X \in B_i\} = \{X = x_i\}$ per $B_i = \{x_i\}$. Si può dimostrare che somme di v.a. semplici, prodotti di costanti per v.a. semplici sono anch'esse v.a. semplici, si veda l'Esercizio 4.14. Abbiamo:

Lemma 4.3 (Limite di v.a. semplici crescenti)
Se $X \geq 0$ è una v.a. non negativa, allora esiste una successione crescente $X_1 \leq X_2 \leq X_3 \leq \cdots$ di v.a. semplici non negative che converge puntualmente a X.

Osservazione 4.10
Possiamo definire una funzione misurabile $X_n : \Omega \to \mathbb{R}$ per ogni $n \in \mathbb{N}$, ottenendo così una successione $(X_n)_{n \in \mathbb{N}}$ di v.a. Per ogni esito $\omega \in \Omega$ l'insieme

$$\{X_1(\omega), X_2(\omega), \ldots\} = \{x_1, x_2, \ldots\}$$

è una successione infinita di numeri reali. Se $\lim_{n \to \infty} x_n = x$, allora il numero x corrisponde all'esito $\omega \in \Omega$. Potrebbe accadere che per un altro esito il limite sopra esista ma in generale non sia uguale allo stesso numero x. Quindi, abbiamo una funzione che ad ogni ω associa un numero dato da un limite. In questo caso la successione $(X_n)_{n \in \mathbb{N}}$ si dice **convergente puntualmente** alla funzione limite $X : \Omega \to \mathbb{R}$. Cioè, $\forall \omega \in \Omega$ e $\forall \epsilon > 0$, esiste un intero positivo N tale che $n \geq N$ implica $|X_n(\omega) - X(\omega)| < \epsilon$. Si può dimostrare che la funzione $X : \Omega \to \mathbb{R}$ è anch'essa una v.a.

---

[35] Per una matrice $m \times n$ $\mathbf{A}$, la sua trasposta è la matrice $n \times m$ $\mathbf{A}'$.

Per dimostrare il Lemma 4.3, costruiamo una successione crescente di v.a. discrete per la convergenza puntuale,

$$X_n := \sum_{i=1}^{n2^n} \frac{i-1}{2^n} \mathbf{I}_{\left\{\frac{i-1}{2^n} < X \leqslant \frac{i}{2^n}\right\}} + n\mathbf{I}_{\{X>n\}}, \quad \text{per ogni } n \in \mathbb{N}, \tag{4.36}$$

che approssima X dal basso. Si noti che abbiamo $n2^n$ termini nella somma e un extra termine $(n2^n+1)$-esimo. Per comprendere il comportamento di tale successione mostriamo i primi due termini:

$$X_1 = \sum_{i=1}^{2} \frac{i-1}{2} \mathbf{I}_{\left\{\frac{i-1}{2} < X \leqslant \frac{i}{2}\right\}} + \mathbf{I}_{\{X>1\}}$$

$$= 0 + \frac{1}{2}\mathbf{I}_{\left\{\frac{1}{2} < X \leqslant 1\right\}} + \mathbf{I}_{\{X>1\}}$$

$$X_2 = \sum_{i=1}^{2\times 2^2} \frac{i-1}{2^2} \mathbf{I}_{\left\{\frac{i-1}{2^2} < X \leqslant \frac{i}{2^2}\right\}} + 2\mathbf{I}_{\{X>2\}}$$

$$= \begin{cases} 0 & \text{se } i = 1 \text{ e } X \text{ è in } (0, \frac{1}{4}] \\ \frac{1}{4} & \text{se } i = 2 \text{ e } X \text{ è in } (\frac{1}{4}, \frac{1}{2}] \\ \frac{1}{2} & \text{se } i = 3 \text{ e } X \text{ è in } (\frac{1}{2}, \frac{3}{4}] \\ \vdots & \vdots \\ \frac{7}{4} & \text{se } i = 8 \text{ e } X \text{ è in } (\frac{7}{4}, 2] \\ 2 & \text{allo step } 2 \times 2^2 + 1 = 9 \text{ e } X \text{ è in } (2, \infty). \end{cases}$$

Questa costruzione porta alle seguenti conseguenze.

- Per $n \in \mathbb{N}$ fissato, la v.a. semplice non negativa sopra è basata su una partizione $(n2^n+1)$-aria del semiasse positivo $[0, \infty)$, in $n2^n$ intervalli $(\frac{i-1}{2^n}, \frac{i}{2^n}]$ di uguale lunghezza $\frac{1}{2^n}$, per $i = 1, \ldots, n2^n$, e un ultimo intervallo $(\frac{n2^n}{2^n}, \infty)$.
- Per ogni esito ω, il valore di $X_n(\omega)$ è $\frac{i-1}{2^n}$ per $i = 1, \ldots, n2^n + 1$ equivalente all'estremo sinistro di $(\frac{i-1}{2^n}, \frac{i}{2^n}]$ sui primi $n2^n$ intervalli, con l'aggiunta del valore $\frac{n2^n}{2^n} = n$ sull'ultimo intervallo.
- Incrementando n si bisecca ogni intervallo, in particolare passando da n a $n+1$ si ha che $(\frac{i-1}{2^n}, \frac{i}{2^n}]$ risulta diviso in due metà di pari lunghezza $\frac{\frac{1}{2^n}}{2} = \frac{1}{2^{n+1}}$.
- $X_{n+1}(\omega) = \frac{i-1}{2^n} = X_n(\omega)$ oppure $X_{n+1}(\omega) = \frac{i}{2^n} - \frac{1}{2^{n+1}} = \frac{2i-1}{2^{n+1}}$, per ogni esito.
- Poiché $\frac{i-1}{2^n} = \frac{2(i-1)}{2^{n+1}}$ abbiamo $X_n(\omega) \leqslant X_{n+1}(\omega)$, per ogni esito; inoltre $X_n(\omega) \leqslant X(\omega)$ per ogni ω.
- Per $n \to \infty$ ogni intervallo si restringe e collassa a un singoletto contenente il valore $x = X(\omega)$.

Abbiamo così dimostrato che $0 \leqslant X_1 \leqslant X_2 \leqslant \cdots \leqslant X$ e $\lim_{n\to\infty} X_n = X$ puntualmente.

Osservazione 4.11

Ricordiamo che ogni successione crescente di numeri reali può avere un estremo superiore finito che è il limite della successione. Quindi:

$$E(X) := \sup \{E(Z) \mid 0 \leqslant Z \leqslant X, \ Z \text{ semplice}\} \quad \text{con } Z \equiv X_n. \tag{4.37}$$

Qui la successione crescente di numeri reali è $(E(X_n))_{n \in \mathbb{N}}$ e il suo estremo superiore coincide con $E(X)$ per $X \geqslant 0$. L'insieme $\{E(Z) \mid 0 \leqslant Z \leqslant X, \ Z \text{ semplice}\}$ è della forma $[0, x)$ oppure $[0, x]$, dove è ammesso $x = \infty$.

Una definizione generale di valore atteso è valida per ogni tipo di v.a. X ed è basata sulla nozione di integrale astratto di Lebesgue e consta di tre steps; si veda anche l'Appendice N. Ecco i primi due.

1. Sia X_n una v.a. semplice per ogni $n \in \mathbb{N}$. Allora, definiamo $E(X_n) = \sum_{i=1}^{m} x_{in} P(X_n \in B_{in})$ e lo denotiamo con $\int_{\Omega} X_n dP$, per $m \in \mathbb{N}$.
2. Per $X \geqslant 0$, usiamo il Lemma 4.3 per produrre una successione $(X_n)_{n \in \mathbb{N}}$ che approssima X dal basso, quindi definiamo $E(X)$ come $\lim_{n \to \infty} E(X_n)$.

Nello step 2. abbiamo bisogno del seguente risultato per scambiare valore atteso e limite.

> **Teorema 4.10 (della convergenza monotona (MCT))**
> *Sia $(X_n)_{n \in \mathbb{N}}$ una successione di v.a. non negative e sia X una qualsiasi v.a. tale che $0 \leqslant X_1 \leqslant X_2 \leqslant \cdots \leqslant X$. Se la successione converge puntualmente a X, allora*
> $$\lim_{n \to \infty} E(X_n) = E(X).$$

Rispetto al Lemma 4.3, non è necessario usare v.a. semplici.

Dimostrazione Assumendo la convergenza puntuale $X_n \to X$, abbiamo che X è una v.a. Inoltre, $E(X_1) \leqslant E(X_2) \leqslant \cdots \leqslant E(X)$ per ipotesi. Quindi, $\lim_n E(X_n) \leqslant E(X)$. Basta mostrare la disuguaglianza inversa. Il caso $E(X_1) = \infty$ è banale, quindi assumiamo $E(X_1) < \infty$. Per la formula (4.37) possiamo approssimare $E(X)$ con il valore atteso di una v.a. semplice non negativa $Z = \sum_{i=1}^{m} z_i \mathbf{I}_{A_i}$ tale che $Z \leqslant X$. La condizione precedente significa che $z_i \leqslant X(\omega)$ per ogni $\omega \in A_i$. Mostriamo che $\lim_n E(X_n) \geqslant \sum_{i=1}^{m} z_i P(A_i)$. Sia $\epsilon > 0$, definiamo $A_{in} = \{\omega \in A_i \mid X_n(\omega) > z_i - \epsilon\}$ e osserviamo che $A_{in} \uparrow A_i$ per $n \to \infty$. Inoltre, $E(X_n) \geqslant \sum_{i=1}^{m} (z_i - \epsilon) P(A_{in})$. Per la continuità dal basso di $P(\cdot)$ abbiamo

$$\lim_{n \to \infty} (z_i - \epsilon) P(A_{in}) = (z_i - \epsilon) P(A_i),$$

il che implica $\lim_{n \to \infty} E(X_n) \geqslant \sum_{i=1}^{m} (z_i - \epsilon) P(A_i) = \sum_{i=1}^{m} z_i P(A_i) - \epsilon$. Poiché $\epsilon > 0$ è arbitrario, segue che $\lim_n E(X_n) \geqslant \sum_{i=1}^{m} z_i P(A_i)$ e la dimostrazione è conclusa. ∎

Osservazione 4.12

Nella dimostrazione del Teorema 4.10 abbiamo usato il seguente fatto. Siano $a, b \in \mathbb{R}$ tali che $a \leqslant b + \epsilon$, e $\epsilon > 0$, allora $a \leqslant b$. La dimostrazione procede per assurdo: supponiamo $a \leqslant b + \epsilon$ e $\neg(a \leqslant b) = a > b$. Ma scegliendo $\epsilon = \frac{a-b}{2} > 0$ si arriva a $a > b + \epsilon$, che contraddice l'ipotesi.

Adesso lo step 2. diventa

$$\lim_{n \to \infty} \mathsf{E}(X_n) = \mathsf{E}\left(\lim_{n \to \infty} X_n \right) = \mathsf{E}(X),$$

cioè valore atteso e limite possono essere scambiati. Veniamo infine allo step 3.

3. Per una v.a. X non necessariamente $\geqslant 0$, scriviamo $X = X^+ - X^-$ e per il Lemma 4.3 troviamo due successioni crescenti di v.a. non negative $(X_n^+)_{n \in \mathbb{N}}$ e $(X_n^-)_{n \in \mathbb{N}}$ tali che $\lim_{n \to \infty} X_n^+ = X^+$ e $\lim_{n \to \infty} X_n^- = X^-$, puntualmente. Se entrambi i valori attesi $\mathsf{E}(X^+)$ e $\mathsf{E}(X^-)$ sono finiti possiamo definire:

$$\int_\Omega X \, \mathrm{d}\mathsf{P} = \mathsf{E}(X) := \mathsf{E}(X^+) - \mathsf{E}(X^-) = \int_\Omega X^+ \mathrm{d}\mathsf{P} - \int_\Omega X^- \mathrm{d}\mathsf{P} < \infty. \quad (4.38)$$

Quando il valore atteso di X^+ o di X^- è infinito abbiamo $\mathsf{E}(X) = \pm\infty$; quando entrambi sono infiniti $\mathsf{E}(X)$ non risultà più definito.

Osservazione 4.13

Abbiamo visto che le formule (4.1) e (4.2) nel Paragrafo 4.2, per i valori attesi di v.a. discrete e continue, utilizzano condizioni sufficienti di convergenza assoluta (sia della somma che dell'integrale). In effetti, nell'attuale contesto generale abbiamo $|X| = X^+ + X^-$, quindi:

- definiamo $\mathsf{E}(|X|) = \mathsf{E}(X^+) + \mathsf{E}(X^-)$ tramite la formula (4.38) e assumiamo che sia finito. Da $X^+ \leqslant |X|$ e $X^- \leqslant |X|$ segue che $\mathsf{E}(X^+)$ e $\mathsf{E}(X^-)$ sono finiti, quindi $\mathsf{E}(X) < \infty$.
- D'altra parte, assumendo che $\mathsf{E}(X^+)$ e $\mathsf{E}(X^-)$ sono finiti, sommando e usando la linearità otteniamo $\mathsf{E}(|X|) < \infty$.

Morale: la convergenza assoluta $\mathsf{E}(|X|) < \infty$ è equivalente all'esistenza del valore atteso finito, $\mathsf{E}(X) < \infty$, ossia $X \in L^1$. In generale, l'esistenza di un momento p-esimo si può statuire come $\mathsf{E}(|X|^p) < \infty$ e $X \in L^p$ (cfr. disuguaglianza di Minkowski).

Riassumiamo di seguito la costruzione del valore atteso in base alla teoria della misura.

- Per n fissato in $\mathbb{N}$ il valore atteso $\mathsf{E}(X_n)$ è l'integrale di Lebesgue $\sum_{i=1}^m x_i \, \mathsf{P}(A_{in})$, per una v.a. semplice $X_n = \sum_{i=1}^m x_{in} \mathbf{I}_{A_{in}}$ dove $A_{in} = \{X_n \in B_{in}\}$ sono eventi che decompongono Ω.
- Gli steps 2. e 3. forniscono una procedura limite corrispondente a una 'versione più raffinata' di una v.a. generale X con più valori nel suo supporto, e di conseguenza una 'partizione raffinata' di Ω tramite un numero crescente di eventi

A_{in}. Viene così eseguita una procedura di integrazione su Ω: il **valore atteso astratto** $\int_\Omega X \, \mathrm{dP}$ è l'integrale di Lebesgue della funzione misurabile X rispetto alla misura P.

La <u>formula di cambio variabile</u> in tale contesto è

$$\int_\Omega X \, \mathrm{dP} = \int_\mathbb{R} x \, \mathrm{dP}_X = \int_{-\infty}^{\infty} x \, \mathrm{d}F_X, \qquad (4.39)$$

che vale anche nel caso di trasformazione $g(X)$ mantenendo rispettivamente dP, dP_X e $\mathrm{d}F_X$. Ecco l'enunciato.[36]

Teorema 4.11

Sia X una v.a. con distribuzione P_X e sia $g : \mathbb{R} \to \mathbb{R}$ una funzione Borel-misurabile. Allora si ha

$$\mathrm{E}(g(X)) = \int_\mathbb{R} g(x)\mathrm{dP}_X, \qquad (4.40)$$

purché entrambi i membri siano ben definiti.

Grazie alla corrispondenza biunivoca tra P e la CDF F_X, passando per la legge P_X, la formula (4.40) estende la formula (4.39).

Dimostrazione Verifichiamo innanzitutto la formula (4.40) per le funzioni indicatrici $g(X) = \mathbf{I}_B(X)$, dove $B \in \mathcal{B}$. Abbiamo $\int_\Omega \mathbf{I}_B(X)\mathrm{dP} = \int_\Omega \mathbf{I}_{\{X \in B\}}\mathrm{dP} = \mathrm{E}(\mathbf{I}_{\{X \in B\}}) = \mathrm{P}(X \in B) = \mathrm{P}_X(B) = \int_\mathbb{R} \mathbf{I}_B(x)\mathrm{dP}_X$. Per linearità la formula (4.40) vale per v.a. semplici $g(X)$. Se $g(X)$ è una qualsiasi v.a., allora applichiamo il MCT sia a $g(X)^+$ che a $g(X)^-$ come segue:

$$\begin{aligned}
\int_\Omega g(X)\mathrm{dP} &= \int_\Omega \lim_n (g_n^+(X) \quad g_n^+(X))\mathrm{dP} \\
&= \lim_n \int_\Omega g_n^+(X)\mathrm{dP} - \lim_n \int_\Omega g_n^-(X)\mathrm{dP} \\
&= \lim_n \int_\mathbb{R} g_n^+(x)\mathrm{dP}_X - \lim_n \int_\mathbb{R} g_n^-(x)\mathrm{dP}_X \\
&= \int_\mathbb{R} \lim_n (g_n^+(x) - g_n^+(x))\mathrm{dP}_X \\
&= \int_\mathbb{R} (g^+(x) - g^-(x))\mathrm{dP}_X = \int_\mathbb{R} g(x)\mathrm{dP}_X,
\end{aligned}$$

---

[36] Ricordiamo che $g \circ X$ è una v.a., purché X sia una v.a. e g sia Borel-misurabile.

dove $g_n^+(X) \uparrow g^+(X)$, $g_n^-(X) \uparrow g^-(X)$ puntualmente per $n \to \infty$ e $g_n^+(X), g_n^-(X)$ sono v.a. semplici. ∎

Esiste una connessione tra l'approccio al valore atteso sopra descritto e l'integrazione di Stieltjes. Scegliendo $(X_n)_{n \in \mathbb{N}}$ nel MCT in base alla (4.36) abbiamo:

$$\mathsf{E}(X_n) = \mathsf{E}\left(\sum_{i=1}^{n2^n} \tfrac{i-1}{2^n} \mathbf{I}_{\{\frac{i-1}{2^n} < X \leqslant \frac{i}{2^n}\}} + n\mathbf{I}_{\{X>n\}} \right)$$

$$= \sum_{i=1}^{n2^n} \tfrac{i-1}{2^n} \mathsf{P}\left(\tfrac{i-1}{2^n} < X \leqslant \tfrac{i}{2^n} \right) + n\mathsf{P}(X > n).$$

Osserviamo che $\mathsf{P}\left(\frac{i-1}{2^n} < X \leqslant \frac{i}{2^n}\right) = \mathsf{P}\left(X_n = \frac{i-1}{2^n}\right)$, ricordando che ciò equivale a $F_X\left(\frac{i}{2^n}\right) - F_X\left(\frac{i-1}{2^n}\right)$, per ogni $i = 1, \ldots, n2^n$ e per ogni $n \in \mathbb{N}$. Infine, tramite il MCT:

$$\mathsf{E}(X) = \lim_{n \to \infty} \mathsf{E}(X_n) = \lim_{n \to \infty} \sum_{i=1}^{n2^n} \tfrac{i-1}{2^n} \left[F_X\left(\tfrac{i}{2^n}\right) - F_X\left(\tfrac{i-1}{2^n}\right) \right]$$

$$+ \lim_{n \to \infty} n\,\mathsf{P}(X > n).$$

Ora, abbiamo 2 casi:

- Se $\mathsf{P}(X = \infty) > 0$, allora il limite è $\mathsf{E}(X) = \infty$;
- Se $\mathsf{P}(X < \infty) = 1$, allora il limite $\mathsf{E}(X)$ è finito e si scrive

$$\mathsf{E}(X) = \lim_{n \to \infty} \sum_{i=1}^{n2^n} \tfrac{i-1}{2^n} \left[F_X\left(\tfrac{i}{2^n}\right) - F_X\left(\tfrac{i-1}{2^n}\right) \right] := \int_0^\infty x\,\mathrm{d}F_X(x), \qquad (4.41)$$

dove si è usato $\lim_{n \to \infty} n\,\mathsf{P}(X > n) = 0$, si veda l'Esercizio 4.11.

L'integrale di Stieltjes nella (4.41) può essere formalmente ottenuto da $\lim_{k \to \infty} \int_0^k g(x)\mathrm{d}F(x)$, per $k > 0$. Richiamiamo per convenienza le proprietà tipiche dell'integrale di Stieltjes.

- (Linearità nell'integranda) $\int_0^\infty [g(x) + h(x)]\mathrm{d}F_X(x) = \int_0^\infty g(x)\mathrm{d}F_X(x) + \int_0^\infty h(x)\mathrm{d}F_X(x)$, se anche il secondo integrale è finito e g, h siano due opportune trasformazioni (cfr. misurabili) della v.a. X. In particolare, $\int_0^\infty k\,g(x)\mathrm{d}F_X(x) = k \int_0^\infty g(x)\mathrm{d}F_X(x)$, per $k \in \mathbb{R}$.
- (Linearità nella misura) Per CDF miste (o misture) $\alpha F_1(x) + (1 - \alpha)F_2(x)$, con $0 \leqslant \alpha \leqslant 1$, abbiamo

$$\int_0^\infty g(x)\mathrm{d}\big(\alpha F_{X_1}(x) + (1 - \alpha)F_{X_2}(x)\big) = \alpha \int_0^\infty g(x)\mathrm{d}F_{X_1}(x)$$

$$+ (1 - \alpha) \int_0^\infty g(x)\mathrm{d}F_{X_2}(x),$$

con v.a. X_1, X_2 definite sullo stesso spazio di probabilità.

- Se $g(x) \leq h(x)$ per ogni x, allora $\int_0^\infty g(x) \mathrm{d}F_X(x) \leq \int_0^\infty h(x) \mathrm{d}F_X(x)$.
- $\left| \int_0^\infty g(x) \mathrm{d}F_X(x) \right| \leq \int_a^b |g(x)| \mathrm{d}F_X(x)$.
- Possiamo suddividere $(0, \infty)$ in $(0, y] \cup (y, \infty)$ e ottenere $\int_0^y g(x) \mathrm{d}F_X(x) + \int_y^\infty g(x) \mathrm{d}F_X(x)$, per $0 < y < \infty$.

Tutte le proprietà sopra possono essere estese a $\int_{-\infty}^\infty g(x) \mathrm{d}F_X(x) = \lim_{k \to \infty} \int_{-k}^k g(x) \mathrm{d}F_X(x)$. L'integrazione di Stieltjes su intervalli finiti è in effetti basata su intervalli *aperti a sinistra/chiusi a destra*, cioè $\int_a^b g(x) \mathrm{d}F_X(x)$, per $a < b$, reali equivale a $\int_{(a,b]} g(x) \mathrm{d}F_X(x)$. Infatti, F_X è crescente e continua da destra. Se $g(x) = 1$, per ogni $x \in \mathbb{R}$ abbiamo

$$\int_{(a,b]} \mathrm{d}F_X(x) = F_X(b) - F_X(a) \quad \text{e} \quad \int_{(a,b)} \mathrm{d}F_X(x) = F_X(b^-) - F_X(a).$$

Date due ripartizioni $F_X(x)$ e $F_Y(x)$, corrispondenti alle v.a. X, Y, abbiamo la seguente **formula di integrazione per parti**:

$$\boxed{F_X(b) F_Y(b) - F_X(a) F_Y(a) = \int_a^b F_X(x^-) \mathrm{d}F_Y(x) + \int_a^b F_Y(x) \mathrm{d}F_X(x),}$$

$$(4.42)$$

si veda [14, Prop 4.5]. Come conseguenza abbiamo anche

$$F_X(x) F_Y(x) = \int_{-\infty}^x F_X(u^-) \mathrm{d}F_Y(u) + \int_{-\infty}^x F_Y(u) \mathrm{d}F_X(u).$$

Per CDF continue la formula (4.42) diventa

$$\int_a^b F_X(x) \mathrm{d}F_Y(x) = F_X(b) F_Y(b) - F_X(a) F_Y(a) - \int_a^b F_Y(x) \mathrm{d}F_X(x).$$

Con $F_Y(x) = 1$ possiamo applicare la formula di integrazione per parti (4.42) per ottenere:

$$F_X(b) - F_X(a) = \int_{(a,b]} \mathrm{d}F_X(x) \equiv \mathsf{P}(a < X \leq b),$$

dove $\mathrm{d}F_Y(x) = 0$. Morale: L'integrazione per parti può essere utilizzata per integrare su sottoinsiemi ricavando probabilità.

Dimostrazione del Lemma 4.2

Dimostrazione ($\Rightarrow$) Siano $g(x) = \mathbf{I}_{B_1}(x)$ e $h(y) = \mathbf{I}_{B_2}(y)$ due funzioni indicatrici per insiemi boreliani $B_1, B_2 \subset \mathbb{R}$. Allora, $g(X) = \mathbf{I}_{\{X \in B_1\}}, h(Y) = \mathbf{I}_{\{Y \in B_2\}}$ e

$\mathbf{I}_{\{X\in B_1\}\cap\{Y\in B_2\}} = \mathbf{I}_{\{X\in B_1\}}\mathbf{I}_{\{Y\in B_2\}}$. Per ipotesi abbiamo $\mathsf{P}(\{X \in B_1\} \cap \{Y \in B_2\}) = \mathsf{P}(X \in B_1)\mathsf{P}(Y \in B_2)$ che equivale a $\mathsf{E}(\mathbf{I}_{\{X\in B_1\}\cap\{Y\in B_2\}}) = \mathsf{E}(\mathbf{I}_{\{X\in B_1\}}\mathbf{I}_{\{Y\in B_2\}}) = \mathsf{E}(\mathbf{I}_{\{X\in B_1\}})\mathsf{E}(\mathbf{I}_{\{Y\in B_2\}})$. Possiamo adesso trovare successioni crescenti g_n, h_n di funzioni a gradino non negative (limitate) che convergono puntualmente a funzioni non negative g e h, rispettivamente. Il risultato sopra valido per le indicatrici si estende a $g_n(X)$ e $h_n(Y)$ tramite linearità e ciò insieme al MCT restituisce:

$$\mathsf{E}(g(X)h(Y)) = \mathsf{E}(\lim_n g_n(X)h_n(Y)) = \lim_n \mathsf{E}(g_n(X)h_n(Y))$$
$$= \lim_n \big(\mathsf{E}(g_n(X))\mathsf{E}(h_n(Y))\big) = \mathsf{E}(g(X))\mathsf{E}(h(Y)).$$

Se g, h è una qualsiasi coppia di funzioni limitate, allora possiamo sempre applicare quanto sopra alle loro parti positive e negative. ($\Leftarrow$) È sufficiente scegliere $g(x) = \mathbf{I}_{B_1}(x)$ e $h(y) = \mathbf{I}_{B_2}(y)$. ∎

Dimostrazione del Lemma 4.1

Dimostrazione ($\Rightarrow$) $X \overset{\mathrm{d}}{=} Y$ significa che $\mathsf{P}_X(B) = \mathsf{P}_Y(B)$ per ogni insieme boreliano $B \subset \mathbb{R}$. Se $X = \mathbf{I}_A, Y = \mathbf{I}_{A'}$ per $A, A' \in \mathcal{F}$, allora $g(X) = X$ e $g(Y) = Y$. Poiché $\{X \in B\} = A, \{Y \in B\} = A'$, abbiamo che $\mathsf{E}(\mathbf{I}_A) = \mathsf{P}(A) = \mathsf{P}_X(B)$ e $\mathsf{E}(\mathbf{I}_{A'}) = \mathsf{P}(A') = \mathsf{P}_X(B)$, quindi $\mathsf{E}(g(X)) = \mathsf{E}(g(Y))$. Lo stesso argomento si estende a v.a. semplici non negative X, Y per linearità. Possiamo applicare il MCT a $X, Y \geqslant 0$, o per v.a. generiche alle loro parti positive e negative. ($\Leftarrow$) Se $\mathsf{E}(g(X)) = \mathsf{E}(g(Y))$ per ogni funzione boreliana g, allora in particolare possiamo scegliere $g = \mathbf{I}_B$ con $B \in \mathcal{B}$. Abbiamo $\mathbf{I}_B(\cdot) = \mathbf{I}_{\{\cdot \in B\}}$ per entrambe le v.a. Quindi, $\mathsf{E}[\mathbf{I}_{\{\cdot \in B\}}] = \mathsf{P}(\cdot \in B)$ e le rispettive distribuzioni coincidono. ∎

Ancora su limiti di v.a. e valore atteso

Oltre al Teorema 4.10 ci sono altri due risultati sull'intercambiabilità tra limite e valore atteso che possono essere utili in alcune dimostrazioni. Prima di presentare i risultati, si avverte che il Teorema 4.10 può essere enunciato[37] per una successione crescente $(X_n)_{n\in\mathbb{N}}$ di v.a. che converge P-a.s. alla v.a. limite X: dato l'evento

$$A = \left\{ \lim_{n\to\infty} X_n = X \right\}$$

la convergenza fallisce su A^c con probabilità $\mathsf{P}(A^c) = 0$. Per vedere perché, notiamo che $X_n \overset{\text{a.s.}}{=} X_n \mathbf{I}_A$ poiché $\{X_n = X_n \mathbf{I}_A\}$ è esattamente l'insieme A e lo stesso vale per X. Per l'Osservazione 3, dopo la Soluzione dell'Esercizio 4.17, punto 3., abbiamo

---

[37] Questo vale anche per il Lemma 4.3

$E(X_n) = E(X_n \mathbf{I}_A)$ e $E(X) = E(X \mathbf{I}_A)$, poiché il valore atteso non cambia modificando funzioni misurabili (cfr. v.a.) su un insieme di misura P-nulla. Ora $X_n \overset{\text{a.s.}}{=} X$ implica $X_n \mathbf{I}_A \to X \mathbf{I}_A$ per ogni $\omega \in A$ e $\lim_n E(X_n \mathbf{I}_A) = E(X \mathbf{I}_A)$ segue facilmente dal teorema 4.10.

Lemma 4.4 (di Fatou)

Sia $(X_n)_{n \in \mathbb{N}}$ una successione di v.a. non negative. Allora, $E\big(\liminf X_n\big) \leqslant \liminf E(X_n)$ dove entrambi i membri possono essere infiniti.

Dimostrazione   Definiamo la v.a. $Y_k = \inf_{n \geqslant k} X_n$ e $Y = \lim_k Y_k = \liminf X_n$, dove chiaramente ogni Y_k è non negativa. Per $n \geqslant k$ si ha $X_n \geqslant Y_k$ e per la monotonia del valore atteso anche $E(X_n) \geqslant E(Y_k)$. Ciò implica $E(Y_k) \leqslant \inf_{n \geqslant k} E(X_n)$. Ma $Y_k \uparrow Y$ e per il MCT segue che $\liminf E(X_n) \geqslant \liminf E(Y_k) = E(Y)$ che dimostra il lemma. ∎

Si ha anche la versione a.s. del lemma di Fatou: la successione $(X_n)_{n \in \mathbb{N}}$ è tale che $X_n \geqslant 0$ tranne che su un insieme (cfr. evento) di misura P-nulla A^c, per ogni $n \in \mathbb{N}$. La dimostrazione procede come sopra con l'unica eccezione che si sostituisce X_n con $X_n \mathbf{I}_A$ e si modificano tutti i valori attesi coinvolti restringendoli a A^c, senza alterarne i valori.

Teorema 4.12 (Convergenza dominata di Lebesgue)

Siano $X, X_1, X_2, \dots$ v.a. tali che $X_n \to X$ puntualmente. Se la successione $(X_n)_{n \in \mathbb{N}}$ è dominata da una v.a. $Y \in L^1$, cioè, $|X_n| \leqslant Y$ per ogni $n \in \mathbb{N}$, allora $\lim_n E(|X_n - X|) = 0$ e in particolare $\lim_n E(X_n) = E(X)$.

Dimostrazione   Per ipotesi abbiamo $Y + X_n \geqslant 0$ e applicando il lemma di Fatou alla successione $(Y + X_n)_{n \in \mathbb{N}}$ si ha: $E(Y) + E(X) = E(Y + X) \leqslant \liminf E(Y + X_n) = E(Y) + \liminf E(X_n)$. Poiché $E(Y) < \infty$ possiamo eliminare tale valore atteso da entrambi i membri ottenendo $E(X) \leqslant \liminf E(X_n)$. Dall'analisi reale sappiamo che $-\liminf(-x_n) = \limsup x_n$, per ogni successione $(x_n)_{n \in \mathbb{N}} \subset \mathbb{R}$. Applichiamo ancora il lemma di Fatou alla successione $(Y - X_n)_{n \in \mathbb{N}}$ e seguendo lo stesso ragionamento di cui sopra otteniamo $E(X) \geqslant \limsup E(X_n)$, poiché $\liminf E(-X_n) = \limsup E(X_n)$. Inoltre, da $\limsup E(X_n) \geqslant \liminf E(X_n)$ dobbiamo avere $\limsup E(X_n) = \liminf E(X_n) = E(X)$, che è equivalente a $E(|X_n - X|) = 0$ e la dimostrazione è completa. ∎

Nel teorema 4.12 possiamo nuovamente indebolire le ipotesi richiedendo che $|X_n| \leqslant Y$ valga P-a.s., cioè $P(|X_n| > Y) = 0$, e $P(\lim_{n \to \infty} X_n = X) = 1$, cioè $X_n \overset{\text{a.s.}}{=} X$.

Capitolo 5
Distribuzioni speciali

5.1 Riepilogo di alcune distribuzioni univariate

Modelli speciali di distribuzioni di probabilità sono disponibili per le applicazioni, in particolare nella modellizzazione finanziaria. Un breve riepilogo di quelle utilizzate in questo libro è mostrato nelle Tabelle 5.1 e 5.2. Per indicare che una v.a. ha una data distribuzione (cfr. CDF) si scrive $X \sim F_X$, che si legge 'X è distribuito come F_X', dove F_X è la ripartizione corrispondente alle masse o alle densità nelle Tabelle 5.1 e 5.2. Ogni distribuzione elencata è una *famiglia* di distribuzioni indicizzate da parametri reali.

5.2 Uniforme discreta

Dalle Tabelle 5.1 e 5.2 vediamo che la notazione per le distribuzioni uniformi è simile nei due casi di v.a. discrete e continue, ma occorre fare attenzione al primo caso dove $U\{a, \ldots, b\}$ denota la CDF

$$F_X(x) = \begin{cases} 0 & \text{se } x < a \\ \frac{\lfloor x \rfloor - a + 1}{b - a + 1} & \text{se } a \leqslant x \leqslant b \\ 1 & \text{se } x > b, \end{cases} \tag{5.1}$$

dell'uniforme discreta (basta disegnare il grafico a gradini corrispondente) e

$$P(X = x_i) = \frac{\mathbf{I}_{\{a < x_i < b\}}}{b - a + 1} \tag{5.2}$$

è la funzione di massa di probabilità, con $a = \min C$ e $b = \max C$, cioè $a < b$ e $C = \{a, a+1, \ldots, b\}$ rappresenta il supporto; $a \in \mathbb{Z}$ e $b \in \mathbb{Z}$ e $|C| = n = b - a + 1$. Si osservi che $\lfloor x \rfloor$ restituisce il più grande intero $\leqslant x$, si veda anche il Paragrafo 9.5.

© The Author(s), under exclusive license to Springer Nature Switzerland AG 2026   155
D. Rossello, *Formulario di Probabilità Uno*, La Matematica per il 3+2,
https://doi.org/10.1007/978-3-032-18769-7_5

Tabella 5.1 Distribuzioni univariate discrete

Nome	Notazione	Massa $P(X = x_i) =$	Parametri
Uniforme	$U\{a,\ldots,b\}$	$\dfrac{1}{n}$, per $x_i = i \in C \subset \mathbb{Z}$	$\lvert C \rvert = n \in \mathbb{N}$
Bernoulli	$Ber(p)$	p, per $x_1 = 1$, oppure $1 - p$ per $x_2 = 0$	$0 < p < 1$
Binomiale	$Bin(n, p)$	$\dbinom{n}{i} p^i (1 - p)^{n-i}$, per $x_i = i \in \{0, 1, 2, \ldots, n\}$	$0 < p < 1,$ $n \in \mathbb{N}$
Poisson	$Po(\lambda)$	$e^{-\lambda}\dfrac{\lambda^{x_i}}{x_i!}$, per $x_i = i \in \{0, 1, 2, \ldots\}$	$\lambda > 0$

Tabella 5.2 Distribuzioni univariate continue

Nome	Notazione	Densità $f_X(x) =$	Parametri
Uniforme	$U(a, b)$	$\dfrac{1}{b - a}$ per $a \leqslant x \leqslant b$, zero altrimenti	$a, b \in \mathbb{R}, a < b$
Gaussiana o Normale	$N(\mu, \sigma^2)$	$\dfrac{1}{\sqrt{2\pi\sigma^2}}e^{-(x-\mu)/2\sigma^2}$, per $x \in \mathbb{R}$	$\mu \in \mathbb{R}, \sigma > 0$
Esponenziale	$Exp(\lambda)$	$\lambda e^{-\lambda x}$, per $x \geqslant 0$, zero altrimenti	$\lambda > 0$
Gamma	$Gamma(\alpha, \lambda)$	$\dfrac{\lambda^\alpha x^{\alpha-1} e^{-\lambda x}}{\Gamma(\alpha)}$, per $x > 0$, zero altrimenti	$\alpha > 0, \lambda > 0$
t di Student	$T(n)$	$\dfrac{\Gamma(\frac{n+1}{2})}{\sqrt{n\pi}\,\Gamma(\frac{n}{2})}\left(1 + \dfrac{x^2}{n}\right)^{-(\frac{n+1}{2})}$, per $x \in \mathbb{R}$	$n > 1$, gradi di libertà

Esempio 5.1

Sia $C = \{-2, -1, 0, 1\}$ e $X \sim U\{-2, \ldots, 1\}$ distribuita con masse pari a $P(X = x_i) = \frac{1}{\lvert C \rvert} = \frac{1}{4}$, per $x_i \in C$. Allora, scegliendo $x_i = 0$ si ha

$$P(X = 0) = \frac{\mathbf{I}_{\{-2 < 0 < 1\}}}{1 - (-2) + 1} = \frac{1}{4}.$$

Scegliendo $x = -1.5$ la ripartizione vale $F_X(-1.5) = \frac{\lfloor -1.5 \rfloor - (-2) + 1}{1 - (-2) + 1} = \frac{2}{4} = \frac{1}{2}$, ossia la somma delle prime due masse $P(X = -2) + P(X = -1)$.

Il valore atteso e la varianza di $X \sim U\{a, \ldots, b\}$ sono rispettivamente

$$E(X) = \frac{a + b}{2} \tag{5.3}$$

e

$$V(X) = \frac{(b - a + 1)^2 - 1}{12}, \tag{5.4}$$

invece la MGF è

$$M_X(u) = \frac{e^{ua} - e^{u(b+1)}}{(b - a + 1)(1 - e^u)},$$ (5.5)

si veda l'Esercizio 5.1. Si noti che la MGF esiste per ogni $u \in \mathbb{R}$ tranne che in $u = 0$, pertanto si considera $\lim_{u \to 0} M_X(u)$: si ricaverebbe una forma indeterminata $\frac{0}{0}$, ma applicando il teorema di de l'Hôpital[1] si ha

$$\frac{1}{b - a + 1} \lim_{u \to 0} - \frac{ae^{ua} + (b + 1)e^{(b+1)u}}{e^u} = -\frac{a + b + 1}{b - a + 1},$$

confermando che la MGF è definita anche in $u = 0$, quindi la CHF si ricava sostituendo u con iu.

La legge di una v.a. uniforme discreta X può essere pensata come una probabilità su $(\mathbb{R}, \mathcal{B})$ utilizzando la misura delta di Dirac introdotta nel Paragrafo 2.4, Capitolo 2; si vedano anche l'Appendice al Capitolo 2 e l'Esercizio 2.7. È sufficiente definire la probabilità $\mathsf{P} \equiv \mathsf{P}_X$ come una combinazione convessa di diverse misure di Dirac $\delta_{\bullet}(\cdot)$ concentrate su ciascun punto dell'insieme finito[2] $C = \{x_1, , \ldots, x_n\}$. Se assegniamo un peso $p_i \geqslant 0$ a ciascun $x_i \in C$ e richiediamo che $\sum_{i=1}^n p_i = 1$, allora la funzione d'insieme $\mathsf{P}(B) := \sum_{i=1}^n p_i \delta_{x_i}(B)$ è una misura di probabilità discreta per ogni evento $B \in \mathcal{B}$ a patto che $\mathsf{P}(C) = 1$. Se $p_i = \frac{1}{|C|}$ si ricavano le masse di $X \sim \mathsf{U}\{a, \ldots, b\}$ altrimenti si ottiene una v.a. discreta non uniforme.

5.3 Bernoulli

La distribuzione di Bernoulli viene utilizzata in esperimenti casuali chiamati *prove ripetute di Bernoulli* in cui sono possibili solo due risultati interpretati come 'successo' e 'insuccesso' o 'fallimento' e la corrispondente v.a. X assume due valori, $x_1 = 1$ e $x_2 = 0$, con masse $\mathsf{P}(X = 1) = p$ e $\mathsf{P}(X = 0) = 1 - p$. La ripartizione di $X \sim \mathrm{Ber}(p)$ è

$$F_X(x) = \begin{cases} 0 & \text{se } x < 0 \\ (1 - p)^{1 - \lfloor x \rfloor} & \text{se } 0 \leqslant x \leqslant 1 \\ 1 & \text{se } x > 1, \end{cases}$$ (5.6)

basta disegnare il grafico a gradini corrispondente; si veda il Paragrafo 5.2 per il significato di $\lfloor x \rfloor$. Un movimento tick del prezzo giornaliero di un'azione, come visto nel Paragrafo 1.7, produce un tale tipo di esperimento a patto che la v.a.[3] S_1

---

[1] Il limite per $u \to 0$ si applica al rapporto tra derivata del numeratore e derivata del denominatore.

[2] Si ricordi che la σ-algebra di Borel contiene tutti i singoletti $\{x\}$ con $x \in \mathbb{R}$.

[3] Ci limitiamo al primo giorno di negoziazione.

sia ottenuta utilizzando una v.a. di Bernoulli $X \sim \text{Ber}(p)$ poi scalata come segue:

$$S_1 = (S_0 + 0.5)\mathbf{I}_{\{X=1\}} + (S_0 - 0.5)\mathbf{I}_{\{X=0\}},$$

dove p è la *probabilità di successo* da assegnare. In alternativa, possiamo trasformare la v.a. di Bernoulli usando $g(x) = -(\frac{1}{2} - x - S_0)$. Per $p = \frac{1}{2}$ la distribuzione di X è simmetrica con le stesse masse p, infatti è un caso particolare della uniforme discreta con solo due valori nel supporto. Poiché $X \sim \text{Ber}(p)$ è discreta il suo valore atteso si calcola facilmente:

$$\mathsf{E}(X) = 1 \times \mathsf{P}(X = 1) + 0 \times \mathsf{P}(X = 0) = p. \tag{5.7}$$

La varianza è:

$$\begin{aligned}
\mathsf{V}(X) &= (1 - \mathsf{E}(X))^2 \times \mathsf{P}(X = 1) + (0 - \mathsf{E}(X))^2 \times \mathsf{P}(X = 0) \\
&= (1 - p)^2 p + p^2(1 - p) = p(1 - p).
\end{aligned} \tag{5.8}$$

Esempio 5.2

Assumendo $S_0 = 0$, il valore atteso del prezzo dell'azione alla fine del primo giorno di mercato è

$$\mathsf{E}(S_1) = 0.5\mathsf{E}(\mathbf{I}_{\{X=1\}}) - 0.5\mathsf{E}(\mathbf{I}_{\{X=0\}}) = 0.5p - 0.5(1 - p) = p - \frac{1}{2},$$

o alternativamente

$$\mathsf{E}(S_1) = \mathsf{E}\left(-\left(\frac{1}{2} - X\right)\right) = -\frac{1}{2} + \mathsf{E}(X),$$

che porta allo stesso risultato. La varianza è:

$$\begin{aligned}
\mathsf{V}(S_1) &= (0.5 - (p - \tfrac{1}{2}))^2 p + (-0.5 - (p - \tfrac{1}{2}))^2(1 - p) \\
&= (1 - p)^2 p + p^2(1 - p) = p(1 - p).
\end{aligned}$$

Non sorprende che $\mathsf{V}(S_1) = \mathsf{V}(X)$: la v.a. S_1 si ottiene dalla v.a. di Bernoulli X tramite una trasformazione lineare che influisce solo sulla localizzazione di $\text{Ber}(p)$ e non sulla sua dispersione.

Osservazione 5.1

Possiamo usare $X \sim \text{Ber}(\frac{1}{2})$ per creare nuove v.a. discrete con due valori $a, b \in \mathbb{R}$ come segue:

$$Y = aX + b(1 - X).$$

Ad esempio, se S_1 assume i valori $S_0 \pm 0.5$ con uguale probabilità, allora possiamo usare $a = S_0 + \frac{1}{2}, b = S_0 - \frac{1}{2}$ che è lo stesso di $g(X) = -(\frac{1}{2} - X - S_0)$.

Come fatto nel Paragrafo 5.2, considerando $(\mathbb{R}, \mathcal{B})$ la *misura di Bernoulli* può essere definita come $\mathsf{P} := p\delta_1 + (1 - p)\delta_0$, dove $0 < p < 1$ è ancora interpretata come probabilità di successo in una prova. Questo corrisponde alla legge P_X di $X \sim \text{Ber}(p)$. È facile verificare che la misura di Bernoulli è una probabilità. È numerabilmente additiva per ogni sequenza $(B_i)_{i \in \mathbb{N}}$ di opportuni $B_i \subset \mathbb{R}$ disgiunti a coppie:[4]

$$\mathsf{P}\left(\bigcup_i B_i\right) = p\delta_1\left(\bigcup_i B_i\right) + (1 - p)\delta_0\left(\bigcup_i B_i\right)$$
$$= p \sum_i \delta_1(B_i) + (1 - p) \sum_i \delta_0(B_i) = \sum_i \mathsf{P}(B_i).$$

Si osservi che $\mathsf{P}(B) = p\delta_1(B) + (1 - p)\delta_0(B)$ restituisce p ogni volta che $0 \in B$, altrimenti è uguale a $1 - p$. La normalizzazione si stabilisce facilmente:

$$\mathsf{P}(\mathbb{R}) = \mathsf{P}(\{0, 1\} \cup \mathbb{R} \setminus \{0, 1\}) = 1.$$

Osservazione 5.2
È interessante notare che $\mathbf{I}_A \sim \text{Ber}(p)$, ogni volta che $p = \mathsf{P}(A)$ per $A \in \mathcal{F}$.

La MGF di una v.a. di Bernoulli è

$$M_X(u) = \mathsf{E}(e^{uX}) = e^{u\,0}(1 - p) + e^u p \qquad (5.9)$$
$$= (1 - p) + pe^u,$$

che esiste per ogni u in un intorno di zero e ciò implica che la CHF si può ottenere sostituendo u con iu.

5.4 Binomiale

Sia Ω basato su $n \in \mathbb{N}$ prove di Bernoulli indipendenti con la stessa probabilità di successo p. Esistono diverse sequenze di successi e insuccessi in n prove, e possiamo porre $q = 1 - p$ come probabilità di *insuccesso*. Sia X la v.a. che rappresenta il numero di successi con supporto $C = \{0, 1, 2, \ldots, n\}$. Per individuare i possibili eventi di interesse poniamo

$$A_i = \{\text{successo alla prova}\,i\} \quad \text{e} \quad B_i = \{\text{insuccesso alla prova}\,i\}$$

come eventi di un singolo successo o insuccesso, per $i = 1, 2, \ldots, n$. Chiaramente, per un i fissato, A_i e B_i sono incompatibili mentre

$$A_i \cap B_j = \{\text{successo alla prova}\,i \text{ e insuccesso alla prova}\,j\}$$

---

[4] Si tratta di insiemi di Borel, cioè $(B_i)_{i \in \mathbb{N}} \subset \mathcal{B}$.

sono compatibili per $i \neq j$ e anche indipendenti. Di conseguenza, la probabilità di una qualsiasi sequenza specifica di i successi e $n - i$ insuccessi è data da $p^i(1 - p)^{n-i}$. Per un i fissato ci sono un numero $\frac{n!}{i!(n-i)!} = \binom{n}{i}$ di tali sequenze: esse rappresentano il numero di combinazioni[5] di due oggetti, cioè un successo e un insuccesso, il primo ripetuto esattamente i volte e il secondo ripetuto $n - i$ volte. Utilizzando l'additività finita di P, per ottenere la probabilità di i successi e $n - i$ successi in un ordine qualunque, per tutte le n prove ripetute, dobbiamo sommare $p^i(1 - p)^{n-i}$ su eventi incompatibili ciascuno dato dall'unione di eventi congiunti del tipo $A_i \cup B_j$ e tali che mostrino lo stesso numero i di successi e lo stesso numero $n - i$ di insuccessi. Ad esempio, con $n = 4$ e $i = 2$ possiamo avere gli eventi A_1, B_2, A_3, B_4 oppure B_1, A_2, B_3, A_4 così che l'intersezione dei primi quattro è l'evento

{successo prova 1, insuccesso prova 2, successo prova 3, insuccesso prova 4}

invece l'intersezione degli altri quattro è l'evento

{insuccesso prova 1, successo prova 2, insuccesso prova 3, successo prova 4}

ma entrambi hanno lo stesso numero $i = 2$ di successi e $n - i = 2$ di insuccessi in posizioni diverse nelle quattro prove in sequenza. Quindi $A_1 \cap B_2 \cap A_3 \cap B_4$ e $B_1 \cap A_2 \cap B_3 \cap A_4$ sono incompatibili e la probabilità della loro unione equivale alla somma delle due rispettive probabilità. Questo esempio giustifica l'espressione di $\mathsf{P}(X = x_i)$ nella riga 4 della Tabella 5.1, dove $x_i = i \in C$. Dal teorema binomiale si verifica facilmente: $\sum_{i=0}^{n} \binom{n}{i} p^i(1 - p)^{n-i} = 1$. Si osservi che $\mathsf{P}(X = x_i) = 0$ se $x_i \notin C$. La ripartizione di una v.a. binomiale è

$$F_X(x) = \sum_{i=1}^{\lfloor x \rfloor} \binom{n}{i} p^i(1 - p)^{n-i}, \quad x \in \mathbb{R}, \tag{5.10}$$

dove al solito $\lfloor x \rfloor$ indica il più grande intero $\leq x$. Per $p = \frac{1}{2}$ e n pari la distribuzione binomiale è simmetrica intorno a $\frac{n}{2}$, poiché $X \sim \mathrm{Bin}(n, p)$ implica $n - X \sim \mathrm{Bin}(n, q)$, si veda l'Esercizio 5.2, ma $p = q$ e quindi, ponendo $x_i = i$,

$$\mathsf{P}(X = i) = \binom{n}{i} p^i q^{n-i} = \binom{n}{i} q^i p^{n-i} = \mathsf{P}(n - X = i),$$

il che comporta $\mathsf{P}(X = i) = \mathsf{P}(X = n - i)$ quindi per $i = \frac{n}{2} + j$ si ha

$$\mathsf{P}\left(X = \frac{n}{2} + j\right) = \mathsf{P}\left(X = \frac{n}{2} - j\right), \quad \text{per ogni } j \in \mathbb{N}.$$

---

[5] In realtà di tratta di permutazioni con ripetizione dei due oggetti 'successo', 'fallimento' con i e $n - i$ ripetizioni fissate.

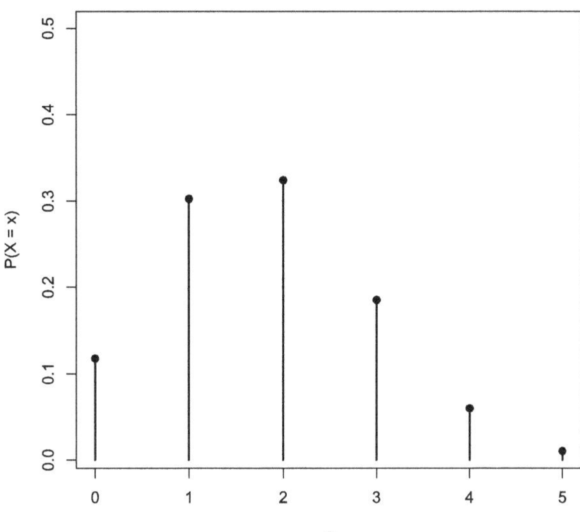

Figura 5.1 Funzione di massa di una Bin(6, 0.3)

Nella Figura 5.1 è mostrato un tipico grafico della funzione di massa binomiale: quando le probabilità di successo e insuccesso sono diverse, c'è più peso di probabilità sui valori più piccoli del supporto. Di conseguenza, per $p < 0.5$ la distribuzione ha una asimmetria positiva con una coda destra più lunga. Una v.a. binomiale può essere alternativamente definita come la somma di n v.a. di Bernoulli indipendenti $X_i \sim \text{Ber}(p)$, per $i = 1, \ldots, n$, quindi equidistribuite:

$$X = X_1 + \cdots + X_n. \tag{5.11}$$

Poiché $\mathsf{E}(X_i) = p$ si ha

$$\mathsf{F}(X) = \mathsf{F}(X_1) + \cdots + \mathsf{F}(X_n) = np, \tag{5.12}$$

usando la linearità del valore atteso e inoltre

$$\mathsf{V}(X) = \mathsf{V}(X_1) + \cdots + \mathsf{V}(X_n) = np(1 - p), \tag{5.13}$$

usando l'indipendenza e $\mathsf{V}(X_i) = p(1 - p)$, per ogni i. La somma di due v.a. binomiali indipendenti con la stessa probabilità di successo è ancora binomiale. Siano $X \sim \text{Bin}(n_1, p)$ e $Y \sim \text{Bin}(n_2, p)$, allora $Z = X + Y$ è la somma di $m = n_1 + n_2$ v.a. $X_i \sim \text{Ber}(p)$ IID, per $i = 1, \ldots, m$, quindi $Z \sim \text{Bin}(m, p)$, si veda l'Esercizio 5.3 per una diversa derivazione. La MGF di $X \sim \text{Bin}(n, p)$ è

$$\begin{aligned}
M_X(u) = \mathsf{E}\big(e^{uX}\big) &= \mathsf{E}\big(e^{u(X_1 + \cdots + X_n)}\big) \\
&= \mathsf{E}\big(e^{uX_1}\big) \cdots \mathsf{E}\big(e^{uX_n}\big) \\
&= (pe^u + (1 - p))^n, \tag{5.14}
\end{aligned}$$

dove la seconda riga è dovuta alla proprietà della funzione esponenziale e all'indipendenza tra le variabili di Bernoulli, mentre l'ultima riga deriva da

$$\mathsf{E}\!\left(e^{uX_i}\right) = pe^u + (1 - p)e^0.$$

La MGF esiste per ogni $u \in \mathbb{R}$, che ovviamente è il più grande intervallo aperto contenente zero, quindi la CHF si può ottenere sostituendo u con iu. In R possiamo generare numeri casuali da una data distribuzione, ottenere la densità o la funzione di massa per dati quantili, e ottenere il quantile per dati livelli di probabilità. Ecco un esempio con la v.a. binomiale:

Codice del Programma

```
S=20; rbinom(S,size=10,prob=0.5)
q=seq(0:10)
p=seq(from=0.01,to=0.99,length=50)
dbinom(q,size=10,prob=0.5)
pbinom(q,size=10,prob=0.5)
qbinom(p,size=10,prob=0.5)
```

Il primo comando R assegna alla variabile S il numero di simulazioni utilizzato nel secondo comando, che restituisce venti valori simulati estratti da $X \sim \mathrm{Bin}(10, 0.5)$. Il terzo comando crea una lista di dieci quantili di X, in realtà l'intero supporto $\{0, 1, 2, \ldots, 10\}$, mentre il quarto comando produce una lista di cinquanta valori di probabilità da 0.01 a 0.99. Infine, il quinto e il sesto comando restituiscono rispettivamente la funzione di massa e la CDF. Chiaramente ogni comando può essere utilizzato con il primo argomento, S, q e p in forma scalare. Possiamo anche fissare i parametri separatamente, ad esempio, `rbinom(x,n,p)` può essere usato dopo aver specificato `x <- 2, n <- 5 e p <- 1/2`. Concludiamo questo paragrafo con una classica applicazione alla finanza. Si ricordi dall'Esempio 1.2 nel Paragrafo 1.3 il modello per il prezzo giornaliero di un'azione tramite movimenti di tick ± 0.5: c'è una anomalia dovuta alla possibile negatività del prezzo per un numero molto grande di movimenti tick. D'altra parte, un modello stocastico plausibile per l'evoluzione futura dei prezzi di chiusura delle azioni in giorni di negoziazione successivi può essere costruito usando la v.a. binomiale. Sia

$$S_n = S_0 u^X d^{n-X}, \quad X \sim \mathrm{Bin}(n, p), \tag{5.15}$$

il prezzo di chiusura al giorno $n \in \mathbb{N}$ con $0 < d < 1 < u$ interpretati come le percentuali di movimenti al ribasso e al rialzo, rispettivamente, a partire dal prezzo iniziale S_0. Questo è un caso particolare dell'Esempio 2.8, punto 1. nel Paragrafo 2.5 che nell'attuale contesto diventa $S_0(1 + r_1) \cdots (1 + r_n)$, con v.a. di rendimento aritmetico $r_{t+1} = \frac{S_{t+1}}{S_t} - 1$, per $t = 0, 1, \ldots, n - 1$, e n fonti di aleatorietà.[6] L'attuale caso speciale si ha ponendo $u = 1 + r_{t+1}$ per qualche t e $d = 1 + r_{t+1}$ per i restanti $n - t$,

---

[6] Ciò corrisponde a una trasformazione da vettore a scalare $S_0 h(r_1, r_2, \ldots, r_n)$.

e considerando un'unica fonte di aleatorietà data dalla v.a. binomiale X che conta il numero di movimenti al rialzo del prezzo dell'azione, ma ricordando la (5.11) vi sono in realtà n fonti di aleatorietà date da n v.a. IID tutte di Bernoulli. Gli eventi $\{S_n = u^i d^{n-i}\}$ e $\{X = i\}$ coincidono per costruzione, quindi

$$P(S_n = S_0 u^i d^{n-i}) = P(X = i), \quad \text{per } i = 0, 1, 2, \ldots, n.$$

Per esempio, scegliendo $i = n = 2$ la v.a. binomiale sottostante il modello di S_2 è $X \sim \text{Bin}(2, p)$ e

$$\{X = 2\} = \{X_1 + X_2 = 2\} = \{X_1 = 1\} \cap \{X_2 = 1\},$$

ove $X_i \sim \text{Ber}(p)$ sono indipendenti per $i = 1, 2$, si veda l'Esercizio 5.5. Vale anche di più: dalla (5.11) l'espressione per il prezzo dell'azione al giorno n è:

$$\begin{aligned} S_n &= S_0 u^{X_1 + \cdots + X_n} d^{n-(X_1 + \cdots + X_n)} \\ &= S_0 u^{X_1} \cdots u^{X_n} d^{1-X_1} \cdots d^{1-X_n} \\ &= S_0 f(X_1) \cdots f(X_n) g(X_1) \cdots g(X_n). \end{aligned} \tag{5.16}$$

Per $n = 1$ abbiamo $S_1 = S_0 u^{X_1} d^{1-X_1}$, quindi il prezzo dell'azione alla fine del primo giorno può assumere valori in $\{S_0 u, S_0 d\}$, e S_1 è indipendente da S_0. Alla fine del secondo giorno abbiamo $S_2 = S_0 u^{X_1 + X_2} d^{2-(X_1 - X_2)}$ con valori in $\{S_0 u^2, S_0 ud, S_0 d^2\}$, e poiché vale la (5.16) otteniamo

$$\begin{aligned} S_2 &= S_0 u^{X_1} u^{X_2} d^{1-X_1} d^{1-X_2} \\ &= S_1 u^{X_2} d^{1-X_2}. \end{aligned}$$

Questa struttura ricorsiva vale ancora per $t = 3, 4, \ldots, n$. Ci sono alcune conseguenze interessanti:

1. il prezzo dell'azione al giorno $t + 1$ dipende solo dal prezzo dell'azione al giorno precedente,

$$\boxed{S_{t+1} = S_t u^{X_{t+1}} d^{1-X_{t+1}}}$$

    per tutti $t = 1, 2, \ldots, n - 1$;
2. i rendimenti lordi $\frac{S_1}{S_0}, \frac{S_2}{S_1}, \ldots, \frac{S_n}{S_{n-1}}$ sono v.a. IID con distribuzione

$$\frac{S_{t+1}}{S_t} = \begin{cases} u & \text{con massa } p \\ d & \text{con massa } q, \end{cases} \tag{5.17}$$

    per l'assunzione di indipendenza sulle v.a. di Bernoulli $X_1, \ldots, X_n$ alla base del modello, si veda il Teorema 3.2, Paragrafo 3.4;
3. i rendimenti logaritmici $\ln(\frac{S_{t+1}}{S_t})$ così come i rendimenti aritmetici $r_{t+1} = \frac{S_{t+1}}{S_t} - 1$ sono v.a. IID con la stessa distribuzione dei rendimenti lordi.

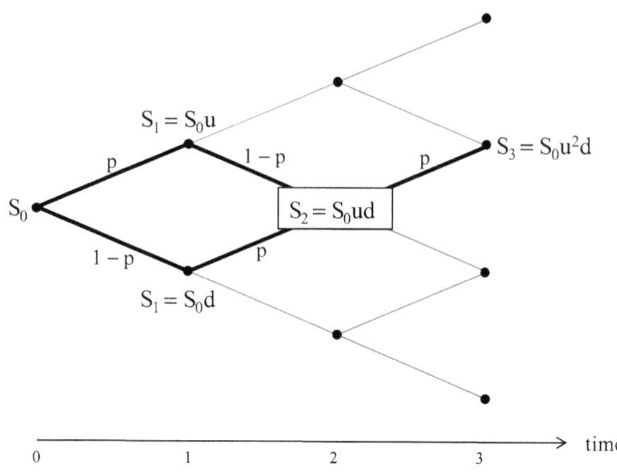

Figura 5.2 La condizione $S_2 = S_0 ud$ implica due possibili movimenti del prezzo nel tempo (cfr. giorni) seguendo le linee nere per arrivare a $S_3 = S_0 u^2 d$. Si noti che da un nodo all'altro la probabilità di un rialzo è p e quella di un ribasso è $1 - p$

La proprietà 1. è una forma di efficienza di mercato: non c'è informazione a valenza predittiva nei prezzi passati delle azioni fino al giorno $t - 1$. Si osservi che la probabilità che S_t assuma un valore specifico dipende dai movimenti al rialzo e al ribasso del prezzo giornaliero dell'azione dati dai rendimenti lordi, quindi può essere calcolata moltiplicando le probabilità di successo p e di insuccesso q su t giorni consecutivi di negoziazione, per $t = 1, \ldots, n$. D'altra parte, la probabilità condizionata

$$P(S_{t+1} = S_0 u^i d^{t+1-i} \mid S_t = S_0 u^{i-1} d^{t-i}),$$
$$\text{per } i = 0, 1, 2, \ldots, t+1, \text{ e } t = 1, \ldots, n-1 \qquad (5.18)$$

è p oppure $1 - p$. Ad esempio, $P(S_3 = S_0 u^3 \mid S_2 = S_0 u^2) = p$, e anche $P(S_3 = S_0 u^2 d \mid S_2 = S_0 ud) = p$, si veda l'Esercizio 5.5 per una derivazione formale oppure si disegni l'albero binomiale (ricombinato) per l'evoluzione di S_3 a partire da S_0, seguendo il percorso basato sul passaggio da un nodo all'altro e considerando che ogni ramo rappresentante un rialzo con fattore u ha probabilità p e ogni ramo rappresentante un ribasso con fattore d ha probabilità $1 - p$. Non si confonda il parametro $u \in \mathbb{R}$ nella definizione della MGF con il movimento al rialzo u nel modello binomiale del prezzo dell'azione, si veda la Figura 5.2.

5.5   Poisson

Una v.a. X con distribuzione di Poisson ha un supporto numerabile infinito $C = \{0, 1, 2, \ldots\}$. Ogni massa è della forma $P(X = i) = e^{-\lambda} \frac{\lambda^i}{i!}$, per $x_i = i \in C$, si veda l'Appendice al Capitolo 1 per un primo incontro con questa distribuzione; si veda anche il Paragrafo 4.2. Si tratta di masse in quanto

$$\sum_{i=0}^{\infty} \frac{e^{-\lambda} \lambda^i}{i!} = e^{-\lambda} \sum_{i=0}^{\infty} \frac{\lambda^i}{i!}$$
$$= e^{-\lambda} e^{\lambda} = 1,$$

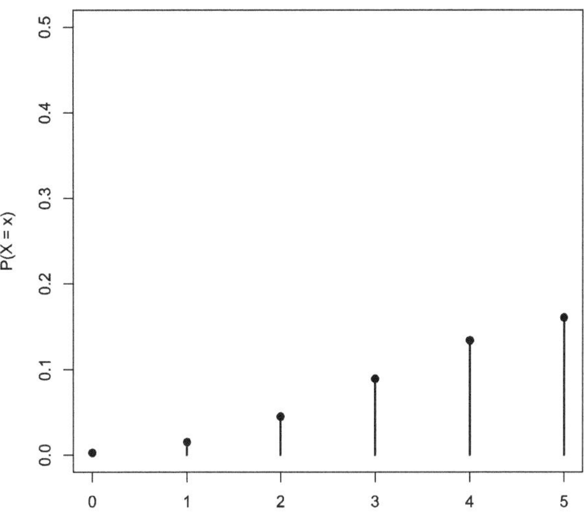

Figura 5.3 Densità di una Po(6)

poiché la funzione esponenziale $g(x) = \mathrm{e}^x$ ha sviluppo in serie di Taylor $g(x) = \sum_{n=0}^{\infty} \frac{x^n}{n!}$ intorno a zero, per ogni $n \in \mathbb{N}$. La Figura 5.3 mostra un grafico della funzione di massa di Poisson che presenta una tipica asimmetria positiva. Come abbiamo fatto nel Paragrafo 5.3 si può definire la legge $\mathsf{P} \equiv \mathsf{P}_X$ di una v.a. di Poisson X come probabilità su $(\mathbb{R}, \mathcal{B})$, tramite combinazione convessa numerabile di misure delta di Dirac concentrate su C con pesi $p_i = \mathrm{e}^{-\lambda} \frac{\lambda^{x_i}}{x_i!}$: è sufficiente definire $\mathsf{P} := \sum_{i=1}^{\infty} p_i \delta_i$. Quindi, per ogni $B \subset \mathbb{R}$ (un insieme boreliano in $\mathcal{B}$) possiamo calcolare $\mathsf{P}(B)$ come $\sum_{i=1}^{\infty} p_i \delta_i(B)$. In effetti, questo fornisce una misura di probabilità che soddisfa gli assiomi PA1 e PA2 della Definizione 1.3, Paragrafo 1.3. La normalizzazione corrisponde a scegliere $B = \mathbb{R}$ usando anche le tre equivalenze sopra; l'additività numerabile è:

$$\sum_{n=1}^{\infty} \mathsf{P}(B_n) = \sum_{n=1}^{\infty} \sum_{i=1}^{\infty} \frac{\mathrm{e}^{-\lambda} \lambda^i}{i!} \delta_i(B_n)$$

$$= \sum_{i=1}^{\infty} \frac{\mathrm{e}^{-\lambda} \lambda^i}{i!} \delta_i \left(\bigcup_n B_n \right) = \mathsf{P}\left(\bigcup_n B_n \right),$$

per una successione disgiunta a coppie $(B_n)_{n\in\mathbb{N}} \subset \mathcal{B}$. Il valore atteso di una v.a. di Poisson si calcola come segue:

$$\mathsf{E}(X) = \sum_{i=1}^{\infty} i\, \mathrm{e}^{-\lambda} \frac{\lambda^i}{i!} = \mathrm{e}^{-\lambda} \sum_{i=1}^{\infty} i\, \frac{\lambda^i}{i!}$$

$$= \lambda \mathrm{e}^{-\lambda} \sum_{i=1}^{\infty} \frac{\lambda^{i-1}}{(i-1)!} = \lambda \mathrm{e}^{-\lambda}\mathrm{e}^{-\lambda} = \lambda, \qquad (5.19)$$

dove abbiamo omesso il termine $i = 0$ poiché è uguale a 0 e abbiamo utilizzato lo sviluppo in serie di Taylor per e^λ a partire da $i = 1$. Sorprendentemente, la varianza è

$$V(X) = \lambda, \tag{5.20}$$

si veda l'Esercizio 5.6. La MGF di una v.a. di Poisson è

$$\begin{aligned}
M_X(u) = \mathsf{E}\big(e^{uX}\big) &= \sum_{i=0}^{\infty} e^{ui} e^{-\lambda} \frac{\lambda^i}{i!} \\
&= e^{-\lambda} \sum_{i=0}^{\infty} \frac{(\lambda e^u)^i}{i!} \\
&= e^{-\lambda e^u} = \exp(\lambda(e^u - 1)),
\end{aligned} \tag{5.21}$$

dove abbiamo utilizzato lo sviluppo in serie di Taylor di $\exp(\lambda e^u)$. La MGF esiste per ogni $u \in \mathbb{R}$, quindi anche per $u = 0$ e allora la CHF si può ottenere sostituendo u con iu. La somma di due v.a. di Poisson indipendenti $X \sim \mathrm{Po}(\lambda_1)$ e $Y \sim \mathrm{Po}(\lambda_2)$ è $X + Y \sim \mathrm{Po}(\lambda_1 + \lambda_2)$. Infatti, usando la MGF e l'indipendenza abbiamo:

$$\begin{aligned}
M_{X+Y}(u) = M_X(u) M_Y(u) &= \mathsf{E}\big(e^{uX}\big)\mathsf{E}\big(e^{uY}\big) \\
&= \exp(\lambda_1(e^u - 1)) \exp(\lambda_2(e^u - 1)) \\
&= \exp((\lambda_1 + \lambda_2)(e^u - 1)).
\end{aligned}$$

La distribuzione di Poisson e quella binomiale sono collegate tra loro: se $n \in \mathbb{N}$ è sufficientemente grande e la probabilità di successo è molto piccola, con np finito, limitato e non nullo, allora possiamo approssimare quest'ultima distribuzione con la prima.

> **Proposizione 5.1**
>
> *Sia $X \sim \mathrm{Bin}(n, p)$ e si faccia tendere n a ∞, facendo tendere $p \to 0$ in modo tale che $\lambda = np$ rimanga finito. Allora la funzione di massa di X converge a quella di $Y \sim \mathrm{Po}(\lambda)$.*

Esempio 5.3

Supponiamo che una compagnia assicurativa riceverà un certo numero di richieste di risarcimento in un intervallo di tempo fissato, diciamo $(0, t]$, per $t > 0$. Sia X la v.a. che modellizza il numero di richieste con supporto $C = \{0, 1, 2, \ldots, n\}$ per un intero positivo n. Suddividiamo quindi $(0, t]$ in n sottointervalli di uguale lunghezza $\frac{t}{n}$, così per n sufficientemente grande ogni sottointervallo è piccolo e possiamo supporre che la compagnia riceva al massimo *una* richiesta in ciascuno di essi. Inoltre, possiamo assumere che la probabilità di una tale richiesta sia proporzionale alla lunghezza di ciascun sottointervallo $(\frac{(i-1)t}{n}, \frac{it}{n}]$, per $i = 1, \ldots, n$. Definiamo $p = \frac{\lambda t}{n}$, con $\lambda > 0$, come la probabilità che una v.a. di Bernoulli X_i assuma valore 1 se c'è esattamente una richiesta in $(\frac{(i-1)t}{n}, \frac{it}{n}]$. Supponiamo inoltre che gli arrivi delle richieste su ciascun sottointervallo siano indipendenti tra loro. Quindi abbiamo $X = X_1 + \cdots + X_n$ per variabili di Bernoulli IID $X_i \sim \text{Ber}(p)$, così approssimiamo il numero j di richieste durante $(0, t]$ con la v.a. binomiale $X \sim \text{Bin}(n, \frac{\lambda t}{n})$, dove $\frac{\lambda t}{n}$ è il numero atteso di richieste su ciascun sottointervallo $(\frac{(i-1)t}{n}, \frac{it}{n}]$, cioè, $\text{E}(X_i) = p$. Per la Proposizione 5.1 abbiamo $\lim_{n \to \infty} \text{P}(X = j) = e^{-\lambda} \frac{\lambda^i}{i!}$, dove $\lambda = \frac{np}{t}$ è mantenuto fisso e chiaramente $p \to 0$.

I seguenti comandi in R sono simili a quelli usati per la distribuzione binomiale nel Paragrafo 5.3, ma con i parametri n e p sostituiti da λ.

Codice del Programma

```
S=20; rpois(S,lambda=0.1)
q=seq(0:10)
p=seq(from=0.01,to=0.99,length=50)
dpois(q,lambda=0.1)
ppois(q,lambda=0.1)
qunif(p,lambda=0.1)
```

5.6 Uniforme continua

Già nell'Esempio 1.26 (si veda l'Appendice al Capitolo 1) avevamo incontrato una legge di probabilità uniforme continua. In generale, $X \sim \text{U}(a, b)$ è una v.a. uniforme continua nell'intervallo $[a, b]$ con parametri dati dagli estremi dell'intervallo, $a = 0$ e $b = 1$. Una tale v.a. ha densità costante $f_X(x) \frac{1}{b-a}$ per ogni $x \in [a, b]$ con $f_X(x) = 0$ al di fuori dell'intervallo. La funzione di ripartizione è

$$F_X(x) = \int_{-\infty}^{x} \frac{1}{b-a} du = \begin{cases} 0, & \text{se } x < a \\ \frac{x-a}{b-a}, & \text{se } a \leqslant x \leqslant b \\ 1, & \text{se } x > b, \end{cases} \tag{5.22}$$

che si ottiene facilmente notando che

$$\int_{-\infty}^{x} f_X(u)du = \underbrace{\int_{-\infty}^{a} f_X(u)\,du}_{=0} + \int_{a}^{x} f_X(u)du.$$

Nella Figura 5.4 sono riportati i grafici della CDF e della densità. Si osservi che la CDF è continua ma non ha derivata nei punti $x = a$ e $x = b$, dove la corrispondente

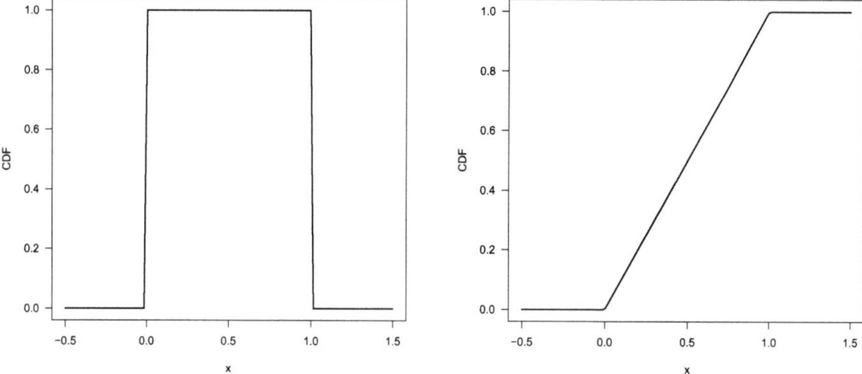

Figura 5.4   Sinistra: densità di una $U(0, 1)$. Destra: CDF di una $U(0, 1)$

densità presenta due discontinuità a salto.[7] L'importanza delle v.a. uniformemente distribuite è dovuta ai seguenti due risultati.

Teorema 5.1 (Trasformazione quantile)
Sia $U \sim U(0, 1)$ una v.a. uniforme e Y una v.a. con ripartizione $F_Y(y)$ e funzione quantile $Q_Y(c)$. Allora, $Y \stackrel{d}{=} Q_Y(U)$, cioè $\mathsf{P}(Q_Y(U) \leqslant y) = F_Y(y)$.

Teorema 5.2 (Trasformazione in probabilità)
Se una v.a. Y ha ripartizione continua, allora

$$F_Y(Y) \sim U(0, 1),$$

ossia $F_Y(Y)$ è una v.a. con distribuzione uniforme su $[0, 1]$.

Il Teorema 5.2 fornisce il cosiddetto *metodo della trasformazione inversa* per simulare v.a. con una distribuzione prescritta.

Esempio 5.4
Sia X una v.a. discreta con masse

$$\mathsf{P}(X = 3) = 0.3, \quad \mathsf{P}(X = 4) = 0.4, \quad \mathsf{P}(X = 5) = 0.3.$$

---

[7] I grafici sono generati da comandi R: quello di f_X non dovrebbe mostrare la barra verticale alle ascisse $x = 0$ e $x = 1$.

La sua CDF è

$$F(x) = \begin{cases} 0 & \text{se } x < 3 \\ 0.3 & \text{se } 3 \leqslant x < 4 \\ 0.7 & \text{se } 4 \leqslant x < 5 \\ 1 & \text{se } x \geqslant 5, \end{cases}$$

la funzione quantile è

$$Q_X(u) = \begin{cases} 3 & \text{se } 0 < u \leqslant 0.3 \\ 4 & \text{se } 0.3 < u \leqslant 0.7 \\ 5 & \text{se } u > 0.7. \end{cases}$$

Quindi, per il Teorema 5.1 la trasformazione quantile $Q_X(U)$, con U uniforme $U \sim U(0,1)$, restituisce valori $u = U(\omega)$ nel supporto $\{3,4,5\}$ di X per ogni esito $\omega \in \Omega$.

Pertanto, per ottenere valori dal supporto di una v.a. possiamo procedere come segue:

- assegnare una v.a. X con una data CDF e una prescritta funzione quantile;
- generare casualmente numeri u dalla distribuzione uniforme in $[0,1]$;
- ottenere i valori x di X applicando la funzione quantile di X a u.

Se una v.a. Y è continua possiamo anche disporre della funzione composta ottenuta per applicazione della sua stessa CDF ai suoi propri valori, ottenendo così valori du una v.a. con distribuzione $U(0,1)$, si veda anche l'esempio 5.7 relativo alla simulazione dei valori di una v.a. esponenziale.

Esempio 5.5

Sia Y una v.a. discreta con supporto $C = \{0,1,2,\ldots,n\}$ e funzione di massa $P(Y = i) =: p_i$, per $i \in C$. Si divide quindi l'intervallo unitario $(0,1)$ in $n+1$ sottointervalli aperti tali che ciascuno abbia lunghezza pari a p_i. Allora, possiamo definire Y che assume valore $i \in C$ ogni volta che una v.a. uniformemente distribuita $U \sim U(0,1)$ assume valore nell'i-esimo sottointervallo di lunghezza p_i. Poiché

$$\{Y = i\} = \{U \text{ cade nell'intervallo di lunghezza } p_i\}$$

ed essendo la legge di U uniforme continua, cioè caratterizzata dalla lunghezza degli intervalli, si ottiene che $P(Y = i)$ è esattamente p_i, per $i \in C$.

Applicando una trasformazione di posizione-scala (cfr. lineare) a $X \sim U(0,1)$ possiamo modificare l'intervallo unitario: $X = a + (b-a)U \sim U(a,b)$, per numeri reali $a < b$. Si passa dal supporto di U, che è l'intervallo $[0,1]$ di lunghezza 1, al supporto $[a,b]$ usando il fattore di scala $b-a$, cioè $(b-a)U \sim U(0,b-a)$. Modificando l'estremo sinistro da 0 ad a occorre traslare tutto il supporto originale aggiungendo a e ottenendo così la distribuzione risultante di X. Questo permette di generare numeri casuali da qualsiasi intervallo $[a,b]$, ad esempio usando la funzione `RAND()*(b-a)+a` di Excel, oppure il comando `runif(n,a,b)` di R con n pari al numero di simulazioni. Altri comandi in R sono: `dunif(x,a,b)` e `punif(x,a,b)` che valutano rispettivamente la densità e la CDF in x. Per estrarre più valori dalla uniforme su $[0, 1]$ si rimanda ai seguenti comandi R:

Codice del Programma

```
S=20; a <- 0; b <- 1; runif(S,a,b)
q=seq(0:10)
p=seq(from=0.01,to=0.99,length=50)
dunif(q,a,b)
punif(q,a,b)
qunif(p,a,b)
```

`qunif(p,a,b)` restituisce la funzione quantile uniforme valutata in p. Si osservi che i primi argomenti S, q e p possono essere vettori di valori, cioè array numerici. Il valore atteso di una v.a. uniforme continua è facile da calcolare in base alla (4.2) con $g(x) = x$:

$$
\begin{aligned}
\mathsf{E}(X) = \int_{-\infty}^{\infty} x f(x)\mathrm{d}x &= \frac{1}{b-a} \int_{a}^{b} x\mathrm{d}x \\
&= \frac{1}{b-a}\left[\frac{x^2}{2}\right]_{a}^{b} = \frac{b^2 - a^2}{2(b-a)} = \frac{b+a}{2}.
\end{aligned} \tag{5.23}
$$

Per calcolare la varianza scriviamo prima il momento secondo

$$
\mathsf{E}(X^2) = \int_{a}^{b} x^2 \frac{1}{b-a}\mathrm{d}x = \frac{1}{b-a}\left[\frac{x^3}{3}\right]_{a}^{b} = \frac{b^2 + ab + a^2}{3},
$$

e poi

$$
\mathsf{V}(X) = \mathsf{E}(X^2) - (\mathsf{E}(X))^2 = \frac{b^2 + ab + a^2}{3} - \frac{(b+a)^2}{4} = \frac{(b-a)^2}{12}. \tag{5.24}
$$

La MGF di $X \sim \mathrm{U}(a, b)$ si ottiene come segue:

$$
\begin{aligned}
M_X(u) = \mathsf{E}(e^{uX}) &= \frac{1}{b-a} \int_{a}^{b} e^{ux}\mathrm{d}x \\
&= \frac{e^{ub} - e^{ua}}{u(b-a)}.
\end{aligned} \tag{5.25}
$$

Ad esempio, scegliendo $a = 0, b = 1$ otteniamo $M_X(u) = \frac{e^u - 1}{u}$ come MGF di $U \sim \mathrm{U}(0, 1)$. La MGF esiste per ogni $u \in \mathbb{R}$ tranne che in $u = 0$, pertanto per ottenere il suo valore in zero si può considerare l'integrale sopra che restituisce $M_X(0) = 1$, oppure si applica il teorema di de l'Hôpital a $\lim_{u \to 0} M_X(u)$, che restituirebbe la forma indeterminata $\frac{0}{0}$ alla quale invece si sostituisce il limite del rapporto tra derivata del numeratore e derivata del denominatore. Per ottenere il momento primo dalla MGF dovendo valutare la derivata

$$M'_X(u) = \frac{(be^{ub} - ae^{ua})u - e^{ub} + e^{ua}}{2u^2(b-a)}$$

nel punto $u = 0$ in cui non è definita e dovendo considerare il limite per $u \to 0$ di quest'ultima che restituirebbe ancora una forma indeterminata $\frac{0}{0}$, si può invece applicare la regola di de l'Hôpital al limite del rapporto tra derivata del numeratore e del denominatore ottenendo:

$$\lim_{u \to 0} \frac{b^2 e^{ub} - a^2 e^{ua}}{2(b-a)} = \frac{b^2 - a^2}{2(b-a)}$$

che restituisce la (5.23). Lo stesso approccio si usa per i momenti di ordine superiore al primo. La CHF si può ottenere sostituendo u con iu.

> ⚠ **Uniformi sullo stesso intervallo**
> Sia $U \sim U(0,1)$ e sia $X = 1 - U$. Mostriamo che $X \sim U(0,1)$. Infatti, scriviamo
>
> $$M_X(u) = E(e^{u(1-U)}) \overset{t=-u}{=} E(e^u e^{tU}) = e^u \underbrace{E(e^{tU})}_{=M_U(t)}$$
>
> $$= e^u \frac{e^t - 1}{t} = \frac{e^u - 1}{u},$$
>
> dove il termine a destra dell'ultima uguaglianza è la MGF di $U \sim U(0,1)$.

Le v.a. uniformi sono anche interessanti per confutare il contrario dell'affermazione "le densità bivariate continue hanno marginali continue".

Esempio 5.6 (In realtà … controesempio)
Sia $X_1 \sim U(0,1)$ e definiamo un'altra v.a. $X_2(\omega) = X_1(\omega)$ per ogni esito $\omega \in \Omega$. Ovviamente, $X_2 \overset{d}{=} X_1$ quindi entrambe le v.a. sono assolutamente continue con marginali uniformi. D'altra parte, $\mathbf{X} = (X_1, X_2)$ non possiede una densità bivariata e quindi non è un vettore casuale assolutamente continuo. Infatti abbiamo

$$F_{\mathbf{X}}(x_1, x_2) = P(X_1 \leqslant x_1, X_2 \leqslant x_2) = P(X_1 \leqslant x_1, X_1 \leqslant x_2)$$

$$= P(X_1 \leqslant \min\{x_1, x_2\}) = \int_0^{\min\{x_1,x_2\}} dx_1$$

$$\neq \int_0^{x_1} \int_0^{x_2} f_{\mathbf{X}}(u_1, u_2) du_1 du_2,$$

per qualche densità congiunta $f_{\mathbf{X}}(x_1, x_2)$. Abbiamo considerato che $\{X_1 \leqslant x_1\} \cap \{X_1 \leqslant x_2\}$ si riduce all'evento $\{X_1 \leqslant \cdot\}$ valutato nel punto pari al minore tra i valori x_1, x_2. Inoltre, $X_1 = X_2$ ha densità uniforme $f_{X_1}(x) = \mathbf{I}_{[0,1]}(x)$.

D'altra parte, una distribuzione uniforme bivariata sul rettangolo $[0, 1] \times [0, 1]$, detta *quadrato unitario*, è caratterizzata da una densità congiunta

$$f_{\mathbf{X}}(x, y) = \begin{cases} 1 & \text{se } (x, y) \in [0, 1] \times [0, 1], \\ 0 & \text{altrimenti} \end{cases}$$

di un vettore casuale $\mathbf{X} = (X, Y)$ dove entrambe le coordinate hanno una distribuzione uniforme sull'intervallo unitario. Infatti, per la marginale di X abbiamo

$$f_X(x) = \int_0^1 f_{\mathbf{X}}(x, y)\mathrm{d}y = \int_0^1 1\,\mathrm{d}y = 1,$$

e analogamente per f_Y. Inoltre, per questo tipo di distribuzione uniforme bivariata X, Y sono indipendenti:

$$\begin{aligned} 1 &= \int_0^1 \int_0^1 f_{\mathbf{X}}(x, y)\mathrm{d}x\mathrm{d}y = \int_0^1 \int_0^1 1\,\mathrm{d}x\mathrm{d}y \\ &= \int_0^1 1\,\mathrm{d}x \int_0^1 1\,\mathrm{d}y = 1 \times 1 \\ &= \int_0^1 f_X(x)\mathrm{d}x \int_0^1 f_Y(y)\mathrm{d}y. \end{aligned}$$

Quindi, la densità congiunta si fattorizza e la distribuzione di Y condizionata a $X = x$ è uniforme univariata sull'intervallo unitario, qualunque sia x, si veda il Capitolo 6 per ulteriori dettagli sulle distribuzioni condizionate.

5.7 Gaussiana

Una v.a. gaussiana $X \sim \mathrm{N}(\mu, \sigma^2)$ è continua con densità dalla forma campanulare centrata in μ, parametro di localizzazione, e dispersione dei valori rappresentata da $\sigma > 0$. La distribuzione normale è onnipresente in statistica matematica poiché molti fenomeni aleatori possono essere modellizzati tramite una procedura di aggregazione basata sul teorema del limite centrale di cui parleremo più avanti (cfr. Paragrafo 8.2). Risulta plausibile modellizzare i rendimenti azionari, su intervalli di tempo fissati, come v.a. distribuite simmetricamente secondo la legge gaussiana in condizioni di mercato *normali*.[8] La densità gaussiana

$$f_X(x) = \frac{1}{\sqrt{2\pi\sigma^2}}\mathrm{e}^{-\frac{(x-\mu)^2}{2\sigma^2}} \tag{5.26}$$

---

[8] Questa assunzione è ben lontana dall'essere vera, come mostra l'analisi statistica dei rendimenti storici, cfr. stylized facts.

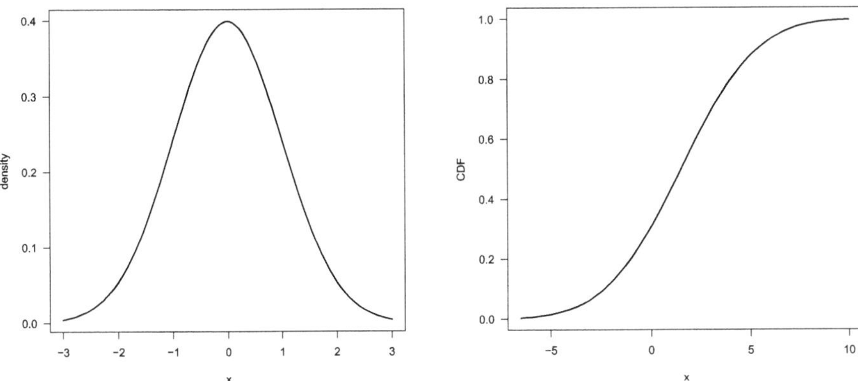

Figura 5.5 Sinistra: densità di una normale standard. Destra: funzione di ripartizione di una normale standard

è simmetrica rispetto a μ poiché $f_X(x') = f_X(x)$ per $x' + x = 2\mu$, cioè quando i punti x e x' hanno la stessa distanza dal parametro di localizzazione e il grafico a campana di f_X ha un massimo in $(\mu, f_X(\mu))$. Si osservi che la funzione $g(x) = f_X(x + \mu)$ assume valore $g(x - \mu) = f_X(x)$ per $\mu > 0$, gli stessi valori della densità in $x - \mu$ il che comporta uno spostamento orizzontale verso sinistra del grafico di f_X. Se $\mu = 0$ e $\sigma = 1$, si dice che X ha una *distribuzione normale standard*, si veda la Figura 5.5. Si può dimostrare che tale funzione f_X è effettivamente una densità, cfr. Esercizio 5.11. Mostriamo che μ e σ sono rispettivamente il valore atteso e la deviazione standard di X. Scriviamo il valore atteso in base alla (4.2) con $g(x) = x$ usando il cambio di variabile $x = (x - \mu) + \mu$:

$$\mathsf{E}(X) = \frac{1}{\sqrt{2\pi}\sigma} \int_{-\infty}^{\infty} (x - \mu)e^{-\frac{(x-\mu)^2}{2\sigma^2}}\,\mathrm{d}x + \mu\frac{1}{\sqrt{2\pi}\sigma} \int_{-\infty}^{\infty} e^{-\frac{(x-\mu)^2}{2\sigma^2}}\,\mathrm{d}x.$$

Ponendo $y = x - \mu$ e $\mathrm{d}y = \mathrm{d}x$, il primo integrando a sinistra, $h(y) = ye^{-\frac{y^2}{2\sigma^2}}$, è una funzione dispari, $h(-y) = -h(y)$, quindi il suo integrale è zero. L'altro integrale si riferisce alla densità gaussiana e quindi vale 1, dunque $\mathsf{E}(X) = \mu$. In secondo luogo, usando ancora $\int_{-\infty}^{\infty} f_X(x)\mathrm{d}x = 1$ otteniamo:

$$\int_{-\infty}^{\infty} e^{-\frac{(x-\mu)^2}{2\sigma^2}}\,\mathrm{d}x = \sigma\sqrt{2\pi}.$$

Quindi, derivando rispetto a σ entrambi i membri otteniamo:[9]

$$\int_{-\infty}^{\infty} \frac{(x - \mu)^2}{\sigma^3}e^{-\frac{(x-\mu)^2}{2\sigma^2}}\,\mathrm{d}x = \sqrt{2\pi}.$$

---

[9] Sia $h(x,\mu,\sigma) = e^{-\frac{(x-\mu)^2}{2\sigma^2}}$ e si usi la formula di Leibniz (si veda l'Appendice L) per derivare: $\frac{\mathrm{d}}{\mathrm{d}\sigma}\int_{-\infty}^{\infty} h(x,\mu,\sigma)\mathrm{d}x$ è uguale a $\int_{-\infty}^{\infty} \frac{\partial}{\partial\sigma}h(x,\mu,\sigma)\mathrm{d}x$.

Moltiplicando per $\frac{\sigma^2}{\sqrt{2\pi}}$ otteniamo l'espressione

$$\int_{-\infty}^{\infty} (x - \mu)^2 \frac{1}{\sqrt{2\pi\sigma^2}} e^{-\frac{(x-\mu)^2}{2\sigma^2}}\, dx = \sigma^2,$$

che rappresenta $E((X - \mu)^2) = V(X)$. Per la distribuzione normale standard possiamo porre $X = \mu + \sigma Z$, dove $Z \sim N(0, 1)$ così che X risulti essere $\sim N(\mu, \sigma^2)$. Infatti, si tratta di una trasformazione posizione-scala, si veda il Paragrafo 4.5 nel Capitolo 4, e le due densità f_X e f_Z sono collegate da $\frac{1}{\sigma} f_X\left(\frac{x-\mu}{\sigma}\right) = f_Z(x)$ quindi $\frac{X-\mu}{\sigma} \sim N(0, 1)$. La MGF della v.a. gaussiana si calcola a partire da quella della normale standard. Quindi, sia $Z \sim N(0, 1)$ e consideriamo:

$$M_Z(u) = \int_{-\infty}^{\infty} e^{ux} \frac{1}{\sqrt{2\pi}} e^{-x^2/2} dx = e^{u^2/2} \int_{-\infty}^{\infty} \frac{1}{\sqrt{2\pi}} e^{-(x-u)^2/2} dx$$
$$= e^{u^2/2}, \tag{5.27}$$

dove l'ultimo integrale si riferisce alla densità di una v.a. $N(u, 1)$ e quindi è uguale a 1; la MGF esiste per ogni $u \in \mathbb{R}$. Utilizzando la corretta trasformazione posizione-scala otteniamo la MGF di una gaussiana $X \sim N(\mu, \sigma^2)$ ricordando il Teorema 4.1 nel Paragrafo 4.4:

$$M_{\mu+\sigma Z}(u) = e^{\mu u} M_Z(\sigma u) = e^{\mu u + \frac{\sigma^2 u^2}{2}}. \tag{5.28}$$

In entrambi i casi la CHF si ottiene sostituendo u con iu. Esiste una formula notevole per i momenti centrali di una distribuzione gaussiana:

$$E((X - \mu)^n) = \begin{cases} \frac{(2p)!}{2^p\, p!} \sigma^{2p} & \text{per } n = 2p \text{ e } p \in \mathbb{N} \\ 0 & \text{per } n = 2p - 1 \text{ e } p \in \mathbb{N}, \end{cases} \tag{5.29}$$

si veda l'Esercizio 5.15. Quindi, per una normale standard $Z = \frac{X-\mu}{\sigma}$ per $4 = n = 2p$ e $p = 2$:

$$E\left(\left(\frac{X - \mu}{\sigma}\right)^4\right) - 3 = E(Z^4) - 3 = 3 - 3 = 0,$$

il che conferma che l'eccesso di curtosi di una normale standard è zero.

Osservazione 5.3

Per una normale standard $Z \sim N(0, 1)$, la formula (5.29) implica

$$E(Z^n) = (n - 1)E(Z^{n-1}), \text{ per } n \geq 2.$$

Lo stesso si può ottenere tramite il *Lemma di Stein* in base al quale sotto condizioni deboli vale

$$E(Zg(Z)) = E(g'(Z)), \tag{5.30}$$

dove g è una funzione a valori reali derivabile.

La distribuzione normale standard è simmetrica rispetto a $\mu = 0$ e ciò si riflette nella simmetria delle aree di coda, $F_Z(x) = 1 - F_Z(-x)$, infatti:

$$F_Z(x) = \int_{-\infty}^{x} f_Z(t)\mathrm{d}t = \int_{-x}^{\infty} f_Z(t)\mathrm{d}t = 1 - \int_{-\infty}^{-x} f_Z(t)\mathrm{d}t = 1 - F_Z(-x).$$

Ne segue che $Z \overset{\mathrm{d}}{=} -Z$:

$$\mathsf{P}(-Z \leqslant x) = \mathsf{P}(Z \geqslant -x) = 1 - F_Z(-x) = F_Z(x).$$

La somma $W = X + Y$ di due gaussiane $X \sim \mathrm{N}(\mu_1, \sigma_1^2)$ e $Y \sim \mathrm{N}(\mu_2, \sigma_2^2)$ indipendenti ha MGF

$$\begin{aligned}
M_{X+Y}(u) &= M_X(u)M_Y(u) \\
&= \exp\left(\mu_1 u + \frac{\sigma_1^2 u^2}{2}\right) \exp\left(\mu_2 u + \frac{\sigma_2^2 u^2}{2}\right) \\
&= \exp\left((\mu_1 + \mu_2)u + \frac{(\sigma_1^2 + \sigma_2^2)u^2}{2}\right) = M_W(u),
\end{aligned}$$

quindi $W \sim \mathrm{N}(\mu_1 + \mu_2, \sigma_1^2 + \sigma_2^2)$. Se invece si prende la somma di due v.a. gaussiane dipendenti, la v.a. risultante può essere gaussiana solo se la densità congiunta è di una forma particolare. Infatti, un vettore aleatorio $\mathbf{X} = (X_1, \ldots, X_n)$ ha una distribuzione congiunta gaussiana se le sue componenti X_i sono v.a. continue con densità congiunta

$$f_{\mathbf{X}}(\mathbf{x}) = \frac{1}{(2\pi)^{n/2}(\det \boldsymbol{\Sigma})^{1/2}} \exp\left(-\tfrac{1}{2}(\mathbf{x} - \boldsymbol{\mu})\,\boldsymbol{\Sigma}^{-1}(\mathbf{x} - \boldsymbol{\mu})'\right), \quad \mathbf{x} \in \mathbb{R}^n, \quad (5.31)$$

dove $\boldsymbol{\Sigma}$ è una matrice $n \times n$ simmetrica e *semidefinita positiva*,[10] $\boldsymbol{\mu} \in \mathbb{R}^n$. Si ricordi che $'$ indica la trasposizione di matrice[11] e $\det \boldsymbol{\Sigma}$ denota il determinante di $\boldsymbol{\Sigma}$. Scriviamo $\mathbf{X} \sim \mathrm{N}(\boldsymbol{\mu}, \boldsymbol{\Sigma})$. Per $n = 2$, un vettore aleatorio gaussiano bivariato ha densità congiunta data dalla (5.31) dove:

- l'inversa di $\boldsymbol{\Sigma}$ è

$$\boldsymbol{\Sigma}^{-1} = \frac{1}{c_{11}c_{22} - c_{12}^2}\begin{bmatrix} c_{22} & -c_{12} \\ -c_{21} & c_{11} \end{bmatrix},$$

  in quanto $\det \boldsymbol{\Sigma} = c_{11}c_{22} - c_{12}^2 \neq 0$, con $c_{12} = c_{21}$;
- $c_{11} = \mathsf{V}(X_1) = \sigma_1^2$ e $c_{22} = \mathsf{V}(X_2) = \sigma_2^2$;
- $c_{12} = \mathsf{cov}(X_1, X_2)$;
- $\mathsf{corr}(X_1, X_2) = \frac{c_{12}}{\sigma_1 \sigma_2} = \rho$, coefficiente di correlazione di Pearson.

---

[10] Quindi invertibile.

[11] Assumiamo che ogni $\mathbf{x} \in \mathbb{R}^n$ sia rappresentato da un vettore riga.

D'altro canto, sia $\mu = (\mu_1, \mu_2)$ e si esegua la moltiplicazione matriciale $(\mathbf{x} - \mu)\,\Sigma^{-1}\,(\mathbf{x} - \mu)'$ per ottenere

$$f(x_1, x_2) = a_1(x_1 - \mu_1)^2 - 2a_2(x_1 - \mu_1)(x_2 - \mu_2)$$
$$+ a_3(x_2 - \mu_2)^2 \geq 0, \quad \text{per ogni } (x_1, x_2) \in \mathbb{R}^2,$$

cioè una forma quadratica con $a_1 = \frac{c_{11}}{\det \Sigma}$, $a_2 = \frac{c_{12}}{\det \Sigma}$, e $a_3 = \frac{c_{22}}{\det \Sigma}$. La densità congiunta è:

$$f_{\mathbf{X}}(x_1, x_2) = \frac{1}{2\pi(c_{11}c_{22} - c_{12}^2)^{1/2}}e^{f(x_1, x_2)}$$

che riscriviamo come

$$f_{\mathbf{X}}(x_1, x_2) = \frac{1}{2\pi\sigma_1\sigma_2\sqrt{1 - \rho^2}}$$
$$\times \exp\left(-\frac{1}{2\,(1 - \rho^2)}\left(\frac{(x_1 - \mu_1)^2}{\sigma_1^2} - 2\rho\frac{x_1 - \mu_1}{\sigma_1}\frac{x_2 - \mu_2}{\sigma_2} + \frac{(x_2 - \mu_2)^2}{\sigma_2^2}\right)\right).$$

Essenzialmente, nel caso bidimensionale tale distribuzione congiunta ha cinque parametri: $\mu_1 \in \mathbb{R}$, $\mu_2 \in \mathbb{R}$, $\sigma_1 > 0$, $\sigma_1 > 0$, e $-1 < \rho < 1$. Il fatto rilevante è:

> **Teorema 5.3**
> Se $\mathbf{X} = (X_1, X_2) \sim \mathrm{N}(\mu, \Sigma)$, allora $X_i \sim \mathrm{N}(\mu_i, \sigma_i^2)$ per $i = 1, 2$.

Per una dimostrazione si veda l'Esercizio 5.13; esiste un analogo del Teorema 5.3 per vettori gaussiani di dimensione n. Per distribuzioni gaussiane bivariate $\rho = 0$ equivale all'indipendenza di X_1 e X_2. Più in generale, sia $\Sigma = \mathbf{I}$, dove $\mathbf{I}$ è la matrice identità $n \times n$, μ è il vettore nullo, allora $\mathbf{I}^{-1} = \mathbf{I}$ con $\det \mathbf{I} = 1$ e l'espressione (5.31) si riduce a

$$f_{\mathbf{X}}(\mathbf{x}) = \frac{1}{(2\pi)^{n/2}}e^{\frac{\mathbf{x}\mathbf{x}'}{2}}$$
$$= \frac{1}{\sqrt{2\pi}\cdots\sqrt{2\pi}}e^{-x^2/2}\cdots e^{-x^2/2},$$

il che significa che la densità congiunta si fattorizza e le componenti aleatorie sono indipendenti. Se $\mathbf{X} = (X_1, X_2)$ è normale bivariata e $a_1, a_2 \in \mathbb{R}$, allora

$$a_1 X_1 + a_2 X_2 \sim \mathrm{N}\big(a_1\mu_1 + a_2\mu_2,\, a_1^2\sigma_1^2 + a_2^2\sigma_2^2 + 2a_1a_2\rho\sigma_1\sigma_2\big).$$

In particolare, se X_1, X_2 sono indipendenti (e quindi $\rho = 0$) il parametro di dispersione si semplifica in $a_1^2\sigma_1^2 + a_2^2\sigma_2^2$. Questo è una conseguenza del Teorema 5.3 e dell'uso della MGF $M_{a_1 X_1 + a_2 X_2 0}(u)$. Come per la distribuzione uniforme bivariata analizzata nel Paragrafo 5.6, i vettori aleatori gaussiani bivariati implicano una distribuzione marginale di una componente condizionata all'altra, si veda il Capitolo 6. Per la Proposizione 4.3 nel Paragrafo 4.7, data una matrice deterministica $m \times n$ $\mathbf{A}$ e un vettore aleatorio gaussiano $\mathbf{X} \sim \mathrm{N}(\boldsymbol{\mu}, \boldsymbol{\Sigma})$ abbiamo

$$\mathbf{AX}' \sim \mathrm{N}(\mathbf{A}\boldsymbol{\mu}, \mathbf{A}\boldsymbol{\Sigma}\mathbf{A}').$$

Altre distribuzioni limite univariate possono essere ottenute dalla gaussiana univariata, argomento che sarà trattato nel Capitolo 8. Evidenziamo una connessione tra la distribuzione binomiale e quella gaussiana che può essere utile nella modellizzazione dei prezzi futuri delle azioni e dei relativi rendimenti. Sia $X_n \sim \mathrm{Bin}(n, p)$ e poniamo $\frac{X_n - np}{\sqrt{np(1-p)}}$. Allora, si può dimostrare che per n sufficientemente grande la distribuzione di X_n è approssimativamente normale standard: è sufficiente considerare X_n come la somma di X_i IID con $X_i \sim \mathrm{Ber}(p)$. Si può anche scrivere

$$X_n \quad \text{approssimativamente distribuita come} \quad \mathrm{N}(np, np(1-p)).$$

Di seguito sono riportati alcuni comandi in R relativi ad una distribuzione gaussiana.

Codice del Programma

```
S=20; mu <- 0; sigma <- 1
rnorm(S,mu,sigma)
q=seq(0:10)
p=seq(from=0.01,to=0.99,length=50)
dnorm(q,mu,sigma)
pnorm(q,mu,sigma)
qnorm(p,mu,sigma)
```

Si ricordi che rnorm(x,mu,sigma) restituisce una realizzazione x estratta da $\mathrm{N}(\mu, \sigma^2)$, dnorm(x,mu,sigma) valuta la densità gaussiana in x, pnorm(x,mu,sigma) valuta la funzione di ripartizione gaussiana fino a x e qnorm(p,mu,sigma) calcola la funzione quantile gaussiana valutata al livello di probabilità p. Ovviamente, quando x e p sono vettori, cioè liste di valori, questi comandi producono liste di output. Nota che sigma è la deviazione standard e non la varianza. Per la gaussiana bivariata, se conosciamo i valori di tutti e cinque i parametri possiamo definire la matrice di covarianza come

```
Sigma=matrix(c(s11,s1*s2*rho,s22,s1*s2*rho),nrow=2,ncol=2)
```

dove s11 è la varianza σ_1^2 della prima componente del vettore gaussiano, s22 è la varianza σ_2^2 della seconda componente, mentre s1*s2*rho è la covarianza $\mathrm{cov}(X_1, X_2)$ con deviazioni standard σ_1, σ_2 e coefficiente di correlazione ρ. Per ottenere l'inversa di `Sigma` si digita `solve(Sigma)`. Un'altra v.a. la cui distribuzione è collegata alla gaussiana è la *log-normale*: sia $X \sim N(\mu, \sigma^2)$ e sia $Y = e^X$, allora abbiamo la funzione di ripartizione

$$
\begin{aligned}
F_Y(y) = P(Y \leq y) &= P\left(e^X \leq y\right) \\
&= P(X \leq \ln y) \\
&= \int_{-\infty}^{\ln y} \frac{1}{\sqrt{2\pi\sigma^2}} e^{-\frac{(x-\mu)^2}{2\sigma^2}} \, dx,
\end{aligned}
\tag{5.32}
$$

si veda il Paragrafo 4.5 nel Capitolo 4. Derivando la funzione di ripartizione otteniamo

$$
\begin{aligned}
f_Y(y) = \frac{d}{dy} h(g(y)) &= \frac{d}{dy} F_Y(y) \\
&= F_Y' \frac{d}{dy}(\ln y) \\
&= \frac{1}{y\sqrt{2\pi}\sigma} \exp\left(-\frac{(\ln y - \mu)^2}{2\sigma^2}\right) \mathbf{I}_{\{y>0\}}.
\end{aligned}
\tag{5.33}
$$

La restrizione $\mathbf{I}_{\{y>0\}}$ è presente poiché Y non può assumere valori negativi. Dunque, Y è log-normale con parametri μ, σ^2 perché $\ln(Y) \sim N(\mu, \sigma^2)$. La v.a. log-normale è utilizzata nei modelli di prezzi futuri delle azioni sfruttando il fatto che assume solo valori positivi. Il valore atteso e la varianza sono

$$
E(Y) = e^{\mu + \sigma^2/2}
\tag{5.34}
$$

$$
V(Y) = e^{2\mu + \sigma^2}(e^{\sigma^2} - 1),
\tag{5.35}
$$

si veda l'Esercizio 5.14.

Osservazione 5.4

Sia $Y = e^X$ una v.a. log-normale e si assuma $X \sim N(0, 1)$. La funzione di densità è

$$
f_Y(x) = \frac{1}{x} \frac{1}{\sqrt{2\pi}} e^{-(\ln x)^2/2}, \qquad x > 0,
$$

quindi la MGF si scrive

$$
\frac{1}{\sqrt{2\pi}} \int_0^{\infty} e^{u\,x - (\ln x)^2/2 - \ln x} \, dx.
$$

Ora, per ogni $u > 0$ ricordiamo da un corso base di analisi che $\frac{u\,x}{\ln x} \to \infty$ quando $x \to \infty$, quindi

$$
\frac{u\,x - (\ln x)^2/2 - \ln x}{u\,x} = 1 - (\ln x)^2/2u\,x - \ln x/u\,x \to 1, \quad \text{quando } x \to \infty,
$$

e l'esponente dell'integranda sopra è asintotica a $u\,x$, cioè $u\,x - (\ln x)^2/2 - \ln x \sim u\,x$ per $x \to \infty$. Ciò implica che $\mathsf{E}(\mathrm{e}^{u\,X}) = \infty$ e la MGF non esiste. Tuttavia, per qualche $p \in \mathbb{N}$ si ha

$$\mathsf{E}(X^p) = \int_{-\infty}^{\infty} \mathrm{e}^{pt}\,\frac{1}{\sqrt{2\pi}}\mathrm{e}^{-t^2/2}\mathrm{d}t = \mathrm{e}^{p^2/2} < \infty,$$

dove abbiamo usato il cambio di variabile $\ln x = t$ con $\mathrm{d}\ln x = \frac{1}{x} = \mathrm{d}t$ e $x^p = \mathrm{e}^{p\ln x} = \mathrm{e}^{pt}$. Quindi, tutti i momenti di ordine p della distribuzione log-normale esistono e sono finiti.

5.8 Esponenziale

La distribuzione esponenziale caratterizza v.a. con valori reali non negativi. Storicamente era impiegata per modellizzare il tempo continuo di attesa di un successo, dove il tasso di successi per unità di tempo è governato da un parametro $\lambda > 0$. La funzione di densità riportata nella Tabella 5.2 ha una funzione di ripartizione data da

$$F_X(x) = \int_{-\infty}^{x} \lambda\,\mathrm{e}^{-\lambda z}\,\mathbf{I}_{\{z \geqslant 0\}}\mathrm{d}z = \int_{0}^{x} \lambda\,\mathrm{e}^{-\lambda s}\mathrm{d}z = 1 - \mathrm{e}^{-\lambda x}, \tag{5.36}$$

cfr. Figura 5.6. Un'applicazione finanziaria si ha quando $X \sim \mathrm{Exp}(\lambda)$ rappresenta il valore di un'obbligazione callable prima della sua estrazione a sorte. Quindi

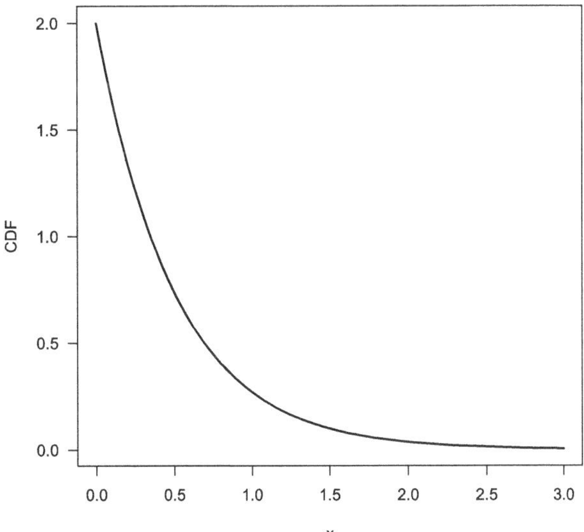

Figura 5.6 Densità di una Exp(2)

$P(X > t) = e^{-\lambda t}$ è la probabilità che l'obbligazione abbia una durata di almeno $t > 0$ anni. Il valore atteso è

$$E(X) = \frac{1}{\lambda} \tag{5.37}$$

e la varianza è

$$V(X) = \frac{1}{\lambda^2}, \tag{5.38}$$

si veda l'Esercizio 5.17. La MGF di $X \sim \text{Exp}(\lambda)$ si ricava assumendo che $u < \lambda$:

$$
\begin{aligned}
M_X(u) &= \int_0^\infty e^{ux} \lambda e^{-\lambda x} \mathrm{d}x \\
&= \lambda \left[\frac{e^{(u-\lambda)x}}{u - \lambda} \right]_0^\infty \\
&= \frac{\lambda}{\lambda - u}.
\end{aligned}
$$

Il vincolo $u < \lambda$ è necessario poiché per $u \geq \lambda$ l'integrale diverge, da cui la CHF si ottiene sostituendo u con iu. In alcuni testi l distribuzione esponenziale è considerata con parametro $\frac{1}{\lambda}$ e $\lambda > 0$, da cui riscrivendo la densità si ricava la MGF $\frac{1}{1-\lambda u}$ e $u < \frac{1}{\lambda}$.

Osservazione 5.5
Dall'Esempio 2.14 nel Paragrafo 2.9,

$$
F_Y(x) = \begin{cases}
0, & \text{se } x < 0 \\
1 - e^{-\lambda x}, & \text{se } 0 \leq x < s \\
1, & \text{se } x \geq s,
\end{cases}
$$

con $\lambda > 0$ e $s > 0$, riconosciamo una CDF simile a quella di una v.a. esponenziale. In effetti, questa è la CDF dell'*esponenziale troncata*, una v.a. mista: la distribuzione di Y ha una parte continua data dalla densità esponenziale troncata a s, mentre la parte discreta rimanente è la massa concentrata in $e^{-\lambda s}$. Possiamo ottenere la sua MGF usando la formula di cambio variabile per adattare il valore atteso di Y alla trasformata e^{uY} usando la distribuzione mista originale:

$$
\begin{aligned}
M_Y(u) &= \underbrace{\int_0^s e^{ux} \lambda e^{-\lambda x} \mathrm{d}x}_{\text{E}(\,\cdot\,)\text{ della parte continua}} + e^{us} e^{-\lambda s} \\
&\stackrel{u \neq \lambda}{=} \lambda \left[\frac{e^{(u-\lambda)x}}{u - \lambda} \right]_0^s + e^{-s(\lambda - u)} \\
&= \frac{\lambda}{\lambda - u} - \frac{u}{\lambda - u} e^{-s(\lambda - u)}.
\end{aligned}
$$

Per $u = \lambda$ si ha $M_Y(u) = \lambda s + 1$, ricalcolando l'integrale sopra.

Una proprietà interessante della distribuzione esponenziale è la seguente:

$$P(X \geq x + y \mid X \geq x) = \frac{P(X \geq x + y)}{P(X \geq x)}$$
$$= \frac{e^{-\lambda(x+y)}}{e^{-\lambda x}} = e^{-\lambda y} = P(X \geq y), \qquad (5.39)$$

dove abbiamo usato $\{X \geq x + y\} \cap \{X \geq x\} = \{X \geq x + y\}$ in quanto $x + y \geq x$ nella definizione di probabilità condizionata, mentre l'ultima riga segue dalla definizione della funzione di ripartizione. La (5.39) è chiamata *proprietà di assenza di memoria*, se x, y sono interpretati come tempi di attesa. Esiste una relazione tra le v.a. esponenziali e di Poisson che possono essere facilmente ricavate dalle rispettive distribuzioni di probabilità (cioè le ripartizioni o la densità e le masse). Per $X \sim \text{Exp}(\lambda)$ e $Y \sim \text{Po}(\lambda x)$ si ha

$$P(X > x) = 1 - F_X(x) = e^{-\lambda x}$$
$$= e^{-\lambda x} \frac{\lambda^0}{0!} = P(Y = 0).$$

Da ciò deduciamo che $P(X \leq x) = P(Y > 0)$. Alcuni comandi in R per la distribuzione esponenziale sono `rexp(x,lambda)`, `dexp(x,lambda)`, `pexp(x,lambda)` e `qexp(x,lambda)`.

Esempio 5.7

Vogliamo simulare valori per $Y \sim \text{Exp}(\lambda)$ utilizzando il Teorema 5.2. Scriviamo l'equazione $F_Y(y) = u$, ove u è un valore della v.a. $U \sim U(0, 1)$, e risolviamo in y tramite l'espressione della ripartizione esponenziale:

$$1 - e^{-\lambda y} = u \iff y = -\frac{1}{\lambda} \ln(1 - u).$$

Sappiamo che $1 - U$ è ancora uniforme in $(0, 1)$ quindi ricaviamo $y = -\frac{1}{\lambda} \ln(u)$, e possiamo simulare valori y da $\text{Exp}(\lambda)$ tramite valori di $U(0, 1)$. In particolare, per $\lambda = \frac{1}{2}$ si ha $Y = -2 \ln(U)$.

5.9 Gamma

Una v.a. $X > 0$ con distribuzione gamma generalizza la legge esponenziale. La definizione della sua densità richiede la *funzione gamma*, che a sua volta generalizza la funzione fattoriale definita solo per interi positivi:

$$\Gamma(\alpha) = \int_0^\infty x^{\alpha-1} e^{-x} dx, \quad \alpha > 0. \qquad (5.40)$$

Figura 5.7 Densità di una Gamma(3, 1)

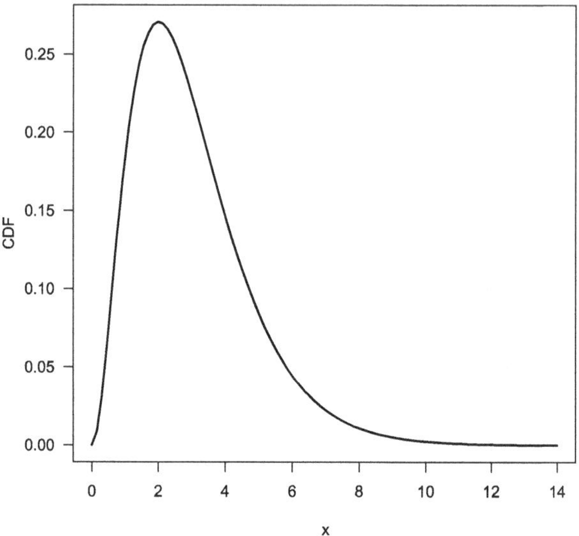

Si noti che per $\alpha = 1$ si ha

$$\Gamma(1) = \int_0^\infty e^{-x}\mathrm{d}x = 1. \tag{5.41}$$

Integrando per parti con $\alpha > 0$ si ottiene anche

$$\Gamma(\alpha + 1) = \int_0^\infty x^\alpha e^{-x}\mathrm{d}x = \underbrace{[-x^\alpha e^{-x}]_0^\infty}_{=0} + \alpha \int_0^\infty x^{\alpha-1} e^{-x}\mathrm{d}x = \alpha\Gamma(\alpha). \tag{5.42}$$

Usando l'induzione si ha $\Gamma(n) = (n-1)!$ con $n \in \mathbb{N}$. Per ottenere la funzione di densità di $X \sim \text{Gamma}(\alpha, 1)$ basta dividere entrambi i membri della (5.40) per $\Gamma(\alpha)$, quindi

$$1 = \int_0^\infty \frac{x^{\alpha-1} e^{-x}}{\Gamma(\alpha)}\mathrm{d}x$$

e $f_X(x) = \frac{x^{\alpha-1} e^{-x}}{\Gamma(\alpha)} \mathbf{I}_{\{x>0\}}$ è effettivamente una densità. Con un piccolo sforzo in più si ottiene la densità di $Y = \frac{X}{\lambda} \sim \text{Gamma}(\alpha, \lambda)$ riportata nella Tabella 5.2, dove $\lambda > 0$ è il parametro aggiuntivo, cfr. Figura 5.7. Si noti che possiamo scrivere $\Gamma(\alpha, 1) = \text{Gamma}(\alpha, 1)$.

Osservazione 5.6

Qualsiasi funzione $g(x) = k\, x^{\alpha-1} e^{-x\lambda} \mathbf{I}_{\{x>0\}}$, per $k > 0$, è una densità e $k = \frac{\lambda^\alpha}{\Gamma(\alpha)}$, si veda l'Esercizio 5.18. D'altra parte, dalla formula (4.12) del Paragrafo 4.5 applicata alla trasformazione crescente $Y = \frac{X}{\lambda}$ si ha

$$f_Y(y) = \frac{1}{\Gamma(\alpha)}(\lambda\, y)^\alpha e^{-\lambda y} y^{-1}, \quad y > 0,$$

che è la densità di Gamma(α, λ), si veda l'Esercizio 5.19.

Richiedendo $\alpha = 1$ la distribuzione gamma $Y \sim \text{Gamma}(1, \lambda)$ ha la stessa densità della Exp(λ). Il valore atteso e la varianza di una v.a. gamma $X \sim \text{Gamma}(\alpha, 1)$ sono $\mathsf{E}(X) = \mathsf{V}(X) = \alpha$, cfr. Esercizio 5.20. Si deduce che $Y = \frac{X}{\lambda} \sim \text{Gamma}(\alpha, \lambda)$ ha valore atteso

$$\mathsf{E}(Y) = \frac{1}{\lambda}\mathsf{E}(X) = \frac{\alpha}{\lambda}, \tag{5.43}$$

e varianza

$$\mathsf{V}(Y) = \frac{1}{\lambda}\mathsf{V}(X) = \frac{\alpha}{\lambda^2}. \tag{5.44}$$

La MGF di Y si ricava come:

$$\begin{aligned}
M_Y(u) &= \int_0^\infty e^{ux} \frac{\lambda^\alpha x^{\alpha-1} e^{-\lambda x}}{\Gamma(\alpha)} dx \\
&= \left(\frac{\lambda}{\lambda - u}\right)^\alpha \int_0^\infty \underbrace{\frac{(\lambda - u)^\alpha x^{\alpha-1} e^{-(\lambda-u)x}}{\Gamma(\alpha)}}_{=\Gamma(\alpha,\lambda-u)} dx \\
&= \left(\frac{\lambda}{\lambda - u}\right)^\alpha, \quad u < \lambda.
\end{aligned}$$

La condizione $u < \lambda$ assicura che la MGF esiste per u in un intorno di zero, da cui la CHF si ottiene sostituendo u con iu. Equivalentemente, $M_Y(u)$ è uguale alla MGF

$$M_{X_1 + \cdots + X_n}(u) = M_{X_1} \cdots M_{X_n}, \quad \text{per IID } X_i \sim \text{Exp}(\lambda).$$

Esiste anche una connessione tra le distribuzioni gamma e gaussiana. Infatti, sia $V \sim \text{N}(0, \sigma^2)$ e consideriamo la trasformazione $W = V^2$. Allora, W ha densità $f_W(x)\mathbf{I}_{\{x>0\}}$ ossia quella di una v.a. Gamma($\frac{1}{2}, \frac{1}{2\sigma^2}$), si veda l'Esercizio 5.21. Ciò implica $\Gamma(\frac{1}{2}) = \sqrt{\pi}$ per la funzione gamma.

5.10 t di Student

Per definire una v.a. con distribuzione t di Student occorre prima introdurre la *distribuzione Chi-quadro* definita come $K = \sum_{i=1}^n Z_i^2$, dove $Z_i \sim \text{N}(0, 1)$ sono IID. Scriviamo $K \sim \chi_n^2$ e chiamiamo n i gradi di libertà. Dall'Esercizio 5.21 vediamo che $Z_1^2 \sim \text{Gamma}(\frac{1}{2}, \frac{1}{2})$ e quindi χ_n^2 non è altro che la $\text{Gamma}(\frac{n}{2}, \frac{1}{2})$, la somma di n variabili IID $\text{Gamma}(\frac{1}{2}, \frac{1}{2})$. Il valore atteso e la varianza si ottengono conoscendo i loro corrispettivi nella distribuzione Gamma, oppure considerando la somma dei quadrati di n variabili normali standard: $\mathsf{E}(K) = n\mathsf{E}(Z_1^2) = n$ e

$$\mathsf{V}(K) = n\mathsf{V}(Z_1^2) = n\big(\mathsf{E}(Z_1^4) - (\mathsf{E}(Z_1^2))^2\big)$$
$$= n(3 - 1) = 2n.$$

Per ottenere la MGF basta impostare i parametri della $\text{Gamma}(\alpha, \lambda)$ uguali a $\frac{n}{2}$ e $\frac{1}{2}$, quindi per $u < \frac{1}{2}$ abbiamo

$$M_K(u) = \left(\frac{1}{2 - u}\right)^{n/2},$$

da cui la CHF si ottiene sostituendo u con iu. La v.a. t di Student denotata $T \sim \mathrm{T}(n)$ si costruisce usando una normale standard $Z \sim \mathrm{N}(0, 1)$ e una Chi-quadrato $K \sim \chi_n^2$ tramite

$$T = \frac{Z}{\sqrt{\frac{K}{n}}},$$

a patto che Z sia indipendente da K: si dice che T ha una distribuzione t di Student con n *gradi di libertà*. La distribuzione t di Student è simmetrica, cioè $T \sim \mathrm{T}(n)$ è uguale a $-T \sim \mathrm{T}(n)$, infatti $-T = \frac{-Z}{\sqrt{K/n}}$, dove $-Z \sim \mathrm{N}(0, 1)$, si veda la Figura 5.8. Inoltre, al tendere di $n \to \infty$ la distribuzione t di Student approssima la normale standard, si veda il Paragrafo 8.2 nel Capitolo 8.

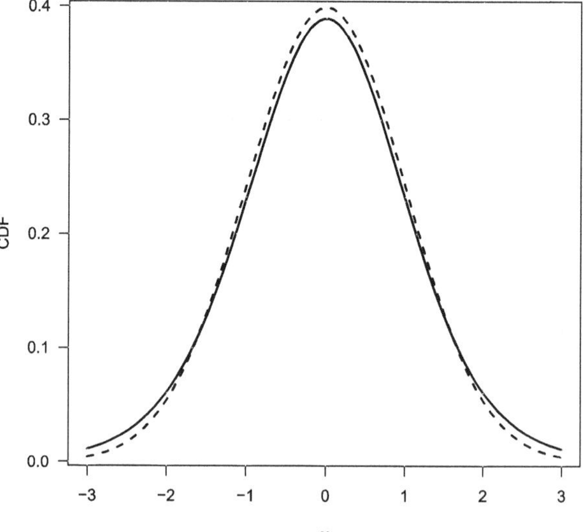

Figura 5.8 Densità di una t di Student con $n = 10$ gradi di libertà (grassetto) vs normale standard (tratteggiata)

5.11   Esercizi

5.1   Sia $X \sim \mathrm{U}\{a, \dots, b\}$ con supporto $C = \{a, a+1, a+2, \dots, b\} \subset \mathbb{Z}, a < b$ tali che $a = \min C$ e $b = \max C$, avente cardinalità $|C| = n = b - a + 1$. Verificare le formule (5.3) del valore atteso, (5.4) della varianza e (5.5) della MGF.

5.2   Sia $X \sim \mathrm{Bin}(n, p)$ con probabilità di insuccesso $q = 1 - p$. Mostrare che $n - X \sim \mathrm{Bin}(n, q)$, per $n \geqslant 2$.

5.3   Dimostrare in modo alternativo che $X + Y \sim \mathrm{Bin}(n_1 + n_2, p)$, supponendo che $X \sim \mathrm{Bin}(n_1, p)$ e $Y \sim \mathrm{Bin}(n_2, p)$ siano indipendenti.

5.4   Dimostrare in modo alternativo che $\mathsf{E}(X) = np$ per $X \sim \mathrm{Bin}(n, p)$.

5.5   Verificare che $\mathsf{P}(S_3 = S_0\mathrm{u}^3 \mid S_2 = S_0\mathrm{u}^2) = p$ e anche $\mathsf{P}(S_3 = S_0\mathrm{u}^2\mathrm{d} \mid S_2 = S_0\mathrm{ud}) = p$.

5.6   Derivare la formula (5.20) per la varianza di $X \sim \mathrm{Po}(\lambda)$.

5.7   Dimostrare che la somma di due v.a. di Poisson indipendenti $X \sim \mathrm{Po}(\lambda_1)$ e $Y \sim \mathrm{Po}(\lambda_2)$ è ancora di Poisson, $X + Y \sim \mathrm{Po}(\lambda_1 + \lambda_2)$, usando un metodo diverso da quello della MGF.

5.8   Date due v.a. di Poisson indipendenti $X \sim \mathrm{Po}(\lambda_1)$ e $Y \sim \mathrm{Po}(\lambda_2)$, verificare che la distribuzione di X condizionata a $X + Y = n$, per $n \in \mathbb{N}$ e $X + Y \sim \mathrm{Po}(\lambda_1 + \lambda_2)$, è la binomiale $\mathrm{Bin}\left(n, \frac{\lambda_1}{\lambda_1 + \lambda_2}\right)$.

5.9   Sia $X_n \sim \mathrm{Bin}(n, p_n)$, per ogni intero positivo $n \geqslant 1$, dove $p_n = \frac{\lambda}{n}$ è tale che $\lambda = np_n > 0$ è costante. Dimostrare che $M_{X_n}(u) \to M_X(u)$, per $n \to \infty$, dove $X \sim \mathrm{Po}(\lambda)$ e $u \in \mathbb{R}$ è scelto in un intervallo contenente lo zero.

5.10   Sia $U \sim \mathrm{U}(a, b)$, e sia $(c, d) \subset (a, b)$. Verificare che condizionando a $U \in (c, d)$ la distribuzione di U è $U \sim \mathrm{U}(c, d)$.

5.11   Sia $X \sim \mathrm{N}(\mu, \sigma^2)$. Dimostrare che $\int_{-\infty}^{\infty} f_X(x)\mathrm{d}x = 1$ con f_X densità gaussiana.

5.12   Sia $X \sim \mathrm{N}(\mu, \sigma^2)$ e sia $Y = a + bX$. Dimostrare che $Y \sim \mathrm{N}(a + b\mu, b^2\sigma^2)$.

5.13   Sia $\mathbf{X} \sim \mathrm{N}(\boldsymbol{\mu}, \boldsymbol{\Sigma})$ e $n = 2$. Dimostrare il Teorema 5.3.

5.14   Determinare le espressioni del valore atteso e della varianza di una v.a. lognormale X.

5.15 (Momenti centrali di una v.a. gaussiana) Dimostrare che $E((X - \mu)^n) = \frac{(2p)!}{2^p\,p!}\sigma^{2p}$, per $n = 2p$ pari e $p \in \mathbb{N}$, se $X \sim N(\mu, \sigma^2)$.

5.16 (Generare un vettore aleatorio gaussiano) Dimostrare che $\mathbf{X} \sim N(\boldsymbol{\mu}, \boldsymbol{\Sigma})$ se e solo se esiste una matrice $\mathbf{A}$ quadrata di ordine $n \times n$ tale che $\boldsymbol{\Sigma} = \mathbf{AA'}$ con determinante $\det\mathbf{A} \neq 0$ e $\mathbf{X} = \boldsymbol{\mu} + \mathbf{AZ}$, dove $\mathbf{Z} = (Z_1, \ldots, Z_n)$ è un vettore di v.a. $Z_i \sim N(0, 1)$ indipendenti. Limitare la dimostrazione al caso $n = 2$ con $\boldsymbol{\mu} = \mathbf{0}$ e $\boldsymbol{\Sigma} = \begin{bmatrix} 1 & \rho \\ \rho & 1 \end{bmatrix}$, con ρ coefficiente Pearson di correlazione tra le v.a. componenti $\mathbf{X} = (X, Y)$.

5.17 Derivare le espressioni del valore atteso e della varianza di una v.a. esponenziale con parametro $\lambda > 0$.

5.18 Supponendo che $g(x) = k\, x^{\alpha-1}e^{-x\lambda}\mathbf{I}_{\{x>0\}}$ sia una densità, diostrare che $k = \frac{\lambda^\alpha}{\Gamma(\alpha)}$.

5.19 Usando la formula $f_Y(y) = f_X(h(y))|h'(y)|$, per $h(y) = \lambda\, y$, mostrare che $Y = \frac{X}{\lambda} \sim \text{Gamma}(\alpha, \lambda)$ supponendo che $X \sim \text{Gamma}(\alpha, 1)$.

5.20 Dimostrare che $E(X) = V(X) = \alpha$ per $X \sim \text{Gamma}(\alpha, 1)$.

5.21 Sia $V \sim N(0, \sigma^2)$ e sia $W = g(V) = V^2$. Dimostrare che la densità di W ha supporto su $(0, \infty)$ ed è uguale a quella di $\Gamma(\frac{1}{2}, \frac{1}{2\sigma^2})$, cioè $W \sim \text{Gamma}(\frac{1}{2}, \frac{1}{2\sigma^2})$

5.22 (Metodo Box-Muller) Siano $U, V \sim U(0, 1)$ indipendenti e $X, Y \sim N(0, 1)$ indipendenti. Dimostrare che:

- $X = \sqrt{-2\ln(V)}\cos(2\pi U)$,
- $Y = \sqrt{-2\ln(V)}\sin(2\pi U)$.

Morale: si possono generare due v.a. normali standard indipendenti tramite due uniformi indipendenti.

Appendice

Binomiale vs Beta

Ricordando la funzione gamma introdotta nel Paragrafo 5.9, si può definire la *funzione beta*

$$B(\alpha, \beta) = \int_0^1 x^{\alpha-1}(1-x)^{\beta-1} = \frac{\Gamma(\alpha)\Gamma(\beta)}{\Gamma(\alpha + \beta)}, \quad \alpha, \beta > 0. \tag{5.45}$$

Si noti che sia la funzione gamma che la funzione beta si possono definire per $\alpha, \beta \in \mathbb{C}$ tali che entrambi i numeri complessi hanno parte reale positiva. Questo richiederebbe un excursus nella teoria dell'integrazione complessa e delle *funzioni speciali* che esula dalla nostra trattazione, si vedano [9] e [12]. Si può dimostrare che la CDF di una v.a. binomiale $X \sim \text{Bin}(n, p)$ si può ricondurre alla funzione beta:

$$F_X(x) = (n - x)\binom{n}{x} \int_0^{1-p} u^{n-x-1}(1 - u)^x \mathrm{d}u, \quad x \in \mathbb{R}.$$

Binomiale vs Poisson

Dimostrazione della Proposizione 5.1   Usando $\lambda = np$ calcoliamo

$$\begin{aligned}
\mathsf{P}(X = i) &= \binom{n}{i} p^i (1 - p)^{n-i} \\
&= \frac{n(n - 1)(n - 2)\cdots(n - i + 1)}{i!}\left(\frac{\lambda}{n}\right)^i \left(1 - \frac{\lambda}{n}\right)^n \left(1 - \frac{\lambda}{n}\right)^{-i} \\
&= \frac{\lambda^i}{i!}\frac{n(n - 1)(n - 2)\cdots(n - i + 1)}{n^i}\left(1 - \frac{\lambda}{n}\right)^n \left(1 - \frac{\lambda}{n}\right)^{-i},
\end{aligned}$$

dove facendo tendere $n \to \infty$, per i fissato, otteniamo $\frac{n(n-1)(n-2)\cdots(n-i+1)}{n^i} \to 1$, $\left(1 - \frac{\lambda}{n}\right)^n \to e^\lambda$ come pure $\left(1 - \frac{\lambda}{n}\right)^{-i} \to 1$, concludendo la dimostrazione.   ∎

Uniforme continua e inversione

Per dimostrare il Teorema 5.1 basta applicare la Proposizione 2.2, punto (1), con $u = c \in (0, 1)$, cioè $F_Y(y) \geqslant u$ se e solo se $Q_Y(u) \leqslant y$. Allora,

$$\mathsf{P}(Q_Y(U) \leqslant y) = \mathsf{P}(U \leqslant F_Y(y)) = F_Y(y).$$

Per il Teorema 5.2 abbiamo:

$$\begin{aligned}
\mathsf{P}(F_Y(Y) \leqslant u) &= \mathsf{P}(Q_Y(F_Y(Y)) \leqslant Q_Y(u)) \\
&= \mathsf{P}(Y \leqslant Q_Y(u))
\end{aligned}$$

dove la prima uguaglianza segue perché per una CDF continua F_Y abbiamo sempre che Q_Y è strettamente crescente; la seconda uguaglianza segue dal fatto che $Q_Y(F_Y(y)) \leqslant y$, ma i valori y per cui $Q_Y(F_Y(y)) \neq y$ formano un tratto orizzontale del grafico di F_Y (flat) quindi hanno probabilità nulla e $Q_Y(F_Y(Y)) \overset{\text{a.s.}}{=} Y$; la quarta uguaglianza è dovuta all'assunzione che F_Y sia continua da cui segue che la composizione di F_Y e del suo quantile Q_Y è l'applicazione identità, cioè $F_Y(Q_Y(u)) = u$, si veda il Paragrafo 2.8, Osservazione 2.11 ed equazione (2.20).

Capitolo 6
Condizionamento

6.1 Distribuzioni condizionate

Ricordiamo che $\sigma(X)$ è la più piccola σ-algebra che contiene gli eventi $\{X \in B\} \in \mathcal{F}$, per ogni opportuno sottoinsieme $B \subset \mathbb{R}$ e uno spazio di probabilità fissato $(\Omega, \mathcal{F}, \mathsf{P})$. Conoscendo i valori numerici $X(\omega)$ possiamo identificare $\{X \in B\}$ senza conoscere gli esiti $\omega \in \Omega$: la sotto-σ-algebra $\sigma(X) \subset \mathcal{F}$ rappresenta un'informazione incompleta sull'esperimento sottostante, ed è equivalente ad osservare l'indicatrice $\mathbf{I}_{\{X \in B\}}$. Come possiamo valutare la legge P_X tenendo conto di informazioni parziali, cioè assumendo che si sia verificato un evento fissato $A \in \mathcal{F}$, con $\mathsf{P}(A) > 0$? La risposta è

$$\mathsf{P}_{X|A}(B) := \mathsf{P}(X \in B \mid A) = \frac{\mathsf{P}\big(\{X \in B\} \cap A\big)}{\mathsf{P}(A)}, \qquad (6.1)$$

probabilità condizionata all'evento A chiamata **distribuzione condizionata** di X dato A. Scegliendo $B = (-\infty, x]$ otteniamo la funzione di ripartizione condizionata (CCDF):

$$F_{X \mid A}(x) := \frac{\mathsf{P}\big(\{X \leqslant x\} \cap A\big)}{\mathsf{P}(A)}. \qquad (6.2)$$

Possiamo specificare il modello di distribuzione condizionata a seconda del tipo di v.a. Se X è discreta le **masse condizionate** sono:

$$p_{X \mid A}(x) := \frac{\mathsf{P}\big(\{X = x\} \cap A\big)}{\mathsf{P}(A)}, \qquad x \text{ nel supporto } \mathcal{X}. \qquad (6.3)$$

Se $F_{X \mid A}$ è differenziabile rispetto a x abbiamo la **densità condizionata**:

$$f_{X \mid A}(x) := \frac{\mathrm{d}}{\mathrm{d}x} F_X(x \mid A), \qquad \text{per quasi tutti gli } x \in \mathbb{R}. \qquad (6.4)$$

© The Author(s), under exclusive license to Springer Nature Switzerland AG 2026
D. Rossello, *Formulario di Probabilità Uno*, La Matematica per il 3+2,
https://doi.org/10.1007/978-3-032-18769-7_6

Se X ammette densità condizionata $f_{X\,|\,A}(x)$ possiamo porre

$$F_{X\,|\,A}(x) = \int_{-\infty}^{x} f_{X\,|\,A}(u)\mathrm{d}u,$$

quindi abbiamo anche

$$\mathsf{P}_{X\,|\,A}(B) = \int_{B} f_{X\,|\,A}(x)\mathrm{d}x,$$

come abbiamo fatto nel caso non condizionato.

Esempio 6.1

Sia $A = \{a < X \leqslant b\}$ nella funzione di ripartizione condizionata $F_{X\,|\,A}(x)$, per $a < b$ reali, tale che la sua probabilità sia positiva e la v.a. X sia continua. Ora

$$\{X \leqslant x\} \cap \{a < X \leqslant b\} = \begin{cases} \varnothing, & \text{se } x \leqslant a \\ \{a < X \leqslant x\}, & \text{se } a < x \leqslant b \\ \{a < X \leqslant b\}, & \text{se } x > b. \end{cases}$$

Applicando $\mathsf{P}(\,\cdot\,)$ agli eventi sopra e dividendo per $\mathsf{P}(a < X \leqslant b)$ otteniamo:

$$F_{X\,|\,a<X\leqslant b}(x) = \begin{cases} \dfrac{\mathsf{P}(\varnothing)}{\mathsf{P}(a<X\leqslant b)} = 0, & \text{se } x \leqslant a \\[2mm] \dfrac{\mathsf{P}(a<X\leqslant x)}{\mathsf{P}(a<X\leqslant b)} = \dfrac{F_X(x)-F_X(a)}{F_X(b)-F_X(a)}, & \text{se } a < x \leqslant b \\[2mm] \dfrac{\mathsf{P}(a<X\leqslant b)}{\mathsf{P}(a<X\leqslant b)} = 1, & \text{se } x > b. \end{cases}$$

Differenziando rispetto a x otteniamo la densità condizionata

$$f_{X\,|\,a<X\leqslant b}(x) = \frac{f_X(x)}{\int_a^b f_X(x)\mathrm{d}x}, \quad \text{per } a < x \leqslant b, \tag{6.5}$$

il cui valore è zero per $x \leqslant a$ e $x > b$.

Nell'Esempio 6.1, l'evento di condizionamento $A = \{a < X \leqslant b\}$ è riportato senza parentesi nella notazione $F_{X\,|\,\bullet}(x)$ per la CCDF. D'ora in poi, manterremo questa notazione per le distribuzioni condizionate ad eventi che coinvolgono v.a. Un caso particolare si presenta quando $A = \{Y \in C\}$ ha probabilità positiva, dove Y è un'altra v.a. definita sullo stesso spazio di probabilità e $C \subset \mathbb{R}$ è opportuno. La probabilità condizionata

$$\mathsf{P}(X \in B \mid Y \in C) = \frac{\mathsf{P}(X \in B, Y \in C)}{\mathsf{P}(Y \in C)} \tag{6.6}$$

è basata sulla distribuzione congiunta del vettore aleatorio $\mathbf{X} = (X, Y)$. Per i semi-raggi $(-\infty, \mathbf{x}] = B \times C$, dove $B = (-\infty, x]$ e $C = (-\infty, y]$, possiamo riscrivere la CCDF come

$$F_{X \mid Y=y}(x) := \begin{cases} \frac{F_{\mathbf{X}}(x,y)}{F_Y(y)}, & \text{per ogni } y \in \mathbb{R} \text{ tale che } F_Y(y) \neq 0 \\ 0, & \text{altrimenti,} \end{cases} \tag{6.7}$$

dove $F_Y(y)$ è la funzione di ripartizione marginale di Y. Una notazione più semplice è $F_{X \mid Y}(x)$. Possiamo invertire il condizionamento e definire $F_{Y \mid X=x}(y)$ in modo analogo. Se il vettore aleatorio ha funzione di ripartizione congiunta assolutamente continua $F_{\mathbf{X}}$, con densità congiunta $f_{\mathbf{X}}$, allora oltre alle densità marginali $f_X(x)$, $f_Y(y)$, che chiamiamo **densità incondizionate**, possiamo definire due densità condizionate:

$$f_{X \mid Y=y}(x) := \frac{f_{\mathbf{X}}(x, y)}{f_Y(y)}, \quad \text{per ogni } y \in \mathbb{R} \text{ tale che } f_Y(y) \neq 0, \tag{6.8}$$

$$f_{Y \mid X=x}(y) := \frac{f_{\mathbf{X}}(x, y)}{f_X(x)}, \quad \text{per ogni } x \in \mathbb{R} \text{ tale che } f_X(x) \neq 0. \tag{6.9}$$

La notazione può essere semplificata in $f_{X \mid Y}$ e $f_{Y \mid X}$: esse sono effettivamente funzioni di densità, si veda l'Esercizio 6.2. Diamo un'interpretazione intuitiva di $f_{X \mid Y}$:

- supponiamo che Δx, Δy siano piccoli incrementi in x, y;
- per approssimazione $f_{\mathbf{X}}(x, y)\Delta x \Delta y \approx \mathsf{P}\big(x \leqslant X \leqslant x + \Delta x, y \leqslant Y \leqslant y + \Delta y\big)$;
- consideriamo $f_Y(y)\Delta y \approx \mathsf{P}\big(y \leqslant Y \leqslant y + \Delta y\big)$ e supponiamo quest'ultima sia positiva;
- otteniamo

$$\begin{aligned} f_{X \mid Y=y}(x)\Delta x &\approx \frac{\mathsf{P}(x \leqslant X \leqslant x + \Delta x, y \leqslant Y \leqslant y + \Delta y)}{\mathsf{P}(y \leqslant Y \leqslant y + \Delta y)} \\ &\approx \mathsf{P}\big(x \leqslant X \leqslant x + \Delta x \mid Y \approx y\big). \end{aligned}$$

La densità condizionata non può essere interpretata letteralmente, perché $\mathsf{P}(Y = y) = 0$ per v.a. assolutamente continue. Per componenti discrete in $\mathbf{X}$, con supporti $\mathcal{X}$, $\mathcal{Y}$, le corrispondenti masse condizionate sono:

$$p_{X \mid Y}(x) := \mathsf{P}(X = x \mid Y = y) = \frac{\mathsf{P}(X = x, Y = y)}{\mathsf{P}(Y = y)} \tag{6.10}$$

per ogni $x \in \mathcal{X}$, e $y \in \mathcal{Y}$ tale che $\mathsf{P}(Y = y) > 0$.

Esempio 6.2 (Efficienza di mercato)
Sia S_{t+1} il prezzo aleatorio di un'azione il cui valore deve essere previsto dagli investitori al tempo t. Assumendo che essi siano *razionali*, per ottenere la migliore previsione possibile gli investitori dovrebbero usare tutta l'*informazione* disponibile in t. Possiamo modellizzare questa informazione come un'altra v.a. denotata Y_t,

e supporre inoltre che $\mathbf{X} = (S_{t+1}, Y_t)$ abbia una distribuzione congiunta. Consideriamo ora una terza v.a. M che rappresenta l'intera informazione disponibile nel mercato in cui questa singola azione è negoziata; si assume nota la distribuzione congiunta di $\mathbf{X}$. Il mercato si dice *efficiente* dal punto di vista delle informazioni sse

$$P(S_{t+1} \in B \mid Y_t \in C) = P(S_{t+1} \in B \mid M \in C), \quad \text{per tutti gli insiemi } B, C \subset \mathbb{R},$$

dove $P(Y_t \in C), P(M \in C)$ sono entrambe positive. In termini di CCDF quanto sopra si scrive:

$$F_{S_{t+1} \mid Y_t = y}(x) = F_{S_{t+1} \mid M = y}(x),$$

per ogni $x \in \mathbb{R}$ e ogni $y \in \mathbb{R}$ tale che $F_{Y_t}(y)$ e $F_M(y)$ siano entrambe positive.

Per comprendere come le distribuzioni condizionate siano collegate alla probabilità condizionata, abbiamo bisogno dei seguenti risultati classici.

Teorema 6.1

Sia $\Omega = \bigcup_{i \in I} A_i$ una decomposizione tramite una partizione finita, $I = \{1, \ldots, n\}$, o numerabile, $I = \mathbb{N}$, di eventi incompatibili a coppie $A_i \in \mathcal{F}$. Allora per ogni $B \in \mathcal{F}$:

$$\textbf{\textit{legge delle probabilità totali}} \quad P(B) = \sum_{i \in I} P(B \mid A_i) \, P(A_i) \tag{6.11}$$

$$\textbf{\textit{formula di Bayes}} \quad P(A_i \mid B) = \frac{P(B \mid A_i)P(A_i)}{\sum_{i \in I} P(B \mid A_i)P(A_i)}, \quad \textit{per } P(B) > 0. \tag{6.12}$$

Dimostrazione Sia $B = B \cap \Omega = B \cap (\bigcup_i A_i) = \bigcup_i (B \cap A_i)$. Poiché $(A_i)_{i \in I}$ sono a due a due disgiunti, lo sono anche gli eventi $(B \cap A_i)$. Allora $P(B) = P(\bigcup_i (B \cap A_i)) = \sum_i P(B \cap A_i) = \sum_i P(B \mid A_i)P(A_i)$. Inoltre, per la legge delle probabilità totali possiamo scrivere $P(B) = \sum_i P(B \mid A_i)P(A_i)$. Questo implica $\frac{P(B \mid A_i)P(A_i)}{\sum_i P(B \mid A_i)P(A_i)} = \frac{P(B \cap A_i)}{P(B)} = P(A_i \mid B)$. ∎

Con $A_i = A$, la formula di Bayes diventa $P(B)P(A \mid B) = P(B \mid A)P(A)$.

Esempio 6.3

Supponiamo che il vettore aleatorio $\mathbf{X} = (X, Y)$ abbia densità congiunta $f_{\mathbf{X}}(x, y)$, allora dalla (6.8) sopra e dalla (3.7) del Paragrafo 3.3, ricaviamo

$$f_{\mathbf{X}}(x, y) = f_{X \mid Y}(x) f_Y(y) \quad \text{e} \quad f_X(x) = \int_{-\infty}^{\infty} f_{X \mid Y}(x) f_Y(y) \mathrm{d}y,$$

e l'ultima espressione a destra rappresenta una sorta di legge delle probabilità totali in versione densità (marginali e condizionate). Un'interpretazione simile vale per la densità marginale $f_Y(y)$.

6.2   Valore atteso condizionato ad un evento

Il valore atteso come definito nel Capitolo 4 può essere interpretato come la previsione media dei valori di una v.a. senza informazione aggiuntiva, interpretabile come *valore atteso incondizionato*. Usando la distribuzione condizionata possiamo definire il valore atteso con una parziale risoluzione dell'incertezza. Seguendo il percorso sviluppato nel Paragrafo 6.1, iniziamo definendo il **valore atteso condizionato** come:

$$\mathsf{E}(X \mid A) = \int_{-\infty}^{\infty} x \, \mathrm{d}F_{X \mid A}(x) = \int_{\mathbb{R}} x \, \mathrm{d}\mathsf{P}_{X \mid A}, \quad \text{quando } \mathsf{P}(A) > 0. \tag{6.13}$$

Otteniamo le versioni per v.a. discrete e continue, rispettivamente, come segue:

$$\sum_i x_i \, p_{X \mid A}(x_i), \tag{6.14}$$

$$\int_{-\infty}^{\infty} x \, f_{X \mid A}(x)\mathrm{d}x. \tag{6.15}$$

Esempio 6.4

Sia $X \sim \mathrm{N}(0, \sigma^2)$ una v.a. gaussiana e scegliamo $A = \{X > 0\}$. In questo caso X ha densità $f_X(x) = \frac{1}{\sqrt{2\pi}\sigma} e^{-\frac{x^2}{2\sigma^2}}$. Basandoci sulla (6.5) dell'Esempio 6.1 nel Paragrafo 6.1, con $a = 0$ e $b = \infty$, calcoliamo:[1]

$$f_{X \mid X > 0}(x) = \frac{f_X(x)}{\int_0^{\infty} f_X(x)\mathrm{d}x} = 2\frac{1}{\sqrt{2\pi}\sigma} e^{-\frac{x^2}{2\sigma^2}}, \quad \text{per } 0 < x \leqslant \infty.$$

La densità condizionata è nulla per $x \leqslant 0$. Come conseguenza,

$$\mathsf{E}(X \mid X > 0) = 2\frac{1}{\sqrt{2\pi}\sigma} \int_0^{\infty} x \, e^{-\frac{x^2}{2\sigma^2}}\mathrm{d}x,$$

poiché il valore atteso condizionato si basa sui valori di x per cui la densità condizionata è diversa da zero. All'interno del valore atteso condizionato $\mathsf{E}(X \mid \bullet)$ l'evento di condizionamento è indicato nuovamente senza parentesi.

---

[1] Per la densità gaussiana con parametro di localizzazione zero ($\mu = \mathsf{E}(X) = 0$) l'integrale su $[0, \infty)$ restituisce $\frac{1}{2}$ per simmetria.

Esempio 6.5

Sia $X \sim \mathrm{N}(\mu, \sigma^2)$ una v.a. gaussiana e scegliamo $A = \{X \leqslant b\}$, così che dalla (6.5) con $a = -\infty$ otteniamo la densità condizionata $f_{X \mid X \leqslant b}(x) = \frac{f_X(x)}{\int_{-\infty}^b f_X(x)\mathrm{d}x}$. Invece di ricavare l'espressione esplicita di questa densità, calcoliamo il valore atteso condizionato

$$\mathsf{E}(X \mid X \leqslant b) = \int_{-\infty}^b x\, f_{X \mid X \leqslant b}(x)\mathrm{d}x = \frac{\int_{-\infty}^b x\, f_X(x)\mathrm{d}x}{\int_{-\infty}^b f_X(x)\mathrm{d}x}. \tag{6.16}$$

Poiché si può mostrare che $X = \mu + \sigma Z$, per una normale standard $Z \sim \mathrm{N}(0, 1)$, otteniamo:

$$\mathsf{E}(X \mid X \leqslant b) = \mathsf{E}(\mu + \sigma Z \mid \mu + \sigma Z \leqslant b)$$
$$= \mu + \sigma \mathsf{E}\left(Z \mid Z \leqslant \tfrac{b-\mu}{\sigma}\right).$$

Si noti che $X = \mu + \sigma Z$ è una trasformazione strettamente crescente, $\sigma > 0$, così $\{X \leqslant b\} = \{Z \leqslant \frac{b-\mu}{\sigma}\}$. Inoltre, abbiamo usato la linearità per il valore atteso condizionato come nel caso incondizionato (cfr. proprietà 1. della Proposizione 6.1). Procediamo a valutare l'ultima speranza matematica condizionata ponendo $k = \frac{b-\mu}{\sigma}$ e usando la (6.16). Dalla densità incondizionata $f_Z(z) = \frac{1}{\sqrt{2\pi}} e^{-\frac{z^2}{2}}$ si vede che

$$\frac{\mathrm{d}}{\mathrm{d}z} f_Z(z) = -z\, \frac{1}{\sqrt{2\pi}} e^{-\frac{z^2}{2}}.$$

Quindi, per calcolare l'integrale al numeratore della (6.16) per la normale standard otteniamo:

$$\int_{-\infty}^k z\, f_Z(z)\mathrm{d}z = -\int_{-\infty}^k -z\, f_Z(z)\mathrm{d}z$$
$$= -\left[\frac{1}{\sqrt{2\pi}} e^{-\frac{z^2}{2}}\right]_{-\infty}^k = -f_Z(k) + \lim_{z \to -\infty} f_Z(z) = -f_Z(k).$$

Infine otteniamo $\mathsf{E}(Z \mid Z \leqslant k) = \frac{\int_{-\infty}^k z\, f_Z(z)\mathrm{d}z}{\int_{-\infty}^c f_Z(z)\mathrm{d}z} = \frac{-f_Z(k)}{F_Z(c)}$ e quindi

$$\mathsf{E}(X \mid X \leqslant b) = \mu - \sigma \frac{f_Z(k)}{F_Z(k)}. \tag{6.17}$$

Esempio 6.6

Dall'Esempio 6.5, identifichiamo X con il tasso di rendimento aritmetico r_{t+1} di un portafoglio. Allora, poniamo $b = Q_{r_{t+1}}(c)$ come il quantile di $F_{r_{t+1}}$ con probabilità $0 < c < 1$. Osserviamo che per c sufficientemente piccolo (ad esempio $c = 0{,}01$) la v.a. r_{t+1} assume valori negativi e $-b$ può essere interpretata come la misura delle perdite percentuali (cfr. valori non negativi) derivanti dall'investimento nel portafoglio, con probabilità al più c. Nel risk management, una misura media del rischio di mercato associato a valori negativi dei rendimenti (cioè perdite percentuali) può essere definita come segue

$$-\mathsf{E}(r_{t+1} \mid r_{t+1} \leqslant Q_{r_{t+1}}(c)) = -\mu + \sigma \frac{f_Z(k)}{F_Z(k)} = -\mu + \sigma \frac{f_Z(k)}{c}, \qquad (6.18)$$

si veda anche la Definizione 10.3 nel Paragrafo 10.2, dove $k = \frac{Q_{r_{t+1}}(c)-\mu}{\sigma}$ e ricordando che i quantili sono lineari per trasformazioni lineari positive $Q_{\mu+\sigma Z}(c) = \mu + \sigma Q_Z(c)$ si ha $k = Q_Z(c)$ e l'ultima espressione a destra della (6.18) è dovuta a

$$\int_{-\infty}^{Q_Z(c)} f_Z(z)\mathrm{d}z = F_Z(Q_Z(c)) = c,$$

per distribuzioni assolutamente continue.

L'Esempio 6.5 suggerisce che $\mathsf{E}(X \mid X \leqslant b)$ può essere generalizzato a qualsiasi evento $A \in \mathcal{F}$ diverso da $\{X \leqslant b\}$. Infatti vale:

$$\mathsf{E}(X \mid A) = \frac{\mathsf{E}(X\mathbf{I}_A)}{\mathsf{P}(A)}, \quad \text{se } \mathsf{P}(A) > 0. \qquad (6.19)$$

Questa formula può essere verificata direttamente quando X è una v.a. discreta con supporto numerabile e masse condizionate date dalla (6.3). Il valore atteso di X condizionato all'evento A avente probabilità positiva è:

$$\begin{aligned}
\mathsf{E}(X \mid A) &= \sum_{i=1}^{\infty} x_i \, p_{X \mid A}(x_i) \\
&= \sum_{i=1}^{\infty} x_i \, \frac{\mathsf{P}(\{X = x_i\} \cap A)}{\mathsf{P}(A)} \\
&= \frac{1}{\mathsf{P}(A)} \sum_{i=1}^{\infty} x_i \, \mathsf{P}(\{X = x_i\} \cap A) = \frac{\mathsf{E}(X\mathbf{I}_A)}{\mathsf{P}(A)}.
\end{aligned}$$

L'ultima riga segue perché la somma corrispondente è il valore atteso per ogni esito $\omega \in A$, cioè è la media dei valori $x_i = X(\omega)$ per gli esiti ω tali che la probabilità è $\mathsf{P}(\{X = x_i\} \cap A)$. Per v.a. generali, si veda l'Esercizio 6.5. Vale la pena notare che la formula (6.19) può anche essere scritta come

$$\frac{1}{\mathsf{P}(A)} \int_{\Omega} X\mathbf{I}_A\mathrm{d}\mathsf{P} = \frac{1}{\mathsf{P}(A)} \int_A X\,\mathrm{d}\mathsf{P},$$

usando la definizione di integrale di Lebesgue che coinvolge il valore atteso, si veda l'Appendice N, enfatizzando la procedura di calcolo di un valor medio limitato a un sottoinsieme dei valori $X(\omega)$ dati dagli esiti $\omega \in A$, con un'ulteriore normalizzazione tramite il fattore $\frac{1}{\mathsf{P}(A)}$.

6.3   Valore atteso condizionato a una v.a.

Come abbiamo fatto con le distribuzioni condizionate, è sensato estendere il concetto di valore atteso condizionato a un evento al caso in cui si condiziona rispetto a una v.a. Iniziamo tale analisi considerando v.a. discrete. Scegliamo una v.a. $X \in L^1$ e un'altra v.a. discreta Y con supporto $\mathcal{Y} = \{y_1, y_2, \ldots\}$. Nella previsione dei valori di X a condizione che Y assuma valori nel suo supporto, è essenziale determinare quale evento $\{Y = y_j\}$ si verificherà. Dovremmo usare la formula (6.19) vista nel Paragrafo 6.2 e, supponendo che $\mathsf{P}(Y = y_i) > 0$ per ogni $y_i \in \mathcal{Y}$, il valore atteso condizionato di X dato Y è una *seconda* v.a. discreta $\boxed{Z = \mathsf{E}(X \mid Y)}$ tale che

$$
Z(\omega) := \frac{\mathsf{E}(X\mathbf{I}_{\{Y=y_i\}})}{\mathsf{P}(Y = y_i)}, \quad \text{con } Y(\omega) = y_i \text{ per ogni } i = 1, 2, \ldots \qquad (6.20)
$$

Una notazione abbreviata per Z è $\mathsf{E}(X \mid Y = y_i)$, ogniqualvolta nella formula (6.20) essa venga valutata negli esiti $\omega \in \Omega$ tali che $Y(\omega)$ sia uguale a $y_i \in \mathcal{Y}$. In effetti, $f(Y) = \mathsf{E}(X \mid Y)$ è una funzione[2] che rappresenta una 'versione' di X ottenuta ponderando i valori $f(y_j)$ con pesi $\mathsf{P}_{X \mid Y = y_j}$, e che assume valori costanti $\frac{\mathsf{E}(X)}{\mathsf{P}(Y=y_j)}$ sugli eventi $\{Y = y_j\}$. Il Lemma 6.1 qui sotto è un ingrediente cruciale in questo contesto.

Lemma 6.1 (Doob-Dynkin)
Sia Y una v.a. e sia $\sigma(Y)$ la σ-algebra da essa generata. Allora, ogni v.a. Z che induce eventi $\{Z \in B\} \in \sigma(Y)$ è data da $Z = f(Y)$, per un'opportuna funzione $f : \mathbb{R} \to \mathbb{R}$ e per ogni opportuno insieme[3] $B \subset \mathbb{R}$.

Attenzione: dal Lemma 6.1 segue che se $Z = f(Y)$ allora $\sigma(Z) \subset \sigma(Y)$. È plausibile definire il valore atteso condizionato rispetto a sotto-σ-algebra per $X \in L^1$, estendendo la definizione (6.20) e dichiarando $\mathsf{E}(X \mid Y) \equiv \mathsf{E}(X \mid \sigma(Y))$, cioè $\mathsf{E}(X \mid Y)$ dipende da una σ-algebra piuttosto che dai valori di Y.[4] Sulla base degli Esercizi 6.11 e 6.12 siamo in grado di definire $Z = \mathsf{E}(X \mid Y)$ anche quando Y non è più discreta[5] nel modo seguente:

- il valore atteso condizionato è una v.a. $\sigma(Y)$-misurabile, ossia tale che gli eventi $\{Z \in B\}$ sono contenuti in tale σ-algebra,[6] e $Z = f(Y)$ per una funzione opportuna;
- per ogni evento $A \in \sigma(Y)$ il valore atteso incondizionato di $Z\mathbf{I}_A$ coincide con quello di $X\mathbf{I}_A$.

---

[2] In realtà, una funzione Borel misurabile: la funzione composta $\Omega \xrightarrow{Y} \mathbb{R} \xrightarrow{f} \mathbb{R}$ è una v.a., si veda l'Appendice al Capitolo 2.
[3] Ancora, dovremmo dire che Z è $\sigma(Y)$-misurabile e f è una funzione Borel misurabile.
[4] Si osservi che $\sigma(Y) \subset \mathcal{F}$ e Z non produce più informazione di $\mathcal{F}$.
[5] Non si dimentichi la condizione $X \in L^1$. In tal caso si dice anche che X è integrabile.
[6] Si può dimostrare che $Z = \mathsf{E}(X \mid Y)$ induce eventi in $\sigma(Y)$ sse $\sigma(Z) \subset \sigma(Y)$.

Ciò anticipa l'analisi del Paragrafo 6.4. Si può mostrare che per $X, Y \in L^1$ componenti il vettore aleatorio $\mathbf{X} = (X, Y)$ con densità congiunta, il valore atteso condizionato può essere calcolato come

$$\mathsf{E}(X \mid Y) = \frac{\int_{-\infty}^{\infty} x f_{\mathbf{X}}(x, Y)\mathrm{d}x}{\int_{-\infty}^{\infty} f_{\mathbf{X}}(x, Y)\mathrm{d}x}, \tag{6.21}$$

si veda l'Esercizio 6.15.

6.4   Valore atteso condizionato a una sotto-σ-algebra

Lo schema logico sviluppato nel Paragrafo 6.3 ci permette di introdurre una definizione molto più generale di valore atteso condizionato.

Teorema 6.2
Sia X una v.a. definita su uno spazio di probabilità $(\Omega, \mathcal{F}, \mathsf{P})$, tale che $X \in L^1$ e sia $\mathcal{A} \subset \mathcal{F}$ una sotto-σ-algebra. Allora, esiste il valore atteso condizionato di X dato $\mathcal{A}$ rappresentato dalla v.a. $\boxed{Z = \mathsf{E}(X \mid \mathcal{A})}$ *che soddisfa:*

1. gli eventi indotti da Z sono in $\mathcal{A}$, cioè Z è $\mathcal{A}$-misurabile;
2. Z ha valore atteso finito, cioè $Z \in L^1$;
3. Per ogni $A \in \mathcal{A}$ vale $\mathsf{E}(Z\mathbf{I}_A) = \mathsf{E}(X\mathbf{I}_A)$.

Se le condizioni 1.–3. sono soddisfatte da un'altra v.a. Z', allora $Z \overset{a.s.}{=} Z'$.

In effetti, se Z e Z' sono due v.a. che inducono eventi in $\mathcal{A}$ tali che

$$\mathsf{E}(Z\mathbf{I}_A) = \mathsf{E}(X\mathbf{I}_A) = \mathsf{E}(Z'\mathbf{I}_A), \quad \text{per ogni } A \in \mathcal{A} \subset \mathcal{F},$$

allora $\mathsf{E}((Z - Z')\mathbf{I}_A) = 0$ e $Z \overset{a.s.}{=} Z'$, si veda l'Esercizio 6.13. Si noti che dalla proprietà 3. del Teorema 6.2, scegliendo $A = \Omega$, si ricava

$$\mathsf{E}(\mathsf{E}(X \mid \mathcal{A})) = \mathsf{E}(X), \tag{6.22}$$

si confronti con la proprietà 3. della Proposizione 6.1; si vedano anche gli Esercizi 6.9 e 6.10. L'esistenza affermata nel Teorema 6.2 può essere dimostrata invocando un altro risultato classico. Prima, consideriamo il problema di cambiare la misura di probabilità P nello spazio degli eventi $(\Omega, \mathcal{F})$, utilizzando un'altra misura di probabilità. Ciò può essere interpretato come una diversa opinione soggettiva sugli eventi in $\mathcal{F}$.

Definizione 6.1

Una misura di probabilità $\tilde{P}$ si dice assolutamente continua rispetto alla probabilità P, e si scrive $\tilde{P} \ll P$, se $P(A) = 0$ implica $\tilde{P}(A) = 0$ per ogni evento $A \in \mathcal{F}$. Due misure di probabilità si dicono equivalenti, e si scrive $\tilde{P} \sim P$, sse $\tilde{P} \ll P$ e $P \ll \tilde{P}$.

Le due probabilità concordano sugli eventi impossibili ma assegnano pesi diversi agli altri eventi. Si osservi inoltre che $P(A^c) = 1$ implica $\tilde{P}(A^c) = 1$. Quindi, gli eventi impossibili e certi in base a P sono valutati allo stesso modo anche da $\tilde{P}$, ma il contrario non è necessariamente vero. Ora, il valore atteso (incondizionato) può essere calcolato tramite due misure di probabilità diverse, potendo scrivere E_P e $E_{\tilde{P}}$. Esiste un modo semplice per ottenere $\tilde{P}$ come assolutamente continua rispetto a P. Sia $X \geq 0$ una v.a. non negativa su $(\Omega, \mathcal{F}, P)$ e definiamo la funzione d'insieme $\tilde{P} : \mathcal{F} \to [0, \infty]$ come

$$\tilde{P}(A) = E_P(X \mathbf{I}_A), \quad \text{con } E_P(X) = 1. \tag{6.23}$$

Di conseguenza, $\tilde{P} \ll P$, si veda l'Esercizio 6.16.

Esempio 6.7

Supponendo assenza di arbitraggio, il prezzo in $t = 0$ di un'opzione call europea con scadenza in $t = T$ è

$$C_0 = e^{-rT} E_{\tilde{P}}((S_T - K)^+),$$

dove $K > 0$ è il prezzo di esercizio in $t = T$ e S_T è il prezzo dell'azione sottostante; r è il tasso risk-free composto continuamente. Sotto ipotesi aggiuntive, la *teoria finanziaria dell'assenza di arbitraggio* garantisce l'esistenza di una nuova misura di probabilità $\tilde{P}$, detta **risk-neutral** che risulta equivalente alla misura di probabilità di *mercato* P, in modo tale che il prezzo di opzioni call europee si riduce al calcolo del valore atteso della v.a che rappresenta il payoff aleatorio dell'opzione $e^{-rT}(S_T - K)^+$ attualizzato utilizzando il rendimento risk-free invece del vero rendimento aleatorio dell'opzione stessa.

Esempio 6.8

Per comprendere come $\tilde{P} \ll P$ siano collegate tra loro tramite la formula (6.23), riscriviamo quest'ultima usando l'integrazione di Lebesgue:

$$\tilde{P}(A) = \underbrace{\int_{\Omega} X \mathbf{I}_A \mathrm{d}P}_{= E_P(X \mathbf{I}_A)} = \boxed{\int_A X \, \mathrm{d}P} = \underbrace{\int_{\Omega} \mathbf{I}_A \mathrm{d}\tilde{P}}_{= E_{\tilde{P}}(\mathbf{I}_A)} = \boxed{\int_A \mathrm{d}\tilde{P}}.$$

Confrontando il secondo e il quarto integrale si ottiene

$$X\,\mathrm{d}\mathsf{P} = \mathrm{d}\tilde{\mathsf{P}} \iff X = \frac{\mathrm{d}\tilde{\mathsf{P}}}{\mathrm{d}\mathsf{P}},$$

dove X è detta la **derivata di Radon-Nikodým** o densità di $\tilde{\mathsf{P}}$ rispetto a P. Può essere interpretata come la v.a. data da $\lim\limits_{A\downarrow\{\omega\}} \frac{\tilde{\mathsf{P}}(A)}{\mathsf{P}(A)}$, per partizioni sempre più fini dell'evento $A \in \mathcal{F}$.

Osservazione 6.1

Per due misure di probabilità equivalenti $\tilde{\mathsf{P}} \sim \mathsf{P}$, possiamo ottenere anche la derivata di Radon-Nikodým di P rispetto a $\tilde{\mathsf{P}}$ semplicemente invertendo, cioè $\frac{\mathrm{d}\mathsf{P}}{\mathrm{d}\tilde{\mathsf{P}}} = \left(\frac{\mathrm{d}\tilde{\mathsf{P}}}{\mathrm{d}\mathsf{P}}\right)^{-1}$.

Cosa succede se partiamo da due misure di probabilità tali che $\tilde{\mathsf{P}} \ll \mathsf{P}$ e vogliamo trovare una v.a. non negativa che agisca come derivata di Radon-Nikodým di $\tilde{\mathsf{P}}$ rispetto a P? La risposta a questa domanda è l'implicazione inversa a quella che portava alla formula (6.23), che presentiamo senza dimostrazione.

Teorema 6.3 (Radon-Nikodým)

Sia $\tilde{\mathsf{P}}$ una misura di probabilità assolutamente continua rispetto a P sullo spazio degli eventi $(\Omega, \mathcal{F})$. Allora, esiste una v.a. $X \geqslant 0$ tale che $\mathsf{E}_\mathsf{P}(X) = 1$ e $\tilde{\mathsf{P}}(A) = \mathsf{E}_\mathsf{P}(X\mathbf{I}_A)$, per ogni $A \in \mathcal{F}$. Lo stesso vale quando le ipotesi sono sostituite da $\tilde{\mathsf{P}} \sim \mathsf{P}$ e $X \geqslant 0$ a.s.

Per verificare l'esistenza di $Z = \mathsf{E}(X \mid \mathcal{A})$ possiamo ora utilizzare il Teorema 6.3, si veda l'Esercizio 6.17. Inoltre, vediamo subito che, analogamente al caso particolare $\mathcal{A} = \sigma(Y)$, non vi è alcuna informazione aggiuntiva oltre a $\mathcal{A}$, cioè $\sigma(Z) \subset \mathcal{A}$. Si osservi che il Teorema 6.2, punto 3., implica $\mathsf{E}(\mathsf{E}(X \mid \mathcal{A})) = \mathsf{E}(X)$ a patto che $A = \Omega$. Inoltre, possiamo condizionare su sotto-σ-algebra 'estreme' contenute nell'insieme informativo $\mathcal{A}$, ovvero $\mathsf{E}(X \mid \{\varnothing, \Omega\}) = \mathsf{E}(X)$ e $\mathsf{E}(X \mid \mathcal{F}) = X$, si veda l'Esercizio 6.21. Quest'ultimo fatto evidenzia che quanto più grande è $\mathcal{A}$ tanto più ampio è l'insieme delle v.a. che inducono eventi in $\mathcal{A}$ e rappresentano $\mathsf{E}(X \mid \mathcal{A})$.

Osservazione 6.2

Il valore atteso condizionato $\mathsf{E}(X \mid Y_1, \ldots, Y_n)$ può essere definito come $\mathsf{E}(X \mid \sigma(\mathbf{Y}))$, per un vettore aleatorio $\mathbf{Y} = (Y_1, \ldots, Y_n)$ con componenti discrete Y_i. Infatti, $\sigma(\mathbf{Y}) \equiv \sigma(Y_1, \ldots, Y_n)$ è la più piccola σ-algebra che contiene gli eventi $\bigcup_{j \in I}\{\mathbf{Y} = \mathbf{c}_j\}$ per qualche $I \subset \mathbb{N}$. Si noti che

$$\{\mathbf{Y} = \mathbf{c}_j\} = \bigcap_{i=1}^{n}\{Y_i = c_{ij}\}, \quad \mathbf{c}_j = (c_{1j}, \ldots, c_{nj}).$$

Se il vettore aleatorio non è più discreto allora $\sigma(Y_1, \ldots, Y_n)$ è la più piccola σ-algebra che contiene gli eventi $\{Y_i \leqslant y_i\}$ per tutti $i = 1, \ldots, n$, cioè, $\bigcap_i \{Y_i \leqslant y_i\} = \{\mathbf{Y} \leqslant \mathbf{y}\} \in \sigma(\mathbf{Y})$ per qualche $\mathbf{y} \in \mathbb{R}^n$.

Il valore atteso condizionato generale soddisfa le seguenti proprietà, alcune simili a quelle del caso incondizionato.

Proposizione 6.1

Per v.a. $X, Y \in L^1$ e sotto-σ-algebra $\mathcal{H} \subset \mathcal{A} \subset \mathcal{F}$ valgono le seguenti proprietà.

1. *Linearità:* $\mathsf{E}(\alpha X + \beta Y \mid \mathcal{A}) \stackrel{a.s.}{=} \alpha \mathsf{E}(X \mid \mathcal{A}) + \beta \mathsf{E}(Y \mid \mathcal{A})$, *per* $\alpha, \beta \in \mathbb{R}$.
2. *Positività: se $X \geqslant 0$, allora $\mathsf{E}(X \mid \mathcal{A}) \geqslant 0$ con probabilità 1.*
3. *legge delle speranze iterate o tower property:* $\mathsf{E}\big(\mathsf{E}(X \mid \mathcal{A}) \mid \mathcal{H}\big) \stackrel{a.s.}{=}$ $\mathsf{E}\big(\mathsf{E}(X \mid \mathcal{H}) \mid \mathcal{A}\big) \stackrel{a.s.}{=} \mathsf{E}(X \mid \mathcal{H})$.
4. *Estrazione di ciò che è noto (taking out what is known). Se Y induce eventi in $\mathcal{A}$ e $XY \in L^1$ allora $\mathsf{E}(XY \mid \mathcal{A}) \stackrel{a.s.}{=} Y \mathsf{E}(X \mid \mathcal{A})$.*
5. *Se X e $\mathbf{I}_A$ sono indipendenti per ogni $A \in \mathcal{A}$, allora $\mathsf{E}(X \mid \mathcal{A}) = \mathsf{E}(X)$.*

Osservazione 6.3

La sotto-σ-algebra $\mathcal{H}$ nel punto 3. si dice **più grossolana** di $\mathcal{A}$, che si dice invece **più fine** di $\mathcal{H}$. Quindi, la 'più grossolana esclude la più fine': condizionare X sull'insieme informativo $\mathcal{A}$ è lo stesso che condizionare prima su $\mathcal{H}$. D'altra parte, $Z = \mathsf{E}(X \mid \mathcal{H})$ induce eventi in $\mathcal{A}$ e l'informazione in $\mathcal{A}$ è sufficientemente ampia da determinare $\mathsf{E}(Z \mid \mathcal{A})$, indipendentemente da una seconda *previsione* basata sull'insieme informativo più fine. Si osservi che

$$\mathsf{E}(Z \mid \mathcal{A}) \stackrel{a.s.}{=} Z, \qquad \text{per ogni v.a. } Z \text{ che induce eventi in } \mathcal{A}, \qquad (6.24)$$

ossia $\sigma(Z) \subset \mathcal{A}$. Ciò segue dalla proprietà 4. della Proposizione 6.1 se poniamo $Y = Z$ e $X = 1$. Tale proprietà afferma che per una v.a. Y che induce eventi in $\mathcal{A}$, ossia $\sigma(Y) \subset \mathcal{A}$, il valore atteso del prodotto XY condizionato all'informazione $\mathcal{A}$ considera Y come una *costante*. La Proprietà 5. si può enunciare equivalentemente dicendo che la v.a. X e la sotto-σ-algebra $\mathcal{A}$ sono *indipendenti*, nel senso che $\sigma(X)$ e $\mathcal{A}$ sono indipendenti.

Per chiarire meglio quest'ultimo punti ragioniamo come segue. Sia $\sigma(\mathbf{I}_{A_i})$ la σ-algebra generata dalla v.a. indicatrice $\mathbf{I}_{A_i}$, per qualche evento A_i. Le indicatrici $\mathbf{I}_{A_1}, \mathbf{I}_{A_2}, \ldots$ sono indipendenti sse le σ-algebra da esse generate $\sigma(\mathbf{I}_{A_1}), \sigma(\mathbf{I}_{A_2}), \ldots$ sono indipendenti. Infatti, per indipendenza abbiamo:

$$\mathsf{P}(A_i \cap A_j) = \mathsf{E}(\mathbf{I}_{A_i \cap A_j}) = \mathsf{E}(\mathbf{I}_{A_i}) \mathsf{E}(\mathbf{I}_{A_j})$$
$$= \mathsf{P}(A_i) \mathsf{P}(A_j) \quad \text{per tutti } i \neq j.$$

In secondo luogo, A_i e A_j sono indipendenti. Ora, $\sigma(\mathbf{I}_{A_i}) = \sigma(A_i)$ e anche $\sigma(A_i) = \{\varnothing, A_i, A_i^c, \Omega\}$ per $i = 1, 2, \ldots$, ricordando l'Esempio 1.15 nel Paragrafo 1.6. Concludiamo che le σ-algebra $\sigma(A_i)$ e $\sigma(A_j)$ contengono eventi mutuamente indipendenti, si veda il Paragrafo 3.4. Possiamo scrivere $\sigma(A_i) \perp\!\!\!\perp \sigma(A_j)$, per ogni possibile scelta di indici i, j. D'ora in poi, l'indipendenza tra due v.a. X, Y può essere espressa in una delle seguenti forme equivalenti:

- $\{X \in B\}$ e $\{Y \in C\}$ sono eventi indipendenti, per ogni coppia di opportuni insiemi $B, C \subset \mathbb{R}$.
- $\sigma(X)$ e $\sigma(Y)$ sono σ-algebra indipendenti.
- $\mathbf{I}_{\{X \in B\}}$ e $\mathbf{I}_{\{Y \in C\}}$ sono variabili indicatrici indipendenti.

Possiamo passare dalla probabilità condizionata a una nozione di probabilità *stocastica*. Infatti, sia $X = \mathbf{I}_A$ e definiamo $Z = \mathsf{E}(\mathbf{I}_A \mid \mathcal{A})$, rispetto alla sotto-$\sigma$-algebra $\mathcal{A} \subset \mathcal{F}$, come $Z : \Omega \to [0, 1]$. Si tratta di una v.a. chiamata **probabilità condizionata regolare**, denotata con $\mathsf{P}(A \mid \mathcal{A})$, che assegna probabilità agli eventi $A \in \mathcal{A}$ sotto le *ipotesi* che altri eventi in $\mathcal{A}$ si siano verificati, cioè ciò che conta è l'insieme informativo $\mathcal{A}$. In particolare, per ogni $A, B \in \mathcal{A}$ abbiamo

$$\begin{aligned}
\mathsf{P}(A \mid B)\mathsf{P}(B) &= \mathsf{P}(A \cap B) \\
&= \mathsf{E}(\mathbf{I}_{A \cap B}) = \mathsf{E}(\mathbf{I}_A \mathbf{I}_B) \\
&= \mathsf{E}(\mathsf{E}(\mathbf{I}_A \mathbf{I}_B \mid \mathcal{A})) \\
&= \mathsf{E}(\mathbf{I}_B \mathsf{E}(\mathbf{I}_A \mid \mathcal{A})) = \mathsf{E}(\mathsf{P}(A \mid \mathcal{A})\mathbf{I}_B).
\end{aligned}$$

La prima uguaglianza è la definizione di probabilità condizionata, la terza segue dalla proprietà 2. del Paragrafo 2.4, la quarta si basa sulla (6.22), la quinta è dovuta alla proprietà 4. della Porposizione 6.1; si osservi che $\mathbf{I}_A \mathbf{I}_B \in L^1$, e si ricordi che $\mathsf{P}(A) = \mathsf{E}(\mathbf{I}_A)$. Se $B = \Omega$ allora $\mathsf{E}(\mathsf{P}(A \mid \mathcal{A}) = \mathsf{E}(\mathbf{I}_A) = \mathsf{P}(A)$. Per un trattamento più dettagliato della probabilità condizionata regolare si vedano, ad esempio, [2] e [18] e l'Appendice.

Infine, abbiamo un'ulteriore formula basata sul Teorema 6.2. Sia X una v.a. indipendente dalla sotto-σ-algebra $\mathcal{A} \subset \mathcal{F}$, e sia Y un'altra v.a. che induce eventi in $\mathcal{A}$, ossia $\sigma(Y) \subset \mathcal{A}$. Dato il vettore aleatorio $\mathbf{X} = (X, Y)$, definiamo una funzione $h : \mathbb{R}^2 \to \mathbb{R}$ tale che la v.a. $Z = h(X, Y)$ abbia valore atteso finito. Definiamo poi un'altra funzione $\psi(y) = \mathsf{E}(h(X, y))$ data dal valore atteso della v.a. $h(X, y)$, che si ottiene da Z considerando Y come costante. Quindi:

$$\mathsf{E}\big(h(X, Y) \mid \mathcal{A}\big) = \psi(y). \tag{6.25}$$

Sotto le ipotesi sopra, il valore atteso condizionato di una funzione di due v.a. diventa *incondizionato*, dunque otteniamo $\psi(y) = \mathsf{E}(h(X, Y))$.

Esempio 6.9

Dato lo stesso contesto dell'Esempio 6.7, in assenza di arbitraggio, il prezzo in $0 \leqslant t < T$ di un'opzione call europea con scadenza in $t = T$ è la v.a.

$$C_t = \mathrm{e}^{-r(T-t)} \mathsf{E}_{\tilde{\mathsf{P}}}((S_T - K)^+ \mid \mathcal{F}_t),$$

dove ora aggiungiamo l'effetto del condizionamento basato sull'informazione $\mathcal{F}_t \subset \mathcal{F}$, da interpretare come la sotto-σ-algebra contenente tutte le informazioni rilevanti riguardanti il prezzo di qualsiasi titolo derivato nella prospettiva di investitori risk-neutral, si veda il Paragrafo 10.4. Allora, grazie alla (6.25) il valore atteso condizionato sopra diventa il valore atteso incondizionato

$$C_t = \mathrm{e}^{-r\,(T-t)} \mathsf{E}_{\tilde{\mathsf{P}}}((S_T - K)^+)$$

in quanto si dimostra che la v.a. $(S_T - K)^+$ relativa al payoff è funzione $h(X, S_t)$ del prezzo aleatorio S_t alla data antecedente la scadenza dell'opzione tale che $\sigma(S_t) \subset \mathcal{A}$, e di una v.a. X indipendente da $\mathcal{A} = \mathcal{F}_t$ in base alla misura di probabilità equivalente $\tilde{\mathsf{P}}$.

6.5 Esercizi

6.1 Verificare che $F_{X\,|\,A}(x)$ è una funzione di ripartizione.

6.2 Verificare che $f_{X\,|\,Y}(x)$ è una densità.

6.3 Sia $X = \mathbf{I}_B$ per qualche evento $B \in \mathcal{F}$. Calcolare $\mathsf{E}(X \mid A)$ con $\mathsf{P}(A) > 0$.

6.4 Sia $X \in L^1$ una v.a. discreta con supporto $\mathcal{X} = \{x_1, x_2, \ldots\}$ e ciascuna massa $\mathsf{P}(X = x_i) > 0$. Scrivere una formula che relazioni l'aspettativa incondizionata di X con la sua aspettativa condizionata $\mathsf{E}(X \mid A)$ con $\mathsf{P}(A) > 0$.

6.5 Dimostrare la formula (6.19) per v.a. generali.

6.6 Sia $X \in L^1$ una v.a. non negativa, e $u > 0$ tale che $A_u := \{X \geqslant u\}$. Mostrare che

$$\mathsf{P}(A_u) \leqslant \frac{1}{u}\mathsf{E}(X\mathbf{I}_{A_u}) \leqslant \frac{1}{u}\mathsf{E}(X).$$

6.7 Se $Y = c$ è costante per ogni scenario, mostrare che $\mathsf{E}(X \mid Y)$ è anch'essa costante e uguale a $\mathsf{E}(X) = c$. Inoltre mostrare che per $X = \mathbf{I}_A$ e $Y = \mathbf{I}_B$ si ha $\mathsf{E}(\mathbf{I}_A \mid \mathbf{I}_B) = \mathsf{P}(A \mid B)$ per $\omega \in B$.

6.8 Calcolare $\mathsf{E}(X \mid Y)$ in $Y = y_j$, quando sia X che Y sono v.a. discrete con supporto numerabile. Giustificare un'espressione simile quando si condiziona su un vettore aleatorio discreto.

6.9 Per v.a. discrete X, Y, dimostrare che $\mathsf{E}(\mathsf{E}(X \mid Y)) = \mathsf{E}(X)$.

6.10 Per v.a. assolutamente continue X, Y, dimostrare che $\mathsf{E}(\mathsf{E}(X \mid Y)) = \mathsf{E}(X)$.

6.11 (Ruolo dell'indipendenza)   Mostrare che $\mathsf{E}(X \mid Y) = \mathsf{E}(X)$, a patto che X e Y siano indipendenti, esaminando tre casi:

1. X e Y sono entrambe discrete;
2. X e Y sono entrambe continue;
3. X è una qualsiasi v.a. e solo Y è discreta.

6.12   Supponiamo $X \in L^1$ e che Y sia una v.a. discreta. Mostrare che:

1. $\mathsf{E}(X \mid Y)$ induce eventi in $\sigma(Y)$, cioè è $\sigma(Y)$-misurabile (si veda anche l'Appendice al Capitolo 2);
2. per ogni $A \in \sigma(Y)$ vale $\mathsf{E}(X\mathbf{I}_A) = \mathsf{E}(\mathsf{E}(X \mid Y)\mathbf{I}_A)$.

6.13   Sia $\mathcal{A} \subset \mathcal{F}$ una sotto-σ-algebra. Mostrare che se X induce eventi in $\mathcal{A}$, cioè è $\mathcal{A}$-misurabile, e $\mathsf{E}(X\mathbf{I}_A) = 0$, per ogni $A \in \mathcal{A}$, allora $X \stackrel{\text{a.s.}}{=} 0$, ossia $\mathsf{P}(X = 0) = 1$.

6.14   Dimostrare che l'esistenza di $\mathsf{E}(X \mid Y)$ è verificata a meno di insiemi P-nulli.

6.15   Mostrare che $\mathsf{E}(X \mid Y) = \dfrac{\int_{-\infty}^{\infty} x f_X(x,Y)\mathrm{d}x}{\int_{-\infty}^{\infty} f_X(x,Y)\mathrm{d}x}$, per v.a. $X, Y \in L^1$ con densità congiunta.

6.16 (Valore atteso vs probabilità)   Mostrare che la formula (6.23) definisce una misura di probabilità $\tilde{\mathsf{P}}$ assolutamente continua rispetto a P.

6.17   Dimostrare l'esistenza del valore atteso condizionato generale nel Teorema 6.2.

6.18   Siano $X, Y \geqslant 0$ due v.a. su uno spazio di probabilità $(\Omega, \mathcal{F}, \mathsf{P})$, dove $\mathsf{E}_\mathsf{P}(Y) = 1$, cioè Y è una derivata di Radon-Nikodým $\frac{\mathrm{d}\tilde{\mathsf{P}}}{\mathrm{d}\mathsf{P}}$. Se $\tilde{\mathsf{P}}(A) = \mathsf{E}(Y\mathbf{I}_A)$, per ogni $A \in \mathcal{F}$, mostrare che:[7]

$$\mathsf{E}_{\tilde{\mathsf{P}}}(X) = \mathsf{E}_\mathsf{P}(XY). \tag{6.26}$$

6.19   Sia $X \geqslant 0$ una v.a. e sia $Y > 0$ un'altra v.a. con $\mathsf{E}_\mathsf{P}(Y) = 1$, entrambe definite sullo stesso spazio di probabilità. Dimostrare che

$$\mathsf{E}_\mathsf{P}(X) = \mathsf{E}_{\tilde{\mathsf{P}}}(\tfrac{X}{Y}). \tag{6.27}$$

6.20   Sia $X \geqslant 0$ una v.a. con $\mathsf{E}_\mathsf{P}(X) = 1$. Se $\mathsf{P}(A) = 0$ per qualche evento $A \in \mathcal{F}$, mostrare che $\tilde{\mathsf{P}}(A) = 0$ e quindi $\tilde{\mathsf{P}} \ll \mathsf{P}$, dove $\tilde{\mathsf{P}}(A) = \mathsf{E}_\mathsf{P}(X\mathbf{I}_A)$

6.21   Mostra che $\mathsf{E}(X \mid \mathcal{A}) = \mathsf{E}(X)$, se $\mathcal{A} = \{\varnothing, \Omega\}$, mentre è uguale a X per $\mathcal{A} = \mathcal{F}$.

---

[7] Questo può essere esteso a v.a. generali

6.22 Dimostra il punto 2. del Teorema 6.2, ossia $Z \in L^1$ per $Z = \mathsf{E}(X \mid \mathcal{A})$.

6.23 Dimostrare la proprietà delle speranze iterate cioè il punto 3. della Proposizione 6.1.

Appendice

Esistenza della distribuzione condizionata e legge congiunta

Una probabilità condizionata come quella in (6.6) non può essere definita nel caso in cui esistono eventi a probabilità zero, ovvero $\mathsf{P}(Y \in C) = 0$, in particolare se $\{Y \in C\} = \{Y = y\}$ e la v.a. Y ha una CDF F_Y assolutamente continua. Per garantire l'esistenza della probabilità condizionata anche per eventi P-nulli il seguente teorema è di una certa importanza.

Teorema 6.4

Sia $(\Omega, \mathcal{F}, \mathsf{P})$ uno spazio di probabilità e $\mathbf{X} = (X, Y)$ un vettore aleatorio con legge congiunta $\mathsf{P}_\mathbf{X}(\cdot)$ definita su sottoinsiemi $D \subset \mathbb{R}^2$ tali che $\{\mathbf{X} \in D\} \in \mathcal{F}$.

1. *Esiste una distribuzione condizionata $\mathsf{P}_{X \mid Y}(B \mid y)$ che coincide[8] con $\mathsf{P}(X \in B \mid Y = y)$, per ogni $B \subset \mathbb{R}$ tale che $\{X \in B\} \in \mathcal{F}$;*
2. *$\mathsf{P}_{X \mid Y}(B \mid \cdot)$ è una misura di probabilità univariata su $\mathbb{R}$ per ogni $y \in \mathbb{R}$;*
3. *Se $\mathsf{E}(g(X, Y)) < \infty$ allora vale[9] $\mathsf{E}(g(X, Y) \mid Y = y) = \int_\mathbb{R} g(x, y)\mathrm{d}\mathsf{P}_{X \mid Y}$, per una opportuna funzione $g(x, y)$;*
4. *$\mathsf{P}_\mathbf{X}(D) = \mathsf{P}(X \in B, Y \in C) = \int_C \mathsf{P}_{X \mid Y}(B \mid y)\mathrm{d}\mathsf{P}_Y$, dove $D = B \times C$.*

La distribuzione condizionata la cui esistenza è postulata dal Teorema 6.4 è la probabilità condizionata regolare introdotta nel Paragrafo 6.4. Qui forniamo una giustificazione euristica ulteriore:

$$\mathsf{P}_{X \mid Y}(B \mid y) = \lim_{h \downarrow 0} \frac{\mathsf{P}(X \in B, Y \in (y - h, y + h))}{\mathsf{P}(Y \in (y - h, y + h))}, \quad \text{per } h > 0. \tag{6.28}$$

Essa può essere intesa come la *derivata* di una misura, $\mathsf{Q}(C) := \mathsf{P}(X \in B, Y \in C)$, rispetto a un'altra, $\mathsf{P}_Y(C) := \mathsf{P}(Y \in C)$. Infatti entrambe sono misure di probabilità su $\mathbb{R}$ e inoltre $0 \leqslant \mathsf{Q}(C) \leqslant \mathsf{P}_Y(C)$, cioè $\mathsf{Q} \ll \mathsf{P}_Y$ e possiamo invocare il teorema di

---

[8] Questa relazione vale P_Y-a.s. in $y \in \mathbb{R}$.
[9] Anche in questo caso, ciò vale P_Y-a.s. in $y \in \mathbb{R}$.

Radon-Nikodỳm riconoscendo il limite sopra come $\frac{dQ}{dP_Y} = f(y)$ scrivendo

$$\int_C f(y)dP_Y,$$

si confronti $f(y)$ con l'integranda al punto 4. del Teorema 6.4.[10] Il limite nella discussione precedente non è concepito nel senso usuale poiché può essere $P(Y = y) = 0$. La teoria della misura (derivata di Radon-Nikodỳm) consente di evitare l'imposizione di condizioni restrittive su P e (X, Y).

Osservazione 6.4
Supponiamo che $\mathbf{X} = (X, Y)$ abbia una densità congiunta $f_{\mathbf{X}}(x, y)$. Inoltre, supponiamo che esista $h > 0$ tale che $f_{\mathbf{X}}(x, y)$ e la densità marginale $f_Y(y)$ siano entrambe continue nella seconda variabile su $[y - h, y + h]$, con $f_Y(y) > 0$. Riscriviamo il limite in (6.28) come

$$\lim_{h \downarrow 0} \frac{\int_B \int_{y-h}^{y+h} f_{\mathbf{X}}(x, y)dxdy}{\int_{b-h}^{b+h} f_Y(y)dy}.$$

Adesso, applichiamo il teorema del valor medio[11] a $\int_{y-h}^{y+h} f_{\mathbf{X}}(x, y)dy$ e $\int_{y-h}^{y+h} f_Y(y)dy$, entrambe viste come funzioni di y. Questo implica che il limite sopra può essere riscritto come

$$\lim_{h \downarrow 0} \frac{\int_B 2h\, f_{\mathbf{X}}(x, y_1)dx}{2h\, f_Y(y_2)},$$

dove $y_1, y_2 \in [y - h, y + h]$, al limite, coincidono con y. Quindi, $2h$ al numeratore e al denominatore si semplificano così da ricavare la probabilità condizionata $P_{X|Y}(B \mid y)$.

Dettagli sulla formula (6.25)

La proprietà espressa dalla (6.25) si basa sulla generalizzazione della proprietà 5., Proposizione 6.1:

$$E(h(X, Y) \mid \mathcal{A}) = E(E(h(X, Y)) \mid \mathcal{A}) = E(h(X, Y)), \tag{6.29}$$

---

[10] Attenzione: possiamo trovare un'altra derivata di Radon-Nikodỳm tale che $\tilde{f}(y) \neq f(y)$ per $y \in \mathbb{R}$ che formano un insieme P_Y-nullo.

[11] Data una funzione continua $g(x)$ su $[a, b]$, allora esiste $c \in (a, b)$ tale che $\int_a^b g(x)dx = g(c)(b - a)$.

purché X sia indipendente[12] da $\mathcal{A}$ e $\sigma(Y) \subset \mathcal{A}$, cioè l'informazione sui valori della v.a. Y, rappresentata dalla σ-algebra generata da essa, è già presente nel set informativo $\mathcal{A}$. Si osservi che $\mathsf{E}(h(X,Y))$ è da intendersi come valore atteso rispetto ai valori di X considerando Y come costante. Un esempio di applicazione della (6.29) si ha quando le v.a. X, Y sono indipendenti, con $h(X,Y) = XY \in L^1$, e si vuole calcolare

$$\mathsf{E}(XY \mid Y) = \mathsf{E}(XY \mid \sigma(Y)),$$

allora segue che $\sigma(Y) \subset \sigma(Y)$ e invocando la proprietà 4. della Proposizione 6.1 nonché la (6.29) sopra si ricava:

$$\begin{aligned}
\mathsf{E}(XY \mid Y) &= \mathsf{E}(\mathsf{E}(XY) \mid Y) \\
&= \mathsf{E}(Y\mathsf{E}(X) \mid Y) \\
&= Y\mathsf{E}(\mathsf{E}(X) \mid Y) = Y\mathsf{E}(X).
\end{aligned}$$

Infatti: la prima uguaglianza è dovuta alla (6.29), la seconda dipende dal fatto che consideriamo $\mathsf{E}(XY)$ come valore atteso rispetto a X con Y costante, la terza è la proprietà 4. suddetta e l'ultima uguaglianza segue in quanto il valore atteso condizionato di una costante è uguale alla costante medesima.

---

[12] Si ricordi che ciò equivale ad affermare che $\sigma(X)$ è indipendente da $\mathcal{A}$ o, equivalentemente, X è $\mathbf{I}_A$ sono indipendenti per ogni $A \in \mathcal{A}$.

Capitolo 7
Regressione, predizione e ancora dipendenza stocastica

7.1 Predizione

Come viene influenzato un esperimento aleatorio da *disturbi casuali* collaterali? Siano $X_1, \ldots, X_n$ v.a. su $(\Omega, \mathcal{F}, \mathsf{P})$ e si assuma che Y sia la v.a. di interesse. Si può considerare il problema di predire $Y(\omega)$ dato $X_i(\omega)$ per ogni $i = 1, \ldots, n$ e per ogni esito ω nello spazio campionario. La possibile soluzione al problema rende esplicita una certa dipendenza *funzionale* tra Y e $X_1, \ldots, X_n$.

Definizione 7.1

Sia $\mathbf{X} = (X_1, \ldots, X_n)$ un vettore di v.a. *esplicative*. Allora un **predittore** per Y basato su $\mathbf{X}$ è un'opportuna funzione $f(\mathbf{X})$. L'**errore di predizione** è la v.a. $\varepsilon = Y - f(\mathbf{X})$.

Per confrontare diversi predittori si utilizza l'errore quadratico medio di predizione:

$$\mathsf{E}\big(\{Y - f(\mathbf{X})\}^2\big), \quad \text{per ogni } Y, f(\mathbf{X}) \subset L^2. \tag{7.1}$$

Un predittore f_1 è migliore di un predittore f_2 (in termini di errore quadratico medio, cfr. minimi quadrati) sse

$$\mathsf{E}\big(\{Y - f_1(\mathbf{X})\}^2\big) \leqslant \mathsf{E}\big(\{Y - f_2(\mathbf{X})\}^2\big),$$

cioè a condizione che ε sia minimizzato dalla scelta di f_1.

Esempio 7.1

La v.a. $f(X_1, \ldots, X_n) = \mathsf{E}(Y \mid X_1, \ldots X_n)$ è detta **funzione di regressione** di Y su $\mathbf{X} = (X_1, \ldots, X_n)$. Il suo valore in $X_i = x_i$, per $i = 1, \ldots, n$, è dato da

$$f(x_1, \ldots, x_n) = \mathsf{E}(Y \mid X_1 = x_1, \ldots, X_n = x_n).$$

© The Author(s), under exclusive license to Springer Nature Switzerland AG 2026

D. Rossello, *Formulario di Probabilità Uno*, La Matematica per il 3+2,

https://doi.org/10.1007/978-3-032-18769-7_7

Per $n = 1$ si ha $f(X) = \mathsf{E}(Y \mid X)$, con valore $f(x) = \mathsf{E}(Y \mid X = x)$. In entrambi i casi riconosciamo il valore atteso condizionato a una o più v.a.

Esempio 7.2 (Predizione lineare)

La funzione $f(X_1, \ldots, X_n) = a_0 + a_1 X_1 + \cdots + a_n X_n$, dove $a_0, a_1, \ldots, a_n$ sono costanti, è un predittore lineare di Y basato su $\mathbf{X} = (X_1, \ldots, X_n)$. Per $n = 1$ si ha $f(X) = a + bX$.

Alcune proprietà del valore atteso condizionato (rispetto a v.a.) sono utili nella gestione di un problema di predizione, quindi le riassumiamo di seguito osservando che esse possono essere dedotte da quelle soddisfatte dal valore atteso condizionato generale, si veda il Paragrafo 6.4, Teorema 6.2 e la Proposizione 6.1. (tutte le v.a. sono in L^1).

1. $\mathsf{E}(c \mid X) = c \in \mathbb{R}$.
2. $\mathsf{E}(Y + Z \mid X) = \mathsf{E}(Y \mid X) + \mathsf{E}(Z \mid X)$.
3. $\mathsf{E}(cY \mid X) = c\,\mathsf{E}(Y \mid X)$.
4. $\mathsf{E}(Y \mid X) = \mathsf{E}(Y)$ sse X e Y sono indipendenti.
5. $\mathsf{E}(h(X)Y \mid X) = h(X)\mathsf{E}(Y \mid X)$, portando fuori ciò che è noto.
6. $\mathsf{E}(\mathsf{E}(Y \mid X)) = \mathsf{E}(Y)$, o più in generale $\mathsf{E}(\mathsf{E}(h(Y) \mid X)) = \mathsf{E}(h(Y))$ per un'opportuna funzione h a valori reali.
7. $\mathsf{E}(h(X) \mid X) = h(X)$, per un'opportuna funzione h a valori reali.
8. $\mathsf{E}(\mathsf{E}(Y \mid X, Z) \mid X) = \mathsf{E}(Y \mid X)$.

Nella proprietà 4. non abbiamo informazioni da X, e $\mathsf{E}(Y \mid X)$ diventa incondizionato: esso si ricava dalla proprietà 5. della Proposizione 6.1, Paragrafo 6.4, considerando $\mathcal{A} = \sigma(X)$. Nella proprietà 7. abbiamo informazione completa da X, che si intende come dipendenza completa. Si ricordi che $\mathsf{E}(Y \mid X)$ è una v.a. con valore $\mathsf{E}(Y \mid X = x)$ ogni volta che $X = x$. Nella proprietà 8. abbiamo usato $\mathsf{E}(\cdot \mid X, Z) = \mathsf{E}(\cdot \mid \sigma(X, Z))$ e $\mathsf{E}(\cdot \mid X) = \mathsf{E}(\cdot \mid \sigma(X))$, e poiché $\sigma(X) \subset \sigma(X, Z)$ si applica la proprietà delle speranze iterate, cfr. punto 3. della Proposizione 6.1, Paragrafo 6.4. Attenzione: $\mathsf{E}(Y \mid X)$ si basa su un condizionamento inverso rispetto a quello usato nel Paragrafo 6.3, che ora si esprime come dipendenza tra Y e X, cioè, $Y = f(X)$, si veda anche il Lemma 6.1. Del resto, la 7., caso particolare della 8., si può ricavare ricordando la (6.24) del Paragrafo 6.4 se consideriamo che $Y = h(X)$ implica[1] $\sigma(Y) \subset \sigma(X)$, ossia Y induce eventi in $\mathcal{A} = \sigma(X)$, così da avere $\mathsf{E}(Y \mid X) = Y$. Interpretazione: $\mathcal{A} = \sigma(X)$ fornisce l'informazione completa sui valori che la v.a. Y assume, e quest'ultima si comporta come una costante potendosi scrivere $\mathsf{E}(Y \mid X) = Y\mathsf{E}(1 \mid X) = Y$. Avremmo potuto aggiungere un'ulteriore proprietà: $\mathsf{E}(ZY \mid X) = Y\mathsf{E}(Z \mid X)$ a condizione che $Y = h(X)$, per un'opportuna funzione h, basta applicare la proprietà 4. della Proposizione 6.1 in quanto $\mathcal{A} = \sigma(X)$ e $\sigma(Y) \subset \sigma(X)$.

---

[1] In base al Lemma 6.1 di Doob-Dynkin, cfr. Paragrafo 6.3.

Osservazione 7.1 (Proiezione)

Per un'opportuna funzione[2] $h(\cdot)$ si ha che $Y - \mathsf{E}(Y \mid X)$ è incorrelata con $h(X)$. Infatti, se in

$$\mathrm{cov}\big(Y - \mathsf{E}(Y \mid X), h(X)\big)$$

poniamo $Z = \mathsf{E}(Y \mid X)$ allora

$$\mathsf{E}((Y - Z)h(X)) - \underbrace{\mathsf{E}(Y - Z)}_{=0\,\text{per linearità e 6.}} \mathsf{E}(h(X)) = \mathsf{E}(Yh(X)) - \mathsf{E}(h(X)Z)$$

$$\overset{\text{per 6. e 5.}}{=} \mathsf{E}(Yh(X)) - \underbrace{\mathsf{E}(\mathsf{E}(h(X)Y \mid X))}_{=\mathsf{E}(Yh(X))}$$

$$= 0$$

Nei problemi di predizione è utile avere una versione condizionata anche della varianza.

Definizione 7.2

Date due v.a. $X, Y \in L^2$, la varianza condizionata di Y rispetto a X è la v.a.

$$\mathsf{V}(Y \mid X) := \mathsf{E}\big(\{Y - \mathsf{E}(Y \mid X)\}^2 \mid X\big), \tag{7.2}$$

ossia la varianza di Y dati i valori di X. Un valore specifico è dato da

$$\mathsf{V}(Y \mid X = x), \quad x \in \mathbb{R}.$$

La varianza condizionata può essere scritta come

$$\mathsf{V}(Y \mid X) = \mathsf{E}(Y^2 \mid X) - (\mathsf{F}(Y \mid X))^2, \tag{7.3}$$

la differenza tra il momento secondo condizionato e il quadrato del momento primo condizionato: si tratta quindi di una funzione di X.

Proposizione 7.1 (Legge della varianza totale)

Per $Y \in L^2$ si ha

$$\mathsf{V}(Y) = \mathsf{V}(\mathsf{E}(Y \mid X)) + \mathsf{E}(\mathsf{V}(Y \mid X)). \tag{7.4}$$

---

[2] Ossia Borel misurabile.

In sostanza, la varianza incondizionata $V(Y)$ si scompone nella somma di:

- $V(E(Y \mid X))$ che spiega la variabilità di Y in termini della sua dipendenza media da X (variazione spiegata);
- $E(V(Y \mid X))$ che tiene conto delle altre fonti di variabilità (variazione non spiegata).

Se $Y = f(X)$ per un'opportuna funzione f, allora

$$E(Y \mid X) = E(f(X) \mid X) = f(X) = Y$$

quindi

$$V(Y \mid X) = E\big((Y - Y)^2 \mid X\big) = 0.$$

Pertanto, in caso di forte dipendenza la varianza di $E(Y \mid X)$ coincide con $V(Y)$ e X è un buon predittore di Y. In caso di indipendenza si ha $E(Y \mid X) = E(Y)$ e $E(Y^2 \mid X) = E(Y^2)$, così la varianza condizionata coincide con quella incondizionata. Ricordando che $L^2 \subset L^1$, il Teorema 6.2 nel Paragrafo 6.4 può essere enunciato per v.a. con momento secondo finito e quindi il valore atteso di una v.a. Y condizionato a un'altra v.a. X (ricordando di scegliere $\mathcal{A} = \sigma(X)$) rappresenta una forma di dipendenza funzionale che è la migliore nel senso dei minimi quadrati.

Teorema 7.1 (Stima ai minimi quadrati)
Per una v.a. $Y \in L^2$ vale

$$E\big(\{Y - E(Y \mid \mathcal{A})\}^2\big) \leqslant E\big((Y - Z)^2\big), \tag{7.5}$$

per ogni v.a. $Z \in L^2$ che induce eventi in $\mathcal{A} \subset \mathcal{F}$, cioè che è $\mathcal{A}$-misurabile (cfr. $\sigma(Z) \subset \mathcal{A}$).

Grazie alla legge della varianza totale, alla proprietà 6. del valore atteso condizionale (cfr. legge delle speranze iterate, Paragrafo 7.1) e ponendo $Z = E(Y \mid X)$ possiamo scrivere:

$$
\begin{aligned}
V(Y) &= E\big(\{Y - E(Y)\}^2\big) \\
&= V(Z) + E(V(Y \mid X)) \\
&= E(Z^2) - (E(Z))^2 + E(V(Y \mid X)) \\
&= E(Z^2) - (E(Y))^2 + E(V(Y \mid X)) \\
&= E(Z^2) - 2E(Y)E(Z) + (E(Y))^2 + E(V(Y \mid X)) \\
&= E\big(\{E(Y \mid X) - E(Y)\}^2\big) + E(V(Y \mid X)) \\
&\geqslant E(V(Y \mid X)).
\end{aligned}
$$

Quanto sopra si riscrive:

$$E(\{Y - h(X)\}^2) = E\Big(\{f(X) - h(X)\}^2\Big) + E\big(V(Y \mid X)\big)$$
$$\geq E(V(Y \mid X)),$$

dove $h(X) = E(Y)$ è *un altro* predittore[3] di Y e $f(X) = E(Y \mid X)$ la funzione di regressione di Y su X. Quando $h(X) \overset{\text{a.s.}}{=} f(X)$, si ha un'uguaglianza con l'errore quadratico medio di predizione minimo: $f(X) = E(Y \mid X)$ è il miglior predittore di Y basato su X per v.a. $Y \in L^2$.

7.2   Predizione e dipendenza lineare

Sebbene $f(X) = E(Y \mid X)$ sia il miglior predittore di $Y \in L^2$ nel senso dei minimi quadrati, il calcolo del valore atteso condizionato richiede la distribuzione congiunta di (X, Y): quando la funzione di regressione è difficile da ricostruire si ricorre al **miglior predittore lineare**: $f(X) = a + bX$, per qualche $b \in \mathbb{R}$ e $a \neq 0$.

Proposizione 7.2

Siano date due v.a. $X, Y \in L^2$, con $E(X) = \mu_X$, $V(X) = \sigma_X^2$, $E(Y) = \mu_Y$, $\sigma_Y^2 = V(Y)$, e si consideri il coefficiente di correlazione di Pearson $\rho = \dfrac{\text{cov}(X,Y)}{\sigma_X \sigma_Y} = \dfrac{\sigma_{X,Y}}{\sigma_X \sigma_Y}$. Allora, il miglior predittore lineare $f(X) = a + bX$ di Y è quello che minimizza $E(\{Y - f(X)\}^2)$, dove i parametri $a, b \in \mathbb{R}$ sono tali che

$$f(X) = \mu_Y + \rho \frac{\sigma_Y}{\sigma_X}(X - \mu_X). \tag{7.6}$$

In altre parole, se Y dipende linearmente da X allora Y è ben approssimato dalla retta $Y = f(X) = a + bX$ con parametri $a = \mu_Y - \rho \frac{\sigma_Y}{\sigma_X}\mu_X$ e $b = \rho \frac{\sigma_Y}{\sigma_X}$ che minimizzano l'errore quadratico medio (7.1). Inoltre, calcolando la varianza di Y otteniamo:

$$V(a + bX) = \rho^2 \frac{\sigma_Y^2}{\sigma_X^2} V(X) = \rho^2 \sigma_Y^2.$$

Poiché $\rho \in [-1, 1]$ abbiamo $V(a + bX) \leq V(Y)$ e $\frac{V(a+bX)}{V(Y)} = \rho^2$, detto **coefficiente di determinazione**, che misura la variazione di Y spiegata da una relazione lineare con X. Una dipendenza lineare perfetta si ha quando $\rho = 1$. Qui, $y = \mu_Y + \rho \frac{\sigma_Y}{\sigma_X}(x - \mu_X)$

---

[3] È una funzione costante che assegna a ogni valore della v.a. X il valore atteso incondizionato di Y.

è la **retta di regressione** e $\rho\frac{\sigma_Y}{\sigma_X}$ è il **coefficiente di regressione**, per ogni esito ω tale che $Y(\omega) = y$ e $X(\omega) = x$. La quantità $\sigma_Y^2(1 - \rho^2)$, il minimo raggiunto da $\mathsf{E}(\{Y - f(X)\}^2)$, è detta **varianza residua**, si veda l'Esercizio 7.3 e la sua soluzione. La predizione di X basata su Y, tramite il miglior predittore lineare (nel senso dei minimi quadrati) fornisce la retta di regressione:

$$x = \mu_X + \rho\frac{\sigma_X}{\sigma_Y}(y - \mu_Y).$$

Questa si riscrive:

$$y = \mu_Y + \frac{1}{\rho}\frac{\sigma_Y}{\sigma_X}(x - \mu_X), \quad \rho \neq 0.$$

Le due rette di regressione coincidono quando il coefficiente angolare è lo stesso:

$$\rho\frac{\sigma_Y}{\sigma_X} = \frac{1}{\rho}\frac{\sigma_Y}{\sigma_X} \quad \text{sse} \quad |\rho| = 1.$$

Osservazione 7.2
Dal punto di vista del valore atteso condizionato, la miglior predizione lineare si ha quando $f(X) = \mathsf{E}(Y \mid X) = a + bX$. Questo è equivalente ad avere $Y = a + bX + \epsilon$, dove ϵ è l'errore di predizione tale che $\mathsf{E}(\epsilon \mid X) = 0$. Infatti, per la linearità della speranza condizionata:

$$\mathsf{E}(Y \mid X) = \mathsf{E}(a \mid X) + \mathsf{E}(bX \mid X) + \mathsf{E}(\epsilon \mid X) = a + bX.$$

Al contrario, supponiamo che $\mathsf{E}(Y \mid X) = a + bX$ e poniamo $\epsilon = Y - (a + bX)$. Allora, $Y = a + bX + \epsilon$ e

$$\mathsf{E}(\epsilon \mid X) = \mathsf{E}(Y \mid X) - \mathsf{E}(a + bX \mid X) = \mathsf{E}(Y \mid X) - (a + bX) = 0.$$

Si noti che $\mathsf{E}(\epsilon) = \mathsf{E}(\mathsf{E}(\epsilon \mid X)) = \mathsf{E}(0) = 0$. Inoltre, $\mathsf{E}(\epsilon X)$ è uguale a

$$\mathsf{E}(\mathsf{E}(\epsilon X \mid X)) = \mathsf{E}(X\mathsf{E}(\epsilon \mid X)) = \mathsf{E}(0) = 0,$$

cioè la variabile esplicativa X e l'errore ϵ sono incorrelati. Calcolando la covarianza di entrambi i membri in $Y = a + bX + \epsilon$ con X otteniamo $a = \mathsf{E}(Y) - \frac{\text{cov}(X,Y)}{\mathsf{V}(X)}\mathsf{E}(X)$ e $b = \frac{\text{cov}(X,Y)}{\mathsf{V}(X)}$. In tutti i calcoli sopra abbiamo utilizzato le proprietà 1., 2. e 7. del valore atteso condizionato dati i valori assunti dall'altra v.a.

Esempio 7.3
$X^* = \mathsf{E}(S_t \mid \mathcal{F}_s)$ è il miglior predittore di un prezzo futuro S_t per ogni data $t > s \geqslant 0$. L'informazione $\mathcal{F}_s$ disponibile a una data passata è completamente riflessa nel prezzo S_t in modo ottimale. Si tratta di una forma di efficienza di mercato espressa tramite *aspettative razionali*. $\mathsf{E}(S_t \mid \mathcal{F}_s)$ è una previsione al tempo s del prezzo S_t

data tutta l'informazione disponibile fino al tempo $s < t$. Quindi, $\mathsf{E}(X_t \mid \mathcal{F}_s)$ è il miglior predittore in termini dell'errore quadratico medio, cioè

$$\mathsf{E}\big(\{S_t - X^*\}^2\big)$$

è minimo per $X^* = \mathsf{E}(S_t \mid \mathcal{F}_s)$, a patto che $S_t \in L^2$ per ogni t. Nel caso di tempo discreto, la teoria dell'equilibrio economico generale stocastico fornisce la seguente formula per il prezzo di un titolo scambiato nel mercato

$$S_t = \mathsf{E}(k_{t+1} S_{t+1} \mid \mathcal{F}_t),$$

dove $k_{t+1} = (1 + r_{t+1})^{-1} \frac{u'(C_{t+1})}{u(C_t)}$ rappresenta il tasso marginale di sostituzione[4] assegnato ad una dato agente economico che consumerà l'ammontare aleatorio C_t e valuterà esso tramite una funzione di utilità alla von Neumann-Morgestern (cfr. avversione al rischio) grazie all'informazione disponibile $\mathcal{F}_t$. Si osservi l'analogia con la formula di pricing dell'Esempio 6.9, nel caso di tempo continuo e in assenza di arbitraggio (cfr. neutralità verso il rischio). Peraltro, quest'ultima non è osservabile concretamente, allora

$$S_t = \mathsf{E}(S_t) = \mathsf{E}(\mathsf{E}(k_{t+1} S_{t+1} \mid \mathcal{F}_t)) = \mathsf{E}(k_{t+1} S_{t+1}),$$

utilizzando la legge delle speranze iterate e l'ipotesi che al tempo t il prezzo S_t è osservabile e si considera come costante.

7.3 Dipendenza non lineare

Il coefficiente di correlazione di Pearson è una misura scalare della dipendenza lineare tra due v.a., corrispondente al caso $Y = a + bX$ oppure $Y \overset{\text{a.s.}}{=} a + bX$, per $a \in \mathbb{R}, b \neq 0$ e $X, Y \in L^2$.

Osservazione 7.3
Due v.a. incorrelate $X, Y \in L^2$ non sono necessariamente indipendenti. Ad esempio, si consideri $X \sim N(0, 1)$ e si ponga $Y = g(X) = X^2$. Si ha $\mathsf{E}(XY) = \mathsf{E}(X^3) = 0$ perché la normale standard X è simmetrica (i momenti dispari sono tutti nulli), quindi $\mathsf{cov}(X, Y) = \mathsf{E}(X^3) - \mathsf{E}(X)\mathsf{E}(Y) = 0$, dato che $\mathsf{E}(X) = 0$, e sono incorrelate sebbene *fortemente* dipendenti: i valori di X permettono una previsione perfetta dei valori di Y. Affinché $X, Y \in L^2$ siano incorrelate è sufficiente che almeno $\mathsf{E}(XY) = 0$ e $\mathsf{E}(X) = 0$, oppure $\mathsf{E}(XY) = 0$ e $\mathsf{E}(Y) = 0$.

---

[4] Detto anche *pricing kernel*, si ricava dalla condizione del primo ordine nel problema di ottimo stocastico relativo alla massimizzazione dell'utilità attesa del consumo, attualizza al tasso di interesse (in genere stocastico) r_{t+1}.

Esempio 7.4

Sia Ω uno spazio campionario finito con $|\Omega| = 7$ esiti, e si assuma la distribuzione uniforme discreta con $P(\{\omega\}) = \frac{1}{7}$, per ogni $\omega \in \Omega$. Si definiscano due v.a. come segue:

$$X(\omega) = \begin{cases} 1, & \text{se } \omega = \omega_i \text{ per } i \text{ pari} \\ 0, & \text{altrimenti,} \end{cases}$$

$$Y(\omega) = \begin{cases} 1, & \text{se } \omega = \omega_i \text{ per } i = 1,5 \\ -1, & \text{se } \omega = \omega_i \text{ per } i = 3,7 \\ 0, & \text{altrimenti,} \end{cases}$$

Abbiamo $XY = 0$ e $E(Y) = 0$ quindi $\text{cov}(X,Y) = 0$, ossia le due v.a. sono incorrelate, ma $\{X = 1\} \cap \{Y = 1\} = \varnothing$ e $\{X = 1\} \cap \{Y = -1\} = \varnothing$, quindi $P(X = 1, Y = 1) = 0$ mentre $P(X = 1)P(Y = 1) = \frac{3}{7} \cdot \frac{2}{7} \neq 0$ e anche $P(X = 1, Y = -1) = 0$ mentre $P(X = 1)P(Y = -1) = \frac{3}{7} \cdot \frac{2}{7} \neq 0$. Dunque, X e Y non sono indipendenti.

La dipendenza lineare perfetta si ha quando $|\text{corr}(X,Y)| = 1$, in modo analogo ai concetti di v.a. antimonotone e comonotone. Infatti, prendendo una funzione lineare crescente $g : \mathbb{R} \to \mathbb{R}$ e considerando $\text{corr}(g(X), g(Y))$, la correlazione rimane invariata. Ma per trasformazioni crescenti *non lineari* ciò non vale. Inoltre, la correlazione non è adatta come indicatore di dipendenza (lineare) quando le distribuzioni marginali hanno code pesanti, il che significa che le varianze potrebbero non essere finite, cioè $X, Y \notin L^2$.

> ⚠ **Solo per ricordare**
>
> Riassumiamo il quadro della dipendenza lineare.
>
> - La correlazione di Pearson è invariante solo rispetto a trasformazioni lineari crescenti, cioè $a + bX$ e $c + dY$ con b, d positivi. Infatti abbiamo mostrato
>
> $$\text{corr}(a + bX, c + dY) = \text{sign}(bd)\text{corr}(X, Y)$$
>
> che è uguale a $\text{corr}(X, Y)$ sse $\text{sign}(bd) = 1$.
> - Consideriamo la relazione lineare $Y \overset{\text{a.s.}}{=} a + bX$ e poniamo $a = 0$ e $b = \pm 1$. Si ha che $Y \overset{\text{a.s.}}{=} \text{sign}(b)X$ implica $Y \overset{\text{d}}{=} \text{sign}(b)X$. Quindi
>
> $$\text{cov}(X, Y) = \text{cov}(X, \text{sign}(b)X) = \text{sign}(b)V(X) \implies \text{corr}(X, Y) = \text{sign}(b),$$
>
> quindi $Y \overset{\text{a.s.}}{=} X$ corrisponde a **dipendenza lineare massima** con X, Y comonotone, se $\text{sign}(b) = 1$, e $Y \overset{\text{a.s.}}{=} -X$ corrisponde a **dipendenza lineare minima** con X, Y antimonotone, se $\text{sign}(b) = -1$.

Non è sempre possibile costruire una CDF bivariata $F_{\mathbf{X}}$ per il vettore aleatorio $\mathbf{X} = (X, Y)$ con ripartizioni marginali F_X, F_Y e correlazione assegnata, a meno che $\mathbf{X}$ non sia, ad esempio, un vettore aleatorio gaussiano. La dipendenza lineare e non lineare sono collegate in base al seguente Teorema.

Teorema 7.2
Supponiamo che $\mathbf{X} = (X_1, X_2)$ abbia CDF congiunta $F_{\mathbf{X}}$ e CDF marginali F_{X_1}, F_{X_2} con varianze finite $\mathsf{V}(X_1), \mathsf{V}(X_2) < \infty$.

(a) Se X_1, X_2 sono comonotone, allora $\mathrm{corr}(X_1, X_2) > 0$. Se sono antimonotone, allora $\mathrm{corr}(X_1, X_2) < 0$.
(b) La correlazione $\mathrm{corr}(X_1, X_2)$ è massima se X_1, X_2 sono comonotone, in particolare $X_1 \stackrel{d}{=} X_2$ implica $\mathrm{corr}(X_1, X_2) = 1$. La correlazione $\mathrm{corr}(X_1, X_2)$ è minima se X_1, X_2 sono antimonotone, in particolare $X_1 \stackrel{d}{=} -X_2$ implica $\mathrm{corr}(X_1, X_2) = -1$.

La dimostrazione del Teorema 7.2 (vedi l'Appendice) si basa in parte sulla seguente formula per la covarianza.

Lemma 7.1 (Hoeffding)
Se $\mathbf{X} = (X_1, X_2)$ ha funzione di ripartizione congiunta $F_{\mathbf{X}}$ e funzioni di ripartizione marginali F_{X_1}, F_{X_2}, allora

$$\mathrm{cov}(X_1, X_2) = \int_{-\infty}^{\infty} \int_{-\infty}^{\infty} \left[F_{\mathbf{X}}(x_1, x_2) - F_{X_1}(x_1) F_{X_2}(x_2) \right] \mathrm{d}x_1 \mathrm{d}x_2. \quad (7.7)$$

La dimostrazione del lemma di Hoeffding si trova in Appendice. Oltre al Lemma di Hoeffding, per la dimostrazione del Teorema 7.2 sono necessari altri strumenti che verrano introdotti nel Paragrafo 7.4.

Osservazione 7.4
Si supponga che $F_X(x)$ sia la funzione di ripartizione di una v.a. degenere con massa di probabilità in $x = a$, e che $F_Y(y)$ sia un'altra funzione di ripartizione corrispondente a una v.a. diversa, non necessariamente degenere. Allora si ha:

$$\min\{F_X(x), F_Y(y)\} = F_X(x) F_Y(y). \quad (7.8)$$

Infatti, per $x < a$ si ha $F_X(x) = 0$, per $x \geq a$ si ha $F_X(x) = 1$ mentre per ogni $y \in \mathbb{R}$ si ha $0 \leq F_Y(y) \leq 1$, e il prodotto delle funzioni di ripartizione coincide con il loro minimo punto per punto. Se almeno una delle v.a. corrispondenti alle funzioni di ripartizione marginali non è degenere si ha anche

$$F_X(x)F_Y(y) < \min\{F_X(x), F_Y(y)\} \tag{7.9}$$

per ogni coppia $(x, y) \in \mathbb{R}^2$.

7.4 Ancora sulla dipendenza stocastica

Si supponga che $\mathbf{X} = (X, Y)$ sia un vettore aleatorio con componenti interpretate come *fattori di rischio*. Ad esempio, X, Y possono essere pensati come prezzi futuri di azioni, P&L, tassi di rendimento, contratti detenuti da una compagnia assicurativa. La distribuzione congiunta di $\mathbf{X}$ fornisce informazioni probabilistiche sulla dipendenza tra le v.a. X e Y, specialmente se esse costituiscono un portafoglio le cui possibili variazioni (cfr. perdita subita dal portafoglio) sono influenzate dai loro movimenti congiunti. Sulla base dell'analisi sviluppata nel Paragrafo 3.4, i due fattori di rischio sono dipendenti ogniqualvolta la loro probabilità congiunta o funzione di ripartizione congiunta non si fattorizza e assume valore nell'intervallo[5] $[a, b]$ dove rispettivamente

$$a = G(x, y) = \max\{0, F_X(x) + F_Y(y) - 1\} \tag{7.10}$$
$$b = H(x, y) = \min\{F_X(x), F_Y(y)\}, \tag{7.11}$$

per $(x, y) \in \mathbb{R}^2$, che si dimostrano essere funzioni di ripartizione congiunta, si veda l'Esercizio 7.10. Segue che $F_{\mathbf{X}}(x, y)$ è limitata superiormente dalla funzione di ripartizione congiunta $H(x, y)$ che descrive dipendenza positiva tra le CDF marginali $F_X(x)$, $F_Y(y)$, ed è limitata inferiormente dalla funzione di ripartizione congiunta $G(x, y)$ che descrive dipendenza negativa: queste CDF sono chiamate **limiti di Fréchet**. Applicando il Teorema 5.1, cfr. Paragrafo 5.6, ai fattori di rischio otteniamo due nuovi vettori aleatori

$$\mathbf{X}^c = (Q_X(U), Q_Y(U)) \text{ e } \mathbf{X}_c = (Q_X(U), Q_Y(1 - U)), \quad U \sim U(0, 1).$$

Il primo è detto *comonotono*, il secondo *antimonotono*.

Teorema 7.3
Siano $\mathbf{X} = (X, Y)$, *con* X, Y *fattori di rischio. Allora:*

*1. Il **limite superiore di Fréchet** $H(x, y)$ è la funzione di ripartizione congiunta di* $\mathbf{X}^c$. *Equivalentemente, esistono una v.a.* Z *e due funzioni non*

---

[5] Se necessario, porre $A = \{X \leq x\}$ e $B = \{Y \leq y\}$ nell'equazione (3.13).

> *decrescenti f_1, f_2 tali che $\mathbf{X}$ ha la stessa distribuzione congiunta del vettore aleatorio $(f_1(Z), f_2(Z))$. Inoltre X e Y sono comonotoni, cioè $F_\mathbf{X} = H$.*
>
> 2. *Il **limite inferiore di Fréchet** $G(x, y)$ è la funzione di ripartizione congiunta di $\mathbf{X}_c$. Equivalentemente, esistono una v.a. Z, una funzione non decrescente f_1 e una funzione non crescente f_2 (o viceversa) tali che $\mathbf{X}$ ha la stessa distribuzione congiunta del vettore aleatorio $(f_1(Z), f_2(Z))$. Inoltre X e Y sono antimonotoni, cioè $F_\mathbf{X} = G$.*

Vale la pena notare che $Q_X(U) \stackrel{\mathrm{d}}{=} X$ e anche $Q_Y(U) \stackrel{\mathrm{d}}{=} Q_Y(1 - U) \stackrel{\mathrm{d}}{=} Y$ ma l'uguaglianza in distribuzione non implica uguaglianza tra le componenti di $\mathbf{X}$ e le componenti di $\mathbf{X}^c, \mathbf{X}_c$. Il Teorema 7.3, punto 1., è ancora valido per $n > 2$ e le corrispondenti funzioni di ripartizione in $\mathbb{R}^n$, ma il punto 2 non vale più per $n > 2$. La versione generale del limite superiore di Fréchet è

$$H(x_1, \ldots, x_n) = \min\{F_{X_1}(x_1), \ldots, F_{X_n}(x_n)\}, \quad \mathbf{X} = (X_1, \ldots, X_n), \qquad (7.12)$$

mentre la forma corretta del limite inferiore di Fréchet è

$$G(x_1, \ldots, x_n) = \max\left\{0, \sum_{i=1}^{n} F_{X_i}(x_i) + 1 - n\right\}. \qquad (7.13)$$

Osservazione 7.5

Per v.a. comonotone X, Y esiste un'unica sorgente Z che determina la loro *rischiosità* come componenti di $\mathbf{X} = (X, Y)$: esse sono perfettamente dipendenti positivamente essendo entrambe funzioni non decrescenti di Z. Allo stesso modo, due fattori di rischio in $\mathbf{X} = (X, Y)$ sono perfettamente dipendenti negativamente nel caso antimonotono.

Osservazione 7.6

Si osservi che per una v.a. uniforme $U \sim U(0, 1)$ si ha $F_U(x) = P(U \leqslant x) = x$, in base alla definizione della sua funzione di ripartizione: si tratta della funzione identità ristretta all'intervallo unitario $[0, 1]$.

Per maggiori dettagli sui concetti di dipendenza applicati al risk management, si veda [13, Par 7.2] e [15, Capp 1,2]. Nel risk management o nel rischio di credito, la distribuzione di probabilità delle perdite di portafoglio $L = V_t - V_0$ è cruciale. Si ricordi che $V_t = \sum_{i=1}^{n} h_i S_{i,t}$ è una trasformazione da vettore a scalare, quindi la distribuzione di V_t dipende fortemente dalla distribuzione congiunta di $\mathbf{S} = (S_{1,t}, \ldots, S_{n,t})$, cioè dai prezzi futuri degli asset, dato il vettore delle posizioni di portafoglio $h = (h_1, \ldots, h_n)$ tale che la dotazione iniziale è $V_0 = \sum_{i=1}^{n} h_i S_{i,0}$, che si assume costante. Le componenti di $\mathbf{S}$ sono fattori di rischio, poiché i titoli sono esposti alle fluttuazioni del mercato. Tuttavia, se $r_{p,t} = \sum_{i=1}^{n} w_i r_{i,t}$ è il rendimento del portafoglio con pesi[6] $w_i = \frac{h_i S_{i,t}}{V_t}$, dove $r_{i,t} = \frac{S_{i,t} - S_{i,0}}{S_{i,0}}$, allora è equivalente dire che il vettore aleatorio dei fattori di rischio è $\mathbf{r} = (r_{i,t}, \ldots, r_{n,t})$, poiché $V_t = V_0(1 + r_{p,t})$. Pertanto, ciò che conta davvero per L è la distribuzione congiunta $F_{\mathbf{r}}(x_1, \ldots, x_n)$, che contiene informazioni rilevanti sia sui singoli fattori di rischio sia sulla loro struttura di dipendenza. Sappiamo che solo per marginali indipendenti $F_{r_{i,t}}$ si può costruire la funzione di ripartizione congiunta tramite moltiplicazione. Assumendo che i rendimenti abbiano distribuzioni simmetriche date dalle marginali $F_{r_{i,t}}$ che siano linearmente dipendenti e non abbiano code grosse, allora la distribuzione gaussiana multivariata di $\mathbf{r}$ può essere impiegata per *aggregare* le marginali.[7] Tuttavia, l'evidenza empirica mostra pattern diversi nei rendimenti. Fortunatamente, esiste un modo per ottenere la distribuzione congiunta dei fattori di rischio a partire dalle marginali con il vantaggio di essere più semplice in termini di *stima* delle funzioni di ripartizione univariate a partire da serie storiche di rendimenti, piuttosto che postulare una forma particolare della dipendenza tra i fattori di rischio.

Definizione 7.3
Una funzione $C : [0, 1] \times [0, 1] \to [0, 1]$ è una **copula bivariata** se valgono le seguenti proprietà:

(1) $C(u_1, u_2) = 0$, se $u_1 = u_2 = 0$;
(2) $C(1, u_2) = u_2$, e $C(u_1, 1) = u_1$;
(3) $C(b_1, b_2) - C(a_1, b_2) - C(b_1, a_2) + C(a_1, a_2) \geqslant 0$, per ogni $0 \leqslant a_1 < b_1 \leqslant 1$ e $0 \leqslant a_2 < b_2 \leqslant 1$.

Si noti che $C(u_1, u_2)$ è non decrescente in ciascuna componente. Morale: $C(u_1, u_2) = \mathsf{P}(U_1 \leqslant u_1, U_2 \leqslant u_2)$ è una funzione di ripartizione con marginali uniformi $U_i \sim \mathrm{U}(0, 1)$, per $i = 1, 2$, che assegna probabilità non negativa ai rettangoli all'interno del quadrato unitario $[0, 1] \times [0, 1]$, cioè, $\mathsf{P}(a_1 \leqslant U_1 \leqslant b_1, a_2 \leqslant U_2 \leqslant b_2) \geqslant 0$. Le funzioni copula, le funzioni di ripartizione marginali e la funzione di ripartizione congiunta sono tra loro collegate, come affermato nel seguente:

Teorema 7.4 (Sklar)
Si assuma che il vettore bivariato $\mathbf{X} = (X_1, X_2)$ *abbia funzione di ripartizione congiunta* $F_{\mathbf{X}}$, *con marginali* F_{X_1} *e* F_{X_2}. *Allora, esiste una funzione copula* $C : [0, 1] \times [0, 1] \to [0, 1]$ *tale che per ogni* $(x_1, x_2) \in \mathbb{R}^2$ *si ha*

$$F_{\mathbf{X}}(x_1, x_2) = C(F_{X_1}(x_1), F_{X_2}(x_2)). \tag{7.14}$$

---

[6] Si assume implicitamente l'assenza di leva finanziaria: $\sum_{i=1}^{n} w_i = 1$

[7] Si ricordi che nel contesto gaussiano multivariato, ogni componente il corrispondente vettore aleatorio è anch'essa una v.a. gaussiana.

Se $F_\mathbf{X}$ ha marginali continue, allora la copula C è unica. Viceversa, se C è una copula e F_{X_1}, F_{X_2} sono funzioni di ripartizione univariate, allora la funzione di due variabili data in (7.14) rappresenta una funzione di ripartizione congiunta con marginali F_{X_1}, F_{X_2}.

Si veda l'Appendice per la versione n-dimensionale della copula e del teorema di Sklar. Sotto le ipotesi di continuità si ha $F_{X_1}(X_1) = U_1 \sim U(0, 1)$ e $F_{X_2}(X_2) = U_2 \sim U(0, 1)$, quindi assumendo C come la funzione di ripartizione congiunta di (U_1, U_2) si ottiene

$$\begin{aligned}
C(u_1, u_2) &= \mathsf{P}(F_{X_1}(X_1) \leq u_1, F_{X_2}(X_2) \leq u_2) \\
&= \mathsf{P}(X_1 \leq Q_{X_1}(u_1), X_2 \leq Q_{X_2}(u_2)) \\
&= F_\mathbf{X}(Q_{X_1}(u_1), Q_{X_2}(u_2)),
\end{aligned}$$

cioè la parte 'solo se' della dimostrazione del teorema di Sklar. Tornando alla gestione del rischio, il valore di portafoglio V_t con due pesi $\mathbf{w} = (w_1, w_2)$ dà origine a una perdita aleatoria $L = V_0 r_{p,t}$ dove il rendimento $r_{p,t} = \mathbf{w} \cdot \mathbf{r}$ è basato sul vettore aleatorio $\mathbf{r} = (r_{1,t}, r_{2,t})$ con due fattori di rischio. Se le CDF marginali $F_{r_{1,t}}, F_{r_{2,t}}$ e la loro struttura di dipendenza data dalla copula $C(u_1, u_2)$ sono disponibili, allora per il teorema di Sklar quest'ultima è la CDF bivariata C di $(F_{r_{1,t}}(r_{1,t}), F_{r_{2,t}}(r_{2,t}))$, e possiamo dire che C è la copula di $F_\mathbf{r}$ o di $\mathbf{r}$. Una dipendenza perfettamente positiva/negativa[8] può essere riprodotta tramite funzioni copula poiché si ha sempre:

$$G(u_1, u_2) \leq C(u_1, u_2) \leq H(u_1, u_2), \quad \text{per ogni } (u_1, u_2) \in [0, 1] \times [0, 1],$$

dove G, H sono i limiti di Fréchet bivariati in (7.10) e (7.11), rispettivamente. In particolare, H è la copula di $\mathbf{U} = (U_1, U_2)$ con $U_1 = U_2$, mentre G è la copula per $U_2 = 1 - U_1$. Pertatno, i limiti inferiore e superiore di Fréchet bivariati possono essere utilizzati quando il corrispondente vettore aleatorio $\mathbf{X} = (X_1, X_2)$ ha ripartizioni marginali F_{X_1}, F_{X_2} per le quali si vuole riprodurre una struttura di dipendenza perfettamente negativa o perfettamente positiva.

Proposizione 7.3
Sia $\mathbf{X} = (X_1, X_2)$ un vettore aleatorio con marginali continue F_{X_1}, F_{X_2}, funzione copula $C(u_1, u_2)$, e siano $f_i : \mathbb{R} \to \mathbb{R}$ due funzioni strettamente crescenti, per $i = 1, 2$. Allora il vettore aleatorio $(f_1(X_1), f_2(X_2))$ ha anch'esso funzione copula $C(u_1, u_2)$.

---

[8] Nella gestione del rischio, la comonotonicità comporta rischi non diversificabili e deve essere gestita con attenzione in base a requisiti patrimoniali legati al rischio.

La Proposizione 7.3 è analoga alla Proposizione 2.3 del Paragrafo 2.8, infatti le funzioni copula rappresentano la dipendenza stocastica su una scala di quantili.

Esempio 7.5

Assumendo la continuità delle CDF marginali e ponendo $X_1 = f_1(X_1)$ e $X_2 \stackrel{\text{a.s.}}{=} f_2(X_1)$ ove f_1, f_2 sono strettamente crescenti, si ha che per la Proposizione 7.3 le copule di $\mathbf{X} = (X_1, X_1)$ e $\mathbf{U} = (U_1, U_1)$ sono le stesse, e poiché la copula del primo vettore aleatorio è la CDF del secondo (con $U_i = F_{X_i}(X_i)$, per $i = 1, 2$), otteniamo la copula H.

Esempio 7.6 (Copula di indipendenza)

Dato un vettore di due rendimenti aleatori $\mathbf{r} = (r_{1,t}, r_{2,t})$, che assumiamo indipendenti, la loro funzione copula è

$$C(u_1, u_2) = u_1 u_2. \tag{7.15}$$

Infatti, per ipotesi $F_{\mathbf{r}}(x_1, x_2) = F_{r_{1,t}}(x_1) F_{r_{2,t}}(x_2)$, e per il teorema di Sklar la CDF congiunta dei rendimenti deve essere uguale a $C(F_{r_{1,t}}(x_1), F_{r_{2,t}}(x_2))$ che a sua volta è data dalla (7.15).

Esempio 7.7 (Copula gaussiana)

Consideriamo due rendimenti aleatori $\mathbf{r} = (r_{1,t}, r_{2,t})$ con distribuzione gaussiana bivariata $\mathbf{r} \sim \mathrm{N}(\boldsymbol{\mu}, \mathbf{C_r})$, dove $\boldsymbol{\mu} = (\mu_1, \mu_2)$ è il vettore dei valori attesi e la matrice di covarianza è

$$\mathbf{C_r} = \begin{bmatrix} \sigma_1^2 & \sigma_{12} \\ \sigma_{12} & \sigma_2^2 \end{bmatrix},$$

con covarianza $\sigma_{12} = \mathrm{cov}(r_{1,t}, r_{2,t})$. Per il teorema di Sklar, la copula di $\mathbf{r}$ è $C(F_{r_{1,t}}(x_1), F_{r_{2,t}}(x_2))$ e coincide con $F_{\mathbf{r}}(x_1, x_2)$. D'altra parte, standardizzando i rendimenti, $X_i = f_i(r_{i,t}) = \frac{r_{i,t} - \mu_i}{\sigma_i}$ per $i = 1, 2$, abbiamo anche il vettore casuale $\mathbf{X} = (X_1, X_2)$ distribuito come $\mathrm{N}(\mathbf{0}, \mathbf{C_X})$, dove $\mathbf{0} = (0, 0)$ e

$$\mathbf{C_X} = \begin{bmatrix} 1 & \rho \\ \rho & 1 \end{bmatrix},$$

con coefficiente di correlazione di Pearson $\rho = \mathrm{corr}(r_{1,t}, r_{2,t})$. Quindi, la copula gaussiana $C^{\mathrm{Ga}}(F_{X_1}(x_1), F_{X_2}(x_2))$ è la CDF $F_{\mathbf{X}}(x_1, x_2)$: per la Proposizione 7.3 vale $C = C^{\mathrm{Ga}}$ poiché la standardizzazione f_i è strettamente crescente per $i = 1, 2$. Possiamo fare di più, scrivendo l'espressione esplicita della copula gaussiana come segue:

$$
\begin{aligned}
C^{\mathrm{Ga}}(u_1, u_2) &= F_{\mathbf{X}}(Q_{X_1}(u_1), Q_{X_1}(u_2)) \\
&= \int_{-\infty}^{Q_{X_1}(u_1)} \int_{-\infty}^{Q_{X_2}(u_2)} \frac{1}{2\pi \sqrt{(1-\rho^2)}} \exp\left(\frac{-(y_1^2 - 2\rho y_1 y_2 + y_2^2)}{2(1-\rho^2)} \right) \mathrm{d}y_1 \mathrm{d}y_2.
\end{aligned}
\tag{7.16}
$$

L'Esempio 7.7 suggerisce che sotto l'ipotesi di continuità possiamo trovare la densità di una funzione copula C. Infatti, assumendo che $F_{\mathbf{X}}$ sia una CDF bivariata assolutamente continua con marginali strettamente crescenti e continue F_{X_1}, F_{X_2}, possiamo derivare la funzione copula $C(u_1, u_2) = F_{\mathbf{X}}(Q_{X_1}(u_1), Q_{X_2}(u_2))$ per ottenere

$$c(u_1, u_2) = \frac{\partial C(u_1, u_2)}{\partial u_1 \partial u_2}.$$

Osservando che $Q_{X_i} \equiv F_{X_i}^{-1}$, cioè i quantili sono ora funzioni inverse delle CDF marginali, possiamo collegare la densità della copula alla densità bivariata di $\mathbf{X}$ come di seguito

$$c(F_{X_1}(x_1), F_{X_2}(x_2)) = \frac{f_{\mathbf{X}}(x_1, x_2)}{f_{X_1}(x_1) f_{x_2}(x_2)}$$

$$\iff f_{\mathbf{X}}(x_1, x_2) = c(F_{X_1}(x_1), F_{X_2}(x_2)) f_{X_1}(x_1) f_{x_2}(x_2), \tag{7.17}$$

si veda [13, Cap. 7]. Utilizzando R o Matlab o Excel possiamo:

- simulare un vettore casuale bidimensionale $\mathbf{X}$ secondo una specifica distribuzione parametrica bivariata $F_{\mathbf{X}}$, ottenendo numeri pseudo-casuali x_1, x_2;
- ponendo $u_i = F_{X_i}(x_i)$ per $i = 1, 2$ otteniamo il vettore $\mathbf{u} = (u_1, u_2)$, dove u_i sono *estratti* da marginali uniformi $U \sim U(0, 1)$ e grazie al teorema di Sklar abbiamo la struttura di dipendenza data dalla copula $C(u_1, u_2)$;
- ponendo $x_i = Q_{X_i}(u_i)$ otteniamo il vettore $\mathbf{x} = (x_1, x_2)$, dove ora gli x_i sono estratti dalle CDF marginali F_{X_i} e hanno la struttura di dipendenza richiesta data dalla CDF bivariata $F_{\mathbf{X}}$.

Per un'analisi approfondita delle funzioni copula e della dipendenza stocastica si vedano [13, Cap. 7] e [15, Cap. 1], e si veda anche l'Appendice.

7.5   Esercizi

7.1 Dimostrare la formula (7.4) nella Proposizione 7.1.

7.2 Dimostrare il Teorema 7.1.

7.3 Dimostrare la Proposizione 7.2.

7.4 Dimostrare che $|\mathrm{corr}(X, Y)| \leqslant 1$ e che $\mathrm{corr}(a + bX, c + dY) = \mathrm{corr}(X, Y)$, supponendo $b, d > 0$.

7.5 Verificare che $V(a + bX) = b^2 V(X)$:

(i) mostrando innanzitutto che la v.a. degenere $Y = a$ e la v.a. $Z = bX$ sono indipendenti;

(ii) poi mostrando che per due v.a. indipendenti Y, Z vale $V(Y + Z) = V(Y) + V(Z)$.

7.6 Sia $Y = a + bX$. Calcolare la covarianza e la correlazione di Pearson della coppia X, Y.

7.7 Dati due vettori aleatori indipendenti tali che $(X_1, X_2) = \mathbf{X} \stackrel{d}{=} \mathbf{Y} = (\tilde{X}_1, \tilde{X}_2)$, mostrare che $2\,\mathrm{cov}(X_1, X_2) = \mathsf{E}\big[(X_1 - \tilde{X}_1)(X_2 - \tilde{X}_2)\big]$.

7.8 Se $Y \stackrel{a.s.}{=} X$ mostrare che ciò implica $Y \stackrel{d}{=} X$ in modo che si possa generalizzare a $Y \stackrel{a.s.}{=} g(X)$ implica $Y \stackrel{d}{=} g(X)$, per una funzione opportuna $g(x)$ a valori reali.

7.9 Se $Y \stackrel{a.s.}{=} X$ mostrare che ciò implica $\mathrm{corr}(X, Y) = 1$.

7.10 Mostrare che $G(x, y) = \max\{0, F_X(x) + F_Y(y) - 1\}$ e $H(x, y) = \min\{F_X(x), F_Y(y)\}$ sono funzioni di ripartizione congiunte.

Appendice

Dimostrazione del lemma di Hoeffding

Dimostrazione Sia $\mathbf{X} = (X_1, X_2)$ e scegliamo un altro vettore alatorio $\mathbf{Y} = (\tilde{X}_1, \tilde{X}_2)$ assumendo indipendenza a blocchi e supponendo che abbiano la stessa distribuzione, $\mathbf{X} \stackrel{d}{=} \mathbf{Y}$. Consideriamo la formula

$$\int_{-\infty}^{\infty} \big[\mathbf{I}_{\{b \leq x\}} - \mathbf{I}_{\{a \leq x\}}\big]\mathrm{d}x = \int_{b}^{x} \mathrm{d}x - \int_{a}^{x} \mathrm{d}x = a - b,$$

e usiamola due volte per le coppie $X_1, \tilde{X}_1$ e $X_2, \tilde{X}_2$, poi moltiplichiamo e otteniamo

$$(X_1 - \tilde{X}_1)(X_2 - \tilde{X}_2) = \int_{-\infty}^{\infty} \Big[\mathbf{I}_{\{\tilde{X}_1 \leq x_1\}} - \mathbf{I}_{\{X_1 \leq x_1\}}\Big]\mathrm{d}x_1$$

$$\times \int_{-\infty}^{\infty} \Big[\mathbf{I}_{\{\tilde{X}_2 \leq x_2\}} - \mathbf{I}_{\{X_2 \leq x_2\}}\Big]\mathrm{d}x_2.$$

Il prodotto sopra è in realtà un integrale doppio rispetto alla misura prodotto di Lebesgue in $\mathbb{R}^2$, quindi possiamo riscriverlo come:

$$\int_{-\infty}^{\infty} \int_{-\infty}^{\infty} \Big[\mathbf{I}_{\{\tilde{X}_1 \leq x_1\}} - \mathbf{I}_{\{X_1 \leq x_1\}}\Big]\Big[\mathbf{I}_{\{\tilde{X}_2 \leq x_2\}} - \mathbf{I}_{\{X_2 \leq x_2\}}\Big]\mathrm{d}x_1 \mathrm{d}x_2.$$

Ricordiamo che $2\,\mathrm{cov}(X_1, X_2)$ è uguale al valore atteso di $(X_1 - \tilde{X}_1)(X_2 - \tilde{X}_2)$, quindi calcolando il valore atteso dell'integrale iterato sopra otteniamo:[9]

$$\mathsf{E}\left(\int_{-\infty}^{\infty}\int_{-\infty}^{\infty}\Big[\mathbf{I}_{\{\tilde{X}_1 \leq x_1\}} - \mathbf{I}_{\{X_1 \leq x_1\}}\Big]\Big[\mathbf{I}_{\{\tilde{X}_2 \leq x_2\}} - \mathbf{I}_{\{X_2 \leq x_2\}}\Big]\mathrm{d}x_1\mathrm{d}x_2\right)$$

$$= \int_{-\infty}^{\infty}\int_{-\infty}^{\infty}\mathsf{E}\Big[\mathbf{I}_{\{\tilde{X}_1 \leq x_1\}} - \mathbf{I}_{\{X_1 \leq x_1\}}\Big]\Big[\mathbf{I}_{\{\tilde{X}_2 \leq x_2\}} - \mathbf{I}_{\{X_2 \leq x_2\}}\Big]\mathrm{d}x_1\mathrm{d}x_2.$$

Eseguendo il prodotto tra parentesi quadre all'interno del valore atteso otteniamo:

$$\mathbf{I}_{\{\tilde{X}_1 \leq x_1\}\cap\{\tilde{X}_2 \leq x_2\}} - \mathbf{I}_{\{\tilde{X}_1 \leq x_1\}\cap\{X_2 \leq x_2\}} - \mathbf{I}_{\{X_1 \leq x_1\}\cap\{\tilde{X}_2 \leq x_2\}} + \mathbf{I}_{\{X_1 \leq x_1\}\cap\{X_2 \leq x_2\}}.$$

Applicando il valore atteso si ricava:

1. $\mathsf{P}(\tilde{X}_1 \leq x_1, \tilde{X}_2 \leq x_2)$ che è la stessa distribuzione $\mathsf{P}(X_1 \leq x_1, X_2 \leq x_2)$, e queste due funzioni di ripartizione non si fattorizzano;
2. $\mathsf{P}(\tilde{X}_1 \leq x_1, X_2 \leq x_2)$ si fattorizza per l'indipendenza, e lo stesso vale per l'altro prodotto incrociato tra indicatrici;
3. $\mathsf{P}(X_i \leq x_i) = \mathsf{P}(\tilde{X}_i \leq x_i)$, con $i = 1, 2$, per l'indipendenza a blocchi.

Come conseguenza, otteniamo infine la formula (7.7) desiderata.   ∎

Dimostrazione del teorema 7.2

Dimostrazione Per dimostrare il punto (a) applichiamo il Lemma di Hoeffding 7.1 e il Teorema 7.3. Innanzitutto, se X_1, X_2 sono comonotone allora la loro funzione di ripartizione congiunta è $F_\mathbf{X}(x_1, x_2) = \min\{F_{X_1}(x_1), F_{X_2}(x_2)\}$ e tramite la formula (7.7) otteniamo:

$$\mathrm{cov}(X_1, X_2) = \iint \Big\lfloor \min\{F_{X_1}(x_1), F_{X_2}(x_2)\} - F_{X_1}(x_1)F_{X_2}(x_2)\Big\rceil\mathrm{d}x_1\mathrm{d}x_2.$$

Questa è positiva se almeno una delle v.a. non è degenere, ma ciò è vero poiché abbiamo assunto che entrambe le varianze $\mathsf{V}(X_1), \mathsf{V}(X_2)$ siano strettamente positive. L'affermazione per v.a. antimonotone segue da $F_\mathbf{X}(x_1, x_2) = \max\{0, F_{X_1}(x_1) + F_{X_2}(x_2) - 1\}$ e sostituendo X_2 con $-X_2$. Per dimostrare il punto (b) osserviamo che

$$\mathrm{cov}(X_1, X_2) = \iint \big[F_\mathbf{X}(x_1, x_2) - F_{X_1}(x_1)F_{X_2}(x_2)\big]\mathrm{d}x_1\mathrm{d}x_2$$

$$\leq \iint \big[\min\{F_{X_1}(x_1), F_{X_2}(x_2)\} - F_{X_1}(x_1)F_{X_2}(x_2)\big]\mathrm{d}x_1\mathrm{d}x_2,$$

---

[9] Questo determina un nuovo integrale doppio rispetto alla misura prodotto $\mathsf{P} \times (m \times m)$. Dal teorema di Fubini otteniamo tre integrali iterati $\int_\Omega \int_\mathbb{R} \int_\mathbb{R}$ il cui ordine può essere scambiato.

mentre

$$\mathrm{cov}(X_1, X_2) \geq \iint \left[\max\{0, F_{X_1}(x_1) + F_{X_2}(x_2) - 1\} - F_{X_1}(x_1)F_{X_2}(x_2)\right]\mathrm{d}x_1\mathrm{d}x_2.$$

$\blacksquare$

Nella dimostrazione del caso antimonotono abbiamo utilizzato il seguente fatto. La funzione

$$g(x_1, x_2) = \max\{0, F_{X_1}(x_1) + F_{X_2}(x_2) - 1\} - F_{X_1}(x_1)F_{X_2}(x_2)$$

è negativa se il massimo è zero. Supponiamo quindi che quest'ultimo sia positivo e osserviamo che

$$\begin{aligned}
F_{X_1} + F_{X_2} - 1 - F_{X_1}F_{X_2} &= F_{X_1}(1 - F_{X_2}) - (1 - F_{X_2}) \\
&= (1 - F_{X_2})(F_{X_1} - 1) = -(1 - F_{X_2})(1 - F_{X_1}) \\
&= -\bar{F}_{X_2}\bar{F}_{X_1} < 0,
\end{aligned}$$

dove $\bar{F}_{X_i}(x_i) = 1 - F_{X_i}(x_i)$ è la funzione di sopravvivenza.

Approfondimento sulle funzioni copula

La versione n-dimensionale del teorema di Sklar 7.4 richiede modifiche lievi. Prima di enunciarlo, dobbiamo estendere la Definizione 7.3.

Definizione 7.4
Una funzione copula n-dimensionale $C : [0, 1]^n \to [0, 1]$, definita nell'ipercubo unitario $[0, 1]^n := [0, 1] \times \cdots \times [0, 1]$ e ha valori nell'intervallo unitario, soddisfa le seguenti proprietà:

1. $C(u_1, \ldots, u_n) = 0$ ogni volta che $u_i = 0$, per ogni i;
2. C valutata in $\mathbf{1}_i$, il vettore formato da tutti uno tranne la i-esima coordinata che è u_i, restituisce $C(\mathbf{1}_i) = u_i$ per $i = 1, \ldots, n$;
3. per ogni coppia di vettori $\mathbf{a}, \mathbf{b} \in [0, 1]^n$ che formano un rettangolo $(\mathbf{a}, \mathbf{b}]$ si ha che C è $\boldsymbol{n}$-**crescente**,

$$\Delta_{a_1, b_1} \cdots \Delta_{a_n, b_n} C(u_1, \ldots, u_n) \geq 0,$$

per ogni rettangolo, si veda l'Appendice al Capitolo 3 per la definizione dell'operatore differenza Δ_{a_i, b_i}.

Quindi, C è la funzione di ripartizione congiunta di un vettore aleatorio $(U_1, \ldots, U_n)$ con marginali uniformi, cioè $U_i \sim U(0, 1)$ per $i = 1, \ldots, n$. Come di consueto, il punto 3. implica che $\mathsf{P}(a_1 < U_1 \leqslant b_1, \ldots, a_n < U_n \leqslant b_n) \geqslant 0$.

Teorema 7.5 (Sklar)
Supponiamo che il vettore aleatorio $\mathbf{X} = (X_1, \ldots, X_n)$ *abbia funzione di ripartizione multivariata* $F_\mathbf{X}$, *con marginali* $F_{X_1}, \ldots, F_{X_n}$. *Allora, esiste una funzione copula* $C : [0, 1]^n \to [0, 1]$ *tale che per ogni* $\mathbf{x} = (x_1, \ldots, x_n) \in \mathbb{R}^n$ *abbiamo*

$$F_\mathbf{X}(x_1, \ldots, x_n) = C(F_{X_1}(x_1), \ldots, F_{X_n}(x_n)). \tag{7.18}$$

Se $F_\mathbf{X}$ *ha marginali continue, allora la copula* C *è unica. Viceversa, se* C *è una copula e* $F_{X_1}, \ldots, F_{X_n}$ *sono funzioni di ripartizione univariate, allora la funzione data dalla (7.18) è una ripartizione multivariata con queste CDF marginali assegnate.*

La dimostrazione del Teorema 7.5 è semplificata nella parte 'se' (sufficiente) assumendo marginali continue, mentre la parte 'solo se' (necessaria) è una semplice estensione a n dimensioni della corrispondente dimostrazione data per il caso bivariato, si veda il paragrafo immediatamente successivo all'enunciato del Teorema 7.4.

Dimostrazione $(\Longrightarrow)$ Supponiamo che $\mathbf{X}$ abbia funzione di ripartizione $F_\mathbf{X}$ con marginali continue $F_{X_1}, \ldots, F_{X_n}$. Allora, poniamo $U_i = F_{X_i}(X_i)$, per $i = 1, \ldots, n$ così che per il Teorema 5.2 e l'Osservazione 2.11 nel Paragrafo 2.8 abbiamo:

$$Q_{X_i}(U_i) = Q_{X_i}(F_{X_i}(X_i)) \overset{\text{a.s.}}{=} X_i, \quad \text{per ogni } i \in \{1, \ldots, n\}.$$

Dunque, se C è la funzione di ripartizione del vettore aleatorio uniforme $\mathbf{U} = (U_1, \ldots, U_n)$, allora per la Definizione 7.4 e la Proprietà (3) della Proposizione 2.2, per ogni $\mathbf{x} \in \mathbb{R}^n$ consideriamo

$$\begin{aligned}
F_\mathbf{X}(x_1, \ldots, x_n) &= \mathsf{P}(X_1 \leqslant x_1, \ldots, X_n \leqslant x_n) \\
&= \mathsf{P}(Q_{X_1}(U_1) \leqslant x_1, \ldots, Q_{X_n}(U_n) \leqslant x_n) \\
&= \mathsf{P}(U_1 \leqslant F_{X_1}(x_1), \ldots, U_n \leqslant F_{X_n}(x_n)) \\
&= C(F_{X_1}(x_1), \ldots, F_{X_n}(x_n)),
\end{aligned}$$

dunque C esiste. Usando ancora l'Osservazione 2.11, per $x_i = Q_{X_i}(u_i)$ e per ogni i, otteniamo $F_{X_i}(x_i) = Q_{X_i}(u_i) = u_i$ così che

$$F_\mathbf{X}(Q_{X_1}(u_1), \ldots, Q_{X_n}(u_n)) = C(u_1, \ldots, u_n).$$

Concludiamo che la copula C è data in termini della funzione di ripartizione multivariata e dei suoi quantili marginali, il che implica l'unicità. ∎

Infine, forniamo la seguente:

Dimostrazione della Proposizione 7.3   La coppia $\mathbf{Y} = (f_1(X_1), f_2(X_2))$ è un nuovo vettore aleatorio, e poiché le f_i sono strettamente crescenti[10], per ogni i, le coordinate $f_i(X_i)$ sono v.a. il che implica che $\mathbf{Y}$ è effettivamente un vettore aleatorio. Dall'ultimo paragrafo nella dimostrazione della parte 'solo se' del Teorema 7.5 possiamo riscrivere l'espressione di C osservando che $\{X_i \leqslant x_i\} = \{f_i(X_i) \leqslant f_i(x_i)\}$:

$$
\begin{aligned}
C(u_1, \ldots, u_n) &= \mathsf{P}(X_1 \leqslant Q_{X_1}(u_1), \ldots, X_n \leqslant Q_{X_n}(u_n)) \\
&= \mathsf{P}(f_1(X_1) \leqslant f_1(Q_{X_1}(u_1)), \ldots, f_n(X_n) \leqslant f_n(Q_{X_n}(u_n))) \\
&\overset{\text{Prop. 2.3}}{=} \mathsf{P}\big(f_1(X_1) \leqslant Q_{f_1(X_1)}(u_1), \ldots, f_1(X_1) \leqslant Q_{f_n(X_n)}(u_n)\big).
\end{aligned}
$$

Questo mostra che C definita come sopra è l'unica copula di $\mathbf{Y}$, e la dimostrazione è conclusa. ∎

---

[10] Sono, quindi, anche Borel-measurabili.

Capitolo 8
Concetti di convergenza

8.1 Tipi di convergenza

Le successioni di v.a. sono importanti in probabilità poiché rivelano comportamenti interessanti per la statistica matematica, in particolare per la teoria dei grandi campioni.[1] Il motivo è che le successioni di v.a. o delle loro somme parziali permettono di collegare l'andamento di dati reali con distribuzioni di probabilità note. Supponiamo che $X_1, \ldots, X_n$ siano v.a. IID rappresentanti possibili valori di una v.a. X detta *popolazione* avente la loro stessa distribuzione. Se vogliamo dedurre informazioni sulla legge di X, allora potremmo usare le realizzazioni di ciascun X_i; chiamiamo il vettore $(X_1, \ldots, X_n)$ **campione casuale**. Ad esempio, supponiamo di voler modellizzare la distribuzione sconosciuta di un rendimento azionario giornaliero X utilizzando $n > 2$ rendimenti giornalieri storici $x_1, \ldots, x_n$ raccolti in un orizzonte temporale passato, ad esempio $[t_{m-1}, t_m]$ per $m \in \mathbb{N}$. Ogni volta che cambiamo l'orizzonte temporale passando a un altro intervallo di tempo non sovrapposto $[t_{m-3}, t_{m-2}]$ tale che continuiamo a raccogliere $n > 2$ rendimenti storici $y_1, \ldots, y_n$ diversi dai precedenti, allora pensiamo a x_i, y_i come due diverse realizzazioni della v.a. X_i, per $i = 1, \ldots, n$. In altre parole, la i-esima v.a. X_i rappresenta tutti i possibili rendimenti storici $x_i, y_i, \ldots$, con valore possibilmente diverso, per i fissato. Cosa accade quando il numero n chiamato dimensione del campione aumenta e raccogliamo più informazioni su X tramite le sue copie X_i?. In situazioni come questa siamo interessati a studiare il comportamento limite di $X_1, \ldots, X_n$ per $n \to \infty$, escludendo la banale convergenza puntuale discussa nell'Appendice al Capitolo 4.

Esempio 8.1
Siano $X_1, \ldots, X_n$ un campione casuale di n osservazioni IID giornaliere tratte dal prezzo S_t dello S&P500, con $t = 1$ giorno, che funge da v.a. popolazione. Si potrebbe pensare a qualche modello di v.a. con una specifica distribuzione parametrica

---

[1] Sinonimi di questo sono *teoria asintotica* o *teoria dei limiti stocastici*.

che descriva S_t, così decidiamo di utilizzare la gaussiana $N(\mu, \sigma^2)$ assumendo condizioni di mercato normali, considerando dapprima il rendimento log-normale $Y = \ln(\frac{S_t}{S_0})$, dove S_0 è la quotazione iniziale nota dello S&P500, ossia $Y \sim N(\mu, \sigma^2)$ se e solo se $S_t = S_0 e^Y$ ha la distribuzione log-normale con gli stessi parametri. Facendo ciò miriamo a ricostruire la distribuzione sconosciuta di S_t tramite la trasformazione inversa $\exp(\ln(\frac{S_t}{S_0}))$. Usando dati effettivi $x_1, \ldots, x_n$ relativi ai prezzi di chisura giornaliera per un orizzonte temporale fissato, otteniamo la corrispondente serie temporale dei rendimenti logartimici $y_1 = \ln(\frac{x_2}{x_1})$, $y_2 = \ln(\frac{x_3}{x_2})$, $\ldots$, $y_n = \ln(\frac{x_n}{x_{n-1}})$: consideriamo questi come realizzazione del campione casuale dato dalle v.a. IID $Y_1, \ldots, Y_n$. Per stimare i valori di μ e σ^2 possiamo considerare la **media campionaria** $\bar{Y}_n = \frac{1}{n} \sum_{i=1}^{n} Y_i$ e la **varianza campionaria** $\bar{V}_n = \frac{1}{n} \sum_{i=1}^{n} (Y_i - \bar{Y}_n)^2$, dette **statistiche** cioè funzioni $T(Y_1, \ldots, Y_n)$ i cui possibili valori si ottengono valutando $T(y_1, \ldots, y_n)$, chiamato **stima**, su un particolare campione di rendimenti logaritmici storici $y_1, \ldots, y_n$. Si auspica che all'aumentare della dimensione campionaria n le stime della media e della varianza campionaria diventino più accurate e si avvicinino ai veri (sconosciuti) valori di μ e σ^2.

La questione dell'approssimazione di statistiche[2] richiede la definizione di alcuni concetti di convergenza per v.a.

Esempio 8.2

Consideriamo la media campionaria $\bar{Z}_n = \frac{1}{n} \sum_{i=1}^{n} \frac{Y_i - \mu}{\sigma}$ e la varianza $\frac{1}{n} \sum_{i=1}^{n} (\frac{Y_i - \mu}{\sigma} - \bar{Z}_n)^2$ ottenute da quelle dell'Esempio 8.1 tramite standardizzazione, ricordando che trattiamo campioni casuali ossia v.a. IID con la stessa distribuzione e quindi gli stessi parametri μ, σ della popolazione. Si noti che adesso la media campionaria è riferita a v.a. IID distribuite in modo normale standard, ossia μ diventa 0 e σ^2 diventa 1. In R abbiamo simulato due campioni z1 di lunghezza n1 e z2 di lunghezza n2, da una distribuzione normale standard, calcolato le loro medie campionarie m1, m2 e varianze v1,v2, si veda il codice del programma qui sotto. Visualizzando i rispettivi valori, tramite gli ultimi quattro comandi del codice, si osserva che la media campionaria diminuisce da -0.08834072 a -0.007981814 e si avvicina a $\mu = 0$, inoltre la varianza campionaria diminuisce anch'essa da 1.171443 a 0.9927758 avvicinandosi a $\sigma^2 = 1$.

Codice del Programma

```
n1 <- 10^2; n2 <- 10^5
mu <- 0; sigma <- 1
z1 = rnorm(n1,mu,sigma); z2 = rnorm(n2,mu,sigma)
m1 = mean(z1); m2 = mean(z2); v1 = var(z1); v2 = var(z2)
m1 #..
v1 #..
m2 #..
v2 #..
```

---

[2] Si possono considerare altre forme della funzione T.

La convergenza delle v.a. può avvenire in modi diversi, a differenza della convergenza delle successioni di numeri reali.

Esempio 8.3

Sia $X_1, X_2, \ldots$ una successione di v.a. IID, dove ciascuna $X_n \sim \mathrm{N}(\mu, \frac{\sigma^2}{n})$ per $n = 1, 2, \ldots$ Affermazioni come '$X_n \to 0$ per $n \to \infty$' richiedono un esame attento del comportamento limite, poiché per v.a. continue $\mathrm{P}(X_n = 0) = 0$ per ogni n e aumentando la dimensione del campione saremmo portati ad escludere che ogni X_n sia più concentrata intorno a zero, almeno in senso probabilistico.

Sia $X_1, X_2, \ldots$ una successione di v.a. e X un'altra v.a., le cui funzioni di ripartizione sono F_{X_n} per $n = 1, 2, \ldots$ e F_X, rispettivamente. Trattiamo le seguenti nozioni di convergenza per successioni di v.a.

1. **Convergenza in distribuzione**: $\lim_{n\to\infty} F_{X_n}(x) = F_X(x)$, per ogni x in cui la funzione di ripartizione limite F_X è continua,[3] si scrive $X_n \xrightarrow{\mathrm{d}} X$.

2. **Convergenza in probabilità**: $\lim_{n\to\infty} \mathrm{P}(|X_n - X| > \epsilon) = 0$, per ogni $\epsilon > 0$, si scrive $X_n \xrightarrow{\mathrm{P}} X$.

3. **Convergenza quasi certa (a.s.)**: $\mathrm{P}(\lim_{n\to\infty} X_n = X) = 1$, scritta come $X_n \xrightarrow{\mathrm{a.s.}} X$.

4. **Convergenza in media quadratica**: $\lim_{n\to\infty} \mathrm{E}((X_n - X)^2)$, scritta come $X_n \xrightarrow{\mathrm{ms}} X$.

La convergenza a.s. è la più forte e la convergenza in probabilità è più forte della convergenza in distribuzione. In una sequenza che converge in distribuzione, ciascun X_n può essere definita su uno spazio di probabilità diverso da quello di X. La convergenza in probabilità e quella a.s. hanno senso solo se tutte le v.a. coinvolte sono definite sullo stesso spazio di probabilità. La convergenza in probabilità può essere riformulata come:

- $\lim_{n\to\infty} \mathrm{P}(|X_n - X| \leqslant \epsilon) = 1$, per ogni $\epsilon > 0$;
- $|X_n - X| \xrightarrow{\mathrm{P}} 0$;
- $\mathrm{P}(|X_n - X| > \epsilon) < \delta$, per ogni $n \geqslant m$, qualsiasi $\epsilon > 0$ e $\delta > 0$ con $m := m(\delta)$ intero che dipende da δ.

La convergenza in media quadratica può essere generalizzata alla convergenza nel momento p-esimo $\lim_{n\to\infty} \mathrm{E}(|X_n - X|^p)$, per $p \geqslant 1$, scritta come $X_n \xrightarrow{L^p} X$. Un caso particolare è $\lim_{n\to\infty} \mathrm{E}(|X_n - X|)$, scritta come $X_n \xrightarrow{L^1} X$ e chiamata **convergenza** $\boldsymbol{L^1}$. Si osservi che la convergenza L^p richiede $(X_n)_{n\in\mathbb{N}} \subset L^p$ e $X \in L^p$. Inoltre, notiamo che

$$|\mathrm{E}(X_n - X)|^p \leqslant \mathrm{E}(|X_n - X|^p) \quad \text{per la disuguaglianza di Jensen}$$
$$\text{poiché } f(x) = |x|^p \text{è convessa e}$$
$$|\mathrm{E}(|X_n| - \mathrm{E}(|X|))|^p \leqslant \mathrm{E}(|X_n - X|^p) \quad \text{poiché }; ||x_n| - |x|| \leqslant |x_n - x|,$$

---

[3] Questi sono chiamati *punti di continuità*. L'insieme dei punti di continuità è denso in $\mathbb{R}$.

da cui la convergenza L^p implica la convergenza dei momenti, $\lim_{n\to\infty} \mathsf{E}(X_n) = \mathsf{E}(X)$, e dei momenti assoluti, $\lim_{n\to\infty} \mathsf{E}(|X_n|) = \mathsf{E}(|X|)$, il che può essere importante quando si trattano spazi L^p di v.a. In tutti i tipi di convergenza, si presenta un caso partico-lare quando la v.a. limite è degenere, $X = c$, con massa di probabilità concentrata in c, $\mathsf{P}(X = c) = 1$. La convergenza in distribuzione è anche detta **convergenza debole**, e può essere riformulata come $\mathsf{P}_{X_n}(B) \to \mathsf{P}_X(B)$, per $n \to \infty$, per ogni opportuno insieme $B \subset \mathbb{R}$ (cfr. di Borel) la cui frontiera[4] ∂B è tale che $\mathsf{P}_X(\partial B) = 0$.

Esempio 8.4

La Proposizione 5.1 nel Paragrafo 5.5 afferma che la succesione $(X_n)_{n\in\mathbb{N}}$ con $X_n \sim \mathrm{Bin}(n, \frac{\lambda}{n})$ converge in distribuzione alla Po(λ), cioè, usando il fatto che sia la distribuzione di ciascun X_n sia la distribuzione limite di X sono discrete, abbiamo $\mathsf{P}(X_n = x) \to \mathsf{P}(X = x)$ per ogni punto $x \in \{0, 1, 2, \ldots\}$ dove entrambe le leggi hanno atomi, si veda l'Appendice al Capitolo 9.

La convergenza in probabilità significa che gli eventi $\{|X_n - X| > \epsilon\}$ che de-scrivono l''errore' commesso nell'approssimare X con le v.a. X_n della sequenza (cfr. campione casuale), superando una soglia fissa ϵ, hanno probabilità sempre più piccola al crescere di n: la convergenza asserita riguarda la sequenza di numeri reali $\mathsf{P}(|X_1 - X| > \epsilon), \mathsf{P}(|X_2 - X| > \epsilon), \ldots$

Esempio 8.5

Sia $(X_n)_{n\in\mathbb{N}}$ una sequenza di v.a. che converge in distribuzione alla distribuzione degenere $F_X(x) = \mathbf{I}_{\{x\geq c\}}$. L'evento $\{|X_n - c| > \epsilon\}$ è uguale all'unione disgiunta $\{X_n < c - \epsilon\} \cup \{X_n > c + \epsilon\}$ e $\{X_n < c - \epsilon\} \subset \{X_n \leq c - \epsilon\}$. Allora, abbiamo:

$$
\begin{aligned}
\mathsf{P}(|X_n - c| > \epsilon) &= \mathsf{P}(X_n < c - \epsilon) + \mathsf{P}(X_n > c + \epsilon) \\
&\leq \mathsf{P}(X_n \leq c - \epsilon) + \mathsf{P}(X_n > c + \epsilon) \\
&= F_{X_n}(c - \epsilon) + 1 - F_{X_n}(c + \epsilon) \\
&\stackrel{n\to\infty}{\to} F_X(c - \epsilon) + 1 - F_X(c + \epsilon) \\
&= 0 + 1 - 1 = 0.
\end{aligned}
$$

Ciò mostra che $X_n \xrightarrow{\mathrm{d}} c$, con $\mathsf{P}(X = c) = 1$, implica $X_n \xrightarrow{\mathrm{P}} X$.

I tipi di convergenza sono collegati tra loro tramite l'implicazione 'giusta'.

---

[4] La frontiera di un qualsiasi $B \subset \mathbb{R}$ è la differenza insiemistica $\bar{B} \setminus \mathring{B}$ tra la chiusura e l'in-terno di B. Equivalentemente (in $\mathbb{R}$ e in spazi metrici più generali), essa contiene i punti di accumulazione di successioni in B^c.

Teorema 8.1
Sia $(X_n)_{n\in\mathbb{N}}$ una successione di v.a. e sia X una v.a. Allora

(i) $X_n \xrightarrow{a.s.} X \Longrightarrow X_n \xrightarrow{P} X$;

(ii) $X_n \xrightarrow{P} X \Longrightarrow X_n \xrightarrow{d} X$;

(iii) $X_n \xrightarrow{ms} X \Longrightarrow X_n \xrightarrow{P} X$;

(iv) $X_n \xrightarrow{ms} X \Longrightarrow X_n \xrightarrow{L^1} X$;

(v) $X_n \xrightarrow{L^1} X \Longrightarrow X_n \xrightarrow{P} X$.

L'Esercizio 8.5 mostra che l'implicazione inversa del punto (ii) vale per una v.a. degenere $X = c$. I tipi di convergenza possono essere generalizzati a successioni di vettori aleatori $(\mathbf{X}_n)_{n\in\mathbb{N}}$ ciascuno a valori in $\mathbb{R}^m$. La convergenza in distribuzione riguarda le funzioni di ripartizione multivariate e i punti di continuità $\mathbf{x}$ della funzione di ripartizione multivariata limite. Per la convergenza in probabilità, il valore assoluto come distanza in $\mathbb{R}$, $d(X_n, X) = |X_n - X|$, viene sostituito dalla distanza euclidea $d(\mathbf{X}_n, \mathbf{X}) = \|\mathbf{X}_n - \mathbf{X}\|$, si veda il Paragafo 3.3 e l'Appendice F. Per la convergenza in media quadratica, il valore atteso è da considerarsi come il vettore dei valori attesi delle v.a. componenti il vettore. Attenzione: per $\mathbf{X}_n = (X_{1n}, \ldots, X_{mn})$ la convergenza in probabilità, in media quadratica e in L^1 è equivalente alla convergenza delle componenti $(X_{in})_{n\in\mathbb{N}}$ nello stesso senso, per $i = 1, \ldots, m$.

Osservazione 8.1
Per vettori aleatori $\mathbf{X}_n = (X_{1n}, \ldots, X_{mn})$ la convergenza $\mathbf{X}_n \xrightarrow{d} \mathbf{X}$ non è equivalente alla convergenza $X_{in} \xrightarrow{d} X_i$ delle componenti X_{in}, X_i in $\mathbf{X}_n, \mathbf{X}$, rispettivamente. Infatti, le funzioni di ripartizione marginali $F_{X_{in}}$, F_{X_i} non determinano le funzioni di ripartizione congiunte $F_{\mathbf{X}_n}$, $F_{\mathbf{X}}$ a causa della possibile dipendenza stocastica, si vedano i Paragrafi 3.4, 7.3 e 7.4. Invece, la convergenza in distribuzione $\mathbf{X}_n \xrightarrow{d} \mathbf{X}$ implica la convergenza delle componenti $X_{in} \xrightarrow{d} X_i$, ma il contrario non è necessariamente vero, si veda l'Appendice per un controesempio parziale.

Esistono due conversi parziali del Teorema 8.1: il primo riguarda il punto (i) e il secondo i punti (iii), (v) nella versione generale $X_n \xrightarrow{L^p} X$, i cui casi particolari sono per $p = 1, 2$, rispettivamente.[5]

---

[5] Per una dimostrazione si veda [8, Teo. 17.3, 17.4].

Teorema 8.2

Si supponga $X_n \xrightarrow{P} X$ e che $|X_n| \leqslant Y$, per una v.a. $Y \in L^p$. Allora:

(a) esiste una sottosuccessione $(X_{n_k})_{k \in \mathbb{N}}$ di v.a. tale che $X_{n_k} \xrightarrow{a.s.} X$, per $k \to \infty$;

(b) $|X| \in L^p$ e $X_n \xrightarrow{L^p} X$.

Le convergenze in distribuzione, in probabilità e quasi sicuramente sono preservate sotto trasformazioni continue.

Teorema 8.3 (Teorema della funzione continua)

Sia $g : \mathbb{R} \to \mathbb{R}$ una funzione continua in un opportuno $B \subset \mathbb{R}$ tale che $P(X \in B) = 1$. Allora si ha:

1. Se $X_n \xrightarrow{d} X, \Longrightarrow g(X_n) \xrightarrow{d} g(X)$.

2. Se $X_n \xrightarrow{P} X, \Longrightarrow g(X_n) \xrightarrow{P} g(X)$.

3. Se $X_n \xrightarrow{a.s.} X, \Longrightarrow g(X_n) \xrightarrow{a.s.} g(X)$.

Alcune convergenze sono preservate se si applicano operazioni aritmetiche.

Teorema 8.4

Siano X_n, X, Y_n, Y v.a. e sia $c \in \mathbb{R}$. Allora si ha:

(a) Se $X_n \xrightarrow{P} X$ e $Y_n \xrightarrow{P} Y, \Longrightarrow X_n + Y_n \xrightarrow{P} X + Y$ e $X_n Y_n \xrightarrow{P} XY$;

(b) Se $X_n \xrightarrow{d} X$ e $Y_n \xrightarrow{d} c, \Longrightarrow X_n + Y_n \xrightarrow{d} X + c$ e $X_n Y_n \xrightarrow{d} Xc$;

(c) Se $X_n \xrightarrow{L^p} X$ e $Y_n \xrightarrow{L^p} Y, \Longrightarrow X_n + Y_n \xrightarrow{L^p} X + Y$, per $p = 1, 2$;

(d) Se $X_n \xrightarrow{ms} X$ e $Y_n \xrightarrow{L^p} Y, \Longrightarrow X_n Y_n \xrightarrow{L^1} XY$, per $p = 1, 2$.

La parte (b) è nota[6] come *lemma di Slutsky*, e se $c \neq 0$ si ha anche $\frac{X_n}{Y_n} \xrightarrow{d} \frac{X}{c}$.

Osservazione 8.2

Ricordiamo che $L^2 \subset L^1$ e $X_n Y_n$ non appartiene necessariamente a L^2 anche se X_n, Y_n vi appartengono, per ogni $n \in \mathbb{N}$. D'altra parte, se $X_n Y_n \in L^2$ allora il prodotto appartiene anche a L^1 quindi le convergenze $X_n \xrightarrow{L^1} X$ e $Y_n \xrightarrow{L^1} Y$ sono dovute dalla convergenza in L^2 dei fattori. Invece, se $X_n, Y_n \in L^p$ per $p = 1, 2$ allora la loro somma appartiene allo stesso spazio L^p, di fatto uno spazio vettoriale.

---

[6] La versione per vettori aleatori richiede $\mathbf{c} \in \mathbb{R}^n$.

La convergenza in distribuzione può essere verificata usando la CHF $\phi_\bullet(u) = \mathsf{E}(e^{iu\bullet})$.

Teorema 8.5 (Teorema di continuità (Levy))

Siano X_n, X v.a. con CHF $\phi_{X_n}(u), \phi_X(u)$. Allora $X_n \xrightarrow{d} X$ se e solo se $\lim_{n\to\infty} \phi_{X_n}(u) = \phi_X(u)$ per ogni $u \in \mathbb{R}$. Se $\lim_{n\to\infty} \phi_{X_n}(u) = f(u)$ per ogni $u \in \mathbb{R}$, con $f(u)$ continua in zero, allora $f(u)$ è la CHF $\phi_X(u)$ di una v.a. X per cui $X_n \xrightarrow{d} X$.

Nella seconda parte del teorema di continuità di Levy, è sufficiente avere una successione di CHF che converge puntualmente a una funzione che è la CHF di una certa v.a., alla quale la successione di v.a. sottostanti convergerà in distribuzione. Si noti che tutte le funzioni $u \mapsto \phi_\bullet(u)$ sono continue e limitate. Il Teorema 8.5 è il motivo per cui il quinto punto del Teorema 4.2 nel Paragrafo 4.4 afferma che la distribuzione delle v.a. dipende dalle loro CHF. La convergenza in distribuzione può essere espressa in modo equivalente come

$$\lim_{n\to\infty} \mathsf{E}(g(X_n)) = \mathsf{E}(g(X)),$$

per ogni funzione continua e limitata $g : \mathbb{R} \to \mathbb{R}$, e come

$$\lim_{n\to\infty} \mathsf{E}(g(\mathbf{X}_n)) = \mathsf{E}(g(\mathbf{X})),$$

per ogni funzione continua e limitata $g : \mathbb{R}^m \to \mathbb{R}$ e per vettori aleatori m-dimensionali $\mathbf{X}_n, \mathbf{X}$, si veda l'Appendice.

8.2   La legge dei grandi numeri e il teorema del limite centrale

La celebre legge dei grandi numeri (LLN) si basa su teoremi che stabiliscono le condizioni sotto le quali i momenti campionari convergono ai corrispondenti momenti della popolazione. Ecco una versione con ipotesi più deboli.

Teorema 8.6 (Legge debole dei grandi numeri (WLLN))
Sia $Y_1, Y_2, \ldots$ una successione di v.a. IID, ciascuna $Y_i \in L^2$, con $\mathsf{E}(Y_1) = \mu$ e $\mathsf{V}(Y_1) = \sigma^2$. Allora

$$\lim_{n\to\infty} \mathsf{P}\left(\left|\frac{1}{n}(Y_1 + \cdots + Y_n) - \mu\right| \geq \epsilon\right) = 0,$$

per ogni $\epsilon > 0$.

Dunque, la WLLN afferma che $\bar{Y}_n = \frac{1}{n} \sum_{i=1}^{n} Y_i \xrightarrow{\mathsf{P}} \mu$, cioè la media campionaria converge in probabilità al valore atteso μ della popolazione.

Dimostrazione Per la media campionaria abbiamo $\mathsf{E}(\bar{Y}_n) = \mu$ e per l'indipendenza $\mathsf{V}(\bar{Y}_n) = \frac{\sigma^2}{n}$. Quindi, per la disuguaglianza di Chebyshev abbiamo

$$\mathsf{P}\left(\left|\bar{Y}_n - \mu\right| > \epsilon\right) \leq \frac{\sigma^2}{\epsilon^2 \, n},$$

e facendo tendere $n \to \infty$ la dimostrazione è completa. ∎

Osservazione 8.3
Si osservi che $\mathsf{E}((\bar{Y}_n - \mu)^2) = \mathsf{E}(\bar{Y}_n^2) - 2\mu\mathsf{E}(\bar{Y}_n) + \mu^2$, e poiché $\mu = \mathsf{E}(\bar{Y}_n)$, se ogni Y_i ha valore atteso μ, ritroviamo la varianza $\mathsf{V}(\bar{Y}_n)$ della media campionaria, da non confondersi con la varianza campionaria $\bar{V}_n$ introdotta nel Paragrafo 8.1. Inoltre, è $\mathsf{V}(\bar{Y}_n) = \frac{\sigma^2}{n}$ se nel campione casuale ogni Y_i ha varianza σ^2.

Un'altra versione è la seguente:

> **Teorema 8.7 (Legge forte dei grandi numeri (SLLN))**
> *Sia $Y_1, Y_2, \ldots$ una successione di v.a. IID, ciascuna $Y_i \in L^1$, con $\mathsf{E}(Y_1) = \mu$. Allora $\bar{Y}_n \xrightarrow{a.s.} \mu$.*

Il Teorema 8.7 non richiede momenti secondi finiti e il tipo di convergenza è quasi certa. Per una dimostrazione si veda [11, Teo 7.7], e per altre versioni si veda [2].

Esempio 8.6
sia $K_n = \sum_{i=1}^{n} Z_i^2$ per Z_i IID con $Z_i \sim N(0, 1)$, dunque per la SLLN $K_n/n \xrightarrow{a.s.} \mathsf{E}(Z_1^2) = 1$. Sia ora $Z \sim N(0, 1)$ indipendente da tutti gli Z_i e sia $T_n = \frac{Z}{\sqrt{K_n/n}}$, per ogni $n \in \mathbb{N}$. Per costruzione, $T_n \sim T(n)$ e poiché il denominatore tende a 1 per n sufficientemente grande $T_n \xrightarrow{d} Z$.

La LLN suggerisce come la media campionaria approssima il corrispondente momento primo della popolazione per n sufficientemente grande, ma affermazioni probabilistiche sul comportamento limite di $\bar{Y}_n$ richiedono un altro importante risultato.

Teorema 8.8 (Del limite centrale (CLT))
Sia $Y_1, Y_2, \ldots$ una successione di v.a. IID, ciascuna $Y_i \in L^2$, con $\mathsf{E}(Y_1) = \mu$ e $\mathsf{V}(Y_1) = \sigma^2$. Allora

$$\lim_{n \to \infty} \mathsf{P}\left(\frac{Y_1 + \cdots + Y_n - n\mu}{\sqrt{n}\sigma} \leqslant x\right) = \mathsf{N}(0, 1). \tag{8.1}$$

Vale la pena notare che $\sum_{i=1}^{n} Y_i = n\bar{Y}_n$, quindi:

$$\frac{\sum_{i=1}^{n} Y_i - \mathsf{E}(\sum_{i=1}^{n} Y_i)}{\sqrt{\mathsf{V}(\sum_{i=1}^{n} Y_i)}} = \frac{n\bar{Y}_n - n\mu}{\sqrt{n^2 \mathsf{V}(\bar{Y}_n)}} = \frac{n\bar{Y}_n - n\mu}{n\frac{\sigma}{\sqrt{n}}}$$

$$= \frac{\sqrt{n}(\bar{Y}_n - \mu)}{\sigma} = \frac{\bar{Y}_n - \mu}{\sqrt{\mathsf{V}(\bar{Y}_n)}}.$$

Quindi, il CLT afferma che la successione delle medie campionarie standardizzate converge in distribuzione a una v.a. normale standard,[7] ovvero $\frac{\sqrt{n}(\bar{Y}_n - \mu)}{\sigma} \xrightarrow{d} \mathsf{N}(0, 1)$. Per la proprietà della distribuzione gaussiana, deduciamo le seguenti approssimazioni che sono equivalenti all'enunciato del Teorema 8.8 (cioè la parte necessaria) per n sufficientemente grande: $\sqrt{n}(\bar{Y}_n - \mu) \approx \mathsf{N}(0, \sigma^2)$, oppure $\bar{Y}_n - \mu \approx \mathsf{N}(0, \frac{\sigma^2}{n})$, o anche $\bar{Y}_n \approx \mathsf{N}(\mu, \frac{\sigma^2}{n})$. Per versioni più forti del CLT si vedano [8], [2], e [11, Par 7.3]. Possiamo dimostrare il Teorema 8.8 usando la CHF come strumento, si veda l'Appendice. Ogni volta che il CLT vale, potremmo essere interessati a dimostrare la convergenza in distribuzione per alcune trasformazioni. Il seguente risultato ci aiuta in tale situazione.

Teorema 8.9 (Metodo delta)

Con le stesse notazioni del Teorema 8.8, si assuma che $\frac{\sqrt{n}(\bar{Y}_n - \mu)}{\sigma} \xrightarrow{d} \mathsf{N}(0, 1)$. Sia $f : \mathbb{R} \to \mathbb{R}$ una funzione differenziabile tale che $\frac{\mathrm{d}}{\mathrm{d}x} f(x)\big|_{x=\mu} = f'(\mu) \neq 0$. Allora:

$$\frac{\sqrt{n}(f(\bar{Y}_n) - f(\mu))}{|f'(\mu)|\sigma} \xrightarrow{d} \mathsf{N}(0, 1).$$

Per l'estensione multivariata si veda [17, Cap 3].

---

[7] Attenzione: le affermazioni probabilistiche sulla media campionaria possono essere approssimate tramite la funzione di ripartizione di una v.a. normale standard. Questo non implica affatto che la v.a. $\bar{Y}_n$ possa essere approssimata da $Z \sim \mathsf{N}(0, 1)$.

Esempio 8.7

Siano $R_1, \ldots, R_n$ rendimenti giornalieri IID su n giorni di negoziazione, con $R_t \in L^2$, per $t = 1, \ldots, n$, e $\mathsf{E}(R_t) = \mu$, $\mathsf{V}(R_t) = \sigma^2$. Si ha $\frac{\sqrt{n}(\bar{R}_n - \mu)}{\sigma} \xrightarrow{\text{d}} \mathrm{N}(0, 1)$, dove $\bar{R}_n = \frac{1}{n} \sum_{t=1}^{n} R_t$ è la media campionaria dei rendimenti logaritmici. Se passiamo a $f(\bar{R}_n) = e^{\bar{R}_n}$, cioè al fattore di accumulazione sull'orizzonte $[0, n]$, con rendimento logaritmico medio per giorno, allora $\bar{R}_n \approx \mathrm{N}(\mu, \frac{\sigma^2}{n})$ e di conseguenza $f(\bar{R}_n) \approx \mathrm{N}(f(\mu), (f'(\mu))^2 \frac{\sigma^2}{n})$. Quest'ultimo si approssima come $\approx \mathrm{N}(e^\mu, e^{2\mu} \frac{\sigma^2}{n})$.

Esiste una versione multivariata del teorema del limite centrale, per una dimostrazione si veda [2].

Teorema 8.10 (Teorema del limite centrale multivariato)
Siano $\mathbf{Y}_1, \mathbf{Y}_2, \ldots$ una successione di vettori aleatori IID, con $\mathsf{E}(\mathbf{Y}_i) = (\mathsf{E}(Y_{i1}), \ldots, \mathsf{E}(Y_{in})) = \boldsymbol{\mu} = (\mu_1, \ldots, \mu_n)$, per ogni i, e matrice di covarianza $n \times n$ $\boldsymbol{\Sigma} = [c_{ij}]$, dove $c_{ii} = \mathsf{V}(Y_{ik}) = \sigma_i^2$ e $c_{ij} = \mathsf{cov}(Y_{ik}, Y_{jk}) = \sigma_{ij}$, per ogni $k = 1, \ldots, n$ e per ogni coppia i, j. Sia $\mathbf{Y}_m = (\bar{Y}_1, \ldots, \bar{Y}_n)$, dove ogni componente è $\bar{Y}_j = \frac{1}{m} \sum_{j=1}^{m} Y_{ji}$. Allora:

$$\lim_{m \to \infty} \mathsf{P}\left(\sqrt{m}(\bar{\mathbf{Y}}_m - \boldsymbol{\mu}) \leqslant \mathbf{x}\right) = \mathrm{N}(\mathbf{0}, \boldsymbol{\Sigma}), \quad \text{per ogni } \mathbf{x} \in \mathbb{R}^n. \tag{8.2}$$

8.3 Applicazione 1: stima puntuale e della CDF

Supponiamo di aver estratto un campione casuale $R_1, \ldots, R_n$ di rendimenti logaritmici giornalieri dalla legge di una popolazione P_X, cioè, R_i sono IID e ciascuno è una copia di X (ossia avente stessa distribuzione). Se assumiamo inoltre $X \sim \mathrm{N}(\mu, \sigma^2)$, allora la media campionaria $\bar{R}_n = \frac{1}{n} \sum_{i=1}^{n} R_i$ e la varianza campionaria $\bar{V}_n = \frac{1}{n} \sum_{i=1}^{n} (R_i - \bar{R}_n)^2$ possono essere considerate come approssimazioni di μ e σ^2, rispettivamente. Quanto è buona questa approssimazione? La questione permane anche in assenza dell'ipotesi di una legge parametrica della popolazione. In ogni caso, sappiamo che una statistica $T(R_1, \ldots, R_n)$ come funzione del campione casuale può essere usata per inferire i veri valori di μ, σ^2, specificandone la forma funzionale. La media e la varianza campionaria sono solo due possibili specificazioni di $T(\cdot)$. Usando un dataset di n rendimenti logaritmici giornalieri $c_1, \ldots, c_n$ già osservati, possiamo valutare $T(\cdot)$ sulla n-upla $(c_1, \ldots, c_n)$ ottenendo un valore stimato di $\bar{R}_n$, $\bar{V}_n$ o qualunque altra statistica. Ritornando al caso di una popolazione con distribuzione parametrica assegnata, chiamiamo $T_n := T(R_1, \ldots, R_n)$ **stimatore puntuale** di un dato parametro, diciamo θ, relativo alla suddetta distribuzione. In aggiunta a questa assunzione consideriamo anche l'ipotesi $T_n \in L^2$. Osserviamo che ogni campione casuale ha la propria legge di probabilità congiunta parametrica $\mathsf{P}_\mathbf{R}$

con $\mathbf{R} = (R_1, \ldots, R_n)$ il vettore aleatorio che rappresenta il campione. Passando alla CDF scriviamo $F_{\mathbf{R}}(\mathbf{x}, \theta)$ per enfatizzare la dipendenza parametrica. Poiché i rendimenti logaritmici giornalieri sono IID, si ha che la CDF è data equivalentemente da $F_{R_1}(x_1, \theta) \times \cdots \times F_{R_n}(x_n, \theta)$.

Esempio 8.8

La funzione $T(R_1, \ldots, R_n) = \prod_{i=1}^{n} f(R_i, \theta)$ esprime la probabilità di osservare R_i quando il vero valore del parametro è proprio θ, con R_i v.a. IID ciascuna con funzione di densità continua $f(x_i, \theta)$. Si tratta di uno stimatore chiamato *funzione di verosimiglianza*. Lo stimatore di massima verosimiglianza è il valore di θ che massimizza $\prod_{i=1}^{n} f(R_i, \theta)$,

$$\theta_n = \arg\max_{\theta \in \mathbb{R}} \prod_{i=1}^{n} f(R_i, \theta)$$

che è ancora uno stimatore come funzione di $(R_1, \ldots, R_n)$. Di solito, sotto ipotesi deboli vale $\theta_n \xrightarrow{P} \theta$ (cioè lo stimatore è consistente, vedi sotto). Esiste una versione modificata, $\ln \theta_n$, chiamata *funzione di verosimiglianza logaritmica* che ammette massimo nello stesso valore[8] di θ. La funzione di verosimiglianza logaritmica viene usata perché, a seconda della particolare forma delle densità coinvolte, i calcoli con $\ln \theta_n$ possono risultare più semplici.

Diremo che uno stimatore è *non distorto* se $\mathsf{E}(T_n) = \theta$, e possiamo definire[9] $\mathrm{bias}(T_n) := \mathsf{E}(T_n) - \theta$ come misura della *distorsione* dello stimatore. Uno stimatore puntuale T_n è consistente in θ se $T_n \xrightarrow{P} \theta$. Anche lo stimatore ha una propria legge di probabilità detta *distribuzione campionaria*. La deviazione standard $\sqrt{\mathsf{V}(T_n)}$ è spesso usata come misura dell'errore commesso nell'approssimare θ con T_n, detta *errore standard*.

Esempio 8.9

Assumiamo che $X_i \sim \mathrm{Ber}(p)$ siano v.a. IID, per $i = 1, 2, \ldots$ Dato un campione casuale n-dimensionale poniamo $T_n := T(X_1, \ldots, X_n) = \bar{X}_n$, la media campionaria. Allora abbiamo $\mathsf{E}(\bar{X}_n) = \frac{1}{n} \sum_{i=1}^{n} \mathsf{E}(X_i) = p = \theta$, quindi T_n è uno stimatore non distorto della probabilità di successo, cioè $\mathrm{bias}(T_n) = 0$. L'errore standard è $\sqrt{\mathsf{V}(T_n)} = \sqrt{\frac{p(1-p)}{n}}$. Passando a X_i IID $\sim \mathrm{N}(\mu, \sigma^2)$ abbiamo invece $\mathsf{E}(\bar{X}_n) = \mu = \theta_1$, e la media campionaria di un campione gaussiano è non distorta, inoltre la varianza campionaria $\bar{V}_n = \frac{1}{n} \sum_{i=1}^{n} (X_i - \mu)^2$ ha valore atteso $\mathsf{E}(\bar{V}_n) = n^{-1} \sum_{i=1}^{n} \mathsf{E}((X_i - \mu))^2 = \sigma^2 = \theta_2$ e quindi è anch'essa non distorta. La varianza della media campionaria è $\mathsf{V}(\bar{X}_n) = \frac{\sigma^2}{n}$. Osserviamo che in questo caso abbiamo un parametro bivariato $\boldsymbol{\theta} = (\theta_1, \theta_2)$.

---

[8] Se una funzione raggiunge un massimo globale in un punto, allora qualsiasi trasformazione monotona raggiunge un massimo nello stesso punto.

[9] Il valore atteso è calcolato usando la legge P_X, o equivalentemente la CDF F_X. Chiaramente, nei casi discreto e continuo si passa alla corrispondente funzione di massa o densità.

Definendo $\mathsf{MSE} := \mathsf{E}((T_n - \theta)^2)$ come *errore quadratico medio*,[10] abbiamo un'ulteriore misura della qualità di uno stimatore.

Lemma 8.1

$\mathsf{MSE} = (bias(T_n))^2 - \mathsf{V}(T_n)$. *Inoltre, se* $bias(T_n) \to 0$ *e* $\sqrt{\mathsf{V}(T_n)} \to 0$, *per* $n \to \infty$, *allora* $T_n \xrightarrow{\mathsf{P}} \theta$.

Quindi, quanto meno uno stimatore puntuale T_n è distorto e quanto minore è l'errore standard, tanto più T_n è una buona approssimazione del parametro incognito θ, cioè è uno stimatore consistente. Se abbandoniamo l'assunzione di una popolazione con legge di probabilità parametrica allora l'inferenza si dice *non parametrica*. Ad esempio, senza assumere che il rendimento logaritmico giornaliero X (popolazione) segua una qualche distribuzione parametrica, possiamo usare stime *grezze* del suo valore atteso e della sua varianza incognite date da $\bar{c} = \frac{1}{n} \sum_{i=1}^{n} c_i$ e $\bar{v} = \frac{1}{n} \sum_{i=1}^{n} (c_i - \bar{c})^2$. Di più è possibilie: possiamo considerare l'intera funzione di ripartizione incognita come un 'parametro'. Chiamiamo

$$\mathbb{F}_n(\omega, x) = \frac{1}{n} \sum_{i=1}^{n} \mathbf{I}_{\{R_i \leq x\}}(\omega), \tag{8.3}$$

funzione di ripartizione empirica, sottolineando che essa dipende dagli esiti ω, dalle v.a. R_i e dalla dimensione campionaria n. La funzione di ripartizione empirica può essere considerata una famiglia indicizzata di v.a. nota anche come *processo empirico*.[11] Poiché le v.a. R_i sono IID le indicatrici $\mathbf{I}_{\{R_i \leq x\}}$ sono v.a. IID distribuite come $\mathrm{Ber}(F_X(x))$, per ogni $x \in \mathbb{R}$. Questo è ovvio per definizione: se $\{R_i \leq x\}$ si verifica, con probabilità $\mathsf{P}(R_i \leq x) = F_X(x)$, allora l'indicatrice assume valore 1, altrimenti è zero. La ripartizione empirica $\mathbb{F}_n(\omega, x)$ può essere usata per stimare la vera funzione di ripartizione $F_X(x)$ incognita relativa alla popolazione. Ad esempio, usando dati storici relativi a n rendimenti logaritmici giornalieri $c_1, \ldots, c_n$, la funzione di ripartizione empirica come stimatore non parametrico può essere valutata sul campione, $\bar{\mathbb{F}}_n = \frac{1}{n} \sum_{i=1}^{n} \mathbf{I}_{\{c_i \leq x\}}$, corrispondente a un particolare esito ω. Si tratta di una media campionaria, quindi raccogliendo sempre più dati la dimensione campionaria n cresce e per la WLLN abbiamo $\mathbb{F}_n(\omega, x) \xrightarrow{\mathsf{P}} F_X(x)$. Inoltre:

$$\mathsf{E}(\mathbb{F}_n(\omega, x)) = F_X(x),$$

$$\mathsf{V}(\mathbb{F}_n(\omega, x)) = \mathsf{V}\left(\frac{1}{n} \sum_{i=1}^{n} \mathbf{I}_{\{R_i \leq x\}}(\omega) \right)$$

$$= \frac{1}{n^2} n \mathsf{V}(\mathbf{I}_{\{R_i \leq x\}}(\omega)) = \frac{F_X(x)(1 - F_X(x))}{n}.$$

---

[10] Si veda anche il Paragrafo 7.1

[11] Infatti essa rispetta la definizione di processo stocastico, si veda il Paragrafo 9.1.

Quindi, la funzione di ripartizione empirica è non distorta, $\mathrm{E}(\mathbb{F}_n(\omega, x) - F_X(x)) = 0$, e per il Lemma 8.1 il suo MSE coincide con $\mathrm{V}(\mathbb{F}_n(\omega, x))$.

Teorema 8.11 (Glivenko-Cantelli)
Siano $R_1, R_2, \ldots$ v.a. IID con funzione di ripartizione comune $R_i \sim F_X$. Allora $\sup_x |\mathbb{F}_n - F_X| \xrightarrow{a.s.} 0$, per $n \to \infty$.

Il teorema di Glivenko-Cantelli afferma che per campioni sempre più grandi la funzione di ripartizione empirica converge alla vera funzione di ripartizione incognita, e la convergenza è uniforme (non dipende da x). Per il Teorema 8.1, parte (i), la convergenza è anche in probabilità. Esiste una connessione tra convergenza in distribuzione e i quantili delle distribuzioni coinvolte. Si può dimostrare che $R_n \xrightarrow{d} X$ è equivalente ad avere $\lim_{n\to\infty} Q_{R_n}(c) = Q_X(c)$ in ogni punto $c \in (0, 1)$ in cui $Q_X(c)$ è continua, vedi [17, Lemma 21.2].

Infine, esiste una definizione alternativa di statistica: un *funzionale statistico* $T(F_X)$ è una funzione che agisce sull'insieme delle funzioni di ripartizione di v.a.[12] Il suo ruolo è analogo a quello di uno stimatore basato su un campione casuale, $T(R_1, \ldots, R_n)$, ma con riferimento diretto alla funzione di ripartizione incognita. Due esempi sono il valore atteso $\mu = T(F_X) = \int x \, dF_X(x)$ e la varianza $\int (x - \mu)^2 dF_X(x)$. Grazie a un funzionale statistico possiamo ricavare il valore di un parametro incognito come $\theta = T(F_X)$. Lo *stimatore plug-in* di θ si ottiene letteralmente 'inserendo' la funzione di ripartizione empirica, $T(\mathbb{F}_n)$, ed è analogo alla valutazione di uno stimatore basato su un campione casuale quando si impiegano valori osservati (es. storici). Di qui in avanti ometteremo l'argomento ω in $\mathbb{F}_n(\omega, x)$. È possibile costruire un funzionale statistico specificando la forma funzionale di T. Quando scegliamo l'integrale rispetto a $dF_X(x)$ diciamo che $T(F_X) = \int g(x) dF_X(x)$ è un *funzionale lineare*.[13] Interpretando $\mathbb{F}_n$ come la funzione di ripartizione che assegna masse di probabilità uguali $\frac{1}{n}$ a ciascun 'dato' R_i possiamo considerare lo stimatore plug-in di un funzionale statistico lineare $T(F_X)$ come

$$T(\mathbb{F}_n) = \int g(x) d\mathbb{F}_n = \frac{1}{n} \sum_{i=1}^{n} g(R_i).$$

---

[12] Questo insieme deve includere le funzioni di ripartizione empiriche e ogni distribuzione degenere.

[13] Il termine deriva dall'analisi funzionale, che studia spazi vettoriali come l'insieme di tutte le funzioni di ripartizione. Infatti, $T(\alpha F_X + \beta F_Y) = \alpha T(F_X) + \beta T(F_Y)$, ogni volta che $T(\cdot)$ è specificato da un integrale.

Ulteriori esempi di funzionali statistici si trovano nei capitoli 5,12,20 e 22 di [17]. Per ogni campione di rendimenti logaritmici, e in particolare per v.a. IID, definiamo

$$R_{(1)} = \min\{R_1, \ldots, R_n\},$$
$$R_{(2)} = \text{secondo più piccolo di } R_1, \ldots, R_n,$$
$$\vdots$$
$$R_{(n-1)} = \text{secondo più grande di } R_1, \ldots, R_n,$$
$$R_{(n)} = \max\{R_1, \ldots, R_n\}.$$

Chiamiamo $R_{(i)}$le la i-esima *statistica ordinata*, poiché è anch'essa una funzione del campione. Si noti che per costruzione $R_{(1)} \leqslant \cdots , \leqslant R_{(n)}$. Usando questo possiamo definire la *funzione quantile empirica* $\mathbb{F}_n^{-1}(c) = R_{n(i)}$ per $c \in (\frac{i-1}{n}, \frac{i}{n}]$. Nel caso IID, è facile vedere che

$$F_{R_{(n)}}(x) = \mathsf{P}(\max\{R_1, \ldots, R_n\} \leqslant x)$$
$$= \mathsf{P}(R_1 \leqslant x, \ldots, R_n \leqslant x)$$
$$= \mathsf{P}(R_1 \leqslant x) \cdots \mathsf{P}(R_n \leqslant x) = F_X(x),$$

dove ancora F_X è la funzione di ripartizione incognita tale che $R_1, \ldots, R_n \sim F_X$. La prima uguaglianza è valida in quanto l'evento $\{\max\{R_1, \ldots, R_n\} \leqslant x\}$ equivale a $\bigcap_{i=1}^{n}\{R_i \leqslant x\}$ e le altre sono dovute all'indipendenza. Analogamente otteniamo:

$$F_{R_{(1)}}(x) = 1 - \mathsf{P}(\min\{R_1, \ldots, R_n\} > x)$$
$$= 1 - \mathsf{P}(R_1 > x, \ldots, R_n > x)$$
$$= 1 - (1 - F_X(x))^n.$$

Si può quindi dimostrare che

$$\mathsf{P}(R_{(i)} \leqslant x) = \sum_{j=i}^{n} \binom{n}{j} F_X(x)^j (1 - F_X(x))^{n-j}.$$

Oltre alla funzione di ripartizione empirica e alla funzione quantile empirica, un approccio simile può essere utilizzato per approssimare una funzione di densità incognita relativa a una popolazione. Siano $X_1, X_2, \ldots$ v.a. IID distribuite secondo F_X, che ammette densità f_X. Fissiamo un intervallo $[a, b]$ con estremi finiti e suddividiamolo in sottointervalli $I_1, \ldots, I_m$, allora $\sum_{i=1}^{n} \mathbf{I}_{\{X_i \in I_j\}}$ conta quante osservazioni ricadono in I_j tra i primi n elementi $X_1, \ldots, X_n$ del campione, per $j = 1, \ldots, m$, e la v.a.

$$Y_n^j := \frac{1}{n} \sum_{i=1}^{n} \mathbf{I}_{\{X_i \in I_j\}},$$

esprime questa quantità in percentuale. Supponendo che tutti i sottointervalli abbiano la stessa lunghezza, un *istogramma* è un grafico a barre in cui ciascuna delle m

barre ha altezza proporzionale a Y_n^j insistente su I_j. Per la SLLN, al tendere di n all'infinito si ha

$$Y_n^j \xrightarrow{\text{a.s.}} \mathsf{E}(\mathbf{I}_{\{X_i \in I_j\}}) = \mathsf{P}(X_i \in I_j) = \int_{I_j} f_X(x)\mathrm{d}x,$$

il che spiega perché si usano gli istogrammi di frequenza, desunti da un dataset di osservaioni campionarie, per approssimare la densità incognita: per n sufficientemente grande, ogni sottointervallo I_j si restringe e la barra corrispondente approssima meglio il valore di $f_X(x)$ per $x \in I_j$. Un'altra applicazione simile riguarda il *grafico dei quantili*. Date le v.a. $X_1, \ldots, X_n \sim F_X$ IID e $B_x = (-\infty, x]$, con $\mathsf{E}(\mathbf{I}_{B_x}(X_1)) = F_X(x)$, si ha che

$$\frac{1}{n}\sum_{i=1}^{n}\mathbf{I}_{B_x}(X_i) \xrightarrow{\text{a.s.}} \mathsf{E}(\mathbf{I}_{B_x}(X_1)),$$

per la SLLN. Considerando le statistiche ordinate $X_{(1)} \leqslant \cdots \leqslant X_{(n)}$ e la funzione di ripartizione empirica $\mathbb{F}_n$ è chiaro che

$$\mathbb{F}_n(\omega, x) = \frac{1}{n}\sum_{i=1}^{n}\mathbf{I}_{B_x}(X_i),$$

dove $\mathbb{F}_n(\omega, x) = 0$ se $x < X_{(1)}$, $\mathbb{F}_n(\omega, x) = 1$ se $X_{(n)} \leqslant x$ e tra questi valori si ha

$$\mathbb{F}_n(\omega, x) = \frac{i}{n}, \quad \text{se } x \in [X_{(i)}, X_{(i+1)}), \ \ i = 1, \ldots, n-1.$$

Quindi, se raccogliamo dati $X_1, \ldots, X_n$ e ci chiediamo se essi siano generati, ad esempio, da $Z \sim \mathsf{N}(0, 1)$, poiché $\mathbb{F}_n = \frac{i}{n}$ in $X_{(i)}$ allora il vero valore $\frac{i}{n}$ e la versione campionaria $F_Z(X_{(i)})$ (cfr. v.a.) sono vicini tra loro. In base alla trasformazione quantile avremo $Q_Z(\frac{i}{n})$ e $X_{(i)}$ legati tra loro: tracciando una retta con pendenza (unitaria) di $\frac{\pi}{4}$ le coppie $(Q_Z(\frac{i}{n}), X_{(i)})$ giacciono 'lungo' tale retta. Il grafico risultante è noto come *q-q plot*. Ad esempio, avendo a disposizione n rendimenti storici $r_1, \ldots, r_n$ possiamo standardizzarli, $x_l = \frac{r_i - \bar{r}}{\bar{s}}$ per $i = 1, \ldots, n$, dove $\bar{r} = n^{-1}\sum_{i=1}^{n}r_i$ è la media campionaria e $\bar{s} = \sqrt{n^{-1}\sum_{i=1}^{n}(r_i - \bar{r})^2}$ è la deviazione standard campionaria, poi li disponiamo in ordine crescente $x_{(1)} < x_{(2)} < \cdots < x_{(n)}$ ottenendo la versione campionaria della statistica ordinata $X_{(1)}, \ldots, X_{(n)}$. Dopo, dividiamo l'asse x in n intervalli aspettandoci di osservare un valore $x_{(i)}$ nell'i-esimo intervallo purché sia il più vicino possibile al quantile $Q_Z(\frac{i}{n})$ di una normale standard: il più piccolo rendimento standardizzato $x_{(1)}$ dovrebbe essere vicino a $Q_Z(\frac{1}{n})$, il secondo più piccolo $x_{(2)}$ a $Q_Z(\frac{2}{n})$, e così via. Per campioni di dimensione n grande abbastanza, se il q-q plot[14] mostra punti che giacciono approssimativamente su una retta di pendenza unitaria, allora possiamo assumere che i rendimenti storici siano estratti da $Z \sim \mathsf{N}(0, 1)$. Il comando `matlab qqplot(x)` può essere utilizzato per produrre un q-q plot dei dati contenuti nel vettore x.

---

[14] Si tracciano i rendimenti storici ordinati sull'asse y è i quantili della normale standard sull'asse x.

8.4 Applicazione 2: simulazione Monte Carlo

Siano $S_1, \ldots, S_n$ i prezzi giornalieri di un'azione e poniamo $\theta = h(S_1, \ldots, S_n) = n^{-1} \sum_{t=1}^{n} S_t$, ovvero la media campionaria delle v.a., tale che $h(S_1, \ldots, S_n) \in L^1$. Possiamo stimare θ tramite il seguente algoritmo:

Input: $m \leftarrow$ intero
for $i = 1$ **to** m **do**
    simula un vettore $\mathbf{S}_i$ di n prezzi azionari ;
    assegna $h(i)$ come la funzione $h(\mathbf{S}_i)$;
    calcola la media aritmetica di $h(i)$
end

Questo tipo di algoritmo è alla base dei cosiddetti *metodi Monte Carlo* di simulazione. In sostanza, dato il vettore casuale $\mathbf{S}_i$ di n prezzi azionari simulati, abbiamo $h(i) = h(\mathbf{S}_i)$ al quarto passo del codice sopra e quindi il passo successivo fornisce

$$\theta_n := \frac{h(1) + \cdots + h(m)}{m},$$

ovvero una media di medie. Possiamo usare θ_n come stimatore di θ: in effetti esso è non distorto,

$$\mathsf{E}(\theta_n) = \frac{\mathsf{E}\left(\sum_{i=1}^{m} h(\mathbf{S}_i)\right)}{m} = \frac{m\theta}{m} = \theta,$$

e per la SLLN è anche consistente in quanto $\theta_n \xrightarrow{\text{a.s.}} \theta$ per $n \to \infty$, se ci si specializza al caso di un campione casuale di prezzi azionari, cioè si assume l'ipotesi di v.a. IID, e per la (i) del Teorema 8.1 si ha anche $\theta_n \xrightarrow{\text{P}} \theta$. La simulazione Monte Carlo può essere utilizzata per stimare la media incognita della popolazione usando la media campionaria,

$$\mu = \mathsf{E}(X) = \int_{-\infty}^{\infty} x \, \mathrm{d}F_X(x) \approx \frac{1}{n} \sum_{i=1}^{n} c_i,$$

dove $c_1, \ldots, c_n$ è una realizzazione del campione, avendo assunto[15] $S_1, \ldots, S_n \sim F_X$. Possiamo invocare il Teorema 5.1, Paragrafo 5.6, considerando $X = Q_X(U)$ con $U \sim \mathrm{U}(0, 1)$ così che la media campionaria può essere approssimata da $n^{-1} \sum_{t=1}^{n} Q_X(u_i)$, dove $Q_X(u_i) = c_i$ e $u_1, \ldots, u_n$ sono numeri casuali uniformi su $[0, 1]$. Ciò è possibile grazie a:

---

[15] Assumiamo anche $X \in L^1$.

Lemma 8.2

Sia $h : [0, 1] \to \mathbb{R}$ una funzione continua[16] tale che $\int_0^1 |h(x)|\,dx < \infty$, e si considerino le v.a. $U_i \sim U(0, 1)$ IID, per $i = 1, 2, \ldots$ Allora $n^{-1} \sum_{i=1}^n h(U_i) \xrightarrow{a.s.} \int_0^1 h(x)\,dx$.

Infatti, abbiamo $\mathsf{E}(h(U_1)) = \int_0^1 h(x)\,dx$ e considerando $Y_i = h(U_i)$ con $\mathsf{E}(|Y_i|) = \int_0^1 |h(x)|\,dx$ si applica la SLLN, Teorema 8.7, nel caso di v.a. Y_i IID.

Esempio 8.10 (Valutazione di Opzioni)

La teoria dell'arbitraggio a tempo continuo fornisce la seguente formula per il prezzo di un'opzione call europea:

$$C_0 = e^{-rT}\,\mathsf{E}\!\left(\max\left\{S_0 e^{(r-\sigma^2/2)T + \sigma\sqrt{T}Z} - K, 0\right\}\right),$$

dove S_0 è il prezzo iniziale dell'azione che non paga dividendi nell'intervallo $[0, T]$, K è il prezzo di esercizio, $S_0 e^{(r-\sigma^2/2)T + \sigma\sqrt{T}Z}$ è la v.a. rappresentatnte il prezzo dell'azione al tempo T, e r è il tasso di rendimento composto continuamente di un'attività priva di rischio, si veda il Paragrafo 2.5 nel Capitolo 2, con $Z \sim N(0, 1)$. Una stima di σ^2 può essere la varianza campionaria $\hat{\sigma}^2$ dei rendimenti logaritmici giornalieri storici, quindi conoscendo il valore S_0 e il prezzo di esercizio K, possiamo approssimare T con il numero di giorni di negoziazione in $[0, T]$ espresso in termini annuali e lanciare la simulazione di n numeri casuali uniformi $U_i \sim U(0, 1)$ per calcolare $Z = Q_Z(U_i)$ così che la stima Monte Carlo di C_0 sarà:

$$\frac{1}{n} e^{-rT} \sum_{i=1}^n \max\left\{S_0 e^{(r-\hat{\sigma}^2/2)T + \hat{\sigma}\sqrt{T}Q_Z(u_i)} - K, 0\right\},$$

dove $u_1, \ldots, u_n$ sono le realizzazioni effettive del campione uniforme casuale.

Codice del Programma

```
rand('state',0);
n=1000; T=0.5; S0=100; mu=0.15; sigma=0.2; K=92; r=0.01
U=rand(1,n); Z=norminv(U,0,1);
ST = S0 * exp((mu - (sigma^2)/2)*T + sigma*sqrt(T)*rand(1,n));
if ST>=K;
    C0=exp(-r*T)mean(ST - K*ones(1,n))
else C0=0;
end;
```

---

[16] Questa ipotesi può essere indebolita richiedendo che $h(x)$ sia Borel misurabile.

Il codice sopra è scritto in `Matlab`: il comando `rand('state',0)` inizializza il generatore di numeri casuali uniformi; il numero di simulazioni di $Z \sim N(0,1)$, l'orizzonte temporale, i parametri μ, σ e il prezzo di esercizio sono impostati nella seconda riga; `U=rand(1,n)` genera 1000 numeri casuali uniformi e `Z=norminv(U,0,1)` restituisce un array (vettore riga) di 1000 valori estratti da una distribuzione normale standard. La funzione `ones(1,n)` restituisce un array (vettore riga) di 1000 uni. La quarta riga imposta la formula per il prezzo azionario distribuito in modo log-normale[17], e il resto del codice fornisce un calcolo condizionale ricorsivo del prezzo al tempo $t = 0$ della call europea.

8.5　Applicazione al modello lognormale del prezzo di un'azione

Supponiamo di essere interessati alla quotazione di una singola azione scambiata nel mercato, e che vogliamo costruire un modello della distribuzione di probabilità di S_T sull'orizzonte temporale $[0, T]$. Per ogni giorno di negoziazione, i rendimenti logaritmici sono una buona approssimazione dei rendimenti aritmetici, si veda il Paragrafo 2.5. Infatti, considerando lo sviluppo in serie di Taylor[18] di $\ln(1 + x)$ intorno a $x = 0$ otteniamo

$$\ln(1 + x) = x - \frac{1}{2}x^2 + \frac{2}{3!}x^3 - \cdots = \sum_{n=1}^{\infty}(-1)^{n+1}\frac{x^n}{n},$$

e si osserva che quando $x \approx 0$ le potenze $\frac{x^n}{n}$ si annullano rapidamente per $n > 1$, il che è il caso per i rendimenti giornalieri storici x. Ricordando che $r_T = \frac{S_T - S_0}{S_0}$, abbiamo:

$$\ln(1 + r_T) = \ln\left(\frac{S_T}{S_0}\right) \approx r_T.$$

Il problema del miglioramento di questa approssimazione usando rendimenti a più alta frequenza è legato alla seguente domanda: fissato l'orizzonte temporale $[0, T]$ e supponendo di poter investire una somma di denaro in $t = 0$ e mantenere l'investimento fino a $t = T$, è questa una buona strategia? Una risposta a questa domanda richiede affermazioni probabilistiche su S_T, il che fornisce una motivazione finanziaria al problema annesso relativo alla ricostruzione della distribuzione del prezzo finale dell'azione. L'idea di utilizzare rendimenti a frequenza più alta rispetto a

---

[17] L'orizzonte $T = 0.5$ corrisponde a 6 mesi, e i parametri μ, σ sono espressi in termini annuali.
[18] In modo equivalente, possiamo considerare lo sviluppo in serie di Taylor di e^x vicino a $x = 0$ fino al termine di primo ordine

$$e^x = x + 1 + o(x),$$

dove $o(x) \to 0$ per $x \to 0$ più velocemente di x.

quelli giornalieri richiede di scomporre $[0, T]$ in $n \in \mathbb{N}$ sottointervalli di uguale ampiezza $\Delta = \frac{T}{n}$. Si ha:

$$g_T = \frac{S_T}{S_0} = \frac{S_{t_n}}{S_{t_{n-1}}} \frac{S_{t_{n-1}}}{S_{t_{n-2}}} \cdots \frac{S_{t_1}}{S_{t_0}}$$

$$= g_{t_n} g_{t_{n-1}} \cdots g_{t_1},$$

dove $t_i = i\Delta$ per $i = 0, 1, 2, \ldots, n$, con $t_0 = 0$ e $t_n = T$. Successivamente, scriviamo

$$\ln(g_T) = \ln\left(g_{t_n} g_{t_{n-1}} \cdots g_{t_1}\right)$$

$$= \ln(g_{t_n}) + \ln(g_{t_{n-1}}) + \cdots + \ln(g_{t_1})$$

$$= \ln\left(\frac{S_T}{S_0}\right) \approx r_T$$

il che implica $S_T = S_0 e^{R_T} \approx S_0(1 + r_T)$, dove $R_T = \ln\left(\frac{S_T}{S_0}\right)$ è il rendimento logaritmico in T. Facendo tendere n a ∞ si ha $\Delta \to 0$ poiché

$$\lim_{n \to \infty} \Delta = \lim_{n \to \infty} \frac{T}{n} = 0, \qquad T \text{ fissato.}$$

Ma $T = n\Delta$, quindi se $n \to \infty$ e al contempo $\Delta \to 0$ allora n e $\frac{1}{\Delta}$ sono dello stesso ordine di grandezza. Inoltre, supponiamo che $\mathsf{E}(\ln(g_{t_i})) = \mu\Delta$ e $\mathsf{V}(\ln(g_{t_i})) = \sigma^2\Delta$, dove $\mu \in \mathbb{R}$ e $\sigma > 0$. Questi rappresentano rispettivamente il rendimento atteso composto in modo continuo e la *volatilità* (cfr. Paragrafo 9.4.5) di un rendimento logaritmico come approssimazione delle rispettive quantità riferite al rendimento aritmetico r_{t_i}, per ogni $i = 1, \ldots, n$. Dai fatti stilizzati sui rendimenti giornalieri, queste ipotesi sono intese come regole proporzionali per i rendimenti istantanei su ciascun sottointervallo. Il rendimento atteso e la volatilità sull'intero orizzonte temporale sono dati, tramite aggregazione, rispettivamente da:

$$\mathsf{E}(\ln(g_T)) = \mathsf{E}\left(\sum_{i=1}^{n} \ln(g_{t_i})\right) = \sum_{i=1}^{n} \mathsf{E}(\ln(g_{t_i})) = \mu n \Delta = \mu T$$

$$\mathsf{V}(\ln(g_T)) = \mathsf{V}\left(\sum_{i=1}^{n} \ln(g_{t_i})\right) = \sum_{i=1}^{n} \mathsf{V}(\ln(g_{t_i})) = \sigma^2 n \Delta = \sigma^2 T.$$

L'ultima equazione si basa sull'ulteriore ipotesi che i rendimenti logaritmici periodici siano v.a. IID, ancora una volta basandosi su fatti stilizzati che suggeriscono una scarsa autocorrelazione tra i rendimenti logaritmici giornalieri storici come approssimazione dell'ipotesi di indipendenza; i loro istogrammi di frequenza risultano simili al cambiamento delle finestre temporali. Standardizzando

$$\frac{\ln(g_T) - \mathsf{E}(\ln(g_T))}{\sqrt{\mathsf{V}(\ln(g_T))}} = \frac{\sum_{i=1}^{n} \ln(g_{t_i}) - \mu T}{\sigma \sqrt{T}},$$

e per $n \to \infty$ i rendimenti logaritmici sono osservati molto più frequentemente all'interno di $[0, T]$, quindi per il CLT la loro media campionaria $\bar{g}_n = n^{-1} \sum_{i=1}^{n} \ln(g_{t_i})$ è tale che $\sqrt{n}\,\bar{g}_n \approx \mathrm{N}(\mu T, \sigma\sqrt{T})$, e la sua funzione di ripartizione può essere approssimata da quella di una gaussiana $\mu T + \sigma\sqrt{T}Z \sim \mathrm{N}(\mu T, \sigma^2 T)$ con $Z \sim \mathrm{N}(0, 1)$ normale standard. Come conseguenza, un modello ragionevole per il prezzo dell'azione alla fine dell'orizzonte è

$$\ln(g_T) = \ln\left(\frac{S_T}{S_0}\right) = \mu T + \sigma\sqrt{T}Z$$

$$\Longleftrightarrow$$

$$S_T = S_0 e^{\mu T + \sigma\sqrt{T}Z}.$$

Deduciamo che la v.a. S_T è una lognormale. Se si fanno ulteriori ipotesi, in particolare che il mercato sia privo di arbitraggio, possiamo[19] porre $\mu = r - \frac{\sigma^2}{2}$, dove r è il tasso privo di rischio.

8.6 Esercizi

8.1 Dimostrare il punto (i) del Teorema 8.1.

8.2 Dimostrare il punto (iii) del Teorema 8.1.

8.3 Dimostrare il punto (iv) del Teorema 8.1.

8.4 Dimostrare il punto (v) del Teorema 8.1.

8.5 Scrivere la funzione di verosimiglianza di un campione gaussiano di rendimenti lordi $R_1, \ldots, R_n \sim \mathrm{N}(\mu, \sigma^2)$, e verificare che essa è massimizzata nella media campionaria $\bar{R}_n$ e nella deviazione standard campionaria $\sqrt{\bar{V}_n}$.

8.6 Dimostrare il Lemma 8.1.

8.7 Per $1 \leqslant p < \infty$, dimostrare che in $\mathcal{L}^p$, definito come l'insieme di tutte le v.a. con momento p-esimo finito, la relazione $X\,\mathcal{R}\,Y$ definita come $X \overset{\text{a.s.}}{=} Y$, per ogni $X, Y \in \mathcal{L}^p$, è effettivamente una relazione di equivalenza con spazio quoziente L^p.

---

[19] Dopo un opportuno cambiamento della misura di probabilità P, sostituita dalla cosiddetta *misura martingala equivalente*.

Appendice

Dettagli sul Teorema 8.1

Dimostrazione del Teorema 8.1, (ii)   Sia $g : \mathbb{R} \to \mathbb{R}$ limitata e continua, così che $g(X_n) \xrightarrow{\text{P}} g(X)$ per il Teorema della funzione continua 8.3. Per il Teorema 8.2, parte (b), abbiamo anche $g(X_n) \xrightarrow{L^1} g(X)$, il che a sua volta implica la convergenza dei valori attesi e questo insieme al lemma di Portmanteau 8.3, parte (b) (vedi sotto), garantisce il risultato desiderato.   ∎

Lemma di Portmanteau

Presentiamo un risultato utile sulla convergenza in distribuzione senza dimostrazione.

Lemma 8.3 (Portmanteau (parziale))
Siano X_n, X v.a. Le seguenti affermazioni sono equivalenti.

(a) $\displaystyle\lim_{n\to\infty} F_{X_n}(x) = F_X(x)$ *in ogni punto di continuità* $x \in \mathbb{R}$;
(b) $\displaystyle\lim_{n\to\infty} \mathsf{E}(g(X_n)) = \mathsf{E}(g(X))$, *per ogni funzione g limitata e continua*;
(c) $\displaystyle\lim_{n\to\infty} \mathsf{P}(X_n \in B) = \mathsf{P}(X \in B)$, *per ogni insieme boreliano* $B \subset \mathbb{R}$ *tale che*
$\mathsf{P}(X \in \partial B) = 0$, *ove* ∂B *la frontiera di B.*

Questa formulazione del lemma è incompleta, poiché occorre aggiungere quattro condizioni equivalenti che qui sono omesse; si veda [17, Teo 2.2], punti (iii)-(vi). Per l'equivalenza (a) ⇔ (b) si veda anche [11, Teo 5.8].

Convergenza in distribuzione: casi particolari

La convergenza in distribuzione può essere specializzata ai casi in cui tutte le v.a. X_n, X sono o continue con densità $f_{X_n}(x)$, $f_X(x)$ oppure discrete con masse $\mathsf{P}(X_n = x)$, $\mathsf{P}(X = x)$. Nel primo caso:

$$\lim_{n\to\infty} \mathsf{E}(g(X_n)) = \lim_{n\to\infty} \int g(x) f_{X_n}(x)\mathrm{d}x$$

$$= \int g(x) \lim_{n\to\infty} f_{X_n}(x)\mathrm{d}x$$

$$= \int g(x) f(x)\mathrm{d}x = \mathsf{E}(g(X)),$$

dove affinché la seconda uguaglianza sia valida dobbiamo assumere $f_{X_n}(x) \leq g(x)$, per ogni $n \in \mathbb{N}$, con $g(x)$ limitata e continua, con $\int g(x)\mathrm{d}x < \infty$ e $\lim_{n \to \infty} f_{X_n}(x) = f_X(x)$ puntualmente,[20] così da poter applicare una versione del Teorema della convergenza dominata di Lebesgue 4.12 per funzioni misurabili a valori reali, si veda l'Appendice al Capitolo 4. Ma questa non è altro che la convergenza in distribuzione $X_n \xrightarrow{\mathrm{d}} X$, cfr. il lemma di Portmanteau 8.3, equivalenza (a)$\Leftrightarrow$(b). Si può generalizzare al caso di vettori aleatori $\mathbf{X}_n, \mathbf{X}$ aventi densità congiunte $f_{\mathbf{X}_n}(\mathbf{x}), f_{\mathbf{X}}(\mathbf{x})$, tali che $\lim_{n \to \infty} f_{\mathbf{X}_n}(\mathbf{x}) = f_{\mathbf{X}}(\mathbf{x})$ puntualmente:[21]

tale convergenza implica nuovamente la convergenza in distribuzione $\mathbf{X}_n \xrightarrow{\mathrm{d}} \mathbf{X}$ delle CDF congiunte. Per quanto riguarda il secondo caso, si può dimostrare che $\lim_{n \to \infty} \mathsf{P}(X_n = x) = \mathsf{P}(X = x)$ è equivalente a $X_n \xrightarrow{\mathrm{d}} X$, per ogni x nei supporti di ciascuna v.a. X_n e nel supporto della v.a. X, si veda [8, Teo 18.9] per una dimostrazione. Infine presentiamo un parziale inverso dell'implicazione

$$\mathbf{X}_n \xrightarrow{\mathrm{d}} \mathbf{X} \Longrightarrow X_{in} \xrightarrow{\mathrm{d}} X_i, \quad \text{per } i = 1, \ldots, m$$

per vettori aleatori $\mathbf{X}_n = (X_{1n}, \ldots, X_{mn})$ e $\mathbf{X} = (X_1, \ldots, X_m)$. Infatti, la convergenza in distribuzione per vettori aleatori è equivalente a

$$\sum_{i=1}^{m} a_i X_{in} \xrightarrow{\mathrm{d}} \sum_{i=1}^{m} a_i X_i, \tag{8.4}$$

per ogni scelta di $\mathbf{a} = (a_1, \ldots, a_n)$. Dimostrare che $\mathbf{X}_n \xrightarrow{\mathrm{d}} \mathbf{X}$ implica la condizione (8.4) equivale a quanto segue. Data la funzione lineare

$$h(\mathbf{x}) = g(\mathbf{a} \cdot \mathbf{x}) = g\left(\sum_{i=1}^{n} a_i x_i\right)$$

abbiamo

$$\lim_{n \to \infty} \mathsf{E}(h(\mathbf{X}_n)) = \mathsf{E}(h(\mathbf{X})),$$

che è convergenza in distribuzione poiché $h(\cdot)$ è limitata e continua su $\mathbb{R}^m$ purché $g(\cdot)$ sia limitata e continua su $\mathbb{R}$. Si vedano anche i Complementi sulle CHF.

---

[20] Tale convergenza può essere indebolita richiedendo $f_{X_n}(x) \to f_X(x)$ tranne che su un insieme di x avente misura di Lebesgue nulla.

[21] Anche in questo caso si può indebolire richiedendo la convergenza su un insieme di $\mathbf{x}$ avente misura di Lebesgue m-dimensionale nulla.

Ulteriori dettagli sulla convergenza in distribuzione

La convergenza in probabilità non implica la convergenza dei valori attesi, con un'eccezione che richiede una proprietà aggiuntiva. Diremo che una successione $(X_n)_{n\in\mathbb{N}} \subset L^1$ di v.a. è *uniformemente integrabile* se

$$\lim_{M\to\infty} \sup \mathsf{E}\big(|X_n|\mathbf{I}_{\{|X_n|>M\}}\big) = 0. \tag{8.5}$$

Per il Teorema della convergenza dominata di Lebesgue 4.12 (si veda l'Appendice al Capitolo 4) è vero che[22]

$$\lim_{M\to\infty} \mathsf{E}(|X_n|\mathbf{I}_{\{|X_n|>M\}}) = 0.$$

La condizione $\mathsf{E}(|X_n|\mathbf{I}_{\{|X_n|>M\}}) < \delta$ vale per ogni $\delta > 0$ e per una certa costante M, ma nella (8.5) richiediamo ulteriormente che valga per lo stesso[23] M per tutti gli X_n. Si può dimostrare che l'integrabilità uniforme è equivalente alla condizione $\sup_n \mathsf{E}(|X_n|) < \infty$, cfr. [11, Teo 5.16], parte i). Ora, se $X_n \xrightarrow{\mathsf{P}} c$ e $(X_n)_{n\in\mathbb{N}} \subset L^1$ è uniformemente integrabile allora $\lim_{n\to\infty} \mathsf{E}(X_n) = c$, per una costante $c \in \mathbb{R}$, si veda [11, Teo 5.17] nel caso degenere $X = c$. Una situazione simile si verifica per la convergenza in distribuzione. Intuitivamente, se $\mathsf{P}(|X_n| > M) < \epsilon$ vale per ogni $\epsilon > 0$ e una certa costante M, le v.a. X_n si dicono *tight*. Se scegliamo lo stesso M per ogni $n \in \mathbb{N}$, la successione si dice *uniformemente tight*.[24] D'altra parte, la convergenza in distribuzione $X_n \xrightarrow{\mathsf{d}} X$ implica che $(X_n)_{n\in\mathbb{N}}$ è uniformemente tight.[25] In effetti, si verifica un comportamento patologico quando $X_n \xrightarrow{\mathsf{d}} X$ e tutte le v.a. X_n sono continue ma X non lo è. Più in generale, può accadere che una successione di ripartizioni $F_{X_n}(x)$ converga puntualmente a una funzione limite $F_X(x)$ che non è una vera CDF, per esempio perché pu essendo non decrescente, continua da destra non risulta $F_X(\infty) < 1$ e $F_X(-\infty) > 0$. Una tale CDF si chiama *difettiva*, e può essere discontinua da destra in alcuni punti x dove $F_X(x) - F_X(-x) > 0$. In quest'ultimo caso, gli insiemi di punti isolati $\{x\}$ devono essere esclusi dalla convergenza poiché $\mathsf{P}(X \in \partial\{x\}) > 0$, dove abbiamo considerato $\partial\{x\} = \{x\}$. Il seguente lemma risolve questo problema, si vedano [17, Lemma 2.5] o [11, Teo 6.32].

---

[22] Ogni v.a. troncata $|X_n|\mathbf{I}_{\{|X_n|>M\}}$ è dominata da X_n, per ogni n, e il rispettivo valore atteso converge a zero.

[23] Si ricordi che una successione di funzioni $(f_n(x))_{n\in\mathbb{N}}$, definite sullo stesso dominio, diciamo D, converge uniformemente a una funzione limite $f(x)$ se e solo se $\sup_{x\in D} |f_n(x) - f(x)| \to 0$ per $n \to \infty$, cioè $\sup_{x\in D} |f_n(x) - f(x)| < \delta$ per ogni $\delta > 0$ e un certo $N \in \mathbb{N}$ tale che $n > N$.

[24] L'evento complementare $\{|X_n| \leqslant M\}$ è definito su un sottoinsieme compatto $[-M, M]$.

[25] Si veda il teorema di Prohorov [17, Teo 2.4]. parte (i). Vale anche il viceversa: se la successione di v.a. è uniformemente tight, allora esiste una sottosuccessione che converge in distribuzione, che è il Teorema [17, Teo 2.4]. parte (ii).

Lemma 8.4 (Helly)
Sia $(F_{X_n}(x))_{n\in\mathbb{N}}$ una successione di ripartizioni. Allora esiste una sottosuccessione tale che $\lim_{k\to\infty} F_{X_{n_k}}(x) = F_X(x)$, in ogni punto di continuità x di una possibile CDF difettiva F_X.

Quando la v.a. limite X ha una ripartizione continua F_X, la convergenza in distribuzione è verificata per ogni $x \in \mathbb{R}$, e allora si tratta di convergenza uniforme delle CDF F_{X_n}, cioè, $\sup_x |F_{X_n}(x) - F_X(x)| \to 0$ per $n \to \infty$, cfr. [17, Lemma 2.11]. Esiste una versione più generale del Lemma 8.4, nota come *principio di selezione di Helly*, si veda ad esempio [8, Teo 18.6]. Trattazioni più complete dei concetti di convergenza si trovano in [1] e [6].

Ulteriori relazioni di convergenza

Teorema 8.12
Siano X_n, X e Y_n, Y v.a. Allora:

(i) *se $X_n \xrightarrow{d} X$ e $|X_n - Y_n| \xrightarrow{P} 0$, allora $Y_n \xrightarrow{d} X$;*

(ii) *se $X_n \xrightarrow{d} X$ e $Y_n \xrightarrow{P} c$, allora $(X_n, Y_n) \xrightarrow{d} (X, c)$, dove $c \in \mathbb{R}$;*

(iii) *se $X_n \xrightarrow{P} X$ e $Y_n \xrightarrow{P} Y$, allora $(X_n, Y_n) \xrightarrow{P} (X, Y)$.*

Dimostrazione   Dimostriamo solo le (ii) e (iii). Per la dimostrazione di (i) si veda [17, Teo 2.7]. Per verificare la (ii), ricordiamo innanzitutto che la convergenza in probabilità per vettori aleatori richiede di sostituire il valore assoluto nella condizione $|X_n - X| \xrightarrow{P} 0$ per v.a. univariate, con la distanza euclidea $d((X_n, Y_n), (X_n, c)) = \sqrt{(X_n - X_n)^2 + (Y_n - c)^2}$, valida per vettori aleatori bivariati (X_n, Y_n), per ogni n, e (Y_n, c). Quindi, $d((X_n, Y_n), (X_n, c)) = |Y_n - c|$ che converge a zero in probabilità. In base alla (i) la dimostrazione si riduce a verificare che $(X_n, c) \xrightarrow{d} (X, c)$. Infatti, per ogni funzione limitata e continua $g(x, y)$, l'applicazione $x \mapsto g(x, c)$ è anch'essa continua e limitata. Allora, se $X_n \xrightarrow{d} X$ otteniamo $\mathsf{E}(g(X_n, c)) \xrightarrow{d} \mathsf{E}(g(X, c))$ e il risultato segue. Per dimostrare la (iii) basta invocare la disuguaglianza $d((X_n, Y_n), (X, Y)) \leq d(X_n, X) + d(Y_n, Y)$. ∎

Si noti che il lemma di Slutsky può essere dedotto dal Teorema 8.12 nel seguente modo. Per la parte (ii), se $X_n \xrightarrow{d} X$ e $Y_n \xrightarrow{d} c$ allora abbiamo $(X_n, Y_n) \xrightarrow{d} (X, c)$, e per il Teorema 8.3 abbiamo anche $g(X_n, Y_n) \xrightarrow{d} g(X, c)$ per una funzione $g(x, y)$

continua in ogni punto di $\mathbb{R}^2 \times \{c\}$ dove il vettore aleatorio (X, c) assume valori. Scegliendo $g(x, y) = x + y$ oppure $g(x, y) = xy$ si ottiene la parte (b) del Teorema 8.4.

Complementi sulla CHF

Ogni CHF $\phi_X(u) = \mathsf{E}(\mathrm{e}^{\mathrm{i}uX})$ è uniformemente continua:

$$
\begin{aligned}
|\phi_X(u + h) - \phi_X(u)| &= |\mathsf{E}(\mathrm{e}^{(\mathrm{i}+h)uX}) - \mathsf{E}(\mathrm{e}^{\mathrm{i}uX})| \\
&= |\mathsf{E}(\mathrm{e}^{\mathrm{i}uX}(\mathrm{e}^{\mathrm{i}hX} - 1))| \\
&\leqslant \mathsf{E}(|\mathrm{e}^{\mathrm{i}uX}||\mathrm{e}^{\mathrm{i}hX} - 1|) = \mathsf{E}(|\mathrm{e}^{\mathrm{i}hX} - 1|),
\end{aligned}
$$

quindi $\lim_{h \to 0} \mathsf{E}(|\mathrm{e}^{\mathrm{i}hX} - 1|) = 0$ e per il teorema della convergenza dominata di Lebesgue 4.12 la convergenza vale per ogni u. Presentiamo ulteriori proprietà della CHF. Dalla formula di Eulero possiamo considerare il coniugato di un numero complesso come $\mathrm{e}^{-\mathrm{i}x} = \overline{\mathrm{e}^{\mathrm{i}x}} = \cos x - \mathrm{i} \sin x$ quindi:

$$
\begin{aligned}
\phi_X(-u) = \mathsf{E}(\mathrm{e}^{-\mathrm{i}uX}) &= \mathsf{E}(\overline{\mathrm{e}^{\mathrm{i}uX}}) \\
&= \mathsf{E}(\cos(uX)) - \mathrm{i}\mathsf{E}(\sin(uX)) = \overline{\mathsf{E}(\mathrm{e}^{\mathrm{i}uX})} = \overline{\phi_X(u)}.
\end{aligned}
$$

In questo senso, abbiamo anche $\phi_{-X}(u) = \mathsf{E}(\mathrm{e}^{-\mathrm{i}uX}) = \phi_X(-u)$ che a sua volta fornisce $\overline{\phi_X(u)}$ come CHF *coniugata*. Inoltre, la CHF determina la distribuzione, cioè, $\phi_X(u) = \phi_Y(u)$ per ogni u implica $X \overset{\mathrm{d}}{=} Y$, poiché

$$
\mathsf{P}(x < X < y) = \lim_{k \to \infty} \int_{-k}^{k} \frac{\mathrm{e}^{-\mathrm{i}uy} - \mathrm{e}^{-\mathrm{i}ux}}{\mathrm{i}u} \phi_X(u)\mathrm{d}u, \quad x, y \ \text{ punti di continuità di } F_X,
$$

si veda ad esempio [11, Teo 6.5], e quindi

$$
F_X(x) - F_X(y) = F_Y(x) - F_Y(y)
$$

così prendendo i limiti per $y \to -\infty$ otteniamo $F_X(x) = F_Y(x)$ per ogni punto di continuità[26] x. Abbiamo visto nel Paragrafo 4.4 che per una v.a. assolutamente continua X la densità simmetrica rispetto a zero può essere ottenuta tramite la trasformata di Fourier inversa. In generale, una condizione sufficiente per l'esistenza dell'inversa è l'integrabilità assoluta della CHF:

$$
\int |\phi_X(u)|\mathrm{d}u < \infty.
$$

---

[26] Questo implica $F_X(x) = F_X(y)$ anche per ogni $x \in \mathbb{R}$, poiché le CDF hanno punti di discontinuità (a salto) che formano un insieme al più numerabile

Se questa condizione è soddisfatta allora X è una v.a. assolutamente continua con densità continua e limitata $f_X(x) = \frac{1}{2\pi} \int e^{-iux} \phi_X(u) du$, si veda [11, Teo 6.7]. Ad esempio, per una normale standard $X \sim (0,1)$ abbiamo $\phi(u) = e^{-u^2/2}$ che è assolutamente integrabile poiché

$$\int |e^{-u^2/2}| du = \int e^{-u^2/2} = \sqrt{2\pi},$$

e la trasformata di Fourier inversa può essere ottenuta analiticamente tramite integrazione di linea per funzione a valori complessi.

Osservazione 8.4

Nel caso di v.a. assolutamente continua X la CHF è la *trasformata di Fourier* $\phi_X(u) = \mathfrak{F}(f_X)$) della funzione di densità. Più in generale si può considerare la ripartizione:

$$\phi_X(u) = \int e^{iux} dF_X(x).$$

Pertanto abbiamo $\phi_X(u) = \mathfrak{F}((F_X))$, una trasformata (con valori nei numeri complessi $\mathbb{C}$) che agisce nello spazio delle CDF.

Per v.a. discrete X la funzione di massa può essere ricavata come

$$\mathsf{P}(X = x) = \lim_{k \to \infty} \frac{1}{2k} \int_{-k}^{k} e^{-iux} \phi_X(u) du,$$

si veda [11, Prop 6.9]. Se esistono i momenti $\mathsf{E}(X^p)$, essi possono essere ottenuti tramite la derivata p-esima della CHF $\phi_X(u)$ valutata in zero, cfr. [11, Teo 6.11]. Ad esempio, per $X \in L^2$ abbiamo $\mathsf{E}(X) = -i \frac{d}{du} \phi_X(0)$ e $\mathsf{E}(X^2) = -\frac{d^2}{du^2} \phi_X(0)$. Assumendo che la derivata p-esima $\frac{d^p}{du^p} \phi_X(0)$ esista per p pari, allora esistono tutti i momenti pari poiché $\mathsf{E}(|X|^p)$ è finito, si veda [11, Teo 6.12]. Viceversa, se $\mathsf{E}(|X|^p) < \infty$ per qualche intero $p \geqslant 1$, possiamo sviluppare in serie di Taylor la CHF intorno a zero:

$$\phi_X(u) = \sum_{i=0}^{p} \frac{(iu)^i}{i!} \mathsf{E}(X^i) + o(|u|^p), \tag{8.6}$$

dove $o(|u|^p) \to 0$ per $u \to 0$. Quando la MGF $M_X(u) = \mathsf{E}(e^{uX})$ esiste è possibile ottenere la CHF usando la MGF stessa, $\phi_X(u) = M_X(iu)$, cioè $M_X(u) = \phi_X(-iu)$. Per un vettore aleatorio $\mathbf{X} = (X_1, \dots, X_n)$ e un vettore deterministico $\mathbf{u} = (u_1, \dots, u_n)$ la CHF è definita come

$$\phi_{\mathbf{X}}(\mathbf{u}) = \mathsf{E}(e^{i\mathbf{X} \cdot \mathbf{u}}) = \mathsf{E}\left(\exp\left(i \sum_{j=1}^{n} X_j u_j\right)\right). \tag{8.7}$$

La CHF multivariata condivide le stesse proprietà della versione univariata. Le elenchiamo di seguito.

- $\phi_{\mathbf{X}}(\mathbf{u})$ è uniformemente continua.
- $\phi_{\mathbf{X}}(-\mathbf{u}) = \overline{\phi_{\mathbf{X}}(\mathbf{u})} = \phi_{-\mathbf{X}}(\mathbf{u})$.
- Per $\mathbf{X}_1, \ldots, \mathbf{X}_m$ indipendenti vale $\phi_{\mathbf{X}_1 + \cdots + \mathbf{X}_m}(\mathbf{u}) = \phi_{\mathbf{X}_1}(\mathbf{u}) \cdots \phi_{\mathbf{X}_m}(\mathbf{u})$
- $\mathbf{X} \overset{d}{=} \mathbf{Y}$ se e solo se $\phi_{\mathbf{X}}(\mathbf{u}) = \phi_{\mathbf{Y}}(\mathbf{u})$ per ogni $\mathbf{u} \in \mathbb{R}^n$.
- Le componenti X_i di $\mathbf{X}$ sono indipendenti se e solo se $\phi_{\mathbf{X}}(\mathbf{u}) = \prod_{i=1}^n \phi_{X_i}(u_i)$.
- (Teorema di continuità di Levy) Siano $\mathbf{X}_n, \mathbf{X}$ vettori aleatori con CHFs $\phi_{\mathbf{X}_n}(\mathbf{u}), \phi_{\mathbf{X}}(\mathbf{u})$. Allora $\mathbf{X}_n \overset{d}{\to} \mathbf{X}$ se e solo se $\lim_{n \to \infty} \phi_{\mathbf{X}_n}(\mathbf{u}) = \phi_{\mathbf{X}}(\mathbf{u})$, per ogni $\mathbf{u} \in \mathbb{R}^n$. Se $\lim_{n \to \infty} \phi_{\mathbf{X}_n}(\mathbf{u}) = f(\mathbf{u})$, per ogni $\mathbf{u} \in \mathbb{R}^n$, dove $f(\mathbf{u})$ è continua in $\mathbf{0} \in \mathbb{R}^n$, allora $f(\mathbf{u}) = \phi_{\mathbf{X}}(\mathbf{u})$ e $\mathbf{X}_n \overset{d}{\to} \mathbf{X}$.

Per dimostrare che la convergenza di una combinazione lineare delle componenti in ogni vettore casuale m-dimensionale $\mathbf{X}_n$ converge in distribuzione a una combinazione lineare delle componenti in $\mathbf{X}$, con gli stessi coefficienti, definiamo le v.a. $Y_n = \mathbf{X}_n \cdot \mathbf{u}$ e $Y = \mathbf{X} \cdot \mathbf{u}$, che sono effettivamente combinazioni lineari di X_{jn} e X_j con coefficienti u_j, rispettivamente, per $j = 1, \ldots, m$. Se $\mathbf{X}_n \cdot \mathbf{u} \overset{d}{\to} \mathbf{X} \cdot \mathbf{u}$ abbiamo $\phi_{Y_n}(v) \to \phi_Y(v)$ per un arbitrario $v \in \mathbb{R}$ quando $n \to \infty$. Scegliendo quindi $v = 1$ otteniamo $\phi_{\mathbf{X}_n}(\mathbf{u}) \to \phi_{\mathbf{X}}(\mathbf{u})$ quando $n \to \infty$ e si conclude che $\mathbf{X}_n \overset{d}{\to} \mathbf{X}$.

Complementi sulla MGF

Quando una v.a. X ammette la MGF tutti i suoi momenti esistono e sono finiti, infatti ricordiamo dai corsi base di analisi che $\lim_{x \to \infty} \frac{x^e}{e^x} = 0$ e dunque $e^{|ux|}$ è maggiore di qualsiasi polinomio di grado finito in ux, per $|x| \to \infty$. Inoltre, un'applicazione del teorema della convergenza dominata di Lebesgue 4.12 permette di calcolare i momenti tramite lo sviluppo in serie di Taylor intorno a zero della MGF, sulla base del seguente approccio. Si sostituisce la successione di v.a. assunta nel teorema 4.12 con una famiglia indicizzata di v.a. $(X_u)_{u \in I}$ definite sullo stesso spazio di probabilità e tali che $\lim_{u \to 0} X_u(\omega) = X_0(\omega)$ puntualmente, dove $I \subset \mathbb{R}$ è un qualsiasi insieme non vuoto. Questo implica la convergenza puntuale $X_{u_n}(\omega) \to X_0(\omega)$ per ogni sottosuccessione $u_1 < u_2 < \cdots$ di indici con $u_k \downarrow 0$ per $n \to \infty$. Quindi, il teorema 4.12 garantisce che $\lim \mathsf{E}(X_{u_n}) = \mathsf{E}(X_0)$ e di conseguenza $\lim_{u \to 0} \mathsf{E}(X_u) = \mathsf{E}(X_0)$. Morale: il teorema della convergenza dominata, che è enunciato per limiti numerabili di v.a., vale anche per limiti continui.

Teorema 8.13 (Derivazione dentro il valore atteso)
Sia $(X_u)_{u \in (a,b)}$ una famiglia indicizzata di v.a. definite sullo stesso spazio di probabilità. Si assuma che la derivata parziale $\frac{\partial}{\partial u} X_u(\omega)$ esista, per ogni $\omega \in \Omega$ e per ogni $u \in (a,b)$. Inoltre, sia $Y \in L^1$ una v.a. tale che $|\frac{\partial}{\partial u} X_u| \leqslant Y$ valga per ogni esito ω e per ogni u. Allora, $\frac{\partial}{\partial u} X_u(\omega)$ è una v.a. e la funzione $u \mapsto$ $\mathsf{E}(X_u)$, cioè $f(u) = \mathsf{E}(X_u)$, ha derivata finita $\mathsf{E}(\frac{\partial}{\partial u} X_u)$, per ogni $a < u < b$.

Si osservi che la famiglia indicizzata nel teorema sopra può essere pensata come una collezione di funzioni $X(u, \omega)$ di due variabili, cfr. Capitolo 9.

Dimostrazione   Sia $u_k = u + \frac{1}{k}$ e si prenda $u_k \downarrow u$ al tendere di $k \to \infty$. Per prima cosa, mostriamo che $\frac{\partial}{\partial u} X_u$ è una v.a. I rapporti incrementali (cfr. quozienti di Newton) $\frac{X_{u_k}(\omega) - X_u(\omega)}{1/k}$ sono v.a. il cui limite puntuale numerabile fornisce la derivata parziale richiesta. Ora, si osservi che $|\frac{X_{u+h} - X_u}{h}| \leqslant |\frac{\partial}{\partial u} X_u| \leqslant Y$ per ipotesi, qualunque sia $h \in \mathbb{R}$, per esempio $h = \frac{1}{k}$. Il teorema della convergenza dominata di Lebesgue implica:

$$f'(u) = \lim_{h \to 0} \frac{f(u + h) - f(u)}{h} = \lim_{h \to 0} \mathsf{E}\left(\frac{X_{u+h} - X_u}{h}\right)$$
$$= \mathsf{E}\left(\lim_{h \to 0} \frac{X_{u+h} - X_u}{h}\right) = \mathsf{E}\left(\frac{\partial}{\partial u} X_u\right).$$

Tale limite è finito poiché le v.a. $|\frac{\partial}{\partial u} X_u|$ sono dominate da Y e $\mathsf{E}(|\frac{\partial}{\partial u} X_u|) \leqslant \mathsf{E}(Y) < \infty$ il che garantisce il risultato desiderato. ∎

Il Teorema 8.13 permette di scambiare l'operazione di derivata con il valore atteso, $\frac{d}{du} \mathsf{E}(X(u, \omega)) = \mathsf{E}(\frac{\partial}{\partial u} X_u)$. Di conseguenza siamo in grado di definire la MGF $M_X(u) = \mathsf{E}(e^{uX})$ a condizione che $u \neq 0$ sia scelto in modo che il valore atteso esista finito. L'ipotesi $X \in L^1$ in generale non è sufficiente ciòe non implica $e^{uX} \in L^1$, a seconda dei valori $u \in \mathbb{R}$: si ha $e^{uX} \geqslant 0$ e il corrispondente valore atteso esiste ma può essere ∞. Una condizione che garantisce la finitezza del valore atteso è $\mathsf{E}(e^{uX}) < \infty$ per $u < \delta$, e $\delta > 0$. Utilizzando lo sviluppo in serie di Taylor di e^{ux} intorno a zero e sfruttando la linearità del valore atteso otteniamo:

$$M_X(u) = \mathsf{E}\left(\sum_{p=0}^{\infty} \frac{(uX)^p}{p!}\right) = \sum_{p=0}^{\infty} \frac{u^p}{p!} \mathsf{E}(X^p). \tag{8.8}$$

si veda ad esempio [2]. Infatti, se $M_X(u)$ esiste possiamo applicare ricorsivamente il teorema 8.13 e ottenere $\left(\frac{d}{du}\right)^p M_X(u) = \mathsf{E}\left(\left(\frac{\partial}{\partial u}\right)^p e^{uX}\right) = \mathsf{E}(X^p e^{uX})$ e porre $u = 0$. Esiste una versione della MGF per vettori aleatori.

Teorema 8.14

Siano $\mathbf{X}, \mathbf{Y}$ *vettori aleatori n-dimensionali con MGF* $M_\mathbf{X}$ *e* $M_\mathbf{Y}$, *rispettivamente.*

(i) Se $\mathbf{A}$ *è una matrice* $m \times n$ *con elementi reali e* $\mathbf{b} \in \mathbb{R}^m$, *allora*

$$M_{\mathbf{A}\mathbf{X}'+\mathbf{b}}(\mathbf{u}) = e^{\mathbf{u}\cdot\mathbf{b}} M_\mathbf{X}(\mathbf{A}\mathbf{X}'),$$

per $\mathbf{u} \in \mathbb{R}^m$ *tale che* $\|\mathbf{u}\| < \delta$, *con* $\delta > 0$ *dipendente da* $\mathbf{A}$.

(ii) $\mathbf{X} \overset{d}{=} \mathbf{Y}$ *se e solo se esiste* $\delta > 0$ *tale che* $M_\mathbf{X}(\mathbf{u})$ *è uguale a* $M_\mathbf{Y}(\mathbf{u})$, *per ogni* $\mathbf{u} \in \mathbb{R}^n$ *con* $\|\mathbf{u}\| < \delta$.

La proprietà (ii) del teorema 8.14 si specializza al caso unidimensionale $n = 1$: le due v.a. devono avere momenti finiti di ogni ordine che non *crescano troppo velocemente*, equivalentemente è richiesto che P_X abbia code di *ordine esponenziale*

$$\mathsf{P}(|X| > x) \leqslant M e^{-\alpha x},$$

per $M, \alpha > 0$, si veda [2]. Ricordiamo che $\|\mathbf{x}\| = \sqrt{\sum_{i=1}^n x_i^2}$ per vettori $\mathbf{x} = (x_1, \ldots, x_n)$, considerati come vettori riga e un apice $'$ denota la trasposizione; abbiamo usato il prodotto scalare tra due vettori in $\mathbb{R}^n$, $\mathbf{x} \cdot \mathbf{y} = \sum_{i=1}^n x_i y_i$. Per due v.a. X, Y componenti un vettore aleatorio bivariato $\mathbf{X} = (X, Y)$ la MGF congiunta è definita come

$$M_\mathbf{X}(\mathbf{u}) = \mathsf{E}(e^{u_1 X + u_2 Y}) = \iint e^{u_1 x + u_2 y} \mathrm{d}F_\mathbf{X}(x, y),$$

dove $\mathbf{u} = (u_1, u_2)$. Tale espressione si specializza al caso di un vettore aleatorio bivariato continuo con densità congiunta, sostituendo $\mathrm{d}F_\mathbf{X}(x, y)$ con $f_\mathbf{X}(x, y)\mathrm{d}x\mathrm{d}y$. Il *momento congiunto* $\mathsf{E}(X^n Y^m)$ può essere ricavato dalla MGF congiunta come

$$\mathsf{E}(X^n Y^m) = \left.\frac{\partial^{n+m}}{\partial^n u_1 \partial^m u_2} M_\mathbf{X}(u_1, u_2)\right|_{u_1 = u_2 = 0}.$$

Qualora la MGF congiunta esista, possiamo ottenere la CHF congiunta tramite il Teorema 8.14, sostituendo formalmente $\mathbf{u}$ con $i\mathbf{u}$ e omettendo la condizione $\|\mathbf{u}\| < \delta$ nella parte (ii). Nel caso di vettore aleatorio bivariato $\mathbf{X} = (X, Y)$ possiamo scrivere:

$$\phi_\mathbf{X}(\mathbf{u}) = \mathsf{E}(e^{iu_1 X + iu_2 Y}) = \iint e^{iu_1 x + iu_2 y} \mathrm{d}F_\mathbf{X}(x, y),$$

e possiamo ricavare le CHF marginali come

$$\phi_X(u_1) = \phi_\mathbf{X}(u_1, 0), \quad \phi_Y(u_2) = \phi_\mathbf{X}(0, u_2).$$

Dimostrazione del Teorema 8.8

Dimostrazione Per prima cosa, mostriamo che $\frac{\sqrt{n}(\bar{Y}_n - \mu)}{\sigma}$ è equivalente a

$$\frac{1}{\sqrt{n}} \sum_{i=1}^{n} \left(\frac{Y_i - \mu}{\sigma} \right) = \frac{1}{\sqrt{n}} \sum_{i=1}^{n} Z_i,$$

dove $\mathsf{E}(Z_i) = 0$ e $\mathsf{V}(Z_i) = \mathsf{E}(Z_i^2) = 1$. Infatti:

$$\frac{1}{\sqrt{n}} \sum_{i=1}^{n} \left(\frac{Y_i - \mu}{\sigma} \right) = \frac{1}{\sqrt{n}} \frac{1}{\sigma} \sum_{i=1}^{n} (Y_i - \mu)$$

$$= \frac{1}{\sqrt{n}} \frac{1}{\sigma} (n\bar{Y}_n - n\mu) = \frac{\sqrt{n}(\bar{Y}_n - \mu)}{\sigma}.$$

Quindi, calcoliamo la CHF della somma di tali v.a. standardizzate:

$$\phi_{\sum_{i=1}^{n} Z_i / \sqrt{n}}(u) = \mathsf{E}\left(e^{iu \sum_{i=1}^{n} Z_i / \sqrt{n}} \right) = \mathsf{E}\left(e^{iu Z_1 / \sqrt{n}} \times \cdots \times e^{iu Z_n / \sqrt{n}} \right)$$

$$\stackrel{\text{indip.}}{=} \mathsf{E}\left(e^{iu Z_1 / \sqrt{n}} \right) \times \cdots \times \mathsf{E}\left(e^{iu Z_n / \sqrt{n}} \right)$$

$$= \phi_{Z_1}\left(\frac{u}{\sqrt{n}} \right) \times \cdots \times \phi_{Z_n}\left(\frac{u}{\sqrt{n}} \right)$$

$$\stackrel{\text{stessa distr.}}{=} \left(\phi_{Z_i}\left(\frac{u}{\sqrt{n}} \right) \right)^{n}.$$

Ora, sviluppiamo $\phi_{Z_i}\left(\frac{u}{\sqrt{n}} \right)$ tramite la serie di Taylor (8.6) fino al secondo ordine e ricordiamo che $\phi'_{Z_i}(0) - i\mathsf{E}(Z_i) = 0$ così come $\phi''_{Z_i^2}(0) = i^2\mathsf{E}(Z_i^2) = -1$:

$$\left(\frac{(i\frac{u}{\sqrt{n}})^0}{0!} \mathsf{E}(Z_i^0) + \frac{(i\frac{u}{\sqrt{n}})}{1!} \mathsf{E}(Z_i) + \frac{(i\frac{u}{\sqrt{n}})^2}{2!} \mathsf{E}(Z_i^2) + o\left(\left(\frac{u}{\sqrt{n}} \right)^2 \right) \right)^{n}$$

$$= \left(1 + -\frac{u^2}{2n} + o(\tfrac{1}{n}) \right)^{n},$$

dove $o(\tfrac{1}{n}) \to 0$ è infinitesimo dello stesso oridne di $o\left(\frac{u^2}{n} \right) \to 0$, per $n \to \infty$. Poiché $\phi_{\mathsf{N}(0,1)}(u) = e^{\frac{-u^2}{2}} = M_{\mathsf{N}}(iu)$, dato che la MGF di una normale standard esiste e $i^2 = -1$, il risultato segue dal teorema di continuità di Levy 8.5:

$$\lim_{n\to\infty} \left(1 + -\frac{u^2}{2n} + o(\tfrac{1}{n}) \right)^{n} = \lim_{n\to\infty} \left(1 + -\frac{u^2/2}{n} + o(\tfrac{1}{n}) \right)^{n}$$

$$= e^{\frac{-u^2}{2}},$$

ricordando che $\left(1 + \frac{\alpha}{n} \right)^{n} \to e^{\alpha}$ per $n \to \infty$. ∎

Dimostrazione del Teorema 8.11

Presentiamo una breve dimostrazione basata su [17, Teo 19.1].

Dimostrazione   Sia $\|\mathbb{F}_n - F_X\|_\infty := \sup_x |\mathbb{F}_n(\omega, x) - F_X(x)|$. Per la SLLN, Teorema 8.7, abbiamo $\mathbb{F}_n(\omega, x) \xrightarrow{\text{a.s.}} F_X(x)$ per ogni $x \in \mathbb{R}$. La convergenza quasi certa vale anche per i limiti da sinistra, cioè, $\mathbb{F}_n(\omega, x-) \xrightarrow{\text{a.s.}} F_X(x-)$. Scegliamo $\epsilon > 0$ e consideriamo i punti di partizione $-\infty = x_0 < x_1 < \cdots < x_k = \infty$ rispetto a $\mathbb{R}$, tali che il limite sinistro di $F_X(x)$ in ogni x_i non ecceda il limite destro in x_{i-1} più di ϵ, cioè, $F_X(x_i-) - F_X(x_{i-1}) < \epsilon$, per ogni $i = 1, \ldots, k$. Di conseguenza, per $x \in [x_{i-1}, x_i)$ possiamo scegliere $|\mathbb{F}_n(\omega, x) - F_X(x)|$ all'interno dell'intervallo chiuso

$$[\mathbb{F}_n(\omega, x_{i-1}) - F_X(x_{i-1}) - \epsilon, \mathbb{F}_n(\omega, x_i-) - F_X(x_i-) + \epsilon].$$

La convergenza di $\mathbb{F}_n(\omega, x)$ e $\mathbb{F}_n(\omega, x-)$ è uniforme per $x \in \{x_1, \ldots, x_k\}$, quindi concludiamo che $\limsup \|\mathbb{F}_n - F_X\|_\infty \leqslant \epsilon$, a.s. per ogni ϵ così $\|\mathbb{F}_n - F_X\|_\infty \xrightarrow{\text{a.s.}} 0$ come desiderato.   ∎

Ulteriori dettagli sugli spazi L^p

L'insieme $\mathcal{L}^0$ di tutte le v.a. definite sullo stesso spazio di probabilità ammette i sottospazi $\mathcal{L}^p$ dove $\mathsf{E}(|X|^p) < \infty$, per $1 \leqslant p < \infty$, si veda il Paragrafo 4.6, Capitolo 4. In effetti, L^p è lo spazio quoziente di $\mathcal{L}^p$ rispetto alla relazione di equivalenza[27] $X \mathcal{R} Y$ se e solo se $X \overset{\text{a.s.}}{=} Y$, per ogni $X, Y \in \mathcal{L}^p$, cfr. Esercizio 8.7. Quindi, $\|X\|_p := (\mathsf{E}(|X|^p))^{1/p}$ è finita ogni volta che $X \in \mathcal{L}^p$, e possiamo definire $\|X - Y\|_p$ come una pseudo-metrica su $\mathcal{L}^p$ che diventa una metrica se ristretta allo spazio quoziente L^p. Si noti che $\|X\|_p$ è una norma su L^p, si veda l'Appendice G, poiché:

- $\|X\|_p = 0$ se e solo se $X = 0$, per $X \in L^p$;
- $\|X + Y\|_p \leqslant \|X\|_p + \|Y\|_p$, per la disuguaglianza di Minkowski, Teorema 4.5, Paragrafo 4.6, con $X, Y \in L^p$;
- $\|\lambda X\|_p = |\lambda| \|X\|_p$, per $\lambda \in \mathbb{R}$ e $X \in L^p$.

Osservazione 8.5
In realtà la prima proprietà dovrebbe essere scritta come $\|X\|_p = 0$ *allora* $X = 0$ per $X \in \mathcal{L}^p$, ogni volta che $X \overset{\text{a.s.}}{=} 0$. Passando allo spazio quoziente e considerando classi di equivalenza di v.a. uguali P-a.s. si arriva alla doppia implicazione.

---

[27] $\mathcal{R}$ è riflessiva, simmetrica e transitiva.

La norma negli spazi L^p induce la metrica $d(X, Y) = \|X - Y\|_p$ che caratterizza la convergenza. Per una successione $(X_n)_{n\in\mathbb{N}} \subset L^p$ e una v.a. $X \in L^p$ vale:

$$X_n \xrightarrow{L^p} X \implies X_n \xrightarrow{L^q} X, \quad \text{per ogni } 1 \leqslant q \leqslant p.$$

Ciò e una conseguenza della disuguaglianza di Lyapunov, $\|X - Y\|_q \leqslant \|X - Y\|_p$, che a sua volta deriva dalla disuguaglianza di Hölder, si veda il Teorema 4.4, Paragrafo 4.6, ponendo $Y = 1$ e sostituendo p con $\frac{p}{q}$ in modo tale che $\mathsf{E}((|X|^q))^{1/q} \leqslant \mathsf{E}((|X|^p))^{1/p}$. La convergenza in L^p implica la convergenza in probabilità poiché $X_n \xrightarrow{L^p} X$ implica $X_n \xrightarrow{L^1} X$ e questo a sua volta implica $X_n \xrightarrow{\mathsf{P}} X$, grazie al Teorema 8.1. Un particolare spazio vettoriale è L^2, dotato del prodotto scalare

$$\langle X, Y \rangle := \mathsf{E}(XY), \quad \text{per ogni } X, Y \in L^2.$$

Questo è ben definito poiché, per la disuguaglianza di Cauchy-Schwarz, cfr. Teorema 4.3, abbiamo

$$|\mathsf{E}(XY)| \leqslant (\mathsf{E}(X^2))^{1/2}(\mathsf{E}(Y^2))^{1/2} < \infty,$$

ove $X, Y \in L^2$. Si osservi che $\langle X, Y \rangle \geqslant 0$ e l'uguaglianza è verificata[28] se e solo se $X = 0$. Il prodotto scalare è *bilineare*, cioè lineare in ciascuna componente,

$$\langle aX + bZ, Y \rangle = a\langle X, Z \rangle + b\langle Z, Y \rangle$$

e

$$\langle X, aY + bZ \rangle = a\langle X, Y \rangle + b\langle X, Z \rangle.$$

Il prodotto scalare e la norma sono collegati da $\langle X, X \rangle^{1/2} = \|X\|_2$, il che restituisce L^2 come *spazio normato*. Si può dimostrare che le successioni di Cauchy $(X_n)_{n\in\mathbb{N}} \subset L^2$ convergono a una variabile aleatoria limite $X \in L^2$, il che significa che L^2 è uno *spazio di Hilbert*.[29] Due variabili aleatorie $X, Y \in L^2$ si dicono *ortogonali* se $\langle X, Y \rangle = 0$ e in tal caso $\|X + Y\|_2^2 = \|X\|_2^2 + \|Y\|_2^2$, cioè, $\mathsf{E}((X + Y)^2) = \mathsf{E}(X^2) + \mathsf{E}(Y^2)$ e si può scrivere $X \perp Y$ (si veda l'analogia con la notazione usata per v.a. indipendenti nel Paragrafo 3.4). La caratteristica importante di L^2 come spazio di Hilbert è che possiamo sempre trovare la *proiezione* di $X \in L^2$ come l'unica v.a. $Y \in L^2$ tale che quest'ultima sia la più vicina a X, si veda [8, Cap. 22] per una breve ma completa rassegna di tutti questi concetti.

---

[28] Abbiamo che $\langle X, X \rangle = 0$ è equivalente a $X \overset{\text{a.s.}}{=} 0$ il che implica $X = 0$ quando lo spazio quoziente L^2 sostituisce $\mathcal{L}^2$.

[29] Le successioni di Cauchy di v.a. in L^2 sono tali che $\|X_n - X_m\|_2 \to 0$ per $n, m \to \infty$. Il fatto che per tali successioni si abbia $X_n \xrightarrow{\text{ms}} X$ e $X \in L^2$ si chiama *completezza* di L^2.

Osservazione 8.6

La convergenza negli spazi L^0 non può essere espressa tramite una norma simile a quella usata negli spazi L^p. A parte la convergenza in distribuzione, L^0 può essere metrizzato da $d(X, Y) = \mathsf{E}\left(\frac{|X-Y|}{1+|X-Y|}\right)$. Quindi, possiamo scrivere $X_n \to X$ in L^0 se e solo se $\lim\limits_{n\to\infty} \mathsf{E}\left(\frac{|X_n - X|}{1 + |X_n - X|}\right) = 0$, per ogni $(X_n)_{n\in\mathbb{N}} \subset L^0$ e $X \in L^0$. Si dimostra che ciò equivale alla convergenza in probabilità, si veda [8, Teo 17.1]. Un'ulteriore metrica equivalente è $d(X, Y) = \mathsf{E}(\min\{1, |X - Y|\})$.

Osservazione 8.7

Esistono v.a. X con valore atteso infinito, ossia $X \in L^0$ ma $X \notin L^1$. Assumiamo che X abbia supporto $\mathcal{X} = \{1, 2, \ldots\}$ e che le masse siano definite come

$$\mathsf{P}(X_i = i) = \frac{1}{i(i+1)} \in (0, 1), \qquad i = 1, 2, \ldots.$$

Osserviamo che la somma parziale $s_n = \sum_{i=1}^{n} \frac{1}{i(i+1)}$ può essere scritta come

$$\begin{aligned}
s_n &= \frac{1}{1\cdot 2} + \frac{1}{2\cdot 3} + \cdots + \frac{1}{n(n+1)} \\
&= \left(1 - \frac{1}{2}\right) + \left(\frac{1}{2} - \frac{1}{3}\right) + \cdots + \left(\frac{1}{n-1} - \frac{1}{n}\right) + \left(\frac{1}{n} - \frac{1}{n+1}\right) \\
&= 1 - \frac{1}{n+1}.
\end{aligned}$$

Di conseguenza, la somma delle masse vale $\lim\limits_{n\to\infty} s_n = 1$. Determiniamo adesso il valore atteso:

$$\lim_{n\to\infty} \sum_{i=1}^{n} |i| \cdot \frac{1}{i(i+1)} = \sum_{i=1}^{\infty} \frac{1}{i+1} = \infty.$$

Il valore assoluto è ininfluente e notiamo che la somma è quella di una serie armonica (cfr. Appendice D) che risulta divergente: concludiamo che $\mathsf{E}(X) = \infty$.

Capitolo 9
Introduzione ai processi stocastici

9.1 Definizione e classificazione preliminare

Qualsiasi collezione di osservazioni $x_t \in \mathbb{R}$ registrate in istanti fissati t è chiamata **serie storica** o *temporale*. Ad esempio, x_t può rappresentare il prezzo di un'azione o il rendimento logaritmico alla fine del giorno t, in entrambi i casi con indice temporale *discreto* ossia t intero positivo. Poiché oggi il trading elettronico è quasi continuo nel tempo, possiamo considerare serie storiche con indice temporale t variabile in un intervallo $[0, T]$. Il nostro obiettivo è elaborare un modello per descrivere l'evoluzione temporale nel futuro di grandezze quali prezzi, rendimenti, etc., cercando di ricostruire un meccanismo probabilistico a partire dal comportamento passato di una serie storica osservabile. Assumiamo che $(\Omega, \mathcal{F}, \mathsf{P})$ sia uno spazio di probabilità fissato.

> **Definizione 9.1**
> Un processo stocastico è una famiglia indicizzata di v.a. $\{X_t \mid t \in I\}$ denotata anche con $X = (X_t)_{t \in I}$, dove $I \neq \varnothing$ è l'insieme degli indici.

Equivalentemente, un processo stocastico può essere considerato come una funzione di due variabili $X : I \times \Omega \to \mathbb{R}$, dove $X(\cdot, \omega)$ è una v.a. per ogni t e $X(t, \cdot)$ è una funzione chiamata **traiettoria campionaria** o semplicemente traiettoria (cfr. in inglese sample path) che associa a ogni esito $\omega \in \Omega$ una curva nello spazio $I \times \mathbb{R}$. Quando $I = [0, \infty)$, una traiettoria è il grafico di una funzione nel piano cartesiano con ascissa $t \geq 0$. Di solito t viene interepretato come 'tempo' per cui un processo stocastico è un modello dell'evoluzione casuale di un sistema nel tempo, ad esempio $(S_t)_{t \geq 0}$ si riferisce a un processo del prezzo di un'azione, $(R_t)_{t \geq 0}$ si riferisce a un processo di rendimento logaritmico, e così via, si veda la Figura 9.1. Il valore X_t è lo *stato* del processo al tempo t, quindi lo *spazio degli stati* è l'insieme di tutti i valori di X_t con t fissato. Quando il tempo è indicizzato da $[0, \infty)$ abbiamo un

© The Author(s), under exclusive license to Springer Nature Switzerland AG 2026   261
D. Rossello, *Formulario di Probabilità Uno*, La Matematica per il 3+2,
https://doi.org/10.1007/978-3-032-18769-7_9

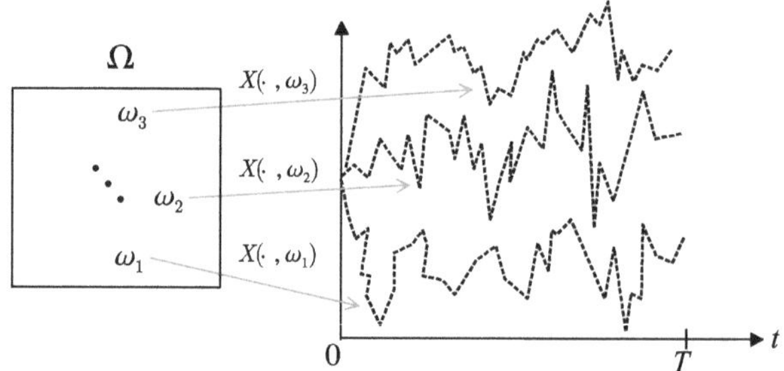

Figura 9.1 Traiettorie di un processo X come grafici di funzioni con variabile indipendente $t \in [0, T]$

processo stocastico a tempo continuo, mentre per $I = \mathbb{N}$ abbiamo un **processo stocastico a tempo discreto**. La legge di ciascuna v.a. X_t è chiamata *distribuzione incondizionata*, cfr. Figura 9.2. Ogni X_t può essere discreta, (assolutamente) continua o mista. Siamo anche interessati alle distribuzioni condizionate, ad esempio $P(X_t \leqslant x \mid X_s \leqslant y)$, per tempi $0 \leqslant s < t$. Possiamo chiederci come possa essere un processo X in un certo istante di tempo $t > 0$ rispetto alla sua storia passata in $0 \leqslant s < t$. Dotiamo $(\Omega, \mathcal{F})$ di una collezione crescente $\{\mathcal{F}_t\}_{t \geqslant 0}$ di sotto-σ-algebra contenute in $\mathcal{F}$,

$$\mathcal{F}_0 \subset \cdots \subset \mathcal{F}_s \subset \mathcal{F}_t \subset \cdots \subset \mathcal{F} \qquad \text{per ogni } s < t,$$

chiamata **filtrazione**.[1] La quadrupla $(\Omega, \mathcal{F}, \{\mathcal{F}_t\}, P)$ si chiama **spazio di probabilità filtrato**. Interpretiamo $\{\mathcal{F}_t\}$ come un flusso di informazioni che scorre nel tempo. Si ha che X è **adattato** alla filtrazione $\{\mathcal{F}_t\}$ se X_t è una v.a. $\mathcal{F}_t$-misurabile per ogni t (cfr. le v.a. X_t inducono eventi contenuti in $\mathcal{F}_t$). La notazione $\sigma(X_s, s \leqslant t)$ si riferisce alla più piccola σ-algebra che contiene gli eventi $\{X_t \in B\}$ per ogni $t \in [0, \infty)$ e per tutti gli opportuni insiemi $B \subset \mathbb{R}$: essa fornisce informazioni sulla struttura del processo nell'intervallo temporale $[0, t]$. Se $\mathcal{F}_t = \sigma(X_s, s \leqslant t)$, per ogni tempo t, allora si ha una **filtrazione naturale**. Si noti che X è chiaramente adattato alla sua filtrazione naturale. Per verificare che A appartiene a $\mathcal{F}_t$ si deve osservare il valore $x = X_s(\omega)$, invece dell'esito ω, ma per tutti i tempi $s \leqslant t$, quindi $\mathcal{F}_t$ contiene tutte le informazioni sull'evoluzione del processo fino al tempo t.

Esempio 9.1

Consideriamo l'esperimento aleatorio relativo alla osservazione del tasso di cambio Yen/Euro nei prossimi nove giorni. Possiamo modellizzare questa grandezza mediante un processo stocastico $X = (X_t)_{0 \leqslant t \leqslant 9}$ rispetto alla sua filtrazione naturale. Se sappiamo che $X_t = 150$ per un certo $t \in [0, 9]$ possiamo decidere se $A = \{X_t \leqslant 150\}$ si è verificato solo se $A \in \sigma(X_s, s \leqslant 9)$.

Osservazione 9.1

Abbiamo sempre $\sigma(X_s) \subset \sigma(X_s, s \leqslant t)$, poiché $\sigma(X_s)$ contiene solo informazioni sui valori del processo al tempo $s \geqslant 0$ in base all'unica v.a. X_s.

---

[1] Si richiede che $\mathcal{F}_0$ contenga tutti gli eventi P-a.s impossibili, ossia a probabilità nulla.

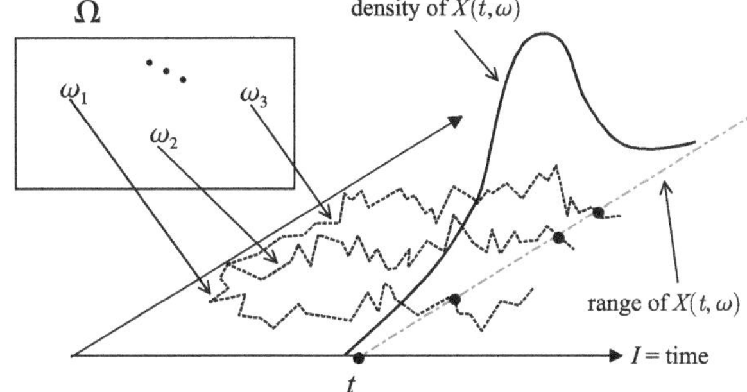

Figura 9.2 Una distribuzione continua incondizionata al tempo t

Osservazione 9.2

Per un processo $X = (X_t)_{t \geq 0}$ la σ-algebra generata può essere caratterizzata come segue:

$$\sigma(X) := \sigma\left(\bigcup_{t \in [0,\infty)} \{X_t \in B\} \right) = \sigma(X_t \in B : t \geq 0,\ B \subset \mathbb{R}),$$

dove B sono opportuni sottoinsiemi di reali.[2] Questa è la più piccola σ-algebra che rende tutte le funzioni $X_t(\omega)$ vere v.a. (cioè funzioni misurabili simultaneamente) ed è equivalentemente generata da insiemi della forma

$$\{\omega \in \Omega \mid (X_{t_1}(\omega), \ldots, X_{t_n}(\omega)) \in B\}, \quad B \subset \mathbb{R}^n,\ t_i \in [0, \infty),\ \text{distinti},\ i \in \mathbb{N},$$

dove $(X_{t_1}, \ldots, X_{t_n})$ è un vettore aleatorio che raccoglie un numero finito di v.a. rappresentanti lo stato del processo X in un numero finito di date. Questi insiemi sono talvolta chiamati *insiemi cilindrici*.[3] In sostanza, $\sigma(X)$ è generata dalla classe contenente le unioni di eventi $\bigcup_{t \in [0,\infty)}\{X_t \in B\}$.

9.2 Filtrazione e distribuzione di un processo

La distribuzione di probabilità di un processo $X = (X_t)_{t \geq 0}$ richiede la conoscenza delle probabilità $\mathsf{P}(X \in \tilde{B})$ per qualche insieme $\tilde{B}$ appartenente alla collezione

$$\mathbb{R}^{[0,\infty)} = \{\omega(t) \mid \omega : [0, \infty) \to \mathbb{R}\} \tag{9.1}$$

di tutte le funzioni $\omega(t)$ dall'insieme degli indici $[0, \infty)$ a $\mathbb{R}$. Il simbolo ω descrive meglio l'associazione di una traiettoria a ciascun esito dello spazio campionario Ω.

---

[2] In realtà insiemi di Borel, cioè $B \in \mathcal{B}$.

[3] I sottoinsiemi $B \subset \mathbb{R}^n$ sono come al solito insiemi boreliani, scelti dalla σ-algebra boreliana n-dimensionale $\mathcal{B}^n$, che è generata dai prodotti cartesiani $B = B_1 \times \cdots \times B_n$, detti *rettangoli misurabili*, dove ciascun $B_i \in \mathcal{B}$ è un insieme boreliano.

Le cose sono più semplici se possiamo legittimamente usare le FIDIS, si veda la (3.22) nel Paragrafo 3.5, Capitolo 3:

$$\mathsf{P}_{t_1,\dots,t_n}(B) = \mathsf{P}\big((X_{t_1},\dots,X_{t_n}) \in B\big), \qquad B \subset \mathbb{R}^n \tag{9.2}$$

rispetto al vettore aleatorio $\mathbf{X} = (X_{t_1},\dots,X_{t_n})$ e per tutte le scelte di indici temporali distinti $t_1,\dots,t_n$. Si noti che questo vettore aleatorio è un sottoinsieme del processo stocastico, contenente solo un numero finito delle sue componenti, quindi ogni FIDIS esprime la probabilità congiunta in momenti finiti del tempo ove il processo è rappresentato dagli eventi $\{X_{t_1} \in B_1,\dots,X_{t_n} \in B_n\}$ con $B = B_1 \times \cdots \times B_n$.

Osservazione 9.3

Per un processo a tempo discreto la legge di probabilità si basa su una collezione numerabile $X = (X_1, X_2, \dots)$ di v.a. Possiamo quindi considerare la sua distribuzione congiunta come $\mathsf{P}(X_1 \in B_1, X_2 \in B_2, \dots)$, usando l'evento congiunto $\bigcap_{t=1}^{\infty}\{X_t \in B_t\}$ che appartiene a $\mathcal{F}$ poiché è un'intersezione numerabile di eventi, a condizione che $\{X_t \in B_t\} \in \mathcal{F}_t$ per ogni tempo t. I problemi sorgono quando X è un processo a tempo continuo, poiché non abbiamo più una collezione numerabile di v.a. Per esempio, l'intersezione non numerabile $A = \bigcap_{t \geq 0}\{X_t \in B_t\}$ è un evento ma non è necessariamente vero che $A \in \mathcal{F}$, e quindi che $A \in \mathcal{F}_t$ per qualche t.

Diciamo che le FIDIS di X sono *consistenti* se

$$\mathsf{P}_{t_1,\dots,t_n}(B_1 \times \cdots \times B_{n-1} \times \mathbb{R}) = \mathsf{P}_{t_1,\dots,t_{n-1}}(B_1 \times \cdots \times B_{n-1}),$$

per ogni scelta di tempi distinti $t_1,\dots,t_n$ e $n \in \mathbb{N}$. La probabilità che $(X_{t_1},\dots,X_{t_{n-1}})$ assuma valori nel rettangolo $B_1 \times \cdots \times B_{n-1}$ può essere ottenuta da quella di $(X_{t_1},\dots,X_{t_{n-1}},X_{t_n})$ facendo variare la n-esima coordinata X_{t_n} ovunque in $\mathbb{R}$, così da eliminare la sua influenza sullo stato del processo. Le FIDIS possono essere definite in modo equivalente tramite le funzioni di distribuzione congiunta

$$F_{t_1,\dots,t_n}(x_1,\dots,x_n) = \mathsf{P}(X_{t_1} \leq x_1,\dots X_{t_n} \leq x_n),$$

per ogni scelta di indici temporali t_i: si avranno le collezioni

$$\big\{F_{\mathbf{t}}(\mathbf{x}) \mid \mathbf{t} \in I\big\} := \big\{F_{t_1,\dots,t_n}(x_1,\dots,x_n) \mid \text{tutti } (t_1,\dots,t_n) \in I\big\}$$

con $(x_1,\dots,x_n) = \mathbf{x} \in \mathbb{R}^n$. Presentiamo una versione semplificata di un risultato chiave sull'esistenza di un processo stocastico con FIDIS assegnate.

Teorema 9.1 (Kolmogorov)
Le FIDIS $\big\{F_{\mathbf{t}}(\mathbf{x}) \mid \mathbf{t} \in I\big\}$ sono le CDF di un qualche processo stocastico se e solo se per ogni $n = 1, 2, \dots$, $\mathbf{t} \in I$ e qualche intero $i \in \{1,\dots,n\}$ si ha

$$\lim_{x_i \to \infty} F_{\mathbf{t}}(\mathbf{x}) = F_{\mathbf{t}(i)}(\mathbf{x}(i)),$$

dove $\mathbf{t}(i) = \mathbf{t} \setminus \{t_i\}$ e $\mathbf{x}(i) = \mathbf{x} \setminus \{x_i\} \in \mathbb{R}^{n-1}$.

La notazione $\mathbf{t}(i)$ è adattata da [4, Teo 1.2.1]. In realtà, ciò che afferma il teorema di Kolmogorov è più complesso di quanto possa sembrare. Dato che le misure di probabilità $\mathsf{P}_{t_1,\dots,t_n}$ su $\mathbb{R}^n$ sono raccolte variando i tempi t_i insieme con $n \in \mathbb{N}$, e ciascuna $\mathsf{P}_{t_1,\dots,t_n}$ è consistente, allora possiamo trovare un processo X che abbia tale collezione come proprie FIDIS. Questo significa che esistono uno spazio di probabilità $(\mathbb{R}^{[0,\infty)}, \mathcal{F}^{[0,\infty)}, \mathsf{P})$ e v.a $(X_t)_{t\geq 0}$ tale che per ogni n

$$\mathsf{P}((X_{t_1}, \dots, X_{t_n}) \in B) = \mathsf{P}_{t_1,\dots,t_n}(B), \quad B \in \mathcal{B}^n,$$

dove $\mathcal{F}^{[0,\infty)}$ è la σ-algebra generata dalla famiglia contenente eventi $\{X_t \in B_t\}$ con $t \geq 0$ e insiemi boreliani $B_t \subset \mathbb{R}$. D'altra parte, assegnati $\mathbb{R}^{[0,\infty)}$, $\mathcal{F}^{[0,\infty)}$ come sopra, possiamo definire P a partire da eventi della forma $\{(X_{t_1}, \dots, X_{t_n}) \in B\}$, per insiemi boreliani n-dimensionali $B \subset \mathbb{R}^n$ e $t_1, \dots, t_n$ distinti, e quindi possiamo estendere all'intera σ-algebra $\mathcal{F}^{[0,\infty)}$. Grazie a queste condizioni necessarie e sufficienti possiamo modellizzare un processo utilizzando le FIDIS solitamente prese rispetto a $B = B_1 \times \cdots \times B_n$. Due versioni più generali del Teorema 9.1 si possono trovare, ad esempio, in [5, Teo 4.7 e Teo 4.18]. In realtà, il Teorema 9.1 è un *teorema di estensione* presente nella teoria della misura ma qui applicato alla probabilità, si veda anche [3, Teo 2.18]. Dato un processo $X = (X_t)_{t\geq 0}$ definito su uno spazio di probabilità filtrato $(\Omega, \mathcal{F}, \{\mathcal{F}_t\}, \mathsf{P})$, poiché la distribuzione di X è specificata dalle sue FIDIS possiamo scrivere la legge congiunta $\mathsf{P}_{t_1,\dots,t_n}(B_1 \times \cdots \times B_n)$ utilizzando la formula di moltiplicazione (cfr. Lemma 3.1, Paragrafo 3.4):

$$
\begin{aligned}
\mathsf{P}(X_{t_1} \in B_1, \dots, X_{t_n} \in B_n) = {} & \mathsf{P}(X_{t_1} \in B_1) \\
& \times \mathsf{P}(X_{t_2} \in B_2 \mid X_{t_1} \in B_1) \\
& \times \mathsf{P}(X_{t_3} \in B_3 \mid X_{t_2} \in B_2, X_{t_1} \in B_1) \\
& \quad \vdots \\
& \times \mathsf{P}(X_{t_n} \in B_n \mid X_{t_{n-1}} \in B_{n-1}, \dots, X_{t_1} \in B_1),
\end{aligned}
$$

per ogni scelta di $t_1, \dots, t_n$ distinti e opportuni insiemi $B_i \subset \mathbb{R}$, per ogni $l = 1, \dots, n$. Scegliendo $B_i = (-\infty, x_i]$ possiamo passare alla funzione di ripartizione congiunta $F(x_1, \dots, x_n)$ e ottenere:

- la distribuzione marginale $F_1(x_1) = \mathsf{P}(X_{t_1} \leq x_1)$ ponendo $F(x_1, \infty, \dots, \infty)$, in t_1;
- la distribuzione condizionata

$$F_2(x_2 \mid x_1) = \frac{\mathsf{P}(X_{t_1} \leq x_1, X_{t_2} \leq x_2)}{\mathsf{P}(X_{t_1} \leq x_1)},$$

ponendo

$$\frac{F(x_1, x_2, \infty, \dots, \infty)}{F(x_1, \infty, \dots, \infty)} = \frac{F_{1,2}(x_1, x_2)}{F_1(x_1)},$$

in t_2;

- la distribuzione condizionata

$$F_3(x_3 \mid x_1, x_2) = \frac{\mathsf{P}(X_{t_1} \leqslant x_1, X_{t_2} \leqslant x_2, X_{t_3} \leqslant x_3)}{\mathsf{P}(X_{t_1} \leqslant x_1, X_{t_2} \leqslant x_2)},$$

dove poniamo

$$\frac{F(x_1, x_2, x_3, \infty, \ldots, \infty)}{F(x_1, x_2, \infty, \ldots, \infty)} = \frac{F_{1,2,3}(x_1, x_2, x_3)}{F_{1,2}(x_1, x_2)},$$

in t_3;

- $\vdots$
- la distribuzione condizionata

$$F_n(x_n \mid x_1, x_2, \ldots, x_{n-1}) = \frac{\mathsf{P}(X_{t_1} \leqslant x_1, X_{t_2} \leqslant x_2, \ldots, X_{t_n} \leqslant x_n)}{\mathsf{P}(X_{t_1} \leqslant x_1, X_{t_2} \leqslant x_2, \ldots, X_{t_{n-1}} \leqslant x_{n-1})},$$

ponendo

$$\frac{F(x_1, x_2, \ldots, x_n)}{F(x_1, x_2, \ldots, x_{n-1}, \infty)} = \frac{F(x_1, x_2, \ldots, x_n)}{F_{1,2,\ldots,n-1}(x_1, x_2, \ldots, n-1)},$$

in t_n.

Interpretando ciascun X_{t_i} come un prezzo azionario o un rendimento logaritmico, il condizionamento sequenziale suggerisce come la struttura di dipendenza nella legge di un processo stocastico sia cruciale così come la storia passata dei prezzi e dei rendimenti fino a un certo istante di tempo.

9.3 Caratteristiche della distribuzione di un processo

Dato un processo adattato $X = (X_t)_{t \geqslant 0}$, se $X_t \in L^1$, cioè ogni v.a. componente ha valore atteso finito per ogni t, possiamo definire la **funzione media**

$$\mathsf{E}(t) := \mathsf{E}(X_t) < \infty, \quad \text{per ogni } t > 0, \tag{9.3}$$

si veda la Figura 9.3. Scegliendo $X \in L^2$, cioè v.a. componenti con momento secondo finito, possiamo definire la **funzione di autocovarianza**

$$\mathsf{cov}(s, t) = \mathsf{E}((X_s - \mathsf{E}(s))(X_t - \mathsf{E}(t))), \quad \text{per ogni } 0 \leqslant s \leqslant t. \tag{9.4}$$

Se $s = t$ abbiamo $\mathsf{cov}(t, t) = \mathsf{V}(X_t)$. La funzione media rappresenta la 'tendenza' delle traiettorie di X, invece l'autocovarianza misura la possbilie correlazione (lineare) tra coppie di v.a X_s e X_t al variare del tempo. Un processo $X = (X_t)_{t \geqslant 0}$ si

Figura 9.3 Funzione media come traiettoria 'media'

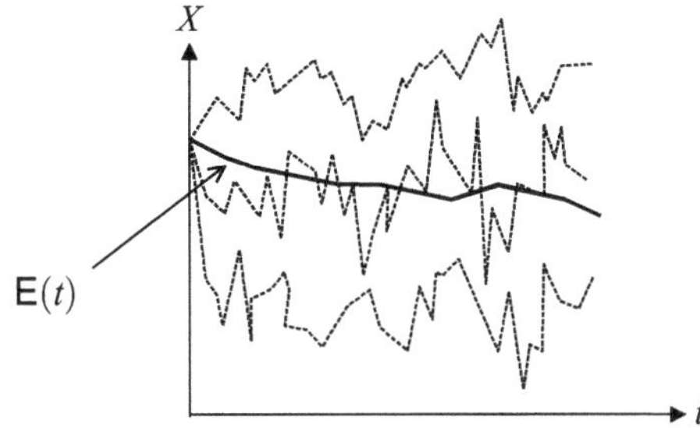

dice **strettamente stazionario** se per ogni coppia di vettori aleatori n-dimensionali componenti il processo X si ha

$$(X_{t_1}, \dots, X_{t_n}) \stackrel{\mathrm{d}}{=} (X_{t_1+h}, \dots, X_{t_n+h}),$$

per ogni selezione di tempi $t_1, \dots, t_n$ e ogni loro traslazione ottenuta con $h > 0$. Le leggi di probabilità che governano il comportamento del processo non cambiano nel tempo e le proprietà statistiche sono identiche ovunque si osservino i possibili valori delle v.a. X_{t_i}. In particolare, $X = (X_t)_{t \geq 0}$ è strettamente stazionario se e solo se gli X_t sono v.a. IID. Un processo X si dice **debolmente stazionario** se:

1. $\mathsf{E}(t) = c$, per $c \in \mathbb{R}$ e per ogni t;
2. $\mathsf{cov}(s, s + h) = \mathsf{cov}(t, t + h)$ per ogni $s < t$, cioè la funzione di autocovarianza dipende solo dallo spostamento temporale h.

Un caso particolare di processo debolmente stazionario si ha quando per ogni $s < t$ vale

$$X_t - X_s \stackrel{\mathrm{d}}{=} X_{t+h} - X_{s+h}, \qquad \forall\, h > 0. \tag{9.5}$$

In tal caso si dice che X ha **incrementi stazionari**. Se per ogni scelta degli indici temporali $t_1, t_2, \dots, t_n$ le differenze

$$X_{t_2} - X_{t_1}, \dots, X_{t_n} - X_{t_{n-1}} \tag{9.6}$$

sono v.a. indipendenti, allora si dice che X ha **incrementi indipendenti**. Si osservi che:

- la stazionarietà stretta implica la stazionarietà debole se e solo se X ha momenti secondi finiti;
- la stazionarietà debole implica che la **funzione varianza** $\mathsf{V}(t) := \mathsf{V}(X_t)$ rimanga costante per ogni t.

Per la funzione di autocovarianza di un processo debolmente stazionario è valida la seguente prorprietà:

$$\mathsf{cov}(t, t + h) := \gamma(h) = \gamma(-h).$$

La **funzione di autocorrelazione** è

$$\mathrm{corr}(s,t) = \frac{\mathrm{cov}(s,t)}{\sqrt{\mathsf{V}(s)\mathsf{V}(t)}}, \quad 0 \leqslant s < t. \tag{9.7}$$

Quindi, per un processo debolmente stazionario si ha anche:

$$\rho(h) := \mathrm{corr}(t,t+h) = \frac{\mathrm{cov}(t,t+h)}{\mathsf{V}(t)} = \frac{\gamma(h)}{\gamma(0)}.$$

9.4   Tipi speciali di processi

Il teorema di Kolmogorov 9.1 permette di utilizzare le FIDIS e le relative caratteristiche per identificare particolari tipi di processi impiegati nelle applicazioni.

9.4.1   Processi al rumore bianco

Sia X un processo debolmente stazionario a tempo discreto, $t = 1, 2, \ldots$ Se $\mathsf{E}(t) = 0$ per ogni t e

$$\mathrm{cov}(t,t+h) = \gamma(h) = \begin{cases} 0, & \text{se } h \neq 0 \\ \sigma^2, & \text{se } h = 0 \end{cases},$$

dove $\sigma > 0$, allora X si dice **rumore bianco** o processo **white noise**. La caratteristica di avere funzione varianza costante e pari a σ^2 viene talvolta chiamata **omoschedasticità**. Una versione con funzione media non nulla si ottiene ponendo $\mathsf{E}(t) = \mu$ per $\mu \in \mathbb{R}$. Per modellizzare tale processo sono necessari solo due parametri, poiché tutte le v.a. X_t hanno la stessa media e varianza $\mathsf{V}(X_t) = \sigma^2 = \mathrm{cov}(t,t)$. Si ha $\rho(h) = \frac{\gamma(h)}{\gamma(0)} = \frac{0}{\sigma^2} = 0$ per $h \neq 0$ e $\rho(h) = \frac{\gamma(0)}{\gamma(0)} = \frac{\sigma^2}{\sigma^2} = 1$ per $h = 0$, quindi un rumore bianco è costituito da v.a. incorrelate. Si può inoltre assumere l'indipendenza seriale tra gli X_t, ma si ricordi che l'assenza di correlazione non implica indipendenza. D'ora in poi ci riferiremo a un rumore bianco $X = (X_t)_{t \in \mathbb{N}}$ composto da v.a. IID X_t ciascuna con $\mathsf{E}(X_t) = 0$ e $\mathsf{V}(X_t) = \sigma^2$.

Osservazione 9.4

Il termine *processo incorrelato* viene utilizzato quando la funzione di autocorrelazione $\rho(h) = \mathrm{corr}(t,t+h)$ vale 1 per $h = 0$ e 0 per $h > 0$, indipendentemente dal fatto che sia stazionario o meno. La migliore previsione lineare di X_{t+1}, cfr. Paragrafo 7.2, è il suo valore atteso incondizionato.

9.4.2 Processi gaussiani

Si ricordi la distribuzione gaussiana multivariata $\mathbf{X} \sim \mathbf{N}(\boldsymbol{\mu}, \boldsymbol{\Sigma})$, dove $\boldsymbol{\mu} = (\mathsf{E}(X_1), \ldots, \mathsf{E}(X_n)) = (\mu_1, \ldots, \mu_n)$ e $\boldsymbol{\Sigma}$ è la matrice di covarianza, semidefinita positiva, di ordine $n \times n$ con elementi $c_{ii} = \mathsf{V}(X_i) = \sigma_i^2$ e $c_{ij} = \mathsf{cov}(X_i, X_j) = \rho_{ij}\sigma_i\sigma_j$ per $i \neq j$ e $i, j \in \{1, \ldots, n\}$, dove ρ_{ij} è il coefficiente di correlazione di Pearson tra le coppie X_i, X_j. Quindi, $X = (X_t)_{t \in I}$, a tempo discreto o continuo, si dice **processo gaussiano** se per ogni scelta di tempi distinti $t_1, \ldots, t_n$ le sue FIDIS sono gaussiane multivariate, cioè $\mathbf{X} = (X_{t_1}, \ldots, X_{t_n})$ è un vettore gaussiano. Dal Teorema 5.3 del Paragrafo 5.7 si deduce:

Teorema 9.2

Per un vettore aleatorio gaussiano $\mathbf{X} = (X_{t_1}, \ldots, X_{t_n})$ *sono equivalenti le seguenti affermazioni:*

1. ciascun $X_{t_i} \sim \mathrm{N}(\mu_i, \sigma_i^2)$;
2. $Y = \sum_{i=1}^{n} a_i X_{t_i}$ *è una v.a. gaussiana, per ogni* $a_1, \ldots, a_n \in \mathbb{R}$.

Come conseguenza, un processo gaussiano è strettamente stazionario se e solo se è debolmente stazionario. Infatti, assumendo che $X = (X_t)_{t \in I}$ sia un processo gaussiano strettamente stazionario, allora sia $(X_{t_1}, \ldots, X_{t_n})$ che $(X_{t_1+h}, \ldots, X_{t_n+h})$ sono $\mathrm{N}(\boldsymbol{\mu}, \boldsymbol{\Sigma})$ per $h > 0$, quindi per il Teorema 9.2 si ha

$$\mathsf{E}(X_{t_i}) = \mathsf{E}(X_{t_i+h}) = \mu_i, \ \text{e} \ \mathsf{V}(X_{t_i}) = \mathsf{V}(X_{t_i+h}) = \sigma_i^2 \quad \text{per ogni } h > 0, t_i, i \in \mathbb{N},$$

e inoltre

$$(X_{t_i}, X_{t_i+h}) \sim \mathrm{N}\left(\begin{bmatrix} \mu_i \\ \mu_i \end{bmatrix}, \begin{bmatrix} \sigma_i^2 & \rho\sigma_i\sigma_i \\ \rho\sigma_i\sigma_i & \sigma_i^2 \end{bmatrix} \right)$$

che implica $\mathsf{cov}(t_i, t_i + h) = \mathsf{cov}(t_j, t_j + h)$ per $t_i < t_j$. Per il viceversa, assumendo che $X = (X_t)_{t \in I}$ sia un processo gaussiano debolmente stazionario allora $\mathsf{E}(X_{t_i}) = \mu_i$ per ogni $t_i, i \in \mathbb{N}$ e anche $\mathsf{cov}(t_i, t_i + h) = \mathsf{cov}(t_j, t_j + h)$ per ogni $h > 0$ e $t_i < t_j$, il che implica $\mathsf{V}(X_{t_i}) = \mathsf{V}(X_{t_i+h}) = \sigma_i^2$. Poiché sia $(X_{t_1}, \ldots, X_{t_n})$ che $(X_{t_1+h}, \ldots, X_{t_n+h})$ sono $\mathrm{N}(\boldsymbol{\mu}, \boldsymbol{\Sigma})$ ne segue che $X = (X_t)_{t \in I}$ è un processo gaussiano strettamente stazionario.

Esempio 9.2

Sia $R = (R_t)_{t \in \mathbb{N}}$ un processo white noise a tempo discreto con funzione media $\mathsf{E}(t) = \mu$, che modellizza l'evoluzione temporale di rendimenti logaritmici consecutivi R_t. A causa dell'assenza di correlazione seriale, non è possibile prevedere i movimenti futuri di R a partire dalle sue realizzazioni passate. Assumendo che R sia inoltre un processo gaussiano abbiamo:

$$\mathsf{E}(R_{t+n} \mid R_1, R_2, \ldots, R_n) = \mu, \quad \text{per ogni } t \geq 1.$$

Possibili deviazioni delle traiettorie di R da μ sono difficili da prevedere. Questo perché la realizzazione futura R_{t+n} è indipendente dalle realizzazioni passate $R_1, R_2, \ldots, R_n$ e la miglior previsione è semplicemente μ, si veda il Paragrafo 7.2, Capitolo 7.

Nel trattare i processi gaussiani, ulteriori proprietà delle distribuzioni gaussiane multivariate sono utili. Un'altra conseguenza del Teorema 5.3 è:

Corollario 9.1
Per un vettore gaussiano bivariato $\mathbf{X} = (X_1, X_2)$ *il parametro* ρ *è il coefficiente di correlazione tra* X_1 *e* X_2.

Dimostrazione   Ricordiamo innanzitutto che

- $E(E(X \mid Y)) = E(X)$,
- $E(X Y \mid Y) = Y E(X \mid Y)$.

Ora, supponiamo che (X_1, X_2) sia gaussiano bivariato e siano Z_1, Z_2 due v.a. normali standard. Dunque:

$$\text{cov}(Z_1, Z_2) = E(Z_1 Z_2) = E(E(Z_1 Z_2 \mid Z_1))$$
$$= E(Z_1 E(Z_2 \mid Z_1)) = \rho E(Z_1^2) = \rho,$$

dove abbiamo usato il fatto (da dimostrare in seguito) che $E(Z_2 \mid Z_1) = \rho Z_1$. Poiché Z_1, Z_2 sono variabili normali standard si ha anche $\rho = \text{corr}(Z_1, Z_2)$. Ponendo $X_i = \mu_i + \sigma_i Z_i$ per $i = 1, 2$ abbiamo $X_i \sim N(\mu_i, \sigma_i^2)$ come richiesto. Inoltre:

$$\text{cov}(X_1, X_2) = \text{cov}(X_1 - \mu_1, X_2 - \mu_2) = \text{cov}(\sigma_1 Z_1, \sigma_2 Z_2)$$

e infine $\text{corr}(X_1, X_2) = \text{corr}(\sigma_1 Z_1, \sigma_2 Z_2)$ che è uguale a $\text{corr}(Z_1, Z_2) = \rho$.   ∎

Proposizione 9.1
Se (X_1, X_2) *è gaussiano bivariato, allora per* $x \in \mathbb{R}$ *fissato la distribuzione condizionata di* X_2 *dato* $X_1 = x$ *è gaussiana univariata:*

$$X_2 \mid X_1 \sim N\left(\mu_2 + \rho \frac{\sigma_2}{\sigma_1}(x - \mu_1), \, \sigma_2^2(1 - \rho^2) \right).$$

Dimostrazione   Sia $f_{X_2 \mid X_1}(x_2) = \dfrac{f_{(X_1, X_2)}(x_1, x_2)}{f_{X_1}(x_1)}$ la densità condizionata di X_2 dato il valore di X_1. Eseguendo la divisione si ottiene l'espressione di una densità gaussiana con parametro di localizzazione $\mu_2 + \rho \frac{\sigma_2}{\sigma_1}(x - \mu_1)$ e parametro di dispersione $\sigma_2^2(1 - \rho^2)$.   ∎

Osservazione 9.5

La Proposizione 9.1 implica che

$$\mathsf{E}(X_2 \mid X_1) = \mu_2 + \rho \frac{\sigma_2}{\sigma_1}(X_1 - \mu_1),$$

ossia il parametro di localizzazione sopra è una valore atteso condizionato che dipende dai valori di X_1. In particolare, per due variabili normali standard X_1, X_2 otteniamo:

$$\mathsf{E}(X_2 \mid X_1) = 0 + \rho \frac{1}{1}(X_1 - 0) = \rho X_1.$$

9.4.3 Processi Random Walk

Un processo a tempo discreto $W = (W_t)_{t \in \mathbb{N}}$ si dice **random walk** o in italiano *passeggiata aleatoria* se può essere rappresentato dall'equazione (stocastica) ricorsiva

$$W_{t+1} = W_t + Z_{t+1}, \quad t = 0, 1, 2, \ldots \tag{9.8}$$

dove $W_0 = Z_0 = 0$ e $Z_1, Z_2, \ldots$ sono v.a. IID con $\mathsf{P}(Z_t = 1) = \mathsf{P}(Z_t = -1) = \frac{1}{2}$, funzione media $\mathsf{E}(Z_t) = 0$ per $t = 1, 2, \ldots$ e funzione varianza $\mathsf{V}(Z_t) = \mathsf{E}(Z_t^2) = 1$ per $t = 1, 2, \ldots$ Ovviamente abbiamo $W_t = Z_1 + \cdots + Z_t$. Si noti che

$$\mathsf{E}(t) = \mathsf{E}(W_t) = \mathsf{E}(Z_1 + \cdots + Z_t) = 0$$

e $\mathsf{V}(t) = \mathsf{V}(W_t) = \mathsf{V}(Z_1 + \cdots + Z_t) = t$. Il random walk ha incrementi indipendenti e stazionari, ma non è debolmente stazionario. Si osservi che il processo ausiliario $Z = (Z_t)_{t \in \mathbb{N}}$ è fortemente stazionario e anche debolmente stazionario, quindi può essere un white noise.

Esempio 9.3

Sia $R = (R_t)_{t \in \mathbb{N}}$ un processo a tempo discreto per il rendimento logaritmico. Ricordiamo che $R_{t+1} = \log\left(\frac{S_{t+1}}{S_t}\right)$, dove S_t è il prezzo di un'azione al tempo $t = 0, 1, 2, \ldots$ Quindi, $R_{t+1} = \ln(S_{t+1}) - \ln(S_t)$ e il modello stocastico per le differenze dei prezzi logaritimici può essere rappresentato da un *random walk con deriva* o con *drift*:

$$\ln(S_{t+1}) = \mu + \ln(S_t) + Z_{t+1},$$

dove $\mu = \mathsf{E}(\ln(S_{t+1}) - \ln(S_t))$ è il drift e $Z = (Z_t)_{t \in \mathbb{N}}$ è un white noise.

Le traiettorie di un random walk possono essere descritte tramite un albero binomiale, si veda la Figura 9.4. Possiamo interpretare $W_t = Z_1 + \cdots + Z_t$ come una scommessa ripetuta: vinciamo $Z_t = 1$ € al tempo $t = 1, 2, \ldots$ se, ad

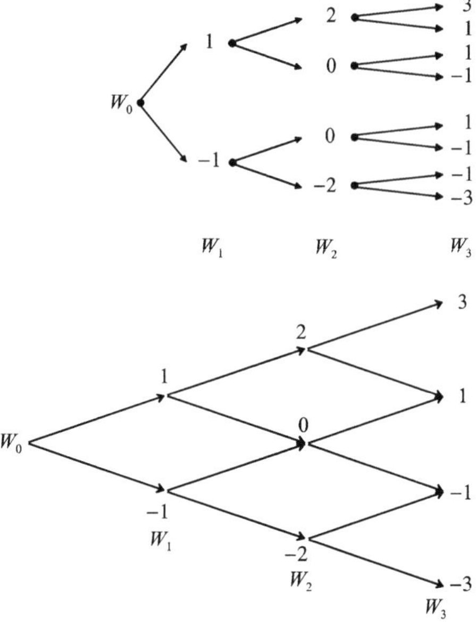

Figura 9.4 Albero binomiale per il random walk $W = (W_t)_{t=1,2,3}$. Ogni v.a. Z_t contribuisce con il suo supporto $\{-1, 1\}$ in ogni nodo

Figura 9.5 Albero binomiale ricombinato per il random walk $W = (W_t)_{t=1,2,3}$

esempio, il prezzo logaritmico nell'Esempio 9.3 è salito da $t - 1$ a t, oppure perdiamo $Z_t = -1$ € se esso è sceso. Quindi, W_t è la somma di denaro accumulata fino al tempo t. L'albero nella Figura 9.4 può ricombinarsi, cfr. Figura 9.5. Si noti che ogni $Z_t = X - (1 - X)$ con v.a. di Bernoulli $X \sim \text{Ber}(\frac{1}{2})$, quindi Z_t ha la stessa distribuzione di Bernoulli. Allora, le FIDIS di un random walk e le distribuzioni condizionate ad esse collegate sono binomiali e, ad esempio, abbiamo $\binom{t}{m} p^m (1-p)^{t-m}$ con $m = 0, 1, \ldots, t$ e $t = 1, 2, 3$ ove m denota il numero di successi, cioè il numero di movimenti verso l'alto (ossia $Z_t = 1$) lungo l'albero binomiale. Possiamo calcolare $\text{P}(W_3 = 1 \mid W_2 = 2, W_1 = 1) = 1 - p$ e $\text{P}(W_3 = 1) = 3p^2(1-p)$, quindi $W_3 \sim \text{Bin}(t, p)$ con $t = 3$ e $p = \frac{1}{2}$. Un tipico grafico del percorso di W è mostrato nella Figura 9.6. Il comportamento di un random walk simmetrico senza drift può essere simulato con il seguente codice R:

Codice del Programma

```
npath <- 1; p <- 0.5; nsteps <- 30
set.seed(45568223)
RW <- matrix(NA,nrow=nsteps,ncol=npath)
for(j in 1:npath){
    RW[1,j] <- 0
    for(i in 2:nsteps)
    RW[i,j] <- ifelse(runif(1) < p,RW[i-1,j]+1,RW[i-1,j]-1)
}
matplot(RW,ylim=c(range(RW)),type="l",lty=1,lwd=2,
xlab="time step",ylab="W(t)",panel.first=grid(),las=1)
points(1:nsteps,RW[,1],pch=16,col="black")
```

Figura 9.6 Traiettoria di un random walk simmetrico senza drift

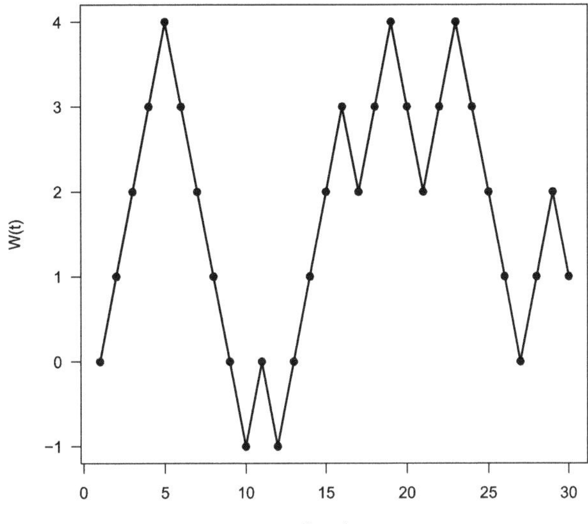

Quando $p = \frac{1}{2}$ abbiamo un *random walk simmetrico*, ma in genere p può assumere un diverso valore di probabilità. Il numero di valori simulati W_t per traiettoria è $t = $ nsteps impostato a 30. Il ciclo for-next serve a riempire la matrice RW, utilizzando il generatore di numeri casuali uniformi runif(1): confrontandolo con la probabilità di successo p, in caso di valore minore ogni elemento RW[i,j] viene incrementato di 1, altrimenti viene ridotto di -1. Abbiamo usato una matrice poiché specificando npath maggiore di 1, possiamo simulare più percorsi campionari contemporaneamente. Si noti che abbiamo usato NA nella specifica della matrice poiché nessun dato disponibile viene caricato in RW, infatti la riempiamo con valori simulati. Chiaramente, incrementando npath si passa da un vettore array a una matrice nsteps × npath. Il comando matplot produce un grafico del percorso con i seguenti argomenti: type="l" collega i punti dati da pch=16; lty=1 disegna una linea continua; lwd=2 rende la linea più spessa; col="black" restituisce una linea continua nera; panel.first=grid() aggiunge le linee della griglia.

9.4.4 Processo martingala

Un processo $X = (X_t)_{t \in I}$, a tempo discreto o continuo, si dice **martingala** se soddisfa:

1. X è adattato alla filtrazione $\{\mathcal{F}_t\}$;
2. per ogni $t \geq 0$ la v.a. X_t ha speranza finita;
3. $\mathsf{E}(X_t \mid \mathcal{F}_s) \stackrel{\text{a.s.}}{=} X_s$, per ogni $0 \leq s < t$.

La proprietà 3. è solitamente considerata come la definizione di martingala. Se proviamo a prevedere i valori futuri di X usando il valore atteso condizionato al più otteniamo il valore X_s, ossia lo stato del processo alla data iniziale s mentre nulla sappiamo su come il processo evolverà (non c'è alcuna tendenza). Sostituendo $=$ nella proprietà 3. con $\leq$ o $\geq$ si ha che X è una *supermartingala* o *submartingala* rispettivamente: il processo è crescente o decrescente in media. Un processo è una martingala se e solo se è sia una supermartingala che una submartingala. Possiamo applicare le proprietà del valore atteso condizionato a un processo martingala, si veda il Paragrafo 6.4 nel Capitolo 6. Ad esempio:

$$\mathsf{E}(X_t \mid \mathcal{F}_s) = \mathsf{E}\big(\mathsf{E}(X_t \mid \mathcal{F}_s) \mid \mathcal{F}_t\big)$$

per $s < t$, poiché $\mathcal{F}_s \subset \mathcal{F}_t$. Se condizioniamo rispetto alla σ-algebra $\sigma(X_s)$ allora:

$$\mathsf{E}(X_t \mid \sigma(X_s)) := \mathsf{E}(X_t \mid X_s) = X_s, \qquad \text{per ogni } 0 \leq s < t$$

o equivalentemente

$$\mathsf{E}(X_t - X_s \mid X_s) = 0, \qquad \text{per ogni } 0 \leq s < t.$$

Si noti che $\mathsf{E}(X_s \mid \mathcal{F}_s) = X_s \mathsf{E}(1 \mid \mathcal{F}_s)$ poiché X_s è $\mathcal{F}_s$-misurabile.

Esempio 9.4

Sia $X = (X_t)_{t \in \mathbb{N}}$ un processo stocastico a tempo discreto. Si ha una martingala se e solo se per ogni intero t la v.a. X_t ha valore atteso finito e con probabilità 1

$$\mathsf{E}(X_{t+1} \mid \mathcal{F}_t) = X_t,$$

ossia in media il valore di X_{t+1} è lo stesso di X_t in base all'informazione sull'evoluzione del processo nell'orizzonte $[0,t]$. Poiché $\mathsf{E}(X_{t+1} \mid \mathcal{F}_t)$ è una v.a. $\mathcal{F}_t$-misurabile, per la legge delle speranze iterate e considerato che $\sigma(X_0, X_1, \ldots, X_t)$ è una sotto-σ-algebra di $\mathcal{F}_t$ si ha

$$\begin{aligned}
\mathsf{E}(X_{t+1} \mid X_0, X_1, \ldots, X_t) &= \mathsf{E}\big(\mathsf{E}(X_{t+1} \mid \mathcal{F}_t) \mid \sigma(X_0, X_1, \ldots, X_t)\big) \\
&= \mathsf{E}(X_t \mid X_0, X_1, \ldots, X_t) = X_t,
\end{aligned}$$

così quest'ultima può essere consirata una definizione equivalente di martingala.

Calcolando le differenze tra stati del processo a tempi consecutivi in una martingala a tempo discreto otteniamo un processo incorrelato.

Esempio 9.5

Sia $X = (X_t)_{t \in \mathbb{N}}$ la martingala a tempo discreto dell'Esempio 9.4. Quindi, usando l'informazione fornita dalla sua stessa storia, cioè la σ-algebra $\sigma(X_{t-1}, X_{t-2} \ldots)$ otteniamo

$$\mathsf{E}(X_t \mid X_{t-1}, X_{t-2}, \ldots) = X_{t-1}.$$

Possiamo definire un processo a tempo discreto ove $\mathbb{Z}$ sia l'insieme degli indici temporali, così gli interi negativi possono essere interpretati come date passate. Ora, considerando le differenze $D_t = X_t - X_{t-1}$ otteniamo il processo $D = (D_t)_{t\in\mathbb{Z}}$ detto *differenza di martingala* tale che

$$E(D_t \mid D_{t-1}, D_{t-2}, \ldots) = 0,$$

e avente funzione media nulla, $E(t) = 0$. Ne segue che D è anche un processo incorrelato, e se aggiungiamo la stazionarietà diventa anche un white noise.

Osservazione 9.6
In realtà dovremmo scrivere $E(X_t \mid \mathcal{F}_{t-1}) = X_{t-1}$ e $E(D_t \mid \mathcal{F}_{t-1}) = 0$. Infatti,

$$E(D_t \mid \mathcal{F}_{t-1}) = E(X_t \mid \mathcal{F}_{t-1}) - E(X_{t-1} \mid \mathcal{F}_{t-1}) = X_{t-1} - X_{t-1} = 0.$$

Del resto $\sigma(D_{t-1}, D_{t-2}, \ldots) \subset \sigma(X_{t-1}, X_{t-2}, \ldots) \subset \mathcal{F}_{t-1}$, poiché prendere le differenze $D_t = X_t - X_{t-1}$ fornisce meno informazione che osservare la sequenza originale delle realizzazioni passate $X_{t-1}, X_{t-2}, \ldots$ di X.

Esiste una proprietà simile a quella che caratterizza una martingala: $X = (X_t)_{t\in I}$ è un **processo di Markov** se per $s < t$ vale

$$P(X_t \in B \mid \mathcal{F}_s) = P(X_t \in B \mid X_s),$$

dove abbiamo usato la probabilità condizionata regolare (cfr. Paragrafo 6.4) per ogni insieme di Borel $B \subset \mathbb{R}$. Equivalentemente abbiamo:

$$P(X_{t_{n+1}} \in B \mid X_{t_1}, \ldots, X_{t_n}) = P(X_{t_{n+1}} \in B \mid X_{t_n}).$$

Un'altra caratterizzazione equivalente è:

$$E(g(X_t) \mid \mathcal{F}_s) = E(g(X_t) \mid X_s), \quad g \text{ è misurabile e } E(g(X_t)) < \infty.$$

Solo l'informazione al tempo $s < t$ conta nella previsione del valore futuro X_t e il passato viene 'dimenticato'. Si può dimostrare che ogni processo con incrementi indipendenti è anche di Markov. Scegliendo $g(x) = x$ otteniamo $E(X_t \mid \mathcal{F}_s) = E(X_t \mid X_s)$. Non si confonda questo con la proprietà di martingala. Dalla caratterizzazione equivalente segue che

$$E(g(X_t) \mid X_s) = f(X_s), \quad 0 \leqslant s < t.$$

Un processo di Markov non è necessariamente una martingala, poiché ciò accade solo quando $g(X_t) = X_t$ e $f(X_s) = X_s$. Un resoconto completo della teoria dei processi martingala a tempo continuo si trova in [14], mentre un'analisi breve ma precisa nel caso a tempo discreto è in [18].

9.4.5 *Processi autoregressivi e GARCH*

Sia $X = (X_t)_{t \in \mathbb{N}}$ un white con funzione media nulla $\mathsf{E}(t) = 0$. Possiamo costruire un altro processo a tempo discreto $Y = (Y_t)_{t \in \mathbb{N}}$ ponendo

$$Y_t - \mu = \theta(Y_{t-1} - \mu) + X_t, \quad \text{per ogni } t \in \mathbb{N} \text{ e } \theta, \mu \in \mathbb{R}. \tag{9.9}$$

Il processo Y è detto **autoregressivo** o processo **AR(1)**; possiamo scegliere $X_t \sim$ $\mathrm{N}(0, \sigma^2)$ con $\mathsf{cov}(X_s, X_t) = 0$ per ogni $s < t$. Ci limitiamo ai processi AR del primo ordine, il che significa che l'equazione alle differenze stocastica (9.9) coinvolge solo due v.a. successive Y_t, Y_{t-1} con ritardo temporale 1. Per AR di ordine intero superiore si veda [4]. Il termine $\theta(Y_{t-1} - \mu)$ rappresenta la deviazione passata dalla tendenza media, misurando l'influenza sul comportamento attuale di Y. Per θ abbastanza grande in valore assoluto il 'feedback' del passato sull'evoluzione futura del processo risulta amplificato. Se $\theta = 0$ abbiamo $Y_t = \mu + X_t$ che è un white noise. Immaginando Y_t come il tasso di rendimento di un'attività finanziaria con $t = 1$ giorno, allora X_t può essere pensato come l' effetto sul prezzo dell'attività di nuove informazioni rivelatesi al tempo t. Ma questa informazione non può essere anticipata, quindi X_t dovrebbe essere indipendente da X_{t-1}. Si può dimostrare che se $|\theta| < 1$ allora Y è debolmente stazionario, si veda [4], e d'ora in poi assumiamo questa ipotesi. La (9.9) può essere scritta come

$$Y_t = (1 - \theta)\mu + \theta Y_{t-1} + X_t, \tag{9.10}$$

che è un'equazione di (auto-)regressione. Per la debole stazionarietà la funzione media (cioè la speranza incondizionata) è costante, diciamo $c \in \mathbb{R}$, e dall'equazione (9.10) si ha:

$$\begin{aligned}
c = \mathsf{E}(Y_t) &= (1 - \theta)\mu + \theta \mathsf{E}(Y_t) \\
&= \mu - \theta\mu + \theta c \\
&\Longleftrightarrow \\
c(1 - \theta) &= \mu(1 - \theta).
\end{aligned}$$

Ponendo $a = (1 - \theta)\mu$ e ricordando la definizione di migliore previsione lineare (cfr. Paragrafo 7.2) abbiamo:[4]

- $\mathsf{E}(Y_t \mid Y_{t-1}) = a + \theta Y_{t-1}$ (previsione a un periodo)
- $\mathsf{V}(Y_t \mid Y_{t-1}) = \mathsf{V}(X_t) = \sigma^2$
- $\mathsf{E}(Y_t) = \frac{a}{1-\theta}$
- $\mathsf{V}(Y_t) = \frac{\sigma^2}{1-\theta^2}$.

---

[4] I parametri a, θ, σ devono essere stimati.

Il primo punto è banale, per gli altri due si veda l'Appendice. Un'altra formulazione equivalente è

$$Y_t = \mu + \sum_{h=0}^{\infty} \theta X_{t-h},$$

ottenuta tramite sostituzioni ricorsive nella (9.9) e valida per tempi $t \in \mathbb{Z}$. Un processo collegato all'AR(1) è il **GARCH(1,1)** che viene utilizzato nella modellizzazione della volatilità dei prezzi degli asset, una misura della variabilità dei prezzi su un orizzonte temporale fissato. Prima di spiegare la natura e le proprietà di tale processo a tempo discreto, completiamo l'elenco parziale dei fatti stilizzati sui rendimenti degli asset introdotto nel Paragrafo 2.7, Osservazione 2.9.

1. I rendimenti giornalieri hanno scarsa correlazione $\mathsf{corr}(r_t, r_{t-h})$, qualunque sia il ritardo temporale $h = 1, 2, \ldots$
2. La distribuzione di probabilità incondizionata P_{r_t} non è gaussiana.
3. P_{r_t} non è simmetrica (è asimmetrica), in particolare in quanto il mercato mostra ribassi accentuati ma non altrettanto intensi rialzi.
4. La deviazione standard $\mathsf{SD}(r_t)$ domina completamente la media $\mathsf{E}(r_t)$, su orizzonti temporali brevi (di solito giorni).
5. I quadrati dei rendimenti r_t^2 come misure di variabilità mostrano correlazione positiva con il proprio passato, cioè $\mathsf{corr}(r_{t+h}^2, r_t^2) > 0$.
6. Effetti leva: le azioni (titoli e indici) mostrano correlazione negativa tra varianza e rendimento medio.
7. La correlazione tra rendimenti di coppie di asset, $\mathsf{corr}(r_t^{\text{asset \#1}}, r_t^{\text{asset \#2}})$, non è costante per ogni t: aumenta nei mercati fortemente volatili al ribasso o durante i crolli di mercato.
8. P_{r_t} ha code più pesanti, anche dopo aver standardizzato i rendimenti con una misura di volatilità variabile nel tempo.
9. All'aumentare dell'orizzonte temporale, P_{r_t} si avvicina sempre più a una distribuzione gaussiana.

Si noti che tutti i fatti sopra elencati valgono anche per i rendimenti logaritmici giornalieri. Di conseguenza, la volatilità dei prezzi varia nel tempo e si raggruppa in periodi di forti e deboli movimenti di mercato. In particolare, il punto 5. suggerisce che i quadrati dei rendimenti sono positivamente autocorrelati, quindi se vogliamo modellizzare tali grandezze un solo processo a tempo discreto non è sufficiente: serve un secondo processo a tempo discreto per la volatilità. Nella sua forma più semplice questo schema si può specificare come segue:

$$r_t = \mu + \sigma_t \epsilon_t, \quad \epsilon_t \ \text{IID} \ \mathsf{N}(0,1) \tag{9.11}$$

$$\sigma_t^2 = \alpha_1 + \alpha_2 (r_{t-1} - \mu)^2 + \alpha_3 \sigma_{t-1}^2 \quad \alpha_1, \alpha_2, \alpha_3 \geqslant 0. \tag{9.12}$$

I vincoli di non negatività garantiscono che σ_t^2 non sia mai negativo. Si assume inoltre che $\alpha_2 + \alpha_3 > 1$ e $\alpha_1 > 0$, affinché il GARCH(1,1) sia strettamente stazionario, si veda [4].

9.5 Moto Browniano

Un **processo di Wiener** standard o **moto browniano** $B = (B_t)_{t \geq 0}$ è un processo a tempo continuo che soddisfa le seguenti proprietà:

1. $B_0 = 0$;
2. B ha incrementi indipendenti;
3. $B_t - B_s \sim \mathrm{N}(0, t - s)$, per $0 \leq s < t$;
4. $\mathsf{E}(B_t \mid \mathcal{F}_s) = B_s$, per $0 \leq s < t$;
5. per ogni $\omega \in \Omega$ la traiettoria $t \mapsto B_t(\omega)$ è una funzione continua e ovunque non derivabile.

Un moto browniano è un processo gaussiano, un processo stazionario con incrementi stazionari, una martingala e un processo di Markov (forte), si veda [14, Cap III, §3]. Le proprietà 1.-5. implicano che gli incrementi $B_{t_n} - B_{t_{n-1}}$ non dipendono dalla posizione in t_{n-1} sull'intervallo di tempo $[t_{n-1}, t_n]$. Ad esempio, $B_3 - B_2 \stackrel{\mathrm{d}}{=} B_1 - B_0 = B_1$. Ne consegue che

$$
\begin{aligned}
\mathsf{P}(B_{t_n} &\leq x_n \mid B_{t_i} = x_i,\ 0 \leq i \leq n - 1) \\
&= \mathsf{P}(B_{t_n} \leq x_n - x_{n-1}) \\
&= \int_{-\infty}^{x_n - x_{n-1}} \frac{1}{\sqrt{2\pi(t_n - t_{n-1})}} \exp\left(-\frac{u^2}{2(t_n - t_{n-1})}\right) \mathrm{d}u.
\end{aligned}
$$

Il comportamento di un moto browniano standard può essere analizzato tramite simulazione in R:

Codice del Programma

```
nsteps <- 600
set.seed(8221056)
BM <- matrix(NA,nrow=nsteps,ncol=1)
    for(i in 2:nsteps){
    BM[i,j] <- BM[i-1,j] + sqrt(0.05)*rnorm(1)
}
\matplot(BM,ylim=c(range(BM)),type="l",lty=1,lwd=2,
xlab="time",ylab="B(t)",panel.first=grid(),las=1,col="black")
```

Per maggiori dettagli su questo codice si veda il Paragrafo 9.4.3. Il valore `sqrt(0.05)` garantisce un intervallo temporale di ampiezza 0.05 per gli incrementi `nsteps` del percorso simulato. La Figura 9.7 mostra una tipica traiettoria di un moto browniano standard. Una proprietà aggiuntiva di un moto browniano standard è il *principio di riflessione*: la prima volta che B_t assume il valore $a \in \mathbb{R}$, detta *tempo di raggiungimento*[5] $T_a := \inf\{t \geq 0 \mid B_t = a\}$, è equiprobabile che B si

---

[5] Si tratta di una v.a. chiamata hitting time in inglese. Si immagini che una traiettoria parta dal punto di coordinate $(0, 0)$ e si sviluppi come grafico di una funzione fino a quando non interseca il punto $(0, a)$ che giace sulla retta orizzontale di equazione $y = a$

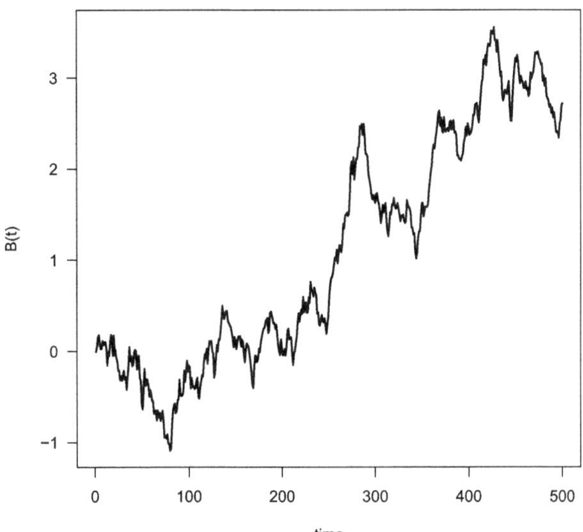

Figura 9.7 Traiettoria di un moto browniano standard

muova verso l'alto o verso il basso quindi ogni percorso viene riflesso rispetto alla retta orizzontale di equazione $B_{T_a} = a$, con uguale distribuzione del percorso dopo il punto (a, T_a) nel piano cartesiano. È interessante come la passeggiata aleatoria simmetrica analizzata nel Paragrafo 9.4.3 possa essere utilizzata per ottenere le traiettorie del moto browniano usando opportuni limiti stocastici asintotici. Innanzitutto, per il CLT la versione scalata di un random walk converge in distribuzione a una normale standard: $\frac{W_t}{\sqrt{t}} \xrightarrow{d} N(0, 1)$, per tempi interi $t \to \infty$. D'altra parte, considerando l'orizzonte temporale $[0, t]$ con $t > 0$ fissato e non più intero, possiamo aumentare il numero di v.a. Z_t nella definizione di W tenendo conto che t sono numeri naturali. Possiamo quindi definire

$$W_t := c(Z_1 + \cdots + Z_{\lfloor t/h \rfloor}), \tag{9.13}$$

per una costante $c \in \mathbb{R}$ e $h > 0$ tale che $n = \lfloor t/h \rfloor$ è il numero di sottointervalli di $[0, t]$ di uguale lunghezza h, dove $\lfloor \cdot \rfloor$ è la funzione parte intera che restituisce il massimo intero positivo $\leq \frac{t}{h}$. Così, ad esempio, se $t = 4.4$ e $h = 0.5$ otteniamo $\frac{t}{h} = 8.8$ e $\lfloor t/h \rfloor = 8$. Se $\frac{t}{h}$ non è intero, possiamo interpolare W_s, W_u, per $s < t < u$, ogni volta che $\frac{s}{h}, \frac{u}{h}$ sono interi positivi:

$$W_t = \alpha W_s + (1 - \alpha) W_u, \qquad \alpha = \frac{u-t}{u-s} \in [0, 1].$$

Sostituendo le espressioni di W_s, W_u date dalla (9.13) e di α e riordinando otteniamo W_t. Il valore atteso e la varianza sono:

$$E(W_t) = 0, \quad V(W_t) = c^2 \lfloor t/h \rfloor.$$

Ponendo $c = \sqrt{h}$ e facendo tendere $n \to \infty$ si ha

$$\lim_{n\to\infty} \mathsf{E}(W_t) = 0, \quad \lim_{n\to\infty} \mathsf{V}(W_t) = t.$$

La seconda equazione segue poiché $t/h - \lfloor t/h \rfloor$ è la parte decimale di $\frac{t}{h}$ e per recuperare la parte intera possiamo scrivere

$$\lfloor \tfrac{t}{h} \rfloor = \tfrac{t}{h} - \sum_{k=1}^{\infty} c_k 10^{-k}, \quad c_k \in \{0, 1, 2, \ldots, 9\}.$$

Ora, $n \to \infty$ equivale a prendere il limite

$$\lim_{h\to 0} h \left(\frac{t}{h} - \sum_{k=1}^{\infty} c_k 10^{-k} \right) = t$$

così da ricavare il risultato voluto. Infine, tramite il CLT e la standardizzazione otteniamo:

$$\frac{W_t}{\sqrt{h \lfloor t/h \rfloor}} \xrightarrow{\text{d}} \mathrm{N}(0, 1), \quad \text{al tendere } n \to \infty$$

il che, insieme a $h\lfloor \tfrac{t}{h} \rfloor \to t$, implica $\frac{W_t}{\sqrt{t}} \sim \mathrm{N}(0, 1)$ o equivalentemente $W_t \sim \mathrm{N}(0, t)$. È evidente come la v.a. limite W_t e B_t abbiano la stessa distribuzione. Questa costruzione suggerisce perché valgano le proprietà 1.-4. di un moto browniano. In particolare, le proprietà 2. e 3. dipendono dalla (9.13), poiché la passeggiata aleatoria simmetrica scalata è composta da v.a. IID. Ne segue che la MGF

$$\begin{aligned}
M_{B_t - B_s}(u) &= \mathsf{E}(\mathrm{e}^{u(B_t - B_s)}) \\
&= \mathsf{E}(\mathrm{e}^{u B_t})\mathsf{E}(\mathrm{e}^{u(-B_s)}) \\
&= M_{B_t}(u) M_{-B_s}(u) = \mathrm{e}^{u^2(t-s)}
\end{aligned}$$

è chiaramente quella di una v.a. gaussiana, si veda l'equazione (5.27) nel Paragrafo 5.7. Inoltre, è stato tacitamente assunto che B sia adattato alla filtrazione $\{\mathcal{F}_t\}$, e ancora la costruzione tramite la passeggiata aleatoria simmetrica implica che la v.a. $B_t - B_s$, per $s < t$, sia tale che la σ-algebra generata $\sigma(B_t - B_s)$ sia indipendente da $\mathcal{F}_s$, cioè i possibili percorsi di B da $t = 0$ fino a $s > 0$ non influenzano i valori di $B_t - B_s$. Da ciò e dalle proprietà del valore atteso condizionato generale segue:

$$\begin{aligned}
\mathsf{E}(B_t \mid \mathcal{F}_s) &= \mathsf{E}((B_t - B_s) + B_s \mid \mathcal{F}_s) \\
&= \mathsf{E}(B_t - B_s \mid \mathcal{F}_s) + \mathsf{E}(B_s \mid \mathcal{F}_s) \\
&= \underbrace{\mathsf{E}(B_t - B_s)}_{=\,0} + B_s.
\end{aligned}$$

Poiché per $s < t$ si ha

$$
\begin{aligned}
\mathsf{E}\Big(\big((B_t - B_s) + B_s\big)B_s\Big) &= \mathsf{E}\big((B_t - B_s)B_s\big) + \mathsf{E}(B_s^2) \\
&= \underbrace{\mathsf{E}(B_t - B_s)\mathsf{E}(B_s)}_{=0} + s \\
&= s,
\end{aligned}
$$

e analogamente nel caso $t < s$, si ha

$$
\mathrm{cov}(s,t) := \mathsf{E}(W_s\, W_t) = \min\{s,t\}. \tag{9.14}
$$

Una dimostrazione della proprietà 5. si trova in [2]. Trattazioni più dettagliate del moto browniano sono presenti in [10] e [14]. Alcuni processi possono essere ottenuti impiegando il moto browniano standard. Il primo tra questi è il moto browniano che parte da $x_0 \in \mathbb{R}$, ottenuto come $x_0 + B_t$ per ogni $t \geq 0$. I moti browniani scalati sono B_{ct} e $\sqrt{c}\,B_t$, per ogni $t \geq 0$. Un *moto browniano con drift* è il processo dato da

$$
\tilde{B}_t := \mu + \sigma B_t, \quad \text{per ogni } t \geq 0, \tag{9.15}
$$

dove $\mu \in \mathbb{R}$ è il drfit e $\sigma > 0$ è chiamato il *parametro di diffusione*. Questo processo può essere utilizzato come modello per i rendimenti logaritmici a tempo continuo: μ può essere interpretato come il rendimento istantaneo *medio* composto e σ può essere interpretato come la volatilità istantanea riferita al processo per il prezzo sottostante al rendimento. Infatti, il processo di prezzo stesso può essere modellizzato come un *moto geometrico browniano*:

$$
S_t := S_0 e^{\mu + \sigma B_t} = S_0 e^{\tilde{B}_t}, \quad \text{per ogni } t \geq 0, \text{ e una costante } S_0 > 0. \tag{9.16}
$$

Chiaramente, S_0 è interpretato come il prezzo iniziale dell'azione e $\ln(\frac{S_t}{S_0}) = \tilde{B}_t$. Poiché $\tilde{B}_t \sim \mathrm{N}(\mu t, \sigma^2 t)$ ne segue che S_t è log-normale con gli stessi parametri, cioè il suo logaritmo naturale è $\mathrm{N}(\mu t, \sigma^2 t)$, mentre $\mathsf{E}(S_t) = S_0 e^{\mu t + \sigma^2 t/2}$ e $\mathsf{V}(S_t) = S_0^2 e^{2\mu t + \sigma^2 t}(e^{\sigma^2 t} - 1)$, si veda l'Esercizio 9.3.

9.6   Esercizi

9.1 Dimostrare che B_{ct} e $\sqrt{c}\,B_t$ danno luogo a un moto browniano, per ogni $t \geq 0$.

9.2 Calcolare la probabilità che un moto browniano standard sia inferiore al valore 4 in $t = 4$, condizionando all'ipotesi $B_2 = 2$.

9.3   Trovare la distribuzione di un moto browniano con drift e di un moto geometrico browniano.

9.4   Dato un moto browniano standard, trovare la distribuzione del *first passage time* $T_a = \inf\{t \geq 0 \mid B_T = a\}$, per una costante $a > 0$.

9.5   Dato un moto browniano standard, trovare la funzione di ripartizione del *running maximum* $\bar{B}_t := \sup_{u \in [0,t]} B_u$, cioè calcolare $F_{\bar{B}_t}(a)$ per $a, t > 0$.

Appendice

Dettagli sui processi AR(1) e GARCH(1,1)

Mostriamo che $V(Y_t \mid Y_{t-1}) = V(X_t) = \sigma^2$. Si noti che per costruzione $f(Y_{t-1}) = a + \theta Y_{t-1}$ e X_t sono indipendenti, quindi abbiamo:

$$
\begin{aligned}
V(Y_t \mid Y_{t-1}) &= V(a + \theta Y_{t-1} \mid Y_{t-1}) + V(X_t \mid Y_{t-1}) \\
&= E((a + \theta Y_{t-1})^2 \mid Y_{t-1}) - \{E(a + \theta Y_{t-1} \mid Y_{t-1})\}^2 + V(X_t) \\
&= (a + \theta Y_{t-1})^2 - (a + \theta Y_{t-1})^2 + V(X_t) = V(X_t).
\end{aligned}
$$

Nella seconda e terza uguaglianza abbiamo usato la definizione di varianza condizionata (cfr. Paragrafo 7.1, Definizione 7.2) e le proprietà del valore atteso condizionato a una v.a., rispettivamente. Ora mostriamo che $E(Y_t) = \frac{a}{1-\theta}$ e $V(Y_t) = \frac{\sigma^2}{1-\theta^2}$. Se Y è debolmente stazionario, allora $E(Y_t) = c$, $V(Y_t) = \gamma(0)$ e $\text{cov}(Y_t, Y_{t+h}) = \gamma(h)$, per un intero $h \in \mathbb{N}$. Inoltre,

$$
E(Y_t) = a + \theta E(Y_{t-1}) \quad \text{sse} \quad c = a + \theta c \quad \text{sse} \quad c = \frac{a}{1 - \theta}.
$$

Ciò implica che la funzione media di Y_t esiste sse $\theta \neq 1$, ed è zero sse $a = 0$. Per il viceversa, supponiamo $|\theta| < 1$. Ora, per sostituzioni ripetute (al tendere del tempo a ∞):

$$
\begin{aligned}
Y_t &= a + \theta Y_{t-1} + X_t \\
&= a + \theta(a + \theta Y_{t-2} + X_{t-1}) + X_t \\
&\;\;\vdots \\
&= a(1 + \theta + \theta^2 + \cdots) + (X_t + \theta X_{t-1} + \theta^2 X_{t-2} + \cdots) \\
&= a \sum_{i=0}^{\infty} \theta^i + \sum_{i=0}^{\infty} \theta^i X_{t-i}.
\end{aligned}
$$

Allora $\sum_{i=0}^{\infty} \theta^i = \frac{1}{1-\theta}$ (cfr. serie ottenuta dalla somma dei termini di una progressione geometrica di ragione θ per $i \to \infty$) e

$$E(Y_t) = E\left(a \sum_{i=0}^{\infty} \theta^i\right) + E\left(\sum_{i=0}^{\infty} \theta^i X_{t-i}\right) = \frac{a}{1-\theta} + 0.$$

Inoltre si ha che:

$$V(Y_t) = V\left(\frac{a}{1-\theta} + \sum_{i=0}^{\infty} \theta^i X_{t-i}\right) = V\left(\sum_{i=0}^{\infty} \theta^i X_{t-i}\right)$$

$$\stackrel{\text{indip.}}{=} \sum_{i=0}^{\infty} V(\theta^i X_{t-i}) = \sigma^2(1 + \theta^2 + \theta^4 + \cdots)$$

$$= \frac{\sigma^2}{1-\theta^2}, \quad \text{poiché anche } |\theta^2| < 1.$$

Inoltre, la funzione di autocovarianza è:[6]

$$\text{cov}(Y_t, Y_{t-h}) = E\left(\left(\sum_{i=0}^{\infty} \theta^i X_{t-i}\right)\left(\sum_{j=0}^{\infty} \theta^i X_{t-j-h}\right)\right)$$

$$= \sum_{i=0}^{\infty} \sum_{j=0}^{\infty} \theta^i \theta^j E(X_{t-i} X_{t-j-h})$$

$$\stackrel{k=j+h}{=} \sum_{i=0}^{\infty} \sum_{k=h}^{\infty} \theta^i \theta^j E(X_{t-i} X_{t-k})$$

$$= \sigma^2 \sum_{i=0}^{\infty} \theta^i \theta^{i+h} = \frac{\sigma^2 \theta^h}{1-\theta^2} = \theta^h V(Y_t).$$

Di conseguenza la funzione di autocorrelazione è $\rho(h) = \theta^h$, per $h = 0, 1, 2, \ldots$ Si noti che tutte le autocovarianze sono finite per la disuguaglianza di Cauchy-Schwarz. Per il GARCH(1,1) l'equazione (9.12) può essere riscritta come

$$\sigma_t^2 = \alpha_1 + (\alpha_2 X_{t-1}^2 + \alpha_3)\sigma_{t-1}^2,$$

il cui valore atteso è

$$E(\sigma_t^2) = \alpha_1 + (\alpha_2 + \alpha_3)E(\sigma_{t-1}^2),$$

per indipendenza di X_{t-1} e σ_{t-1}^2. È possibile generalizzare la rappresentazione del GARCH(1,1) se assumiamo che la distribuzione del rendimento r_t condizionata alla

---

[6] Abbiamo usato il fatto che $a \sum_{i=0}^{\infty} \theta^i$ è una costante.

sua storia passata $\sigma(r_{t-1}, r_{t-2}, \ldots)$ è $N(\mu, \sigma_t^2)$, scritta come

$$r_t \mid r_{t-1}, r_{t-2}, \ldots \sim N(\mu, \sigma_t^2),$$

con volatilità data da

$$\sigma_t^2 = \alpha_1 + \alpha_2(r_{t-1} - \mu)^2 + \alpha_3 \sigma_{t-1}^2.$$

Si può dimostrare che la varianza incondizionata $V(\sigma_t^2)$ è finita, la correlazione $\mathrm{corr}(r_t, r_{t-h}) = 0$ per ogni lag $h > 0$, e la correlazione $\mathrm{corr}((r_t - \mu)^2, (r_{t-h} - \mu)^2) > 0$ per ogni lag $h > 0$. Per standardizzazione abbiamo anche:

$$\frac{r_t - \mu}{\sigma_t} \mid r_{t-1}, r_{t-2}, \ldots \sim N(0, 1).$$

Principio di Invarianza di Donsker

Forniamo alcuni dettagli sulla costruzione di un moto browniano standard, per il quale abbiamo dato una spiegazione euristica nel Paragrafo 9.5. Sia $Z_1, Z_2, \ldots$ una successione di v.a. IID con $E(Z_i) = 0$ e $V(Z_i) = 1$, per $i = 1, 2, \ldots$ Sia $S_k = Z_1 + \cdots Z_k$, per $k \geqslant 1$ e poniamo $S_0 = 0$. Successivamente, definiamo

$$S_t^{(n)} := \frac{S_{k-1}}{\sqrt{n}} + n\left(t - \frac{k-1}{n}\right)\frac{S_k - S_{k-1}}{\sqrt{n}},$$

per $t \in [\frac{k-1}{n}, \frac{k}{n}]$ e $1 \leqslant k \leqslant n$. Questo significa che $S_t^{(n)} = \frac{S_k}{\sqrt{n}}$ nei punti $t = \frac{k}{n}$, per $0 \leqslant k \leqslant n$, e la funzione $t \mapsto S_t^{(n)}$ è interpolata linearmente in $[\frac{k-1}{n}, \frac{k}{n}]$. Dunque abbiamo:

Teorema 9.3

Il processo stocastico $S^{(n)} = (S_t^{(n)})_{t \geqslant 0}$ converge in distribuzione al moto browniano standard, per $n \to \infty$.

Osservazione 9.7

Sono le FIDIS di $S^{(n)}$ che convergono a quelle del moto browniano standard. Questa è una delle nozioni di convergenza in distribuzione per processi stocastici.

Capitolo 10
Introduzione alle misure di rischio di mercato e alla valutazione delle opzioni

10.1 Value-at-Risk

Sia $X = V_T - V_0$ una v.a. che descrive i profitti o le perdite (P&L) di un singolo asset o portafoglio, con valore futuro negoziato V_T e valore iniziale V_0. Per un singolo asset si ha $V_t = S_t$ per $t = 0, T$ con l'unica v.a. S_T, ad esempio il prezzo futuro di un'azione. Nel caso di un portafoglio è possibile che V_T dipenda da diversi asset sottostanti, cioè $V_T = f(T, S_{1,T}, \ldots, S_{n,T})$, dove $S_{i,T}$ è il valore al tempo T dell'i-esimo asset o fattore di rischio. Le istituzioni finanziarie (ad esempio compagnie assicurative, banche, ecc.) possono utilizzare modelli interni di value-at-risk (VaR) per valutare alcune misure di rischio sin dal $1°$ accordo di Basilea sul capitale di rischio risalente al 1998, si veda http://www.bis.org.

Definizione 10.1

Data una v.a. X rapresentante P&L, e dato un orizzonte temporale $[0, T]$ con $T > 0$ che rappresenta il prossimo futuro, il **value-at-risk** è dato da

$$\mathrm{VaR}_{c,T}(X) := -Q_X(c), \quad \text{per } c \in (0, 1). \tag{10.1}$$

Si tratta di una misura che quantifica la perdita dovuta a variazioni di valore in un portafoglio nell'orizzonte $[0, T]$, tale che si è sicuri al $100(1 - c)\%$ di subire una *perdita effettiva* non superiore a $\mathrm{VaR}_{c,T}(X) \equiv K$ €, mentre c'è solo una probabilità del $100c\%$ di una perdita maggiore. Di solito $T = 1$ giorno o 1 settimana e $c = 0.01$ oppure $c = 0.05$, cioè 1% o 5%. In alcuni testi la v.a. X è definita come $V_0 - V_T = -(V_T - V_0)$, ossia una variabile di loss che modellizza una perdita effettiva in T rappresentata da uno esito $\omega \in \Omega$ tale che $X(\omega) \geqslant 0$. La definizione di X usata nell'equazione (10.1) si base sulla funzione quantile con basso livello di probabilità c così da riferirsi ai valori negativi $X(\omega) \leqslant 0$, per qualche ω, quindi ha senso presentare la qunatificazione di una possibile perdita come un valore moneta-

D. Rossello, *Formulario di Probabilità Uno*, La Matematica per il 3+2,
https://doi.org/10.1007/978-3-032-18769-7_10

rio (positivo) con un cambio di segno. Seguendo invece la convenzione $X = V_0 - V_T$ il value-at-risk nella Definizione 10.1 deve essere espresso senza il segno meno:

$$\text{VaR}_{c,T}(X) := Q_X(c), \quad \text{per } c \in (0, 1). \tag{10.2}$$

L'interpretazione cambia di conseguenza e diventa più trasparente. Ad esempio, lo stesso value-at-risk di K € deve ora essere riportato con una probabilità $c = 0.99$ o 0.95 (ossia 99% o 95%) e quantifica la perdita data una variazione del portafoglio sullo stesso orizzonte; l'1% o il 5% delle volte si potrebbe subire una perdita effettiva superiore a K € (non accettabile), cioè $\mathsf{P}(X > \text{VaR}_{c,T}(X)) = 1 - c$. Quest'ultima formulazione è equivalente a $\mathsf{P}(X \geqslant \text{VaR}_{c,T}(X)) \leqslant 1 - c$. Per distribuzioni assolutamente continue si ha

$$c = \int_{-\infty}^{Q_X(c)} f_X(x)\mathrm{d}x = F_X(Q_X(c)), \quad \text{per ogni } c \in (0, 1). \tag{10.3}$$

Il VaR è tra le misure più diffuse nella gestione del rischio. I mercati finanziari hanno visto rischi crescenti negli ultimi decenni, soprattutto perché i rendimenti azionari, i tassi d'interesse e i tassi di cambio sono diventati più volatili, e i volumi scambiati nei mercati dei derivati sono oggi enormi. In effetti, il rischio finanziario può essere classificato in base al seguente elenco non esaustivo.

- *Rischio di Mercato*: variazioni nei prezzi quotati.
- *Rischio di Credito*: le controparti non rispettano gli obblighi contrattuali.
- *Rischio di Liquidità*: le somme di denaro generate da operazioni di trading che riguardano investimenti non possono essere acquistate o vendute abbastanza *rapidamente* da prevenire (o minimizzare) le perdite.

Il senior management dovrebbe valutare i rischi che gli junior manager o i trader assumono per conto delle aziende. L'interpretazione economica del VaR è allora la seguente: rappresenta l'ammontare di capitale extra che un'impresa[1] deve utilizzare come cuscinetto per possibili perdite, con una probabilità di accadimento del $100c\%$ (ad esempio in caso di fallimento). Questo *capitale economico* è interpretato come un investimento privo di rischio che, aggiunto all'esposizione finanziaria, la rende accettabile da parte di un supervisore esterno. Quindi, un VaR negativo implicherebbe che l'impresa può restituire parte del capitale agli azionisti, oppure potrebbe accettare più rischio. Infatti, un'altra definizione equivalente è:

$$\text{VaR}_{c,T}(X) := \inf\left\{m \in \mathbb{R} \mid \mathsf{P}(X + m < 0) \leqslant c\right\}, \quad c \in (0, 1). \tag{10.4}$$

Osservazione 10.1

Consideriamo la v.a. delle perdite $X = V_T - V_0$ come nella definizione 10.1, equazione (10.1). Il suo opposto $-X = -(V_T - V_0) = V_0 - V_T$, corrisponde alla v.a. usata nell'altra definizione di VaR basata sull'equazione (10.2). Si può fornire una

---

[1] Abbiamo menzionato banche e compagnie assicurative, cioè imprese finanziarie. Ma il VaR può essere utilizzato anche da imprese non finanziarie per quantificare i rischi associati alla loro esposizione finanziaria.

definizione unificata[2] di VaR corrispondente a queste due v.a. e alla stessa soglia di probabilità $c \in (0, 1)$. Assumendo che il grafico della CDF F_X non abbia tratti orizzontali, è facile verificare

$$\text{VaR}_{c,T}(X) = -Q_X(c) = Q_{-X}(1 - c).$$

L'ultima uguaglianza può essere dedotta osservando i grafici della densità. In caso di tratti orizzontali la situazione è leggermente più complessa, si veda l'Appendice.

Per comprendere meglio l'equazione (10.4) osserviamo che a ogni CDF possiamo associare due definizioni di inverse generalizzate (quantili):

$$Q_X^-(c) := \sup\left\{x \in \mathbb{R} \mid F_X(x) < c\right\}, \quad \textbf{inversa sinistra} \tag{10.5}$$

$$Q_X^+(c) := \inf\left\{x \in \mathbb{R} \mid F_X(x) > c\right\}, \quad \textbf{inversa destra}. \tag{10.6}$$

Si può verificare che

- $\sup\left\{x \in \mathbb{R} \mid \mathsf{P}(X \leqslant x) < c\right\} = \inf\left\{x \in \mathbb{R} \mid \mathsf{P}(X \leqslant x) \geqslant c\right\}$,
- $\inf\left\{x \in \mathbb{R} \mid \mathsf{P}(X \leqslant x) > c\right\} = \sup\left\{x \in \mathbb{R} \mid \mathsf{P}(X \leqslant x) \leqslant c\right\}$

e i due estremi superiori rimangono invariati utilizzando $\mathsf{P}(X < x) = F_X(x^-)$. In realtà, un quantile $Q_X(c)$ è qualsiasi funzione da $(0, 1)$ a $\mathbb{R}$ tale che

$$Q_X^-(c) \leqslant Q_X(c) \leqslant Q_X^+(c).$$

Di solito si sceglie $Q_X(c) = Q_X^-(c)$, si veda la Definizione 2.8 nel Paragrafo 2.8; è anche possibile la scelta $Q_X(c) = Q_X^+(c)$. Conseguenza: si potrebbe definire il VaR usando sia l'inversa destra che quella sinistra. Infatti, i quantili sono, per ogni funzione di ripartizione F_X, tutti i valori compresi nei seguenti intervalli:

- chiuso, $\left[Q_X^-(c), Q_X^+(c)\right]$, se $\mathsf{P}\left(X = Q_X^+(c)\right) = 0$,
- aperto a destra, $\left[Q_X^-(c), Q_X^+(c)\right)$, se $\mathsf{P}\left(X = Q_X^+(c)\right) > 0$.

Ma si osservi che $Q_X^-(c) = Q_X^+(c) = Q_X(c)$ sse F_X non ha tratti orizzontali (cfr. strettamente crescente). Quindi, il VaR può essere anche riscritto come

$$\text{VaR}_{c,T}(X) = -Q_X^+(c) = Q_{-X}^-(1 - c), \quad \text{per ogni } c \in (0, 1), \tag{10.7}$$

si veda l'Esercizio 10.2. L'interpretazione economica di VaR si basa sull'equazione (10.7) che collega i quantili inferiori Q_X^- a quelli superiori Q_X^+, si veda l'Appendice. Usando la (10.4) si può inoltre osservare che:

1. se $X \geqslant 0$, allora $\text{VaR}_{c,T}(X) \leqslant 0$ e il VaR è correttamente interpretato come l'ammontare di capitale m che, aggiunto alla posizione rischiosa X, la rende accettabile;

---

[2] È cruciale notare che secgliendo da $X = V_T - V_0$ interpretiamo il suo opposto come possibili perdite, con $-X$ che rappresenta le stesse perdite riportate come importi monetari positivi.

2. se $X \leqslant Y$, allora $\mathrm{VaR}_{c,T}(X) \geqslant \mathrm{VaR}_{c,T}(Y)$, cioè per una posizione più rischiosa X il VaR è maggiore;

3. se $\lambda \geqslant 0$, allora $\mathrm{VaR}_{c,T}(\lambda X) = \lambda \mathrm{VaR}_{c,T}(X)$, ossia se una posizione viene scalata (ad esempio con $\lambda = 2$ viene raddoppiata) anche il VaR viene scalato allo stesso modo;

4. $\mathrm{VaR}_{c,T}(X + k) = \mathrm{VaR}_{c,T}(X) - k$, per ogni $k \in \mathbb{R}$ interpretato come ulteriore liquidità priva di rischio aggiunta alla posizione per renderla più sicura.

Nel punto 2. la condizione $X \leqslant Y$ significa che aumentando il profilo di payoff della posizione il rischio si riduce. Questo è collegato all'ordinamento stocastico usuale, cfr. Definizione 2.6, Paragrafo 2.6. Infatti, abbiamo:

- Se $X(\omega) \leqslant Y(\omega)$ per ogni eisto ω allora $\{X \leqslant x\} \supset \{Y \leqslant x\}$ per ogni $x \in \mathbb{R}$. Infatti, invertendo l'inclusione degli insiemi, $\{X \leqslant x\} \subset \{Y \leqslant x\}$, si avrebbe che esiste un esito $\omega \in \{Y \leqslant x\}$ che appartiene a $\{X > x\}$, ma ciò implica $x < X(\omega) \leqslant Y(\omega)$ contraddicendo $Y(\omega) \leqslant x$;
- come conseguenza $\Omega = \{X \leqslant Y\} \supset \{X \leqslant x\} \supset \{Y \leqslant x\}$;
- Applicando la misura di probabilità si ha $1 \geqslant F_X(x) \geqslant F_Y(x)$, cioè, l'ordinamento stocastico usuale $X \leqslant_{\mathrm{st}} Y$.

Nel contesto del risk management, l'ordinamento stocastico usuale significa che il P&L X è più rischioso del P&L Y sse il VaR associato al primo è maggiore del VaR associato al secondo. Questo perché $F_X(x) \geqslant F_Y(x)$ per ogni $x \in \mathbb{R}$ è equivalente a $Q_X(c) \leqslant Q_Y(c)$ per ogni $c \in (0, 1)$. Usando i rendimenti aritmetici e assumendo $T = 1$, possiamo scrivere

$$X = V_1 - V_0 = V_0 r, \quad \text{per } r = \frac{V_1 - V_0}{V_0}, \quad V_0 > 0,$$

quindi la Definizione 10.1 può essere riformulata come

$$\mathrm{VaR}_{c,1}(X) = -V_0 Q_r(c), \quad \text{per } c \in (0, 1).$$

Il VaR di un P&L si riduce a quello del corrispondente rendimento aritmetico e anche a quello del rendimento lordo, $\mathrm{VaR}_{c,1}(R) = -(1 + Q_r(c))$. Infatti, $R = \frac{V_1}{V_0}$ è il rendimento lordo e $V_1 = V_0(1 + r)$ così:

$$\mathrm{VaR}_{c,1}(R) = -Q_{V_1/V_0}(c) = -\frac{1}{V_0} Q_{V_1}(c) = -\frac{1}{V_0} Q_{V_0(1+r)}(c)$$

$$= -\frac{1}{V_0}(V_0 + V_0 Q_r(c)).$$

Si osservi che su base giornaliera si possono anche usare i rendimenti logaritmici ma attenzione: ciò vale per un singolo titolo, poiché per un portafoglio il rendimento logaritmico non è uguale alla combinazione lineare dei rendimenti logaritmici individuali delle componenti sottostanti, in base ai pesi di portafoglio. Infatti, siano $r_{1,t}, r_{2,t}$ due rendimenti aritmetici e siano w_1, w_2 i corrispondenti pesi di portafoglio, si veda l'Esempio 2.11, Paragrafo 2.5; si ricordi che $w_1 + w_2 = 1$ e $w_1, w_2 \in [0, 1]$. Abbiamo

$$
\begin{aligned}
\ln(1 + w_1 r_{1,t} + w_2 r_{2,t}) &= \ln(w_1 + w_2 + w_1 r_{1,t} + w_2 r_{2,t}) \\
&= \ln(w_1(1 + r_{1,t}) + w_2(1 + r_{2,t})) \\
&= \ln(w_1 R_{1,t} + w_2 R_{2,t})
\end{aligned}
$$

da cui è evidente che il rendimento logaritmico del portafoglio (cioè l'ultimo termine a destra) è diverso dal rendimento aritmetico del portafoglio $w_1 r_{1,t} + w_2 r_{2,t}$, dove $1 + r_{i,t} = R_{1,t} = \frac{S_{i,t}}{S_{i,t-1}}$ per $i = 1, 2$ per ogni tempo $t = 1, 2, \ldots$ L'unico legame tra rendimenti aleatori aritmetici e logaritmici giornalieri o infragiornalieri è $r_{i,t} \approx \ln(R_{i,t})$, si veda il Paragrafo 8.5. Se $r \sim N(\mu, \sigma^2)$ abbiamo la seguente formula per il VaR giornaliero

$$
\mathrm{VaR}_{c,1}(X) = -V_0 Q_{\mu + \sigma Z}(c) = -V_0(\mu + \sigma Q_Z(c)),
$$

dove $Z \sim N(0, 1)$, si veda l'Esempio 6.6 nel Paragrafo 6.2.

10.2 Misure di rischio coerenti

Si può pensare a una misura di rischio come a una funzione $\varrho : L \to \mathbb{R}$. L'insieme di esistenza L può essere specificato come L^1 o L^2. Talvolta si può usare L^∞ definito come l'insieme delle v.a. X tali che

$$
\inf\{a \geqslant 0 \,|\, P(|X| > a) = 0\} = \inf\{a \geqslant 0 \,|\, P(-a \leqslant X \leqslant a) = 1\} < \infty,
$$

cioè quelle v.a. che sono limitate con probabilità 1.[3] È preferibile che ϱ soddisfi certe proprietà (assiomi) basate su alcuni requisiti richiesti dalle autorità di regolamentazione e dagli enti di vigilanza. Di seguito è riportato un elenco parziale di tali proprietà.

Definizione 10.2 (Assiomi di coerenza)
Una misura di rischio $\varrho : L \to \mathbb{R}$ che soddisfa

- *monotonicità*, $X \leqslant Y$ implica $\varrho(X) \geqslant \varrho(Y)$,
- *omogeneità positiva*, $\varrho(\lambda X) = \lambda \varrho(X)$, per $\lambda \geqslant 0$,
- *invarianza di cassa (per traslazione)*, se $m \in \mathbb{R}$ allora $\varrho(X + m) = \varrho(X) - m$,
- *subadditività*, $\varrho(X + Y) \leqslant \varrho(X) + \varrho(Y)$,

è detta **coerente**.

---

[3] Si potrebbe scrivere $|X| \leqslant a$ P-a.s. e le v.a. in L^∞ si potrebbero chiamare *essenzialmente limitate*.

Le prime tre proprietà sono le stesse espresse dai punti 2., 3. e 4. relativi al VaR, si veda il Paragrafo 10.1. Se ϱ soddisfa monotonicità e *cash invariance* allora è detta una *misura di rischio monetaria*. Interpretando X come P&L generato da una strategia di trading, la prima proprietà significa che il rischio di una perdita può essere ridotto passando a un P&L Y con payoff maggiorato. L'invarianza di cassa significa che $\varrho(X)$ può essere interpretato come un requisito di capitale, necessario per coprire una perdita derivante dalla posizione sottostante X, al fine di renderla renderla accettabile.[4] La subadditività significa che unendo due posizioni separate X e Y il rischio non può aumentare. Si può dimostrare che il VaR non è in generale subadditivo.

Osservazione 10.2

Per una misura di rischio monetaria ϱ, l'omogeneità positiva implica *normalizzazione*: $\varrho(0) = 0$. Infatti, per $\lambda > 0$ e $\varrho(0) = \varrho(\lambda\, 0)$ abbiamo $\lambda\varrho(0) = \varrho(0)$ sse $\varrho(0) = 0$. Nel caso $\varrho(0) = \varrho(0\, X) = 0$, quest'ultimo è uguale a $0\,\varrho(X)$ che a sua volta è uguale a zero. Una misura di rischio monetaria è *convessa* se

$$\varrho(\lambda X + (1 - \lambda)Y) \leqslant \lambda\varrho(X) + (1 - \lambda)\varrho(Y), \quad \text{per ogni } \lambda \in [0, 1],$$

interpretabile come requisito di diversificazione: la posizione $\lambda X + (1 - \lambda)Y$, con una percentuale λ investita in X e la restante $(1 - \lambda)$ investita in Y riduce il rischio. Una misura di rischio convessa è coerente se è anche omogenea positiva, poiché si può dimostrare che la convessità insieme all'omogeneità positiva implica la subadditività, si veda [7, Cap 4]. D'altra parte, ogni misura di rischio coerente è convessa.

Ulteriori proprietà desiderabili sono le seguenti:

- invece della subadditività, data la struttura di dipendenza di (X, Y) si può avere l'additività, $\varrho(X + Y) = \varrho(X) + \varrho(Y)$ purché X, Y siano v.a. comonotone. Mettere insieme questo tipo di P&L non genera una copertura reciproca (la rischiosità non diminuisce);
- Se $(X_n)_{n\in\mathbb{N}}$ è una successione di P&L che converge in distribuzione al P&L X, allora

$$\lim_{n\to\infty} \varrho(X_n) = \varrho(X).$$

I seguenti risultati caratterizzano le misure di rischio coerenti usando sia leggi di probabilità sia le loro derivate di Radon-Nikodým rispetto a misure di probabilità equivalenti, si veda il Teorema 6.3, Paragrafo 6.4.

---

[4] Questo è il tipico punto di vista di un ente di vigilanza.

Teorema 10.1 (Rappresentazione Robusta delle Misure di Rischio Coerenti)

*Ogni misura di rischio coerente è **basata su scenari**, cioè può essere rappresentata come*

$$\varrho(X) = -\inf\{\mathsf{E}_Q(X) \mid Q \in \mathcal{P}\} = \sup\{\mathsf{E}_Q(-X) \mid Q \in \mathcal{P}\}, \tag{10.8}$$

dove $\mathcal{P}$ è un insieme (convesso) di misure di probabilità e E_Q indica la speranza basata su Q.

Si osservi, allora, che una misura di rischio coerente è il risultato della soluzione di un problema di ottimizzazione.[5]

Teorema 10.2 (Rappresentazione Duale delle Misure di Rischio Coerenti)

Ogni misura di rischio coerente basata su scenari può essere rappresentata come

$$\varrho(X) = -\inf\{\mathsf{E}_P(XZ) \mid Z \geq 0,\ \mathsf{E}(Z) = 1\} \tag{10.9}$$

dove Z è la derivata di Radon-Nikodým $\frac{d\tilde{P}}{dP}$ della misura di probabilità $\tilde{P}$ equivalente alla P fissata.

Basandosi sul concetto di misura di rischio coerente e poiché il VaR non tiene conto[6] dell'intensità delle perdite superiori al suo valore (oltre il livello c), presentiamo un'alternativa sempre più diffusa in pratica.

Definizione 10.3

Dato un v.a. $X \in L^1$ di P&L, lo **shortfall atteso** o **expected shortfall** per l'orizzonte $[0, T]$ è definito come

$$\mathsf{ES}_c(X) := -\frac{1}{c} \int_0^c \mathsf{VaR}_{c,T}(X)dc, \quad \text{per } c \in (0, 1), \tag{10.10}$$

o in modo equivalente

$$\mathsf{ES}_c(X) := -\frac{\mathsf{VaR}_{c,T}(X)}{c}(c - \mathsf{P}(X \leq -\mathsf{VaR}_{c,T}(X)))$$

$$-\frac{1}{c}\mathsf{E}\big(X\mathbf{I}_{\{X \leq -\mathsf{VaR}_{c,T}(X)\}}\big). \tag{10.11}$$

---

[5] Non si tratta di ottimizzazione di funzioni definite su spazi euclidei, bensì di funzionali lineari definiti tramite valore atteso con variabile indipendente rappresentata dall misura Q. Si parla in questi casi di *infinite dimensional optimization*.

[6] Inoltre, il VaR può scoraggiare la diversificazione.

Assumendo che il P&L X nella Definizione 10.3 sia assolutamente continuo l'equazione (10.11) si riduce a

$$\mathrm{ES}_c(X) = -\mathrm{E}(X \mid X \leqslant -\mathrm{VaR}_{c,T}(X)) = -\frac{\mathrm{E}\big(X\mathbf{I}_{\{X \leqslant -\mathrm{VaR}_{c,T}(X)\}}\big)}{\mathrm{P}(X \leqslant -\mathrm{VaR}_{c,T}(X))}.$$

Pertanto, possiamo interpretare ES come il valore medio della variabile P&L condizionato all'ipotesi di una perdita al di sotto della soglia data dal VaR al $100c\%$, che come solito viene preso con segno negativo in quanto rappresenta il c-esimo quantile sinistro della distribuzione di X. Si osservi che $\mathrm{P}(X \leqslant -\mathrm{VaR}_{c,T}(X)) = F_X(-\mathrm{VaR}_{c,T}(X)) = c$, per distribuzioni continue, e $-\mathrm{VaR}_{c,T}(X) = Q_X(c)$. Per un approfondimento sulle misure di rischio monetarie si veda [7, Cap 4]. Un'ultima misura di rischio che presentiamo si basa sulla seguente definizione. Chiamiamo *expectile* di $X \in L^2$, al livello di probabilità $c \in (0,1)$,

$$e_X(c) = \operatorname*{argmin}_{z \in \mathbb{R}}\{\mathrm{E}(S(z, X))\}, \tag{10.12}$$

basato sulla funzione di scoring quadratica asimmetrica

$$S(z, X) := |c - \mathbf{I}_{\{X-z \leqslant 0\}}|(X - z)^2.$$

In sostanza, $e_X(c)$ è il valore che rende minima la funzione $f(u) = \mathrm{E}(S(z, X))$. Si può dimostrare che tale minimo esiste ed è unico. Si noti che la funzione di scoring è uguale a $c(X - z)^2$ ogniqualvolta $\mathbf{I}_{\{X \geqslant z\}} = 1$, mentre è $(1-c)(X - z)^2$ se $\mathbf{I}_{\{X < z\}} = 1$. La funzione di scoring media può essere scritta come

$$\mathrm{E}\big(c((X - z)^2)^+ - (1 - c)((X - z)^2)^-\big).$$

Il minimo è raggiunto nel punto $z = e_X(c)$, derivando all'interno del valore atteso rispetto a z. Abbiamo utilizzato la definizione di valore assoluto insieme a quella di funzione indicatrice e di parte positiva/negativa di una v.a. Ad esempio, se $c - \mathbf{I}_{\{X < z\}} \geqslant 0$ deve valere $\mathbf{I}_{\{X \geqslant z\}} = 1$. Gli expectile rappresentano una generalizzazione asimmetrica del valore atteso e una versione quadratica dei quantili. La corrispondente condizione del primo ordine per un minimo e quindi la definizione equivalente di c-expectile per $X \in L^1$ è

$$c\,\mathrm{E}(X - e_X(c))^+ - (1 - c)\mathrm{E}(X - e_X(c))^- = 0 \tag{10.13}$$

che fornisce $e_X(c)$ come unico minimizzatore, si veda [13, Par 8.2.2].

Osservazione 10.3

Una funzione di scoring $S : \mathbb{R} \times \mathbb{R} \to [0, \infty)$ soddisfa le seguenti proprietà:

- $S(x, y) \geqslant 0$, e per $x = y$ è nulla;
- $S(x, y)$ è crescente per $x > y$ e decrescente per $x < y$;
- $S(x, y)$ è continua nella prima componente x.

Si può mostrare che la funzione quantile $Q_X(c)$ può essere associata alla funzione di scoring $S(z, X) = |c - \mathbf{I}_{\{X-z\leqslant 0\}}||X - z|$, si veda [13, Par 9.3.3].

> **Proposizione 10.1 (Proprietà degli expectile)**
> *Sia $X \in L^1$ un rendimento aleatorio con ripartizione F_X e $c \in (0, 1)$. Allora:*
>
> (a) *Equivarianza per traslazione e omogeneità, $e_{aX+b}(c) = a\, e_X(c) + b$, per ogni $a \geqslant 0$ e $b \in \mathbb{R}$;*
>
> (b) *Monotonicità, $X \leqslant Y$ P-a.s. implica $e_X(c) \leqslant e_Y(c)$, per ogni $c \in (0, 1)$.*
>
> (c) *Monotonicità stretta, $X \leqslant Y$ P-a.s. e $\mathsf{P}(X < Y) > 0$ implica $e_X(c) < e_Y(c)$, per ogni $c \in (0, 1)$.*
>
> (d) *Continuità e monotonicità rispetto a c, $e_X(\cdot) : (0, 1) \to$ (ess inf X, ess sup X) è continua e strettamente crescente, tranne quando X è degenere e allora $e_X(c)$ è costante per ogni $c \in (0, 1)$; la funzione $c \mapsto e_X(c)$ mappa l'intervallo unitario $(0, 1)$ in $\{x \in \mathbb{R} \mid 0 < F_X(x) < 1\}$.*
>
> (e) $\lim\limits_{c\downarrow 0} e_X(c) = $ ess inf X *e* $\lim\limits_{c\uparrow 1} e_X(c) = $ ess sup X.
>
> (f) *Superadditività e subadditività per un altra v.a. $Y \in L^1$, se $c \in (0, \frac{1}{2}]$, allora $e_{X+Y}(c) \geqslant e_X(c) + e_Y(c)$; se $c \in [\frac{1}{2}, 1)$, allora $e_{X+Y}(c) \leqslant e_X(c) + e_Y(c)$.*
>
> (g) *Additività per v.a. linearmente dipendenti positivamente, se $Y = aX + b$ con $a > 0$ e $b \in \mathbb{R}$, cioè $\mathsf{corr}(X, Y) = 1$, allora $e_{X+Y}(c) = e_X(c) + e_Y(c)$.*
>
> (h) *Expectile superiore e inferiore, $e_X(c) = -e_{-X}(1-c)$, per ogni $c \in (0, 1)$;*
>
> (i) *Invarianza rispetto alla legge, per v.a. continue $X, Y \in L^1$ tali che $X \stackrel{d}{=} Y$ si ha $e_X(c) = e_Y(c)$ per ogni $c \in (0, 1)$.*

Dalle Eq. (10.12) e (10.13) è chiaro che $e_X(\frac{1}{2}) = \mathsf{E}(X)$.

Osservazione 10.4

Ricordiamo che in una relazione tra v.a. il suffisso P-a.s. si intende con probabilità 1. Ad esempio, $X \leqslant Y$ P-a.s. equivale a $\mathsf{P}(X \leqslant Y) = 1$. Dato $Y(\omega) - c$ per ogni $\omega \in \Omega$, si definisce *estremo superiore essenziale* di una v.a come inf$\{c \in \mathbb{R} \mid X \leqslant c$ P-a.s.$\}$, denotato ess sup X. Analogamente, l'*estremo inferiore essenziale* è definito come sup$\{c \in \mathbb{R} \mid X \geqslant c$ P-a.s.$\}$, denotato ess inf X. Abbiamo $X \leqslant$ ess sup X P-a.s. e $X \geqslant$ ess inf X P-a.s., purché l'estremo superiore essenziale e l'estremo inferiore essenziale siano entrambi finiti. Altrimenti, potrebbe essere che ess sup $X = \infty$ oppure ess inf $X = -\infty$.

Un'ulteriore conseguenza delle proprietà (a), (g) e (h) è che

$$e_{aX+b}(c) = a e_X(1 - c) + b,$$

per $a < 0$. Questo insieme alla (a) implica che gli expectile sono equivarianti per traslazione e scala. Quando X è un P&L, il funzionale $-e_X(c)$ è una misura di rischio coerente per $c \leqslant \frac{1}{2}$, detto anche *expectile VaR*. Si osservi che l'expectile VaR è una funzione continua del livello di probabilità $c \in (0, 1)$ anche per X discreta, mentre il VaR non lo è poiché si basa sul quantile che assume valori finiti per distribuzioni discrete. È possibile associare a ogni ripartizione F_X una CDF derivata tramite l'expectile $e_X(c)$. Infatti,

$$\tilde{F}_X(x) = \frac{\mathsf{E}(X - x)^-}{\mathsf{E}(|X - x|)}, \tag{10.14}$$

è effettivamente una nuova CDF, continua e strettamente crescente su $\{x \in \mathbb{R} \mid 0 < F_X(x) < 1\}$. Dato che $\mathsf{E}(X - x)^- \leqslant \mathsf{E}(|X - x|)$, per ogni $t \in \mathbb{R}$ il rapporto che definisce $\tilde{F}_X(x)$ è minore o uguale a 1. Infatti, $e_X(c)$ è il c-quantile della CDF $\tilde{F}_X(c)$, cioè

$$\tilde{F}_X(c) = e_X^{-1}(x), \ \text{ per ogni } x \in (\text{ess inf } X, \text{ess sup } X)$$

$$\iff$$

$$\tilde{F}_X^{-1}(c) = e_X(c), \ \text{ per ogni } c \in (0, 1).$$

Si osservi che $\mathsf{E}(|X - x|)$ è uguale a $\mathsf{E}(X - x)^+ + \mathsf{E}(X - x)^-$ e la CDF in (10.14) può essere riscritta come

$$\tilde{F}_X(x) = \frac{\mathsf{E}(X - x)^+ - \mathsf{E}(X) + x}{2\mathsf{E}(X - x)^+ - \mathsf{E}(X) + x},$$

dove $\mathsf{E}(X - x)^+$ è la *trasformata stop-loss*,[7] funzione decrescente e convessa in x.

Osservazione 10.5
Per quegli $x \in \mathbb{R}$ tali che $\mathsf{E}(X - x)^+ > 0$, la trasformata stop-loss è strettamente decrescente con $\lim_{x \to -\infty} \mathsf{E}(X - x)^+ - \mathsf{E}(X) + x = 0$ e $\lim_{x \to \infty} \mathsf{E}(X - x)^+ = 0$. Si osservi che $\mathsf{E}(X - x)^+ = 0$ per $x \in \mathbb{R}$ con $\mathsf{P}(X > x) = 0$ e $\mathsf{E}(X - x)^+ - \mathsf{E}(X) + x = 0$ per $x \in \mathbb{R}$ con $\mathsf{P}(X < x) = 0$. Altre espressioni equivalenti per la trasformata stop-loss sono

$$\mathsf{E}(X - x)^+ = \mathsf{E}(X)^+ - \int_0^x [1 - F_X(u)]\mathrm{d}u = \int_x^\infty [1 - F_X(u)]\mathrm{d}u.$$

Le CDF derivate risultano essere continue anche se le originali ripartizioni non lo sono, si vedano le Figure 10.1 e 10.2.

---

[7] Si veda il Paragrafo 2.5.

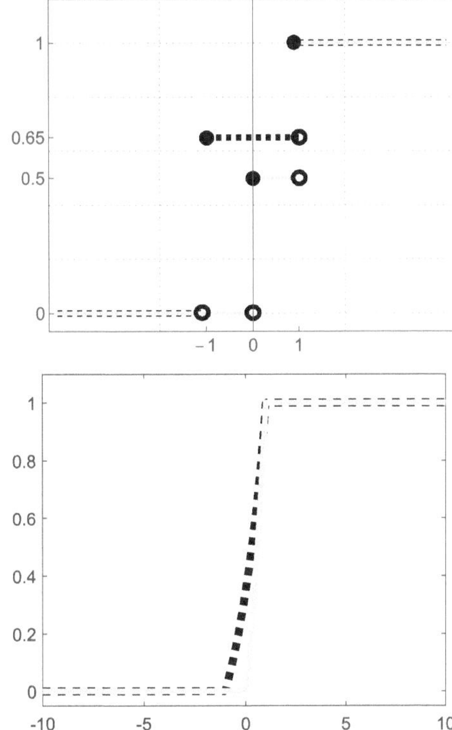

Figura 10.1 Confronto tra F_X, F_Y: la v.a. X ha legge $\mathsf{P}(X = -1) = .65$ e $\mathsf{P}(X = 1) = 0.35$ (tratteggiata, nera); $Y \sim \mathrm{Ber}(0.5)$ (continua, grigia)

Figura 10.2 Confronto tra CDF derivate: $\tilde{F}_X$ (tratteggiata, nera) e $\tilde{F}_Y$ (continua, grigia)

10.3 Esempi Applicativi

Si supponga di investire solo in un asset, ad esempio l'indice di mercato S&P500, con prezzo spot $S_0 = 35.409$, e si assuma il modello log-normale per il prezzo a $T = 1$ giorno $S_1 = S_0 e^{\mu + \sigma Z}$ con Z Normale Standard $Z \sim \mathrm{N}(0, 1)$. Inoltre poniamo $\mu - 0.005$ c $\sigma - 0.02$ c consideriamo di detenere 500 unità dell'indice sottostante. Al fine di quantificare il $\mathrm{VaR}_{c,1}(X)$ consideriamo la v.a. P&L

$$X = 500\,(S_1 - S_0) = 500\,(S_0 r),$$

dove $r = \frac{S_1 - S_0}{S_0}$ e $S_1 = S_0(1 + r)$. Per calcolare il VaR giornaliero al livello $c = 0.01$ o $c = 0.05$ basta ottenere il quantile $Q_Z(c)$ e calcolare

$$-500\,S_0\,(\mu + \sigma\,Q_Z(c)).$$

Quanto sopra si basa sul quantile di una normale standard poiché abbiamo utilizzato la seguente approssimazione:

$$\log(R) = \log\!\left(\frac{S_1}{S_0}\right)$$

$$= \log\!\left(\frac{S_0 e^{\mu + \sigma Z}}{S_0}\right) = \mu + \sigma Z \approx r.$$

Il seguente codice `Matlab` serve ad invertire la CDF di Z, cioè $Q_Z(c) = F_Z^{-1}(c)$, e quindi calcolare il VaR con due diversi livelli di c.

Codice del Programma

```
z=norminv([0.01,0.05],0,1);
mu=[0.005  0.005]; sigma=0.02;
VaR=-500*35409*(mu + sigma*z)
VaR =
735214.02        493903.72
```

Il comando `VaR = -500*35409*(mu + sigma*z)` non è seguito da un punto e virgola, quindi `Matlab` visualizza i due valori calcolati mostrati nell'ultima riga. Acquistando 500 quote dello S&P500 con prezzo spot $S_0 = 35,409$ deteniamo un valore di portafoglio pari a $17,704,500.00$ \$. Su questo portafoglio potremmo subire una perdita superiore a

$$\text{VaR}_{0.01,1}(X) = 735,214.02\,\$,$$

l'1% delle volte nell'arco di 1 giorno, oppure

$$\text{VaR}_{0.05,1}(X) = 493,903.72\,\$,$$

il 5% delle volte. Siamo fiduciosi di subire perdite inferiori il $100(1-c)\% = 99\%$ o il $100(1-c)\% = 95\%$ delle volte, durante il giorno successivo. I due VaR quantificano anche l'ammontare di capitale economico da accantonare per gestire scenari sfavorevoli. Sotto l'ipotesi lognormale possiamo calcolare un valore di VaR per orizzonti temporali più lunghi di 1 giorno, usando gli stessi valori di μ, σ riferiti come *drift giornaliero* e *volatilità giornaliera*. Ecco la 'ricetta':

$$\text{VaR}_{c,T}(X) \approx -\# \text{ azioni } S_0\left(\mu T + \sigma \sqrt{T} Q_Z(c)\right)$$

dove T = numero di giorni nell'orizzonte temporale. Abbandonando l'assunzione che i P&L giornalieri siano della forma $-\#$ azioni $S_0(\mu + \sigma N(0,1))$, possiamo ricorrere a una stima non parametrica del VaR. Avendo a disposizione n dati relativi ai rendimenti, siano essi valori storici o simulati tramite metodo Monte Carlo, li colleghiamo a un campione IID:

$$x_1, \ldots, x_n = X_1(\omega), \ldots, X_n(\omega).$$

Possiamo usarli per calcolare il c-VaR senza assumere alcuna distribuzione di probabilità parametrica. Bisognerà:

1. ordinare i rendimenti dal più piccolo al più grande;
2. calcolare $\lceil cn \rceil$, il più grande intero $\geq cn$;
3. scrivere $x_{(\lceil cn \rceil)}$ per il corrispondente valore ordinato all'interno del campione;
4. calcolare il VaR giornaliero stimato, $\widehat{\text{VaR}_{c,1}} = -\#$ azioni $S_0 x_{(\lceil cn \rceil)}$.

Il numero $\lceil cn \rceil$ approssima la i-esima posizione del valore x_i nel campione a cui corrisponde una probabilità c per il quantile teorico $Q_X(c)$. Ciò in particolare è vero se assumiamo una CDF continua F_X per la popolazione X e ricordando che la CDF empirica

$$\mathbb{F}_n(x) = \frac{1}{n} \sum_{i=1}^{n} \mathbf{I}_{\{X_i \leq x\}}, \quad x \in \mathbb{R} \tag{10.15}$$

misura la proporzione casuale dei dati nel campione che risultano $\leq x$. Possiamo stimare la ripartizione emprica tramite i dati osservati, $\hat{\mathbb{F}}_n(x) = \frac{\text{numero di dati } x_i \leq x}{n}$, si veda il Paragrafo 8.3. Considerando le statistiche ordinate $X_{(1)} < \cdots < X_{(n)}$ arriviamo a:

$$\widehat{\text{VaR}_{c,1}(X)} = \mathbb{F}_n^{-1}(c) = X_{(i)} \iff \mathbb{F}_n(X_{(i)}) = \frac{i}{n}, \tag{10.16}$$

per $c \in (\frac{i-1}{n}, \frac{i}{n}]$ e $i = 1, \ldots, n$. Per illustrare questo punto, partiamo da un dataset composto da 1119 valori s_i delle quotazioni giornaliere dello S&P500, dal 31 dicembre 2012 al 12 giugno 2017. Otteniamo quindi i rendimenti logaritimici giornalieri $x_{i-1} = \log(s_i) - \log(s_{i-1})$ per $i = 2, 3, \ldots, 1118$, che approssimano i rendimenti aritmetici $\frac{s_i - s_{i-1}}{s_{i-1}}$. Considerando nuovamente di investire in 500 unità di questo indice con prezzo iniziale $S_0 = 35,409$, otteniamo il VaR stimato al livello $c = 0.01$ usando `Matlab`:

Codice del Programma

```
x=[0.0251   -0.0021   ...  -0.0010];
y=prctile(x,0.01);
VaR=-500*35409*y
VaR =
711720.90
```

Con il primo comando, i rendimenti logaritimici storici sono raccolti nell'array x, un vettore 1118×1.[8] La funzione `prctile(x,0.01)` restituisce il quantile empirico -0.0402 corrispondente all'undicesima statistica ordinata $X_{(11)}$ con $c = 0.01$ e $n = 1118$. Può essere considerato come il valore ottenuto invertendo la CDF empirica tramite $\mathbb{F}_{1118}^{-1}(0.01)$.

10.4   Option Pricing

Nel Paragrafo 2.5, Esempio 2.8, abbiamo introdotto l'opzione call europea basata su un contratto finanziario che conferisce il diritto, ma non l'obbligo, di acquistare un'attività sottostante a un prezzo di esercizio $K > 0$ e scadenza $T > 0$. Il valore

---

[8] Abbiamo mostrato solo i primi due valori e l'ultimo.

in T, chiamato payoff, è $C_T = \max\{0, S_T - K\} = (S_T - K)^+$, e possiamo chiederci quale dovrebbe essere il prezzo equo ad una data antecedente $0 \leqslant t < T$ poiché è chiaro come esso dipenda dall'intero percorso seguito dal processo stocastico $S = (S_t)_{t \geqslant 0}$ che modellizza l'asset sottostante. Qualsiasi contratto di questo tipo il cui valore in $[0, T]$ dipende da S è detto *contratto derivato* o *contingent claim*. Si osservi che il payoff $(x - K)^+$ come funzione di $x = S_T$ è zero per $x - K < 0$ (out-of-the money) ed è uguale a $x - K$ altrimenti (in-the money), quindi il grafico di $y = (x - K)^+ = \mathbf{I}_{\{x-K \geqslant 0\}}$ è a tratti lineare e convesso. Il nostro obiettivo è determinare C_t e la prima assunzione da considerare è che il payoff sia *replicabile*, cioè $C_T \stackrel{\text{a.s.}}{=} V_t$ per qualche portafoglio $\mathbf{h}$, come illustrato dal seguente esempio.

Esempio 10.1
Supponiamo che $-1 < r$ sia il rendimento composto continuamente di un'attività priva di rischio. Al tempo $t = 0$ formiamo un portafoglio $\mathbf{h} = (h^1, h^2)$, dove la posizione $h^1 = -K e^{-rT}$ è data da una vendita allo scoperto[9] con una corrispondente posizione priva di rischio, mentre $h^2 = 1$ è la posizione data dall'acquisto di una corrispondente quota del titolo rischioso. Il valore iniziale del portafoglio è[10]

$$V_0 = h^1 D_0 + h^2 S_0 = -K e^{-rT} + S_0,$$

dove senza perdita di generalità assumiamo $D_0 = 1$, il prezzo iniziale del titolo privo di rischio, e S_0 è il prezzo iniziale del titolo rischioso. Manteniamo $\mathbf{h}$ invariato fino al tempo T, così il valore finale del portafoglio è

$$V_T = h^1 D_T + h^2 S_T = -K e^{-rT} D_0 e^{rT} + S_T = -K + S_T.$$

Questa strategia di trading è riuscita a creare un valore monetario finale pari al payoff dell'opzione in-the-money. Se scegliamo $\mathbf{h} = (0, 0)$ allora replichiamo il payoff dell'opzione out-of-the-money. Abbiamo tacitamente assunto che l'evoluzione temporale del prezzo privo di rischio sia deterministica, e ciò può essere descritto dall'equazione differenziale ordinaria del primo ordine $\frac{\mathrm{d}}{\mathrm{d}t} D_t = D_t e^{rt}$, scritta equivalentemente come $\mathrm{d}D_t = D_t e^{rt}\mathrm{d}t$ oppure $D_t = D_0 + \int_0^t D_u e^{ru}\mathrm{d}u$: in entrambi i casi la soluzione è[11] $D_t = D_0 e^{rt}$.

Portafogli come quello dell'Esempio 10.1 sono anche detti di copertura o *hedging*. Supponiamo ora che il mercato sia *privo di arbitraggio*, assunzione plausibile quando alcuni operatori (cfr. arbitragisti) attuano una strategia di trading volta all'acquisto di un dato titolo in un mercato dove è scambiato a un prezzo inferiore e simultaneamente alla vendita dello stesso titolo dove è scambiato a un prezzo superiore, generando un *profitto da arbitraggio* a costo iniziale nullo. In tale

---

[9] Questo significa che al tempo $t = 0$ vendiamo l'attività con consegna al tempo $t = T$, il che equivale a prendere a prestito denaro.
[10] Supponiamo inoltre di investire tutta la nostra ricchezza nel portafoglio.
[11] Nel calcolo deterministico, equazioni differenziali ed equazioni integrali sono equivalenti.

situazione molti arbitragisti riusciranno ad attuare la stessa strategia su larga scala, e questo forzerà i mercati di riferimento in quanto il prezzo salirà nel primo mercato e scenderà nel secondo determinando scambi allo stesso prezzo di equilibrio eliminando di fatto l'arbitraggio. Quindi, un modello matematico per i prezzi di asset scambiati in un mercato finanziario non dovrebbe ammettere arbitraggio. Introduciamo uno spazio di probabilità filtrato $(\Omega, \mathcal{F}, \{\mathcal{F}_t\}, \mathsf{P})$, dove $\{\mathcal{F}_t\} = \sigma(B_s, s \leq t)$ è la filtrazione naturale di un moto browniano standard, il cui ruolo sarà chiarito a breve. Grazie alla nozione di portafoglio di replica scegliamo come titoli sottostanti un'attività priva di rischio con processo per il prezzo $D = (D_t)_{t \geq 0}$, e un titolo rischioso[12] con processo per prezzo $S = (S_t)_{t \geq 0}$. Inoltre, il portafoglio di replica $\mathbf{h} = (h_t^1, h_t^2)$ ha componenti $(h_t^i)_{t \geq 0}$ pensati come processi adattati a $\{\mathcal{F}_t\}$, per $i = 1, 2$ che modellizzano la composizione del portafoglio a tempo continuo. Questo significa che il processo per il valore del portafoglio $V = (V_t)_{t \geq 0}$ con

$$V_t = h_t^1 D_t + h_t^2 S_t, \tag{10.17}$$

viene aggiustato continuamente in modo non anticipativo. Richiediamo che V sia anche il valore di un portafoglio di *auto-finanziamento* o *self-financing*, nel senso che le variazioni di V_t per ogni t dipendono dalle operazioni sui titoli privi di rischio e su quelli rischiosi, ma non da versamenti o prelievi di denaro aggiuntivo. Più precisamente, dati $0 \leq t_{i-1} \leq t_i \leq T$, dove T è la scadenza del titolo derivato, per $n \geq 1$,

$$V_{t_{i-1}} = h_{t_{i-1}}^1 D_{t_{i-1}} + h_{t_{i-1}}^2 S_{t_{i-1}} = h_{t_i}^1 D_{t_{i-1}} + h_{t_i}^2 S_{t_{i-1}},$$

il che significa che l'investitore ribilancia le sue posizioni da $h_{t_{i-1}}^i$ a $h_{t_i}^i$ senza apportare o consumare alcuna ricchezza aggiuntiva. Di conseguenza, il guadagno netto del portafoglio dovuto alle variazioni di prezzo è

$$
\begin{aligned}
V_{t_n} - V_0 &= \sum_{i=1}^{n} \left(V_{t_i} - V_{t_{i-1}} \right) \\
&= \sum_{i=1}^{n} \left(h_{t_i}^1 (D_{t_i} - D_{t_{i-1}}) + h_{t_i}^2 (S_{t_i} - S_{t_{i-1}}) \right) \\
&= \sum_{i=1}^{n} h_{t_i}^1 \Delta D_{t_i} + \sum_{i=1}^{n} h_{t_i}^2 \Delta S_{t_i}, \quad [\text{usando } V_{t_{i-1}} = h_{t_i}^1 D_{t_{i-1}} + h_{t_i}^2 S_{t_{i-1}}]
\end{aligned}
$$

dove $\Delta D_{t_i} = D_{t_i} - D_{t_{i-1}}$ per $i = 1, \ldots, n$, e analogamente per S. Siamo interessati al comportamento del guadagno netto sul valore del portafoglio

$$\sum_{i=1}^{n} \Delta V_{t_i} = \sum_{i=1}^{n} \left(V_{t_i} - V_{t_{i-1}} \right)$$

---

[12] Ci riferiamo a un'azione che non paga dividendi, ipotesi anche questa ammissibile.

per partizioni sempre più fini $0 \leqslant t_0 < t_1 < \cdots < t_n \leqslant T$ dell'orizzonte $[0, T]$. Al limite, inteso in qualche senso che chiariremo dopo, ci aspettiamo di ottenere

$$V_t = V_0 + \int_0^t h_s^1 \mathrm{d}D_s + \int_0^t h_s^2 \mathrm{d}S_s. \tag{10.18}$$

Mentre l'integrale $\int_0^t h_s^1 \mathrm{d}D_s$ non pone problemi, grazie all'assunzione della dinamica deterministica del tasso privo di rischio, qual è il significato di $\int_0^t h_s^2 \mathrm{d}S_s$? Cerchiamo di dare una risposta ricordando innanzitutto che un modello ragionevole per il processo relativo al prezzo del titolo rischioso ad una data fissa potrebbe essere quello introdotto nel Paragrafo 8.5, ossia il modello log-normale del prezzo azionario, e un primo tentativo di estenderlo a tempo continuo per modellizzare l'evoluzione di S potrebbe essere quello di porre $S_t = S_0 e^{\mu t + \sigma B_t}$ dove B_t si riferisce a un moto browniano standard. Al fine di sviluppare un approccio unificato, proponiamo di specificare S come un processo basato su B tramite la teoria dell'*integrazione stocastica*. Ci limitiamo a una brevissima introduzione a questa teoria, adattata al nostro contesto attuale. La dinamica del titolo rischioso è specificata dall'**equazione differenziale stocastica** (SDE)

$$\mathrm{d}S_t = \alpha S_t \mathrm{d}t + \sigma S_t \mathrm{d}B_t, \tag{10.19}$$

la cui soluzione (diffusiva)[13] è $S_t = S_0 e^{(\alpha - \sigma^2/2)t + \sigma B_t}$, che corrisponde al modello log-normale per il prezzo dell'azione, si veda l'Esercizio 10.3. Quindi, la dinamica del valore del portafoglio può essere specificata dall'equazione SDE diffusiva

$$\mathrm{d}V_t = h_t^1 \mathrm{d}D_t + h_t^2 \mathrm{d}S_t, \tag{10.20}$$

grazie all'ipotesi di auto-finanziamento. La SDE sopra è in realtà l'equazione integrale stocastica (10.18), dove il primo integrale al membro di destra è di Riemann mentre il secondo è un *integrale stocastico di Itô*, si veda l'Appendice. Infatti, $S_t = f(t, B_t)$ quindi il prezzo dell'azione è adattato alla filtrazione naturale generata dal moto browniano e inoltre $\sigma(S_t) \subset \sigma(B_t)$, per ogni $t \in [0, T]$. Si ricordi che i processi $h^1 = (h_t^1)_{t \geqslant 0}$ e $h^2 = (h_t^2)_{t \geqslant 0}$ per le posizioni di portafoglio sono anch'essi adattati a questa filtrazione. Grazie all'ipotesi di replica abbiamo $V_T = (S_T - K)^+$, dunque il problema di pricing può essere affrontato con riferimento al portafoglio di copertura invece che al payoff originale C_T dell'opzione call europea. Questo è garantito dal seguente risultato:

Lemma 10.1

Sia $C = (C_t)_{t \in [0,T]}$ il processo per il valore della contratto derivato. Si assuma che il portafoglio avente processo per il valore $V = (V_t)_{t \in [0,T]}$, sull'orizzonte, replichi il valore del derivato e che non vi siano opportunità di arbitraggio. Allora, abbiamo copertura, cioè $C_t = V_t$ per $t \in [0, T]$.

---

[13] Una soluzione *forte* di questo tipo di SDE è chiamata *processo diffusivo*, si vedano [10] e [14].

Dimostrazione   Si assuma $C_T = V_T$ e $C_t < V_t$. Mostriamo che esiste arbitraggio, quindi otteniamo una contraddizione. Si venda il portafoglio **h** sottostante V_t e si acquisti la posizione al prezzo $-C_t$. Si investa quindi l'ammontare $V_t - C_t$ al tasso di interesse istantaneo (composto continuamente) privo di rischio $r > -1$ per $T - t$. All'orizzonte T si ottiene l'ammontare $(V_t - C_t)e^{r(T-t)} > 0$; la consegna del portafoglio con valore V_T è dovuta alla presenza del derivato per via dell'ipotesi di replica. Ciò produce un arbitraggio contraddicendo l'ipotesi.   ∎

Il Lemma 10.1 permette di definire formalmente un portafoglio di arbitraggio.

Definizione 10.4
Un portafoglio di auto-finanziamento $\mathbf{h} = (h^1, h^2)$, dove h^1, h^2 sono processi adattati, è un arbitraggio se:

- $V_t \leq 0$
- $\mathsf{P}(V_T \geq 0) = 1$ e $\mathsf{P}(V_T > 0) > 0$.

Si osservi che l'ultimo punto sopra implica $\mathsf{E}(V_T) \geq 0$. Occore adesso introdurre un artificio algebrico necessario allo sviluppo dell'intero modello di pricing. Si tratta di definire le versioni scontate del prezzo relativo al titolo rischioso e del valore del portafolgio:

- $\tilde{S}_t = f(t, S_t) = e^{-rt} S_t$;
- $\tilde{V}_t = f(t, V_t) = e^{-rt} V_t$.

Successivamente, determineremo le SDE di queste due ultime grandezze. Per la prima applichiamo la Formula di Itô, cfr. Teorema 10.4 in Appendice, e otteniamo:

$$d\tilde{S}_t = d\left(e^{-rt} S_t\right) = e^{-rt} \underbrace{\left(\alpha S_t dt + \sigma S_t dB_t\right)}_{= dS_t} - r e^{-rt} S_t dt$$

$$= \alpha \tilde{S}_t dt + \sigma \tilde{S}_t dB_t - r \tilde{S}_t dt$$

$$= \tilde{S}_t d((\alpha - r)t + \sigma B_t).$$

Si osservi che abbiamo usato $\frac{\partial f}{\partial S_t} = e^{-rt}$, $\frac{\partial f}{\partial t} = -r S_t e^{-rt}$, e $\frac{\partial^2 f}{\partial S_t^2} = 0$. Ora, sia $\tilde{B}_t = B_t + \frac{\alpha - r}{\sigma} t$ e riscriviamo l'ultima riga sopra come $d\tilde{S}_t = \sigma \tilde{S}_t d\tilde{B}_t$. Useremo il seguente risultato.

Teorema 10.3 (Girsanov)
Sia $(\Omega, \mathcal{F}, \{\mathcal{F}_t\}, \mathsf{P})$ uno spazio di probabilità filtrato dove è definito un moto browniano standard con $\mathcal{F}_t = \mathcal{F}_t = \sigma(B_s, s \leq t)$ per ogni $t \in [0, T]$, cioè $\{\mathcal{F}_t\}$ è la sua filtrazione naturale. Allora:

- *$M_t = \mathrm{e}^{-qB_t - \frac{1}{2}q^2 t}$ è una $\mathcal{F}_t$-martingala, per $q \in \mathbb{R}$;*
- *$\tilde{\mathsf{P}}(A) = \int_A M_T \mathrm{d}\mathsf{P}$ è una misura di probabilità equivalente a quella originale, cioè $\tilde{\mathsf{P}} \sim \mathsf{P}$, con $M_T \geq 0$ e $\mathsf{E}_\mathsf{P}(M_T) = 1$, per ogni evento $A \in \mathcal{F} = \mathcal{F}_T$;*
- *$\tilde{B}_t = B_t + qt$ è un nuovo moto browniano rispetto allo spazio di probabilità filtrato $(\Omega, \mathcal{F}, \{\mathcal{F}_t\}, \tilde{\mathsf{P}})$.*

Quindi, sotto la nuova misura $\tilde{\mathsf{P}}$, e ponendo $q = \frac{\alpha - r}{\sigma}$, il processo per il prezzo scontato del titolo rischioso $\tilde{S} = (\tilde{S}_t)_{t \in [0,T]}$ è una martingala e la sua equazione diffusiva non ha più drift. Possiamo concludere che $\mathrm{d}\tilde{S}_t = \sigma \tilde{S}_t \mathrm{d}\tilde{B}_t$ è una SDE con soluzione

$$\tilde{S}_t = \tilde{S}_0 \mathrm{e}^{-\sigma^2/2t + \sigma \tilde{B}_t} \iff \boxed{S_t = S_0 \mathrm{e}^{(r - \sigma^2/2)t + \sigma \tilde{B}_t}},$$

e il processo del prezzo dell'azione nel nuovo spazio di probabilità filtrato ha un drift *risk-neutral* $r > -1$. Per il processo relativo al valore scontato del portafoglio adottiamo un accorgimento analogo:

$$\begin{aligned}
\mathrm{d}\tilde{V}_t = \mathrm{d}\big(\mathrm{e}^{-rt} V_t\big) &= -r\mathrm{e}^{-rt} V_t \mathrm{d}t + \mathrm{e}^{-rt} \mathrm{d}V_t \\
&= -r\mathrm{e}^{-rt}\big(h_t^1 D_t + h_t^2 S_t\big)\mathrm{d}t + \mathrm{e}^{-rt}\big(h_t^1 \mathrm{d}D_t + h_t^2 \mathrm{d}S_t\big) \\
&= h_t^2\big(-r\mathrm{e}^{-rt} S_t \mathrm{d}t + \mathrm{e}^{-rt} \mathrm{d}S_t\big) \\
&= h_t^2 \mathrm{d}\tilde{S}_t, \quad \text{[si veda la prima linea dell'eq. per } \mathrm{d}\tilde{S}_t]
\end{aligned}$$

dove abbiamo utilizzato la condizione di auto-finanziamento insieme alla definizione del processo per il valore del portafoglio V_t con $t \geq 0$ e $D_t = D_0 \mathrm{e}^{rt}$. Questa SDE in forma integrale diventa

$$\tilde{V}_t = \tilde{V}_0 + \int_0^t h_s^2 \tilde{S}_s \mathrm{d}\tilde{B}_s,$$

dove riconoscendo $\tilde{S}$ come processo martingala anche $\int_0^2 h_t^2 \tilde{S}_t \mathrm{d}\tilde{B}_t$ è una processo di tale tipo grazie al *teorema di rappresentazione delle martingale*, si vedano [10] e [14] dove si può trovare anche una versione più generale del teorema di Girsanov.

Osservazione 10.6

Applichiamo la Formula di Itô a $\tilde{V}_t = f(t, V_t) = e^{-rt} V_t$ nella forma

$$\mathrm{d}f(t, V_t) = \frac{\partial f}{\partial t}\mathrm{d}t + \frac{\partial f}{\partial V_t}\mathrm{d}V_t + \frac{\partial^2 f}{\partial V_t^2}(\mathrm{d}V_t)^2,$$

come data dall'equazione (10.27 in Appendice) con le derivate parziali $\frac{\partial f}{\partial V_t} = e^{-rt}$, $\frac{\partial f}{\partial t} = -re^{-rt} V_t$, $\frac{\partial^2 f}{\partial V_t^2} = 0$.

Osserviamo che il termine $h_t^1(\mathrm{d}e^{-rt} D_t + e^{-rt}\mathrm{d}D_t)$ si annulla perché, ricordando che D_t non è stocastico,

$$\mathrm{d}e^{-rt} D_t + e^{-rt}\mathrm{d}D_t = \mathrm{d}\!\left(e^{-rt} D_t\right)$$
$$= \mathrm{d}\!\left(e^{-rt} D_0 e^{rt}\right) = \mathrm{d}D_0 = 0.$$

Arriviamo così alla seguente formula di pricing risk-neutral:

$$\tilde{V}_t = \mathsf{E}_{\tilde{\mathsf{P}}}\!\left(\tilde{V}_T \mid \mathcal{F}_t\right)$$
$$\Longleftrightarrow$$
$$e^{r(T-t)} V_t = \mathsf{E}_{\tilde{\mathsf{P}}}(V_T \mid \mathcal{F}_t).$$

Al fine di ottenere una formula per il prezzo dell'opzione call europea, ricordiamo che per le ipotesi di replica e di assenza di arbitraggio abbiamo $V_t = C_t$ e $V_T = (S_T - K)^+$. Sostituendo l'espressione per il processo realtivo al prezzo log-normale del titolo rischioso con drift risk-neutral otteniamo:

$$C_t = \mathsf{E}_{\tilde{\mathsf{P}}}\!\left(e^{-r(T-t)}\left(S_t e^{(r-\sigma^2/2)(T-t)+\sigma(\tilde{B}_T - \tilde{B}_t)} - K \right)^+ \,\Big|\, \mathcal{F}_t \right)$$
$$= e^{-r(T-t)} \int_{-\infty}^{\infty} \left(y e^{(r-\sigma^2/2)(T-t)+\sigma(z\sqrt{T-t})} - K \right)^+ f_Z(z)\mathrm{d}z.$$

La seconda uguaglianza, con $S_t \overset{\text{a.s.}}{=} y$, segue[14] poiché S_t è una funzione misurabile di B_t e quindi è $\mathcal{F}_t$-misurabile, l'incremento $\tilde{B}_T - \tilde{B}_t$ è indipendente da $\mathcal{F}_t$, quindi tutto ciò implica che il valore atteso sopra è in effetti incondizionato e calcolato (tramite la formula di cambio variabile) usando la densità normale standard $f_Z(x)$ per $Z \sim N(0, 1)$, che è la formula presente nell'Esempio 6.9, Capitolo 6. Il passaggio dal un valore atteso condizionato a uno incondizionato è dovuto alla formula (6.25) del Paragrafo 6.4 che riportiamo qui per comodità del lettore:

$$\mathsf{E}(h(X, Y) \mid \mathcal{A}) = \psi(y).$$

---

[14] In realtà, abbiamo anche utilizzato una proprietà dell'integrale stocastico di Itô, si veda l'Esercizio 10.4

La v.a. X è assunta indipendente dalla sotto-σ-algebra $\mathcal{A} \subset \mathcal{F}$ e la v.a. Y è $\mathcal{A}$-misurabile (cfr. $\sigma(Y) \subset \mathcal{A}$), determinando una funzione $h : \mathbb{R}^2 \to \mathbb{R}$ tale che $h(X, Y) \in L^1$, con $\psi(y) = \mathsf{E}(h(X, y))$, data dal valore atteso incondizionato della v.a. $h(X, y)$ mantenendo Y costante, ossia $\psi(Y) = \mathsf{E}(h(X, Y))$. Nel contesto attuale, abbiamo $\mathcal{A} = \mathcal{F}_t$, $X = \tilde{B}_T - \tilde{B}_t$ e $Y = S_t$. Con un ulteriore sforzo arriviamo infine alla *formula di Black-Scholes*

$$C_t = y F_Z(\mathrm{d}_1) - \mathrm{e}^{-r(T-t)} K F_Z(\mathrm{d}_2), \tag{10.21}$$

dove

$$\mathrm{d}_1 = \frac{\ln\left(\frac{y}{K}\right) + \left(r + \frac{1}{2}\sigma^2\right)(T - t)}{\sigma\sqrt{T - t}}$$
$$\mathrm{d}_2 = \mathrm{d}_1 - \sigma\sqrt{T - t},$$

si veda l'Esercizio 10.4. È evidente che valutando questa formula per $t = 0$ ove si considera noto[15] $S_0 = y$, ed essendo noti r e il valore stimato della volatilità $\hat{\sigma}$, da sostituire a quello incognito della popolazione σ, otteniamo un risultato numerico senza la necessità della simulazione Monte Carlo, si veda il Paragrafo 8.4.

10.5   Esercizi

10.1   Supponiamo che la v.a. relativa al P&L settimanale X € sia discreta con masse

$$\mathsf{P}(X = -105) = 0.03, \quad \mathsf{P}(X = -57) = 0.015, \quad \mathsf{P}(X = -10) = 0.12,$$
$$\mathsf{P}(X = 39) = 0.3, \quad \mathsf{P}(X = 98) = 0.1, \quad \mathsf{P}(X = 226) = 0.435.$$

Calcolare il VaR settimanale al 5%.

10.2   Dimostrare che $\mathrm{VaR}_{c,T}(X) = -Q_X^+(c) = Q_{-X}^-(1 - c)$, per ogni $c \in (0, 1)$.

10.3   Mostrare che l'equazione diffusiva (10.19) ha soluzione $S_t = S_0 \mathrm{e}^{(\alpha - \sigma^2/2)t + \sigma B_t}$.

10.4   Dimostrare la formula di Black-Scholes per $t = 0$.

---

[15] Ovviamente, anche il prezzo di esercizio K e la scadenza sono noti.

Appendice

Dettagli su VaR e quantili

Dato un insieme $\{x \in \mathbb{R} \mid P(x)\}$, dove $P(x)$ è una proprietà che dipende da x, abbiamo che

$$\inf\{x \in \mathbb{R} \mid P(-x)\} = -\sup\{y \in \mathbb{R} \mid P(y)\}, \quad \text{dove } y = -x. \qquad (10.22)$$

Ad esempio, sia $P(-x)$ data dalla relazione $3 < -x < 5$. Quindi, riscriviamo l'insieme come $\{x \in \mathbb{R} \mid -5 < x < -3\}$ e prendiamo l'estremo inferiore ottenendo -5. D'altra parte, applicando l'equazione (10.22) si ottiene $-\sup\{y \in \mathbb{R} \mid 3 < y < 5\} = -5$, con $y = -5$. L'equazione (10.22) è valida scambiando l'estremo inferiore con l'estremo superiore. Più in generale, abbiamo per $y = a + b\,x$:

- $\inf\{x \in \mathbb{R} \mid P(a + bx)\} = a + b \inf\{y \in \mathbb{R} \mid P(y)\}$, con $a \in \mathbb{R}$ e $b > 0$;
- $\inf\{x \in \mathbb{R} \mid P(a + bx)\} = a + b \sup\{y \in \mathbb{R} \mid P(y)\}$, con $a \in \mathbb{R}$ e $b < 0$.

La prima proprietà implica che per i quantili $Q_{a+bX}(c) = a + b\,Q_X(c)$, per $b > 0$.

Integrale Stocastico di Itô

Nel trattamento degli integrali stocastici dipendenti dal moto browniano è essenziale che lo spazio di probabilità filtrato $(\Omega, \mathcal{F}, \{\mathcal{F}_t\}, \mathsf{P})$ si riferisca a $\{\mathcal{F}_t\} = \sigma(B_s, s \leqslant t)$. Assumiamo che se $A \in \mathcal{F}$ e $\mathsf{P}(A) = 0$ allora $A \in \mathcal{F}_t$ per ogni $t \geqslant 0$. Questa condizione tecnica garantisce che ogni $\mathcal{F}_t$ contenga tutti gli eventi P-nulli di $\mathcal{F}$, il che implica che per v.a. $X \overset{\text{a.s.}}{=} Y$, ove Y è $\mathcal{F}_t$-misurabile abbiamo che anche X è $\mathcal{F}_t$-misurabile. La costruzione di un integrale stocastico basato sul moto browniano è fatta per fasi successive. Partiamo dal caso $\int_0^t Z_s \mathrm{d}B_s$, dove $Z = (Z_t)_{t \geqslant 0}$ è un processo a tempo continuo basato sul moto browniano. Il problema è che l'integrale stocastico $\int_0^t Z_u(\omega)\mathrm{d}B_u(\omega)$ non può essere definito come un integrale di Riemann-Stieltjes per ogni esito (cioè per ogni traiettoria), in quanto $\omega \mapsto B_t(\omega)$ è una funzione non differenziabile in alcun punto. Ciò è legato al fatto che B ha traiettorie con variazione illimitata su ogni intervallo finito $[0, T]$. Euristicamente, considerando la variazione assoluta

$$\sup_{\mathcal{P}_n} \sum_{i=1}^{n} |B_{t_i} - B_{t_{i-1}}|$$

per ogni $\omega \in \Omega$ e ogni partizione

$$\mathcal{P}_n = \{0 = t_0, t_1, \ldots, t_n\} \subset [0, T],$$

si può mostrare che essa tende a ∞ per $n \to \infty$ e $\sup |t_i - t_{i-1}| \to 0$, si vedano [10] o [14]. Invece, la *variazione quadratica*

$$\sum_{i=1}^{n} (B_{t_i} - B_{t_{i-1}})^2$$

è finita su $[0, T]$, e per verificare ciò intuitivamente poniamo $t_{i-1} = \frac{(i-1)t}{2^n}$ e $t_i = \frac{it}{2^n}$, per una partizione (diadica) di un qualsiasi sottointervallo $[0, t] \subset [0, T]$, quindi riscrivendo la v.a. di variazione quadratica come

$$H_n := \sum_{i=1}^{2^n - 1} (B_{t_i} - B_{t_{i-1}})^2$$

si può dimostrare che[16] $H_n \xrightarrow{\text{a.s.}} t$. Osserviamo che

$$\mathsf{E}(H_n) = \mathsf{E}\left(\sum_{i=1}^{2^n - 1} (B_{t_i} - B_{t_{i-1}})^2 \right) = \sum_{i=1}^{2^n - 1} \left(\frac{it}{2^n} - \frac{(i-1)t}{2^n} \right) = t.$$

In forma infinitesimale, questo termine può essere scritto come $(\mathrm{d}B_t)^2 = \mathrm{d}t$ oppure $\langle B \rangle_t$.

Osservazione 10.7
Sia $\Delta B_t = B_{t+\Delta t} - B_t = Z \sqrt{\Delta t}$ con $\Delta t > 0$, dove $Z \sim N(0, 1)$. Applicando la disuguaglianza di Chebyshev si ha

$$\mathsf{P}\left(\left| (\Delta B_t)^2 - \Delta t \right| > \epsilon \right) = \mathsf{P}\left(\Delta t \left| Z^2 - 1 \right| > \epsilon \right)$$
$$\leqslant \frac{(\Delta t)^2 \mathsf{E}(Z^2 - 1)}{\epsilon^2}.$$

Il termine a destra della disuguaglianza tende a zero per $\Delta t \to 0$ e questo giustifica la convergenza in probabilità $H_n \xrightarrow{\mathsf{P}} t$.

Conoscendo il comportamento di B per $t \geqslant 0$, definiamo l'**integrale stocastico di Itô** di un processo semplice:

- si partiziona $[0, t]$ in sottointervalli $[t_{i-1}, t_i]$, tramite $\mathcal{P}_n = \{0 = t_0, t_1, \ldots, t_n = t\}$;
- si definisce $C_s^{(n)} = Z_{t_n}$ se $s = t_n$, e $C_s^{(n)} = Z_{t_{i-1}}$ se $t_{i-1} \leqslant s < t_i$, per $i = 1, \ldots, n$, dove $Z = (Z_t)_{t \geqslant 0}$ è un processo a tempo continuo;
- si sceglie Z come adattato alla filtrazione naturale del moto browniano, tale che $Z_{t_{i-1}}$ è $\mathcal{F}_{t_{i-1}}$ misurabile, e si può interpretare questo come una scommessa in cui ad ogni t_{i-1} si accumula l'importo $Z_{t_{i-1}}$ che verrà restituito come $Z_{t_{i-1}}(B_{t_i} - B_{t_{i-1}})$ in t_i in modo non anticipativo;
- si assume che $\mathsf{E}(Z_{t_i}^2) < \infty$, per ogni t_i, cioè $Z_{t_i} \in L^2$.

---

[16] In realtà, la convergenza è $H_n \xrightarrow{\text{ms}} t$ e poi $H_n \xrightarrow{\mathsf{P}} t$, da cui si può estrarre una sottosuccessione convergente quasi certamente.

L'importo totale accumulato rappresenta così l'integrale stocastico desiderato del processo semplice scritto come $C^{(n)} = (C_t^{(n)})_{t \geqslant 0}$:

$$I_t(C^{(n)}) = \sum_{i=1}^{n} C_{t_{i-1}}^{(n)}(B_{t_i} - B_{t_{i-1}}),$$

dove $C_{t_{i-1}}^{(n)} = Z_{t_{i-1}}$. Si può dimostrare che:

- $\mathsf{E}(I_t(C^{(n)})) = 0$;
- $\mathsf{E}\big((I_t(C^{(n)}))^2\big)$ è uguale a $\mathsf{E}\big(\sum_{i=1}^{n} Z_{t_{i-1}}^2 (t_i - t_{i-1})\big)$, grazie all'indipendenza degli incrementi $B_{t_i} - B_{t_{i-1}}$ da $\mathcal{F}_{t_{i-1}}$ e al fatto che $\mathsf{V}(B_{t_i} - B_{t_{i-1}}) = t_i - t_{i-1}$.

Se

$$\int_0^t \mathsf{E}(Z_s - C_s^{(n)})\mathrm{d}s = \mathsf{E}\left(\int_0^t Z_s - C_s^{(n)}\mathrm{d}s\right) \to 0$$

quando $n \to \infty$ e $\mathcal{P}_n$ diventa sempre più fine, si ha convergenza in media quadratica $I_t(C^{(n)}) \xrightarrow{\text{ms}} I_t(Z)$ relativa alla successione di processi di Itô semplici $(I_t(C^{(n)}))_{n \in \mathbb{N}}$ rispetto alla v.a. $I_t(Z)$ che invece rappresenta l'integrale stocastico del processo Z rispetto al moto browniano.

Osservazione 10.8
In realtà, è la condizione più forte

$$\mathsf{E}\left(\sup_{0 \leqslant s \leqslant t} \left|I_s(Z) - I_s(C^{(n)})\right|^2\right) \to 0,$$

al tendere di $n \to \infty$ che implica la convergenza in media quadratica.

Quindi, $I = (I_t(Z))_{t \geqslant 0}$ è $\mathcal{F}_t$-adattato con $\mathsf{E}(I_t(Z)) = 0$ e varianza:

$$\mathsf{V}(I_t(Z)) = \mathsf{E}((I_t(Z))^2) = \mathsf{E}\left(\left(\int_0^t Z_s \mathrm{d}B_s\right)^2\right)$$

$$= \mathsf{E}\left(\int_0^t Z_s^2 \mathrm{d}B_s\right) = \int_0^t \mathsf{E}(Z_s^2)\mathrm{d}s.$$

Quest'ultima proprietà è detta *isometria di Itô*. Possiamo scrivere[17]

$$\mathrm{d}I_t(Z) = Z_t \mathrm{d}B_t \iff I_t(Z) = I_0(Z) + \int_0^t Z_s \mathrm{d}B_s.$$

---

[17] È solo una convenzione tipografica, poiché ciò che è stato definito è l'integrale stocastico.

Ad esempio, possiamo scrivere $\int_0^t \mathrm{d}B_s = B_t - B_0 = B_t$.[18] Una proprietà ulteriore dell'integrale di Itô è la linearità:

$$\int_0^t \left(a\, Z_s^1 + b\, Z_s^2\right)\mathrm{d}B_s = a \int_0^t Z_s^1 \mathrm{d}B_s + b \int_0^t Z_s^2 \mathrm{d}B_s$$

per ogni $a, b \in \mathbb{R}$ e per una coppia di processi Itô-integrabili Z^1, Z^2. L'integrale di Itô è anche lineare rispetto agli intervalli su cui viene calcolato:

$$\int_0^t Z_s \mathrm{d}B_s = \int_0^u Z_s \mathrm{d}B_s + \int_u^t Z_s \mathrm{d}B_s,$$

per $0 \leqslant u < t$. Inoltre, possiamo definire $I_{s,t}(Z) = \int_s^t Z_u \mathrm{d}B_u$ e si può dimostrare (cfr. [16]) che

$$\mathsf{E}(I_{s,t}(Z) \mid \mathcal{F}_s) = 0, \quad \text{per } 0 \leqslant s < t. \tag{10.23}$$

Questa proprietà permette di mostrare che un integrale di Itô è una martingala: scriviamo $I_t(Z) = I_u(Z) + I_{u,t}(Z)$ e applichiamo la speranza condizionata generale

$$\mathsf{E}(I_t(Z) \mid \mathcal{F}_u) = \mathsf{E}(I_u(Z) \mid \mathcal{F}_u) + \mathsf{E}(I_{u,t}(Z) \mid \mathcal{F}_u),$$

e poiché $I_u(Z)$ è $\mathcal{F}_u$-misurabile abbiamo $\mathsf{E}(I_u(Z) \mid \mathcal{F}_u) = I_u(Z)$ quindi per la (10.23) segue che $\mathsf{E}(I_{u,t}(Z) \mid \mathcal{F}_u) = 0$, il che implica $\mathsf{E}(I_t(Z) \mid \mathcal{F}_u) = I_u(Z)$. Formalmente, possiamo scrivere la SDE

$$\mathrm{d}Y_t = X_t \mathrm{d}t + Z_t \mathrm{d}B_t \tag{10.24}$$

oppure l'equazione integrale stocastica

$$Y_t = Y_0 + \int_0^t X_s \mathrm{d}s + \int_0^t Z_s \mathrm{d}B_s, \tag{10.25}$$

per un ulteriore processo $\mathcal{F}_t$-adattato X_t. La SDE (10.24) è detta **equazione di diffusione**. Per $x \in \mathbb{R}$, si può dimostrare che:

$$X_t = \lim_{h \downarrow 0} \frac{1}{h} \mathsf{E}(Y_{t+h} - Y_t \mid Y_t = x),$$

e

$$Z_t^2 = \lim_{h \downarrow 0} \frac{1}{h} \mathsf{E}\left(|Y_{t+h} - Y_t|^2 \mid Y_t = x\right).$$

---

[18] Sotto opportune condizioni, $\int_0^t Z_s \mathrm{d}B_s$ può essere inteso nel senso di Riemann per ogni traiettoria.

Inoltre, $X_t = \alpha(t, Y_t)$, detto **drift**, e $Z_t = \sigma(t, Y_t)$, detto **termine diffusivo**, sono opportune funzioni α, σ definite sulle coppie (y, Y_t). Ad esempio, il moto browniano è un processo diffusivo poiché $Y_t = B_t$ con $\alpha(t, Y_t) = 0$ e $\sigma(t, Y_t) = 1$. Un integrale stocastico di Itô è esso stesso un processo martingala a tempo continuo:

$$\mathsf{E}(I_t(Z) \mid \mathcal{F}_s) = I_s(Z), \quad \text{per } 0 \leqslant s < t.$$

In generale, una SDE diffusiva non fornisce una martingala a meno che il drift non sia nullo. Il risultato seguente è stato utilizzato nella soluzione del problema di pricing risk-neutral realtivo a un'opzione call europea.

Teorema 10.4 (Formula di Itô)
Si assuma che $(Y_t)_{t \geqslant 0}$ sia un processo diffusivo del tipo (10.24), e che $f(t, y)$ sia una funzione con derivate parziali seconde continue. Allora, il processo stocastico $f(t, Y_t)$ soddisfa l'equazione di diffusione

$$\mathrm{d}f(t, Y_t) = \left(X_t \frac{\partial f}{\partial y} + \frac{\partial f}{\partial t} + \frac{1}{2} Z_t^2 \frac{\partial^2 f}{\partial y^2} \right) \mathrm{d}t + Z_t \frac{\partial f}{\partial y} \mathrm{d}B_t, \tag{10.26}$$

dove le derivate parziali sono valutate in $(t, Y_t) = (t, y)$.

Il teorema sopra utilizza le seguenti regole di moltiplicazione:

$$\mathrm{d}t\,\mathrm{d}t = 0, \quad (\mathrm{d}B_t)^2 = \mathrm{d}B_t\,\mathrm{d}B_t = \mathrm{d}t, \quad \mathrm{d}t\,\mathrm{d}B_t = 0.$$

Infatti, per dimostrare la Formula di Itô in modo euristico possiamo procedere come segue. Scriviamo lo sviluppo di Taylor di $f(t, Y_t)$ fino al secondo ordine, trascurando il termine infinitesimo $o((\cdot)^2)$:

$$\mathrm{d}f(t, Y_t) = \frac{\partial f}{\partial t}\mathrm{d}t + \frac{\partial f}{\partial Y_t}\mathrm{d}Y_t + \frac{\partial^2 f}{\partial t^2}(\mathrm{d}t)^2$$
$$+ \frac{1}{2}\frac{\partial^2 f}{\partial Y_t^2}(\mathrm{d}Y_t)^2 + \frac{\partial^2 f}{\partial t\,\partial Y_t}\mathrm{d}t\,\mathrm{d}Y_t.$$

Ora, dalla SDE (10.24) e utilizzando le regole di moltiplicazione sopra otteniamo:

$$(\mathrm{d}Y_t)^2 = X_t^2(\mathrm{d}t)^2 + Z_t^2(\mathrm{d}B_t)^2 + 2X_t Z_t \mathrm{d}t\,\mathrm{d}B_t$$
$$= Z_t^2 \mathrm{d}B_t\,\mathrm{d}B_t = Z_t^2 \mathrm{d}t.$$

Sostituendo questo nello sviluppo di Taylor otteniamo la Formula di Itô poiché possiamo scrivere

$$\mathrm{d}f(t, Y_t) = \frac{\partial f}{\partial t}\mathrm{d}t + \frac{\partial f}{\partial Y_t}\mathrm{d}Y_t + \frac{1}{2}\frac{\partial^2 f}{\partial Y_t^2}(\mathrm{d}Y_t)^2. \tag{10.27}$$

Soluzioni agli Esercizi

Esercizi del Capitolo 1

1.1 Dobbiamo collezionare gli esiti $\omega \in \Omega$ tali che $S_1(\omega)$ ha valore minore o uguale a 3.5:

$$\{\omega \mid S_1(\omega) \leq 3.5\} = \{\text{uud}, \text{udu}, \text{duu}, \text{udd}, \text{dud}, \text{ddu}, \text{ddd}\}.$$

1.2 Notiamo che $\{S_1 > 3.5\} = \{S_1 \leq 3.5\}^c$, dove dato un sottoinsieme A scriviamo A^c per indicare la collezione che contiene gli esiti $\omega \in \Omega$ tali che $\omega \notin A$, dato Ω come insieme universale, ossia A^c è l'evento contrario di A. Pertanto, abbiamo:

$$\{\omega \mid S_1(\omega) > 3.5\} = \{\text{uuu}\}.$$

Inoltre $\{S_1 \geq 3.5\} = \{S_1 < 3.5\}^c = \{\text{uuu}, \text{uud}, \text{udu}, \text{duu}\}$ mentre $\{S_1 < 3.5\} = \{\text{udd}, \text{dud}, \text{ddu}, \text{ddd}\}$ e $\{S_1 = 3.5\} = \{\text{uud}, \text{udu}, \text{duu}\}$.

1.3 Si vede facilmente che

$$\{\omega \mid X(\omega) \leq a\} \cup \{\omega \mid a < X(\omega) \leq b\}$$

è l'evento che contiene gli esiti ω per cui contemporaneamente $X(\omega) \leq b$, $X(\omega) > a$ e $X(\omega) \leq a$, dunque abbiamo l'evento desiderato $\{X \leq b\}$. Si osservi che $\{X \leq a\} \cap \{a < X \leq b\} = \varnothing$ è composto da eventi incompatibili: la v.a. non può mappare gli stessi esiti ω per cui valgono sia $X(\omega) > a$ che $X(\omega) \leq a$. Poiché X è una funzione, essa mappa ogni $\omega \in \Omega$ in un solo numero reale; è escluso che lo stesso ω abbia due immagini, $X(\omega) = a$ e $X(\omega) = c > a$.

1.4 Abbiamo

$$\{\omega \mid X(\omega) > a\} \cup \{\omega \mid X(\omega) = a\}$$

evento che contiene gli ω per cui o $X(\omega) > a$ oppure $X(\omega) = a$, ma non entrambi, dunque otteniamo l'evento desiderato $\{X \geq a\}$.

© The Author(s), under exclusive license to Springer Nature Switzerland AG 2026   311
D. Rossello, *Formulario di Probabilità Uno*, La Matematica per il 3+2,
https://doi.org/10.1007/978-3-032-18769-7

1.5 L'assunzione evita la necessità di codificare gli esiti ω come fatto negli esempi precedenti (usando u,d). Ora, l'evento A contiene gli ω tali che $1 < S_1(\omega) < 3$, ovvero $S(\omega) \in B = (1, 3)$. Allora $S_1(\omega) \leqslant 3 - \frac{1}{i}$ per qualche $i = 1, 2, \ldots$ Di conseguenza, $S_1(\omega) \in \bigcup_{i=1}^{\infty}(1, 3 - \frac{1}{i}]$, ossia almeno uno degli eventi $A_i = \{1 < S_1 \leqslant 3 - \frac{1}{i}\}$ si verifica e concludiamo che $A = \bigcup_{i=1}^{\infty} A_i$. Viceversa, se $S_1(\omega) \in \bigcup_{i=1}^{\infty}(1, 3 - \frac{1}{i}]$ allora $1 < S_1(\omega) \leqslant 3 - \frac{1}{i}$, per qualche $i = 1, 2, \ldots$ Dunque $S_1(\omega) \in (1, 3)$. Conseguenze: Se $A_i \in \mathcal{F}$ allora la loro unione A è anch'essa un membro dell'σ-algebra $\mathcal{F}$: possiamo assegnare probabilità a ciascun A_i e ad A.

1.6 L'evento A contiene gli ω tali che $1 \leqslant S_1(\omega) \leqslant 3$, ovvero $S_1(\omega) \in B = [1, 3]$. Allora, $1 - \frac{1}{i} < S_1(\omega)$ per ogni $i = 1, 2, \ldots$ Di conseguenza, $S_1(\omega) \in \bigcap_{i=1}^{\infty}(1 - \frac{1}{i}, 3]$, ossia tutti gli eventi $A_i = \{1 - \frac{1}{i} < S_1 \leqslant 3\}$ si verificano e concludiamo che $A = \bigcap_{i=1}^{\infty} A_i$. Viceversa, se $S_1(\omega) \in \bigcap_{i=1}^{\infty}(1 - \frac{1}{i}, 3]$ allora $1 - \frac{1}{i} < S_1(\omega) \leqslant 3$, per ogni $i = 1, 2, \ldots$ Dunque $S_1(\omega) \in [1, 3]$.

1.7 Poiché ogni evento proviene da $\mathcal{F}$, per la proprietà SA2 abbiamo $A_i^c \in \mathcal{F}$ per ogni $i = 1, 2, \ldots$ Quindi, per la proprietà SA3 abbiamo $\bigcup_{i=1}^{\infty} A_i^c \in \mathcal{F}$ e per le leggi di De Morgan $\left(\bigcup_{i=1}^{\infty} A_i^c\right)^c = \bigcap_{i=1}^{\infty} A_i \in \mathcal{F}$. Inoltre, si ricordi che $A \setminus B = A \cap B^c$ e si osserva che poiché $B^c \in \mathcal{F}$ per la proprietà SA2 allora $A \cap B^c \in \mathcal{F}$ per il ragionamento sopra.

1.8 Dimostriamo sia $A \cap (B \cup C) \subset (A \cap B) \cup (A \cap C)$, che $(A \cap B) \cup (A \cap C) \subset A \cap (B \cup C)$. Intanto, $\omega \in A \cap (B \cup C) \Rightarrow \omega \in A$ e $\omega \in B \cup C$, dunque abbiamo $\omega \in A$ e $\omega \in B$ oppure $\omega \in C$. Ora distinguiamo 2 casi.

$\underline{\omega \in B}$. Quindi $\omega \in A$ e $\omega \in B$, cioè $\omega \in A \cap B$
$\underline{\omega \in C}$. Quindi $\omega \in A$ e $\omega \in C$, cioè $\omega \in A \cap C$.

Entrambi portano a $\omega \in (A \cap B) \cup (A \cap C)$. Riassumendo: $\omega \in A \cap (B \cup C)$ implica $\omega \in (A \cap B) \cup (A \cap C)$, il che significa che $A \cap (B \cup C)$ è un sottoinsieme di $(A \cap B) \cup (A \cap C)$. In secondo luogo, dimostriamo il contrario $(A \cap B) \cup (A \cap C) \subset A \cap (B \cup C)$. Sia $\omega \in (A \cap B) \cup (A \cap C)$. Di conseguenza, $\omega \in A \cap B$ oppure $\omega \in A \cap C$ e distinguiamo nuovamente due casi.

$\underline{\omega \in A \cap B}$. Abbiamo $\omega \in B$ e quindi $\omega \in B \cup C$, cioè $\omega \in A \cap (B \cup C)$.
$\underline{\omega \in A \cap C}$. Abbiamo $\omega \in C$ e quindi $\omega \in B \cup C$, cioè $\omega \in A \cap (B \cup C)$.

Riassumendo: $\omega \in (A \cap B) \cup (A \cap C)$ implica $\omega \in A \cap (B \cup C)$, cioè $(A \cap B) \cup (A \cap C) \subset A \cap (B \cup C)$. Questo insieme all'inclusione inversa (dimostrata precedentemente) implica l'uguaglianza desiderata $A \cap (B \cup C) = (A \cap B) \cup (A \cap C)$.

1.9 Abbiamo:

$$\omega \in \left(\bigcup_{i=1}^{\infty} A_i \right)^{c} \iff \omega \notin \bigcup_{i=1}^{\infty} A_i$$

$$\iff \omega \notin A_i \quad \text{per ogni } i = 1, 2, \dots$$

$$\iff \omega \in A_i^c \quad \text{per ogni } i = 1, 2, \dots$$

$$\iff \omega \in \bigcap_{i=1}^{\infty} A_i^c.$$

In modo analogo, possiamo dimostrare la Legge di DeMorgan $\left(\bigcap_{i=1}^{\infty} A_i \right)^{c} = \bigcup_{i=1}^{\infty} A_i^c$.

1.10

- Riscriviamo $A \cup (A \cap B) = (A \cap \Omega) \cup (A \cap B)$. Poi usiamo la distributività e otteniamo $A \cap (\Omega \cup B) = A \cap \Omega = A$.
- Usiamo la distributività per l'intersezione di $(A \cup B)$ con l'unione $A \cup C$:

$$(A \cup B) \cap (A \cup C) = [(A \cup B) \cap A] \cup [(A \cup B) \cap C]$$

$$\overset{\text{distrib.}}{=} (A \cap A) \cup (A \cap B) \cup (A \cap C) \cup (B \cap C)$$

$$\overset{\text{distrib.}}{=} A \cap (\Omega \cup B \cup C) \cup (B \cap C)$$

$$= (A \cap \Omega) \cup (B \cap C) = A \cup (B \cap C).$$

1.11 Ricordando che $A \subset B$ significa $\omega \in A \Rightarrow \omega \in B$ e che un'implicazione logica $P \Rightarrow Q$ ha lo stesso contenuto di verità di $\neg P \vee Q$, basta scrivere le seguenti equivalenze:

$$\omega \in A \Rightarrow \omega \in B \iff \neg(\omega \in A) \vee (\omega \in B)$$

$$\iff (\omega \in A^c) \vee (\omega \in B)$$

$$\iff \neg(\omega \in B) \Rightarrow (\omega \in A^c)$$

$$\iff (\omega \in B^c) \Rightarrow (\omega \in A^c)$$

$$\iff B^c \subset A^c.$$

1.12 Per dimostrare 1. osserviamo che $A \cap B \subset B$, quindi dall'ipotesi $\mathsf{P}(B) = 0$ e dalla monotonia della misura di probabilità (cfr. Pr2, Proposizione 1.1) ricaviamo

$$0 \leqslant \mathsf{P}(A \cap B) \leqslant \mathsf{P}(B) = 0$$

il che implica $\mathsf{P}(A \cap B) = 0$. Inoltre, possiamo riscrivere $A \cup B$ come l'unione disgiunta $A \cup (B \setminus A) = A \cup (B \cap A^c)$. Quindi, per l'additività finita della misura di probabilità (cfr. PA2, Definizione 1.3) si ha

$$\mathsf{P}(A \cup B) = \mathsf{P}(A) + \mathsf{P}(B \cap A^c)$$

e il secondo addendo a destra dell'uguagliaza vale zero per quanto già dimostrato sopra, ossia mantenendo la stessa ipotesi $P(B) = 0$ vale $P(B \cap A^c) = 0$, che conclude la verifica del punto 1. Per dimostrare il punto 2. assumiamo $P(C) = 1$, quindi $C \subset A \cup C$ e per la monotonia si ha

$$1 = P(C) \leqslant P(A \cup C) \leqslant 1$$

il che implica $P(A \cup C) = 1$. Inoltre, se l'evento C è quasi certo il suo contrario è quasi nullo, $P(C^c) = 0$. Di conseguenza, decomponiamo A tramite C e C^c,

$$A = (A \cap C) \cup (A \cap C^c),$$

nell'unione di due eventi incompatibili. Allora, per la finita additività e per il risultato del punto 1. otteniamo

$$
\begin{aligned}
P(A) &= P((A \cap C) \cup (A \cap C^c)) \\
&= P(A \cap C) + \underbrace{P(A \cap C^c)}_{=0 \text{ per } P(C^c)=0} \\
&= P(A \cap C)
\end{aligned}
$$

e l'ultima verifica è completata.

1.13

- Verifica di Pr1. Scomponiamo Ω come unione disgiunta $A \cup A^c$. Poi scriviamo $P(\Omega) = \frac{|\Omega|}{n} = 1 = \frac{|A \cup A^c|}{n}$, e ricordiamo che $|A \cup A^c| = |A| + |A^c|$. Quindi

$$1 = \frac{|A|}{n} + \frac{|A^c|}{n} \iff \frac{|A^c|}{n} = 1 - \frac{|A|}{n} \iff P(A^c) = 1 - P(A).$$

- Verifica di Pr2. Per $A, B \in \mathcal{F}$ tali che $A \subset B$ abbiamo $|A| \leqslant |B|$, e $P(A) = \frac{|A|}{n} \leqslant \frac{|B|}{n} = P(B)$.
- Verifica di Pr3. Per A, B come sopra abbiamo $|B \setminus A| = |B| - |A|$ e il risultato segue facilmente.
- Verifica di Pr4. Per eventi $A, B \in \mathcal{F}$ abbiamo $|A \cup B| = |A| + |B| - |A \cap B|$ e il risultato segue facilmente.

1.14 È sufficiente mostrare che $\mathcal{H}$ contiene $\varnothing$ ed è chiuso rispetto ai complementi e alle unioni numerabili. Infatti, $\varnothing$ appartiene a $\mathcal{H}$ poiché $\varnothing \in S_i$ per ogni $i \in I$. Supponiamo $A \in \mathcal{H}$, quindi ogni $S_i \in \mathcal{G}$ contiene A, allora contiene anche il suo complementare A^c che a sua volta appartiene a $\mathcal{H}$. Ora supponiamo che $(A_i)_i$ sia una famiglia di insiemi misurabili in $\mathcal{H}$. Questo implica che $A_i \in \mathcal{G}$ per ogni $i \in I$. Allora $\bigcup_i A_i$ appartiene a $S_i \in \mathcal{G}$ e di conseguenza a $\mathcal{H}$.

1.15   Sia G la collezione di tutte le σ-algebra che contengono C. Allora G è non vuota poiché contiene 2^{Ω}. Inoltre, per l'Esercizio 1.14 e la sua soluzione, l'intersezione di tutte le σ-algebra in G è essa stessa una σ-algebra che contiene la classe C.

1.16   Dati $A, B \in \mathcal{F}$ abbiamo $A^c \in \mathcal{F}$ per SA2 e $B \setminus A = B \cap A^c \in \mathcal{F}$, dunque abbiamo dimostrato la prima affermazione indipendentemente dall'ipotesi aggiuntiva $A \subset B$. Inoltre, ogni sequenza $(A_i)_{i \in \mathbb{N}} \subset \mathcal{F}$ di eventi nella σ-algebra soddisfa SA3, $\bigcup_i A_i \in \mathcal{F}$, che ovviamente vale anche quando, in aggiunta, la sequenza è monotona crescente.

1.17   Dobbiamo verificare le proprietà SA1-SA3 della Definizione 1.2. La SA1 è verificata, $\varnothing \in \mathcal{F}_E$, poiché $A = \varnothing$ dà $A \cap E = \varnothing$ oppure alternativamente $E^c \cap E = \varnothing \in \mathcal{F}_B$, dato che $E^c \in \mathcal{F}$. Per verificare la SA2, per ogni $A \cap E \in \mathcal{F}_E$ dobbiamo avere $(A \cap E)^c \in \mathcal{F}_E$, dove E è il nuovo spazio di riferimento. Infatti, il complemento deve essere ridefinito come $(A \cap B)^c := E \setminus (A \cap E)$. Il termine a destra si riduce a $E \cap (A \cap E)^c = E \cap (A^c \cup E^c)$. Ma $A^c \cup E^c \in \mathcal{F}$, quindi l'ultimo termine a destra appartiene a $\mathcal{F}_E$ e abbiamo concluso. Infine, per una sequenza $(A_i)_{i \in \mathbb{N}} \subset \mathcal{F}$ abbiamo $A_i \cap E \in \mathcal{F}_E$ per ogni i, e abbiamo

$$(A_1 \cap E) \cup (A_2 \cap E) \cup \cdots = \bigcup_i (A_i \cap E) = \left(\bigcup_i A_i \right) \cap E,$$

poiché $\bigcup_i A_i \in \mathcal{F}$. Quindi, $\bigcup_i (A_i \cap E) \in \mathcal{F}_E$, e SA3 è verificata.

Esercizi del Capitolo 2

2.1   Per mostrare la (e) consideriamo $\{X > a\} = \{X \leqslant a\}^c$ e per la proprietà Pr1 di $\mathsf{P}(\cdot)$ abbiamo

$$\mathsf{P}(X > a) = 1 - \mathsf{P}(X \leqslant a) = 1 - F_X(a).$$

Per mostrare la (f) si osservi che

$$\{X = a\} = \{X \leqslant a\} \setminus \{X < a\},$$

con $\{X < a\} \subset \{X \leqslant a\}$. Quindi, si ha

$$\mathsf{P}(X = a) = \mathsf{P}(X \leqslant a) - \mathsf{P}(X < a)$$
$$= F_X(a) - F_X(a^-),$$

in quanto $\mathsf{P}(X < a) = F_X(a^-)$ in base alla Tabella 2.1, # 2, si veda anche l'Appendice al Capitolo 2.

2.2 La funzione di densità è continua sull'intervallo chiuso $[x - \frac{h}{2}, x + \frac{h}{2}]$, la cui lunghezza totale è h. Per il teorema del valor medio troviamo $c \in (x - \frac{h}{2}, x + \frac{h}{2})$ tale che

$$h f_X(c) = \int_{x-\frac{h}{2}}^{x+\frac{h}{2}} f_X(x)\mathrm{d}x,$$

che è la probabilità richiesta $\mathsf{P}\big(x - \frac{h}{2} \leqslant X \leqslant x + \frac{h}{2}\big)$. Valutando la densità in un punto diverso $x \neq c$ all'interno del suddetto intervallo chiuso abbiamo $h f_X(x) \approx \mathsf{P}(x - \frac{h}{2} \leqslant X \leqslant x + \frac{h}{2})$, ossia geometricamente l'area di un rettangolo. Quando la base diventa sempre più piccola, otteniamo

$$\mathsf{P}(X = x) = \lim_{h \to 0} \int_{x-\frac{h}{2}}^{x+\frac{h}{2}} f_X(x)\mathrm{d}x = \int_{x}^{x} f_X(u)\mathrm{d}u = 0,$$

il che conferma che la sola densità non è una probabilità.

2.3 Sia $B \subset \mathbb{R}$ un opportuno sottoinsieme di numeri reali. Allora, $\{\mathbf{I}_A \in B\}$ può essere:

- l'evento impossibile $\varnothing$, se $0 \notin B$ e $1 \notin B$;
- l'evento certo Ω, se sia 1 che 0 sono in B;
- l'evento A, se $0 \notin B$ e $1 \in B$;
- l'evento contrario A^c, se $0 \in B$ e $1 \notin B$.

2.4 Il diagramma $\Omega \xrightarrow{X} \mathbb{R} \xrightarrow{\mathbf{I}_B} \mathbb{R}$ mostra che $\mathbf{I}_B \circ X$ è essa stessa una funzione indicatrice, poiché assume valore 1 ogni volta che $X(\omega) \in B$ e 0 altrimenti, ma questo significa che $\omega \in \{X \in B\}$ e abbiamo $\mathbf{I}_B(X) = \mathbf{I}_{\{X \subset B\}}$.

Osservazione 1

Dall'Appendice al Capitolo 2 possiamo richiamare il concetto di funzione Borel-misurabile e il fatto che la composizione di due funzioni misurabili è ancora misurabile. Quindi, $\mathbf{I}_B$ è una funzione Borel-misurabile e la mappa composta $\mathbf{I}_B \circ X$ è anch'essa misurabile perché X è una v.a.

2.5 L'unione degli intervalli semiaperti a sinistra $(a, b - \frac{1}{i}]$ contiene i numeri reali x tali che $a < x \leqslant b - \frac{1}{i}$ per almeno un $i \in \mathbb{N}$. D'altra parte, la condizione $x \leqslant b - \frac{1}{i}$ per almeno un i è equivalente a $x < b$. Alla fine, $(a, b - 1] \cup (a, b - \frac{1}{2}] \cup (a, b - \frac{1}{3}] \cup \cdots$ sarà (a, b). Poiché ogni intervallo semiaperto a sinistra è un insieme di Borel, anche la loro unione numerabile è di Borel. Ora, l'intersezione degli intervalli semiaperti a sinistra $(a - \frac{1}{i}, b]$ contiene i numeri reali x tali che $a - \frac{1}{i} < x \leqslant b$ per ogni $i \in \mathbb{N}$. La condizione $a - \frac{1}{i} < x$ per ogni i è equivalente a $a \leqslant x$. Per i sufficientemente grande $(a - 1, b] \cap (a - \frac{1}{2}, b] \cap (a - \frac{1}{3}, b] \cap \cdots$ sarà $[a, b]$. Applicando lo stesso ragionamento sopra, un intervallo chiuso è un insieme di Borel.

2.6

(1) Per convenzione, la classe $\mathcal{G}$ contiene unioni finite disgiunte di intervalli se-miaperti a sinistra $(a, b]$ con $-\infty \leqslant a < b < \infty$ e tali che $(a, \infty) = (a, \infty]$. Quindi, basta scegliere $a_1 = -\infty, b_1 = a_2, b_2 = a_3$ e poi prendere l'unione finita disgiunta

$$(a_1, b_1] \cup (a_2, b_2] \cup (a_3, \infty] = (-\infty, \infty) \in \mathcal{G}.$$

Ma chiaramente $(-\infty, \infty) = \mathbb{R}$.

(2) Dalla formula $\mathsf{P}_0(A) := \sum_{i=1}^n F(b_i) - F(a_i)$ e da quanto visto sopra con $\mathbb{R} = (a_1, b_1] \cup (a_2, b_2] \cup (a_3, \infty]$ abbiamo

$$\begin{aligned}
\mathsf{P}_0(\mathbb{R}) &= F(b_1) - F(-\infty) + F(b_2) - F(a_2) + F(\infty) - F(a_3) \\
&= F(b_1) - 0 + F(b_2) - F(b_1) + 1 - F(b_2) = 1,
\end{aligned}$$

poiché F è una funzione di distribuzione con le proprietà aggiuntive $\lim_{x \to -\infty} F(x) = 0$ e $\lim_{x \to \infty} F(x) = 1$, e inoltre $b_1 = a_2, b_2 = a_3$.

(3) La formula (2.26) risulta essere finitamente additiva su unioni finite disgiunte di insiemi in $\mathcal{G}$. Poiché

$$\mathsf{P}_0(\mathbb{R}) = \mathsf{P}_0(\mathbb{R} \cup \varnothing) = \mathsf{P}_0(\mathbb{R}) + \mathsf{P}_0(\varnothing)$$

e $\mathsf{P}_0(\mathbb{R}) = 1$ dobbiamo avere $\mathsf{P}_0(\varnothing) = 0$.

2.7 Basta verificare che valgano le proprietà PA1, PA2 della Definizione 1.3 nel Paragrafo 1.3.

- Per verificare PA1 osserviamo che:

$$\mathsf{P}_Y(\varnothing) := \sum_{i=1}^{\infty} p_i \delta_{x_i}(\varnothing) = 0,$$

poiché ogni $\delta_{x_i}(\varnothing)$ è zero per definizione; analogamente

$$\mathsf{P}_X(\mathbb{R}) := \sum_{i=1}^{\infty} p_i \delta_{x_i}(\mathbb{R}) = \sum_{i=1}^{\infty} p_i = 1,$$

perché ogni $\delta_{x_i}(\mathbb{R})$ è uno per definizione.

- Per verificare l'additività numerabile PA2, per insiemi di Borel disgiunti a coppie $(B_j)_{j \in \mathbb{N}} \subset \mathcal{B}$, notiamo innanzitutto che

$$\delta_{x_i}\left(\bigcup_{j=1}^{\infty} B_j\right) = \sum_{j=1}^{\infty} \delta_{x_i}(B_j),$$

poiché per disgiunzione o $x_i \in B_j$ per un solo B_j (quindi $\delta_{x_i}(B_j) = 1$ e le delta di Dirac per tutti gli indici diversi da j sono zero) oppure x_i non appartiene a nessun B_j (tutte le $\delta_{x_i}(B_j)$ sono zero). Quindi avremo:

$$
\begin{aligned}
\mathsf{P}_X\Big(\bigcup_{j=1}^{\infty} B_j\Big) &:= \sum_{i=1}^{\infty} p_i \delta_{x_i}\Big(\bigcup_{j=1}^{\infty} B_j\Big) \\
&= \sum_{i=1}^{\infty} p_i \sum_{j=1}^{\infty} \delta_{x_i}(B_j) \\
&= \sum_{j=1}^{\infty}\sum_{i=1}^{\infty} p_i \delta_{x_i}(B_j) = \sum_{j=1}^{\infty} \mathsf{P}_X(B_j).
\end{aligned}
$$

2.8 Dobbiamo trasformare la v.a. prendendo il suo valore assoluto $|X|$. Abbiamo anche:

$$
|X| = X^+ + X^-, \quad \text{e} \quad X = X^+ - X^-.
$$

In definitiva, X^+ e X^- sono entrambi $\leq |X|$.

2.9 Basta disegnare i grafici delle funzioni corrispondenti.

2.10 Ricordiamo che per definizione di funzione quantile (cfr. Paragrafo 2.8, Definizione 2.8, e Proposizione 2.2, punti 1. e 2.) vale $Q_X(F_X(x)) \leq x$, per ogni $x \in \mathbb{R}$, e $F_X(Q_X(c)) \geq c$, per ogni $c \in (0, 1)$. Pertanto, assumendo $X \leq_{\text{st}} Y$ abbiamo $F_Y(x) \leq F_X(x)$ per ogni x e quindi

$$
Q_X(F_Y(x)) \leq Q_X(F_X(x)) \leq x, \quad \text{per ogni } x \in \mathbb{R}.
$$

Al contrario, assumendo $x \geq Q_X(F_Y(x))$ per ogni x abbiamo

$$
F_X(x) \geq F_X(Q_X(F_Y(x))) \geq F_Y(x), \quad \text{per ogni } x \in \mathbb{R},
$$

e l'equivalenza è dimostrata.

2.11 Per una variabile aleatoria discreta X, valutiamo prima la formula (2.14) in $x^+ = \lim_{h\downarrow 0} x + h$ per $h > 0$:

$$
\begin{aligned}
F_X(a - x^+) &+ F_X\big(a + (\lim_{h\downarrow 0} x + h)^-\big) \\
&= F_X(a - x^+) + F_X\big(a + (\lim_{h\downarrow 0}(\lim_{h\downarrow 0} x + h) - h)\big) \\
&= F_X(a - x^+) + F_X(a + x) = 1.
\end{aligned}
$$

Ora, sottraendo l'ultima espressione dalla (2.14) e riordinando otteniamo

$$1 - 1 = \left[F_X(a - x) - F_X(a - x^+)\right] - \left[F_X(a + x) - F_X(a + x^-)\right]$$
$$= \mathsf{P}(X = a - x) - \mathsf{P}(X = a + x),$$

e le masse sopra devono essere uguali.[1] Se X è assolutamente continua basta derivare la CDF per ottiere

$$\tfrac{\mathrm{d}}{\mathrm{d}x} F_X(a - x) + \tfrac{\mathrm{d}}{\mathrm{d}x} F_X(a + x^-) = -f_X(a - x) + f_X(a + x) = 0$$

quindi le due densità sopra sono uguali.[2]

2.12 Per il Teorema 2.3, $Y = -X$ è una v.a. Per definizione, $\mathsf{P}(X = -x) = \mathsf{P}(X = x)$ così l'evento $\{X = -x\}$ contiene la stessa collezione di esiti $\omega \in \Omega$ tali che $\{-X = x\}$. Gli eventi $\{X = x\}$ e $\{-X = x\}$ hanno la stessa probabilità per ogni $x \in \mathbb{R}$, il che implica che le v.a. X e $-X$ condividono la stessa distribuzione discreta completamente caratterizzata dalle corrispondenti masse. Più in generale, per la (2.13) nella Definizione 2.7 abbiamo per ogni $x \in \mathbb{R}$ che $\mathsf{P}(X \leqslant -x) = \mathsf{P}(X \geqslant x)$ è equivalente a $\mathsf{P}(-X \geqslant x) = \mathsf{P}(X \geqslant x)$ che a sua volta equivale a

$$\underbrace{1 - \mathsf{P}(-X \geqslant x)}_{=\mathsf{P}(-X < x)} = \underbrace{1 - \mathsf{P}(X \geqslant x)}_{=\mathsf{P}(X < x)}$$

Se X è continua le ultime due probabilità non cambiano aggiungendo gli estremi x, cioè $\mathsf{P}(-X \leqslant x) = \mathsf{P}(X \leqslant x)$ il che significa $F_{-X}(x) = F_X(x)$ quindi le CDF sono le stesse e $-X$ è distribuita come X. Nel caso di assoluta continuità, possiamo derivare entrambe le CDF e ottenere $f_{-X}(x) = f_X(x)$.

2.13 Dobbiamo verificare le proprietà (a)–(d) del Teorema 2.1 nel Paragrafo 2.1. Infatti, $F(x)$ è la CDF di una qualche v.a. Z definita sullo stesso spazio di probabilità.

(a) Scegliendo $x_1 < x_2$ si ha

$$F(x_1) := \alpha F_X(x_1) + (1 - \alpha) F_Y(x_1)$$
$$\leqslant \quad \text{poiché} \quad \leqslant \qquad\qquad \leqslant$$
$$F(x_2) := \alpha F_X(x_2) + (1 - \alpha) F_Y(x_2).$$

---

[1] Si noti che $(a - x)^- = \lim_{h \downarrow 0}(a - x) - h = \lim_{h \downarrow 0} a - (x + h) = a - x^+$.

[2] Si osservi che $\tfrac{\mathrm{d}}{\mathrm{d}x} F_X(a + x^-)$ è lo stesso che $\tfrac{\mathrm{d}}{\mathrm{d}x} F_X(a + x)$, perché la CDF è continua quindi $F_X(a + x^-) = F_X(a + x)$.

(b) Per ogni $h > 0$ si ha

$$\lim_{h\downarrow 0} F(x+h) := \lim_{h\downarrow 0} \{\alpha F_X(x+h) + (1-\alpha)F_Y(x+h)\}$$

$$= \alpha \lim_{h\downarrow 0} F_X(x+h) + (1-\alpha) \lim_{h\downarrow 0} F_Y(x+h)$$

$$= \alpha F_X(x) + (1-\alpha)F_Y(x) \quad \text{[le due CDF sono cont. da ds]}$$

$$= F(x).$$

(c) Abbiamo:

$$\lim_{x\to-\infty} F(x) := \lim_{x\to-\infty} \{\alpha F_X(x) + (1-\alpha)F_Y(x)\}$$

$$= \alpha \underbrace{\lim_{x\to-\infty} F_X(x)}_{=0} + (1-\alpha) \underbrace{\lim_{x\to-\infty} F_Y(x)}_{=0} = 0.$$

Analogamente:

$$\lim_{x\to\infty} F(x) := \lim_{x\to\infty} \{\alpha F_X(x) + (1-\alpha)F_Y(x)\}$$

$$= \alpha \underbrace{\lim_{x\to\infty} F_X(x)}_{=1} + (1-\alpha) \underbrace{\lim_{x\to\infty} F_Y(x)}_{=1} = 1.$$

(d) Per calcolare $\mathsf{P}(a < Z \leqslant b)$ per una qualche v.a. Z osserviamo che:

$$\{\alpha F_X(b) + (1-\alpha)F_Y(b)\} - \{\alpha F_X(a) + (1-\alpha)F_Y(a)\}$$

$$= \alpha\{F_X(b) - F_X(a)\} + (1-\alpha)\{F_Y(b) - F_Y(a)\}$$

$$= \alpha\,\mathsf{P}(a < X \leqslant b) + (1-\alpha)\,\mathsf{P}(a < Y \leqslant b).$$

L'ultima espressione è la combinazione convessa di due probabilità relative alle v.a. X, Y che assumono valore nell'intervallo $(a, b]$, che può essere considerata come la probabilità che una terza v.a. Z assuma valori nello stesso intervallo.

Esercizi del Capitolo 3

3.1 Abbiamo

$$(-\infty, \mathbf{b}] \setminus (-\infty, \mathbf{a}_1] \cup (-\infty, \mathbf{a}_2] = (-\infty, \mathbf{b}] \cap \left[(-\infty, \mathbf{a}_1] \cup (-\infty, \mathbf{a}_2]\right]^c,$$

dove il complemento è uguale a $(-\infty, \mathbf{a}_1]^c \cap (-\infty, \mathbf{a}_2]^c$. L'ultima intersezione è uguale a

$$\{(x, y) \in \mathbb{R}^2 \mid x > a_1 \text{ oppure } y > b_2\} \cap \{(x, y) \in \mathbb{R}^2 \mid x > b_1 \text{ oppure } y > a_2\},$$

ma tutti i suoi punti devono anche appartenere a $(-\infty, \mathbf{b}]$, cioè $x \leqslant b_1$ e $y \leqslant b_2$. Mettendo insieme tutte queste condizioni otteniamo infine l'insieme $(\mathbf{a}, \mathbf{b}]$.

3.2 Calcoliamo:

$$\underbrace{\mathsf{P}(a_1 < X_1 \leq b_1, a_2 < X_2 \leq b_2)}_{=:\mathsf{P}(\mathbf{a}<\mathbf{X}\leq\mathbf{b})}$$

$$= \underbrace{\mathsf{P}(X_1 \leq b_1, X_2 \leq b_2)}_{=:\mathsf{P}(\mathbf{X}\leq\mathbf{b})}$$

$$- \left(\underbrace{\mathsf{P}(X_1 \leq a_1, X_2 \leq b_2)}_{=:\mathsf{P}(\mathbf{X}\leq\mathbf{a}_1)} + \underbrace{\mathsf{P}(X_1 \leq b_1, X_2 \leq a_2)}_{=:\mathsf{P}(\mathbf{X}\leq\mathbf{a}_2)} - \underbrace{\mathsf{P}(X_1 \leq a_1, X_2 \leq a_2)}_{=:\mathsf{P}(\mathbf{X}\leq\mathbf{a})} \right)$$

Il risultato segue dalla definizione di CDF congiunta. Vale la pena notare che

$$(-\infty, a_1] \times (-\infty, a_2] =: (-\infty, \mathbf{a}] = (-\infty, \mathbf{a}_1] \cap (-\infty, \mathbf{a}_2] \neq \varnothing$$

e

$$(-\infty, \mathbf{a}_1] \cap (-\infty, \mathbf{a}_2] \subset (-\infty, \mathbf{b}].$$

Questo, insieme alla formula (3.26), fornisce:

$$\{\mathbf{a} < \mathbf{X} \leq \mathbf{b}\} = \{\mathbf{X} \leq \mathbf{b}\} \setminus \{\mathbf{X} \leq \mathbf{a}_1\} \cap \{\mathbf{X} \leq \mathbf{a}_2\},$$

dove l'evento $\{\mathbf{X} \leq \mathbf{b}\}$ è più grande dell'evento congiunto $\{\mathbf{X} \leq \mathbf{a}_1\} \cap \{\mathbf{X} \leq \mathbf{a}_2\} \neq \varnothing$. Per calcolare la probabilità dell'evento al membro di destra della precedente equazione abbiamo utilizzato le proprietà Pr2, Pr3 e Pr4 della Proposizione 1.1.

3.3 La Figura A.1 illustra tre regioni nel piano contenenti i punti $(x, y) = (X_1(\omega), X_2(\omega))$ i cui esiti ω inducono gli eventi A_1, A_2 e A_3. Infatti, tutti gli esiti in A_1 producono punti (x_1, x_2) tali che $x_1 + x_2 = 1$, cioè l'equazione di una

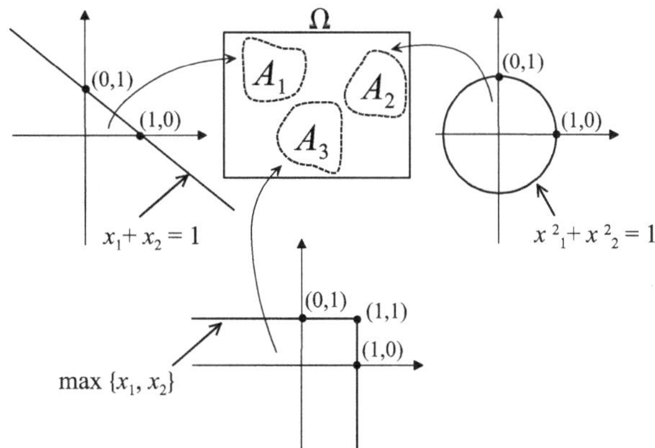

Figura A.1 Tre eventi in Ω sono mappati in tre regioni nel piano cartesiano

retta passante per i punti $(0,1)$ e $(1,0)$. Inoltre, la condizione usata per definire A_2 è relativa a un cerchio di raggio $r = 1$ e centro nell'origine $(0,0)$, cioè tutti gli esiti in A_2 determinano punti (x_1, x_2) tali che $\sqrt{x_1^2 + x_2^2} \leq 1$ e $\sqrt{x_1^2 + x_2^2}$ è la distanza euclidea dall'origine. Infine, gli esiti in A_3 garantiscono che $\max\{X_1, X_2\}$ sia minore o uguale a 1: se per alcuni esiti $\max\{X_1, X_2\} = X_1$ allora $X_2 < X_1 \leq 1$, mentre per alcuni degli altri esiti $\max\{X_1, X_2\} = X_2$ e $X_1 < X_2 \leq 1$. Possono esserci esiti residuali tali che $X_1 = X_2 \leq 1$. Quindi, tutti questi esiti verificano le tre condizioni sopra e abbiamo $\{\max\{X_1, X_2\} \leq 1\} = \{X_1 \leq 1\} \cap \{X_2 \leq 1\}$.

3.4 In generale per $a_1 \leq a_2$ e $b_1 \leq b_2$

$$F_{\mathbf{X}}(a_1, b_1) \leq F_{\mathbf{X}}(a_2, b_1) \leq F_{\mathbf{X}}(a_2, b_2)$$
$$F_{\mathbf{X}}(a_1, b_1) \leq F_{\mathbf{X}}(a_1, b_2) \leq F_{\mathbf{X}}(a_2, b_2).$$

Per verificare la prima uguaglianza indicata nel testo dell'esercizio notiamo che

$$\{X \leq b_1, Y \leq y\} = \{X \leq a_1, Y \leq y\} \cup \{a_1 < X \leq b_1, Y \leq y\},$$

e l'unione è disgiunta. Applicando la funzione di probabilità e riordinando si ha

$$P(a_1 < X \leq b_1, Y \leq y) = P(X \leq b_1, Y \leq y) - P(X \leq a_1, Y \leq y), \qquad (1)$$

ciò che volevamo mostrare. La seconda uguaglianza si verifica in modo analogo.

3.5 Possiamo scrivere

$$\{a_1 < X \leq b_1, Y \leq b_2\} = \{a_1 < X \leq b_1, Y \leq a_2\} \cup \{a_1 < X \leq b_1, a_2 < Y \leq b_2\},$$

ove l'unione è disgiunta. Applicando la funzione di probabilità otteniamo

$$P(a_1 < X \leq b_1, Y \leq b_2) = P(a_1 < X \leq b_1, Y \leq a_2) + P(a_1 < X \leq b_1, a_2 < Y \leq b_2).$$

Ora applicando la (1) al termine di sinistra e al primo termine a destra della precedente equazione e riordinando ricaviamo:

$$\begin{aligned}
P(a_1 < X &\leq b_1, a_2 < Y \leq b_2) \\
&= P(a_1 < X \leq b_1, Y \leq b_2) - P(a_1 < X \leq b_1, Y \leq a_2) \\
&= F_{\mathbf{X}}(b_1, b_2) - F_{\mathbf{X}}(a_1, b_2) - [F_{\mathbf{X}}(b_1, a_2) - F_{\mathbf{X}}(a_1, a_2)]. \qquad (2)
\end{aligned}$$

Ciò fornisce il risultato desiderato poiché $P(a_1 < X \leq b_1, a_2 < Y \leq b_2) \geq 0$.

3.6 In primo luogo abbiamo $\frac{\partial F_{\mathbf{X}}}{\partial x}(x, y) = \lim\limits_{\Delta x \to 0} \frac{F_{\mathbf{X}}(x+\Delta x, y)-F_{\mathbf{X}}(x,y)}{\Delta x}$. In secondo luogo abbiamo anche

$$\frac{\partial}{\partial y}\left(\frac{\partial F_{\mathbf{X}}}{\partial x}\right)(x, y) = \lim_{\Delta y \to 0}\left(\lim_{\Delta x \to 0} \frac{F_{\mathbf{X}}(x+\Delta x, y+\Delta y)-F_{\mathbf{X}}(x,y+\Delta y)}{\Delta x}\frac{1}{\Delta y}\right.$$
$$\left. - \lim_{\Delta x \to 0}\frac{F_{\mathbf{X}}(x+\Delta x, y)-F_{\mathbf{X}}(x,y)}{\Delta x}\frac{1}{\Delta y}\right). \tag{3}$$

Per definizione $f_{\mathbf{X}}(x, y) = \frac{\partial^2 F_{\mathbf{X}}}{\partial x \partial y}(x, y)$, quindi per l'ipotesi di continuità della derivata parziale seconda[3] e per la (3) possiamo scrivere

$$\lim_{\substack{\Delta x \to 0 \\ \Delta y \to 0}} \frac{F_{\mathbf{X}}(x + \Delta x, y + \Delta y) - F_{\mathbf{X}}(x, y + \Delta y) - F_{\mathbf{X}}(x + \Delta x, y) + F_{\mathbf{X}}(x, y)}{\Delta x \Delta y}.$$

Poiché per la (2) il numeratore nell'espressione sopra è ≥ 0 abbiamo dimostrato il punto (a). Per dimostrare il punto (b) interpretiamo la derivata seconda della CDF come

$$\mathrm{d}^2 F_{\mathbf{X}}(x, y) = \partial^2 F_{\mathbf{X}} = \partial x \partial y f_{\mathbf{X}}(x, y) =: f_{\mathbf{X}}(x, y)\mathrm{d}x\mathrm{d}y.$$

Questa espressione agisce come $\mathrm{d}F_X(x)$ nel caso unidimensionale e se la integriamo, grazie al Teorema di Fubini, otteniamo

$$\int_{a_1}^{b_1}\int_{a_2}^{b_2} f_{\mathbf{X}}(x, y)\mathrm{d}x\mathrm{d}y = \int_{a_1}^{b_1}\int_{a_2}^{b_2} \mathrm{d}^2 F_{\mathbf{X}}(x, y) = \int_{(a_1,b_1]\times(a_2,b_2]} \mathrm{d}^2 F_{\mathbf{X}}(x, y)$$
$$= \mathsf{P}(a_1 < X \leq b_1, a_2 < Y \leq b_2).$$

Per mostrare il punto (c) applichiamo il punto (b) come segue:[4]

$$F_{\mathbf{X}}(x, y) = \lim_{n \to \infty} \mathsf{P}(-n < X \leq x, -n < Y \leq y)$$
$$= \lim_{n \to \infty} \int_{-n}^{x}\int_{-n}^{y} f_{\mathbf{X}}(u, v)\mathrm{d}u\mathrm{d}v = \int_{-\infty}^{x}\int_{-\infty}^{y} f_{\mathbf{X}}(u, v)\mathrm{d}u\mathrm{d}v.$$

Il punto (d) segue facilmente dal punto (c) facendo tendere x, y a ∞.

3.7 Mostriamo che $\mathsf{P}(\cdot \mid B)$ soddisfa tutti gli assiomi di una misura di probabilità. $\mathsf{P}(\Omega \mid B) = \frac{\mathsf{P}(\Omega \cap B)}{\mathsf{P}(B)} = \frac{\mathsf{P}(B)}{\mathsf{P}(B)} = 1$. Se gli eventi $(A_i)_{i\in\mathbb{N}}$ sono incompatibili a coppie allora:

$$\mathsf{P}\left(\bigcup_{i=1}^{\infty} A_i \,\middle|\, B\right) = \frac{\mathsf{P}\left(\left(\bigcup_{i=1}^{\infty} A_i\right) \cap B\right)}{\mathsf{P}(B)} = \frac{\mathsf{P}\left(\bigcup_{i=1}^{\infty}(A_i \cap B)\right)}{\mathsf{P}(B)}.$$

---

[3] Ovvero, il limite esiste ed è finito.
[4] Usiamo anche la continuità di $\mathsf{P}(\cdot)$.

Gli eventi $(A_i \cap B)_{i \in \mathbb{N}}$ sono a due a due disgiunti e l'espressione al membro destro si riscrive: $\sum_{i=1}^{\infty} \frac{P(A_n \cap B)}{P(B)} = \sum_{i=1}^{\infty} P(A_i \mid B)$. Quindi, $P(\cdot \mid B)$ è numerabilmente additiva e il risultato è dimostrato. La 'frazione' dell'evento B che include A è misurata da $P(A \cap B)$, come l'*area* di $A \cap B \subset B$. Supponendo che B sia verificato, questo evento si comporta come un *nuovo spazio campionario* $\Omega' = B$ la cui *area* è $P(B)$, che non è necessariamente $= 1$. Gli eventi originali $A \subset \Omega$ sono quindi sostituiti dai sottoinsiemi $A \cap B$ di Ω' e la nuova σ-algebra equivale alla collezione $\{A \cap B \mid A \in \mathcal{F}\}$. La probabilità $P(A)$ viene sostituita da $\frac{P(A \cap B)}{P(B)}$, cioè l'*area* $P(A \cap B)$ viene normalizzata rispetto all'*area* di riferimento $P(B)$.

⚠️ **... Dai un'occhiata a questo esempio ...**

Sia $\Omega = \{\omega = (i, j) \mid i, j \in \{1, \ldots, 6\}\}$ lo spazio campionario per il lancio due volte di un dado equo. Si assuma uno spazio di probabilità uniforme tale che $P(\{\omega\}) = \frac{1}{36}$ per ogni $\{\omega\} \in \mathcal{F} = 2^{\Omega}$, cioè gli eventi sono *equiprobabili*. Supponiamo ora che $B = \{\text{il primo lancio mostra } 3\}$ sia verificato. Quindi, Ω si riduce a $\Omega' = \{\omega = (3, j) \mid j = 1, \ldots, 6\} = B$. Sono possibili solo 6 esiti con nuova probabilità $P(\{\omega\} \mid B) = \frac{P(\{\omega\} \cap B)}{P(B)} = \frac{P(\{\omega\})}{P(B)} = \frac{6}{36} = \frac{1}{6}$, dove ovviamente $\{\omega\} \cap B = \{\omega\}$, per ogni $\omega \in \Omega'$. Possiamo pensare a un *nuovo* spazio di probabilità uniforme con spazio campionario

$$\Omega' = \{(3, 1), (3, 2), (3, 3), (3, 4), (3, 5), (3, 6)\} = B$$

e σ-algebra data dagli eventi $A \cap B$ con $A \in \mathcal{F}$. Si vede facilmente che questa coincide con $2^{\Omega'}$.

3.8   Con tutte le informazioni disponibili, possiamo assumere uno spazio di probabilità uniforme con 9 esiti. Si noti che $P(\{\omega\}) > 0$ se $\omega \notin \{\text{du}, \text{us}\}$. Per calcolare la probabilità richiesta osserviamo che

$$A = \{\text{il prezzo \#1 è sceso}\}, \quad B = \{\text{il prezzo \#2 è rimasto uguale o è salito}\}.$$

(Non si dimentichi di decomporre A, B e $A \cap B$ nei loro singoletti e poi sommare le probabilità). Abbiamo $P(B) = 0.32 > 0$ quindi $P(A \mid B) := \frac{P(A \cap B)}{P(B)} = \frac{0.1}{0.32} \approx 0.31$, che fornisce la probabilità di A condizionata a B come richiesto. Ciò produce una valutazione maggiore della probabilità di A.

3.9   Sia dato il vettore aleatorio bivariato $\mathbf{Z} = (U, V)$ con funzione di densità congiunta $f_{\mathbf{Z}}(u, v)$ e supponiamo che questa sia uguale a $h(u)k(v)$, il prodotto di due funzioni reali. Quindi, sia

$$\int h(u)\mathrm{d}u = a, \quad \text{e} \quad \int k(v)\mathrm{d}v = b.$$

Allora abbiamo

$$a\,b = \left(\int h(u)\mathrm{d}u\right)\left(\int k(v)\mathrm{d}v\right)$$

$$\overset{\text{Teorema di Fubini}}{=} \iint h(u)k(v)\mathrm{d}u\mathrm{d}v$$

$$= \iint f_{\mathbf{Z}}(u,v)\mathrm{d}u\mathrm{d}v = 1,$$

cioè, $a\,b = 1$. Ora, calcolando le densità marginali

$$f_U(u) = \int h(u)k(v)\mathrm{d}v = h(u)b, \quad f_V(v) = \int h(u)k(v)\mathrm{d}u = k(v)a,$$

e mettendo insieme i risultati otteniamo

$$f_{\mathbf{Z}}(u,v) = h(u)k(v)a\,b = f_U(u)f_V(v),$$

ossia troviamo una condizione necessaria per l'indipendenza tra U e Y: la loro densità congiunta si fattorizza in due funzioni $h(u), k(v)$ rispettivamente di u e di v. Ora, sia $A(u) = \{x \mid h(x) \leq u\}$ e $B(v) = \{y \mid k(y) \leq v\}$, quindi passando alla funzione di ripartizione congiunta abbiamo:

$$F_{\mathbf{Z}}(u,v) = \mathsf{P}(U \leq u, V \leq v)$$

$$= \mathsf{P}(X \in A(u), Y \in B(v))$$

$$\overset{\text{Indip. di } X \text{ e } Y}{=} \mathsf{P}(X, \in A(u))\mathsf{P}(Y \in B(v)).$$

Poiché possiamo derivare per ottenere la densità congiunta,

$$f_{\mathbf{Z}}(u,v) = \frac{\partial^2}{\partial u\,\partial v}F_{\mathbf{Z}}(u,v)$$

$$= \frac{\mathrm{d}}{\mathrm{d}u}\mathsf{P}(X \in A(u))\frac{\mathrm{d}}{\mathrm{d}v}\mathsf{P}(Y \in B(v)),$$

otteniamo il prodotto di due funzioni, una nella variabile u l'altra nella variabile v, il che insieme alla condizione necessaria sopra implica che $U = f(X)$ e $V = g(Y)$ sono indipendenti.

Esercizi del Capitolo 4

4.1 La linearità del valore atteso per v.a. discrete è:

$$\mathsf{E}(a + b\,X) = \sum_i (a + b\,x_i)\mathsf{P}(X = x_i)$$

$$= a\sum_i \mathsf{P}(X = x_i) + b\sum_i x_i\mathsf{P}(X = x_i) = a + b\,\mathsf{E}(X).$$

4.2 Scegliendo $g(x) = a\,x + b$ abbiamo:

$$
\begin{aligned}
\mathsf{E}(a + b\,X) &= \int_{-\infty}^{\infty} (a + b\,x)\,f_X(x)\,\mathrm{d}x \\
&= a \int_{-\infty}^{\infty} f_X(x)\,\mathrm{d}x + b \int_{-\infty}^{\infty} x\,f_X(x)\,\mathrm{d}x = a + b\,\mathsf{E}(X).
\end{aligned}
$$

4.3 Per definizione abbiamo:

$$
\begin{aligned}
\mathsf{E}(X) - \mathsf{E}(Y) &= \int_0^{\infty} [1 - F_X(x)]\mathrm{d}x - \int_{-\infty}^0 F_X(x)\mathrm{d}x \\
&\quad - \int_0^{\infty} [1 - F_Y(x)]\mathrm{d}x + \int_{-\infty}^0 F_Y(x)\mathrm{d}x \\
&= \int_0^{\infty} [F_Y(x) - F_X(x)]\mathrm{d}x + \int_{-\infty}^0 [F_Y(x) - F_X(x)]\mathrm{d}x \\
&= \int_{-\infty}^{\infty} [F_Y(x) - F_X(x)]\mathrm{d}x \leq 0
\end{aligned}
$$

che implica $\mathsf{E}(X) \leq \mathsf{E}(Y)$. Si osservi che $X \preccurlyeq_{\mathrm{FSD}} Y$ è anche equivalente a

$$
1 - \mathsf{P}(X > x) \geq 1 - \mathsf{P}(Y > x) \iff \mathsf{P}(Y > x) \geq \mathsf{P}(X > x).
$$

4.4 Per ipotesi $X - a \stackrel{\mathrm{d}}{=} a - X$, allora

$$
\mathsf{P}(X - a \leq 0) = \mathsf{P}(a - X \leq 0) \iff \mathsf{P}(X \leq a) = \mathsf{P}(X \geq a).
$$

Dunque abbiamo:

$$
\mathsf{P}(X \leq a) = 1 - \mathsf{P}(X > a) \geq 1 - \mathsf{P}(X \geq a) = 1 - \mathsf{P}(X \leq a)
$$

che implica immediatamente $\mathsf{P}(X \leq a) \geq \frac{1}{2}$ e $\mathsf{P}(X \geq a) \geq \frac{1}{2}$, cioè $a = \mathsf{med}(X)$. Infine, ancora per simmetria abbiamo $\mathsf{E}(X - a) = -\mathsf{E}(X - a)$ se e solo se $\mathsf{E}(X - a) = 0$, cioè $\mathsf{E}(X) = a$.

4.5 Innanzitutto, poiché $f_X(x) \geq 0$ per ogni $x \in \mathbb{R}$ allora $\frac{1}{b} f_X\left(\frac{x-a}{b}\right) \geq 0$, per ogni $x, a \in \mathbb{R}$ e $b > 0$. Infine:

$$
\begin{aligned}
\int \frac{1}{b} f_X\left(\frac{x - a}{b}\right)\mathrm{d}x &= \int f_X(y)\mathrm{d}y \quad \left[\text{poniamo } y = \tfrac{x-a}{b} \text{ allora } \mathrm{d}y = \tfrac{1}{b}\mathrm{d}x\right] \\
&= 1 \qquad\qquad\quad \left[\text{poiché } f_X(y) \text{ è una densità}\right].
\end{aligned}
$$

4.6 Assumiamo $d < m$ senza perdita di generalità. Abbiamo $|X - \alpha| = (X - \alpha)\mathbf{I}_{\{X \geq \alpha\}} - (X - \alpha)\mathbf{I}_{\{X < \alpha\}}$, per $\alpha = d, m$. Scriviamo la differenza tra i valori assoluti e sommiamo:

$$
\begin{aligned}
|X - d| - |X - m| &= X\mathbf{I}_{\{X \geq d\}} - d\mathbf{I}_{\{X \geq d\}} - X\mathbf{I}_{\{X < d\}} + d\mathbf{I}_{\{X < d\}} \\
&\quad - X\mathbf{I}_{\{X \geq m\}} + m\mathbf{I}_{\{X \geq m\}} + X\mathbf{I}_{\{X < m\}} - m\mathbf{I}_{\{X < m\}} + X - X.
\end{aligned}
$$

Mettendo a comune X e raccogliendo a fattor comune si ha

$$X\big(\mathbf{I}_{\{X\geq d\}} + 1 - \mathbf{I}_{\{X<d\}}\big) - X\big(\mathbf{I}_{\{X\geq m\}} + 1 - \mathbf{I}_{\{X<m\}}\big),$$

che riscriviamo come $2X\mathbf{I}_{\{X\geq d\}} - 2X\mathbf{I}_{\{X\geq m\}}$, dove usiamo $\mathbf{I}_{\{X\geq\alpha\}} = 1 - \mathbf{I}_{\{X<\alpha\}}$. Raccogliendo a fattor comune rispetto a d otteniamo

$$\begin{aligned}
d\big(\mathbf{I}_{\{X<d\}} - \mathbf{I}_{\{X\geq d\}}\big) &= d\big(1 - \mathbf{I}_{\{X\geq d\}} - \mathbf{I}_{\{X\geq d\}}\big) \\
&= d\big(1 - 2\mathbf{I}_{\{X\geq d\}}\big) \\
&= d - 2d\mathbf{I}_{\{X\geq d\}} \\
&= d\big(\mathbf{I}_{\{X\geq m\}} + \mathbf{I}_{\{X<m\}}\big) - 2d\mathbf{I}_{\{X\geq d\}} \\
&= 2d\mathbf{I}_{\{X\geq m\}} - d\mathbf{I}_{\{X\geq m\}} + d\mathbf{I}_{\{X<m\}} - 2d\mathbf{I}_{\{X\geq d\}},
\end{aligned}$$

dove nella quarta uguaglianza usiamo $1 = \mathbf{I}_{\{X<m\}} + \mathbf{I}_{\{X\geq m\}}$. Ora, raccogliendo a fattor comune tutti i termini sopra otteniamo

$$(m-d)\big(\mathbf{I}_{\{X\geq m\}} - \mathbf{I}_{\{X<m\}}\big) + 2(X-d)\big(\mathbf{I}_{\{X\geq d\}} - \mathbf{I}_{\{X\geq m\}}\big).$$

Poiché $\mathbf{I}_{\{X\geq d\}} = 1 - \mathbf{I}_{\{X<d\}}$ gli eventi $\{X<d\}$ e $\{X\geq m\}$ sono incompatibili (si ricordi che $d<m$) quindi $1 - \big(\mathbf{I}_{\{X<d\}} + \mathbf{I}_{\{X\geq m\}}\big) = 1 - \mathbf{I}_{\{X<d\}\cup\{X\geq m\}} = \mathbf{I}_{\{d\leq X<m\}}$, si veda la proprietà 4. nel Paragrafo 2.4. Otteniamo infine

$$|X-d| - |X-m| = (m-d)(2\mathbf{I}_{\{X\geq m\}} - 1) + 2(X-d)\mathbf{I}_{\{d\leq X<m\}},$$

e prendendo il valore atteso otteniamo

$$\begin{aligned}
\mathsf{E}(|X-d|) - \mathsf{E}(|X-m|) = {}&(m-d)(2\mathsf{P}(X\geq m) - 1) \\
&+ 2\mathsf{E}\big((X-d)\mathbf{I}_{\{d\leq X<m\}}\big).
\end{aligned}$$

Il secondo termine al membro destro è ≥ 0 così come il primo, poiché $2\mathsf{P}(X\geq m)\geq 1$ dato che m è la mediana di F_X. Questo dimostra quanto desiderato.

4.7 Se $|X|\geq 1$ per ogni esito allora $|X|^n \leq |X|^m$, altrimenti per $|X|<1$ abbiamo $|X|^n \leq 1$. Prendendo il valore atteso otteniamo

$$\mathsf{E}(|X|^n) \leq 1 + \mathsf{E}(|X|^m) < \infty$$

e il risultato è dimostrato. Possiamo scrivere direttamente $|X|^n \leq \max\{1, |X|^m\} \leq 1 + |X|^m < \infty$.

4.8 Scriviamo l'espressione di $(g(a+bX))^2$:

$$\begin{aligned}
\left(\frac{a+bX - \mathsf{E}(a+bX)}{\mathsf{SD}(a+bX)}\right)^2 &= \frac{(a-a+b(X-\mathsf{E}(X)))^2}{(|b|\mathsf{SD}(X))^2} \\
&= \frac{|b|^2((X-\mathsf{E}(X)))^2}{(|b|\mathsf{SD}(X))^2} = \frac{(X-\mathsf{E}(X))^2}{(\mathsf{SD}(X))^2} \\
&= (g(X))^2.
\end{aligned}$$

4.9   Abbiamo $|XY| \leqslant \frac{X^2}{2} + \frac{Y^2}{2}$ e prendendo il valore atteso di entrambi i membri, $\mathsf{E}(|XY|) \leqslant \frac{1}{2}\mathsf{E}(X^2) + \frac{1}{2}\mathsf{E}(Y^2)$. e per $X, Y \in L^2$ ciò significa $\mathsf{E}(X^2) < \infty$ e $\mathsf{E}(Y^2) < \infty$, dunque $\mathsf{E}(XY)$ è finito, cioè $XY \in L^1$.

4.10   Calcoliamo innanzitutto $\int_0^1 g(x)\mathrm{d}F(x)$ per definizione, osservando che $g(x) = 1$ per $x \in (0, 1]$:

$$\lim_{n\to\infty} \sum_{i=1}^{n} [F(x_i) - F(x_{i-1})] = \lim_{n\to\infty} \left\{ [F(x_1) - F(x_0)] + [F(x_2) - F(x_1)] \right.$$

$$\left. + \cdots + [F(x_n) - F(x_{n-1})] \right\} = \lim_{n\to\infty} \left\{ F(1) - F(0) \right\}$$

$$= F(1) - F(0) = 1 = \int_0^1 \mathrm{d}F(x),$$

dove il limite è inteso per partizioni sempre più fini $0 = x_0 < x_1 < \cdots < x_n = 1$ di $(0, 1]$ e la massima differenza $x_i - x_{i-1}$ tende a zero.[5] Il secondo integrale è $\int_1^2 g(x)\mathrm{d}F(x) = 0$ perché $g(x) = 0$ per $x \in (1, 2]$. Tuttavia l'integrale $\int_0^2$ non esiste: la somma di Stieltjes

$$\sum_{i=1}^{n} g(c_i)[F(x_i) - F(x_{i-1})]$$

assume valori diversi a seconda della scelta $c_i = 1$, quando $g(c_i) = 1$, oppure $c_i = \lim_{h\downarrow 0}(1 + h) = 1^+$ per $h > 0$, quando $g(c_i) = 0$. Nonostante i due integrali $\int_0^1$ e $\int_1^2$ esistano, l'integrale totale $\int_0^2$ non esiste.

4.11   Osserviamo innanzitutto che $n\mathsf{P}(X > n) \leqslant \mathsf{E}(X\mathbf{I}_{\{X>n\}})$, poiché il termine a sinistra della disuguaglianza è uguale a $\mathsf{E}(n\mathbf{I}_{\{X>n\}})$. Ora, scriviamo il termine a destra come $\mathsf{E}\big(X(1 - \mathbf{I}_{\{X\leqslant n\}})\big)$, che a sua volta è $\mathsf{E}(X) - \mathsf{E}(X\mathbf{I}_{\{X\leqslant n\}})$. La successione di v.a. non negative $X\mathbf{I}_{\{X\leqslant n\}}$ per $n = 1, 2, \ldots$ è crescente e converge puntualmente a X, infatti $\lim_{n\to\infty} \mathbf{I}_{\{X\leqslant n\}} = \mathbf{I}_{\Omega} = 1$. Applicando il MCT otteniamo

$$\lim_{n\to\infty} \mathsf{E}(X\mathbf{I}_{\{X>n\}}) = \mathsf{E}(X) - \mathsf{E}\left(\lim_{n\to\infty} X\mathbf{I}_{\{X\leqslant n\}} \right) = 0.$$

Poiché $n\mathsf{P}(X > n)$ è dominato da $\mathsf{E}(X\mathbf{I}_{\{X>n\}})$ per ogni $n \in \mathbb{N}$, ricaviamo il risultato desiderato.[6]

---

[5] Questo si può scrivere come $n \to \infty$ e $\sup\{x_i - x_{i-1} \,|\, i = 1, \ldots, n\} \to 0$.

[6] Ricorda che date due successioni di numeri reali non negativi $(x_n)_{n\in\mathbb{N}}$, $(y_n)_{n\in\mathbb{N}}$ tali che $y_n \to 0$ e $0 \leqslant x_n \leqslant y_n$, per ogni n, allora anche $x_n \to 0$.

4.12 Scegliamo $A = \{X = \infty\}$ e consideriamo la v.a. troncata $X\mathbf{I}_A$. Usando la definizione astratta di valore atteso e la condizione $P(A) > 0$ otteniamo:

$$
\begin{aligned}
\mathsf{E}(X\mathbf{I}_A) &= \int_\Omega X\mathbf{I}_A \mathrm{d}P \\
&= \int_A X\,\mathrm{d}P = \infty \int_A \mathrm{d}P \\
&= \infty \times P(A) = \infty.
\end{aligned}
$$

L'ultima uguaglianza contraddice le ipotesi di speranza finita, poiché per ogni $A \in \mathcal{F}$ si ha sempre $\mathsf{E}(X\mathbf{I}_A) \leqslant \mathsf{E}(X)$. Il rimedio è assumere $P(A) = 0$ e di conseguenza $P(X < \infty) = 1$, usando la regola di moltiplicazione $\infty \times 0 = 0$ valida per ogni misura di probabilità.

4.13 Partiamo da v.a. discrete non negative X, Y. Si può mostrare che la v.a. $X + Y$ ha rappresentazione $\sum_{i=1}^{n} \sum_{j=1}^{m} (x_i + y_j)\mathbf{I}_{A_i \cap B_j}$, dove gli eventi $A_i = \{X = x_i\}$ e $B_j = \{Y = y_j\}$ formano due diverse partizioni di Ω così che $X + Y$ è anch'essa discreta. Quindi

$$
\begin{aligned}
\sum_i \sum_j x_i P(A_i \cap B_j) &+ \sum_i \sum_j y_j P(A_i \cap B_j) \\
&= \sum_i x_i \sum_j P(A_i \cap B_j) + \sum_j y_j \sum_i P(A_i \cap B_j).
\end{aligned}
$$

Ma gli eventi A_i e B_j decompongono Ω e quindi $\sum_j P(A_i \cap B_j) = P(\bigcup_j (A_i \cap B_j)) = P(A_i)$ e $\sum_i P(A_i \cap B_j) = P(\bigcup_i (A_i \cap B_j)) = P(B_j)$. L'ultima uguaglianza sopra è proprio $\mathsf{E}(X) + \mathsf{E}(Y)$. Applicando questo ragionamento[7] a successioni crescenti $(X_n)_{n \in \mathbb{N}}$, $(Y_n)_{n \in \mathbb{N}}$ di v.a. discrete che convergono puntualmente a due v.a. non negative X e Y, quindi $X_n + Y_n \to X + Y$ e applicando il MCT otteniamo di nuovo la linearità che può essere estesa a v.a. generali usando le parti positive e negative, X^+, X^-.

4.14 Possiamo scrivere $X = \sum_{i=1}^{n} x_i \mathbf{I}_{A_i}$ e $Y = \sum_{i=1}^{m} y_j \mathbf{I}_{B_j}$ poiché entrambe le v.a. sono discrete, dove gli eventi A_i e B_j corrispondono a due diverse partizioni di Ω. Sommando, otteniamo $\sum_{i=1}^{n} x_i \mathbf{I}_{A_i} + \sum_{i=1}^{m} y_i \mathbf{I}_{B_j}$, ma la somma può essere riorganizzata per fornire i valori $x_i + y_j$ corrispondenti a gli esiti $\omega \in A_i \cap B_j$. Infatti $A_i \cap B_j = \{X + Y = x_i + y_j\}$. Alla fine,

$$
X + Y = \sum_{i=1}^{n} \sum_{j=1}^{m} (x_i + y_j)\,\mathbf{I}_{A_i \cap B_j},
$$

dove qualche $A_i \cap B_j$ può essere l'evento impossibile, e tutti formano comunque una partizione dello spazio campionario. Vale la pena notare che kX è una v.a. discreta per $k \in \mathbb{R}$ e X discreta. Inoltre, il prodotto di due v.a. discrete XY è anch'essa discreta perché può essere rappresentato come $\sum_{i=1}^{n} \sum_{j=1}^{m} (x_i y_j)\,\mathbf{I}_{A_i \cap B_j}$.

---

[7] A volte questo viene chiamato la 'standard machine', si veda [18].

4.15 Usiamo la standard machine, cfr. Esercizio 4.13, partendo da v.a. discrete X, Y e poi estendendo a v.a. generali tramite il MCT. Se X, Y sono entrambe discrete e $X(\omega) \leq Y(\omega)$ per ogni $\omega \in \Omega$, allora $x_i \leq y_j$ nelle rispettive rappresentazioni su $A_i \cap B_j$. Come conseguenza:

$$\sum_i \sum_j x_i \mathsf{P}(A_i \cap B_j) \leq \sum_i \sum_j y_j \mathsf{P}(A_i \cap B_j) \iff \mathsf{E}(X) \leq \mathsf{E}(Y).$$

4.16 <u>Soluzione 1</u>. Ricordiamo che $\mathcal{X}$, il supporto della v.a. X, è l'insieme dei punti $x \in \mathbb{R}$ dove $F_X(x)$ è strettamente crescente. Per definizione $Q_X(c)$ è il valore più piccolo in $\mathcal{X}$ tale che $F_X(Q_X(c)) \geq c$, per ogni $0 < c < 1$. Infatti, abbiamo anche $Q_X(F_X(x)) \leq x$ e per ogni x *finito* in $\mathcal{X}$ esiste un livello di probabilità $c \in (0,1)$ tale che $Q_X(c) = u$, altrimenti $F_X(x)$ non cresce in x e possiamo trovare un valore più piccolo $x' < x$ tale che $Q_X(F_X(x')) \leq x'$ e quindi $x' = Q_X(c)$ è il quantile corretto.[8] Di conseguenza $Q_X(c) = x$ e possiamo scrivere:

$$\mathsf{E}(X) = \int_{-\infty}^{\infty} x \, dF_X(x) = \int_{\mathcal{X}} Q_X(c) dF_X(Q_X(c)).$$

Ora consideriamo due casi.

1. Se la CDF non ha discontinuità a salto nel supporto di X possiamo porre $F_X(Q_X(c)) = c$.
2. Se la CDF ha discontinuità a salto nei punti $x \in \mathcal{X}$, allora abbiamo $x\mathsf{P}(X = x) = \int_{F_X(x^-)}^{F_X(x)} Q_X(c) dc$. Infatti, per c nell'intervallo aperto $\left(F_X(x^-), F_X(x)\right)$ si ha $Q_X(c) = x$ e l'integrale sopra vale $x \int_{F_X(x^-)}^{F_X(x)} dc = x[F_X(x^-) - F_X(x)]$.

Mettendo tutto insieme e considerando la somma (al più numerabile) $\sum_x \int_{F_X(x^-)}^{F_X(x)} Q_X(c) dc$ otteniamo infine il risultato desiderato. <u>Soluzione 2</u>. Ricordiamo la trasformazione quantile, cfr. Teorema 5.1, Paragrafo 5.6: per una v.a. X con ripartizione F_X e funzione quantile Q_X si ha sempre $X \overset{\mathrm{d}}{=} Q_X(U)$, dove $U \sim \mathsf{U}(0,1)$. Possiamo scrivere

$$\mathsf{E}(X) = \int_{\Omega} X \, dP = \int_{\Omega} \underbrace{Q_X(U)}_{=g(U)} dP = \int_0^1 Q_X(c) dc,$$

dove abbiamo usato la definizione astratta di valore atteso e la formula di cambio variabile con $g(c) = g(U(\omega))$ e $c = U(\omega)$, per ogni esito $\omega \in \Omega$ tale che $U(\omega)$ varia nell'intervallo unitario $(0,1)$. Infatti, a queste condizioni si ha

$$\int_{\Omega} g(U) dP = \int_{-\infty}^{\infty} g(c) dF_U(c) = \int_{-\infty}^{\infty} g(c) \underbrace{f_U(c)}_{=\mathbf{1}_{\{0 \leq c \leq 1\}}} dc = \int_0^1 Q_X(c) dc.$$

---

[8] Questo accade in tutti i punti in $\mathcal{X}^c$.

4.17

1. Per una v.a. discreta $X = \sum_{i=1}^{n} x_i \mathbf{I}_{A_i}$ con $x_i > 0$ si ha $\mathsf{P}(A_i) = \mathsf{P}(X = x_i) = 0$ poiché $X \stackrel{\text{a.s.}}{=} 0$ per ipotesi, dunque $\mathsf{E}(X) = 0$. Passando a $X \geqslant 0$ con $\mathsf{P}(X > 0) = 0$, consideriamo una v.a. discreta Z tale che $0 \leqslant Z \leqslant X$, e allora si ha $Z \stackrel{\text{a.s.}}{=} 0$. Possiamo scrivere $\mathsf{E}(X) = \sup_{\{0 \leqslant Z \leqslant X,\ Z\ \text{discreta}\}} \mathsf{E}(Z) = 0$, poiché ogni $\mathsf{E}(Z) = 0$. Il caso generale segue dalla standard machine.

2. Partiamo da v.a. discrete non negative X, Y tali che $X \stackrel{\text{a.s.}}{=} Y$, cioè $\mathsf{P}(X \neq Y) = 0$. Allora:

$$\mathsf{E}(Y) = \mathsf{E}(Y\mathbf{I}_{\{X \neq Y\}}) + \mathsf{E}(Y\mathbf{I}_{\{X = Y\}})$$
$$\stackrel{\text{uguaglianza a.s.}}{=} \mathsf{E}(Y\mathbf{I}_{\{X \neq Y\}}) + \mathsf{E}(X\mathbf{I}_{\{X = Y\}}).$$

Scegliamo una successione di v.a. discrete $Y_1, Y_2, \dots$ tale che $Y_n \to Y$ puntualmente. Quindi, $Y_n\mathbf{I}_{\{X \neq Y\}}$ cresce puntualmente verso $Y\mathbf{I}_{\{X \neq Y\}}$. Inoltre $Y_n\mathbf{I}_{\{X \neq Y\}} \leqslant \delta$ per ogni n, poiché ogni v.a. semplice è limitata superiormente da qualche $\delta > 0$. Allora si ha

$$0 \leqslant \mathsf{E}(Y_n\mathbf{I}_{\{X \neq Y\}}) \leqslant \mathsf{E}(\delta\,\mathbf{I}_{\{X \neq Y\}}) = \delta\,\mathsf{P}(X \neq Y) = 0,$$

quindi $\mathsf{E}(Y_n\mathbf{I}_{\{X \neq Y\}}) = 0$. Poiché $Y_n\mathbf{I}_{\{X \neq Y\}} \to Y\mathbf{I}_{\{X \neq Y\}}$ puntualmente, il MCT restituisce $0 = \lim_n \mathsf{E}(Y_n\mathbf{I}_{\{X \neq Y\}}) = \mathsf{E}(Y\mathbf{I}_{\{X \neq Y\}})$. Analogamente, $\mathsf{E}(X\mathbf{I}_{\{X \neq Y\}}) = 0$. Mettendo insieme i risultati:

$$\begin{aligned} \mathsf{E}(Y) &= \mathsf{E}(Y\mathbf{I}_{\{X \neq Y\}}) + \mathsf{E}(X\mathbf{I}_{\{X = Y\}}) \\ &= 0 + \mathsf{E}(X\mathbf{I}_{\{X = Y\}}) \\ &= \mathsf{E}(X\mathbf{I}_{\{X \neq Y\}}) + \mathsf{E}(X\mathbf{I}_{\{X = Y\}}) = \mathsf{E}(X). \end{aligned}$$

Per v.a. generali $X \stackrel{\text{a.s.}}{=} Y$ implica $X^+ \stackrel{\text{a.s.}}{=} Y^+$ e $X^- \stackrel{\text{a.s.}}{=} Y^-$. Applicando quanto sopra separatamente a X^+ e X^- e poi sommando abbiamo concluso.

3. Sia $A = \{X > 0\}$ e $A_n = \{X \geqslant \frac{1}{n}\}$. Chiaramente $A_1 \subset A_2 \subset \cdots$ e $A = \bigcup_i A_i$, cioè $A_n \uparrow A$ il che implica

$$0 \leqslant X\mathbf{I}_{A_n} \leqslant X\mathbf{I}_A.$$

Per la monotonia della speranza abbiamo anche $0 \leqslant \mathsf{E}(X\mathbf{I}_{A_n}) \leqslant \mathsf{E}(X\mathbf{I}_A) \leqslant \mathsf{E}(X) = 0$. Di conseguenza,

$$0 = \mathsf{E}(X\mathbf{I}_{A_n}) \geqslant \mathsf{E}(\tfrac{1}{n}\mathbf{I}_{A_n}) = \tfrac{1}{n}\mathsf{P}(A_n)$$

il che implica ulteriormente $\mathsf{P}(A_n) = 0$ per ogni $n \geqslant 1$. Ma $\mathsf{P}(A) = \lim_{n \to \infty} \mathsf{P}(A_n)$ e concludiamo che $\mathsf{P}(A) = 0$.

Osservazione 2

Combinando i punti 1. e 2. mostriamo che per $X \stackrel{\text{a.s.}}{=} Y$ la condizione $|X - Y| \stackrel{\text{a.s.}}{=} 0$ implica anche $\mathsf{E}(X) = \mathsf{E}(Y)$. Infatti, abbiamo

$$|\mathsf{E}(X) - \mathsf{E}(Y)| = |\mathsf{E}(X - Y)| \leqslant \mathsf{E}(|X - Y|).$$

Se assumiamo $X \stackrel{\text{a.s.}}{=} Y$ allora $|X - Y| \stackrel{\text{a.s.}}{=} 0$ perché

$$1 = \mathsf{P}(X = Y) = \mathsf{P}(X - Y = 0) = \mathsf{P}(|X - Y| = 0),$$

e ovviamente $|x - y| = 0$ se e solo se $x - y = 0$. Ma questo implica $\mathsf{E}(|X - Y|) = 0$ per il punto 1. e quindi

$$|\mathsf{E}(X) - \mathsf{E}(Y)| = 0 \iff \mathsf{E}(X) - \mathsf{E}(Y) = 0,$$

da cui otteniamo $\mathsf{E}(X) = \mathsf{E}(Y)$.

Osservazione 3

Per una v.a. non negativa $X \geqslant 0$ con $A^c = \{X = 0\}$ e $\mathsf{P}(A) = 0$, ogni v.a. discreta non negativa Z che soddisfa $0 \leqslant Z \leqslant X$ deve essere nulla sullo stesso insieme A^c. Infatti, per $Z = z_1 \mathbf{I}_{A_1} + \cdots + z_n \mathbf{I}_{A_n}$ abbiamo $Z\mathbf{I}_A = \sum_{i=1}^{n} z_i \mathbf{I}_{A \cap A_i}$. La speranza di $Z\mathbf{I}_A$ è chiaramente $\sum_{i=1}^{n} z_i \mathsf{P}(A \cap A_i)$, dove $\mathsf{P}(A \cap A_i)$ deve essere zero perché $A \cap A_i \subset A$, e per monotonia di P si ha $\mathsf{P}(A \cap A_i) \leqslant \mathsf{P}(A) = 0$. Ciò implica che $\mathsf{E}(Z\mathbf{I}_A) = 0$ se e solo se $\mathsf{P}(A) = 0$.

4.18 La v.a.

$$Y_n(\omega) = \begin{cases} X(\omega) & \text{se } X(\omega) \in \{x_1, x_2, \ldots, x_n\} \\ 0 & \text{se } X(\omega) \in \{x_{n+1}, x_{n+2}, \ldots\}, \end{cases}$$

è tale che $Y_n(\omega) < X(\omega)$, per ogni $\omega \in \Omega$ e per qualche $n \in \mathbb{N}$. Poiché $x_i \geqslant 0$ allora Y_n è discreta. Passando al valore atteso: $\mathsf{E}(Y_n) = \sum_{i=1}^{n} x_i \mathsf{P}(X = x_i)$. La successione $(Y_n)_{n \in \mathbb{N}}$ converge puntualmente alla v.a. discreta non negativa X. Dunque, per il MCT abbiamo:

$$\lim_n \mathsf{E}(Y_n) = \lim_n \sum_{i=1}^{n} x_i \mathsf{P}(X = x_i) = \sum_{i=1}^{\infty} x_i \mathsf{P}(X = x_i) = \mathsf{E}(X).$$

4.19 Si scriva la somma finita $S_n = \sum_{i=1}^{n} X_i$. Ovviamente $S_n \leqslant S_{n+1}$ per ogni $n \in \mathbb{N}$, e inoltre

$$\lim_{n \to \infty} S_n = \lim_{n \to \infty} \sum_{i=1}^{n} X_i = \sum_{i=1}^{\infty} X_i$$

puntualmente. Il MCT garantisce

$$\lim_{n \to \infty} \mathsf{E}(S_n) = \mathsf{E}\left(\lim_{n \to \infty} S_n \right) = \mathsf{E}\left(\sum_{i=1}^{\infty} X_i \right).$$

4.20 Supponiamo che $X_n \to X$ puntualmente. Allora, $\lim\limits_{n\to\infty}(X_n - X) = X - X = 0$. Per definizione $(X - X_n)^+ = (X - X_n)\mathbf{I}_{\{X-X_n \geq 0\}}$, che vale zero oppure $X - X_n$ se $0 \leq X \leq X_n$. Questo implica $(X - X_n)^+ \leq X_n$. Analogamente, $(X_n - X)^- = -(X_n - X)\mathbf{I}_{\{X_n - X \leq 0\}}$ è zero oppure $X - X_n$ quando $0 \leq X_n \leq X$ quindi $(X_n - X)^- \leq X$. La verifica nel caso P-a.s. richiede solo di aggiungere $\mathbf{I}_A$, dove $A = \{\lim\limits_{n\to\infty} X_n = X\}$.

4.21 Sia $\mathbf{g}(\mathbb{R}^n) = \{\mathbf{y} \in \mathbb{R}^n \mid \exists\, \mathbf{x} \in \mathbb{R}^n \text{ tale che } \mathbf{y} = \mathbf{g}(\mathbf{x})\}$. Poiché $\mathbf{g}$ è un diffeomorfismo si ha $\mathbf{g}(\mathbb{R}^n)$ sottoinsieme aperto di $\mathbb{R}^n$ e la funzione inversa $\mathbf{g}^{-1}$ è ben definita su questo sottoinsieme e risulta continuamente differenziabile con Jacobiano non nullo. Sia $B \in \mathcal{B}^n$ e $\tilde{B} = \mathbf{g}^{-1}(B)$. Abbiamo:

$$\mathsf{P}(\mathbf{X} \in \tilde{B}) = \int_{\tilde{B}} f_{\mathbf{X}}(\mathbf{x})\mathrm{d}\mathbf{x} = \int_{\mathbf{g}^{-1}(B)} f_{\mathbf{X}}(\mathbf{x})\mathrm{d}\mathbf{x}$$
$$= \int_B f_{\mathbf{X}}(\mathbf{g}^{-1}(\mathbf{y}))|\det \mathbf{J}_{\mathbf{g}^{-1}}(\mathbf{y})|\mathrm{d}\mathbf{y},$$

dove la terza uguaglianza è dovuta al teorema 4.9 applicato con $\mathbf{g}^{-1}$ al posto di $\mathbf{g}$. Inoltre, gli eventi $\{\mathbf{Y} \in B\}$ e $\{\mathbf{X} \in \tilde{B}\}$ coincidono, quindi le loro probabilità sono uguali,

$$\mathsf{P}(\mathbf{X} \in \tilde{B}) = \int_B f_{\mathbf{Y}}(\mathbf{y})\mathrm{d}\mathbf{y}.$$

Poiché B è un qualunque insieme boreliano in $\mathbb{R}^n$ otteniamo la formula (4.30).

4.22 Abbiamo:

$$\mathbf{g}(x_1, x_2) = \begin{bmatrix} x_1 + x_2 \\ x_1 - x_2 \end{bmatrix} = \begin{bmatrix} u \\ v \end{bmatrix} \in \mathbb{R}^2.$$

Qui la funzione $\mathbf{g}$ è un diffeomorfismo e la funzione inversa

$$\mathbf{g}^{-1}(u, v) = \begin{bmatrix} \frac{u+v}{2} \\ \frac{u-v}{2} \end{bmatrix}$$

è ben definita, continuamente differenziabile con matrice Jacobiana costante

$$\mathbf{J}_{\mathbf{g}^{-1}}(u, v) = \begin{bmatrix} \frac{1}{2} & \frac{1}{2} \\ \frac{1}{2} & -\frac{1}{2} \end{bmatrix}.$$

Il suo Jacobiano non dipende dalle variabili u, v:

$$\det \mathbf{J}_{\mathbf{g}^{-1}} = \tfrac{1}{2}(-\tfrac{1}{2}) - \tfrac{1}{2}\tfrac{1}{2} = -\tfrac{1}{2}.$$

Si noti che per il nuovo vettore aleatorio $\mathbf{Y} = (U, V)$ si ha $U = X_1 + X_2$ e $V = X_1 - X_2$. Per la formula (4.30) la sua densità congiunta è

$$\begin{aligned}
f_{\mathbf{Y}}(u, v) &= f_{\mathbf{X}}\left(\frac{u+v}{2}, \frac{u-v}{2}\right) |\det \mathbf{J}_{\mathbf{g}^{-1}}| \\
&= f_{X_1}\left(\tfrac{u+v}{2}\right) f_{X_2}\left(\tfrac{u-v}{2}\right) \tfrac{1}{2} \\
&= \frac{1}{\sqrt{2\pi}} e^{-\frac{1}{2}\left(\frac{u+v}{2}\right)^2} \frac{1}{\sqrt{2\pi}} e^{-\frac{1}{2}\left(\frac{u-v}{2}\right)^2} \frac{1}{2} \\
&= \frac{1}{\sqrt{4\pi}} e^{-\frac{u^2}{4}} \frac{1}{\sqrt{4\pi}} e^{-\frac{v^2}{4}},
\end{aligned}$$

per $u, v \in \mathbb{R}$, dove f_{X_i} denota la densità di X_i per ciascun $i = 1, 2$, e $\frac{1}{2} = \frac{1}{\sqrt{2}}\frac{1}{\sqrt{2}}$. Tramite ispezione visiva e per le proprietà della funzione esponenziale, riconosciamo il prodotto di due densità gaussiane riferite a $U, V \sim N(0, 2)$. Pertanto $\mathbf{Y}$ è un vettore gaussiano con componenti gaussiane indipendenti.

4.23 Anche se il valore atteso può essere infinito, utilizziamo un'estensione della formula (4.1) per v.a. discrete. Pertanto abbiamo:

$$E(X) = \sum_{i=1}^{\infty} i P(X = i) = \sum_{i=1}^{\infty} P(X \geq i).$$

La seconda uguaglianza segue in quanto:

- per $i = 1$ abbiamo $P(X \geq 1) = P(X = 1) + P(X > 1)$,
  e $P(X > 1) = P(X = 2) + P(X = 3) + P(X = 4) + \cdots$;
- per $i = 2$ abbiamo $P(X \geq 2) = P(X = 2) + P(X > 2)$,
  e $P(X > 2) = P(X = 3) + P(X = 4) + \cdots$;
- $\vdots$

Raccogliendo i termini a fattor comune troviamo $i = 1$ termini $P(X = 1)$, e $i = 2$ termini $P(X = 2)$, e $i = 3$ termini $P(X = 3)$, ecc. Sommando otteniamo $\sum_{i=1}^{\infty} i P(X = i) = \sum_{i=1}^{\infty} P(X \geq i)$.

Osservazione 4

La variabile aleatoria a valori interi $X \geq 0$ è discreta con immagine $X(\Omega) = \mathbb{N}$. Per definizione, per $x \in [i - 1, i)$ e $i = 2, 3, \ldots$ abbiamo

$$P(X \geq i) = P(X > x) = 1 - F_X(x).$$

Infatti, se $x = i - 1$ allora $P(X > x) = P(X > i - 1) = P(X \geq i)$, e lo stesso vale per $i - 1 < x < i$ poiché X è a valori interi e la probabilità di assumere valori tra due punti $i - 1, i \in X$ nel suo supporto (dove la CDF cresce) è zero. Ora integriamo la funzione di sopravvivenza $1 - F_X(x)$ su $(0, \infty)$ dopo averlo suddiviso in sottointervalli $[i - 1, i)$, cioè calcoliamo gli integrali di Riemann $\int_{i-1}^{i}[1 - F_X(x)]\mathrm{d}x$ e poi sommiamo. Avremo

$$\int_0^\infty [1 - F_X(x)]\mathrm{d}x = \sum_{i=1}^\infty \int_{i-1}^i [1 - F_X(x)]\mathrm{d}x = \sum_{i=1}^\infty \mathsf{P}(X \geq i).$$

Abbiamo considerato $\int_{i-1}^{i}[1 - F_X(x)]\mathrm{d}x = \int_{i-1}^{i} \mathsf{P}(X > x)\mathrm{d}x = \int_{i-1}^{i} \mathsf{P}(X \geq i)\mathrm{d}x = \mathsf{P}(X \geq i)$, solo per $x \in [i - 1, i)$.

4.24 Ricordiamo che $\mathsf{E}(X) = \int_{-\infty}^{\infty} x \, \mathrm{d}F_X(x)$. Quindi, suddividiamo l'integrale di Stieltjes come

$$\int_{-\infty}^0 x \, \mathrm{d}F_X(x) + \int_0^\infty x \, \mathrm{d}F_X(x), \quad \text{dove } g(x) = x \text{ è continua in zero.}$$

Poi, calcoliamo il primo integrale tramite integrazione per parti:

$$\int_{-\infty}^0 x \, \mathrm{d}F_X(x) = 0 \, F_X(0) - \lim_{x \to -\infty} (x \, F_X(x)) - \int_{-\infty}^0 F_X(x)\mathrm{d}x.$$

Un'altra integrazione per parti restituisce:

$$\int_0^\infty x \mathrm{d}F_x(x) = \int_0^\infty x(-\mathrm{d}(1 - F_X(x)))$$

$$= -\lim_{x \to \infty} x(1 - F_X(x)) + \int_0^\infty (1 - F_X(x))\mathrm{d}x.$$

Poiché (per la finitezza della speranza) abbiamo anche

$$0 \leq \lim_{x \to -\infty} |x| F_X(x) = \lim_{x \to -\infty} |x| \int_{-\infty}^x \mathrm{d}F_X(u) \leq \lim_{x \to -\infty} \int_{-\infty}^x |u| \mathrm{d}F_X(u) = 0$$

e

$$0 \leq \lim_{x \to \infty} x(1 - F_X(x)) = \lim_{x \to \infty} x \int_x^\infty \mathrm{d}F_X(u) \leq \lim_{x \to \infty} \int_x^\infty u \mathrm{d}F_X(u) = 0,$$

i limiti sopra sono entrambi nulli e concludiamo che

$$\mathsf{E}(X) = \int_0^\infty [1 - F_X(x)]\mathrm{d}x - \int_{-\infty}^0 F_X(x)\mathrm{d}x. \tag{4}$$

4.25 Per prima cosa, sia $\mathbf{I}_B(\omega, x)$ con $B := \{(\omega, x) \mid 0 \leqslant x - X(\omega)\}$. Quindi, la v.a. $(x - X)^+$ può essere scritta come

$$\int_{-\infty}^{x} \mathbf{I}_B(\omega, u)\,\mathrm{d}u = \int_{0}^{x - X(\omega)} \mathrm{d}u = x - X(\omega), \quad \text{per } \omega \text{ tali che } 0 \leqslant x - X(\omega),$$

il che equivale a $\max\{0, x - X(\omega)\}$. Successivamente, abbiamo la catena di equivalenze:

$$\mathsf{E}\big((x - X)^+\big) = \mathsf{E}\left(\int_{-\infty}^{x} \mathbf{I}_{\{X \leqslant u\}}\,\mathrm{d}u\right) = \int_{-\infty}^{\infty}\left[\int_{-\infty}^{x} \mathbf{I}_{\{X \leqslant u\}}\,\mathrm{d}u\right]\mathrm{d}F_X(u)$$

$$\overset{\text{Teorema di Fubini}}{=} \int_{-\infty}^{x}\left[\int_{-\infty}^{\infty} \mathbf{I}_{\{X \leqslant u\}}\,\mathrm{d}F_X(u)\right]\mathrm{d}u = \int_{-\infty}^{x}\left[\int_{-\infty}^{u} \mathrm{d}F_X(u)\right]\mathrm{d}u$$

$$= \int_{-\infty}^{x} [F_X(u) - F_X(-\infty)]\,\mathrm{d}u = \int_{-\infty}^{x} F_X(u)\,\mathrm{d}u.$$

4.26 Possiamo applicare i risultati dell'esercizio precedente e calcolare

$$\mathsf{E}\big((X - s)^+\big) = \int_{-\infty}^{\infty}\left[\int_{s}^{\infty} \mathbf{I}_{\{X \geqslant x\}}\,\mathrm{d}x\right]\mathrm{d}F_X(x)$$

$$= \int_{s}^{\infty}\left[\int_{x}^{\infty} \mathrm{d}F_X(u)\right]\mathrm{d}x = \int_{s}^{\infty} [F_X(\infty) - F_X(x)]\,\mathrm{d}x.$$

Esercizi del Capitolo 5

5.1 Si noti che C è un sottoinsieme di numeri interi relativi consecutivi, cioè formanti una progressione aritmetica di ragione 1: la differenza tra due termini consecutivi è $x_{i+1} - x_i = 1$, per ogni $i = 1, \dots, n - 1$ ricordando che C ha cardinalità $|C| = n = b - a + 1$. Per calcolare il valore atteso bisogna scrivere

$$\mathsf{E}(X) = \sum_{i=a}^{b} i\,\frac{1}{b - a + 1} = \frac{1}{b - a + 1}\sum_{i=a}^{b} i,$$

il che richiede di sommare i valori $x_i = i \in C$, ossia determinare la somma degli n termini di una progressione aritmetica il cui primo termine è $a \in \mathbb{Z}$. Per ottenere tale somma dapprima si scrive

$$S = a + (a + 1) + (a + 2) + \cdots + (b - 2) + (b - 1) + b$$

e poi

$$S = b + (b - 1) + (b - 2) + \cdots + (a + 2) + (a + 1) + a,$$

infine si somma membro a membro

$$2S = \underbrace{(a+b) + (a+b) + \cdots + (a+b)}_{n \text{ vole}}$$

e si ricava

$$S = \frac{n(a+b)}{2} = \frac{(b-a+1)(a+b)}{2} = \sum_{i=a}^{b} i.$$

Sostituendo questa espressione nel calcolo di $E(X)$ la verifica è completata. Si osservi che la progressione si può anche scrivere come

$$a, a+1, a+2, \ldots, a+n-1, \quad \text{con } n = b-a+1.$$

Per verificare l'epressione della varianza si ricordi che $V(X) = E(X^2) - (E(X))^2$, quindi bisogna solo calcolare il momento secondo:

$$E(X^2) = \sum_{i=a}^{b} i^2 \frac{1}{(b-a+1)} = \frac{1}{(b-a+1)} \sum_{i=a}^{b} i^2.$$

In particolare, la somma $\sum_{i=a}^{b} i^2$ si riscrive come

$$\sum_{i=0}^{n-1} (a+i)^2,$$

ma invece di calcolare questa verifichiamo prima l'espressione della MGF:

$$\begin{aligned}
E(e^{uX}) &= \frac{1}{b-a+1} \sum_{i=a}^{b} e^{ui} \\
&= \frac{1}{b-a+1} \sum_{i=a}^{a+n-1} e^{ui} \\
&= \frac{1}{b-a+1} \left(e^{ua} + e^{u(a+1)} + e^{u(a+2)} + \cdots + e^{u(a+n-1)} \right) \\
&= \frac{1}{b-a+1} e^{ua} \left(1 + e^{u} + e^{2u} + \cdots + e^{u(n-1)} \right) \\
&= \frac{1}{b-a+1} e^{ua} \frac{1 - e^{un}}{1 - e^{u}} \\
&= \frac{1}{b-a+1} \frac{e^{ua} - e^{u(b-a+1)+ua}}{1 - e^{u}} = \frac{1}{b-a+1} \frac{e^{ua} - e^{u(b+1)}}{1 - e^{u}},
\end{aligned}$$

dove abbiamo usato $n = b - a + 1$ e nella quarta uguaglianza abbiamo calcolato la somma degli n termini di una progressione geometrica di ragione e^u con primo termine 1. Attenzione: la derivata della MGF non è definita in $u = 0$, quindi per calcolare il momento primo si può prendere il limite per $u \to 0$ del rapporto tra derivata del numeratore e derivata del denominatore (cfr. regola di de l'Hôpital), i cui dettagli algebrici omettiamo perché tediosi. Si noti allora che $V(X) = E(X^2) - (E(X))^2$ si ricava utilizzando ancora la regola di de l'Hôpital con riferimento al limite

$$\lim_{u \to 0} M_X''(u),$$

necessario per ottenere il momento secondo.

5.2 Sia $C = \{0, 1, 2, \ldots, n\}$ il supporto di $X \sim \text{Bin}(n, p)$ e sia $x_i = i$. Definendo $Y = n - X$ tramite trasformazione lineare abbiamo:

$$P(Y = i) = P(X = n - i) = \binom{n}{n - i} p^{n-i} q^i = \binom{n}{i} q^{n-i} p^i,$$

dove l'ultima riga segue dalla simmetria del coefficiente binomiale.

5.3 Determiniamo la funzione di massa per l'evento indotto da $X + Y$ condizionando su[9] X e poi usiamo la legge delle probabilità totali (6.11), cfr. Teorema 6.1, Paragrafo 6.1. Avremo:

$$P(X + Y = i) = \sum_{j=0}^{i} P(X + Y = i \mid X = j)P(X = j)$$

$$\overset{\text{Indep. e } X=j}{=} \sum_{j=0}^{i} P(Y = i - j)P(X = j)$$

$$= \sum_{j=0}^{i} \binom{n_2}{i - j} p^{i-j} q^{n_2-i+j} \binom{n_1}{j} p^j q^{n_1-j}$$

$$= p^i q^{n_1+n_2-i} \sum_{j=0}^{i} \binom{n_2}{i - j}\binom{n_1}{j}$$

$$\overset{\text{Identità di Vandermonde}}{=} p^i q^{n_1+n_2-i} \binom{n_1 + n_2}{i}.$$

---

[9] Lo stesso vale condizionando su Y.

5.4 Si tratta di effettuare un calcolo diretto usando alcune identità combinatoriche e manipolazioni dei coefficienti binomiali:

$$\mathsf{E}(X) = \sum_{i=1}^{n} i \binom{n}{i} p^i (1-p)^{n-i} = \sum_{i=0}^{n} i \frac{n!}{i!(n-i)!} p^i (1-p)^{n-i}$$

$$= np \sum_{i=1}^{n} \frac{(n-1)!}{(i-1)!(n-i)!} p^{i-1} (1-p)^{n-i}$$

$$= np \sum_{k=0}^{n-1} \binom{n-1}{k} p^k (1-p)^{n-1-k}$$

$$= np(p + (1-p))^{n-1} = np.$$

5.5 Useremo in entrambi i casi la formula (3.14). Per verificare la prima probabilità condizionata, consideriamo la binomiale $X \sim \mathrm{Bin}(3, p)$ e scriviamo

$$\{S_3 = S_0 \mathrm{u}^3 \mid S_2 = S_0 \mathrm{u}^2\} = \{X = 3\} = \{X_1 + X_2 + X_3 = 3\}$$

$$= \{X_1 = 1\} \cap \{X_2 = 1\} \cap \{X_3 = 1\},$$

dove $X_i \sim \mathrm{Ber}(p)$ sono IID per $i = 1, 2, 3$. Inoltre, come visto nel Paragrafo 5.4, l'evento $\{S_2 = S_0 \mathrm{u}^2\}$ equivale a $\{X_1 = 1\} \cap \{X_2 = 1\}$. Allora, applicando la funzione di probabilità ricaviamo

$$\mathsf{P}(S_3 = S_0 \mathrm{u}^3 \mid S_2 = S_0 \mathrm{u}^2) = \frac{\mathsf{P}(\{X_1 = 1\} \cap \{X_2 = 1\} \cap \{X_3 = 1\})}{\mathsf{P}(\{X_1 = 1\} \cap \{X_2 = 1\})}$$

$$= \frac{p^3}{p^2} = p$$

usando l'indipendenza. Per la verifica della seconda probabilità condizionata poniamo:

- $A = \{X_1 = 1\} \cap \{X_2 = 0\} \cap \{X_3 = 1\},$
- $B = \{X_1 = 0\} \cap \{X_2 = 1\} \cap \{X_3 = 1\},$
- $C = \{X_1 = 1\} \cap \{X_2 = 0\},$
- $D = \{X_1 = 0\} \cap \{X_2 = 1\}.$

Notiamo che l'evento $\{S_3 = S_0 \mathrm{u}^2 \mathrm{d}\} \cap \{S_2 = S_0 \mathrm{ud}\}$ equivale a $(A \cup B) \cap (C \cup D)$ e quest'ultimo si riscrive

$$A \cap (C \cup D) \cup B \cap (C \cup D) = (A \cap C) \cup (A \cap D) \cup (B \cap C) \cup (B \cap D)$$

$$= A \cup \varnothing \cup \varnothing \cup B = A \cup B,$$

in quanto A è sottoinsieme di C, B è sottoinsieme di D; inoltre A, D e B, C cono incompatibili. Si osservi che A, B e C, D sono pure incompatibili. Pertanto, la probabilità cercata è

$$P(S_3 = S_0 u^2 d \mid S_2 = S_0 ud) = \frac{P((A \cup B) \cap (C \cup D))}{P(C \cup D)}$$
$$= \frac{P(A \cup B)}{P(C \cup D)}$$
$$= \frac{P(A) + P(B)}{P(C) + P(D)}$$
$$= \frac{2p^2(1-p)}{2p(1-p)} = p,$$

avendo usato anche l'indipendenza.

5.6 Scriviamo il momento secondo di $X \sim \mathrm{Po}(\lambda)$:

$$E(X^2) = \sum_{i=0}^{\infty} i^2 P(X = i) = e^{-\lambda} \sum_{i=0}^{\infty} i^2 \frac{\lambda^i}{i!}. \tag{5}$$

Poi, deriviamo termine a termine la serie $\sum_{i=0}^{\infty} \frac{\lambda^i}{i!}$ rispetto a λ ottenendo

$$\sum_{i=1}^{\infty} i \frac{\lambda^{i-1}}{i!} = \frac{d}{d\lambda} e^{\lambda} = e^{\lambda}$$

$$\Longleftrightarrow$$

$$\sum_{i=1}^{\infty} i \frac{\lambda^i}{i!} = \lambda e^{\lambda}.$$

Derivando il lato sinistro dell'espressione dopo l'equivalenza otteniamo:

$$\sum_{i=1}^{\infty} i^2 \frac{\lambda^{i-1}}{i!} = \frac{d}{d\lambda} \lambda e^{\lambda} = e^{\lambda} + \lambda e^{\lambda} = e^{\lambda}(1 + \lambda)$$

$$\Longleftrightarrow$$

$$\sum_{i=1}^{\infty} i^2 \frac{\lambda^i}{i!} = \lambda e^{\lambda}(1 + \lambda).$$

Usando l'ultima riga della precedente equivalenza possiamo riscrivere

$$E(X^2) = e^{-\lambda} \lambda e^{\lambda}(1 + \lambda) = \lambda(1 + \lambda),$$

e infine otteniamo

$$V(X) = E(X^2) - (E(X))^2 = \lambda(1 + \lambda) - \lambda^2 = \lambda,$$

che restituisce il risultato sperato.

5.7 Come abbiamo fatto per la somma di due v.a. binomiali indipendenti, condizioniamo a X e usiamo la legge delle probabilità totali (6.11), cfr. Capitolo 6, per $x_i = i \in C = \{0, 1, 2, \ldots\}$:

$$
P(X + Y = i) = \sum_{j=0}^{i} P(X + Y = i \mid X = j) P(X = j)
$$

$$
\stackrel{\text{Indep. e } X=j}{=} \sum_{j=0}^{i} P(Y = i - j) P(X = j)
$$

$$
= \sum_{j=0}^{i} \frac{e^{-\lambda_2} \lambda_2^{i-j}}{(i-j)!} \frac{e^{-\lambda_1} \lambda_1^{j}}{j!}
$$

$$
= \frac{e^{-(\lambda_1 + \lambda_2)}}{i!} \sum_{j=0}^{i} \binom{i}{j} \lambda_1^{j} \lambda_2^{i-j}
$$

$$
\stackrel{\text{Teorema Bin.}}{=} \frac{e^{-(\lambda_1 + \lambda_2)} (\lambda_1 + \lambda_2)^{i}}{i!}.
$$

5.8 Applichiamo la formula di Bayes (6.12), si veda il Capitolo 6, e l'indipendenza per scrivere la probabilità di X condizionata a $X + Y = n$:

$$
P(X = i \mid X + Y = n) \stackrel{\text{Form. di Bayes}}{=} \frac{P(X + Y = n \mid X = i) P(X = i)}{P(X + Y = n)}
$$

$$
\stackrel{\text{Indip. e } X=i}{=} \frac{P(Y = n - i) P(X = i)}{P(X + Y = n)}.
$$

L'espressione nell'ultima riga può essere riscritta usando le masse di X, Y e $X + Y$,

$$
P(X = i \mid X + Y = n) = \frac{\left(\frac{e^{-\lambda_2} \lambda_2^{n-i}}{(n-i)!} \right) \left(\frac{e^{-\lambda_1} \lambda_1^{i}}{(i)!} \right)}{\frac{e^{-(\lambda_1 + \lambda_2)}(\lambda_1 + \lambda_2)^{n}}{n!}}
$$

$$
= \binom{n}{i} \frac{\lambda_1^{i} \lambda_2^{n-i}}{(\lambda_1 + \lambda_2)^{n}}
$$

$$
= \binom{n}{i} \left(\frac{\lambda_1}{\lambda_1 + \lambda_2} \right)^{i} \left(\frac{\lambda_2}{\lambda_1 + \lambda_2} \right)^{n-i},
$$

che fornisce la distribuzione binomiale richiesta per $i = 0, 1, 2, \ldots, n$.

5.9 Scrivendo le MGF della binomiale X_n e della poissoniana X e passando al limite otteniamo

$$\lim_{n\to\infty} M_{X_n}(u) = \lim_{n\to\infty} \mathsf{E}(e^{uX_n}) = \lim_{n\to\infty} (p_n e^u + (1 - p_n))^n$$
$$= \lim_{n\to\infty} \left(1 + \frac{\lambda(e^u - 1)}{n}\right)^n$$
$$= e^{\lambda(e^u - 1)} = \mathsf{E}(e^{uX}) = M_X(u).$$

Ciò significa che $(X_n)_{n\in\mathbb{N}}$ converge in distribuzione a $X \sim \mathrm{Po}(\lambda)$, si vedano il Paragrafo 8.1 e il Teorema 8.5.

5.10 Sia $u \in (c, d)$ e scriviamo

$$\mathsf{P}(U \leqslant u \mid U \in (c, d)) = \frac{\mathsf{P}(U \leqslant u, c < U < d)}{\mathsf{P}(c < U < d)}$$
$$= \frac{\mathsf{P}(c < U \leqslant u)}{\mathsf{P}(c < U < d)} = \frac{u - c}{d - c}.$$

Quindi, la CDF di U condizionata a $U \in (c, d)$ è 0 per $u \leqslant c$ e 1 per $u \geqslant d$. Questo determina la distribuzione desiderata $U \sim \mathrm{U}(c, d)$.

5.11 Usiamo il cambio di variabile $z = \frac{x - \mu}{\sqrt{2}\sigma}$:

$$\int_{-\infty}^{\infty} f_X(x)\mathrm{d}x = \frac{1}{\sqrt{2\pi}\sigma} \int_{-\infty}^{\infty} \exp\left(-\frac{(x - \mu)^2}{2\sigma^2}\right)\mathrm{d}x$$
$$= \frac{1}{\sqrt{\pi}} \int_{-\infty}^{\infty} e^{-z^2}\mathrm{d}z,$$

dove $\mathrm{d}x = \sqrt{2}\sigma\mathrm{d}z$ e $\exp(\cdot)$ è la funzione esponenziale. Ponendo $I = \int_{-\infty}^{\infty} e^{-z^2}\mathrm{d}z$, e poiché il volume sotto la superficie $w = e^{-(z^2 + y^2)}$ può essere dato dal prodotto di due aree bidimensionali pari a I, per il teorema di Fubini possiamo scriverlo come un integrale iterato:

$$I^2 = \left(\int_{-\infty}^{\infty} e^{-z^2}\mathrm{d}z\right)\left(\int_{-\infty}^{\infty} e^{-y^2}\mathrm{d}y\right)$$
$$= \int_{-\infty}^{\infty} \int_{-\infty}^{\infty} e^{-(z^2 + y^2)}\mathrm{d}z\mathrm{d}y.$$

Possiamo usare la trasformazione biunivoca $\mathbf{T} : \mathbb{R}^2 \to \mathbb{R}^2$, dove $(z, y) = \mathbf{T}(r, \theta)$ è definita come la funzione vettoriale che mappa le coordinate polari $(r, \theta) \in \mathbb{R}^2$ nelle coordinate cartesiane $(z, y) \in \mathbb{R}^2$ tramite le funzioni $f, g : \mathbb{R}^2 \to \mathbb{R}$ come segue:

$$z = f(r, \theta) = r \cos\theta,$$
$$y = g(r, \theta) = r \sin\theta,$$

dove $r > 0$, $\theta \in [0, 2\pi]$. A questo punto serve richiamare la formula di cambio variabile per integrali multipli, si vesa il Paragrafo 4.9 dove è stata usata per ottenere l'espressione di una densità congiunta ottenuta tramite trasformazione da vettore a vettore:

$$dzdy = \left| \det \begin{pmatrix} f_r & g_r \\ f_\theta & g_\theta \end{pmatrix} \right| drd\theta,$$

dove $f_r = \cos\theta$, $f_\theta = r\sin\theta$ e $g_r = \sin\theta$, $g_\theta = -r\cos\theta$ sono le derivate parziali. Ricordiamo che $\sin^2 + \cos^2\theta = 1$. Passando quindi alle coordinate polari otteniamo il nuovo integrale $2\int_0^c e^{-r^2} r \, dr$. Scriviamo $-\int_0^c -2e^{-r^2} r \, dr$ e osserviamo che $\frac{d}{dr}(e^{-r^2}) = -2re^{-r^2} dr$. Quindi, l'ultimo integrale è $-(e^{-a^2} - e^0)$ e per $a \to \infty$ otteniamo: $2\int_0^\infty e^{-r^2} r \, dr = 1$. Infine, riscriviamo

$$I^2 = \int_0^{2\pi} \int_0^\infty e^{-r^2} r \, drd\theta$$
$$= 2\pi \int_0^\infty e^{-r^2} r \, dr = \pi,$$

dove $\int_0^{2\pi} d\theta = 2\pi$. Pertanto, troviamo $I = \sqrt{\pi}$ cioè $\frac{1}{\sqrt{\pi}} I = 1$.

5.12 Scriviamo la MGF

$$M_{a+bX} = e^{ua} \mathsf{E}(e^{u\,bX}) = e^{ua} e^{u\,b\mu + \frac{u^2 b^2 \sigma^2}{2}}$$
$$= e^{u(a+b\,\mu) + \frac{u^2(a^2\sigma^2)}{2}},$$

dove la seconda uguaglianza segue dall'espressione di $M_X(u\,b)$. Una trasformazione lineare di una v.a. gaussiana fornisce la MGF di una nuova v.a. gaussiana $Y \sim \mathrm{N}(a + b\mu, a^2\sigma^2)$, dove il parametro di localizzazione è una trasformazione lineare con i coefficienti a, b e il parametro di scala è esso stesso scalato di un fattore b^2.

5.13 Sia $f_{\mathbf{X}}(x_1, x_2)$ la densità gaussiana bivariata. Allora, la densità marginale di X_1 è:

$$f_{X_1}(x_1) = \int_{-\infty}^\infty f_{\mathbf{X}}(x_1, x_2) dx_2$$
$$= \frac{1}{2\pi\sigma_1\sqrt{1-\rho^2}} \int_{-\infty}^\infty \exp\left(-\frac{1}{2(1-\rho^2)}(u^2 + v^2 - 2\rho uv)\right) dv,$$

dove poniamo $u = \frac{x_1 - \mu_1}{\sigma_1}$ e $v = \frac{x_2 - \mu_2}{\sigma_2}$, così che $\mathrm{d}x_2 = \sigma_2 \mathrm{d}v$. Inoltre, $u^2 + v^2 - 2\rho u v$ è uguale a $(v - \rho u)^2 + u^2(1 - \rho^2)$ per cui l'espressione sopra diventa

$$f_{X_1}(x_1) = \frac{1}{\sigma_1 \sqrt{2\pi}} \exp\left(-\frac{u^2}{2}\right)$$
$$\times \int_{-\infty}^{\infty} \frac{1}{\sqrt{2\pi}\sqrt{1-\rho^2}} \exp\left(-\frac{1}{2(1-\rho^2)}(v - \rho u)^2 \mathrm{d}v\right).$$

Riconosciamo nell'integrando la densità $\mathrm{N}(\rho u, 1 - \rho^2)$. Tornando a $u = \frac{x_1 - \mu_1}{\sigma_1}$ otteniamo $f_{X_1}(x_1)$ come la densità di $\mathrm{N}(\mu_1, \sigma_1^2)$. Lo stesso ragionamento si può applicare a X_2.

5.14 Se $Y = \mathrm{e}^X$ abbiamo

$$\mathsf{E}(Y^n) = \mathsf{E}(\mathrm{e}^{nX}) =: M_X(n) = \exp\left(n\mu + \frac{n^2\sigma^2}{2}\right), \quad n = 1, 2, \ldots,$$

dove le prime due uguaglianze valgono per ogni v.a. X e la terza per $X \sim \mathrm{N}(\mu, \sigma^2)$; la sua MGF, cioè il momento n-esimo della lognormale Y, è la MGF della gaussiana X valutata in $u = n$. Per $n = 1$ segue l'equazione (5.34). Ora, per $n = 2$ abbiamo $\mathsf{E}(Y^2) = \exp(2\mu + 2\sigma^2)$ e quindi

$$\mathsf{V}(Y) = \mathsf{E}(Y^2) - (\mathsf{E}(Y))^2 = \exp(2\mu + 2\sigma^2) - \left(\exp(\mu + \sigma^2/2)\right)^2,$$

che dopo un po' di algebra fornisce la (5.35).

5.15 Notiamo che $\mathsf{E}((a + bX - a - b\mu)^n) = b^p\mathsf{E}((X - \mu)^n)$, per ogni $a, b \neq 0$ e $n \in \mathbb{N}$. Usando questo e la normale standard $Z = \frac{X - \mu}{\sigma}$ abbiamo[10] $\sigma^n\mathsf{E}(Z^n) = \frac{1}{\sigma^n}\mathsf{E}((X - \mu)^n)$, quindi possiamo prima trovare il momento n-esimo della normale standard Z c poi moltiplicare per σ^2 per ottenere il momento n-esimo della gaussiana X. Successivamente, usiamo la MGF di Z tramite la sua espansione in serie di Taylor:

$$M_Z(u) = \mathrm{e}^{u^2/2} = \sum_{p=0}^{\infty} \frac{(u^2/2)^p}{p!} = \sum_{p=0}^{\infty} \frac{(2p)!}{2^p p!} \frac{u^{2p}}{(2p)!}.$$

Inoltre, usando l'espansione di Taylor (8.8) di una qualsiasi MGF, cfr. l'Appendice al Capitolo 8, abbiamo che $\mathsf{E}(Z^p)$ è uguale al coefficiente dei termini che coinvolgono u^p nell'espansione in serie di Taylor di $M_Z(u)$. Quindi, abbiamo $\mathsf{E}(Z^n) = \frac{(2p)!}{2^p p!}$ con $n = 2p$, cioè i momenti pari di Z. Otteniamo infine

$$\mathsf{E}((X - \mu)^n) = \frac{(2p)!}{2^p p!}\sigma^{2p},$$

che è zero per $n = 2p - 1$ dispari e $p \in \mathbb{N}$ data la simmetria di Z.

---

[10] Poiché la normale standard ha media zero, il suo momento n-esimo centrale coincide con il momento n-esimo.

5.16 Bisogna mostrare che $\mathbf{X} = \mathbf{A}\mathbf{Z}$ con $\mathbf{Z} = (Z_1, Z_2)$ e Z_i v.a. normali standard indipendenti. Si comincia specificando $\mathbf{A} = \left[\begin{smallmatrix} 1 & 0 \\ \rho & \sqrt{1-\rho^2} \end{smallmatrix}\right]$. Infatti, $\boldsymbol{\Sigma} = \mathbf{A}\mathbf{A}'$ e $\det \mathbf{A} \neq 0$; si osservi che $\det \boldsymbol{\Sigma} = \det \mathbf{A} \det \mathbf{A}' = (\det \mathbf{A})^2 = 1 - \rho^2$. Adesso, occorre utilizzare la formula (4.30) con $\mathbf{X} = \mathbf{g}(\mathbf{Z})$, per $n = 2$. Infatti, usando la trasformazione da vettore a vettore $\mathbf{g} : \mathbb{R}^2 \to \mathbb{R}^2$ definita da $\mathbf{g}((z_1, z_2)) = (g_1(z_1, z_2), g_2(z_1, z_2))$ tramite $x = g_1(z_1, z_2) = z_1$ e $y = g_2(z_1, z_2) = \rho z_1 + \sqrt{1 - \rho^2} z_2$ si ha

$$\mathbf{X} = \begin{bmatrix} 1 & 0 \\ \rho & \sqrt{1-\rho^2} \end{bmatrix} \begin{bmatrix} Z_1 \\ Z_2 \end{bmatrix} = \begin{bmatrix} Z_1 \\ \rho Z_1 + \sqrt{1-\rho^2} Z_2 \end{bmatrix}.$$

Tale trasformazione (diffeomorfismo) è iniettiva e tale che lo Jacobiano della trasformazione inversa $\mathbf{X} = \mathbf{g}^{-1}(\mathbf{Z})$ è non nullo. Precisamente, la trasformazione inversa è specificata tramite $z_1 = x$ e $z_2 = \frac{(y - \rho x)}{\sqrt{1-\rho^2}}$ con Jacobiano dato dal valore assoluto del determinante della matrice

$$\begin{bmatrix} \frac{\partial z_1}{\partial x} & \frac{\partial z_1}{\partial y} \\ \frac{\partial z_2}{\partial x} & \frac{\partial z_2}{\partial y} \end{bmatrix} = \begin{bmatrix} 1 & 0 \\ -\frac{\rho}{\sqrt{1-\rho^2}} & \frac{1}{\sqrt{1-\rho^2}} \end{bmatrix}.$$

Dato che la densità congiunta di $\mathbf{Z}$ è $f_{\mathbf{Z}}(z_1, z_2) = \frac{1}{2\pi} e^{-1/2(z_1^2 + z_2^2)}$, per via dell'indipendenza, la formula (4.30) restituisce

$$f_{\mathbf{X}}(x, y) = \frac{1}{2\pi \sqrt{1 - \rho^2}} e^{-\frac{1}{2(1-\rho^2)}(x^2 - 2\rho xy + y^2)},$$

in quanto

$$z_1^2 = x^2, \quad \text{e} \quad z_2^2 = \frac{(y - \rho x)^2}{1 - \rho^2} = \frac{y^2 - 2xy\rho + \rho^2 x^2}{1 - \rho^2}$$

completando la verifica richiesta.

5.17 Calcoliamo il valore atteso sull'intervallo $(0, \infty)$ per $X \sim \text{Exp}(\lambda)$:

$$\mathsf{E}(X) = \int_0^\infty x\lambda e^{-\lambda x} dx.$$

Integrando per parti si ha

$$\int_a^b f(x)g'(x)dx = [f(x)g(x)]_a^b - \int_a^b g(x)f'(x)dx,$$

con $f(x) = x, g'(x) = \lambda e^{-\lambda x}$, quindi otteniamo

$$\mathsf{E}(X) = \left[-xe^{-\lambda x}\right]_0^\infty + \int_0^\infty e^{-\lambda x}\mathrm{d}x$$

$$= \lim_{x \to \infty}\left(-xe^{-\lambda x}\right) - 0 - \frac{1}{\lambda}\int_0^\infty -\lambda e^{-\lambda x}\mathrm{d}x$$

$$= -\frac{\displaystyle\lim_{x \to \infty} x}{e^{\lambda \lim_{x \to \infty} x}} - \frac{1}{\lambda}\left[e^{-\lambda x}\right]_0^\infty$$

$$= -\frac{1}{\lambda e^{\lambda \lim_{x \to \infty} x}} + \frac{1}{\lambda} = \frac{1}{\lambda},$$

dove nella quarta uguaglianza usiamo la regola di de l'Hôpital. Osserviamo che se $X \sim \mathrm{Exp}(\lambda)$ e $Y \sim \mathrm{Exp}(1)$ allora $X = \frac{Y}{\lambda}$ poiché

$$\mathsf{P}(X \leqslant x) = \mathsf{P}(\tfrac{Y}{\lambda} \leqslant x) = \mathsf{P}(Y \leqslant \lambda x) = 1 - e^{-\lambda x},$$

per $\lambda > 0$ e $x > 0$. Usando lo stesso tipo di integrazione per parti come sopra e assumendo $Y \sim \mathrm{Exp}(1)$ otteniamo anche

$$\mathsf{E}(Y^2) = \int_0^\infty x^2 e^{-x}\mathrm{d}x = 2,$$

quindi $\mathsf{V}(Y) = \mathsf{E}(Y^2) - (\mathsf{E}(Y))^2 = 1$, usando il risultato con $\lambda = 1$. Pertanto abbiamo

$$\mathsf{V}(X) = \mathsf{V}\left(\frac{1}{\lambda}Y\right) = \frac{1}{\lambda^2}\mathsf{E}(Y) = \frac{1}{\lambda^2},$$

e la dimostrazione è completa.

5.18 La densità $g(x)$ è zero per $x \leqslant 0$, quindi integrando con il cambiamento di variabile $\lambda x = z$ e con $\mathrm{d}(\lambda x) = \lambda = \mathrm{d}z$ otteniamo:

$$1 = k \int_0^\infty x^{\alpha-1} e^{-x\lambda}\mathrm{d}x$$

$$= \frac{k}{\lambda^\alpha}\int_0^\infty z^{\alpha-1} e^{-z}\mathrm{d}z = k\frac{\Gamma(\alpha)}{\lambda^\alpha}$$

$$\iff k = \frac{\lambda^\alpha}{\Gamma(\alpha)}.$$

5.19 Per prima cosa da $x = h(y) = \lambda\, y$ otteniamo $h'(y) = \lambda$ e poi scriviamo

$$f_Y(y) = f_X(x)\lambda = \lambda\frac{1}{\Gamma(\alpha)}(\lambda\, y)^{\alpha-1}e^{-\lambda\, y}$$

$$= \chi\frac{1}{\Gamma(\alpha)}(\lambda\, y)^\alpha(\chi\, y)^{-1}e^{-\lambda\, y},$$

che è la densità desiderata per $y > 0$.

5.20 Calcoliamo prima il valore atteso:

$$
\begin{aligned}
\mathsf{E}(X) &= \int_0^\infty x \frac{1}{\Gamma(\alpha)} x^{\alpha-1} e^{-x} dx \\
&= \frac{1}{\Gamma(\alpha)} \int_0^\infty \underbrace{x^\alpha e^{-x}}_{=\Gamma(\alpha+1)} dx \\
&= \frac{\alpha \Gamma(\alpha)}{\Gamma(\alpha)} = \alpha.
\end{aligned}
$$

Successivamente, calcoliamo il momento secondo:

$$
\begin{aligned}
\mathsf{E}(X^2) &= \int_0^\infty x^2 \frac{1}{\Gamma(\alpha)} x^{\alpha-1} e^{-x} dx \\
&= \frac{1}{\Gamma(\alpha)} \int_0^\infty \underbrace{x^{\alpha+1} e^{-x}}_{=\Gamma(\alpha+2)} dx \\
&= \frac{(\alpha+1)\alpha \Gamma(\alpha)}{\Gamma(\alpha)} = (\alpha+1)\alpha.
\end{aligned}
$$

Di conseguenza, $\mathsf{V}(X) = \mathsf{E}(X^2) - (\mathsf{E}(X))^2 = (\alpha+1)\alpha - \alpha^2 = \alpha$.

5.21 Consideriamo l'insieme[11] $A = \{v \in \mathbb{R} \mid g(v) \leqslant y\} = \{v^2 \leqslant y\} = [-\sqrt{y}, \sqrt{y}]$ così che $\{V \in A\} = \{-\sqrt{y} \leqslant V \leqslant \sqrt{y}\}$ e

$$
\mathsf{P}(W \leqslant y) = \mathsf{P}(V \in A) = F_V(\sqrt{y}) - F_V(-\sqrt{y}),
$$

dove abbiamo usato il fatto che V è una v.a. continua. Derivando otteniamo:

$$
F'_W(y) = f_W(y) = \frac{1}{2\sqrt{y}} \left(f_V(\sqrt{y}) - f_V(-\sqrt{y}) \right).
$$

Poi, usando $V \sim \mathrm{N}(0, \sigma^2)$ otteniamo l'espressione per la densità trasformata:

$$
\begin{aligned}
f_W(y) &= \frac{1}{2\sqrt{y}} \frac{1}{\sqrt{2\pi\sigma^2}} \left(e^{-y/2\sigma^2} + e^{-y/2\sigma^2} \right) \\
&= \frac{1}{\sqrt{2\pi\sigma^2}} y^{-1+1/2} e^{-y/2\sigma^2} \\
&= \frac{1}{\sqrt{\pi}} \left((2\sigma^2)^{-1} \right)^{1/2} y^{1/2} e^{-y(2\sigma^2)^{-1}} y^{-1}.
\end{aligned}
$$

Confrontando questa densità con quella di una Gamma(α, λ) otteniamo il risultato richiesto, a patto di identificare $\alpha = \frac{1}{2}$, $\lambda = \frac{1}{2\sigma^2}$ e $\Gamma(\frac{1}{2}) = \frac{1}{\sqrt{\pi}}$.

---

[11] Non possiamo usare la formula (4.12) del Paragrafo 4.5, poiché $W = V^2$ non è una trasformazione monotona.

5.22 Il vettore $\mathbf{X} = (X, Y)$ rappresenta un punto scelto a caso nel piano cartesiano le cui coordinate polari diventano

$$\cos \Theta = \tfrac{X}{R}, \quad \sin \Theta = \tfrac{Y}{R},$$

con $R = \sqrt{X^2 + Y^2}$ distanza dall'origine di un punto di coordinate random (Θ, R), dove $R > 0$ è il raggio di una circonferenza con centro nell'origine e $0 < \Theta < 2\pi$ l'angolo formato con il verso positivo dell'asse delle ascisse. Per l'indipendenza la densità congiunta di (X, Y) è

$$f_{\mathbf{X}}(x, y) = \frac{1}{2\pi} \mathrm{e}^{-\frac{x^2 + y^2}{2}}.$$

La trasformazione $\mathbf{g} : \mathbb{R}^2 \to \mathbb{R}^2$ definita da $\mathbf{g}((x, y)) = (g_1(x, y), g_2(x, y))$ tramite $g_1(x, y) = \frac{\cos \theta}{r}$ e $g_2(x, y) = \frac{\sin \theta}{r}$ è un diffeomorfismo. La sua inversa $\mathbf{X} = \mathbf{g}^{-1}(\mathbf{R})$, con $\mathbf{R} = (\Theta, R)$, è definita tramite $x = r \cos \theta$ e $y = r \sin \theta$ avendo Jacobiamo dato dal valore assoluto del determinante della matrice

$$\begin{bmatrix} \frac{\partial x}{\partial r} & \frac{\partial x}{\partial \theta} \\ \frac{\partial y}{\partial r} & \frac{\partial y}{\partial \theta} \end{bmatrix} = \begin{bmatrix} \cos \theta & -r \sin \theta \\ \sin \theta & r \cos \theta \end{bmatrix},$$

pari a r. Per la Proposizione 4.4, formula (4.30), la densità congiunta del vettore aleatorio $\mathbf{R}$ è $f_{\mathbf{R}}(r, \theta) = \frac{1}{2\pi} \mathrm{e}^{-\frac{r^2}{2}} r$. Integrando tale densità in $[0, 2\pi]$ rispetto a θ e considerando quindi $\mathrm{e}^{-\frac{r^2}{2}} r$ costante ricaviamo

$$\mathrm{e}^{-\frac{r^2}{2}} r \int_0^{2\pi} \frac{1}{2\pi} \mathrm{d}\theta = \mathrm{e}^{-\frac{r^2}{2}} r \left[\frac{1}{2\pi} \right]_0^{2\pi} = \mathrm{e}^{-\frac{r^2}{2}} r = f_R(r),$$

ossia la densità marginale della v.a. R. Integrando rispetto a r ricaviamo

$$\int_0^\infty \frac{1}{2\pi} \mathrm{e}^{-\frac{z^2}{2}} z \, \mathrm{d}z = \frac{1}{2\pi} \int_0^\infty \mathrm{e}^{-\frac{z^2}{2}} z \, \mathrm{d}z = \frac{1}{2\pi} = f_\Theta(\theta),$$

ossia la densità marginale della v.a. Θ. Infatti, $\int_0^\infty \mathrm{e}^{-\frac{z^2}{2}} z \, \mathrm{d}z = 1$ è l'integrale della densità di una v.a. esponenziale ricavata come segue:

- per $\lambda = \frac{1}{2}$ la densità di un'esponenziale $X \sim \mathrm{Exp}(\frac{1}{2})$ è $\frac{\mathrm{e}^{x^2/2}}{2}$
- la v.a. $R^2 = X^2 + Y^2$ è la somma dei quadrati di due normali standard, dunque è una χ_2^2 ossia una distribuzione Gamma$(1, \frac{1}{2})$ (si veda il Paragrafo 5.10) che si può anche ricavare derivando la ripartizione

$$F_R(r) = \mathsf{P}(R \leqslant r) = \mathsf{P}(R^2 \leqslant r^2) = 1 - \mathrm{e}^{-r^2/2}$$

ottenendo $f_R(r) = \mathrm{e}^{-\frac{r^2}{2}} r$ tramite la densità di X nel punto precedente.

Ma allora, $f_{\mathbf{R}}(r, \theta)$ si fattorizza nel prodotto di due marginali: il vettore $\mathbf{R}$ è composto da due v.a. Θ, R indipendenti. Inoltre, è evidente che Θ ha distribuzione uniforme $U(0, 2\pi)$ con densità costante $\frac{1}{2\pi}$ e i suoi valori si ricavano dall'uniforme $U \sim U(0, 1)$ come $2\pi U$. I valori della'altra v.a. $R^2 = X^2 + Y^2 \sim \chi_2^2 \sim \mathrm{Exp}(\frac{1}{2})$ si ricavano come $-2\ln(V)$ con $V \sim U(0, 1)$, si veda l'Esempio 5.7. Concludiamo che X equivale a $\sqrt{-2\ln(V)}\cos(2\pi U)$ e Y equivale a $\sqrt{-2\ln(V)}\sin(2\pi U)$, in quanto era $X = R\cos\Theta$ e $Y = R\sin\Theta$.

Esercizi del Capitolo 6

6.1 Verifichiamo che la funzione è crescente nella variabile x. Infatti, per $x_1 < x_2$ si ha $F_{X \mid A}(x_1) \leqslant F_{X \mid A}(x_2)$ perché nella formula (6.2) abbiamo $\{X \leqslant x_1\} \subset \{X \leqslant x_2\}$ per $A \in \mathcal{F}$ fissato. In secondo luogo, la continuità da destra si scrive:

$$\lim_{h\downarrow 0} F_{X\mid A}(x + h) = \lim_{n\to\infty} \frac{\mathsf{P}\big(\{X \leqslant x + \frac{1}{n}\} \cap A\big)}{\mathsf{P}(A)}$$

$$\overset{\text{cont. di P}}{=} \frac{\mathsf{P}\big(\lim_{n\to\infty}\{X \leqslant x + \frac{1}{n}\} \cap A\big)}{\mathsf{P}(A)} = F_{X\mid A}(x).$$

La verifica che $\lim\limits_{x\to-\infty} F_{X\mid A}(x) = 0$ e $\lim\limits_{x\to\infty} F_{X\mid A}(x) = 1$ si effettua in modo analogo. Infine, $\mathsf{P}(a < X \leqslant b \mid A) = F_{X\mid A}(b) - F_{X\mid A}(a)$ poiché $\{X \leqslant b\} \cap A$ è l'unione disgiunta di $\{X \leqslant a\} \cap A$ e $\{a < X \leqslant b\} \cap A$.

6.2 È facile vedere che $f_{X\mid Y}(x) \geqslant 0$ per ogni $x \in \mathbb{R}$ e per ogni $y \in \mathbb{R}$ tale che la marginale $f_Y(y) \neq 0$. Inoltre:

$$\int_{-\infty}^{\infty} f_{X\mid Y}(x)\mathrm{d}x - \int_{-\infty}^{\infty} \frac{f_{\mathbf{X}}(x, y)}{f_Y(y)}\mathrm{d}x$$

$$= \frac{1}{f_Y(y)} \underbrace{\int_{-\infty}^{\infty} f_{\mathbf{X}}(x, y)\mathrm{d}x}_{= f_Y(y)} = 1.$$

6.3 Per la formula (6.19) abbiamo

$$\mathsf{E}(X \mid A) = \mathsf{E}(\mathbf{I}_B \mid A) = \frac{\mathsf{E}(\mathbf{I}_B\mathbf{I}_A)}{\mathsf{P}(A)} = \frac{\mathsf{E}(\mathbf{I}_{A\cap B})}{\mathsf{P}(A)} = \frac{\mathsf{P}(A \cap B)}{\mathsf{P}(A)},$$

che coincide con la probabilità condizionata $\mathsf{P}(B \mid A)$.

6.4   Osserviamo che $P(X = x_i) = P(X = x_i \mid A)P(A) + P(X = x_i \mid A^c)P(A^c)$, per la legge delle probabilità totali, cfr. Teorema 6.1 Eq. (6.11). Dunque,

$$
\begin{aligned}
E(X) &= \sum_{i=1}^{\infty} x_i P(X = x_i) \\
&= \sum_{i=1}^{\infty} x_i P(X = x_i \mid A)P(A) + \sum_{i=1}^{\infty} x_i P(X = x_i \mid A^c)P(A^c) \\
&= E(X \mid A)P(A) + E(X \mid A^c)P(A^c),
\end{aligned}
$$

poiché $P(X = x_i \mid A)P(A) = p(x_i \mid A)$ e analogamente per A^c.

6.5   Sia X una v.a. a valore atteso finito, così che anche $X\mathbf{I}_A \in L^1$. Supponiamo $P(A) > 0$. Scegliendo $X = \mathbf{I}_D$ per un qualsiasi evento $D \in \mathcal{F}$ abbiamo

$$
\begin{aligned}
P(D \mid A) &= \frac{P(D \cap A)}{P(A)} = \frac{E(\mathbf{I}_{D \cap A})}{P(A)} \\
&= \frac{E(\mathbf{I}_D \mathbf{I}_A)}{P(A)} \\
&= \frac{E(X\mathbf{I}_A)}{P(A)} = E(\mathbf{I}_D \mid A),
\end{aligned}
$$

e la formula (6.19) è dimostrata per v.a. indicatrici. Ora, prendiamo una variabile aleatoria discreta $X = \sum_{i=1}^{n} x_i \mathbf{I}_{D_i}$ con eventi $D_i \in \mathcal{F}$ a due a due incompatibli e tali che partizionano Ω. Quindi:

$$
\begin{aligned}
E(X \mid A) &= \sum_{i=1}^{n} x_i P(D_i \mid A) = \sum_{i=1}^{n} \frac{x_i E(\mathbf{I}_{D_i} \mathbf{I}_A)}{P(A)} \\
&= \frac{E\left(\left(\sum_{i=1}^{n} x_i \mathbf{I}_{D_i}\right)\mathbf{I}_A\right)}{P(A)} = \frac{E(X\mathbf{I}_A)}{P(A)}.
\end{aligned}
$$

Abbiamo utilizzato la distribuzione condizionata di X data dalle masse $P(D_i \mid A) = \frac{P(D_i \cap A)}{P(A)}$, insieme alla precedente definizione $E(\mathbf{I}_{D_i} \mid A) = P(D_i \mid A)$. Si osservi che possiamo scegliere $D_i = \{X = x_i\}$ per $x_i \in X = \{x_1, \dots, x_n\}$. Infine, consideriamo $X = X^+ - X^-$ e scegliamo due successioni $(X_n^+)_{n \in \mathbb{N}}$, $(X_n^-)_{n \in \mathbb{N}}$ di v.a. che convergono puntualmente alle v.a. X^+ e X^-, rispettivamente. Allora, vale anche $X_n^+ \mathbf{I}_A \to X^+ \mathbf{I}_A$ e $X_n^- \mathbf{I}_A \to X^- \mathbf{I}_A$ puntualmente e quindi:

$$
\begin{aligned}
E(X \mid A) &= E(X^+ \mid A) - E(X^- \mid A) \\
&= \lim_n E(X_n^+ \mid A) - \lim_n E(X_n^- \mid A) \\
&= \frac{E(\lim_n X_n^+ \mathbf{I}_A)}{P(A)} - \frac{E(\lim_n X_n^- \mathbf{I}_A)}{P(A)} \\
&= \frac{E(X^+ \mathbf{I}_A)}{P(A)} - \frac{E(X^- \mathbf{I}_A)}{P(A)}.
\end{aligned}
$$

La seconda e la terza uguaglianza seguono dal MCT.

6.6 Per definizione di A_u abbiamo:

$$0 \leqslant u\mathbf{I}_{A_u} \leqslant X\mathbf{I}_{A_u} \leqslant X.$$

Applicando quindi il valore atteso a tutti i termini della catena di disuguaglianze sopra otteniamo

$$\mathsf{E}(u\mathbf{I}_{A_u}) = u\mathsf{P}(A_u) \leqslant \mathsf{E}(X\mathbf{I}_{A_u}) \leqslant \mathsf{E}(X),$$

e dopo aver riordinato rispetto a u il risultato segue.

6.7 Poiché Y è costante si ha $\{Y = c\} = \Omega$. Quindi $\mathsf{E}(X \mid Y)$ è uguale a $\mathsf{E}(X \mid \{Y = c\}) = \frac{\mathsf{E}(X\mathbf{I}_\Omega)}{\mathsf{P}(\Omega)}$ che equivale a $\mathsf{E}(X)$. Inoltre, $\mathsf{E}(\mathbf{I}_A \mid \mathbf{I}_B) = \mathsf{E}(\mathbf{I}_A \mid \{\mathbf{I}_B = 1\})$ per gli esiti $\omega \in B$. Come conseguenza, l'ultima speranza condizionata è $\mathsf{E}(\mathbf{I}_A \mid B) = \frac{\mathsf{E}(\mathbf{I}_A\mathbf{I}_B)}{\mathsf{P}(B)}$, dove $\mathsf{E}(\mathbf{I}_A\mathbf{I}_B) = \mathsf{E}(\mathbf{I}_{A \cap P})$ equivale a $\mathsf{P}(A \cap B)$, e otteniamo il risultato desiderato. Si osservi che prendendo $\omega \in B^c$ otteniamo anche $\mathsf{E}(\mathbf{I}_A \mid \mathbf{I}_B) = \mathsf{E}(\mathbf{I}_A \mid \{\mathbf{I}_B = 0\})$ che è uguale a $\mathsf{P}(A \mid B^c)$.

6.8 Usando le masse condizionate (6.10), abbiamo:

$$\mathsf{E}(X \mid Y = y_j) = \sum_{i=1}^{\infty} x_i\, p(x_i \mid y_j) = \sum_{i=1}^{\infty} x_i\, \frac{\mathsf{P}(X = x_i, Y = y_j)}{\mathsf{P}(Y = y_j)}.$$

Analogamente, il valore atteso di X condizionato all'ipotesi che un vettore aleatorio *discreto* $\mathbf{Y} = (Y_1, \ldots, Y_n)$ assume i valori $(c_1, \ldots, c_n) \in \mathbb{R}^n$ è la v.a. $\mathsf{E}(X \mid Y_1, \ldots, Y_n) = f(Y_1, \ldots, Y_n)$ che rimane costante sugli eventi $\{Y_1 = c_1, \ldots, Y_n = c_n\}$ con valori

$$\mathsf{E}(X \mid Y_1 = c_1, \ldots, Y_n = c_n) = f(c_1, \ldots, c_n).$$

6.9 Per la formula di cambio variabile, si veda la (4.3) nel Paragrafo 4.2, e usando la distribuzione di Y otteniamo

$$\begin{aligned}
\mathsf{E}(\mathsf{E}(X \mid Y)) &= \sum_{j=1}^{\infty} \mathsf{E}(X \mid Y = y_j)\mathsf{P}(Y = y_j) \\
&= \sum_{j=1}^{\infty} \sum_{i=1}^{\infty} x_i\mathsf{P}(X = x_i, Y = y_j) \\
&= \sum_{i=1}^{\infty} x_i\mathsf{P}(X = x_i) = \mathsf{E}(X),
\end{aligned}$$

quindi $\mathsf{E}(X \mid Y)$ coincide con la speranza di X. Attenzione: abbiamo tacitamente assunto che $\mathbf{X} = (X, Y)$ sia un vettore aleatorio discreto con distribuzione congiunta data dalle masse congiunte.

6.10 Poiché $\mathbf{X} = (X, Y)$ è un vettore aleatorio continuo dotato di densità congiunta continua $f_{\mathbf{X}}(x, y)$, con un ragionamento simile al caso in cui X, Y sono entrambi discreti scriviamo

$$\mathsf{E}(X \mid Y = y) = \int_{-\infty}^{\infty} x f_{X \mid Y}(x \mid y) \mathrm{d}x,$$

inteso come il valore di $\mathsf{E}(X \mid Y)$ in y. Si ricordi che $f_{X \mid Y}(x \mid y) = \frac{f_{\mathbf{X}}(x,y)}{f_Y(y)}$, se $f_Y(y) > 0$. Sappiamo che $f(Y) = \mathsf{E}(X \mid Y)$ è una v.a. continua. Inoltre

$$\mathsf{E}(\mathsf{E}(X \mid Y)) = \int_{-\infty}^{\infty} \left(\int_{-\infty}^{\infty} x f_{X \mid Y}(x) \mathrm{d}x \right) f_Y(y) \mathrm{d}y$$
$$= \int_{-\infty}^{\infty} x f_X(x) \mathrm{d}x = \mathsf{E}(X),$$

poiché $f_{X \mid Y}(x) f_Y(y) = f_{\mathbf{X}}(x, y)$ e l'integrale della densità congiunta per tutti i valori y è proprio la marginale di X.

6.11 I punti 1. e 2. sono semplici: si deve usare $p(x_i \mid y_j) = \mathsf{P}(X = x_i)$ e $f_{X \mid Y}(x \mid y) = f_X(x)$ nei calcoli mostrati nella soluzione dell'Esercizio 6.9, si veda anche la prima uguaglianza nella soluzione dell'Esercizio 6.10. Per il punto 3. abbiamo:

$$\mathsf{E}(X \mid Y = y_j) = \frac{\mathsf{E}(X \mathbf{I}_{\{Y = y_j\}})}{\mathsf{P}(Y = y_j)}$$
$$= \frac{\mathsf{E}(X) \mathsf{E}(\mathbf{I}_{\{Y = y_j\}})}{\mathsf{P}(Y = y_j)} = \mathsf{E}(X).$$

6.12 Osserviamo che se Y è discreta allora $\sigma(Y)$ è la più piccola σ-algebra che contiene gli eventi $\{Y = y_j\}$, quindi qualsiasi altro evento può essere rappresentato tramite unioni numerabili o anche finite $\bigcup_j \{Y = y_j\}$. Ad esempio, $\{a < Y \leqslant b\}$ per $a, b \in \mathbb{R}$ può essere rappresentato come l'unione numerabile $\bigcup_{j \in I} \{Y = y_j\}$ dove l'insieme degli indici è $I = \{j \in \mathbb{N} \mid a < y_j \leqslant b\}$. Ne segue che $\{a < Y \leqslant b\} \in \sigma(Y)$. Inoltre, si tratta di eventi a due a due incompatibili che formano una partizione di Ω, e poiché $\mathsf{E}(X \mid Y)$ valutata in y_j è costante su questi eventi ne segue la sua $\sigma(Y)$-misurabilità. Ora, scegliamo $A = \bigcup_{j \in I} \{Y = y_j\} \in \sigma(Y)$ e osserviamo che $\mathsf{E}(X \mathbf{I}_A) = \mathsf{E}\left(X \sum_{j \in I} \mathbf{I}_{\{Y = y_j\}} \right)$, poiché l'unione disgiunta degli eventi $\{Y = y_j\}$ nell'indicatrice $\mathbf{I}_A$ produce la somma numerabile di $\mathbf{I}_{\{Y = y_j\}}$. Quest'ultima speranza è uguale a $\sum_{j \in I} \mathsf{E}(X \mathbf{I}_{\{Y = y_j\}})$ per linearità. Ma

$$\mathsf{E}(\mathsf{E}(X \mid Y) \mathbf{I}_A) = \sum_{j \in I} \mathsf{E}(X \mid Y = y_j) \mathsf{P}(Y = y_j) = \sum_{j \in I} \mathsf{E}(X \mathbf{I}_{\{Y = y_j\}}),$$

poiché per definizione $\mathsf{E}(X \mid Y = y_j) = \frac{\mathsf{E}(X \mathbf{I}_{\{Y = y_j\}})}{\mathsf{P}(Y = y_j)}$. Questo implica che $\mathsf{E}(X \mathbf{I}_A) = \mathsf{E}(\mathsf{E}(X \mid Y) \mathbf{I}_A)$.

6.13 Consideriamo $A = \{X \geqslant c\} \in \mathcal{A}$ per ogni $c > 0$. Abbiamo

$$0 \leqslant c\,\mathsf{P}(A) = c\,\mathsf{E}(\mathbf{I}_A) \leqslant \mathsf{E}(X\mathbf{I}_A) = 0,$$

dove l'ultima uguaglianza vale per ipotesi. Dunque deve essere $\mathsf{P}(A) = 0$. Se scegliamo $A = \{X \leqslant -c\}$ la probabilità è ancora zero. Ne segue che $\mathsf{P}(-c < X < c) = 1$ per ogni $c > 0$. Per c sufficientemente piccolo, $\mathsf{P}(-\frac{1}{n} < X < \frac{1}{n}) = 1$ per $n \in \mathbb{N}$. L'evento $\{X = 0\}$ è l'intersezione numerabile $\bigcap_{n=1}^{\infty}\{-\frac{1}{n} < X < \frac{1}{n}\}$ della successione decrescente di eventi $\{-\frac{1}{n} < X < \frac{1}{n}\} \supset \{-\frac{1}{n+1} < X < \frac{1}{n+1}\}$ e la continuità di $\mathsf{P}(\cdot)$ implica

$$\mathsf{P}(X = 0) = \lim_{n\to\infty}\mathsf{P}(-\tfrac{1}{n} < X < \tfrac{1}{n}) = \lim_{n\to\infty} 1 = 1,$$

il che significa che $X \overset{\text{a.s.}}{=} 0$ come richiesto.

6.14 Per l'Esercizio 6.13 e la sua soluzione, dobbiamo semplicemente mostrare che se $X \overset{\text{a.s.}}{=} X'$, allora $\mathsf{E}(X \mid Y) \overset{\text{a.s.}}{=} \mathsf{E}(X' \mid Y)$. Infatti, supponiamo che X e X' siano versioni $\sigma(Y)$-misurabili del valore atteso di X condizionato a Y. Allora, abbiamo $X - X' \overset{\text{a.s.}}{=} 0$ e

$$\mathsf{E}((X - X')\mathbf{I}_A) = 0 \Leftrightarrow \mathsf{E}(X\mathbf{I}_A) = \mathsf{E}(X'\mathbf{I}_A) \text{ per ogni } A \in \mathcal{A} \subset \mathcal{F}.$$

Ciò implica $\mathsf{E}(X \mid Y) \overset{\text{a.s.}}{=} \mathsf{E}(X' \mid Y)$.

6.15 Poiché $Z = \mathsf{E}(X \mid Y) \equiv \mathsf{E}(X \mid \sigma(Y))$, dobbiamo esibire una funzione boreliana misurabile $f : \mathbb{R} \to \mathbb{R}$ tale che $Z = f(Y)$ e per ogni evento $A \in \sigma(Y)$ le speranze incondizionate di $X\mathbf{I}_A$ e $Z\mathbf{I}_A$ siano uguali. Scegliamo $A = \{Y \in B\}$ che sicuramente appartiene a $\sigma(Y)$, poi ricordiamo che $\mathbf{X} = (X, Y)$ ha una densità congiunta $f_{\mathbf{X}}(x, y)$ e

$$\mathsf{E}(X) = \int_{-\infty}^{\infty} x f_X(x)\mathrm{d}x = \int_{-\infty}^{\infty} x\left[\int_{-\infty}^{\infty} f_{\mathbf{X}}(x, y)\mathrm{d}y\right]\mathrm{d}x,$$

poiché X ha densità univariata data dall'integrazione della densità congiunta rispetto ai valori di Y. Lo stesso vale per $\mathsf{E}(Y)$. Quindi, integrando su un sottoinsieme e scambiando l'ordine di integrazione possiamo scrivere:

$$\begin{aligned}
\mathsf{E}(X\mathbf{I}_{\{Y\in B\}}) &= \int_B \int_{-\infty}^{\infty} x f_{\mathbf{X}}(x, y)\mathrm{d}y\mathrm{d}x \\
&= \int_B \left[\int_{-\infty}^{\infty} x f_{\mathbf{X}}(x, y)\mathrm{d}x\right]\mathrm{d}y.
\end{aligned}$$

Inoltre, usando anche la formula di cambio variabile otteniamo:

$$\begin{aligned}
\mathsf{E}(f(Y)\mathbf{I}_{\{Y\in B\}}) &= \int_B \int_{-\infty}^{\infty} f(y) f_{\mathbf{X}}(x, y)\mathrm{d}x\mathrm{d}y \\
&= \int_B f(y)\left[\int_{-\infty}^{\infty} f_{\mathbf{X}}(x, y)\mathrm{d}x\right]\mathrm{d}y.
\end{aligned}$$

Per la definizione di valore atteso condizionato data una v.a., per ogni insieme boreliano $B \subset \mathbb{R}$ entrambi i valori attesi incondizionati devono essere uguali, il che implica

$$f(y) = \frac{\int_{-\infty}^{\infty} x f_{\mathbf{X}}(x, y) \mathrm{d}x}{\int_{-\infty}^{\infty} f_{\mathbf{X}}(x, y) \mathrm{d}x}.$$

Valutando $f(\cdot)$ nella v.a. Y abbiamo concluso.

6.16 Per $A = \varnothing$ la formula (6.23),

$$\tilde{\mathsf{P}}(A) = \mathsf{E}_{\mathsf{P}}(X \mathbf{I}_A), \quad \text{con } \mathsf{E}_{\mathsf{P}}(X) = 1,$$

fornisce $\tilde{\mathsf{P}}(\varnothing) = \mathsf{E}_{\mathsf{P}}(X \mathbf{I}_{\varnothing}) = 0$ e per $A = \Omega$ abbiamo $\tilde{\mathsf{P}}(\Omega) = \mathsf{E}_{\mathsf{P}}(X \mathbf{I}_{\Omega}) = 1$. Rimane da mostrare che ciò valga per ogni altro evento $A \in \mathcal{F}$, e inoltre da provare l'additività numerabile di $\tilde{\mathsf{P}}$. Data la v.a. discreta non negativa $X = \sum_{j=1}^{n} x_j \mathbf{I}_{G_j}$, per una successione $(A_i)_i \subset \mathcal{F}$ di eventi a due a due incompatibili consideriamo $\mathbf{I}_A = \mathbf{I}_{\bigcup_{i=1}^{m} A_i} = \sum_{i=1}^{m} \mathbf{I}_{A_i}$. Ricordiamo che $X \mathbf{I}_A$ è anch'essa una v.a. discreta non negativa, inoltre $X \mathbf{I}_A = \sum_{j=1}^{n} x_j \mathbf{I}_{G_j \cap A}$. Allora, otteniamo

$$\tilde{\mathsf{P}}(A) = \sum_{j} x_j \mathsf{P}(G_j \cap (\bigcup_i A_i)) = \sum_{j} x_j \sum_{i} \mathsf{P}(G_j \cap A_i)$$

$$= \sum_{i} \sum_{j} x_j \mathsf{P}(G_j \cap A_i) = \sum_{i} \mathsf{E}(X \mathbf{I}_{A_i}) = \sum_{i} \tilde{\mathsf{P}}(A_i).$$

Se $X \geqslant 0$ scegliamo una successione $(B_k)_k \subset \mathcal{F}$ di eventi a due a due incompatibili tale che $A_m = \bigcup_{k=1}^{m} B_k$ e $A_1 \subset A_2 \subset \cdots$ è una successione crescente in $\mathcal{F}$ con limite $A_m \uparrow A = \bigcup_m A_m$. Questo implica che $0 \leqslant \mathbf{I}_{A_1} \leqslant \mathbf{I}_{A_2} \leqslant \cdots$ converge puntualmente, $\lim_{m \to \infty} \mathbf{I}_{A_m} = \mathbf{I}_A$. Allora: $\tilde{\mathsf{P}}(A) = \mathsf{E}(X \mathbf{I}_A) = \lim_{m \to \infty} \mathsf{E}(X \mathbf{I}_{A_m}) = \lim_{m \to \infty} \sum_{k=1}^{m} \mathsf{E}(X \mathbf{I}_{B_k}) = \lim_{m \to \infty} \sum_{k=1}^{m} \tilde{\mathsf{P}}(B_k) = \sum_{k=1}^{\infty} \tilde{\mathsf{P}}(B_k) = \tilde{\mathsf{P}}(A)$ dove abbiamo usato: il MCT nella seconda uguaglianza, l'identità $A = \bigcup_{m=1}^{\infty} A_m = \bigcup_{k=1}^{\infty} B_k$ e il fatto che $\mathbf{I}_{A_m} = \sum_{k=1}^{m} \mathbf{I}_{B_k}$. Si noti come passando da A_m a $A_{m+1} = A_m \cup B_{m+1}$ se $\omega \in B_{m+1}$ si ha $\mathbf{I}_{A_{m+1}} = 1$ e $\mathbf{I}_{A_m} = 0$, altrimenti entrambi le v.a. indicrici sono 1 o zero. Per mostrare che $\tilde{\mathsf{P}} \ll \mathsf{P}$ procediamo come segue. Partiamo da una v.a. discreta non negativa $X = \sum_{i=1}^{n} x_i \mathbf{I}_{G_i}$ e eventi a due a due incompatibili $A_1, \ldots, A_n$ in $\mathcal{F}$, quindi supponiamo $\mathsf{P}(A) = 0$ per $A \in \mathcal{F}$. Poiché $\mathbf{I}_A = \mathbf{I}_{\bigcup_{j=1}^{m} A_j} = \sum_{j=1}^{m} \mathbf{I}_{A_j}$ allora

$$X \mathbf{I}_A = \sum_{i=1}^{n} x_i \mathbf{I}_{G_i \cap A} = \sum_{i=1}^{n} x_i \mathbf{I}_{\bigcup_{i=1}^{m}(G_i \cap A_j)} = \sum_{i=1}^{n} x_i \sum_{j=1}^{m} \mathbf{I}_{G_i \cap A_j},$$

e quest'ultima è uguale a $\sum_{i=1}^{n} \sum_{j=1}^{m} x_i \mathbf{I}_{G_i \cap A_j}$. Ora, abbiamo

$$\mathsf{E}_{\mathsf{P}}(X \mathbf{I}_A) = \sum_{i=1}^{n} \sum_{j=1}^{m} x_i \mathsf{P}(G_i \cap A_j),$$

ma poiché $A_j \subset A$ per ogni j e $0 \leqslant P(A_j) \leqslant P(A) = 0$ abbiamo anche $0 \leqslant P(G_i \cap A_j) \leqslant P(A) = 0$, cioè $P(G_i \cap A_j) = 0$. Dunque $\tilde{P}(A) = E_P(X\mathbf{I}_A) = 0$. Per $X \geqslant 0$ generale scriviamo

$$\tilde{P}(A) = E_P(X\mathbf{I}_A) = \sup_{\{0 \leqslant Z \leqslant X,\, Z \text{ discreta}\}} E_P(Z\mathbf{I}_A),$$

ma l'estremo superiore è zero perché ciascun valore atteso è $E_P(Z\mathbf{I}_A) = 0$.

6.17 Supponiamo $X \geqslant 0$ e ricordiamo che $\tilde{P}(A) = E_P(X\mathbf{I}_A)$ è una misura tale che $\tilde{P} \ll P$, si veda l'Esercizio 6.16. Abbiamo $E_P(X\mathbf{I}_A) = \tilde{P}(A) = E_P(\frac{d\tilde{P}}{dP}\mathbf{I}_A)$ che è il punto 3. del Teorema 6.2. Prendendo $A = \Omega$ e supponendo $E_P(X) = 1$ abbiamo che $X\mathbf{I}_A \in L^1$, quindi $\frac{d\tilde{P}}{dP}$ è una v.a. con speranza finita ed è una versione di $E_P(X \mid \mathcal{A})$. Nel caso generale, applichiamo il risultato precedente alle parti positiva e negativa di X. Quindi, $Z_1 = E_P(X^+ \mid \mathcal{A})$ e $Z_2 = E_P(X^- \mid \mathcal{A})$ sono ben definite. Scriviamo $Z_1 - Z_2$ e osserviamo che questa è una v.a. con speranza E_P finita. Allora, per ogni $A \in \mathcal{A}$ si ha

$$\begin{aligned}
E_P(X\mathbf{I}_A) &= E_P(X^+\mathbf{I}_A) - E_P(X^-\mathbf{I}_A) \\
&= E_P(Z_1\mathbf{I}_A) - E_P(Z_2\mathbf{I}_A) = E_P((Z_1 - Z_2)\mathbf{I}_A).
\end{aligned}$$

Concludiamo che $Z_1 - Z_2 \in L^1$ soddisfa la proprietà 3. del Teorema 6.2 ed è una versione del valore atteso di X condizionato alla sotto-σ-algebra $\mathcal{A}$.

6.18 Per il caso $X = \mathbf{I}_A$ abbiamo facilmente $E_{\tilde{P}}(X) = \tilde{P}(A) = E_P(\mathbf{I}_A Y)$, per ogni $A \in \mathcal{F}$. Passando a una v.a. discreta non negativa $X = \sum_{i=1}^m x_i \mathbf{I}_{A_i}$, dove gli eventi A_i partizionano lo spazio campionario, abbiamo:

$$\begin{aligned}
E_{\tilde{P}}(X) &= \sum_{i=1}^m x_i \tilde{P}(A_i) = \sum_{i=1}^m x_i E_{\tilde{P}}(\mathbf{I}_{A_i}) \\
&= \sum_{i=1}^m x_i E_P(\mathbf{I}_{A_i} Y) \overset{\text{linear. sper.}}{=} E_P\left(\sum_{i=1}^m x_i \mathbf{I}_{A_i} Y\right) \\
&= E_P(XY).
\end{aligned}$$

Per $X \geqslant 0$, scegliamo una successione di v.a. discrete non negative $0 \leqslant X_1 \leqslant X_2 \leqslant \cdots$ che cresce puntualmente verso la v.a. X. Poiché abbiamo mostrato che $E_{\tilde{P}}(X_n) = E_P(X_n Y)$ ora segue:

$$\begin{aligned}
E_{\tilde{P}}(X) = E_{\tilde{P}}(\lim_n X_n) &\overset{\text{MCT}}{=} \lim_n E_{\tilde{P}}(X_n) \\
&= \lim_n E_P(X_n Y) \overset{\text{MCT}}{=} E_P(XY).
\end{aligned}$$

Per una v.a. generale X abbiamo $\mathsf{E}_{\tilde{\mathsf{P}}}(X^+) = \mathsf{E}_{\mathsf{P}}(X^+Y)$ e $\mathsf{E}_{\tilde{\mathsf{P}}}(X^-) = \mathsf{E}_{\mathsf{P}}(X^-Y)$. Dunque otteniamo:

$$\mathsf{E}_{\tilde{\mathsf{P}}}(X) = \mathsf{E}_{\tilde{\mathsf{P}}}(X^+) - \mathsf{E}_{\tilde{\mathsf{P}}}(X^-) = \mathsf{E}_{\mathsf{P}}(X^+Y) - \mathsf{E}_{\mathsf{P}}(X^-Y) = \mathsf{E}_{\mathsf{P}}(XY),$$

purché entrambi i membri siano finiti.

6.19 Per ipotesi abbiamo $\frac{X}{Y} \geqslant 0$. Per l'Esercizio 6.18, la formula (6.26) può essere scritta con X sostituito da $\frac{X}{Y}$ e così la formula (6.27) segue facilmente.

6.20 Abbiamo $\mathsf{E}_{\mathsf{P}}(X) = \sup\{\mathsf{E}_{\mathsf{P}}(Z) \mid 0 \leqslant Z \leqslant X\}$, per una v.a. semplice $Z = \sum_{i=1}^{k} z_i \mathbf{I}_{A_i} \geqslant 0$, dove gli eventi $A_1, \dots, A_k$ formano una partizione di Ω. Per ipotesi $\mathsf{P}(A) = 0$, ne segue che $\mathsf{P}(A \cap A_i) = 0$ per ogni i e quindi

$$\mathsf{E}_{\mathsf{P}}(Z\mathbf{I}_A) = \sum_{i=1}^{k} z_k \mathsf{P}(A \cap A_i) = 0.$$

L'estremo superiore di $\{\mathsf{E}_{\mathsf{P}}(Z) \mid 0 \leqslant Z \leqslant X\}$ è anch'esso zero. Concludiamo che $\tilde{\mathsf{P}}(A) = \mathsf{E}_{\mathsf{P}}(X\mathbf{I}_A) = 0$ quindi $\tilde{\mathsf{P}} \ll \mathsf{P}$.

6.21 Se $\mathcal{A} = \{\varnothing, \Omega\}$ solo le v.a. costanti inducono eventi in $\mathcal{A}$, cioè sono $\mathcal{A}$-misurabili e ammettono banalmente speranza finita. Allora, i punti 1. e 2. del Teorema 6.2 sono dimostrati. Verifichiamo il punto 3. per $A = \varnothing, \Omega$:

- $\mathsf{E}(X\mathbf{I}_\varnothing) = 0 = \mathsf{E}(\mathsf{E}(X)\mathbf{I}_\varnothing)$,
- $\mathsf{E}(X\mathbf{I}_\Omega) = \mathsf{E}(X) = \mathsf{E}(\mathsf{E}(X)\mathbf{I}_\Omega)$.

Di conseguenza abbiamo $\mathsf{E}(X \mid \mathcal{A}) \overset{\text{a.s.}}{=} \mathsf{E}(X)$. Se $\mathcal{A} = \mathcal{F}$, allora $\mathsf{E}(X \mid \mathcal{F})$ induce eventi in $\mathcal{F}$ e il punto 3. vale per ogni $A \in \mathcal{F}$. Questo implica che $\mathsf{E}(X \mid \mathcal{F})$ deve essere uguale a X o a qualsiasi altra variabile aleatoria $Y \overset{\text{a.s.}}{=} X$ dimostrando il risultato.

6.22 Sia $Z = \mathsf{E}(X \mid \mathcal{A})$ e $G = \{Z \geqslant 0\} \in \mathcal{A}$, poiché Z è $\mathcal{A}$-misurabile. Per il punto 3. del Teorema 6.2 con riferimento a G e G^c abbiamo

$$\mathsf{E}(Z\mathbf{I}_G) = \mathsf{E}(X\mathbf{I}_G) \leqslant \mathsf{E}(|X|\mathbf{I}_G), \quad \mathsf{E}(-Z\mathbf{I}_{G^c}) = \mathsf{E}(-X\mathbf{I}_{G^c}) \leqslant \mathsf{E}(|X|\mathbf{I}_{G^c}),$$

dove le due disuguaglianze sopra sono conseguenza della disuguaglianza di Jensen, mentre $\mathsf{E}(Z\mathbf{I}_G) \geqslant 0$ e $\mathsf{E}(-Z\mathbf{I}_{G^c}) > 0$ per la scelta di G (si noti che $G^c = \{Z < 0\}$). Poiché $X \in L^1$ per ipotesi, abbiamo che $\mathsf{E}(|X|\mathbf{I}_G)$ e $\mathsf{E}(|X|\mathbf{I}_{G^c})$ sono entrambe finite. Sommando otteniamo infine $\mathsf{E}(|Z|) \leqslant \mathsf{E}(|X|) < \infty$, quindi $Z \in L^1$ come richiesto, dato che

$$|X|(\mathbf{I}_G + \mathbf{I}_{G^c}) = |X|\mathbf{I}_{G \cup G^c} = |X|\mathbf{I}_\Omega = |X|,$$

e

$$Z\mathbf{I}_G = Z^+, \ -Z\mathbf{I}_{G^c} = Z^-, \ Z^+ + Z^- = |Z|.$$

6.23 Mostriamo innanzitutto che $\mathsf{E}\big(\mathsf{E}(X\mid\mathcal{A})\mid\mathcal{H}\big)\overset{\text{a.s.}}{=}\mathsf{E}(X\mid\mathcal{H})$. Fissiamo un evento $A\in\mathcal{H}\subset\mathcal{A}$, quindi usando il punto 4. della Proposizione 6.1 con $Y=\mathbf{I}_A$. Abbiamo

$$\mathsf{E}\big(\mathsf{E}(X\mid\mathcal{A})\mid\mathcal{H}\big)\mathbf{I}_A=\mathsf{E}\big(\mathbf{I}_A\mathsf{E}(X\mid\mathcal{A})\mid\mathcal{H}\big),$$

poiché $\sigma(\mathbf{I}_A)\subset\mathcal{H}$ e $\mathbf{I}_A$ è $\mathcal{H}$-misurabile. Ma anche $\mathbf{I}_A$ è $\mathcal{A}$-misurabile, quindi l'ultimo termine a destra sopra diventa $\mathsf{E}\big(\mathsf{E}(X\mathbf{I}_A\mid\mathcal{A})\mid\mathcal{H}\big)$. Sia $Z'=\mathsf{E}(X\mathbf{I}_A\mid\mathcal{A})$ e $Z''=\mathsf{E}\big(\mathsf{E}(X\mid\mathcal{A})\mid\mathcal{H}\big)$, usando quanto sopra e applicando il valore atteso si ha:

$$\mathsf{E}(Z''\mathbf{I}_A)=\mathsf{E}\big(\mathsf{E}(Z'\mid\mathcal{H})\big). \tag{6}$$

Applicando due volte la proprietà $\mathsf{E}(\mathsf{E}(X\mid\mathcal{A}))=\mathsf{E}(X)$, il termine a destra in (6) restituisce $\mathsf{E}(X\mathbf{I}_A)$. Quindi, per il punto 3. del teorema 6.2 con $Z=\mathsf{E}(X\mid\mathcal{H})$ abbiamo $Z''=Z$ per unicità a.s. Con riferimento all'altra uguaglianza nel punto 3. della Proposizione 6.1, consideriamo la proprietà 4. della stessa Proposizione e scriviamo:

$$\mathsf{E}\big(\mathsf{E}(X\mid\mathcal{H})\mid\mathcal{A}\big)=\mathsf{E}(X\mid\mathcal{H})\mathsf{E}(1\mid\mathcal{A})=\mathsf{E}(X\mid\mathcal{H}).$$

Infatti, la v.a. $Z=\mathsf{E}(X\mid\mathcal{H})$ ha σ-algebra generata $\sigma(Z)\subset\mathcal{H}\subset\mathcal{A}$. Quindi, Z è $\mathcal{A}$-misurabile e possiamo trattarla come una costante.

Esercizi del Capitolo 7

7.1 Prendiamo la speranza di entrambi i membri di (7.3) e usiamo la proprietà 6. del valore atteso condizionato a una v.a.:

$$\mathsf{E}(\mathsf{V}(Y\mid X))=\mathsf{E}(Y^2)-\mathsf{E}\Big(\{\mathsf{E}(Y\mid X)\}^2\Big). \tag{7}$$

Ora, scriviamo la varianza della v.a. $\mathsf{E}(Y\mid X)$,

$$\begin{aligned}
\mathsf{V}(\mathsf{E}(Y\mid X))&=\mathsf{E}\Big(\{\mathsf{E}(Y\mid X)\}^2\Big)-\{\mathsf{E}(\mathsf{E}(Y\mid X))\}^2\\
&=\mathsf{E}\Big(\{\mathsf{E}(Y\mid X)\}^2\Big)-\{\mathsf{E}(Y)\}^2,
\end{aligned} \tag{8}$$

dove abbiamo usato di nuovo la proprietà 6. Infine, sommando tutti i membri delle equazioni (7) e (8) si conclude la dimostrazione.

7.2 Sia $W=\mathsf{E}(Y\mid\mathcal{A})$ abbiamo:

$$\begin{aligned}
\mathsf{E}((Y-Z)^2)&=\mathsf{E}((Y-W+W-Z)^2)\\
&=\mathsf{E}((Y-W)^2)+2\mathsf{E}((Y-W)(W-Z))\\
&\quad+\mathsf{E}((W-Z)^2).
\end{aligned}$$

Ora, $E((Y - W)(W - Z))$ è uguale a $E(E((Y - W)(W - Z) \mid \mathcal{A}))$ per la legge delle speranze iterate, cfr. Proposizione 6.1, Paragrafo 6.4, e ciò a sua volta è uguale a $E((W - Z)E((Y - W) \mid \mathcal{A}))$ portando fuori ciò che è noto (cioè la v.a. $\mathcal{A}$-misurabile $W - Z$). Inoltre, scriviamo $E((Y - W) \mid \mathcal{A})$ come $E(Y \mid \mathcal{A}) - W E(1 \mid \mathcal{A})$ che è $W - W = 0$. Concludiamo che il minimo di $E((Y - Z)^2)$ si ha per $Z = W$.

7.3 Supponiamo $\mu_X = \mu_Y = 0$ e $\sigma_X = \sigma_Y = 1$. Osserviamo che $V(X) = E(X^2)$, $V(Y) = E(Y^2)$, ed entrambe sono uguali a 1. Inoltre, $\frac{\text{cov}(X,Y)}{\sigma_X \sigma_Y} = \text{corr}(X, Y) = \rho$, dove $\text{cov}(X, Y) = E(XY)$. Ora, poniamo

$$g(a, b) = E\big(\{Y - (a + bX)\}^2\big)$$

e sviluppando

$$\begin{aligned}
g(a, b) &= E(Y^2) + E(-2aY - 2bXY) + E(a^2 + 2abX + b^2 X^2) \\
&= V(Y) - 2b\rho + a^2 + b^2 V(X) \\
&= 1 + a^2 + b(b - 2\rho).
\end{aligned}$$

Quindi, per trovare il minimo della funzione $g(a, b)$ calcoliamo le derivate parziali e le poniamo uguali a zero:

$$\frac{\partial g}{\partial a} = 2a = 0 \iff a = 0$$

$$\frac{\partial g}{\partial b} = 2b - 2\rho = 0 \iff b = \rho.$$

Dunque, il minimo è $1 - \rho^2$, e il predittore lineare è $Y = f(X) = \rho X$. Nel caso generale, basta considerare le versioni standardizzate di X, Y, poi porre

$$\frac{X - \mu_X}{\sigma_X} = \rho \frac{Y - \mu_Y}{\sigma_Y},$$

e infine risolvere in Y per ottenere l'equazione (7.6).

7.4 Sostituiamo X con $X - E(X)$ e Y con $Y - E(Y)$. Osserviamo poi che

$$V(X) = E\big((X - E(X))^2\big) = E\big(X^2 - 2X E(X) + (E(X))^2\big),$$

e lo stesso vale per Y. Quindi, applicando la disuguaglianza di Cauchy-Schwarz con il cambio di variabile sopra otteniamo

$$\left| \frac{E\big((X - E(X))(Y - E(Y))\big)}{\sqrt{E\big((X - E(X))^2\big)E\big((Y - E(Y))^2\big)}} \right| \leq 1.$$

Infatti $E\big((X-E(X))(Y-E(Y))\big)=\mathrm{cov}(X,Y)$. Inoltre, osserviamo che $V(a+bX)=b^2V(X)$ e lo stesso vale per Y. Usando la formula $\mathrm{cov}(X,Y)=E(XY)-E(X)E(Y)$ otteniamo $\mathrm{cov}(a+bX,c+dY)=b\,d\,\mathrm{cov}(X,Y)$ dopo un po' di algebra, e infine $\mathrm{corr}(a+bX,c+dY)=\dfrac{b\,d\,\mathrm{cov}(X,Y)}{\sqrt{b^2d^2V(X)V(Y)}}=\dfrac{|b\,d|\,\mathrm{cov}(X,Y)}{b\,d\,\sqrt{V(X)V(Y)}}$.

7.5 Per l'evento congiunto $\{Y\leqslant y\}\cap\{Z\leqslant z\}$ abbiamo due casi:

1. $\{Y\leqslant y\}:=\{\omega\mid Y(\omega)=a\leqslant y\}$ coincide con Ω se $y\geqslant a$;
2. $\{Y\leqslant y\}=\varnothing$ se $y<a$.

Nel caso 1. l'evento congiunto si riduce a $\{Z\leqslant z\}$ e nel caso 2 si riduce a $\varnothing$. Applicando $P(\cdot)$ all'evento congiunto vediamo che il suo valore è sempre uguale a $P(Y\leqslant y)P(Z\leqslant z)$. Sappiamo che per due v.a. indipendenti X,Y e due funzioni opportune $g,h:\mathbb{R}\to\mathbb{R}$ vale $E(g(X)h(Y))=E(g(X))E(h(Y))$. Scegliendo $g(x)=h(x)=x$ otteniamo inoltre che il valore atteso di XY è uguale al prodotto delle speranze di X e Y prese separatamente. Poiché abbiamo dimostrato che la v.a. degenere $Y=a$ e la v.a. $Z=bX$ sono indipendenti allora:

$$\begin{aligned}
V(Y+Z)&=E\big((Y+Z)^2\big)-(E(Y+Z))^2\\
&=E\big(Y^2+2YZ+Z^2\big)-(E(Y))^2-(E(Z))^2-2E(Y)E(Z)\\
&=E(Y^2)-(E(Y))^2+E(Z^2)-(E(Z))^2=V(Y)+V(Z).
\end{aligned}$$

Ma $V(Y)=V(a)=0$ e $V(Z)=V(bX)=b^2V(X)$ e la dimostrazione è completa.

7.6 Per prima cosa abbiamo

$$E(XY)=E(X(a+bX))=a\,E(X)+b\,E(X^2),$$

e chiaramente $E(a+bX)=a+b\,E(X)$. Dunque la formula $\mathrm{cov}(X,Y)=E(XY)-E(X)E(Y)$ fornisce

$$\begin{aligned}
\mathrm{cov}(X,Y)&=a\,E(X)+b\,E(X^2)-E(X)(a+b\,E(X))\\
&=b\Big[E(X^2)-(E(X))^2\Big]=b\,V(X).
\end{aligned}$$

Calcolando ora la correlazione otteniamo:

$$\begin{aligned}
\mathrm{corr}(X,a+b\,X)&=\frac{b\,V(X)}{\sqrt{V(X)b^2\,V(X)}}\\
&=\frac{b\,V(X)}{|b|\,\sqrt{V(X)V(X)}}=\mathrm{sign}(b),
\end{aligned}$$

dove $\mathrm{sign}(b)=1$ se $b>0$ e $\mathrm{sign}(b)=-1$ se $b<0$.

7.7 Eseguendo il prodotto all'interno del valore atteso otteniamo

$$\mathsf{E}\big(X_1 X_2 - X_1 \tilde{X}_2 - \tilde{X}_1 X_2 + \tilde{X}_1 \tilde{X}_2\big) = 2\,\mathsf{E}(X_1 X_2) - 2\,\mathsf{E}(X_1)\mathsf{E}(X_2) = 2\,\mathsf{cov}(X_1, X_2).$$

Abbiamo utilizzato l'uguaglianza in distribuzione che implica $\mathsf{E}(g(X_1, X_2)) = \mathsf{E}(g(\tilde{X}_1, \tilde{X}_2))$ con $g(x, y) = xy$, e anche l'indipendenza che implica la fattorizzazione del valore atteso del prodotto tra due v.a. come il prodotto delle singole speranze, ma poiché l'indipendenza a blocchi implica anche $F_{X_i} \equiv F_{\tilde{X}_i}$ per $i = 1, 2$ allora $\mathsf{E}(X_i) = \mathsf{E}(\tilde{X}_i)$.

7.8 Poiché $Y \overset{\text{a.s.}}{=} X$ significa $\mathsf{P}(Y = X) = 1$, prendiamo $A = \{\omega \in \Omega \mid Y(\omega) = X(\omega)\}$. Considerando poi $B = \{X \leqslant x\}$ abbiamo che $A \cap B$ implica $\{X \leqslant x\} = \{Y \leqslant y\}$. Inoltre, da $A^c = \{X \neq Y\}$ e $A^c \cap B \subset A^c$ otteniamo $\mathsf{P}(X \leqslant x) \leqslant \mathsf{P}(A^c) = 0$ che insieme a $A^c \cap \{Y \leqslant y\} \subset A^c$ implica $\mathsf{P}(X \leqslant x) = \mathsf{P}(Y \leqslant y) = 0$ sugli esiti in cui le due v.a. sono diverse. Abbiamo quindi dimostrato che $Y \overset{\text{a.s.}}{=} X \Rightarrow Y \overset{\text{d}}{=} X$. Vale la pena notare come ciò implichi anche $\mathsf{E}(g(X)) = \mathsf{E}(g(Y))$, poiché il valore atteso dipende dalla distribuzione.

7.9 Ricordiamo che l'uguaglianza a.s. implica $\mathsf{E}(g(X)) = \mathsf{E}(g(Y))$ per ogni funzione limitata o continua $g : \mathbb{R} \to \mathbb{R}$. Ora, le ipotesi implicano $XY \overset{\text{a.s.}}{=} X^2$ poiché $\mathsf{P}(XY = XX) = \mathsf{P}(Y = X) = 1$. Scegliendo quindi $g(x) = x$ abbiamo:

$$\begin{aligned}
\mathsf{corr}(X, Y) &= \frac{\mathsf{E}(XY) - \mathsf{E}(X)\mathsf{E}(Y)}{\sqrt{\mathsf{V}(X)\mathsf{V}(Y)}} \\
&= \frac{\mathsf{E}(XX) - \mathsf{E}(X)\mathsf{E}(X)}{\sqrt{\mathsf{V}(X)\mathsf{V}(X)}} = \frac{\mathsf{V}(X)}{\mathsf{V}(X)} = 1.
\end{aligned}$$

Notiamo che $\mathsf{V}(Y) = \mathsf{E}(X^2) - (\mathsf{E}(X))^2$ per ipotesi. Nel caso $Y \overset{\text{a.s.}}{=} -X$ otteniamo immediatamente $\mathsf{corr}(X, Y) = -1$.

7.10 Dobbiamo verificare che $G(x, y) = \max\{0, F_X(x) + F_Y(y) - 1\}$ soddisfi le condizioni 1.-4. viste nel Paragrafo 3.1 del Capitolo 3. Intanto, si ha $G : \mathbb{R}^2 \to [0, 1]$, per costruzione. Per mostrare il punto 1., cioè G è non decrescente, scegliamo $x_1 \leqslant x_2$ e $y_1 \leqslant y_2$ e poiché le marginali F_X, F_Y sono funzioni di ripartizione (quindi sono non decrescenti), otteniamo:

$$\max\{0, F_X(x_1) + F_Y(y_1) - 1\} \leqslant \max\{0, F_X(x_2) + F_Y(y_2) - 1\}.$$

La continuità da destra, punto 2., si ricava facilmente dalla continuità da destra delle ripartizioni marginali:

$$\lim_{h\downarrow 0}\left(\lim_{k\downarrow 0} \max\{0, F_X(x + h) + F_Y(y + k) - 1\}\right) = \max\{0, F_X(x) + F_Y(y) - 1\}.$$

Per verificare la 3. calcoliamo:

$$\max\{0, F_X(-\infty) + F_Y(y) - 1\} = 0$$
$$\max\{0, F_X(x) + F_Y(-\infty) - 1\} = 0$$
$$\max\{0, F_X(\infty) + F_Y(\infty) - 1\} = 1.$$

Infine, verifichiamo che G soddisfa la 4. per le stesse coppie (x_1, x_2) e (y_1, y_2) come sopra:

$$\max\{0, F_X(x_2) + F_Y(y_2) - 1\} - \max\{0, F_X(x_2) + F_Y(y_1) - 1\}$$
$$- \max\{0, F_X(x_1) + F_Y(y_2) - 1\} + \max\{0, F_X(x_1) + F_Y(y_1) - 1\} \geqslant 0.$$

La verifica che $H(x, y) = \min\{F_X(x), F_Y(y)\}$ è una funzione di ripartizione segue facilmente dallo stesso ragionamento sopra.

Esercizi del Capitolo 8

8.1 Per prima cosa, mostriamo che $X_n \xrightarrow{\text{a.s.}} X$ se e solo se

$$\lim_{n \to \infty} \mathsf{P}\left(\bigcup_{i=n}^{\infty} \{|X_i - X| > \epsilon\} \right) = 0, \quad \text{per ogni } \epsilon > 0.$$

Per la necessità, consideriamo la successione di eventi $A_n(\epsilon) := \bigcup_{i=n}^{\infty} \{|X_i - X| > \epsilon\}$ che è decrescente al tendere di n all'infinito e calcoliamo

$$\lim_{n \to \infty} A_n(\epsilon) = \bigcap_{n=1}^{\infty} \bigcup_{i=n}^{\infty} \{|X_i - X| > \epsilon\}$$
$$= \limsup_{i} \{|X_i - X| > \epsilon\}$$
$$= \{|X_i - X| > \epsilon, \text{ i.o.}\},$$

si veda il Paraegrafo 1.5 per la notazione usata nell'ultimo termine a destra. Per la continuità di $\mathsf{P}(\cdot)$:

$$\lim_{n \to \infty} \mathsf{P}\left(\bigcup_{i=n}^{\infty} \{|X_i - X| > \epsilon\} \right) = \mathsf{P}\left(\lim_{n \to \infty} \bigcup_{i=n}^{\infty} \{|X_i - X| > \epsilon\} \right)$$
$$= \mathsf{P}(|X_i - X| > \epsilon, \text{ i.o.}).$$

Assumendo $X_n \xrightarrow{\text{a.s.}} X$ e considerando $C = \{\lim_{n \to \infty} X_n = X\}$, abbiamo $\mathsf{P}(C) = 1$. Se $\omega \in C$, allora

$$\omega \in A_n^c(\epsilon) = \bigcap_{i=n}^{\infty} \{|X_i - X| > \epsilon\}^c = \bigcap_{i=n}^{\infty} \{|X_i - X| \leqslant \epsilon\},$$

per qualche $n \in \mathbb{N}$. Inoltre,

$$\bigcup_{i=n}^{\infty} A_n^c(\epsilon) = \liminf_i \{|X_i - X| \leqslant \epsilon\} = \{|X_i - X| \leqslant \epsilon, \text{ ev}\}$$
$$\Longleftrightarrow$$
$$\{|X_i - X| > \epsilon, \text{ i.o.}\}^c = \{|X_i - X| \leqslant \epsilon, \text{ ev}\}.$$

Pertanto, $C \subset \{|X_i - X| \leqslant \epsilon, \text{ ev}\}$ e $\mathsf{P}(|X_i - X| \leqslant \epsilon, \text{ ev}) = 1$. Quindi,

$$\mathsf{P}(|X_i - X| > \epsilon, \text{ i.o.}) = 1 - \mathsf{P}(|X_i - X| \leqslant \epsilon \text{ ev}) = 0.$$

Per la sufficienza si veda [11, Prop 5.6]. Avendo mostrato come la convergenza quasi certa implica che la probabilità che infinite v.a. X_i si discostino dalla v.a. limite X di più di ϵ è zero, osserviamo che $\{|X_n - X| > \epsilon\} \subset A_n(\epsilon)$, per ogni $n \in \mathbb{N}$, e quindi

$$\lim_{n \to \infty} \mathsf{P}(|X_n - X| > \epsilon) \leqslant \lim_{n \to \infty} \mathsf{P}(A_n(\epsilon)) = \mathsf{P}(|X_i - X| > \epsilon, \text{ i.o.}) = 0,$$

il che mostra che la convergenza quasi certa implica la convergenza in probabilità.

8.2 Supponiamo $X_n \xrightarrow{\text{ms}} X$ e sia $\epsilon > 0$. Allora, per la disuguaglianza di Markov (cfr. Proposizione 4.2, Paragrafo 4.6) abbiamo:

$$\mathsf{P}(|X_n - X| > \epsilon) = \mathsf{P}(|X_n - X|^2 > \epsilon^2)$$
$$\leqslant \frac{\mathsf{E}((X_n - X)^2)}{\epsilon^2}.$$

Per ipotesi, il numeratore al membro di destra della disuguaglianza tende a zero e il risultato segue.

8.3 Supponiamo $X_n \xrightarrow{\text{ms}} X$. Per la disuguaglianza di Cauchy-Schwarz (4.3), Paragrafo 4.6, abbiamo:

$$\mathsf{E}(|X_n - X|) \leqslant \sqrt{\mathsf{E}((X_n - X)^2)}.$$

Per ipotesi, $\mathsf{E}((X_n - X)^2) \to 0$ quando $n \to \infty$ e quindi anche $\mathsf{E}(|X_n - X|) \to 0$.

8.4 Per la disuguaglianza di Chebyshev (cfr. Proposizione 4.2, Paragrafo 4.6) si ha facilmente:

$$\mathsf{P}(|X_n - X| > \epsilon) \leqslant \frac{\mathsf{E}(|X_n - X|)}{\epsilon}.$$

Infine, l'ipotesi $\mathsf{E}(|X_n - X|) \to 0$ implica $\mathsf{P}(|X_n - X| > \epsilon) \to 0$, quando $n \to \infty$.

8.5 Osserviamo che la costante $\frac{1}{\sqrt{2\pi}}$ in ogni densità campionaria può essere ignorata senza perdita di generalità. Scriviamo quindi:

$$\prod_{i=1}^{n} f(R_i, \theta) = \prod_{i=1}^{n} \sigma^{-1} \exp\left(-\frac{1}{2\sigma^2}(R_i - \mu)^2\right)$$

$$= \sigma^{-n} \exp\left(-\frac{1}{2\sigma^2}\sum_{i=1}^{n}(R_i - \mu)^2\right).$$

L'ultima espressione può essere scritta come

$$\sigma^{-n} \exp\left(-\frac{n\bar{V}_n}{2\sigma^2}\right) \exp\left(-\frac{n(\bar{R}_n - \mu)^2}{2\sigma^2}\right),$$

dove $\bar{R}_n = n^{-1}\sum_{i=1}^{n} R_i$ è la media campionaria e $\bar{V}_n = n^{-1}\sum_{i=1}^{n}(R_i - \mu)^2$ è la varianza campionaria. Infatti, $\sum_{i=1}^{n}(R_i - \mu)^2 = n\bar{V}_n + n(\bar{R}_n - \mu)^2$, poiché $\sum_{i=1}^{n}(R_i - \mu)^2$ è uguale a $\sum_{i=1}^{n}(R_i - \bar{R}_n + \bar{R}_n - \mu)^2$, e

$$2\sum_{i=1}^{n}(R_i\bar{R}_n - \mu R_i - \bar{R}_n\bar{R}_n + \bar{R}_n\mu) = 0.$$

Passando alla verosimiglianza logaritmica,

$$h(\mu, \sigma) = -n\ln\sigma - \frac{n\bar{V}_n}{2\sigma^2} - \frac{n(\bar{R}_n - \mu)^2}{2\sigma^2},$$

ponendo le condizioni del primo ordine

$$\frac{\partial}{\partial\mu}h(\mu,\sigma) = 0, \quad \frac{\partial}{\partial\sigma}h(\mu,\sigma) = 0$$

otteniamo infine i massimizzatori desiderati $\bar{R}_n$ e $\sqrt{\bar{V}_n}$.

8.6 Poniamo $\alpha = \mathsf{E}(T_n)$ e calcoliamo:

$$\begin{aligned}
\mathsf{E}((T_n - \theta)^2) &= \mathsf{E}((T_n - \theta + \alpha - \alpha)^2) \\
&= \mathsf{E}((T_n - \alpha)^2 + (\alpha - \theta)^2 + 2(T_n - \alpha)(\alpha - \theta)) \\
&= \mathsf{E}((T_n - \alpha)^2 + (\alpha - \theta)^2) + 2\mathsf{E}(\alpha^2 - \theta\alpha - \alpha^2 + \theta\alpha) \\
&= (\alpha - \theta)^2 + \mathsf{E}((T_n - \alpha))^2 \\
&= (\text{bias}(T_n))^2 + \mathsf{V}(T_n).
\end{aligned}$$

Assumendo che $(\text{bias}(T_n))^2 \to 0$ e $\sqrt{\mathsf{V}(T_n)} \to 0$, quando $n \to \infty$, dal risultato sopra segue anche che MSE $\to 0$. Di conseguenza, $T_n \xrightarrow{\text{ms}} \theta$ e per il Teorema 8.1, parte (iii), segue la convergenza in probabilità.

8.7 Sappiamo che $X \stackrel{\text{a.s.}}{=} Y$ è equivalente a $X - Y \stackrel{\text{a.s.}}{=} 0$. Ora, sia $\mathcal{N}^p$ il sottoinsieme di $\mathcal{L}^p$ che contiene tutte le v.a. Z t.c. $\mathsf{E}(|Z|^p)^{1/p} = 0$ per $p \in [1, \infty)$, o equivalentemente $\mathsf{E}(|Z|^p) = 0$. Poiché $|Z| \geqslant 0$, per l'Esercizio 4.17, parte 3., abbiamo anche $Z \stackrel{\text{a.s.}}{=} 0$. Prendendo $Z = X - Y$ la relazione $X \stackrel{\text{a.s.}}{=} Y$ ora si legge $X - Y \in \mathcal{N}^p$. Chiaramente, $X \stackrel{\text{a.s.}}{=} X$ è $X - X = 0 \in \mathcal{N}^p$ che implica la riflessività. Poiché $X \stackrel{\text{a.s.}}{=} Y$ è lo stesso che $Y \stackrel{\text{a.s.}}{=} X$ abbiamo $Y - X \in \mathcal{N}^p$ e la relazione è simmetrica. Per mostrare la transitività, usiamo la disuguaglianza triangolare

$$
\begin{aligned}
|X - U| &= |X - Y + Y - U| \\
&\leqslant |X - Y| + |Y - U|,
\end{aligned}
$$

che è equivalente a

$$
\mathsf{E}(|X - U|^p)^{1/p} \leqslant \mathsf{E}(|X - Y| + |Y - U|^p)^{1/p}.
$$

Applicando la disuguaglianza di Minkowski (cfr. Teorema 4.5) al termine di destra otteniamo

$$
\mathsf{E}(|X - Y| + |Y - U|^p)^{1/p} \leqslant \mathsf{E}(|X - Y|^p)^{1/p} + \mathsf{E}(|Y - U|^p)^{1/p}.
$$

Supponiamo $X \stackrel{\text{a.s.}}{=} Y$ e $Y \stackrel{\text{a.s.}}{=} U$, cioè $X - Y \in \mathcal{N}^p$ e $Y - U \in \mathcal{N}^p$. Le speranze al membro destro dell'ultima disuguaglianza sopra sono nulle per ipotesi, quindi mettendo insieme otteniamo $\mathsf{E}(|X - U|^p)^{1/p} = 0$ o equivalentemente $\mathsf{E}(|X - U|^p) = 0$. Allora, $X - U \in \mathcal{N}^p$ il che significa $X \stackrel{\text{a.s.}}{=} U$ e la transitività è dimostrata. Poiché $\stackrel{\text{a.s.}}{=}$ è una relazione di equivalenza su $\mathcal{L}^p$ possiamo prendere il suo spazio quoziente $\mathcal{L}^p \backslash_{\stackrel{\text{a.s.}}{=}}$ come l'insieme denotato da L^p contenente tutte le classi di equivalenza indotte da $\stackrel{\text{a.s.}}{=}$. Dunque, $X \in L^p$ se e solo se $|X|^p \in \mathcal{L}^p$ e ci sono v.a. W in $\mathcal{L}^p$ con $|W|^p \in \mathcal{L}^p$ e tali che $X \stackrel{\text{a.s.}}{=} W$.

Esercizi del Capitolo 9

9.1 Abbiamo $B_{ct} \sim \mathrm{N}(0, c\,t)$ per la definizione di moto browniano. Inoltre, $\sqrt{c}\,B_t \sim \mathrm{N}(0, c\,t)$, poiché $\mathsf{E}(\sqrt{c}\,B_t) = \sqrt{c}\,\mathsf{E}(B_t)$, che è zero, e $\mathsf{V}(\sqrt{c}\,B_t) = (\sqrt{c})^2 \mathsf{V}(B_t) = c\,t$.

9.2 Calcoliamo:

$$
\begin{aligned}
\mathsf{P}(B_4 < 4 \mid B_2 = 2) &= \mathsf{P}(B_4 - B_2 < 4 - 2 \mid B_2 = 2) \\
&\stackrel{\text{indip.}}{=} \mathsf{P}(B_4 - B_2 < 2) \\
&\stackrel{\text{incr. stat.}}{=} \mathsf{P}(B_2 < 2) \\
&\stackrel{\text{scaling}}{=} \mathsf{P}\left(\sqrt{2}B_1 < 2\right) = \mathsf{P}\left(B_1 < \sqrt{2}\right).
\end{aligned}
$$

Quest'ultima è la ripartizione della v.a. $\mathrm{N}(0, 1)$ valutata in $\sqrt{2}$.

9.3 Per il moto browniano con drift abbiamo:

$$\mathsf{E}(\tilde{B}_t) = \mu t + \sigma \mathsf{E}(B_t) = \mu t,$$
$$\mathsf{V}(\tilde{B}_t) = \mathsf{V}(\mu t + \sigma B_t) = \sigma^2 \mathsf{V}(B_t) = \sigma^2 t.$$

Osserviamo che, per $s, t > 0$, si ha

$$\mathsf{cov}(\tilde{B}_t, \tilde{B}_s) = \mathsf{E}(\tilde{B}_t \tilde{B}_s) - \mathsf{E}(\tilde{B}_t)\mathsf{E}(\tilde{B}_s)$$
$$= \mu t \mu s + \sigma^2 \mathsf{E}(B_t B_s) - \mu t \mu s = \sigma^2 \min\{s, t\}.$$

Per il moto geometrico browniano abbiamo per $x > 0$:

$$\mathsf{P}(S_t \leqslant x) = \mathsf{P}(S_0 e^{\mu t + \sigma B_t} \leqslant x)$$
$$= \mathsf{P}\left(\mu t + \sigma B_t \leqslant \ln\left(\frac{x}{S_0}\right)\right)$$
$$= \mathsf{P}\left(B_t \leqslant \frac{\ln x - \ln S_0 - \mu t}{\sigma}\right)$$
$$= \mathsf{P}\left(\sqrt{t} B_1 \leqslant \frac{\ln x - \ln S_0 - \mu t}{\sigma}\right)$$
$$= \mathsf{P}\left(B_1 \leqslant \frac{\ln x - \ln S_0 - \mu t}{\sqrt{t}\sigma}\right).$$

Infine, la MGF $M_{\mu + \sigma B_t}(u) = M_{\mu + \sqrt{t}\sigma B_1}(u)$ è pari a $\exp(\mu t + \frac{t\sigma^2 u^2}{2})$, da cui otteniamo $\mathsf{E}(e^{\sqrt{t} B_1}) = e^{t\sigma^2 u^2/2}$ e inoltre $\mathsf{E}(e^{\sigma B_t}) = e^{\sigma^2 t/2}$. Da questo e dalle Eq. (5.34) e (5.35) del Paragrafo 5.7, seguono le espressioni per il valore atteso e la varianza di S_t.

9.4 Calcoliamo la probabilità che B_t sia al più $a > 0$:

$$\mathsf{P}(B_t \geqslant a) \overset{\text{legge prob. tot.}}{=} \mathsf{P}(B_t \geqslant a \mid T_a \leqslant t)\mathsf{P}(T_a \leqslant t)$$
$$+ \mathsf{P}(B_t \geqslant a \mid T_a > t)\mathsf{P}(T_a > t).$$

Assumendo $T_a > t$ abbiamo che B_t non ha raggiunto la barriera $y = a$, quindi $\{B_t \geqslant a\}$ ha probabilità zero, e il secondo termine a destra si annulla. Inoltre, per il principio di riflessione abbiamo anche

$$\mathsf{P}(B_t \geqslant a \mid T_a \leqslant t) = \mathsf{P}(B_t \leqslant a \mid T_a \leqslant t) = \frac{1}{2},$$

quindi $\mathsf{P}(B_t \geqslant a) = \frac{1}{2}\mathsf{P}(T_a \leqslant t)$ e infine $\mathsf{P}(T_a \leqslant t) = 2\mathsf{P}(B_t \geqslant a)$. Riscrivendo quest'ultima probabilità per una normale standard $Z \sim N(0, 1)$ si ha:

$$2\mathsf{P}(B_t \geqslant a) = 2\left(1 - F_Z\left(\frac{a}{\sqrt{t}}\right)\right).$$

9.5 Per il massimo (running maximum) di un moto browniano standard, ossia la v.a. $\bar{B}_t := \sup_{u \in [0,t]} B_u$, notiamo che $\{\bar{B}_t > a\}$ e $\{T_a < t\}$ sono equivalenti, per a positivo. Pertanto,

$$\mathsf{P}(\bar{B}_t \leq a) = 1 - \mathsf{P}(\bar{B}_t > a) = 1 - \mathsf{P}(T_a \leq t),$$

dove nell'ultima uguaglianza abbiamo usato il fatto che la v.a. T_a ha distribuzione continua con ripartizione[12] $2(1 - F_Z(\frac{a}{\sqrt{t}}))$, per $Z \sim N(0, 1)$, si veda l'Esercizio 9.4. Infine, la ripartizione desiderata è $2F_Z(\frac{a}{\sqrt{t}}) - 1$.

Esercizi del Capitolo 10

10.1 Calcoliamo il corrispondente quantile $Q_X(0.05) = -10$ che è proprio $-\mathrm{VaR}_{c,T}(X)$, poiché

$$F_X(-10) = \mathsf{P}(X = -105) + \mathsf{P}(X = -57) + \mathsf{P}(X = -10) = 0.165.$$

Abbiamo considerato il valore *più piccolo* nel dominio di F_X tale che si superi il livello di probabilità dato $c = 0.05$, ossia $0.045 = F_X(-57) < 0.05 < F_X(-10)$. Qui il supporto della v.a. P&L è $X = \{-105, -57, -10, 39, 98, 226\}$, e dovremmo essere confidenti che al $100(1 - c)\% = 95\%$ si abbiano solo ricavi.

10.2 Vale la seguente catena di equivalenze:

$$\begin{aligned}
Q^-_{-X}(1 - c) &= \inf\{x \in \mathbb{R} \mid \mathsf{P}(-X \leq x) \geq 1 - c\} \\
&= \inf\{x \in \mathbb{R} \mid 1 - \mathsf{P}(X < -x) \geq 1 - c\} \\
&= \inf\{x \in \mathbb{R} \mid \mathsf{P}(X < -x) \leq c\} \\
&= -\sup\{y \in \mathbb{R} \mid \mathsf{P}(X < y) \leq c\} = -Q^+_X(c).
\end{aligned}$$

10.3 Per dimostrare che $S_t = S_0 e^{(\alpha - \sigma^2/2)t + \sigma B_t}$ è una soluzione della SDE $dS_t = \alpha S_t dt + \sigma S_t dB_t$, applichiamo la formula di Itô con $S_t = f(t, Y_t) = S_0 e^{\mu t + \sigma Y_t}$, e consideriamo la SDE diffusiva $dY_t = X_t dt + Z_t dB_t$ con $X_t = 0$ e $Z_t = 1$, cioè, $dY_t = dB_t$ e $y = B_t$. Quindi:

$$\begin{aligned}
df(t, B_t) = dS_t &= \left(\frac{\partial f}{\partial t} + \frac{1}{2}\frac{\partial^2 f}{\partial y^2}\right)dt + \frac{\partial f}{\partial y}dB_t \\
&= S_t\left((\mu + \tfrac{1}{2}\sigma^2)dt + \sigma dB_t\right).
\end{aligned}$$

---

[12] L'evento $\{T_a = t\}$ ha probabilità zero.

Alla fine, basta porre $\alpha = \mu + \frac{1}{2}\sigma^2$, cioè, $\mu = \alpha - \frac{1}{2}\sigma^2$. Abbiamo usato le seguenti derivate parziali:

- $\frac{\partial f}{\partial y} = \sigma S_0 e^{\mu t + \sigma B_t} = \sigma S_t$,

- $\frac{\partial f}{\partial t} = \mu S_0 e^{\mu t + \sigma B_t} = \mu S_t$,

- $\frac{\partial^2 f}{\partial y^2} = \sigma^2 S_0 e^{\mu t + \sigma B_t} = \sigma^2 S_t$.

Quindi otteniamo

$$\frac{\mathrm{d}S_t}{S_t} = \mathrm{d}\ln S_t = \left(\alpha - \tfrac{1}{2}\sigma^2\right)\mathrm{d}t + \sigma\,\mathrm{d}B_t,$$

e integrando entrambi i membri si ha[13]

$$\int_0^t \mathrm{d}\ln S_u = \ln S_t - \ln S_0 = \ln\left(\frac{S_t}{S_0}\right)$$
$$= \left(\alpha - \tfrac{1}{2}\sigma^2\right)\int_0^t \mathrm{d}u + \sigma\int_0^t \mathrm{d}B_u$$
$$= \left(\alpha - \tfrac{1}{2}\sigma^2\right)t + \sigma(B_t - B_0)$$
$$\Longleftrightarrow$$
$$S_t = S_0 e^{(\alpha - \frac{1}{2}\sigma^2)t + \sigma B_t}.$$

10.4 Ponendo $t = 0$ e $S_0 = y$ otteniamo la seguente catena di equivalenze:

$$S_T > K \Longleftrightarrow e^{(r - \sigma^2/2)T + \sigma\sqrt{T}z} > K/y$$
$$\Longleftrightarrow z > \frac{\ln(K/y) - (r - \sigma^2/2)T}{\sigma\sqrt{T}}$$
$$\Longleftrightarrow z > \sigma\sqrt{T} - d_1, \tag{9}$$

dove $\ln(y/K) = -\ln(K/y)$. Inoltre abbiamo:

$$E_{\tilde{P}}(\mathbf{I}_{\{S_T > K\}}) = \tilde{P}(S_T > K)$$
$$= \tilde{P}(z > \sigma\sqrt{T} - d_1)$$
$$= \tilde{P}(z < d_1 - \sigma\sqrt{T})$$
$$= F_Z(d_1 - \sigma\sqrt{T}) = F_Z(d_2). \tag{10}$$

---

[13] Abbiamo anche usato $\frac{\mathrm{d}f}{f} = \frac{f'}{f} = \mathrm{d}\ln f$, come per una funzione reale deterministica f.

Ponendo $c = \sigma\sqrt{T} - d_1$ e usando la (9) abbiamo anche:

$$
\begin{aligned}
\mathsf{E}_{\tilde{\mathsf{P}}}(\mathbf{I}_{\{S_T > K\}}\, S_T) &= \int_c^{\infty} y\, e^{(r-\sigma^2/2)T + \sigma\sqrt{T}z}\, \frac{1}{\sqrt{2\pi}}\, e^{-z^2/2} dz \\
&= \frac{1}{\sqrt{2\pi}}\, x\, e^{(r-\sigma^2/2)T} \int_c^{\infty} e^{-(x^2 - 2\sigma\sqrt{T}z)/2} dz \\
&= \frac{1}{\sqrt{2\pi}}\, y e^{rT} \int_c^{\infty} e^{-(z-\sigma\sqrt{T})^2/2} dz \\
&= y e^{rT}\, \frac{1}{\sqrt{2\pi}} \int_{-d_1}^{\infty} e^{-w^2/2} dw \quad [w = z - \sigma\sqrt{T}] \\
&= y e^{rT}\, \mathsf{P}(z > -d_1) = y e^{rT}\, F_Z(d_1).
\end{aligned}
\tag{11}
$$

Il payoff di una opzione call europea è $(S_T - K)^+ = (S_T - K)\mathbf{I}_{\{S_T > K\}}$, quindi usando le (10) e (11) nell'espressione

$$
\begin{aligned}
C_0 &= \mathsf{E}(\mathbf{I}_{\{S_T > K\}}(S_T - K)) \\
&= e^{-rt}\mathsf{E}(\mathbf{I}_{\{P_T > K\}}S_T) - K\, e^{-rt}\mathsf{E}(\mathbf{I}_{\{S_T > K\}}),
\end{aligned}
$$

otteniamo il risultato desiderato.

Appendice A: espansioni binarie

Per ogni numero reale $a \in \mathbb{R}$ possiamo scrivere una **espansione binaria**, cioè un'espressione del tipo

$$b_0.b_1 b_2 \ldots b_n \ldots = \left(b_0 + \tfrac{b_1}{2^1} + \tfrac{b_2}{2^2} + \cdots + \tfrac{b_n}{2^n} + \cdots \right), \qquad \text{(A.1)}$$

dove le cifre b_i sono prese dall'insieme $\{0, 1\}$, mentre b_0 può essere espresso come $c_n 2^n + \cdots + c_1 2^1 + c_0 2^0$ e ancora $c_i \in \{0, 1\}$. Siamo certi che la serie infinita $\sum_{i=1}^{\infty} \tfrac{b_i}{2^i}$ converge poiché le sue somme parziali sono crescenti e limitate superiormente, si veda l'Appendice B. Mostriamo che a ogni numero reale a corrisponde un'espansione binaria la cui somma è proprio a. Ci limitiamo al caso $0 \leqslant a < 1$ (con $b_0 = 0$) poiché le espansioni binarie per numeri maggiori si costruiscono in modo analogo. Scegliamo $a \in [0, 1)$ e osserviamo che a appartiene solo a uno dei due intervalli $[0, \tfrac{1}{2})$ e $[\tfrac{1}{2}, 1)$. Questa prima scelta equivale a suddividere $[0, 1)$ in due sottointervalli, ciascuno di lunghezza $\tfrac{1}{2}$. Se a appartiene a $[0, \tfrac{1}{2})$ poniamo $b_1 = 0$, altrimenti poniamo $b_1 = 1$. Quindi, poiché $b_0 = 0$ possiamo scrivere il sottointervallo contenente a come $[b_0 + \tfrac{b_1}{2}, b_0 + \tfrac{b_1+1}{2})$, il che è equivalente a considerare i due intervalli $[b_0, b_0 + \tfrac{1}{2})$ e $[b_0 + \tfrac{1}{2}, b_0 + \tfrac{2}{2})$. Ovviamente, l'estremo sinistro $b_0 + \tfrac{b_1}{2}$ è il $\frac{\text{massimo intero}}{2}$ minore o uguale ad a. Suddividendo ulteriormente $[b_0 + \tfrac{b_1}{2}, b_0 + \tfrac{b_1+1}{2})$ in due intervalli di tipo $[\ , \ )$ e di uguale lunghezza $\tfrac{1}{2}$ poniamo $b_2 = 0$ se a appartiene al primo sottointervallo, altrimenti $b_2 = 1$. Possiamo scrivere il sottointervallo contenente a come $[b_0 + \tfrac{b_1}{2} + \tfrac{b_2}{2^2}, b_0 + \tfrac{b_1}{2} + \tfrac{b_2+1}{2^2})$. Ancora, l'estremo sinistro di quest'ultimo intervallo è il $\frac{\text{massimo intero}}{2^2}$ minore o uguale ad a. Naturalmente, proseguendo in questo modo troviamo $b_0.b_1 b_2 \ldots b_n$ che per costruzione differisce da a meno di $\tfrac{1}{2^n}$, infatti possiamo scrivere

$$b_0.b_1 b_2 \ldots b_n \leqslant a < b_0.b_1 b_2 \ldots b_n + \tfrac{1}{2^n},$$

poiché al passo n abbiamo suddiviso l'intervallo contenente a in n sottointervalli di uguale lunghezza $\tfrac{1}{2^n}$. Se continuiamo questa procedura infinite volte allora $n \to \infty$ e l'uguaglianza $a = b_0.b_1 b_2 b_3, \ldots$ è dimostrata (cfr. sqeezing argument). La stessa costruzione può essere adattata per espandere qualsiasi numero reale a tramite una rappresentazione decimale. Iniziamo con l'intervallo $[q_0, q_0 + 1)$ contenente a, dove

q_0 è il massimo numero naturale minore o uguale ad a. Se dividiamo questo intervallo in 10 sottointervalli di tipo $[\,,\,)$ e di uguale lunghezza $\frac{1}{10}$, allora a appartiene solo a uno di questi e possiamo denotare il suo estremo sinistro con $q_0 + \frac{q_1}{10}$ dove $q_1 \in \{0, 1, 2, \ldots, 9\}$. Ora $b_0 + \frac{q_1}{10}$ è il $\frac{\text{massimo intero}}{10}$ che è minore o uguale ad a. Ripetendo questa suddivisione n volte otteniamo $q_0.q_1q_2 \ldots q_n$ che differisce da a meno di $\frac{1}{10^n}$. Quindi, lo stesso procedimento al limite di prima comporta l'uguaglianza desiderata $a = q_0.q_1q_2q_3 \ldots$ Mostriamo un'applicazione dell'espansione binaria in campo probabilistico (si veda l'Appendice al Capitolo 1).

Esempio A.1

Modelliziamo l'esperimento del lancio di una moneta equa infinite volte utilizzando l'intervallo $[0, 1)$ come spazio campionario. Infatti, ogni esito $\omega \in [0, 1)$ può essere considerato come un'espansione binaria $0.b_1b_2 \ldots = \sum_{i=1}^{\infty} \frac{b_i}{2^i}$, dove al solito $b_i \in \{0, 1\}$. Interpretiamo un tale ω come una successione $b_1, b_2, \ldots$ di 0 e/o 1 che indicano una croce oppure una testa, rispettivamente. In base a quanto detto all'inizio dell'Appendice, un possibile evento, sottoinsieme di $[0, 1)$, può essere la raccolta degli ω tali che siano noti i risultati dei primi n lanci

$$A = \left\{ \omega \in [0, 1) \mid b_i \in \{0, 1\}, \, i = 1, \ldots, n \right\} = \left(\sum_{i=1}^{n} \frac{b_i}{2^i}, \sum_{i=1}^{n} \frac{b_i}{2^i} + \frac{1}{2^n} \right]. \quad \text{(A.2)}$$

Così, se $b_1 = 0$ sappiamo che l'evento è rappresentato dall'insieme di tali ω corrispondente all'intervallo

$$\left[\frac{b_1}{2^1}, \frac{b_1}{2^1} + \frac{1}{2^1} \right) = \left[0, \tfrac{1}{2} \right),$$

oppure se $b_1 = 0$ e $b_2 = 1$ allora l'evento è

$$\left[\frac{b_1}{2^1} + \frac{b_2}{2^2}, \frac{b_1}{2^1} + \frac{b_2}{2^2} \frac{1}{2^2} \right) = \left[\tfrac{1}{4}, \tfrac{1}{2} \right).$$

Dato che eventi di tale specie sono intervalli diadici possiamo assegnare loro la probabilità

$$\mathsf{P}(A) = \tfrac{1}{2^n},$$

pari alla loro lunghezza. Un altro tipo di evento è quello formato dagli ω tali che vi siano $0 \leqslant k \leqslant n$ teste:

$$B = \left\{ \omega \in [0, 1) \, \Big| \, \sum_{i=1}^{n} b_i = k \right\}.$$

In tal caso, rimangono $n - k$ lanci tra i primi n in cui gli 0 e gli 1 possono manifestarsi anche con ripetizione per un totale di $\binom{n}{k}$ unioni di intervalli di tipo (A.2), tutti di lunghezza $\frac{1}{2^n}$, contenenti gli esiti ω equivalenti alle espansioni binarie con k cifre binarie $b_i = 1$ e $n - k$ cifre binarie $b_i = 0$ rispetto ai primi n lanci. Pertanto la probailità vale

$$\mathsf{P}(B) = \binom{n}{k} \frac{1}{2^n}.$$

Appendice B: successioni di numeri reali

Una funzione $f : \{1, 2, \ldots, n\} \to \mathbb{R}$ ha immagine $f(\{1, 2, \ldots, n\}) = \{x_1, x_2, \ldots, x_n\} \subset \mathbb{R}$. Di solito scriviamo il suo valore in $i \in \{1, 2, \ldots, n\}$ come $f(i) = x_i$ e la chiamiamo una **successione finita**. È possibile definire una **successione infinita** semplicemente sostituendo il dominio $\{1, 2, \ldots, n\}$ con l'insieme dei numeri naturali $\mathbb{N}$. Una successione infinita si scrive $x_1, x_2, \ldots$ o brevemente $(x_n)_n$ dove il numero x_n è detto il **termine n-esimo** della successione: in effetti $(x_n)_n$ è una famiglia indicizzata di numeri reali.

Esempio B.1

Per ogni $n \in \mathbb{N}$ definiamo:

$$x_n = (-1)^n, \qquad x_1, x_2, x_3, x_4 = -1, 1, -1, 1$$

$$y_n = \frac{1}{n+1}, \qquad y_1, y_2, y_3, y_4 = \tfrac{1}{2}, \tfrac{1}{3}, \tfrac{1}{4}, \tfrac{1}{5}$$

$$z_n = 2(n - 1), \quad z_1, z_2, z_3, z_4 = 0, 2, 4, 6.$$

$(x_n)_n$, $(y_n)_n$ e $(z_n)_n$ sono tutte successioni infinite i cui primi quattro termini sono mostrati sopra a destra.

L'esempio precedente illustra alcune caratteristiche importanti delle successioni. Può accadere che $x_{n_1} \neq x_{n_2}$ per ogni $n_1 \neq n_2$ nel dominio della successione, cioè i termini sono tutti distinti. Ma la successione con n-esimo termine $x_n = (-1)^n$ nell'esempio sopra mostra che sono ammessi termini ricorrenti. Inoltre, può accadere che $x_n \leq x_{n+1}$ oppure $x_n \geq x_{n+1}$ per ogni $n \in \mathbb{N}$ e, nel primo caso, chiamiamo tale successione **crescente**, mentre nel secondo caso la chiamiamo **decrescente**. In entrambi i casi abbiamo una **successione monotona**. Quindi, per valori maggiori di n:

(a) i termini x_n sono lontani tra loro quando n tende all'infinito

(b) i termini x_n non sono mai vicini tra loro

(c) I termini x_n sono sempre più vicini tra loro quando n tende all'infinito.

D. Rossello, *Formulario di Probabilità Uno*, La Matematica per il 3+2,
https://doi.org/10.1007/978-3-032-18769-7

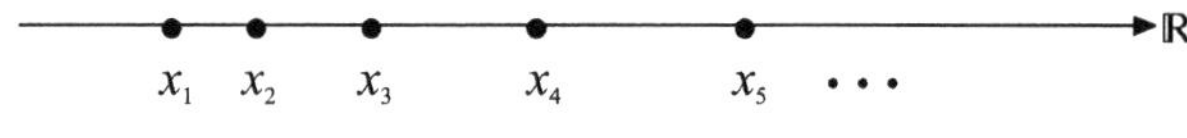

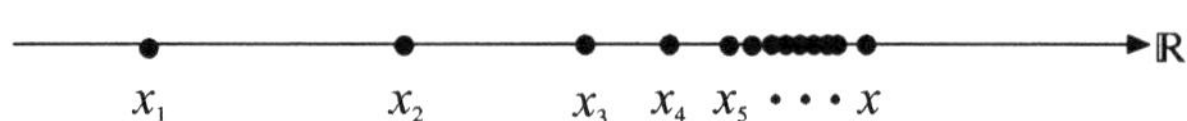

Figura B.1 In alto: successione crescente divergente. In basso: successione crescente che converge a x

Una successione $(x_n)_n$ di tipo (a) si dice **divergente**. Se $(x_n)_n$ è inoltre crescente scriviamo $\lim_{n\to\infty} x_n = \infty$ oppure $x_n \to \infty$. Nel caso (c) la successione si dice **convergente** a un numero $x \in \mathbb{R}$ che chiamiamo **limite** e scriviamo $\lim_{n\to\infty} x_n = x$ oppure $x_n \to x$. La figura B.1 mostra il *comportamento in coda* di una successione. Per una descrizione più formale abbiamo bisogno del concetto di **intorno**, che permette di misurare quanto i termini x_n siano vicini tra loro nella coda di una successione, per n sufficientemente grande. Se effettivamente la successione è convergente a x, allora dobbiamo anche conoscere la vicinanza dei termini x_n al presunto limite x. Questa prossimità può essere catturata dall'intervallo aperto $(x - \epsilon, x + \epsilon)$ centrato in x, per il quale scegliamo un arbitrario $\epsilon > 0$. Quindi, se $x_n \to x$ possiamo trovare un intero positivo M per ogni $\epsilon > 0$ tale che $n \geq M$ implica $x_n \in (x - \epsilon, x + \epsilon)$. Un ragionamento simile si applica alle successioni decrescenti che convergono a x. Per una successione decrescente divergente si ha $\lim_{n\to\infty} x_n = -\infty$. Il caso (b) sopra si riferisce a successioni che non sono né convergenti né divergenti poiché i loro termini invece oscillano. Di seguito forniamo la definizione di convergenza di una successione, cfr. Figura B.2.

Definizione B.1
Una successione $(x_n)_n$ si dice **convergente** al limite x se per ogni $\epsilon > 0$ esiste un intero $M \in \mathbb{N}$, che dipende da ϵ, tale che $n \geq M \Rightarrow |x_n - x| < \epsilon$. Scriviamo $\lim x_n = x$ oppure $x_n \to x$, per $n \to \infty$.

Figura B.2 Dato $\epsilon > 0$, troviamo $M = 2$ e da questo valore dell'indice in poi, $n \geq M$, i termini $x_2, x_3, \dots$ sono vicini tra loro e vicini a x. Scegliendo $\epsilon' > 0$ troviamo $M = 4$ e $x_4, x_5, \dots$ sono sempre più vicini a x

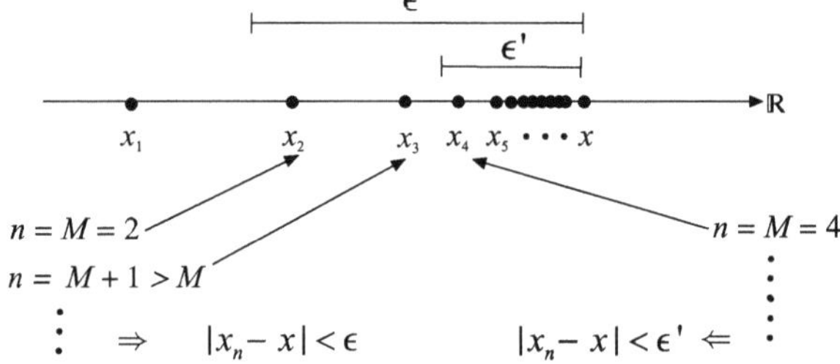

Esempio B.2

Sia $(x_n)_n$ una successione con n-esimo termine $x_n = a^n$, dove $a \in \mathbb{R}$. Se $a = 1$ abbiamo $1^n = 1$ per ogni intero n, quindi, per ogni $\epsilon > 0$ troviamo $M \in \mathbb{N}$ tale che $n \geq M$ implica $|1 - 1| < \epsilon$ e la successione è convergente. Ora, supponiamo $|a| < 1$. Allora, per ogni $\epsilon > 0$ esiste $M \in \mathbb{N}$ tale che $n \geq M$ implica $|a^n| < \epsilon$. Infatti, $\epsilon^{1/n} \to 1$ mentre $|a| < 1$ e quindi possiamo trovare M tale che $|a| < \epsilon^{1/M}$. Da quest'ultima relazione deduciamo che $|a^M| = |a|^M < \epsilon$ e questo a sua volta implica $|a^n| < |a^M| < \epsilon$ per $n \geq M$. Concludiamo che $a_n \to 0$. Se $|a| > 1$ la successione diverge, $a^n \to \infty$. Chiamiamo $a^1, a^2, a^3, \ldots$ una *successione geometrica*.

Una successione è limitata superiormente (inferiormente) se l'insieme $R = \{x_1, x_2, \ldots\}$ è tale che $\sup R$ ($\inf R$) è finito. Se una successione $(x_n)_n$ è sia limitata superiormente che inferiormente, allora si dice **limitata**. Possiamo scrivere $\sup_n x_n$ e $\inf_n x_n$ per indicare il massimo e il minimo dell'insieme immagine della successione. Chiaramente, per una successione limitata possiamo trovare un numero $U > 0$ tale che $|x_n| < U$ per ogni $n \in \mathbb{N}$, cioè $x_n \in (-U, U)$. Si osservi che la successione $((-1)^n)_n$ dell'esempio B.1 è limitata ma non è convergente. Al contrario, ogni successione convergente è sempre limitata. Ma prima, analizziamo il comportamento delle successioni monotone.

Teorema B.1

Ogni successione crescente (decrescente) che è limitata superiormente (inferiormente) è convergente.

Dimostrazione Per ipotesi $(x_n)_n$ è limitata superiormente quindi esiste $x = \sup\{x_n \mid n \in \mathbb{N}\} < \infty$. Dobbiamo mostrare che $\lim_{n \to \infty} x_n = x$. Allora, fissiamo $\epsilon > 0$ e troviamo $M \in \mathbb{N}$ tale che $x - \epsilon < x_M \leq x$. Possiamo scrivere $x - x_M < \epsilon$. Ma $(x_n)_n$ è crescente, quindi per ogni $n > M$ abbiamo $x_M \leq x_n$ e $x - x_n \leq x - x_M$. Questo implica $|x - x_n| = x - x_n \leq x - x_M < \epsilon$ e la dimostrazione è completa. ∎

Se una successione è crescente e limitata superiormente scriviamo $x_n \uparrow x$ e $x = \sup\{x_n\}$. Analogamente, per successioni decrescenti che sono limitate inferiormente scriviamo $x_n \downarrow x$ e $x = \inf\{x_n\}$. Quindi, le successioni monotone che sono limitate hanno sempre un limite. Le seguenti proprietà sono utili:

1. Se $(x_n)_n$, $(y_n)_n$ e $(z_n)_n$ sono tali che $x_n \leq z_n \leq y_n$ per ogni n e $\lim x_n = \lim y_n = x$, allora $z_n \to x$.
2. Per ogni $a, b \in \mathbb{R}$ la successione $(ax_n + by_n)_n$ converge al limite $ax + by$ se e solo se $\lim x_n = x$ e $\lim y_n = y$.
3. Se $(x_n y_n)_n$ si ottiene moltiplicando due successioni convergenti $x_n \to x$ e $y_n \to y$, allora $\lim x_n y_n = xy$.

4. Se $x_n \leqslant y_n$ per ogni n e $x_n \to x$, $y_n \to y$, allora $x \leqslant y$, anche nota come **regola del confronto**. Si può scegliere la **successione costante** $y_n = a$ per ogni n. La scelta $a = 0$ fornisce la **regola della permanenza del segno**.

5. Se $\lim_n |x_n| = z$, allora anche la successione originale converge, $x_n \to z$ (**convergenza assoluta**).

Esempio B.3

Sia $(x_n)_n$ una successione con termine n-esimo $x_n = \frac{(-1)^{n-1}}{n!}$. Se prendiamo il limite per $n \to \infty$ otteniamo $\frac{(-1)^\infty}{\infty}$. Grazie alla proprietà 5. sopra consideriamo invece la successione dei valori assoluti $|x_n| = \left| \frac{(-1)^{n-1}}{n!} \right| = \frac{|(-1)^{n-1}|}{|n!|}$ il cui limite esiste ed è zero. Concludiamo che $x_n \to 0$.

Una successione convergente ha un unico limite. Se $x_n \to x$ e $x_n \to y$ con $x \neq y$, scegliendo $\epsilon = \frac{|y-x|}{4}$ abbiamo:

$$(x - \epsilon, x + \epsilon) \cap (y - \epsilon, y + \epsilon) = \varnothing.$$

Ma per ipotesi dovremmo avere $M_1, M_2 \in \mathbb{N}$ tali che

$$n \geqslant M_1 \Rightarrow x_n \in (x - \epsilon, x + \epsilon), \qquad e \qquad n \geqslant M_2 \Rightarrow x_n \in (y - \epsilon, y + \epsilon),$$

il che è impossibile. Data una successione $(x_n)_n$ possiamo 'estrarre' una nuova successione tramite una opportuna selezione di un sottoinsieme di indici in $\mathbb{N}$. Più precisamente, siano $i_1 < i_2 < i_3 < \cdots$ interi positivi e definiamo la funzione $i_n \mapsto x_{i_n}$ per ogni $n \in \mathbb{N}$. Questa non è altro che una **sottosuccessione** di $(x_n)_n$ scritta $(x_{i_n})_n$. Ad esempio, $(2(i_n - 1))_n$ per $i_n \in \{2, 4, 6, \ldots\} \subset \mathbb{N}$ è una sottosuccessione di $(2(n - 1))_n$ per $n \in \mathbb{N}$.

Appendice C: limite superiore e limite inferiore

Sia $(x_n)_n$ una successione limitata. Possiamo quindi costruire due successioni monotone:

- $u_n = \sup\{x_n, x_{n+1}, \ldots\}$ tale che $(u_n)_n$ è decrescente, $u_n \geq u_{n+1}$ per ogni $n \in \mathbb{N}$;
- $d_n = \inf\{x_n, x_{n+1}, \ldots\}$ tale che $(d_n)_n$ è crescente, $d_n \leq d_{n+1}$ per ogni $n \in \mathbb{N}$.

Per n sufficientemente grande l'insieme $\{x_n, x_{n+1}, \ldots\}$ diventa più piccolo, quindi anche l'insieme dei suoi maggioranti si restringe mentre l'insieme dei suoi minoranti si allarga. Chiaramente, $d_n \leq u_n$ per ogni $n \in \mathbb{N}$. Questo implica che per $m \leq n$:

$$d_m \leq d_n \leq u_n \leq u_m,$$

quindi $d_m \leq u_n$ per ogni coppia di naturali m, n. Ne deduciamo che:

- $(u_n)_n$ è decrescente e limitata inferiormente da qualche d_m;
- $(d_n)_n$ crescente e limitata superiormente da qualche u_n.

Il Teorema B.1 ora implica $u_n \to u$ e $d_n \to d$. Inoltre, per la regola del confronto abbiamo anche $d \leq u$. Chiamiamo **limite inferiore** di $(x_n)_n$ il numero

$$d = \liminf x_n = \sup_n \left\{ \inf_{k \geq n} x_k \right\},$$

e **limite superiore** il numero

$$u = \limsup x_n = \inf_n \left\{ \sup_{k \geq n} x_k \right\}.$$

Infatti, $\inf_{k \geq n} x_k = d_n$ e $\sup_{k \geq n} x_k = u_n$. Infine abbiamo:

Proposizione C.1

Sia $(x_n)_n$ una successione limitata. Allora essa converge al limite x se e solo se $\liminf x_n = \limsup x_n = x$.

D. Rossello, *Formulario di Probabilità Uno*, La Matematica per il 3+2,
https://doi.org/10.1007/978-3-032-18769-7

Riformuliamo la proposizione C.1 dicendo che ogni successione convergente è sempre limitata, ma il contrario non è vero.

Dimostrazione della Proposizione C.1   ($\Leftarrow$) Per definizione, abbiamo $d_n \leqslant x_n \leqslant u_n$, per ogni $n \in \mathbb{N}$. Ora, supponiamo $\liminf x_n = \limsup x_n = x$. Abbiamo che $\lim d_n = \lim u_n = x$, allora per il teorema del confronto $x_n \to x$. ($\Rightarrow$) Supponiamo che $\lim x_n = x$. Grazie alla Definizione B.1, per un dato $\epsilon > 0$ possiamo trovare un intero positivo M tale che $n \geqslant M$ implica $|x_n - x| < \epsilon$. La successione $\{s_M, s_{M+1}, \ldots\}$ ha il minorante $x - \epsilon$ e il maggiorante $x + \epsilon$. Dunque, è limitata e possiamo costruire due successioni $(d_n)_{n \geqslant M}$ e $(u_n)_{n \geqslant M}$ tali che $x - \epsilon \leqslant d_M \leqslant u_M \leqslant x + \epsilon$. Questo implica:

$$x - \epsilon \leqslant \liminf x_n \leqslant \limsup x_n \leqslant x + \epsilon.$$

Poiché $\epsilon > 0$ è un numero arbitrario otteniamo $x \leqslant \liminf x_n \leqslant \limsup x_n \leqslant x$, e deve valere $\liminf x_n = \limsup x_n = x$.   ■

Si vede facilmente che $\inf\{x_n\} = -\sup\{-x_n\}$. Abbiamo quindi:

$$\sup_n \left\{ \inf_{k \geqslant n} x_k \right\} = -\inf_n \left\{ -\left(-\sup_{k \geqslant n} -x_k \right) \right\}$$
$$= -\inf_n \left\{ \sup_{k \geqslant n} -x_k \right\}.$$

Cioè, $\liminf x_n = -\limsup(-x_n)$ e analogamente $\limsup x_n = -\liminf(-x_n)$.

Esempio C.1

Siano $(x_n)_n = ((-1)^n)_n$ e $(y_n)_n = ((-1)^n(2 + \frac{1}{n}) + 2)_n$ due successioni reali. Individuiamo i loro limiti superiore e inferiore. Per la prima successione, si osserva che per ogni $n \in \mathbb{N}$ possiamo trovare un intero k tale che $k \geqslant n$ implica $(-1)^k = 1$. Chiaramente, $\sup\{x_n \mid k \geqslant n\} = 1$ e passando al limite

$$\lim_{n \to \infty} \sup\{x_n \mid k \geqslant n\} = \inf_n\{\sup\{x_n \mid k \geqslant n\}\} = \limsup x_n = 1.$$

Allo stesso modo otteniamo $\liminf x_n = -1$. Per la seconda successione, con lo stesso ragionamento troviamo un intero k tale che $k \geqslant n$ implica $\sup\{y_n \mid k \geqslant n\} = ((2 + \frac{1}{n}) + 2)$ e passando al limite:

$$\lim_{n \to \infty} \sup\{y_n \mid k \geqslant n\} = \inf_n\{\sup\{y_n \mid k \geqslant n\}\} = \limsup y_n = 4.$$

Analogamente, vediamo che $\liminf y_n = 0$.

Se $(x_n)_n$ e $(y_n)_n$ sono due successioni limitate è sempre vero che:

$$\limsup(x_n + y_n) \leqslant \limsup x_n + \limsup y_n.$$

Inoltre, poiché $\lim \sup((-x_n) + (-y_n)) \leq \lim \sup(-x_n) + \lim \sup(-y_n)$ possiamo moltiplicare entrambi i membri per -1 e ottenere

$$\lim \inf(x_n + y_n) \geq \lim \inf x_n + \lim \inf y_n.$$

Grazie alla proposizione C.1, ogni successione limitata $(x_n)_n$ ammette almeno una sottosuccessione $(x_{i_n})_n \subset (x_n)_n$ che è convergente (teorema di Bolzano-Weierstrass). Una caratterizzazione alternativa della convergenza è la seguente:

Proposizione C.2

Sia $(x_n)_n$ una successione. L'insieme $\{n \in \mathbb{N} \mid |x_n - x| \geq \epsilon\}$ è finito se e solo se $(x_n)_n$ converge al limite x.

Dimostrazione Supponiamo $x_n \to x$. Allora, per definizione B.1 abbiamo che l'insieme $\{n \in \mathbb{N} \mid |x_n - x| \geq \epsilon\}$ contiene al più $k - 1$ elementi. Viceversa, se tale insieme è finito, allora troveremmo un maggiorante $U \in \mathbb{R}$. Ma scegliendo $k = U + 1$ abbiamo $|x_n - x| < \epsilon$ ogni volta che $n \geq k$ e quindi $x_n \to x$. $\blacksquare$

Ricordiamo che il prodotto di una successione limitata $(x_n)_n$ per una successione convergente $(y_n)_n$ è sempre una successione convergente. Ad esempio, $((-\frac{1}{2})^n)_n$ può essere scritta come il prodotto tra due successioni, $((-1)^n)_n$ e $((\frac{1}{2})^n)_n$, la prima è limitata ma non convergente mentre la seconda è convergente a zero e abbiamo anche $\lim_n (-1)^n (\frac{1}{2})^n = 0$. Diciamo che $(x_n)_n$ è una **successione di Cauchy** se per ogni $\epsilon > 0$ esiste un naturale $k \in \mathbb{N}$ tale che $i, j \geq k$ implica $|x_i - x_j| < \epsilon$. In tal caso, scegliendo $j = k$ otteniamo:

$$x_k - \epsilon \leq x_i \leq x_k + \epsilon, \qquad \text{per ogni} \quad i \geq k.$$

Segue che $(x_n)_n$ è limitata inferiormente dal massimo elemento in $\{x_1, x_2, \ldots, x_{k-1}, x_k - \epsilon\}$, ed è anche limitata superiormente dal minimo elemento in $\{x_1, x_2, \ldots, x_{k-1}, x_k + \epsilon\}$. Quindi, ogni successione di Cauchy è limitata. Inoltre, vale

$$x_k - \epsilon \leq d_k \leq u_k \leq x_k + \epsilon,$$

il che implica:

$$x_k - \epsilon \leq d \leq u \leq x_k + \epsilon \iff 0 \leq u - d \leq 2\epsilon.$$

Poiché il numero $\epsilon > 0$ è arbitrario concludiamo che $u = d$ e l'estremo inferiore del limite è uguale all'estremo superiore del limite, allora la successione di Cauchy $(x_n)_n$ è anche convergente. Anche il contrario è vero: ogni successione convergente di numeri reali è anche una successione di Cauchy.

Esempio C.2

La successione $((-1)^n)_n$ è limitata ma non è convergente, quindi non è una successione di Cauchy. Infatti, i suoi termini non sono mai arbitrariamente vicini tra loro. La successione $((-\frac{1}{2})^n)_n$ ha termini $-\frac{1}{2}, \frac{1}{4}, -\frac{1}{8}, \frac{1}{16}, \ldots$ che sono sempre più vicini tra loro per n sufficientemente grande e sono anche sempre più vicini a zero. Quindi, quest'ultima successione è una successione di Cauchy.

Appendice D: somme infinite

Sia $(x_n)_n$ una successione di numeri reali. Possiamo costruire le **somme parziali**:

$$s_1 = x_1, \quad s_2 = x_1 + x_2, \quad s_3 = x_1 + x_2 + x_3, \dots.$$

Chiaramente, $(s_n)_n$ è una nuova successione per la quale ha senso verificare la convergenza:

$$\lim_{n \to \infty} s_n = \lim_{n \to \infty} \sum_{k=1}^{n} x_k = \sum_{k=1}^{\infty} x_k.$$

La successione delle somme parziali si dice una **serie infinita**, e viene solitamente indicata con il simbolo $\sum_{k=1}^{\infty} x_k$. Se tutti i termini x_n della successione originale sono non negativi, abbiamo:

$$\sum_{k=1}^{\infty} x_k = x \qquad \text{oppure} \qquad \sum_{k=1}^{\infty} x_k = \infty, \qquad x_k \geqslant 0.$$

Possiamo ricavare una successione da una serie ponendo $x_1 = s_1$ e $x_n = s_n - s_{n-1}$, per $n \geqslant 2$. Una serie si dice **assolutamente convergente** se la serie $\sum_k |x_k|$ è effettivamente convergente. Questo implica che anche $\sum_k x_k$ risulta convergente. Inoltre, la convergenza della serie, $\sum_k x_k = x$, implica quella della successione originale, $\lim_n x_n = 0$.

Esempio D.1
Sia $\sum_{k=1}^{n} x_k = s_n$ tale che $x_k = \frac{1}{k}$. Definiamo la somma infinita $\lim_n \sum_{k=1}^{n} x_k = \lim_n s_n = \sum_{k=1}^{\infty} x_k$. Osserviamo che: $\sum_{k=1}^{\infty} x_k = 1 + \frac{1}{2} + \left(\frac{1}{3} + \frac{1}{4}\right) + \left(\frac{1}{5} + \cdots + \frac{1}{8}\right) + \left(\frac{1}{9} + \cdots + \frac{1}{16}\right) + \cdots$, dove

$$\tfrac{1}{3} + \tfrac{1}{4} > \tfrac{1}{4} + \tfrac{1}{4} = \tfrac{1}{2}$$

$$\tfrac{1}{5} + \cdots + \tfrac{1}{8} > \tfrac{1}{8} + \cdots + \tfrac{1}{8} = \tfrac{1}{2}$$

$$\tfrac{1}{9} + \cdots + \tfrac{1}{16} > \tfrac{1}{16} + \cdots + \tfrac{1}{16} = \tfrac{1}{2}$$

© The Author(s), under exclusive license to Springer Nature Switzerland AG 2026   379
D. Rossello, *Formulario di Probabilità Uno*, La Matematica per il 3+2,
https://doi.org/10.1007/978-3-032-18769-7

e così via. Il comportamento delle somme parziali è quello di una successione divergente:

$$\sum_{k=1}^{n} \tfrac{1}{k} > 1 + \underbrace{\left(\tfrac{1}{2} + \tfrac{1}{2} + \tfrac{1}{2} + \tfrac{1}{2}\right)}_{=\,2} + \underbrace{\left(\tfrac{1}{2} + \cdots + \tfrac{1}{2}\right)}_{=\,3} + \cdots$$

Concludiamo che $\lim_n \sum_{k=1}^{n} \tfrac{1}{k} = \infty$, ossia la serie diverge. La somma infinita $\sum_{k=1}^{\infty} \tfrac{1}{k}$ è anche nota come *serie armonica*.

Esempio D.2

Sia $(x_n)_n$ la successione dell'esempio B.2, con termine n-esimo $x_n = a^n$. Consideriamo la somma infinita $\sum_{k=1}^{\infty} a^k$ e mostriamo che la n-esima somma parziale è $a\,\frac{1-a^n}{1-a}$. Sia

$$s_n = \sum_{k=1}^{n} a^k = a + a^2 + a^3 + \cdots + a^n$$

e scriviamo

$$a s_n = a^2 + a^3 + \cdots + a^{n+1}.$$

Sottraendo membro a membro le uguaglianze sopra otteniamo infatti $s_n(1 - a) = a(1 - a^n)$. Se assumiamo $|a| < 1$, allora $\lim_n s_n = \frac{a}{1-a}$ e la serie converge. La somma infinita $\sum_{k=1}^{\infty} a^k$ è anche nota come *serie geometrica*. Possiamo scrivere $\sum_{k=0}^{\infty} a^k$ in modo che la serie inizi da $a^0 = 1$. Il precedente calcolo del termine n-esimo vale ancora e restituisce $\frac{1-a^n}{1-a}$ come nuova somma parziale che converge a $\frac{1}{1-a}$ per $n \to \infty$ e $|a| < 1$.

Una **serie doppia** è definita da somme parziali del tipo $(s_{nm})_{nm}$, dove $n, m \in \mathbb{N}$. I termini $s_{11}, s_{12}, s_{21}, s_{13}, \ldots$ possono essere raccolti in una matrice con un numero infinito di righe e colonne. Se assumiamo $s_{nm} \geq 0$ per ogni $n, m \in \mathbb{N}$, allora possiamo sempre scrivere:

$$\sum_{n=1}^{\infty} \sum_{m=1}^{\infty} s_{nm} = \sum_{m=1}^{\infty} \sum_{n=1}^{\infty} s_{nm}. \tag{D.1}$$

Infatti, la precedente uguaglianza vale ogni volta che entrambe le somme sono finite. D'altra parte, possiamo scrivere:

$$\sum_{n=1}^{\infty} \sum_{m=1}^{\infty} s_{nm} \geq \sum_{i=1}^{n} \sum_{j=1}^{m} s_{ij} = \sum_{j=1}^{m} \sum_{i=1}^{n} s_{ij},$$

e prendendo il limite per $n, m \to \infty$ otteniamo

$$\sum_{n=1}^{\infty} \sum_{m=1}^{\infty} s_{nm} \geq \sum_{m=1}^{\infty} \sum_{n=1}^{\infty} s_{nm}.$$

Questo ragionamento si applica anche invertendo gli indici delle somme, quindi l'uguaglianza (D.1) deve valere.

Appendice E: sottoinsiemi aperti di numeri reali

Uno **spazio topologico** è un insieme non vuoto X dotato di una collezione di suoi sottoinsiemi τ tale che:

T1 X e $\varnothing$ appartengono a τ

T2 per unioni arbitrarie $\bigcup_i A_i$ di insiemi A_i in τ si ha $\bigcup_i A_i \in \tau$

T3 intersezioni finite $\bigcap_{i=1}^n A_i$ di insiemi A_i in τ sono ancora qui, $\bigcap_{i=1}^n A_i \in \tau$.

La collezione τ si chiama **topologia** di X e contiene **insiemi aperti** di X. Nell'insieme dei numeri reali, un dato sottoinsieme $O \subset \mathbb{R}$ è aperto se per ogni $x \in O$ esiste un intervallo aperto (a, b) che contiene x e che è contenuto in O, cioè $x \in (a, b) \subset O$. Possiamo scegliere l'**intorno** $(x - \delta, x + \delta)$ centrato in x, dove come al solito $\delta > 0$. Ricordiamo che un intervallo aperto è l'insieme $(a, b) := \{x \in \mathbb{R} \mid a < x < b\}$ e un intervallo chiuso è l'insieme $[a, b] := \{x \in \mathbb{R} \mid a \leqslant x \leqslant b\}$. Gli intervalli semiaperti $(a, b]$ e $[a, b)$ sono definiti in modo analogo. Nel primo caso può accadere $a = -\infty$ e nel secondo $b = \infty$. Un insieme C si dice **chiuso** se il suo complementare $C^c = \mathbb{R} \setminus C$ è aperto. Si può dimostrare che un insieme $O \in \tau$ è aperto se e solo se il suo complementare è chiuso. Una funzione $f : A \subset \mathbb{R} \to \mathbb{R}$ si dice **continua** in un punto $c \in A$ se per ogni intorno $(f(c) - \epsilon, f(c) + \epsilon) \subset f(A)$ centrato in $f(c)$ corrisponde un intorno $(c - \delta, c + \delta) \subset A$ centrato in c. Possiamo scrivere:

$$\forall \epsilon > 0, \ \exists \delta > 0 \ \text{t.c.} \ |x - c| < \delta \Rightarrow |f(x) - f(c)| < \epsilon, \tag{E.1}$$

o più sinteticamente $\lim_{x \to c} f(x) = f(c)$. Questa è anche la classica definizione $\epsilon - \delta$ di limite. La funzione f si dice semplicemente continua se è continua in ogni punto del suo dominio A. Se una funzione non è continua in un punto c del suo dominio si dice che è **discontinua** in c. Una funzione f il cui dominio contiene un intervallo $[c, c + \delta)$ per qualche $\delta > 0$ è **continua a destra** in c se:

$$\text{per ogni} \quad (x_n)_n \subset [c, c + \delta) \quad \text{tale che} \quad x_n \to c, \quad \text{allora} \quad f(x_n) \to f(c).$$

Analogamente, f si dice **continua a sinistra** in c se il limite sopra esiste rispetto a una successione $(x_n)_n \subset (c - \delta, c]$. Chiaramente, una funzione continua in c

D. Rossello, *Formulario di Probabilità Uno*, La Matematica per il 3+2,
https://doi.org/10.1007/978-3-032-18769-7

deve essere continua a destra e anche a sinistra in c. La classica riformulazione di questi limiti sequenziali è: $\lim\limits_{x\downarrow c} f(x) = f(c)$, dove $x \downarrow c$ significa $x \to c$ e $c < x$, e $\lim\limits_{x\uparrow c} f(x) = f(c)$, dove $x \uparrow c$ significa $x \to c$ e $c > x$. Una funzione ha una *disconti-nuità a salto* in c quando il limite destro e il limite sinistro esistono entrambi (finiti) ma sono diversi. Ricordiamo che la somma, il prodotto e il quoziente di due funzioni continue è ancora una funzione continua. In quest'ultimo caso si deve assumere che la funzione al denominatore risulti definita per un $A \subset \mathbb{R}$ che non contiene 0. Esiste una formulazione equivalente di continuità per funzioni tra spazi topologici che è molto utile. Qui ci si specializza a funzioni da $A \subset \mathbb{R}$ a $\mathbb{R}$ dove $(\mathbb{R}, \tau)$ denota lo spazio topologico reale.

Teorema E.1
Una funzione $f : A \to \mathbb{R}$ si dice continua se e solo se per ogni insieme aperto $O \in \tau$ la controimmagine $f^{-1}(O)$ è anch'essa un insieme aperto in τ.

Dimostrazione ($\Rightarrow$) Per ipotesi f è continua:

$$\exists \epsilon > 0 \text{ tale che } x \in (c - \delta, c + \delta) \Rightarrow f(x) \in (f(c) - \epsilon, f(c) + \epsilon),$$

$$\text{per qualche } \delta > 0.$$

Se $c \in f^{-1}(O)$ allora $f(c) \in O$, ma O è aperto quindi

$$\exists \epsilon > 0 \text{ tale che } (f(c) - \epsilon, f(c) + \epsilon) \subset O.$$

Ciò implica che $f(x) \in O$ se e solo se $x \in (c - \delta, c + \delta)$, quindi l'intervallo aperto è un intorno di c ed è contenuto in $f^{-1}(O)$, che è un insieme aperto. ($\Leftarrow$) Si assuma che O sia aperto. Allora, $f^{-1}(O)$ è anch'esso aperto. Scegliamo $c \in A$ e $\epsilon > 0$, poi consideriamo l'intorno (cfr. insieme aperto) $(f(c) - \epsilon, f(c) + \epsilon)$. Possiamo porre $O = (f(c) - \epsilon, f(c) + \epsilon)$. L'immagine inversa $f^{-1}(O)$ è anch'essa aperta e contiene il punto c. Possiamo trovare $\delta > 0$ tale che $(c - \delta, c + \delta) \subset f^{-1}(O)$, allora segue che:

$$x \in (c - \delta, c + \delta) \subset f^{-1}((f(c) - \epsilon, f(c) + \epsilon)) \Rightarrow f(x) \in (f(c) - \epsilon, f(c) + \epsilon),$$

cioè f è continua. ∎

Il seguente risultato è fondamentale:

Teorema E.2
Sia $\{O_i\}_{i\in I}$ una famiglia indicizzata di insiemi aperti in $(\mathbb{R}, \tau)$. Allora:

- *$\bigcup_{i\in I} O_i$ è aperto*
- *l'intersezione finita $\bigcap_{i=1}^{n} O_i$ è aperta.*

Dimostrazione   Per ogni $x \in \bigcup_{i \in I} O_i$ possiamo trovare $i \in I$ tale che $x \in O_i$. Poiché O_i è aperto, esiste un intorno aperto $(x - \delta, x + \delta) \subset O_i$, per qualche $\delta > 0$. Ma allora $(x - \delta, x + \delta) \subset \bigcup_{i \in I} O_i$, e quindi l'unione è un insieme aperto. Se $O_1, \ldots, O_n$ sono insiemi aperti e x appartiene a $\bigcap_{i=1}^{n} O_i$, allora $x \in O_i$ per ogni $i = 1, \ldots, n$. Ma O_i è aperto, quindi esiste $\delta_i > 0$ tale che $(x - \delta_i, x + \delta_i)$ è contenuto in O_i. Adesso, scegliamo $0 < \delta = \min\{\delta_1, \ldots \delta_n\}$ e otteniamo $(x - \delta, x + \delta) \subset (x - \delta_i, x + \delta_i) \subset O_i$, per ogni i. Concludiamo che $(x - \delta, x + \delta)$ è anch'esso contenuto in $\bigcap_{i=1}^{n} O_i$, che a sua volta è un insieme aperto. ∎

Esempio E.1
Consideriamo la successione di intervalli aperti $O_i = (-\frac{1}{i}, b)$ con $b \in \mathbb{R}$. L'intersezione numerabile $\bigcap_{i=1}^{\infty} O_i = [0, b)$ non è né un insieme aperto né un insieme chiuso in $(\mathbb{R}, \tau)$.

Infine, si può dimostrare che ogni insieme aperto O in $\mathbb{R}$ può essere ricoperto da infiniti intervalli aperti $O = \bigcup_{i=1}^{\infty}(a_i, b_i)$, con $a_i \leq b_i$ per $i = 1, 2, \ldots$

Osservazione E.1
La continuità di una funzione nel teorema E.1 può essere riformulata come segue. Sia $O = \bigcup_{i=1}^{\infty}(a_i, b_i)$ aperto e si definisca $f : A \to \mathbb{R}$. L'immagine inversa

$$f^{-1}(O) = f^{-1}\left(\bigcup_{i=1}^{\infty}(a_i, b_i)\right) = \bigcup_{i=1}^{\infty} f^{-1}((a_i, b_i))$$

è un'unione numerabile di insiemi aperti.

La σ-algebra di Borel è generata dagli insiemi aperti in $\mathbb{R}$, quindi sia $\mathcal{O} = \{O \subset \mathbb{R} \mid O$ è aperto$\}$ e si ottiene $\mathcal{B} = \sigma(\mathcal{O})$.

Osservazione E.2
La lunghezza di un intervallo limitato semiaperto $(a, b]$, $[a, b)$ è $b - a > 0$. Questo rimane vero per intervalli aperti e chiusi con estremi finiti.

Ritorniamo alla caratterizzazione sequenziale della continuità per funzioni $f : A \subset \mathbb{R} \to \mathbb{R}$. L'equazione (E.1) implica che per ogni $x \in A$ esiste una successione $(x_n)_n$ in A convergente a x, con $x_n \neq x$, tale che:

$$\lim_{n \to \infty} f(x_n) = f\left(\lim_{n \to \infty} x_n\right) = f(x). \tag{E.2}$$

Questa definizione di continuità tramite successioni è equivalente a quella data nel teorema E.1.

Esempio E.2
Sia $f(x) = \frac{\sin x}{x}$. Prendiamo una successione $(x_n)_n$ nell'insieme di definizione di f tale che $x_n \to 0$, con $x_n \neq 0$ e $n \to \infty$. Allora, la definizione $\epsilon - \delta$ di limite,

$\lim\limits_{x \to 0} f(x)$, è equivalente a:

$$\lim_{n \to \infty} \frac{\sin x_n}{x_n} = \frac{\sin(\lim_n x_n)}{(\lim_n x_n)} = 1.$$

La funzione f non è continua in zero e $f(0) \neq 1$ non coincide con il limite: f non è definita per $x = 0$.

Esempio E.3

La funzione $f(x) = \sin x$ non ammette limite per $x \to \infty$. Per mostrarlo, troviamo due successioni $(x_n)_n$ e $(y_n)_n$ nell'insieme di definizione di f tali che $x_n \to \infty$ e $y_n \to \infty$, ma $\sin(x_n)$ e $\sin(y_n)$ convergono a due limiti finiti distinti. Questo contraddice chiaramente la caratterizzazione sequenziale di un limite finito *unico*. Infatti, scegliendo $x_n = 2\pi n$ e $y_n = 2\pi n + \frac{\pi}{2}$, abbiamo $x_n, y_n \to \infty$ per $n \to \infty$ ma:

$$\lim_{n \to \infty} \sin x_n = \sin\left(\lim_{n \to \infty} x_n\right) = 0,$$

poiché $\sin(2\pi n) = 0$ per ogni $n \in \mathbb{N}$, e

$$\lim_{n \to \infty} \sin y_n = \sin\left(\lim_{n \to \infty} y_n\right) = 1,$$

poiché $\sin(2\pi n + \frac{\pi}{2}) = 1$ per ogni $n \in \mathbb{N}$.

La derivata di f in un punto $c \in (a, b)$ l'intervallo aperto contenuto nell'insieme di esistenza di f, è data da

$$\lim_{x \to c} \frac{f(x) - f(c)}{x - c} = \lim_{h \to 0} \frac{f(c + h) - f(c)}{h} = \lim_{n \to \infty} \frac{f(x_n) - f(c)}{x_n - c},$$

ed è indicata con $f'(c)$ a patto che il limite esista ed sia finito. Si noti che nella definizione sopra, la terza versione sequenziale richiede che $x_n \to c$ e $x_n \neq c$, per ogni successione $(x_n)_n$ in (a, b). Una funzione si dice **derivabile** in (a, b) se la sua derivata esiste in ogni punto $x \in (a, b)$. La derivata è essa stessa una funzione $f'(x)$, e si dice che f è di classe C^1 se la sua derivata esiste ed è una funzione continua su un intervallo aperto. Ricordiamo che per ogni funzione continua $f : [a, b] \to \mathbb{R}$ valgono le seguenti proprietà.

1. Teorema di Weierstrass: esistono punti c e d in $[a, b]$ tali che $f(c) \leqslant f(x) \leqslant f(d)$, per $x \in [a, b]$;
2. teorema di Lagrange o teorema del valor medio: se $f'(x)$ esiste per ogni $x \in (a, b)$, allora $f(b) - f(a) = f'(c)(b - a)$ per qualche $c \in (a, b)$;
3. Se $f(a) < 0$ e $f(b) > 0$ (o viceversa), allora esiste $c \in (a, b)$ tale che $f(c) = 0$;
4. Regola della permanenza del segno: se $f(c) > 0$ per qualche $c \in (a, b)$ allora esiste $\delta > 0$ tale che $f(x) > 0$ per $x \in (c - \delta, c + \delta)$;
5. teorema del valor intermedio: se $f(a) < m < f(b)$ allora esiste qualche $c \in (a, b)$ tale che $f(c) = m$; nel caso $m = 0$ si ha il teorema degli zeri.

Una funzione g definita su un intervallo aperto $I \subset \mathbb{R}$ (limitato o illimitato) si dice **convessa** se

$$g(\lambda x_1 + (1-\lambda)x_2) \leq \lambda g(x_1) + (1-\lambda)g(x_2), \quad \forall\, x_1, x_2 \in I,\ \lambda \in [0,1].$$

Per $\lambda = \frac{1}{2}$ si ha $g(\frac{x_1+x_2}{2}) \leq \frac{g(x_1)+g(x_2)}{2}$. Ad esempio, $g(x) = x^2$, $h(x) = e^x$ e $k(x) = |x|$ sono tutte funzioni convesse con dominio $I = \mathbb{R}$. L'ultima non è derivabile in $x = 0$. Una funzione convessa è continua (nell'interno del suo dominio), con derivate sinistra e destra finite g'_- e g'_+. Se è due volte derivabile la sua derivata seconda è $g''(x) \geq 0$, condizione sufficiente per la convessità. Il grafico di una funzione convessa g giace sopra la sua *tangente*, cioè si può trovare $a \in \mathbb{R}$ tale che per un fissato $x_0 \in I$ si ha

$$g(x_0) + a(x - x_0) \leq g(x), \qquad \text{per ogni } x \in I \quad \text{(retta di supporto)}.$$

Una funzione g definita su I si dice **concava** se $-g(x)$ è convessa per ogni $x \in I$.

Appendice F: topologia negli spazi euclidei n-dimensionali

Un insieme aperto può essere definito tramite intorni aperti, cioè intervalli aperti, e ogni insieme aperto è l'unione di tutti gli intorni dei suoi punti.[14] Questo vale anche nello spazio euclideo n-dimensionale $\mathbb{R}^n$, l'insieme di tutti i punti/vettori $\mathbf{x} = (x_1, \ldots, x_n)$. Ricordiamo la definizione di distanza o metrica euclidea e la sua relazione con la norma euclidea:

$$d(\mathbf{x}, \mathbf{y}) = \|\mathbf{x} - \mathbf{y}\| = \sqrt{\sum_{i=1}^{n}(x_i - y_i)^2}. \tag{F.1}$$

Una **palla aperta** centrata in $\mathbf{x}$ e di raggio $\epsilon > 0$ è l'insieme $B_\epsilon(\mathbf{x}) = \{\mathbf{y} \in \mathbb{R}^n \mid \|\mathbf{x} - \mathbf{y}\| < \epsilon\}$, si veda la Figura F.1. Per $n = 1$ è un intervallo aperto; per $n = 2$ è un cerchio aperto (cfr. privato della circonferenza) nel piano cartesiano; per $n = 3$ coincide con l'insieme di tutti i punti in $\mathbb{R}^3$ strettamente interni a una sfera di centro $\mathbf{x}$ e raggio ϵ. Gli insiemi aperti in $\mathbb{R}^n$ sono generati dalla famiglia delle palle aperte. Più precisamente, un sottoinsieme $O \subset \mathbb{R}^n$ si dice **aperto** se ogni $\mathbf{x} \in O$ è il centro di una palla aperta interamente contenuta nell'insieme, cioè per ogni $\epsilon > 0$ e per ogni $\mathbf{x} \in O$ si ha $B_\epsilon(\mathbf{x}) \subset O$. Ad esempio, il prodotto cartesiano di n intervalli aperti in $\mathbb{R}$,

$$(a_1, b_1) \times \cdots \times (a_n, b_n), \qquad a_i \leqslant b_i, \ i = 1, \ldots, n,$$

è un insieme aperto secondo la definizione sopra. Sappiamo che nello spazio euclideo n-dimensionale la σ-algebra di Borel $\mathcal{B}^n$ è generata dalla collezione di tutti gli insiemi aperti. Infatti, per ogni $\mathbf{x} \in O \subset \mathbb{R}^n$ esiste una palla aperta di centro $\mathbf{x}$ e raggio razionale $q \in \mathbb{Q}_+$, che è contenuta nell'insieme aperto O, dove $\mathbb{Q} := \{\frac{m}{n} \mid m.n \in \mathbb{Z}, \ n \neq 0\}$ è l'insieme di tutti i numeri razionali e $\mathbb{Z} := \{0, \pm 1, \pm 2, \ldots\}$ è l'insieme di tutti i numeri interi. Quindi O può essere definito dall'unione numerabile di tutte le palle aperte centrate in ciascuno dei suoi punti:

$$O = \bigcup_{q \in \mathbb{Q}_+} B_q(\mathbf{x}), \qquad \mathbf{x} \in O.$$

---

[14] La classe di tutti gli intorni aperti in $\mathbb{R}$ si chiama base per la topologia *metrica*. Questa agisce come un generatore di una σ-algebra.

D. Rossello, *Formulario di Probabilità Uno*, La Matematica per il 3+2,
https://doi.org/10.1007/978-3-032-18769-7

Figura F.1 La palla aperta
$B_\epsilon(\mathbf{x})$ è un insieme aperto

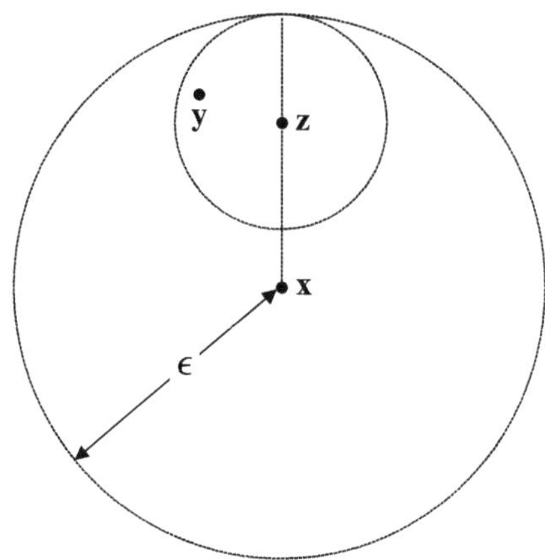

Questo implica che per ogni $O \in \mathcal{B}^n$ abbiamo $B_q(\mathbf{x}) \in \mathcal{B}^n$, quindi la σ-algebra di Borel di $\mathbb{R}^n$ contiene anche le palle aperte. Viceversa, la collezione di tutte le palle aperte con raggio razionale genera $\mathcal{B}^n$. Sia F un qualsiasi sottoinsieme di $\mathbb{R}^n$, diciamo che $\mathbf{x} \in F$ è un **punto interno** di F se $\mathbf{x}$ è il centro di una palla aperta contenuta in F. La collezione di tutti i punti interni di F è denotata con $\mathrm{int}(F)$. Se scegliamo un qualsiasi $\mathbf{x} \in \mathrm{int}(F)$ allora esiste un certo $\epsilon > 0$ tale che $B_\epsilon(\mathbf{x}) \subset F$. Ora, prendiamo un qualsiasi $\mathbf{y} \in B_\epsilon(\mathbf{x})$ e scegliamo $\delta > 0$ sufficientemente piccolo in modo che $B_\delta(\mathbf{x}) \subset B_\epsilon(\mathbf{x})$. Allora, $B_\delta(\mathbf{x}) \subset F$ e quindi $\mathbf{y} \in \mathrm{int}(F)$. Questo mostra che l'interno di F è esso stesso un insieme aperto. Possiamo quindi riformulare la definizione di insieme aperto O dicendo che tutti i suoi punti sono punti interni. Inoltre, ogni insieme aperto O è un intorno di un punto $\mathbf{x}$ ogni volta che O contiene una palla aperta attorno a $\mathbf{x}$. Si noti che in generale $\mathrm{int}(F) \subset F$. Usando la disuguaglianza triangolare e la Figura F.1 possiamo vedere che qualsiasi palla aperta $B_\epsilon(\mathbf{x})$ è effettivamente un insieme aperto in $\mathbb{R}^n$. L'insieme $F = \{\mathbf{x} = (x, y) \mid x < y\}$ è aperto in $\mathbb{R}^2$. Un punto $\mathbf{x} \in \mathbb{R}^n$ si dice **punto di frontiera** di un insieme $F \subset \mathbb{R}^n$ se ogni palla aperta centrata in $\mathbf{x}$ contiene almeno un punto in F e almeno uno in F^c, cioè $B_\epsilon(\mathbf{x}) \cap F \neq \varnothing$ e $B_\epsilon(\mathbf{x}) \cap F^c \neq \varnothing$. Un insieme può includere nessuno, alcuni o tutti i suoi punti di frontiera. Se $\mathbf{x} \in F$ ma $\mathbf{x} \notin \mathrm{int}(F)$ allora $F \cap B_\epsilon(\mathbf{x}) \neq \varnothing$ per ogni $\epsilon > 0$, quindi $\mathbf{x}$ è un punto di frontiera di F. L'insieme di tutti i punti di frontiera di un insieme F è chiamato la frontiera di F e si denota con ∂F. Per esempio, la frontiera di $B_\epsilon(\mathbf{y}) \subset \mathbb{R}^3$ è la sfera $S^3 := \{\mathbf{y} \in \mathbb{R}^3 \mid \|\mathbf{x} - \mathbf{y}\| = \epsilon\}$. Un insieme è chiuso se è il complemento di un insieme aperto. Equivalentemente, un insieme F è chiuso se e solo se contiene tutti i suoi punti di frontiera, e $F \cup \partial F =: \mathrm{cl}(F)$ è chiamata la **chiusura** di F e vale $F \subset \mathrm{cl}(F)$. Un punto $\mathbf{x}$ appartiene a $\mathrm{cl}(F)$ se e solo se ogni palla aperta centrata in questo punto è tale che $B_\epsilon(\mathbf{x}) \cap F \neq \varnothing$. Per esempio, il prodotto cartesiano

$$[a_1, b_1] \times \cdots \times [a_n, b_n], \qquad a_i \leqslant b_i, \ i = 1, \dots, n$$

è un insieme chiuso. Si osservi che F e F^c hanno gli stessi punti di frontiera. [15] Si può dimostrare che:

- int(F) è il più grande insieme aperto contenuto in F, cioè int$(F) = \bigcup_{D \in \mathcal{D}} D$ con $\mathcal{D}$ la collezione di tutti i sottoinsiemi aperti di F;
- cl(F) è il più piccolo insieme chiuso che contiene F, cioè cl$(F) = \bigcap_{G \in \mathcal{G}} G$ con $\mathcal{G}$ la collezione di tutti gli insiemi chiusi che contengono F.

Un'altra utile caratterizzazione della chiusura è la seguente:

Teorema F.1
Un insieme F in $\mathbb{R}^n$ è chiuso se e solo se ogni successione convergente di punti in F ha il suo limite in F.

Ricordiamo che una successione $(\mathbf{x}_n)_{n \in \mathbb{N}}$ in $\mathbb{R}^n$ converge a un punto $\mathbf{x} \in \mathbb{R}^n$ se e solo se le distanze tendono a zero, $\|\mathbf{x}_n - \mathbf{x}\| \to 0$ per $n \to \infty$, cioè per ogni $\epsilon > 0$ esiste $k \in \mathbb{N}$ tale che $\mathbf{x}_n \in B_\epsilon(\mathbf{x})$ per ogni $k > n$. In effetti, un punto $\mathbf{x} \in \mathbb{R}^n$ appartiene a cl(F) se e solo se $\mathbf{x}$ è il limite di una successione $(\mathbf{x}_n)_n \subset F$. Per il teorema F.1, i punti che rendono F un insieme chiuso sono detti anche **punti di accumulazione**. Essi possono essere alternativamente definiti come quegli elementi $\mathbf{x}$ in $\mathbb{R}^n$ tali che $B_\epsilon(\mathbf{x})$ contiene infiniti punti di F per ogni $\epsilon > 0$, cioè per ogni raggio la corrispondente palla aperta contiene almeno un punto distinto da $\mathbf{x}$. Possiamo riassumere tutto quanto sopra affermando che $F \subset \mathbb{R}^n$ è aperto se e solo se $F = \text{int}(F)$, e chiuso se e solo se $F = \text{cl}(F)$. Alcuni tipi di insiemi aperti e chiusi nello spazio euclideo n-dimensionale sono determinati da funzioni continue. Una funzione $f : F \subset \mathbb{R}^n \to \mathbb{R}$ si dice continua in un punto $\mathbf{x} \in F$ se per ogni $\delta > 0$ esiste un $\epsilon > 0$ tale che la distanza $|f(\mathbf{y}) - f(\mathbf{x})|$ sia resa strettamente minore di δ per ogni $\mathbf{y} \in F$ con $\|\mathbf{y} - \mathbf{x}\| < \epsilon$. Possiamo equivalentemente scrivere $f(B_\epsilon(\mathbf{x}) \cap F) \subset B_\delta(f(\mathbf{x}))$. Infatti, $f^{-1}(O)$ è aperto ogni volta che $O \subset \mathbb{R}^n$ è aperto e f è continua. Se f è continua in ogni punto del suo dominio F allora diciamo che è continua su tutto F. Sia $f : \mathbb{R}^n \to \mathbb{R}$ una funzione continua. abbiamo:

- gli insiemi $\{\mathbf{x} \in \mathbb{R}^n : f(\mathbf{x}) > 0\}$ e $\{\mathbf{x} \in \mathbb{R}^n \mid f(\mathbf{x}) < 0\}$ sono aperti;
- gli insiemi $\{\mathbf{x} \in \mathbb{R}^n : f(\mathbf{x}) \geq 0\}$ e $\{\mathbf{x} \in \mathbb{R}^n \mid f(\mathbf{x}) \leq 0\}$ sono chiusi;
- l'insieme $\{\mathbf{x} \in \mathbb{R}^n \mid f(\mathbf{x}) \neq 0\}$ è aperto e l'insieme $\{\mathbf{x} \in \mathbb{R}^n \mid f(\mathbf{x}) = 0\}$ è chiuso,

cfr. Figura F.2. Ricordiamo la definizione sequenziale di continuità: una funzione f è continua in un punto $\mathbf{x}$ del suo dominio se esiste una successione $(\mathbf{x}_n)_n \neq \mathbf{x}$ che ha limite $\mathbf{x}$ e tale che $\|f(\mathbf{x}_n) - f(\mathbf{x})\| \to 0$ per $n \to \infty$. Per funzioni vettoriali $\mathbf{f} : F \subset \mathbb{R}^n \to \mathbb{R}^m$, con $n \neq m$, tutte le definizioni sopra valgono ceteris paribus. Attenzione: $\mathbf{f} = (f_1, \dots, f_m)$ è in realtà un vettore di funzioni $f_i : F \subset \mathbb{R}^n \to \mathbb{R}$, per ogni $i \in \{1, \dots, m\}$. Quindi, la continuità di $\mathbf{f}$ è intesa nella norma/palla aperta

---

[15] Ogni insieme aperto non contiene nessuno dei suoi punti di frontiera.

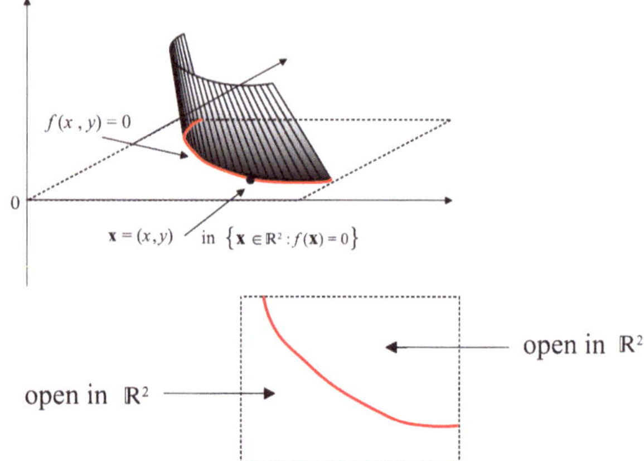

Figura F.2 Linea in grassetto: punti $\mathbf{x} \in \mathbb{R}^2$ tali che $f(\mathbf{x}) = 0$ formano un insieme chiuso. Il suo complemento è l'unione di due insiemi aperti, quindi è aperto

appropriata. Tuttavia, abbiamo che $\mathbf{f}$ è continua in $\mathbf{x} \in F$ se e solo se ogni funzione componente f_i è continua nello stesso punto. Un insieme $F \subset \mathbb{R}^n$ è **limitato** se esiste $M > 0$ tale che $\|\mathbf{x}\| \leqslant M$ per ogni $\mathbf{x} \in F$. Poiché per ogni successione convergente l'insieme $\{\mathbf{x}_1, \mathbf{x}_2 \ldots\} \subset \mathbb{R}^n$ è limitato nel senso della definizione sopra menzionata, abbiamo che un insieme $F \subset \mathbb{R}^n$ è limitato se e solo se ogni successione in F ha una sottosuccessione $\{\mathbf{x}_{n_k}\} \subset F$ che converge a un limite. Sottoinsiemi chiusi e limitati di $\mathbb{R}^n$ sono detti **compatti**.

Teorema F.2

Un insieme $F \subset \mathbb{R}^n$ è compatto se e solo se ogni successione di punti in F ha una sottosuccessione che converge a un punto appartenente a F.

Quindi, la limitatezza implica la convergenza delle sottosuccessioni in F, mentre la chiusura garantisce che i punti di accumulazione siano elementi di F e insieme sono equivalenti alla compattezza. Per esempio, la chiusura della palla aperta $B_\epsilon(\mathbf{x})$ è un insieme chiuso e limitato in $\mathbb{R}^3$, quindi $\mathrm{cl}(B_\epsilon(\mathbf{x})) = B_\epsilon(\mathbf{x}) + \partial B_\epsilon(\mathbf{x})$ è un insieme compatto. Quanto sopra è la caratterizzazione sequenziale della compattezza. Equivalentemente, sia $G = (G_i)_{i \in J}$ una collezione di sottoinsiemi aperti di un dato insieme $F \subset \mathbb{R}^n$ t.c. $F \subset \bigcup_i G_i$), detta anche **ricoprimento aperto** di F. Un **sottoricoprimento** di G è una sottofamiglia di insiemi aperti che ricoprono anch'essi F.

Teorema F.3

Un insieme $F \subset \mathbb{R}^n$ è compatto (cioè limitato e chiuso) se e solo se ogni ricoprimento aperto di F ammette un sottoricoprimento finito.

Una funzione continua $\mathbf{f} : \mathbb{R}^n \to \mathbb{R}^m$ preserva la compattezza: per ogni insieme compatto $K \subset \mathbb{R}^n$ l'immagine $\mathbf{f}(K) \subset \mathbb{R}^m$ è anch'essa un insieme compatto. Per esempio, sia $n = m = 1$ e si definisca una funzione $f : [a,b] \to \mathbb{R}$, allora $f([a,b])$ è ancora un intervallo chiuso e limitato. Questo fatto implica il teorema di Weierstrass. Quindi per $m = 1$ abbiamo:

Teorema F.4

Sia $f : \mathbb{R}^n \to \mathbb{R}$ una funzione continua. La sua restrizione $f|K$ a un insieme compatto $K \subset \mathbb{R}^n$ è tale che $\{y \in \mathbb{R} \mid y = f(x), \text{ per qualche } \mathbf{x} \in K\}$ è limitato. Allora, f assume valori di massimo e minimo.

Appendice G: spazi vettoriali e spazi normati

Uno **spazio vettoriale** sul campo dei numeri reali $\mathbb{R}$ è un insieme non vuoto V dotato di due operazioni $(v, w) \mapsto v + w$ da $V \times V$ in V e $(\alpha, v) \mapsto \alpha \cdot v$ da $\mathbb{R} \times V$ in V tali che:

(a1) $(v + w) + y = v + (w + y)$, per ogni $v, w, y \in V$;
(a2) $v + w = w + v$ per ogni $v, w \in V$;
(a3) esiste un elemento $0 \in V$ con la proprietà $v + 0 = v$, per ogni $v \in V$;
(a4) per ogni $v \in V$ esiste un elemento $-x \in V$ con la proprietà $v + (-v) = 0$
(s1) $1v = v$ vale per ogni $v \in V$;
(s2) $\alpha(\beta v) = (\alpha\beta)v$, per ogni $\alpha, \beta \in \mathbb{R}$ e per ogni $v \in V$;
(d1) $(\alpha + \beta)v = \alpha v + \beta v$, per ogni $\alpha, \beta \in \mathbb{R}$ e per ogni $v \in V$;
(d2) $\alpha(v + w) = \alpha v + \alpha w$, per ogni $\alpha \in \mathbb{R}$ e per ogni $v, w \in V$.

Le proprietà (a1)–(a4) si riferiscono all'addizione vettoriale; le proprietà (s1) e (s2) si riferiscono alla moltiplicazione per uno scalare; le proprietà (d1) e (d2) sono leggi distributive. Gli elementi di V sono chiamati *vettori*.

Esempio G.1
Un esempio di spazio vettoriale è $\mathbb{R}^n$. Per ogni $\mathbf{x}, \mathbf{y} \in \mathbb{R}^n$ l'addizione vettoriale $\mathbf{x} + \mathbf{y}$ si intende componente per componente, $x_i + y_i$ per ogni $i = 1, \ldots, n$. La moltiplicazione per uno scalare $\alpha\mathbf{x}$ si esegue allo stesso modo, αx_i per ogni $\alpha \in \mathbb{R}$ e per ogni $i = 1, \ldots, n$. L'elemento $\mathbf{0} = (0, \ldots, 0) \in \mathbb{R}^n$ soddisfa la proprietà (a3) ed è chiamato *vettore nullo* o *origine* di $\mathbb{R}^n$. Possiamo identificare gli elementi $\mathbf{x} \in \mathbb{R}^n$ con vettori riga, $1 \times n$, o vettori colonna $\mathbf{x}'$, dopo la trasposizione matriciale. Se $n = 2$ abbiamo la seguente rappresentazione geometrica. Ogni elemento $\mathbf{x}$ è identificato da una freccia nel piano cartesiano che parte dall'origine $\mathbf{0}$ ed è diretta verso il punto di coordinate (x_1, x_2), le coordinate di $\mathbf{x}$. Il vettore $-\mathbf{x}$ punta nella direzione opposta. L'addizione tra due vettori è chiamata **legge del parallelogramma**. La moltiplicazione per uno scalare $\alpha\mathbf{x}$ modifica la lunghezza della freccia di un fattore α e anche la sua direzione se $\alpha < 0$, cfr. Figura G.1. I vettori $\mathbf{y}$ e $\mathbf{x}$ sono paralleli se $\mathbf{y} = \alpha\mathbf{x}$ per qualche scalare $\alpha \in \mathbb{R}$. Tutto quanto sopra vale anche per lo spazio euclideo tridimensionale, si veda l'Appendice J.

D. Rossello, *Formulario di Probabilità Uno*, La Matematica per il 3+2,
https://doi.org/10.1007/978-3-032-18769-7

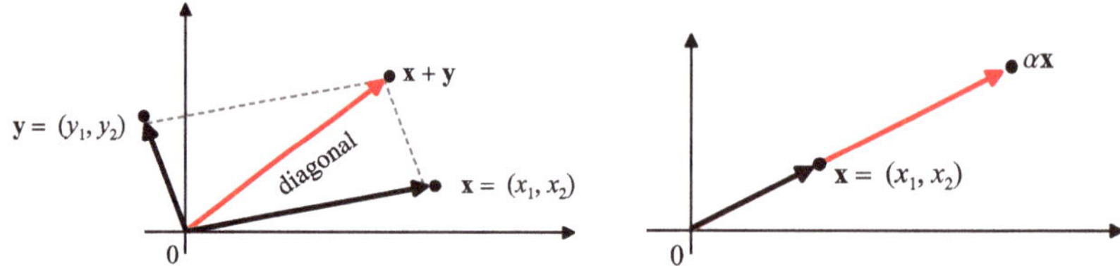

Figura G.1 Il vettore **y** rappresenta lo spostamento necessario per muovere **x** vs **x** + **y**

Un **sottospazio** di uno spazio vettoriale V è un sottoinsieme $V' \subset V$ tale che $\alpha v + \alpha w \in V'$ per ogni $\alpha, \beta \in \mathbb{R}$ e per ogni $v \in V$, cioè V' è uno spazio vettoriale a sé stante rispetto alle stesse operazioni $+$ e $\cdot$ ristrette a V'. Se fissiamo $v_0 \in V$ e consideriamo l'insieme H di tutti i vettori della forma $w = v + v_0$ dove v varia su tutto il sottospazio V' mentre v_0 non appartiene necessariamente a V', allora otteniamo un **iperpiano** traslando il sottospazio V' tramite il vettore v_0. Si noti che H non è necessariamente uno spazio vettoriale (lo studente verifichi).

Esempio G.2

In $V = \mathbb{R}^3$ l'insieme $\mathbb{R}$ è una retta e l'insieme $\mathbb{R}^2$ è un piano. Possiamo rappresentare l'iperpiano H come l'insieme $\{\mathbf{y} \in \mathbb{R}^2 \mid \mathbf{y} = \mathbf{x} + \mathbf{x}_0,\ \mathbf{x} \in S,\ \mathbf{x}_0 \text{ fisso}\}$, vedi Figura G.2, dove S è l'insieme di tutti gli $x \in \mathbb{R}^2$ tali che $\mathbf{x} = (x_1, 0)$ per ogni $x_1 \in \mathbb{R}$.

Una combinazione lineare di n vettori $v_1, \ldots, v_n \in V$ è $\sum_{i=1}^{n} \alpha_i v_i$, dove $\alpha_i \in \mathbb{R}$ per ogni i. Una collezione finita di vettori $\{v_1, \ldots, v_m\}$ si dice **linearmente indipendente** se non si possono trovare scalari $\alpha_1, \ldots, \alpha_m$, non tutti nulli, tali che la loro combinazione lineare sia il vettore nullo 0. Un insieme arbitrario V' di vettori di V si dice linearmente indipendente se ogni sottoinsieme finito non vuoto di V' contiene vettori linearmente indipendenti. Un sottoinsieme non vuoto $V' \subset V$ di uno spazio vettoriale V può essere usato per formare un terzo insieme S contenente tutte le combinazioni lineari degli elementi di V'. L'insieme S è un sottospazio chiamato **span** di V' e si denota con span(V'). Poiché V' genera S si scrive $S = $ span(V'). Se V contiene un insieme finito di n vettori linearmente indipendenti e tutti gli altri insiemi di $n + 1$ vettori sono linearmente dipendenti, allora si dice che la **dimensione** di V è n e si scrive dim $V = n$: allora V è uno **spazio vettoriale a dimensione finita**, anche se V può contenere un numero infinito di vettori. Se $S \subset V$ ed S è un insieme linearmente indipendente che genera V, allora S è una **base** di V.

Figura G.2 L'iperpiano H come traslazione dell'insieme $S = \mathbb{R}$ tramite $\mathbf{x}_0$

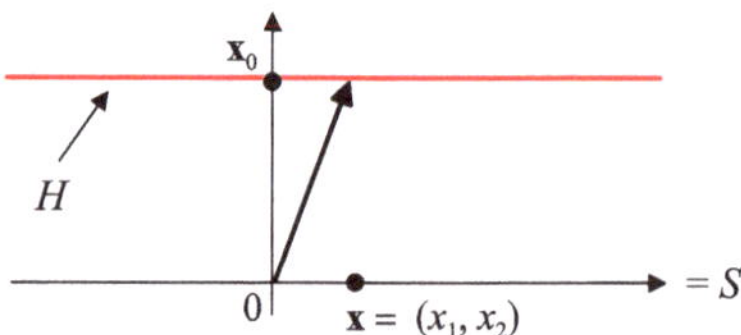

Esempio G.3

L'insieme $\mathbb{R}^n$ di tutti le n-uple $\mathbf{x} = (x_1, \ldots, x_n)$ è uno spazio vettoriale di dimensione finita. Infatti il sottoinsieme finito $S = \{\mathbf{e}_1, \ldots, \mathbf{e}_n\}$ di punti $\mathbf{e}_i$ le cui coordinate sono tutte nulle tranne la i-esima, che è uguale a 1, è linearmente indipendente e ogni $\mathbf{x} \in \mathbb{R}^n$ può essere espresso in modo unico come una combinazione lineare $\mathbf{x} = \alpha_1 \mathbf{e}_1 + \cdots + \alpha_n \mathbf{e}_n$ con scalari α_i tutti diversi da zero. Quindi, $\mathbb{R}^n = \mathrm{span}(S)$, cioè S genera $\mathbb{R}^n$ e $|S| = n$ così che $\dim \mathbb{R}^n = n$.

Una funzione $L : V_1 \to V_2$ definita tra due spazi vettoriali si dice **lineare** se $L(\alpha v + \alpha w) = \alpha L(v) + \alpha L(w)$, per ogni $\alpha, \beta \in \mathbb{R}$ e per ogni $v, w \in V_1$. Se $V_2 = \mathbb{R}$ chiamiamo tale L un **funzionale lineare**. Ogni funzione lineare biettiva ha un'inversa lineare. Un **segmento** che collega $v \in V$ e $w \in V$ è l'insieme dei punti in V della forma $\lambda v + (1 - \lambda)w$ con $\lambda \in [0, 1]$. Un sottoinsieme $C \subset V$ di uno spazio vettoriale è **convesso** se per ogni coppia $v, w \in C$ il segmento che li congiunge è contenuto in C.

Esempio G.4

In $\mathbb{R}^3$ l'equazione $\mathbf{y} = \alpha \mathbf{x}$ rappresenta tutti i punti sulla retta passante per l'origine nella direzione di $\mathbf{x}$ quando α varia su $\mathbb{R}$ e $\mathbf{x} \neq \mathbf{0}$. Se $\mathbf{w}, \mathbf{x} \in \mathbb{R}^3$ e $\mathbf{x} \neq \mathbf{0}$ l' equazione $\mathbf{y} = \mathbf{w} + \alpha \mathbf{x}$ è una retta passante per $\mathbf{w}$ nella direzione di $\mathbf{x}$, cfr. Figura G.3.

Uno spazio vettoriale V permette di eseguire operazioni algebriche con i suoi elementi. La struttura lineare di V può essere arricchita introducendo una funzione $\| \| : V \to \mathbb{R}$ tale che

(1) $\|v\| \geqslant 0$ per ogni $v \in V$, e $\|v\| = 0$ se e solo se $v = 0$;
(2) $\|\alpha v\| = |\alpha| \, \|v\|$ per ogni $\alpha \in \mathbb{R}$ e $v \in V$;
(3) $\|v + w\| \leqslant \|v\| + \|w\|$ per ogni $v, w \in V$.

L'insieme V dotato di tale funzione si chiama **spazio normato** e $\| \|$ è una **norma**; a volte lo indicheremo con $(V, \| \|)$. La proprietà (3) si chiama **disuguaglianza triangolare**. La norma fornisce a uno spazio vettoriale V una struttura topologica. Infatti, $\|v - w\| = d(v, w)$ definisce una distanza per ogni $v, w \in V$. Ne consegue che concetti come palla aperta, insieme aperto, insieme chiuso e successioni convergenti possono essere adattati agli spazi vettoriali normati.

Figura G.3 Retta $\mathbf{y} = \mathbf{w} + \alpha \mathbf{x}$ con $\mathbf{w}, \mathbf{x}$ costanti e $\mathbf{x} \neq \mathbf{0}$

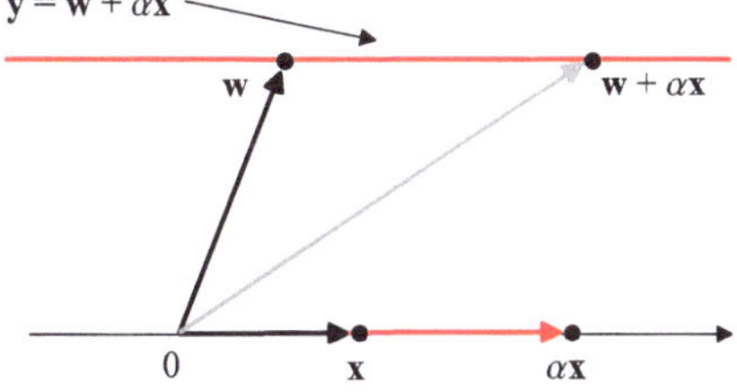

Osservazione G.1

Un insieme $V \neq \varnothing$ dotato di una funzione $d : V \times V \to \mathbb{R}$ tale che

- $d(u, v) \geq 0$ e $d(u, v) = 0$ se e solo se $u = v$,
- $d(u, v) = d(v, u)$,
- $d(u, v) \leq d(u, w) + d(w, v)$, per ogni $u, v, w \in V$,

chiamata **metrica** (che è sinonimo di distanza) è uno **spazio metrico** denotato con (V, d). Una palla aperta è ora definita come $B_\epsilon(u) := \{v \in V \mid d(u, v) < \epsilon\}$. Usando ciò, la convergenza di successioni $(u_n)_{n \in \mathbb{N}} \subset V$ si intende come $u_n \to u$, per $n \to \infty$, se e solo se $d(u_n, u) \to 0$.

Esempio G.5

Sia $[a, b]$ un intervallo chiuso e limitato in $\mathbb{R}$ e sia $C[a, b]$ l'insieme di tutte le funzioni continue a valori reali su $[a, b]$. Si verifica facilmente che $C[a, b]$ è uno spazio vettoriale, purché la somma di funzioni e i prodotti tra numeri reali e funzioni siano intesi per ogni x tale che $f(x) \in C[a, b]$. L'applicazione $\| \| : C[a, b] \to \mathbb{R}$ definita da $\|f\| := \int_{[a,b]} |f| \, \mathrm{d}m$ è una norma su $C[a, b]$. Un'altra norma può essere definita tramite la formula $\|f\| := \sup\{|f(x)| \mid x \in [a, b]\}$, poiché ogni funzione continua sull'insieme compatto $[a, b]$ è anche limitata.

L'Esempio G.5 suggerisce che possiamo definire norme diverse sullo stesso spazio vettoriale. Tuttavia, si può dimostrare che su uno spazio vettoriale normato di dimensione finita tutte le norme sono equivalenti e definiscono gli stessi insiemi aperti. Forniremo un'altra caratterizzazione di uno spazio vettoriale V. Il **prodotto scalare** di due vettori $u, w \in V$, denotato da $\langle u, w \rangle$, è definito come una funzione definita su $V \times V$ a valori reali che soddisfa:

(I1) $\langle u, w \rangle = \langle w, u \rangle$

(I2) $\langle u + z, w \rangle = \langle u, w \rangle + \langle z, w \rangle$

(I3) $\alpha \langle u, w \rangle = \alpha \langle u, w \rangle$

(I4) $\langle u, u \rangle \geq 0$, con $\langle u, u \rangle = 0$ se e solo se $u = 0$.

In ogni spazio vettoriale V dotato di prodotto scalare possiamo definire una norma tramite $\|u\| = \sqrt{\langle u, u \rangle}$, e quindi una distanza $d(u, w) = \|u - w\| = \sqrt{\langle u - w, u - w \rangle}$. Due vettori si dicono **ortogonali** se $\langle u, w \rangle = 0$, e possiamo scrivere $u \perp w$. Se un insieme finito $S = \{u_1, \ldots, u_n\}$ di vettori in V è tale che $u_i \perp u_j$ per ogni $i \neq j \in \{1, \ldots, n\}$ diciamo che S è un **insieme ortogonale**. Se, inoltre, $u_i \in S$ ha lunghezza unitaria $\|x\| = \langle u, u \rangle = 1$, per ogni i, chiamiamo S un **insieme ortonormale**. Lo spazio euclideo n-dimensionale $\mathbb{R}^n$ è uno spazio con prodotto interno definito da

$$\langle \mathbf{x}, \mathbf{y} \rangle := \sum_{i=1}^{n} x_i y_i =: \mathbf{x} \cdot \mathbf{y}.$$

La norma indotta è $\|\mathbf{x}\| = \sqrt{\langle \mathbf{x}, \mathbf{x} \rangle}$. La base usuale di $\mathbb{R}^n$ è formata dai vettori $\mathbf{e}_i$ con tutte le componenti nulle tranne la i-esima che vale 1. L'insieme $\{\mathbf{e}_1, \ldots, \mathbf{e}_n\}$ è inoltre ortonormale. Vale la disuguaglianza di Cauchy-Schwarz :

$$|\langle \mathbf{x}, \mathbf{y} \rangle|^{1/2} \leq \|\mathbf{x}\| + \|\mathbf{y}\|.$$

Il prodotto interno conferisce ulteriori proprietà geometriche ad uno spazio vettoriale. In particolare, poiché dalla regola del coseno

$$\|\mathbf{x} - \mathbf{y}\|^2 = \|\mathbf{x}\|^2 + \|\mathbf{y}\|^2 - 2\|\mathbf{x}\|\,\|\mathbf{y}\| \cos \theta$$

possiamo, dopo aver semplificato, scrivere

$$\langle \mathbf{x}, \mathbf{y} \rangle = \|\mathbf{x}\|\,\|\mathbf{y}\| \cos \theta,$$

quindi avremo anche la nozione di angolo tra due vettori euclidei:

$$\cos \theta = \frac{\langle \mathbf{x}, \mathbf{y} \rangle}{\|\mathbf{x}\|\,\|\mathbf{y}\|}$$

con $\theta \in [0, \pi]$. Un iperpiano può ora essere definito nel seguente modo. Consideriamo due vettori ortogonali $\langle \mathbf{x}, \mathbf{y} \rangle = 0$ dove $\mathbf{x}$ è fissato. In $\mathbb{R}^2$ ciò rappresenta l'equazione di una retta passante per l'origine e in $\mathbb{R}^3$ fornisce un piano passante per l'origine. In entrambi i casi, $\mathbf{x}$ è ortogonale alla retta o al piano, ed è chiamato **normale**. Analogamente, in $\mathbb{R}^3$ l'equazione $\langle \mathbf{x}, \mathbf{y} - \mathbf{w} \rangle = 0$ rappresenta un piano passante per il vettore fissato $\mathbf{w}$ con normale $\mathbf{x}$. Più in generale, dati $\mathbf{x}, \mathbf{y} \in \mathbb{R}^n$, l'equazione $\langle \mathbf{x}, \mathbf{y} \rangle = c$, per $c \in \mathbb{R}$ e $\mathbf{x}$ fissato, definisce un iperpiano in $\mathbb{R}^n$. Si noti che il prodotto $\mathbf{x}\,\mathbf{A}$ tra un vettore $\mathbf{x} \in \mathbb{R}^n$ e una matrice $n \times n$ $\mathbf{A}$ è un vettore in $\mathbb{R}^n$. Possiamo quindi sempre scrivere $\langle \mathbf{x}\,\mathbf{A}, \mathbf{y} \rangle$.

Appendice H: successioni e serie di funzioni

Sia $(f_n)_n$ una successione di funzioni a valori reali tutte definite sull'intervallo $I \subset \mathbb{R}$. Diciamo che $(f_n)_n$ **converge puntualmente** a una funzione f definita sullo stesso intervallo, se $f_n(x) \to f(x)$ per $n \to \infty$ per ogni $x \in I$. Si osservi che $f_1(x), f_2(x), \ldots$ è una successione di numeri reali che converge al numero $f(x)$, per ogni $x \in I$. Se la convergenza fallisce per qualche $x \in I$, allora possiamo definire

$$D = \left\{ x \in \mathbb{R} \ \middle| \ \lim_{n \to \infty} f_n(x) \text{ è finito} \right\}$$

come la *regione di convergenza*. Una definizione più forte di convergenza è la seguente:

> **Definizione H.1**
> Una successione di funzioni $(f_n)_n$ **converge uniformemente** su un intervallo I se per ogni $\epsilon > 0$ esiste un numero intero M, dipendente da ϵ ma non da x, tale che $|f_n(x) - f(x)| < \epsilon$ per ogni $n > M$ e per ogni $x \in I$.

Si può dimostrare che questa definizione è equivalente a:

$$f_n \to f \text{ uniformemente su } I \text{ se } \| f_n - f \| \to 0 \text{ per } n \to \infty,$$

dove $\| f_n - f \| = \sup\{ |f_n(x) - f(x)| \mid x \in I \}$. Se $(f_n)_n$ è fatta da funzioni continue su I e $f_n \to f$ uniformemente, allora f è continua su I. Se ciascuna f_n ha una derivata continua su $[a,b]$, $f_n \to f$ puntualmente e $(f_n')_n$ converge uniformemente su $[a,b]$, allora $f_n' \to f'$ su $[a,b]$. Se ciascuna f_n è continua e $f_n \to f$ uniformemente su $[a,b]$, allora $\int_a^b f_n(x)\mathrm{d}x \to \int_a^b f(x)\mathrm{d}x$. Una **serie di potenze** nella forma generale è $\sum_{i=0}^{\infty} a_i \, (x - a)^i$, che converge o per $x = a$, o per ogni x, o per $|x - a| < R$, dove $R = \sup_{x \in E} |x - a| > 0$ è il **raggio di convergenza**, con $E = \{ x \in \mathbb{R} \mid \text{la serie converge} \}$. Qui a_i, a sono costanti. In effetti, una serie di potenze è una somma parziale di una successione di funzioni $a_i (x - a)^i$ per $i = 0, 1, 2, \ldots$ Più in generale, data una successione di funzioni $(f_n(x))_n$ la serie $\sum_{i=0}^{\infty} f_i(x)$ converge alla somma $s(x)$ in D se dato $\epsilon > 0$ esiste $N(x, \epsilon) \in \mathbb{N}$ tale che $|s(x) - s_n(x)| < \epsilon$ ogni volta che $n > N$, dove $s_n(x) = \sum_{i=0}^{n} f_i(x)$. Questa è semplicemente la convergenza della successione delle somme parziali $s_n(x)$ alla funzione limite $s(x)$. Ancora, se $N(x, \epsilon) = N(\epsilon)$ dipende solo da ϵ e non da x, entra in gioco la convergenza uniforme. Se $f_i(x)$ sono continue in $I = [a, b]$ e $\sum_{i=0}^{n} f_i(x)$ è uniformemente convergente a $s(x)$ in I, allora $s(x)$ è continua in I. Se $f_i(x)$ sono integrabili in I e $\sum_{i=0}^{n} f_i(x)$ è uniformemente convergente a $s(x)$ in I, allora

$$\int_a^b \sum_{i=0}^{n} f_i(x)\mathrm{d}x = \sum_{i=0}^{n} \int_a^b f_i(x)\mathrm{d}x,$$

cioè, possiamo scambiare l'integrale definito con la somma infinita. Infine, se $f_i(x)$ hanno derivate continue in I e $\sum_{i=0}^{n} f_i(x)$ converge a $s(x)$ mentre $\sum_{i=0}^{n} f_i'(x)$ è uniformemente convergente in I, allora

$$\frac{\mathrm{d}}{\mathrm{d}x} \sum_{i=0}^{n} f_i(x) = \sum_{i=0}^{n} \frac{\mathrm{d}}{\mathrm{d}x} f_i(x),$$

cioè, possiamo scambiare la derivata con la somma infinita.

Appendice I: elementi di differenziazione e integrazione multivariata

La derivata parziale

$$\frac{\partial F_{\mathbf{X}}}{\partial x}(x, y) = \lim_{h \to 0} \frac{F_{\mathbf{X}}(x + h, y) - F_{\mathbf{X}}(x, y)}{h}$$

fornisce la variazione della CDF bivariata nella direzione parallela all'asse x. Analogamente,

$$\frac{\partial F_{\mathbf{X}}}{\partial y}(x, y) = \lim_{k \to 0} \frac{F_{\mathbf{X}}(x, y + k) - F_{\mathbf{X}}(x, y)}{k}$$

misura la variazione della CDF bivariata nella direzione parallela all'asse y. Se il limite

$$\lim_{h \to 0} \frac{F_{\mathbf{X}}(x + u_1 h, y + u_2 h) - F_{\mathbf{X}}(x, y)}{h} \tag{I.1}$$

esiste[16] prende il nome di **derivata direzionale** di $F_{\mathbf{X}}$ in (x, y), indicata[17] con $\mathrm{d}_{\mathbf{u}} F_{\mathbf{X}}(x, y)$. La formula (I.1) fornisce la variazione di $F_{\mathbf{X}}$ in entrambe le variabili. In un contesto più generale possiamo scrivere

$$\mathrm{d}_{\mathbf{u}} F_{\mathbf{X}}(\mathbf{x}) := \lim_{h \to 0} \frac{F_{\mathbf{X}}(\mathbf{x} + h\mathbf{u}) - F_{\mathbf{X}}(\mathbf{x})}{h}, \tag{I.2}$$

dove $\mathbf{x} + h\mathbf{u} = (x_1 + h u_1, \dots, x_n + h u_n)$. Vale la pena notare che per $\mathbf{u} \equiv \mathbf{e}_i$ l'equazione (I.2) restituisce $\frac{\partial F_{\mathbf{X}}}{\partial x_i}(\mathbf{x})$ per $i = 1, \dots, n$. Si ricordi che $\mathbf{e}_i$ è il vettore

---

[16] Si osservi che $(x + u_1 h, y + u_2 h)$ è automaticamente nel dominio $\mathbb{R}^2$ della CDF.

[17] La direzione della variazione è data dallo spostamento di una distanza $h \|\mathbf{u}\|$ dal vettore (x, y) al vettore $(x + u_1 h, y + u_2 h)$ lungo la direzione del vettore $\mathbf{u} = (u_1, u_2)$ con norma euclidea $\|\mathbf{u}\| = \sqrt{u_1^2 + u_2^2}$.

© The Author(s), under exclusive license to Springer Nature Switzerland AG 2026

D. Rossello, *Formulario di Probabilità Uno*, La Matematica per il 3+2,

https://doi.org/10.1007/978-3-032-18769-7

n-dimensionale i cui elementi sono tutti zeri tranne l'i-esimo che vale uno. Ogni volta che il limite

$$\lim_{\mathbf{h}\to 0} \frac{\left| F_{\mathbf{X}}(\mathbf{a}+\mathbf{h}) - F_{\mathbf{X}}(\mathbf{a}) - \mathbf{b}\cdot\mathbf{h}\right|}{\|\mathbf{h}\|} = 0 \tag{I.3}$$

esiste si dice che la CDF è **differenziabile** in $\mathbf{a}\in\mathbb{R}^n$. Si ricorda che la somma vettoriale $\mathbf{a}+\mathbf{h}\in\mathbb{R}^n$ si intende componente per componente, cioè $a_i + h_i$ per $i = 1,\ldots,n$ sono le componenti del vettore risultante. Inoltre, $\mathbf{h}\to\mathbf{0}$ si intende componente per componente, cioè $h_i\to 0$ per $i = 1,\ldots,n$ e $\mathbf{0}\in\mathbb{R}^n$ è il vettore di tutti zeri. NB: il prodotto scalare $\mathbf{b}\cdot\mathbf{h}$ coincide con il prodotto interno $\langle\mathbf{b},\mathbf{h}\rangle$ di due vettori n-dimensionali, definito come lo scalare $\sum_{i=1}^{n} b_i h_i$, con $\|\mathbf{h}\| = \sqrt{\mathbf{h}\cdot\mathbf{h}}$. Ora, intuitivamente, se la (I.3) è verificata la variazione $F_{\mathbf{X}}(\mathbf{a}+\mathbf{h}) - F_{\mathbf{X}}(\mathbf{a})$ differisce poco dalla funzione lineare $g(\mathbf{h}) = \mathbf{b}\cdot\mathbf{h}$, e possiamo approssimarla tramite

$$F_{\mathbf{X}}(\mathbf{a}+\mathbf{h}) - F_{\mathbf{X}}(\mathbf{a}) \approx \nabla F_{\mathbf{X}}(\mathbf{a})\cdot\mathbf{h}, \tag{I.4}$$

dove $\nabla F_{\mathbf{X}}(\mathbf{a})$ è chiamato **gradiente** della CDF, cioè il vettore n-dimensionale le cui componenti sono le derivate parziali $\frac{\partial F_{\mathbf{X}}}{\partial x_i}(\mathbf{x})$. Quindi, se la CDF multivariata è differenziabile allora essa possiede tutte le derivate parziali e tutte le derivate direzionali[18] per $i = 1,\ldots,n$.

Esempio I.1

Nel caso bivariato con CDF congiunta differenziabile in $\mathbf{a} = (a_1, a_2)$ abbiamo

$$\frac{\left| F_{\mathbf{X}}(x,y) - F_{\mathbf{X}}(a_1, a_2) - \frac{\partial F_{\mathbf{X}}}{\partial x}(a_1, a_2)(x - a_1) - \frac{\partial F_{\mathbf{X}}}{\partial y}(a_1, a_2)(x - a_2)\right|}{\|(x,y) - (a_1, a_2)\|} \to 0$$

al tendere di (x, y) a (a_1, a_2). Possiamo dire che $z = F_{\mathbf{X}}(a_1, a_2) + \frac{\partial F_{\mathbf{X}}}{\partial x}(a_1, a_2)(x - a_1) + \frac{\partial F_{\mathbf{X}}}{\partial y}(a_1, a_2)(y - a_2)$ è una buona approssimazione della CDF: in $\mathbb{R}^3$, si tratta dell'equazione del **piano tangente** al grafico della CDF nel punto $\mathbf{a} = (a_1, a_2)$. Il caso monodimensionale è quello di una funzione reale $F(x)$ derivabile in $a\in\mathbb{R}$ appartenente a un intervallo aperto (intorno) contenuto nell'insieme di esistenza, per cui $y = F(a) + F'(a)(x - a)$ è la funzione lineare il cui grafico è la tangente (nel piano cartesiano $\mathbb{R}^2$) al grafico di F nel punto $(a, F(a))$: infatti, la retta tangente data dalla precedente equazione è tale che $\lim_{x\to a} \frac{F(x) - F(a) - F'(a)(x - a)}{x - a} = 0$.

Nell'equazione (I.3) possiamo porre $\mathbf{x} = \mathbf{a} + \mathbf{h}$ così che $\mathbf{h} = \mathbf{x} - \mathbf{a}$ e il limite è preso equivalentemente come $\mathbf{x}\to\mathbf{a}$, componente per componente. Ricordiamo che $\|\mathbf{x} - \mathbf{a}\| = \sqrt{\sum_{i=1}^{n}(x_i - a_i)^2}$ coincide con la distanza euclidea $d(\mathbf{x}, \mathbf{a})$. Dunque il limite implica che $d(\mathbf{x}, \mathbf{a})\to 0$ al tendere di $\mathbf{x}$ a $\mathbf{a}$ e la CDF è valutata in un intorno di $\mathbf{a}$.

---

[18] Queste possono essere espresse come $\mathrm{d}_{\mathbf{u}} F_{\mathbf{X}}(\mathbf{x}) = \nabla F_{\mathbf{X}}(\mathbf{x})\cdot\mathbf{u}$.

Osservazione I.1

Se $F_{\mathbf{X}}$ è differenziabile in **a** allora è continua in questo punto, ma attenzione che ciò non equivale ad affermare l'estistenza delle derivate parziali. Se invece tutte le derivate parziali $\frac{\partial F_{\mathbf{X}}}{\partial x_i}$ esistono e sono continue (in un intorno di **a**) allora la CDF è differenziabile in questo punto. Come conseguenza abbiamo la seguente gerarchia:

$$\text{derivate parziali continue } \tfrac{\partial F_{\mathbf{X}}}{\partial x_i} \implies F_{\mathbf{X}} \text{ differenziabile}$$
$$\implies \text{esistenza delle deriv. parz.}$$

La seconda implicazione è dovuta alla definizione di derivata parziale: affinché il limite in (I.3) esista è necessario che esista il gradiente.

Qui alcune puntualizzazioni sulla differenziazione multivariata.

- Se una funzione $F(x_1, \ldots, x_n)$ ammette derivate parziali seconde $\frac{\partial^2 F}{\partial x_i \partial x_j}(\mathbf{a})$ in un punto **a** del suo dominio[19], per $i, j = 1, \ldots, n$, e queste sono continue in quel punto allora l'ordine di derivazione parziale non conta (teorema di Schwarz o teorema di Young).
- Chiamiamo $\sum_{i=1}^{n} \sum_{j=1}^{n} \frac{\partial^2 F}{\partial x_i \partial x_j}(\mathbf{a}) \mathrm{d}x_i \mathrm{d}x_j$ il *differenziale totale del secondo ordine*.

Passando all'integrazione multivariata, partiamo dall'**integrale di Riemann doppio**. Sia $f : [a,b] \times [c,d] \to \mathbb{R}$ dove il dominio $\mathrm{dom}(f)$ è un sottoinsieme compatto di $\mathbb{R}^2$. Suddividiamo $[a,b]$ in $n \in \mathbb{N}$ sottointervalli $[x_{i-1}, x_i]$ per $i = 1, \ldots, n$ e $[c,d]$ in $m \in \mathbb{N}$ sottointervalli $[y_{j-1}, y_j]$ per $i = 1, \ldots, m$. Così calcoliamo la *somma di Riemann*

$$S_{n,m} := \sum_{i=1}^{n} \sum_{j=1}^{m} f(c_i, c_j) \Delta x_i \Delta y_j, \quad (c_i, c_j) \in [x_{i-1}, x_i] \times [y_{j-1}, y_j], \qquad (\mathrm{I.5})$$

dove $\Delta x_i = x_i - x_{i-1}$ e $\Delta y_j = y_j - y_{j-1}$ per ogni i, j. Supponendo inoltre che f sia limitata allora

$$\lim S_{n,m} = \int_a^b \left[\int_c^d f(x,y) \mathrm{d}y \right] \mathrm{d}x = \int_c^d \left[\int_a^b f(x,y) \mathrm{d}x \right] \mathrm{d}y, \qquad (\mathrm{I.6})$$

a patto che il limite esista. Quest'ultimo è preso per partizioni sempre più fini dei due intervalli sopra, al tendere di $n \to \infty$, $m \to \infty$ e tale che

$$\sup\{(x_i - x_{i-1})(y_j - y_{j-1})\} \to 0.$$

---

[19] Se la funzione ha dominio strettamente incluso in $\mathbb{R}^n$, allora tutte le affermazioni su continuità e differenziabile si intendono valide nei punti interni e per variazioni piccole, in modo che tutti i vettori coinvolti non escano dal dominio.

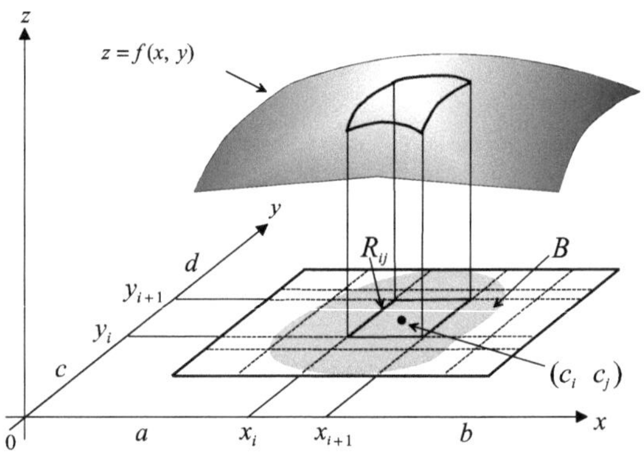

Figura I.1 Superficie come grafico di una funzione di due variabili, e volume di un corpo solido che insiste sopra un rettangolo R_{ij}

Ciò significa che prendiamo il più grande $(x_i - x_{i-1})(y_j - y_{j-1}) = \text{area}(R_{ij})$, ove $R_{ij} = [x_{i-1}, x_i] \times [y_{j-1}, y_j]$ è l'area di rettangoli; tale estremo superiore è anche chiamato *diametro* di[20] $[a, b] \times [c, d]$. Le parentesi negli integrali iterati possono essere omesse. La formula (I.6) vale in particolare se f è continua su $\text{dom}(f) = [a, b] \times [c, d]$. Se la funzione f è definita su una regione limitata del piano più generale di un rettangolo, diciamo $\text{dom}(f) = B \subset \mathbb{R}^2$, allora la definizione sopra può essere riformulata per la funzione

$$\tilde{f}(x, y) := \begin{cases} f(x, y), & \text{se } (x, y) \in B \\ 0, & \text{se } (x, y) \in [a, b] \times [c, d] \setminus B, \end{cases}$$

ossia riconsiderando la somma di Riemann (I.5) per ogni (c_i, c_j) in $R_{ij} \cap B$. Se il limite (I.6) esiste possiamo scrivere direttamente l'integrale doppio di Riemann come

$$\iint_B \tilde{f}(x, y) \mathrm{d}x \mathrm{d}y.$$

Nella Figura I.1, $R_{ij} \cap B = R_{ij}$ perché R_{ij} è contenuto in B. Supponendo che f sia non negativa, l'integrale doppio di Riemann può essere interpretato come il volume di un *corpo solido* dato da ogni punto $\mathbf{x} = (x, y, z)$ compreso tra il grafico di f[21] e il rettangolo $[a, b] \times [c, d]$ o la regione più generale B nel piano.

Osservazione I.2 (Principio di Cavalieri)
Supponiamo che f sia definita su $[a, b] \times [c, d]$. Possiamo tagliare una sezione del solido con un piano, ad esempio parallelo al piano yz (quindi perpendicolare al piano xz), ottenendo così un'area di sezione $A(x)$ a distanza $x \in [a, b]$

---

[20] Si può definire il diametro di qualsiasi insieme chiuso e limitato in $\mathbb{R}^2$ come la massima distanza tra due suoi punti.
[21] Si ricordi che il grafico può essere definito implicitamente dall'equazione $g(x, y, z) = 0$, dove $g(x, y, z) = z - f(x, y)$.

dal piano di riferimento. Ora, incrementando x di Δx, il volume dello strato corrispondente all'area di sezione $A(x)$ e con spessore Δx è approssimativamente $V(x + \Delta x) - V(x) \approx A(x)\Delta x$. Otteniamo un'approssimazione migliore per Δx più piccoli ed è possibile ottenere $V'(x) = A(x)$ al limite, cioè $V(b) - V(a) = \int_a^b A(x)\mathrm{d}x$ dove possiamo porre $V \equiv V(b)$ e $V(a) = 0$. In sintesi: Sia $S \subset \mathbb{R}^3$ un solido e sia $(\Pi_x)_{a \leqslant x \leqslant b}$ una famiglia di piani paralleli tali che:

- S è compreso tra Π_a e Π_b,
- $A(x)$ denota l'area della sezione di S tagliata da Π_x,

allora $\mathrm{vol}(S) = V = \int_a^b A(x)\mathrm{d}x$. Questo approccio può essere riformulato usando piani paralleli $(\Pi_y)_{c \leqslant y \leqslant d}$, ma ottenendo lo stesso volume.

Abbiamo la seguente versione bidimensionale del teorema del valor medio, ora per integrali doppi:

- $\iint_B f(x, y)\mathrm{d}x\mathrm{d}y = \mu \iint_B \mathrm{d}x\mathrm{d}y = \mu\,\mathrm{area}(B)$, per $\mu_* \leqslant \mu \leqslant \mu^*$ e $f(x, y)$ limitata in $[\mu_*, \mu^*]$ per ogni $(x, y) \in B$;
- se B è **connesso**[22] allora $\mu = f(c_1, c_2)$ per qualche $(c_1, c_2) \in B$.

Il fatto che $\iint_B \mathrm{d}x\mathrm{d}y = \mathrm{area}(B)$ può essere giustificato dal seguente esempio probabilistico.

Esempio I.2

Sia $f(x, y) = \frac{1}{\pi r^2}$ per $x^2 + y^2 \leqslant r^2$ con $r > 0$, e zero altrimenti. Mostriamo che questa funzione è effettivamente una densità di qualche vettore aleatorio bivariato assolutamente continuo $\mathbf{X} = (X, Y)$, cioè $f \equiv f_{\mathbf{X}}$. Infatti, $B = \{(x, y) \in \mathbb{R}^2 \mid x^2 + y^2 \leqslant r^2\}$ è il sottoinsieme del piano dato da un cerchio di raggio r, quindi l'integrale doppio $\iint_B \mathrm{d}x\mathrm{d}y = \pi r^2$ è equivalente a $\mathrm{area}(B)$ e inserendo $f(x, y)$ nell'integrale sopra si ottiene 1. Quindi f è una densità congiunta e può essere il modello per l'esperimento di scelta a caso di un punto all'interno del cerchio di raggio r.

Più in generale, possiamo trovare un solido in $\mathbb{R}^3$ dato dai punti $\mathbf{x} = (x, y, z)$ compresi tra il piano Π_z con equazione $z = f(x, y)$ e la regione connessa $B \subset \mathbb{R}^2$, il cui bordo ∂B è la linea chiusa ℓ ottenuta dall'equazione $g(x, y) = 0$. Quindi il volume del cilindro è

$$V = \iint_B k\,\mathrm{d}x\mathrm{d}y = k \iint_B \mathrm{d}x\mathrm{d}y,$$

dove $k\,\mathrm{d}x\mathrm{d}y$ è il volume infinitesimo di un parallelepipedo di altezza k rispetto al piano xy e area di base pari a $\mathrm{d}x\mathrm{d}y$. D'altra parte, il volume è anche uguale a $\mathrm{area}(B)k$ e ciò implica $\mathrm{area}(B) = \iint_B \mathrm{d}x\mathrm{d}y$, si veda la Figura I.2.

---

[22] Un sottoinsieme di $\mathbb{R}^2$ si dice conneso se è la chiusura di un sottoinsieme aperto connesso in $\mathbb{R}^2$, cioè non è l'unione di due sottoinsiemi chiusi disgiunti in $\mathbb{R}^2$.

Figura I.2 Cilindro con base data dal cerchio B. Il bordo di B è la linea ℓ data dall'equazione $g(x, y) = \sqrt{x + y} - r = 0$. Una copia di B si trova anche nel piano Π_z identificato dall'equazione $z = k$

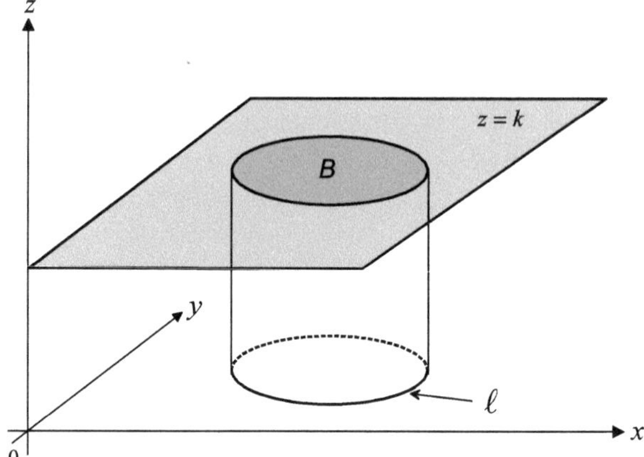

Appendice J: uno sguardo all'analisi vettoriale in $\mathbb{R}^3$

Questa appendice è un'applicazione dei risultati dell'Appendice G allo spazio euclideo tridimensionale. Si ricordi che per due punti $\mathbf{x} = (x_1, x_2, x_3)$ e $\mathbf{y} = (y_1, y_2, y_3)$ consideriamo il concetto di vettore come il segmento orientato da $\mathbf{x}$ a $\mathbf{y}$. In particolare, ogni punto $\mathbf{x}$ può essere identificato con un vettore che parte dall'origine $\mathbf{0} = (0, 0, 0)$ e termina in $\mathbf{x}$. Il *modulo* di un vettore che parte dall'origine è la sua norma euclidea $\|\mathbf{x}\|$, e poiché $h\,\mathbf{x} = (h\,x_1, h\,x_2, h\,x_3)$ abbiamo che, per $h > 0$, $\|h\,\mathbf{x}\| = h\|\mathbf{x}\|$, così il secondo vettore ha la stessa direzione del primo ma modulo h volte maggiore. Introducendo i *vettori unitari* $\mathbf{e}_1 = (1, 0, 0)$, $\mathbf{e}_2 = (0, 1, 0)$ e $\mathbf{e}_3 = (0, 0, 1)$ possiamo esprimere ogni altro vettore $\mathbf{x} = (x_1, x_2, x_3)$ come $x_1\,\mathbf{e}_1 + x_2\,\mathbf{e}_2 + x_3\,\mathbf{e}_3$, dove ciascun $x_i\,\mathbf{e}_i$ è la *componente* di $\mathbf{x}$ nella direzione degli assi x_i. Questi vettori unitari sono talvolta chiamati *vettori base standard* e denotati con $\mathbf{i}, \mathbf{j}, \mathbf{k}$. Poiché la norma euclidea soddisfa (vedi anche l'Appendice G)

1. $\|\mathbf{x}\| \geqslant 0$ per ogni $\mathbf{x} \in \mathbb{R}^n$ e $\|\mathbf{x}\| = 0$ se e solo se $\mathbf{x} = \mathbf{0}$,
2. $\|h\mathbf{x}\| = |h|\,\|\mathbf{x}\|$ per ogni $\mathbf{x} \in \mathbb{R}^n$ e $h \in \mathbb{R}$,
3. $\|\mathbf{x} + \mathbf{y}\| \leqslant \|\mathbf{x}\| + \|\mathbf{y}\|$ per ogni $\mathbf{x}, \mathbf{y} \in \mathbb{R}^n$ (disuguaglianza triangolare),

dal punto 2. si ha che per $h < 0$ il vettore $h\,\mathbf{x}$ si muove lungo la stessa retta ma in direzione opposta rispetto a $\mathbf{x}$. Per $h = -1$ il modulo è lo stesso, la direzione è opposta. Se $\mathbf{y} = h\,\mathbf{x}$ allora $\frac{1}{h}\,\mathbf{y}$ è un vettore unitario con la stessa direzione di $\mathbf{x}$ poiché $\|\frac{1}{h}\,\mathbf{y}\| = \frac{1}{|h|}\|h\,\mathbf{x}\| = \frac{1}{|h|}\,|h| = 1$. Usando il prodotto scalare, per i vettori unitari standard abbiamo:

$$\mathbf{e}_1 \cdot \mathbf{e}_1 = \mathbf{e}_2 \cdot \mathbf{e}_2 = \mathbf{e}_3 \cdot \mathbf{e}_3 = 1, \quad \mathbf{e}_1 \cdot \mathbf{e}_2 = \mathbf{e}_2 \cdot \mathbf{e}_3 = \mathbf{e}_3 \cdot \mathbf{e}_1 = 0.$$

Ne deduciamo:

- $\|\mathbf{e}_i\| = \mathbf{e}_i \cdot \mathbf{e}_i$, per $i = 1, 2, 3$;
- questi vettori sono *ortogonali*.

Tali proprietà possono essere estese a tutti i vettori, quindi $\mathbf{x}, \mathbf{y}$ sono ortogonali se e solo se il loro prodotto scalare è zero (sono perpendicolari). Per ottenere maggiore intuizione geometrica, ricordiamo innanzitutto che la somma vettoriale $\mathbf{x} + \mathbf{y}$ produce un nuovo vettore $\mathbf{z}$ che rappresenta la diagonale di un parallelogramma con due

D. Rossello, *Formulario di Probabilità Uno*, La Matematica per il 3+2,
https://doi.org/10.1007/978-3-032-18769-7

lati dati dai vettori $\mathbf{x}$ e $\mathbf{y}$ (entrambi con inizio nell'origine $\mathbf{0}$), un terzo lato dato dal vettore parallelo a $\mathbf{y}$ e con origine sulla punta di $\mathbf{x}$, un quarto lato è invece il vettore parallelo a $\mathbf{x}$ e con origine sulla punta di $\mathbf{y}$. Possiamo identificare qualsiasi vettore $\mathbf{w}$ non necessariamente con origine in $\mathbf{0}$ semplicemente considerando la *differenza vettoriale* $\mathbf{y} + (-1)\mathbf{x} := \mathbf{y} - \mathbf{x}$. Quindi, se $\mathbf{w} = \mathbf{y} - \mathbf{x}$ allora esso si muove dalla punta di $\mathbf{x}$ alla punta di $\mathbf{y}$ e ha coordinate $(y_1 - x_1, y_2 - x_2, y_3 - x_3)$. Possiamo adesso enunciare la versione geometrica della condizione di ortogonalità tra due vettori. Ricordiamo che

$$\mathbf{x} \cdot \mathbf{y} = \|\mathbf{x}\|\,\|\mathbf{y}\| \cos \theta, \quad \text{per } 0 \leqslant \theta \leqslant \pi.$$

Qui θ è l'angolo tra i due vettori. Per dimostrare quanto sopra notiamo innanzitutto che vale la legge distributiva tra il prodotto scalare e la somma vettoriale:

$$\mathbf{x} \cdot (\mathbf{y} + \mathbf{z}) = \mathbf{x} \cdot \mathbf{y} + \mathbf{x} \cdot \mathbf{z}.$$

Poi applichiamo la legge del coseno e otteniamo:

$$\|\mathbf{y} - \mathbf{x}\|^2 = \|\mathbf{x}\|^2 + \|\mathbf{y}\|^2 - 2\|\mathbf{x}\|\,\|\mathbf{y}\| \cos \theta. \tag{J.1}$$

Basta riscrivere $\|\mathbf{y} - \mathbf{x}\|^2 = (\mathbf{y} - \mathbf{x}) \cdot (\mathbf{y} - \mathbf{x})$, $\mathbf{x}^2 = \mathbf{x} \cdot \mathbf{x}$ e $\mathbf{y}^2 = \mathbf{y} \cdot \mathbf{y}$ ed espandere il prodotto scalare

$$\begin{aligned}
(\mathbf{y} - \mathbf{x}) \cdot (\mathbf{y} - \mathbf{x}) &= \mathbf{y} \cdot (\mathbf{y} - \mathbf{x}) - \mathbf{x} \cdot (\mathbf{y} - \mathbf{x}) \\
&= \mathbf{y} \cdot \mathbf{y} - \mathbf{y} \cdot \mathbf{x} - \mathbf{x} \cdot \mathbf{y} + \mathbf{x} \cdot \mathbf{x} \\
&= \mathbf{x} \cdot \mathbf{x} + \mathbf{y} \cdot \mathbf{y} - 2\mathbf{x} \cdot \mathbf{y},
\end{aligned}$$

e infine riordinare per ottenere il risultato. Dunque, due vettori sono ortogonali se e solo se $\theta = \frac{\pi}{2}$, così che $\cos \theta = 0$ e anche il prodotto scalare è zero. L'equazione J.1 è il teorema di Carnot: per ogni triangolo con un lato di lunghezza c e angolo opposto θ tra i due restanti lati adiacenti di lunghezza a, b abbiamo: $\boxed{c^2 = a^2 + b^2 - 2a\,b \cos \theta}$. È interessante notare come il gradiente di una funzione a valori reali $F(x_1, x_2, x_3)$ di tre variabili possa essere scritto formalmente usando il calcolo vettoriale che abbiamo brevemente sviluppato. Sia

$$\nabla := \mathbf{e}_1 \frac{\partial}{\partial x_1} + \mathbf{e}_2 \frac{\partial}{\partial x_2} + \mathbf{e}_3 \frac{\partial}{\partial x_3}$$

abbiamo (considerando F come uno scalare)

$$\nabla F := \nabla \cdot F = \mathbf{e}_1 \frac{\partial F}{\partial x_1} + \mathbf{e}_2 \frac{\partial F}{\partial x_2} + \mathbf{e}_3 \frac{\partial F}{\partial x_3}.$$

Possiamo quindi valutare il suddetto *operatore* in un punto $\mathbf{x} \in \mathbb{R}^3$ per ottenere

$$\nabla F(\mathbf{x}) = \left(\frac{\partial F}{\partial x_1}(\mathbf{x}),\, \frac{\partial F}{\partial x_2}(\mathbf{x}),\, \frac{\partial F}{\partial x_3}(\mathbf{x}) \right).$$

Si dimostra facilmente che $\nabla(F + G) = \nabla F + \nabla G$. Inoltre, se $F(\mathbf{x}) = k$ definisce una superficie $S \subset \mathbb{R}^3$, per $k \in \mathbb{R}$, allora $\nabla F(\mathbf{x})$ è il vettore ortogonale a questa superficie in un punto appartenente a S e identificato con la punta di un vettore[23] $\mathbf{x}$. Infatti, definendo il **differenziale totale** come

$$\mathrm{d}F(\mathbf{x}) = \tfrac{\partial F}{\partial x_1}(\mathbf{x})\,\mathrm{d}x_1 + \tfrac{\partial F}{\partial x_2}(\mathbf{x})\,\mathrm{d}x_2 + \tfrac{\partial F}{\partial x_3}(\mathbf{x})\,\mathrm{d}x_3,$$

cioè la misura della variazione di F per piccole variazioni di tutte le sue variabili, allora dall'equazione di S si deduce che $\mathrm{d}F(\mathbf{x}) = \mathrm{d}k = 0$. Ma osservando come il differenziale totale può essere riscritto,

$$\underbrace{\left(\mathbf{e}_1 \tfrac{\partial F}{\partial x_1} + \mathbf{e}_2 \tfrac{\partial F}{\partial x_2} + \mathbf{e}_3 \tfrac{\partial F}{\partial x_3}\right)}_{=\nabla F} \cdot \underbrace{(\mathbf{e}_1 \mathrm{d}x_1 + \mathbf{e}_2 \mathrm{d}x_2 + \mathbf{e}_3 \mathrm{d}x_3)}_{=\mathrm{d}\mathbf{x}},$$

dove $\mathrm{d}\mathbf{x}$ è un vettore giacente nel piano tangente alla superficie, otteniamo infine che quest'ultimo è il prodotto scalare $\nabla F \cdot \mathrm{d}\mathbf{x} = 0$ che implica la condizione di ortogonalità affermata.

Esempio J.1

Si consideri una CDF bivariata $F_{\mathbf{X}}$ e un punto appartenente alla superficie S definita implicitamente dall'equazione che dà il grafico della CDF, $g(x, y, z) = z - F_{\mathbf{X}}(x, y) = 0$. Prendendo $\mathbf{a} = (a_1, a_2, z)$ come suo vettore posizione e un altro punto in S con vettore posizione $\mathbf{x} = (x, y, z)$, si ha che $\mathbf{x} - \mathbf{a}$ è un nuovo vettore che giace sul piano tangente alla superficie in $\mathbf{a}$. Poiché sappiamo che ∇g è ortogonale a S nel punto con vettore posizione $\mathbf{x}$, deduciamo che

$$(\mathbf{x} - \mathbf{a}) \cdot \nabla g(\mathbf{a}) = 0.$$

Osserviamo che

$$\nabla g(\mathbf{a}) = \left(\tfrac{\partial g}{\partial x}(\mathbf{a}), \tfrac{\partial g}{\partial y}(\mathbf{a}), \tfrac{\partial g}{\partial z}(\mathbf{a})\right) = \left(-\tfrac{\partial F_{\mathbf{X}}}{\partial x}(\mathbf{a}), -\tfrac{\partial F_{\mathbf{X}}}{\partial y}(\mathbf{a}), 0\right).$$

Sviluppando il prodotto scalare otteniamo infine:

$$(x - a_1, y - a_2, z - z) \cdot \left(-\tfrac{\partial F_{\mathbf{X}}}{\partial x}(\mathbf{a}), -\tfrac{\partial F_{\mathbf{X}}}{\partial y}(\mathbf{a}), 0\right)$$
$$= -\tfrac{\partial F_{\mathbf{X}}}{\partial x}(\mathbf{a})(x - a_1) - \tfrac{\partial F_{\mathbf{X}}}{\partial y}(\mathbf{a})(y - a_2) + 0.$$

Esempio J.2

L'ultima espressione $-\tfrac{\partial F_{\mathbf{X}}}{\partial x}(\mathbf{a})(x - a_1) - \tfrac{\partial F_{\mathbf{X}}}{\partial y}(\mathbf{a})(y - a_2)$ è proprio quella del prodotto scalare $(\mathbf{x} - \mathbf{a}) \cdot \nabla g(\mathbf{a})$ che deve essere uguale a zero. Inoltre, siamo partiti dalla condizione $F_{\mathbf{X}}(x, y) - z = 0$ valida anche nel punto (a_1, a_2). Combinando tutti questi risultati otteniamo infine l'equazione del piano tangente nel punto $\mathbf{a}$ alla superficie che rappresenta il grafico della CDF:

$$z = F_{\mathbf{X}}(a_1, a_2) + \tfrac{\partial F_{\mathbf{X}}}{\partial x}(a_1, a_2)(x - a_1) + \tfrac{\partial F_{\mathbf{X}}}{\partial y}(a_1, a_2)(y - a_2).$$

---

[23] Il vettore $\mathbf{x}$ la cui punta identifica un punto appartenente a una superficie è detto *vettore posizione*.

Appendice K: integrale di Stieltjes

$\int_0^\infty x \, \mathrm{d}F_X(x)$ è un caso particolare di integrale di Stieltjes. Infatti, per una funzione continua $g(x)$ sull'intervallo $[a, b]$ esso è definito attraverso i seguenti passi:

1. $[a, b]$ viene suddiviso da punti $a = x_0 < x_1 < \cdots < x_n = b$;
2. si prende il 'valore rappresentativo' $g(c_i)$, per $c_i \in (x_{i-1}, x_i]$;
3. si utilizza una funzione crescente (continua da destra)[24] $F(x)$ sullo stesso intervallo per calcolare la somma pesata $S_n := \sum_{i=1}^n g(c_i)(F(x_i) - F(x_{i-1}))$;
4. si prende $\lim_{n \to \infty} S_n = \int_a^b g(x)\mathrm{d}F(x)$, facendo tendere a zero la lunghezza massima degli intervalli (cfr. mesh in inglese).

Poiché possiamo scegliere $g(x)$ limitata su $[a, b]$, è cruciale per l'esistenza del limite che $g(x)$ e $F(x)$ non abbiano discontinuità negli stessi punti $x \in [a, b]$: infatti $F(x)$ deve essere continua nei punti di discontinuità di $g(x)$. Condizioni sufficienti per l'esistenza dell'integrale di Stieltjes sono: g continua e F crescente, oppure F espressa come differenza di due funzioni crescenti. Nelle nostre applicazioni alla probabilità consideriamo:

- $g(x) = x$ e $F(x) = F_X(x)$;
- $c_i = x_{i-1} = \frac{i-1}{2^n}$ nella formula (4.41);
- $E(X_n)$ è quindi il valore atteso di una v.a. discreta con valori x_i e masse $P(X_n = \frac{i-1}{2^n})$.

Osservazione K.1

Per $g(x)$ continua, come nel nostro caso, esiste l'integrale di Riemann-Stieltjes $\int_a^b g(x)\mathrm{d}F(x)$. D'altra parte, per $F(x) = x$ si ha il classico Integrale di Riemann. Si avverte che nell'analisi reale, per una funzione *misurabile* $g(x)$ e una funzione $F(x)$ corrispondente a una certa *misura di Lebesgue-Stieltjes* (cfr. Appendice al Capitolo 2) si ha $\int_a^b g(x)\mathrm{d}F(x)$ come integrale di Lebesgue-Stieltjes, che esiste purché $g(x)$ sia continua tranne che in un insieme numerabile di punti nel suo insieme di esistenza.

---

[24] La continuità a destra non è necessaria, ma nella nostra applicazione alla probabilità è ovvia.

© The Author(s), under exclusive license to Springer Nature Switzerland AG 2026   411
D. Rossello, *Formulario di Probabilità Uno*, La Matematica per il 3+2,
https://doi.org/10.1007/978-3-032-18769-7

Qualsiasi ripartizione F_X può essere espressa come differenza di due funzioni crescenti ogniqualvolta sia di **variazione limitata** su $[0, 1]$, cioè,

$$\sup_{\mathcal{P}} \sum_{i=1}^{n} |F_X(x_i) - F_X(x_{i-1})| < \infty, \qquad \mathcal{P} \text{ è una partizione di } [0, 1], \qquad (\text{K.1})$$

e si scrive $F_X \in \mathrm{BV}[0, 1]$, dove $\mathrm{BV}[0, 1]$ denota l'insieme di tutte le funzioni a variazione limitata con dominio $[0, 1]$. Più in generale, l'integrale di Riemann-Stieltjes $\int_0^1 g(x)\mathrm{d}F_X(x)$ esiste se valgono le seguenti condizioni:

- $g(x)$ e $F_X(x)$ non hanno discontinuità negli stessi punti $x \in [0, 1]$;
- $g(x)$ è di variazione p-limitata e $F_X(x)$ è di variazione q-limitata per alcuni $p, q > 0$ tali che $\frac{1}{p} + \frac{1}{q} = 1$.

La definizione di variazione p-limitata è simile a quella fornita dall'equazione (K.1), tranne per il fatto che bisogna aggiungere l'esponente $p > 0$ a ciascuna differenza assoluta, $|F_X(x_i) - F_X(x_{i-1})|^p$. La variazione q-limitata è definita in modo analogo.

Appendice L: formula di Leibniz

Sia $f(x,t)$ definita su $[a,b] \times [c,d]$, dove è continua. Supponendo inoltre che la derivata parziale $\frac{\partial f}{\partial t}(x,t)$ sia anch'essa continua sullo stesso dominio, si ha:

$$\frac{d}{dx} \int_c^d f(x,t)dt = \int_c^d \frac{\partial f}{\partial x}(x,t)dt. \tag{L.1}$$

Assumendo che $f(x,t)$ e $\frac{\partial f}{\partial x}(x,t)$ siano continue per ogni $x \in [a,b]$ e per ogni $t \in \mathbb{R}$, che $\int_{-\infty}^{\infty} f(x,t)dt$ sia finito per ogni $x \in [a,b]$ ed esista un'altra funzione $h(t)$ tale che $\int_{-\infty}^{\infty} h(t)dt$ sia finito e $|\frac{\partial f}{\partial x}(x,t)| \leq h(t)$ per ogni $t \in \mathbb{R}$ e $x \in [a,b]$ allora

$$\frac{d}{dx} \int_{-\infty}^{\infty} f(x,t)dt = \int_{-\infty}^{\infty} \frac{\partial f}{\partial x}(x,t)dt. \tag{L.2}$$

Modifiche minori portano al seguente risultato:

$$\frac{d}{dx} \int_c^{\infty} f(x,t)dt - \int_c^{\infty} \frac{\partial f}{\partial x}(x,t)dt, \quad \left|\frac{\partial f}{\partial x}(x,y)\right| \leq h(t) \text{ per ogni } t \geq c \tag{L.3}$$

e lo stesso vale per $\frac{d}{dx} \int_{-\infty}^{d} f(x,y)dt$ con $|\frac{\partial f}{\partial t}(x,y)| \leq h(t)$ per ogni $t \leq d$. Una versione più generale della formula (L.1) è

$$\frac{d}{dx} \int_{u(x)}^{v(x)} f(x,t)dt = f(x,v(x))v'(x) - f(x,u(x))u'(x) + \int_{u(x)}^{v(x)} \frac{\partial f}{\partial x}(x,t)dt, \tag{L.4}$$

assumendo che $u(x)$, $v(x)$ siano funzioni differenziabili (con derivate continue, cioè funzioni C^1) definite su $[a,b]$ e le loro immagini siano contenute in $[c,d]$.

Esempio L.1

Forniamo maggiori dettagli nella determinazione della densità marginale $f_{X_1}(x_1)$ a partire da una CDF multivariata $F_{\mathbf{X}}(x_1, x_2, \ldots, x_n)$ avente una densità congiunta

D. Rossello, *Formulario di Probabilità Uno*, La Matematica per il 3+2,
https://doi.org/10.1007/978-3-032-18769-7

$f_{\mathbf{X}}(x_1, x_2, \ldots, x_n)$. Per prima cosa si considera $x_2, \ldots, x_n \to \infty$ nella CDF e la si scrive usando la densità (tramite il teorema di Fubini):

$$F_{\mathbf{X}}(x_1, \infty, \ldots, \infty) = \frac{\mathrm{d}}{\mathrm{d}x_1} \int_{-\infty}^{x_1} \left[\int_{-\infty}^{\infty} \cdots \int_{-\infty}^{\infty} f_{\mathbf{X}}(u_1, u_2, \ldots, u_n) \mathrm{d}u_2 \cdots \mathrm{d}u_n \right] \mathrm{d}u_1.$$

Successivamente, definiamo $G(u_1) := \int_{-\infty}^{\infty} \cdots \int_{-\infty}^{\infty} f_{\mathbf{X}}(u_1, u_2, \ldots, u_n) \mathrm{d}u_2 \cdots \mathrm{d}u_n$ come funzione della sola variabile u_1. Quindi dobbiamo derivare l'integrale $\int_{-\infty}^{x_1} G(u_1) \mathrm{d}u_1$ rispetto alla variabile x_1 e a tal fine si invoca la formula di Leibniz (L.4):

$$\frac{\mathrm{d}}{\mathrm{d}x_1} \int_{-\infty}^{x_1} G(u_1) \mathrm{d}u_1 = G(x_1) \frac{\mathrm{d}x_1}{\mathrm{d}x_1} - \int_{-\infty}^{x_1} \frac{\partial G}{\partial x_1}(u_1) \mathrm{d}u_1.$$

Di conseguenza, $G(x_1)$ è uguale a $\int_{-\infty}^{\infty} \cdots \int_{-\infty}^{\infty} f_{\mathbf{X}}(x_1, u_2, \ldots, u_n) \mathrm{d}u_2 \cdots \mathrm{d}u_n$, mentre $\frac{\mathrm{d}x_1}{\mathrm{d}x_1} = 1$ e la derivata parziale è zero. Infine, le $n-1$ integrazioni iterate producono la densità marginale desiderata $f_{X_1}(x_1)$. Abbiamo utilizzato la formula (L.4) con $f(x, u_1) = G(u_1)$, $v(x_1) = x_1$ e $u(x_1) = \infty$.

Appendice M: misura di Lebesgue

Una misura sullo spazio misurabile $(\mathbb{R}, \mathcal{B})$ che gioca un ruolo centrale nella teoria delle distribuzioni di probabilità è la seguente.

Teorema M.1
Esiste un'unica misura m su $(\mathbb{R}, \mathcal{B})$, chiamata **misura di Lebesgue**, *che assegna a ogni intervallo $(a, b] \in \mathcal{B}$ la sua lunghezza $m((a, b]) = b - a$ ed è invariante per traslazione.*

La misura di Lebesgue su $\mathbb{R}$ è diffusiva e assegna valore zero ai singoletti, agli insiemi finiti e agli insiemi numerabili. Essendo una misura è anche monotona, cioè $m(B_1) \leqslant m(B_2)$ per ogni $B_1, B_2 \in \mathcal{B}$ tali che $B_1 \subset B_2$.

Osservazione M.1
Mostriamo una formulazione di *insiemi nulli di Lebesgue*, simile a quella degli eventi nulli rispetto a P. Per ogni $\epsilon > 0$ esiste una successione di intervalli[25] $(I_i)_i \subset \mathcal{B}$ tali che $A \subset \bigcup_i I_i$, cioè ricoprono A, e la loro lunghezza totale è arbitrariamente piccola, $\sum_i m(I_i) < \epsilon$. Per il teorema M.1 prendiamo $I_i = (a_i, b_i]$ con lunghezza data da $m(I_i) = b_i - a_i$. Ogni singoletto $\{x\} \in \mathcal{B}$ è tale che $\{x\} \subset \left(x - \frac{\epsilon}{4^i}, x + \frac{\epsilon}{4^i}\right]$ e può essere ricoperto da infiniti intervalli per $i = 1, 2, \ldots$ Abbiamo

$$\sum_i m(I_i) = \frac{\epsilon}{2} \sum_{i=1}^{\infty} \frac{1}{2^i} = \frac{\epsilon}{2},$$

quindi $\sum_i m(I_i) < \epsilon$. Per la monotonia $m(\{x\}) \leqslant \sum_i m(I_i)$ e per l'arbitrarietà di ϵ si deve avere $m(\{x\}) = 0$.

---

[25] NB: essi possono sovrapporsi.

D. Rossello, *Formulario di Probabilità Uno*, La Matematica per il 3+2,
https://doi.org/10.1007/978-3-032-18769-7

Osservazione M.2

Esistono altri insiemi nulli di Lebesgue oltre a quelli numerabili. Un classico esempio di insieme nullo non numerabile è dovuto a Georg Cantor. Dato $[0, 1]$, si rimuove il terzo intervallo centrale $(\frac{1}{3}, \frac{2}{3})$ per ottenere $C_1 = [0, \frac{1}{3}] \cup [\frac{2}{3}, 1]$. Successivamente, si rimuove il terzo intervallo centrale da ciascuno di questi due intervalli per ottenere C_2 e si continua il processo n volte. Così, C_n è l'unione di 2^n intervalli chiusi disgiunti ciascuno di lunghezza $\frac{1}{3^n}$, quindi $m(C_n) = \left(\frac{2}{3}\right)^n$. L'*insieme di Cantor* è $C = \bigcap_{n=1}^{\infty} C_n$. Sia $\epsilon > 0$, si scelga un $n \in \mathbb{N}$ sufficientemente grande tale che $\left(\frac{2}{3}\right)^n < \epsilon$ e si osservi che $C \subset C_n$. Pertanto, troviamo una successione di intervalli C_n che ricoprono C la cui lunghezza totale è minore di un arbitrario ϵ e concludiamo che $m(C) = 0$. Ma si può dimostrare che C ha la stessa cardinalità di $[0, 1]$, quindi è un sottoinsieme non numerabile di $\mathbb{R}$ con misura di Lebesgue nulla.

Arriviamo all'invarianza per traslazione. Poiché la lunghezza di un intervallo non cambia sotto una traslazione, $m((a + x, b + x]) = b - a$ per ogni $x \in \mathbb{R}$, si può dimostrare che questa proprietà vale anche per insiemi boreliani generali della forma $A + x := \{a + x \mid a \in A\}$: essi hanno misura di Lebesgue $m(A + x) = m(A)$. Un comportamento differente si ha per la *dilatazione*: per ogni $x \in \mathbb{R}$ e un dato $A \in \mathcal{B}$, l'insieme boreliano $x A := \{x a \mid a \in A\}$ ha misura $m(x A) = |x| m(A)$. Ad esempio, $A = (a, b)$ e $x < 0$ implicano $m(x A) = |x|(b - a)$, quindi la lunghezza non alterata da una dilatazione negativa.[26] È interessante notare che, se ci limitiamo all'intervallo unitario $\Omega = (0, 1]$ e prendiamo la più piccola σ-algebra $\mathcal{B}_{(0,1]}$ generata dalla collezione

$$\left\{ \bigcup_{i=1}^{n} I_i \mid I_i = (a_i, b_i] \text{ sono disgiunti}, \ 0 < a_i < b_i \leqslant 1 \right\},$$

allora la misura di Lebesgue su $\left(\Omega, \mathcal{B}_{(0,1]}\right)$ è una misura di probabilità. La misura di Lebesgue può essere estesa a sottoinsiemi boreliani dello spazio euclideo n-dimensionale. Innanzitutto, il teorema M.1 è valido in $\mathbb{R}^n$ così che la coppia $(\mathbb{R}^n, \mathcal{B}^n)$ può essere dotata della misura di Lebesgue n-dimensionale m^n che assegna un volume ai rettangoli semiaperti tramite il prodotto delle lunghezze dei lati (intervalli) presenti nel prodotto cartesiano:

$$m^n((\mathbf{a}, \mathbf{b}]) = m((a_1, b_1]) \times \cdots \times m((a_n, b_n]) = \prod_{i=1}^{n} (b_i - a_i), \qquad \mathbf{a} < \mathbf{b} \in \mathbb{R}^n.$$

Il volume di $[\mathbf{a}, \mathbf{b}]$, $(\mathbf{a}, \mathbf{b})$ e $[\mathbf{a}, \mathbf{b})$ è ancora $\prod_{i=1}^{n} (b_i - a_i)$. Pertanto, il volume rimane invariato se consideriamo il prodotto cartesiano $I_1 \times \cdots \times I_n$ di intervalli $I_1, \ldots, I_n$ in $\mathbb{R}$ che siano aperti, chiusi o né aperti né chiusi.

Esempio M.1

Sia $\mathbb{R} \times \mathbb{R}$ lo spazio euclideo bidimensionale e prendiamo $I_i = [a_i, b_i]$, per ogni $i = 1, 2$. Consideriamo quindi gli insiemi $N_i = \{(x_1, x_2) \mid a_i \leqslant x_i \leqslant b_i, x_j = a_j\}$

---

[26] Si noti che $m((-\infty, a]) = \infty$ e $m((-\infty, \infty)) = \infty = m(\mathbb{R})$.

con $i \neq j$ presi da $\{1, 2\}$. Possiamo ricoprirli con collezioni numerabili di rettangoli aperti la cui unione ha volume totale arbitrariamente piccolo, dunque N_1 e N_2 sono m^2-nulli e $I_1 \times I_2 \setminus (N_1 \cup N_2)$ ha misura di Lebesgue bidimensionale $m^2(I_1 \times I_2) = (b_1 - a_1)(b_2 - a_2)$, che è uguale a quella del prodotto cartesiano $(a_1, b_1] \times (a_2, b_2]$ come richiesto dalla versione bidimensionale del teorema M.1.

Con la misura di Lebesgue n-dimensionale a disposizione, sia $\frac{1}{m^n(E)}$ associata a un insieme boreliano $E \in \mathcal{B}^n$ tale che $0 < m^n(E) < \infty$. La formula $\mathsf{P}(A) := \frac{m^n(A \cap E)}{m^n(E)}$ definisce una misura di probabilità sullo spazio misurabile $(E, \mathcal{F}_E)$, dove $\mathcal{F}_E$ denota la σ-algebra traccia (cfr. Esercizio 1.17, Capitolo 1) sugli insiemi presi da $E \subset \mathbb{R}^n$, cioè $\{A \cap E \mid A \in \mathcal{B}^n\}$, con $\mathsf{P}(E) = 1$. Il caso $n = 1$ con $E = (0, 1]$ e $m^1 = m$ è stato trattato sopra. Si noti il comportamento di $A \cap E \subset E$: abbiamo $0 < m^n(E) < \infty$ cosicché ogni sottoinsieme ha anche misura di Lebesgue positiva. Una considerazione finale. Sappiamo che $X = \frac{d\tilde{\mathsf{P}}}{d\mathsf{P}}$ è la derivata di Radon-Nikodým di $\tilde{\mathsf{P}}$ rispetto alla vecchia misura di probabilità P, purchè la prima sia assolutamente continua rispetto alla seconda, cfr. Paragrafo 6.4. Il termine 'derivata' è analogo a quello di densità $f_X(x) = \frac{dF_X(x)}{dx}$ di una funzione di ripartizione assolutamente continua. Infatti, ricordiamo la misura di probabilità uniforme continua sullo spazio campionario $\Omega = [0, 1)$ tale che $\mathsf{P}(A) = b - a$ per ogni intervallo limitato $A = (a, b), (a, b], [a, b), [a, b]$. Ora scriviamo $f(x) = \frac{1}{b-a}\mathbf{I}_{[a,b]}(x)$ e ridefiniamo la funzione d'insieme

$$\mathsf{P}(B) := \frac{1}{b-a} m([a, b] \cap B), \quad \text{per ogni } B \subset \mathbb{R},$$

dove i B sono sottoinsiemi boreliani in $\mathbb{R}$ e $m([a, b]) = b - a$ è la misura di Lebesgue che agisce sugli intervalli limitati $[a, b]$ come la misura di probabilità uniforme, ma ora per sottoinsiemi di $\mathbb{R}$. Ne segue che $m(B) = 0$ implica $\mathsf{P}(B) = 0$, infatti $[a, b] \cap B \subset B$ e quindi per la monotonia $0 \leqslant m([a, b] \cap B) \leqslant m(B) = 0$. La funzione $f(x)$ è effettivamente la densità della legge di probabilità di una v.a. X, cioè possiamo identificare $\mathsf{P} \equiv \mathsf{P}_X$ e quindi $\mathsf{P}_X(B) = \mathsf{P}(X \in B)$ è tale che $\mathsf{P}_X \ll m$, e identifichiamo anche $f \equiv f_X$. Infatti, si può dimostrare che per ogni distribuzione di probabilità su $B \subset \mathbb{R}$ l'esistenza di $f_X(x) \geqslant 0$ tale che $\int_{\mathbb{R}} f_X(x) dx = 1$ implica

$$\mathsf{P}_X(B) = \int_B f_X(x) dx,$$

e $\mathsf{P}_X \ll m$. In effetti, f_X è la densità di P_X e $X = \frac{d\tilde{\mathsf{P}}}{d\mathsf{P}}$ può a buon diritto essere chiamata la *densità* di $\tilde{\mathsf{P}}$ rispetto a P. Poiché quest'ultima è anche la derivata di Radon-Nikodým (di $\tilde{\mathsf{P}}$ rispetto a P) il collegamento finale è il seguente: per una funzione di ripartizione assolutamente continua F_X vale $F_X(x) = \int_{(-\infty, x]} f_X(u) du$ e quindi abbiamo

$$\mathsf{P}_X(B) = \int_B dF_X(x) = \int_B f_X(u) dx = \int_{\mathbb{R}} f_X(u) \mathbf{I}_B(x) dx,$$

con l'ovvia analogia da un lato tra E_{P} e $\int_{\mathbb{R}}$, dall'altro tra X e f_X.

Appendice N: integrale di Lebesgue

Richiamiamo il seguente risultato sull'integrazione di Riemann.

Teorema N.1
$f : [a, b] \to \mathbb{R}$ *è Riemann-integrabile se e solo se per ogni* $\epsilon > 0$ *esiste una partizione* $\mathcal{P}$ *tale che* $U(\mathcal{P}, f) - L(\mathcal{P}, f) < \epsilon$.

Qui,

$$L(\mathcal{P}, f) := \sum_{i=1}^{n} m_i (x_i - x_{i-1}), \qquad m_i = \inf \{ f(x) \mid x \in [x_{i-1}, x_i] \}$$

sono le somme di Riemann inferiori e

$$U(\mathcal{P}, f) := \sum_{i=1}^{n} M_i (x_i - x_{i-1}), \qquad M_i = \sup \{ f(x) \mid x \in [x_{i-1}, x_i] \}$$

sono le somme di Riemann superiori, per ogni partizione $\mathcal{P} = \{x_0, x_1, \ldots, x_n\}$. In alternativa, possiamo riferirci alla comune somma di Riemann

$$S(\mathcal{P}, f) := \sum_{i=1}^{n} f(c_i)(x_i - x_{i-1}), \qquad \mathcal{P} \text{ partizione di } [a, b],$$

dove $c_i \in [x_{i-1}, x_i]$. Definiamo la *norma della partizione*

$$\|\mathcal{P}\| := \max \{ (x_i - x_{i-1}) \mid \mathcal{P} \text{ partizione } [a, b] \} = \max_{1 \leq i \leq n} (x_i - x_{i-1}).$$

Se l'integrale di Riemann esiste, allora

$$\lim_{\|\mathcal{P}\| \to 0} S(\mathcal{P}, f) = R = \int_a^b f(x) \mathrm{d}x < \infty, \tag{N.1}$$

D. Rossello, *Formulario di Probabilità Uno*, La Matematica per il 3+2,
https://doi.org/10.1007/978-3-032-18769-7

per ogni $\epsilon > 0$ tale che esiste $\delta > 0$ e una partizione di $[a,b]$ con norma $\|\mathcal{P}\| < \delta$ per cui $|S(\mathcal{P}, f) - R| < \epsilon$ per ogni $c_i \in [x_{i-1}, x_i]$.

Esempio N.1

La funzione $f(x) = \mathbf{I}_{\mathbb{Q}}(x)$ non è integrabile secondo Riemann. Sul dominio ristretto $[0, 1]$, questa funzione ha somme di Riemann inferiori uguali a zero, mentre tutte le somme di Riemann superiori sono 1. Quindi, f non è integrabile nel senso di Riemann.

Altri comportamenti patologici riguardano successioni di funzioni $(f_n(x))_n$ definite sullo stesso intervallo chiuso che convergono a una funzione limite $f(x)$: non è sempre vero che $\lim_n \int_a^b f_n(x)\mathrm{d}x = \int_a^b \lim_n f_n(x)\mathrm{d}x = \int_a^b f(x)\mathrm{d}x$, e lo scambio tra limite e integrale può fallire. Per superare questo e altri problemi, entra in gioco la seguente procedura di integrazione. Data una funzione limitata $f : [a,b] \to \mathbb{R}$ con immagine $G = f([a,b]) = \{f(x) \mid x \in [a,b]\}$, si partiziona invece $[\inf G, \sup G]$ tramite $\mathcal{P} = \{y_0, y_1, \ldots, y_n\}$ ottenendo[27] sottointervalli $J_i = [y_{i-1}, y_i)$. Richiediamo che f sia Borel-misurabile, allora $f^{-1}(J_i)$ è ancora un sottoinsieme boreliano di $\mathbb{R}$ a cui si associa la misura di Lebesgue m. Successivamente, per ogni i si definisce la somma di Lebesgue

$$\mathrm{Le}(\mathcal{P}, f) = \sum_{i=1}^{n} c_i m(J_i), \tag{N.2}$$

dove si può scegliere $c_i \in J_i$ oppure $c_i = \inf J_i$. Pertanto, f è integrabile secondo Lebesgue se il limite

$$\lim_{\|\mathcal{P}\| \to 0} \mathrm{Le}(\mathcal{P}, f) = L = \int_{[a,b]} f(x)\mathrm{d}m, \tag{N.3}$$

esiste ed è finito, cioè per ogni $\epsilon > 0$ esistono $\delta > 0$ e una partizione di $[\inf G, \sup G]$ con norma finita $\|\mathcal{P}\| < \delta$ tale che $|\mathrm{Le}(\mathcal{P}, f) - L| < \epsilon$. Si osservi che $\mathcal{P}$ partiziona $[\inf G, \sup G]$ tramite gli intervalli $J_1, \ldots, J_n$, e ciò induce una partizione del dominio di f tramite i sottoinsiemi boreliani

$$A_i = \{x \in \mathrm{dom}(f) \mid y_{i-1} \leqslant f(x) < y_i\} = f^{-1}(J_i),$$

così che il dominio è l'unione disgiunta $\bigcup_{i=1}^{n} A_i$. Si noti che anche i J_i sono a due a due disgiunti.

Osservazione N.1

Le funzioni a gradino $g : [a,b] \to \mathbb{R}$ definite come $g(x) = c_i$ per $x \in (x_{i-1}, x_i)$, per una partizione $\mathcal{P} = \{x_0, x_1, \ldots, x_n\}$ dell'intervallo finito $[a,b]$, sono integrabili secondo Riemann con integrale di Riemann $\int_a^b g(x)\mathrm{d}x = \sum_{i=1}^{n} c_i(x_i - x_{i-1})$. Infatti,

---

[27] Qui $y_0 = \inf G$ e $y_n = \sup G$.

per una funzione integrabile secondo Riemann $f : [a,b] \to \mathbb{R}$ si può mostrare che

$$\int_a^b f(x)\mathrm{d}x = \sup\left\{\int_a^b g(x)\mathrm{d}x \;\middle|\; g \leqslant f,\; g \text{ funz. a gradino}\right\}.$$

Possiamo porre $g(x) = \sum_{i=1}^n c_i \mathbf{I}_{I_i}$ per intervalli I_i derivanti da una partizione $\mathcal{P}$ di $[a,b]$ tale che $[a,b] = \bigcup_{i=1}^n I_i$, con al più un punto in comune, cioè $I_i \cap I_j = \varnothing$ oppure $= \{x\}$ con $x \in [a,b]$ e $i \neq j$.

In base all'Osservazione N.1, l'integrale di Lebesgue di una funzione a gradino non negativa $g(x) = \sum_{i=1}^n c_i \mathbf{I}_{A_i}$, dove $A_i \subset [a,b]$ sono a due a due disgiunti e tali che $\bigcup_{i=1}^n A_i = [a,b]$, è dato da $\int_{[a,b]} g(x)\mathrm{d}m = \sum_{i=1}^n c_i m(A_i)$. Inoltre, una funzione non negativa f è integrabile secondo Lebesgue se e solo se esistono funzioni a gradino non negative g_1, g_2 tali che $g_1(x) \leqslant f(x) \leqslant g_2(x)$ per $x \in [a,b]$ e

$$\int_{[a,b]} g_2(x)\mathrm{d}m - \int_{[a,b]} g_1(x)\mathrm{d}m < \epsilon,$$

per ogni $\epsilon > 0$. Per funzioni generali si possono sempre prendere $f^-, f^+ \geqslant 0$ tali che $f = f^+ - f^-$ e

$$\int_{[a,b]} f(x)\mathrm{d}m = \int_{[a,b]} f^+(x)\mathrm{d}m - \int_{[a,b]} f^-(x)\mathrm{d}m.$$

Si noti che $f^+(x) = \max\{0, f(x)\}$ è la parte positiva di una funzione a valori reali, concetto simile a quello di parte positiva di una v.a. Analogamente si definisce $f^-(x)$. Tutte le proprietà usuali dell'integrale di Riemann si trasferiscono all'integrale di Lebesgue[28]. In particolare, sostituendo $[a,b]$ con $\mathbb{R}$ valgono le seguenti.

1. Se $f(x) = c$ per ogni x, allora $\int_{\mathbb{R}} f(x)\mathrm{d}m = c$.
2. Se f e g sono integrabili secondo Lebesgue e $a, b \in \mathbb{R}$, allora $\int_{\mathbb{R}}\{a\,f(x) + b\,g(x)\}\mathrm{d}m = a \int_{\mathbb{R}} f(x)\mathrm{d}m + b \int_{\mathbb{R}} g(x)\mathrm{d}m$.
3. Se $f(x) \leqslant g(x)$ per ogni x ed entrambe le funzioni sono integrabili secondo Lebesgue, allora $\int_{\mathbb{R}} f(x)\mathrm{d}m \leqslant \int_{\mathbb{R}} g(x)\mathrm{d}m$.
4. $\int_{\mathbb{R}} f(x)\mathrm{d}m = \sum_{i=1}^\infty \int_{B_i} f(x)\mathrm{d}m$ purché $B_1, B_2, \ldots$ formino una partizione di $\mathbb{R}$, cioè $B_i \cap B_j = \varnothing$ per $i \neq j$ e $\bigcup_{i=1}^\infty B_i = \mathbb{R}$.
5. Per ogni successione di funzioni Borel-misurabili non negative $f_1, f_2, \ldots$ si ha $\int_{\mathbb{R}} \sum_{n=1}^\infty f_n \mathrm{d}m = \sum_{n=1}^\infty \int_{\mathbb{R}} f_n \mathrm{d}m$.
6. $\left|\int_{\mathbb{R}} f(x)\mathrm{d}m\right| \leqslant \int_{\mathbb{R}} |f(x)|\mathrm{d}m$

Le proprietà 1. e 3. possono essere enunciate *quasi ovunque* (cfr. con P-a.s.) con la misura di Lebesgue nulla sugli insiemi Boreliani $\{f \neq c\}$ e $\{f > g\}$. Inoltre,

---

[28] Lo scambio tra limiti e integrali è permesso sotto condizioni più deboli rispetto all'integrazione di Riemann.

l'integrale di Lebesgue può essere definito su qualsiasi sottoinsieme boreliano di $\mathbb{R}$ tramite indicatrici (cfr. Paragrafo 2.4), $\int_B f(x)\mathrm{d}m = \int_{\mathbb{R}} \mathbf{I}_B f(x)\mathrm{d}m$. La funzione nell'Esempio N.1 è Lebesgue-integrabile su ogni intervallo finito $[a,b]$, poiché

$$\int_{[a,b]} g(x)\mathrm{d}m = \int_{[a,b]} \mathbf{I}_{\mathbb{Q}\cap[a,b]}\mathrm{d}m = 1\,m(\mathbb{Q}\cap[a,b]) + 0\,m((\mathbb{Q}\cap[a,b])^c) = 0,$$

dato che $\mathbb{Q}\cap[a,b]$ è numerabile e ha misura di Lebesgue nulla, e così anche $(\mathbb{Q}\cap[a,b])^c$. Gli integrali di Riemann e di Lebesgue risultano collegati:

Teorema N.2

Sia $f:[a,b]\to\mathbb{R}$ con $-\infty < a < b < \infty$.

- *Se f è Riemann-integrabile su $[a,b]$, allora f è Lebesgue-integrabile e $\int_a^b f(x)\mathrm{d}x = \int_{[a,b]} f(x)\mathrm{d}m$.*
- *Se f è limitata in $[a,b]$ allora f è Riemann-integrabile se e solo se è continua quasi ovunque rispetto alla misura di Lebesgue m, scritto m-q.o.*

L'ultima affermazione significa che $A = \{x \in [a,b] \mid f(x) \text{ non è continua}\}$ ha misura di Lebesgue nulla, $m(A)=0$. Questo può accadere su un insieme numerabile di numeri reali. Infine, se f è Lebesgue-integrabile su $[a,b]$ allora

$$F(x) = \int_{[a,x]} f(u)\mathrm{d}m, \qquad \text{per ogni } x \in [a,b],$$

implica $F'(x) = f(x)$ m-q.o. in $[a,b]$, e se f è anche derivabile si ha che F' è Lebesgue-integrabile e $F(x) - F(a) = \int_{[a,x]} F'(u)\mathrm{d}m$.

Appendice O: integrale di Lebesgue doppio

Gli integrali doppi come $\iint_B \mathrm{d}x\,\mathrm{d}y$ sono collegati alla *misura di Lebesgue m^2 su $\mathbb{R}^2$*.
Questa può essere definita come una **misura prodotto**, cioè:

- per ogni sottoinsieme $B = B_1 \times B_2$ dato da un prodotto cartesiano con $B_1, B_2 \subset \mathbb{R}$, si ha $m^2(B) = m(B_1)m(B_2)$ dove m è la misura di Lebesgue unidimensionale su $\mathbb{R}$;
- per sottoinsiemi a due a due disgiunti $B, C \subset \mathbb{R}^2$ si ha $m^2(B \cup C) = m^2(B) + m^2(C)$;
- per sottoinsiemi del piano tali che $B \subset C$ si ha $m^2(B) \leqslant m^2(C)$.

Formalmente m^2 può essere scritto $m \times m$. Ricordiamo che

$$m((a,b]) = m((a,b)) = m([a,b)) = m([a,b]) = b - a$$

per reali $a < b$ e $m(\mathbb{R}) = \infty$. Quindi, m^2 è semplicemente il prodotto delle lunghezze dei lati $m([a,b]) = b - a$ e $m([c,d]) = d - c$ del rettangolo $[a,b] \times [c,d]$. L'area di qualsiasi altra figura nel piano, come i cerchi, che non possono essere scritti come prodotti cartesiani, può comunque essere assegnata tramite $m \times m$. Questo perché (come ogni misura di probabilità) la misura prodotto di Lebesgue $m \times m$ è continua nel senso che possiamo trovare una successione decrescente di rettangoli $R_1 \supset R_2, \supset \ldots$ tale che il cerchio B sia uguale alla loro unione $B = \bigcup_n R_n$ e

$$m \times m(B) = \lim_{n \to \infty} m \times m(R_n) \iff \mathrm{area}(B) = \lim_{n \to \infty} \mathrm{area}(\square_n).$$

Osservazione O.1

Il dominio della misura di Lebesgue unidimensionale m come funzione d'insieme è la più piccola σ-algebra che contiene intervalli come $(a,b]$ e (a,b). Per la misura di Lebesgue bidimensionale $m \times m$ il dominio è la più piccola σ-algebra che contiene prodotti cartesiani $(a,b] \times (c,d]$, per reali $a < b$ e $c < d$. In entrambi i casi gli estremi di tali intervalli possono essere $-\infty$ o ∞. Si osservi che m valuta insiemi finiti o numerabili $\{x_1, x_2, \ldots\}$ con zero così come $m \times m$ valuta insiemi numerabili $\{\mathbf{x}_1, \mathbf{x}_2, \ldots\} \subset \mathbb{R}^2$, segmenti, rette e piani con zero.

D. Rossello, *Formulario di Probabilità Uno*, La Matematica per il 3+2,
https://doi.org/10.1007/978-3-032-18769-7

L'integrazione di funzioni di due variabili rispetto a $m \times m$ viene dapprima defini-
ta per indicatrici $f(x, y) = \mathbf{I}_B(x, y)$ ove $B \subset \mathbb{R}^2$ è scelto dalla opportuna σ-algebra
boreliana $\mathcal{B}^2$:

$$
\begin{aligned}
m \times m(B) &= \int_{\mathbb{R} \times \mathbb{R}} \mathbf{I}_B(x, y) \mathrm{d}m \times m \\
&= \int_{\mathbb{R}} \left[\int_{\mathbb{R}} \mathbf{I}_B(x, y) \mathrm{d}x \right] \mathrm{d}y \\
&= \int_{\mathbb{R}} \left[\int_{\mathbb{R}} \mathbf{I}_B(x, y) \mathrm{d}y \right] \mathrm{d}x;
\end{aligned}
\tag{O.1}
$$

abbiamo usato l'identificazione $\mathrm{d}x \equiv \mathrm{d}m$ e $\mathrm{d}y \equiv \mathrm{d}m$. Questo è il primo passo nella
definizione dell'integrazione rispetto alla misura prodotto di Lebesgue come *teore-
ma di Fubini Round 1*. Se $B = B_1 \times B_2$ allora $\mathbf{I}_B(x, y) = \mathbf{I}_{B_1}(x)\mathbf{I}_{B_2}(y)$ e sostituendo
sopra si ottiene che l'integrale doppio $\iint_{\mathbb{R}^2} \mathbf{I}_B(x, y)\mathrm{d}x\mathrm{d}y = \iint_B \mathrm{d}x\mathrm{d}y$ è uguale a

$$
\int_{-\infty}^{\infty} \mathbf{I}_{B_1}(x)\mathrm{d}x \int_{-\infty}^{\infty} \mathbf{I}_{B_2}(y)\mathrm{d}y = \int_{B_1} \mathrm{d}x \int_{B_2} \mathrm{d}y,
$$

quindi il prodotto di due integrali unidimensionali restituisce semplicemente l'‘a-
rea'

$$
m \times m(B) = m(B_1)m(B_2).
$$

Il doppio integrale sopra può essere esteso[29] a funzioni limitate, continue o più ge-
nerali $f(x, y)$, invece delle indicatrici $\mathbf{I}_B(x, y)$, tali che l'integrale $\iint_B f(x, y)\mathrm{d}x\mathrm{d}y$
esista.

Osservazione O.2

Nel primo enunciato del teorema di Fubini dato dalla formula (O.1) è cruciale che
le due funzioni

$$
y \mapsto \int_{\mathbb{R}} \mathbf{I}_B(x, y)\mathrm{d}x
$$

e

$$
x \mapsto \int_{\mathbb{R}} \mathbf{I}_B(x, y)\mathrm{d}y
$$

siano integrabili in $\mathbb{R}$ rispetto a m e che i loro integrali unidimensionali coincidano.

L'approccio sopra all'integrazione può essere ulteriormente sviluppato, considerando qualsiasi coppia di insiemi non vuoti S_1, S_2 dotati delle proprie σ-algebra
Σ_1, Σ_2. Si può così mostrare che esiste una misura prodotto $m_1 \times m_2$ tale che
$m_i : \Sigma_i \to [0, \infty]$ è una misura positiva per $i = 1, 2$ e:

---

[29] Utilizzando una procedura standard simile a quella usata nella definizione del valore atteso.

- $m_1 \times m_2(B) = m_1(B_1)m_2(B_2)$ per $B = B_1 \times B_2 \in \Sigma_1 \times \Sigma_2$;
- la formula (O.1) vale, con una funzione integrabile generica $f(x, y)$ al posto di $\mathbf{I}_B(x, y)$ e la misura di Lebesgue unidimensionale sostituita dalle due m_1, m_2;
- le funzioni $y \mapsto \int_{S_1} f(x, y)\mathrm{d}m_1$ e $x \mapsto \int_{S_2} f(x, y)\mathrm{d}m_2$ sono integrabili rispetto a m_2 e m_1 e i loro integrali coincidono.

Qui $\Sigma_1 \times \Sigma_2$ è detta la *σ-algebra prodotto* ed è generata dai prodotti cartesiani di sottoinsiemi presi individualmente da S_1 e S_2. Ma attenzione: non si tratta del prodotto cartesiano delle due σ-algebra, anche se abbiamo usato lo stesso simbolo.

Esempio O.1

Possiamo considerare $S_1 \times S_2 = \mathbb{R}^2$ e la misura prodotto (probabilistica) $\mathsf{P_X} = \mathsf{P}_X \times \mathsf{P}_Y$ corrispondente alle leggi di due v.a. indipendenti X, Y tali che

$$\mathsf{P_X}(B) = \mathsf{P}_X(B_1)\mathsf{P}_Y(B_1) = \int_{B_1} \mathrm{d}F_X(x) \int_{B_2} \mathrm{d}F_Y(y),$$

dove $B = B_1 \times B_2$ per sottoinsiemi $B_1, B_2 \subset \mathbb{R}$ per cui $\mathsf{P}_X(B_1) = \mathsf{P}(X \in B_1)$ e $\mathsf{P}_Y(B_2) = \mathsf{P}(Y \in B_2)$. Qui $\mathbf{X} = (X, Y)$. Infatti, l'ipotesi di indipendenza implica $\mathsf{P_X} = \mathsf{P}_X \mathsf{P}_Y$ e per il teorema di Fubini abbiamo, per un $B \subset \mathbb{R}^2$ che non sia un prodotto cartesiano,

$$\mathsf{P}(\mathbf{X} \in B) = \mathsf{P_X}(B) = \iint_B \mathrm{d}F_X(x)\mathrm{d}F_Y(y),$$

Ma quando si abbandona l'ipotesi di indipendenza la funzione di ripartizione congiunta $F_\mathbf{X}$ non corrisponde più a una legge di probabilità prodotto $\mathsf{P_X} = \mathsf{P}_X \mathsf{P}_Y$, e bisogna invocare il Teorema 6.4 (si veda l'Appendice al Capitolo 6) per la *disintegrazione* della misura $\mathsf{P_X}$. Altrimenti, affinché il teorema di Fubini sia valido occorre l'ulteriore ipotesi che $\mathbf{X}$ sia assolutamente continuo con densità congiunta tale che

$$\mathsf{P_X}(B) = \iint_B f_\mathbf{X}(x, y)\mathrm{d}x\mathrm{d}y.$$

Ciò corrisponde a un integrale iterato purché B sia il prodotto cartesiano di due sottoinsiemi di $\mathbb{R}$, come gli intervalli in $\mathbb{R}$. Allora, per vettori aleatori assolutamente continui si ha $\mathsf{P_X} \ll m \times m$ con derivata di Radon-Nikodým corrispondente alla densità $f_\mathbf{X}$, cioè $m \times m(B) = 0$ implica $\mathsf{P_X}(B) = 0$.

Esempio O.2

Un altro tipico utilizzo delle misure prodotto e del teorema di Fubini si ha quando $m_1 = \mathsf{P}$, $m_2 = m$ e $f(x, y) = f(\omega, y)$. Quindi, $S_1 \times S_2 = \Omega \times \mathbb{R}$, ma in alcune applicazioni il 'secondo insieme' nel prodotto cartesiano può essere ridotto a un sottoinsieme come $[0, \infty)$. La misura prodotto è $m \times \mathsf{P}$ e il doppio integrale con i corrispondenti integrali iterati (cioè il teorema di Fubini) restituiscono:

$$\iint_{\Omega \times \mathbb{R}} f(\omega, y)\mathrm{dP} \times m = \int_{\Omega} \left[\int_{-\infty}^{\infty} f(\omega, y)\mathrm{d}y \right] \mathrm{dP}$$

$$= \int_{-\infty}^{\infty} \left[\int_{\Omega} f(\omega, y)\mathrm{dP} \right] \mathrm{d}y.$$

Ad esempio, ponendo $f(\omega, y) = \mathbf{I}_B(\omega, y)$ con l'insieme $B = \{(\omega, y) \,|\, 0 \leqslant y \leqslant X(\omega)\}$ e sostituendo $\mathbb{R}$ con $[0, \infty)$ otteniamo

$$\iint_{\Omega \times [0,\infty)} \mathbf{I}_B(\omega, y)\mathrm{dP} \times m = \int_{\Omega} \left[\int_0^{\infty} \mathbf{I}_B(\omega, y)\mathrm{d}y \right] \mathrm{dP}$$

$$= \int_0^{\infty} \left[\int_{\Omega} \mathbf{I}_B(\omega, y)\mathrm{dP} \right] \mathrm{d}y,$$

dove $X(\omega)$ è una v.a. non negativa. NB: $\mathrm{d}y$ è inteso nel senso $\mathrm{d}m$.

Esempio O.3

Si ha

$$\int_0^{\infty} \mathbf{I}_B(\omega, y)\mathrm{d}y = \int_0^{X(\omega)} \mathrm{d}y = X(\omega)$$

e

$$\int_{\Omega} \mathbf{I}_B(\omega, y)\mathrm{dP} = \int_{\{X \geqslant y\}} \mathrm{dP} = \mathrm{P}(X \geqslant y).$$

Quindi otteniamo

$$\int_{\Omega} X(\omega)\mathrm{dP} = \mathrm{E}(X) = \int_0^{\infty} \mathrm{P}(X \geqslant y)\mathrm{d}y,$$

un modo alternativo per derivare la formula per il valore atteso di v.a. non negative.

Osservazione O.3

Possiamo considerare la misura prodotto $\mathrm{P}_X \times m$ in modo che

$$\iint_{\mathbb{R}^2} f(x, y)\mathrm{dP}_X \times m = \int_{-\infty}^{\infty} \left[\int_0^{\infty} \mathbf{I}_B(x, y)\mathrm{d}y \right] \mathrm{dP}_X$$

$$= \int_0^{\infty} \left[\int_{-\infty}^{\infty} \mathbf{I}_B(x, y)\mathrm{dP}_X \right] \mathrm{d}y,$$

dove $B = \{(x, y) \,|\, 0 \leqslant y \leqslant x\}$. Quindi, la prima parentesi è $\int_0^x \mathrm{d}y = x$ mentre la seconda è $\int_y^{\infty} \mathrm{dP}_X = \mathrm{P}(X \geqslant y)$ per una corrispondente variabile aleatoria X con legge P_X.

Dati due spazi di probabilità $(\Omega_1, \mathcal{F}_1, \mathsf{P}_1)$ e $(\Omega_2, \mathcal{F}_2, \mathsf{P}_2)$, come possiamo riunire le σ-algebra per costruire una nuova misura di probabilità su sottoinsiemi di $\Omega_1 \times \Omega_2$, usando sia P_1 che P_2 (questo è un esempio di esperimento composto)? Ecco un utile strumento per ottenere la risposta corretta.

Teorema O.1

Siano $(\Omega_i, \mathcal{F}_i, \mathsf{P}_i)$ degli spazi di probabilità, ognuno per $i = 1, \ldots, n$. Allora, esiste una unica misura di probabilità P sulla σ-algebra prodotto $\mathcal{F} = \times_{i=1}^{n} \mathcal{F}_i$ tale che il suo valore sui rettangoli $A_1 \times A_2 \times \cdots \times A_n \subset \Omega_1 \times \Omega_2 \times \cdots \times \Omega_n$ è il prodotto delle singole probabilità, $\mathsf{P}(A_1 \times \cdots \times A_n) = \mathsf{P}_1(A_1) \, \mathsf{P}_2(A_2) \cdots \mathsf{P}_n(A_n)$.

La misura P la cui esistenza è postulata sopra risulta essere il prodotto delle singole misure di probabilità P_i. Per eventi $A \in \mathcal{F}$ che non sono espressi come prodotti cartesiani, $\mathsf{P}(A)$ non si fattorizza. Talvolta, per enfatizzare lo spazio campionario prodotto sottostante Ω scriviamo $\mathsf{P} = \mathsf{P}_{1,2,\ldots,n}$ oppure $\mathsf{P}_1 \times \cdots \times \mathsf{P}_n$. Cos'è la σ-algebra $\mathcal{F} = \times_{i=1}^{n} \mathcal{F}_i$ nel Teorema O.1? Per rispondere alla domanda ci limitiamo al caso $i = 1, 2$. Allora, $\mathcal{F}_1 \times \mathcal{F}_2$ è la più piccola σ-algebra che contiene i rettangoli $A_1 \times A_2$, per $A_i \in \mathcal{F}_i$ per ogni i: ancora una volta si tratta di una σ-algebra prodotto. Attenzione: $\mathcal{F}_1 \times \mathcal{F}_2$ non è il prodotto cartesiano di $\mathcal{F}_1$ e $\mathcal{F}_2$, anche se usiamo lo stesso simbolo $\times$. Si noti che $\mathcal{F}_1 \times \mathcal{F}_2$ può essere equivalentemente generata dalla collezione che contiene insiemi della forma $A_1 \times \Omega_2$ oppure $\Omega_1 \times A_2$, per $A_i \in \mathcal{F}_i$, cioè prodotti cartesiani in cui un fattore è l'intero spazio campionario i-esimo.

Esempio O.4

Ricordiamo che a una data funzione di ripartizione congiunta $F_{\mathbf{X}}(x_1, x_2)$ su $\mathbb{R}^2$ corrisponde biunivocamente una unica misura di probabilità $\mathsf{P}_{\mathbf{X}}$ su $(\mathbb{R}^2, \mathcal{B}^2)$ tramite

$$\mathsf{P}_{\mathbf{X}}((a_1, b_1] \times (a_2, b_2]) = \Delta_{a_1, b_1} \Delta_{a_2, b_2} F_{\mathbf{X}}(x_1, x_2) \geq 0.$$

Ora, per ottenere $\mathsf{P}_{\mathbf{X}}$ come misura prodotto notiamo innanzitutto che la σ-algebra di Borel bidimensionale $\mathcal{B}^2$ è uguale alla σ-algebra prodotto $\mathcal{B} \times \mathcal{B}$ di due σ-algebra di Borel unidimensionali su $\mathbb{R}$ (un risultato non banale nella teoria della misura). Non si confonda $\mathcal{B} \times \mathcal{B}$ con il prodotto cartesiano delle σ-algebra di Borel unidimensionali, e si ricordi che usiamo solo lo stesso simbolo $\times$. Inoltre, dal Teorema O.1 sopra dobbiamo avere $\mathsf{P}_{\mathbf{X}}(B_1 \times B_2) = \mathsf{P}_{X_1}(B_1) \times \mathsf{P}_{X_2}(B_2)$ per ogni insieme di Borel $B_i \in \mathcal{B}$ e $i = 1, 2$ e un vettore aleatorio $\mathbf{X} = (X_1, X_2)$. Specificando la funzione di ripartizione $F_{\mathbf{X}}(x_1, x_2)$ come uguale a $F_{X_1}(x_1) F_{X_2}(x_2)$, cioè usando l'indipendenza delle funzioni di ripartizione $F_{X_i}(x_i)$ otteniamo il risultato desiderato: si definisce tale misura di probabilità prodotto a partire da intervalli bidimensionali e poi la si estende all'intera σ-algebra prodotto $\mathcal{B} \times \mathcal{B}$. Notiamo che

$$\Delta_{a_1, b_1} \Delta_{a_2, b_2} F_{\mathbf{X}}(x_1, x_2) = (F_{X_1}(b_1) - F_{X_1}(a_1)) (F_{X_2}(b_2) - F_{X_2}(a_2)) \geq 0.$$

Riferimenti bibliografici

1. Billingsley, P.: Convergence of Probability Measures. Wiley, New York (1993)
2. Billingsley, P.: Probability and Measure. Wiley, New York (1995)
3. Breiman, L.: Probability. SIAM, CLASSICS in Applied Mathematics 07 (1992)
4. Brockwell, J.P., Davis, R.A.: Time Series: Theory and Methods. Springer, New York (1991)
5. Çinlar, E.: Probability and Stochastics. Springer, New York (2011)
6. Davidson, J.: Stochastic Limit Theory. Oxford University Press, New York (1994)
7. Föllmer, H., Shied, A.: Stochastic Finance: An Introduction in Discrete Time. Fourth revised and extended edition, de Gruyter, Berlin (2016)
8. Jacod, J., Protter, P.: Probability Essentials. Second corrected printing, Springer, Berlin (2004)
9. Jeffrey, A.: Advanced Engineering Mathematics. International edition, Hartcourt Academic Press (2002)
10. Karatzas, I., Shreve, S.: Brownian Motion and Stochastic Calculus. Springer, New York (1991)
11. Karr, A.F.: Probability. Springer, New York (1993)
12. Lebedev, L.L.: Special Functions and their Applications. Dover, New York (1972)
13. McNeil, J.A., Frey, R., Embrechts, P.: Quantitative Risk Management. Concepts, Techniques and Tools. Revised Edition, Princeton University Press, Princeton, New Jersey (2015)
14. Revuz, D., Yor, M.: Continuous Martingale and Brownian Motion. Springer, New York (1991)
15. Rüschendorf, L.: Mathematical Risk Analysis (Dependence, Risk Bounds, Optimal Allocations and Portfolios). Springer, Berlin (2013)
16. Steele, J.M.: Stochastic Calculus and Financial Applications. Springer, New York (2001)
17. van der Vaart, A.W.: Asymptotic Statistics. Cambridge University Press, New York (1998)
18. Williams, D.: Probability with Martingales. Cambridge University Press, Cambridge (1991)

Indice analitico

A

albero binomiale, 19
algebra, 64
applicazione misurabile, 66
atomo, 12

B

base di uno spazio vettoriale, 394
Borel-Cantelli, 15

C

campione casuale, 227
Cantor, 416
Carathéodory, 64
CDF
    multivariata continua, 87
    multivariata discreta, 85
    multivariata, definizione, 83
    multivariata, n-crescente, 105
    univariata continua, 35
    univariata discreta, 31
    univariata, definizione, 29
    univariata, difettiva, 249
chiusura, 388
coefficiente
    di asimmetria, 124
    di correlazione di Pearson, 129
    di determinazione, 211
    di regressione, 212
condizionamento sequenziale, 95
condizione di Lipschitz, 71
contingent claim, 298

convergenza di funzioni a valori reali
    puntuale, 399
    uniforme, 399
convergenza di variabili aleatorie
    debole, 230
    in distribuzione, 229, 247
    in media quadratica, 229, 307
    in probabilità, 229
    L^1, 229
    puntuale, 145
    quasi certa, 229
copula
    di indipendenza, 220
    gaussiana, 220
costante Lipschitziana, 71
covarianza, 129
curtosi, 124

D

densità
    condizionata, 189
    incondizionata, 191
    posizione-scala propria, 125
derivata
    di Radon-Nikodým, 291, 417
    direzionale, 401
    parziale, 88
deviazione
    media assoluta, 123
    standard, 118
diffeomorfismo, 138
differenziale totale, 409
dimensione di uno spazio vettoriale, 394
dipendenza, 3
    a blocchi, 99

lineare massima, 214
lineare minima, 214
stocastica, 91
discontinuità a salto, 32, 382
distorsione, 237
distribuzione
condizionata, 189
finito-dimensionale, 98, 264
incondizionata, 262
distribuzione campionaria, 237
distribuzione marginale
continua, 88
discreta, 85
distribuzione parametrica
Bernoulli, 156, 157
binomiale, 156, 159
esponenziale, 156, 179
proprietà di assenza di memoria, 181
gamma, 156, 181
gaussiana, 156, 172, 303
Poisson, 156, 164
t di Student, 156, 183
uniforme continua, 156
uniforme discreta, 155, 156
disuguaglianza
Boole, 26
Cauchy-Schwarz, 127, 258, 397
Chebyshev, 127, 234, 306
Hölder, 127, 258
Jensen, 126
Lyapunov, 258
Markov, 128
Minkowski, 127, 257
triangolare, 395, 407
drift risk-neutral, 302

E
efficienza di mercato, 191, 212
equazione
di diffusione, 308
differenziale stocastica, 300
errore
predizione, 207, 212
quadratico medio, 207, 238
esito, 1
espansione binaria, 369
esperimento aleatorio, 1
esponenti coniugati, 144
eventi
indipendenti, 93
evento
certo, 3

definizione, 3
eventualmente, 14
impossibile, 3
infinitamente spesso, 14
P-nullo, 7
partizione, 24
quasi certamente, 7
expected shortfall, 194, 291
expectile
definizione, 293
misura di rischio, 294

F
fatti stilizzati, 48, 277
fattori di rischio, 216
FIDIS consistenti, 264
filtrazione, 262
naturale, 262
forma quadratica, 176
formula
di Bayes, 192
di Black-Scholes, 304
di cambio variabile, 114
di convoluzione, 99
di integrazione per parti, 151
di Itô, 309
di Leibniz, 413
di trasformazione di Jacobi, 139
funzionale
lineare, 137, 239, 395
statistico, 239
funzione
a variazione limitata, 412
assolutamente continua, 71
Borel-misurabile, 66
càdlàg, 63
caratteristica, 121, 251
continua, 381
copula, 218
delta, 54
di autocorrelazione, 268
di autocovarianza, 266
di densità, 35
di densità congiunta, 87
di distribuzione, 68
di Heaviside, 39
di massa, 32
di ripartizione empirica, 238
di sopravvivenza, 46
gamma, 181
generalizzata, 54
media, 266

multivariata differenziabile, 402
    quantile empirica, 240
    reale concava, 385
    reale convessa, 385
    reale derivabile, 384
    Riemann-integrabile, 419
    varianza, 267
funzione caratteristica, 233
funzione copula, 224
funzione di verosimiglianza, 237
funzione di verosimiglianza logaritmica, 237
funzione generatrice dei momenti, 120, 184, 253
    Bernoulli, 159
    binomiale, 161
    esponenziale, 180
    Gamma, 183
    gaussiana, 174
    Poisson, 166
    uniforme continua, 170

G
generatore, 17
gradiente, 402
grafico dei quantili, 241

I
incertezza, 1
indicatrice
    aleatoria, 38
    deterministica, 38
indipendenza, 105
indipendenza condizionata, 107
insieme
    aperto, 381
    cilindrico, 263
    compatto, 390
    connesso, 405
    di Borel, 64
    limitato, 390
    nullo di Lebesgue, 415
    ortonormale, 396
integrale
    di Lebesgue, 147, 419
    di Lebesgue doppio, 423
    di Riemann doppio, 403
    di Stieltjes, 57, 102, 305, 411
    stocastico di Itô, 300, 305
integrazione su sottoinsiemi, 116
intorno, 372, 381

inversa
    destra, 287
iperpiano, 394
isometria di Itô, 307
istogramma, 240

J
jacobiano, 138

K
Kolmogorov, 2

L
Lagrange, 384
legge
    debole dei grandi numeri, 233
    del parallelogramma, 393
    della varianza totale, 209
    delle probabilità totali, 192
    di DeMorgan, 7, 21
    forte dei grandi numeri, 234
lemma
    di Doob-Dynkin, 196
    di Fatou, 153
    di Hoeffding, 215
    di Portmanteau, 247
    di Slutsky, 232, 250
lim inf e lim sup, 375
limite, 372
    inferiore di Fréchet, 217
    superiore di Fréchet, 216

M
mappa di proiezione, 76
masse
    condizionate, 189
    congiunte, 85
matrice
    jacobiana, 138
    semidefinita positiva, 145
    varianza-covarianza, 131
media campionaria, 228
mediana, 51
mercato privo di arbitraggio, 298
metodo
    della trasformazione inversa, 168
    delta, 235

metrica, 259
    euclidea, 89, 387
    pseudo, 257
miglior predittore lineare, 211
misura delta di Dirac, 40
misura di Lebesgue, 61, 415
misura di Lebesgue-Stieltjes, 411
misura di Stieltjes, 70
misura finita, 65
misura immagine, 68
misura prodotto, 423
misure di rischio
    coerenti, definizione, 289
    coerenti, rappresentazione duale, 291
    coerenti, rappresentazione robusta, 291
    comonotone, 290
    convesse, 290
modello lognormale del prezzo di un'azione,
    244
momenti, 119
momento centrale, 119

N
norma, 257, 395
    euclidea, 387
numeri complessi, 121

O
operatore
    lineare limitato, 137
operazioni tra insiemi
    complementazione, 3
    differenza, 3
    intersezione, 3
    unione, 3
opzione
    europea, 43
    payoff, 43
    prezzo di esercizio, 43
ordine
    concavo crescente, 46
    parziale, 45
    stocastico usuale, 46
ortogonale, 258

P
palla aperta, 387
parametro
    di dispersione, 123
    di forma, 123

    di localizzazione, 123
    di scala, 125
payoff replicable, 298
piano tangente, 402, 409
π-system, 18
portafoglio
    arbitraggio, 301
    auto-finanziante, 299
    ottimizzazione, 133
    performance, 133
    rendimento, 132
    valore, 44, 298
    varianza, 132
predittore, 207
predizione lineare, 208
prezzo
    risk-neutral, 198, 201
principio
    di Cavalieri, 404
    di invarianza di Donsker, 284
    di riflessione, 278
    di selezione di Helly, 250
probabilità
    additività numerabile, 7
    assoluta continuità, 35
    assolutamente continua, 198
    combinazione convessa di, 52
    condizionata, 92
    condizionata regolare, 201, 204
    continuità della, 13
    di insuccesso, 159
    di successo, 158
    diffusiva, 12
    finitamente additiva, 64
    formula di inclusione-esclusione, 27
    formula unione-intersezione, 26
    intuizione, 2
    legge, 29
    legge simmetrica, 47
    misura, 7
    puramente atomica, 12
    singolare, 56
    singolare continua, 56
    trasformazione, 168
processo empirico, 238
processo stocastico
    adattato, 262
    AR(1), 276, 282
    debolmente stazionario, 267
    definizione, 261
    differenza di martingala, 275
    GARCH(1,1), 277, 282
    gaussiano, 269

incrementi indipendenti, 267
incrementi stazionari, 267
Markov, 275
martingala, 273
moto browniano, 278, 300
random walk, 271
rumore bianco, 268
semplice, 306
strettamente stazionario, 267
tempo continuo, 262
tempo discreto, 262
Wiener, 278
prodotto
    interno, 402
    scalare, 396
prodotto scalare
    bilineare, 258
proiezione, 209, 258
proprietà di Markov, 19
prove ripetute di Bernoulli, 157
punto
    di accumulazione, 389
    di frontiera, 388
    interno, 388

Q

quantile
    definizione, 49, 287
    trasformazione, 168

R

Radon-Nikodým
    derivata, 199, 205
    teorema, 199
raggio di convergenza, 399
regressione
    funzione, 207
relazione di equivalenza, 257
rendimento
    aritmetico, 43
    composto continuamente, 43
    logaritmico, 42
    lordo, 42
retta
    di regressione, 212
    di supporto, 385
rettangoli misurabili, 263
ricoprimento aperto, 390
rischio
    credito, 286
    liquidità, 286
    mercato, 286

S

σ-algebra
    banale, 16
    Borel, 64
    coda, 17
    definizione, 5
    generata da un evento, 16
    generata da un vettore aleatorio, 83
    generata da una v.a., 16
    più fine, 200
    più grossolana, 200
    prodotto, 425
    traccia, 22
serie
    a valori reali, 379
    di potenze, 399
    storica, 261
Sharpe ratio, 133
Simulazione Monte Carlo, 242
sistema di Dynkin, 17
sottoinsieme convesso di uno spazio vettoriale, 395
sottospazio di uno spazio vettoriale, 394
span di un sottospazio, 394
spazi L^p, 140, 257
spazio
    di Hilbert, 258
    misurabile, 7
    misurabile reale, 65
    normato, 258, 395
    topologico, 381
    vettoriale, 137, 393
spazio campionario, 1
spazio degli stati, 261
spazio di probabilità
    definizione, 7
    discreto, 11
    reale, 68
    uniforme continuo, 25
    uniforme discreto, 10
statistica ordinata, 240
statistiche, 228
stima, 228
stima ai minimi quadrati, 210
stimatore
    non distorto, 237
    puntuale, 236
stop-loss
    funzione, 43

insurance, 142
    trasformata, 294
successione
    a valori reali, 371
    di Cauchy, 258

T
tempo di raggiungimento, 278
teorema
    del limite centrale, multivariato, 236
    del limite centrale, univariato, 235, 279
    della convergenza dominata di Lebesgue, 153, 254
    della convergenza monotona, 147
    della funzione continua, 232
    di Carnot, 408
    di continuità di Levy, 233, 253
    di estensione di Kolmogorov, 264
    di Fubini, 87, 101, 414, 424
    di Girsanov, 302
    di Glivenko-Cantelli, 239
    di Sklar, 218, 225
    di Weierstrass, 384, 391
    di Young, 403
tick, 18
topologia, 381
traiettoria, 261
trasformata
    di Fourier, 252
    inversa di Fourier, 122

V
valore atteso
    v.a. continue, 113
    v.a. discreta, 112
valore atteso astratto, 149
valore atteso condizionato
    data una σ-algebra, 197
    data una v.a., 196
    dato un evento, 193
valore atteso multivariato, 130
value-at-risk, 285
valutazione risk neutral, 243
variabile aleatoria
    antimonotona, 92
    comonotona, 92
    continua, 35
    controimmagine, 67
    definizione informale, 1
    discreta, 31
    immagine, 67
    limite di, 77
    mista, 41, 52
    parte negativa di, 42
    parte positiva di, 42
    range, 67
    semplice, 39
    supporto, 32
    tight, 249
    uguale in distribuzione, 45
    uguale quasi certamente, 44
    uniformemente integrabile, 249
    uniformemente tight, 249
variabili aleatorie
    famiglia indicizzata, 94
    IID, 96
    non correlate, 135
varianza, 118
    campionaria, 228
    condizionata, 209
    residua, 212
variazione quadratica, 306
vettore aleatorio
    continuo, 86
    definizione, 82
    discreto, 85
vettori
    linearmente indipendenti, 394
    ortogonali, 396, 407